普通高等教育农业农村部“十三五”规划教材

全国高等农林院校“十三五”规划教材

昆虫生态及预测预报

第四版

刘向东　主编

中国农业出版社

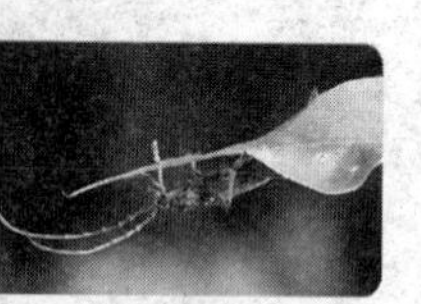

内容简介

本书根据农业生产、害虫管理和预测预报等工作的实际需要，将生态学和预测学的基本原理与方法有机结合，组建了一门应用性强的交叉课程的教材体系。全书分上、下两篇，共10章。上篇为昆虫生态学部分，共7章，分别介绍昆虫个体、种群、群落和生态系统生态学，以及昆虫进化和化学生态学等内容，阐明了环境因子对昆虫个体的影响及昆虫对不良环境条件的适应对策、昆虫种群的空间分布与数量动态、昆虫种群的分化与物种进化、昆虫群落的结构与动态、昆虫与植物的化学联络与通信、生态系统的结构和功能、害虫的再猖獗与生态治理、生物多样性的保护和维持等昆虫生态学的基本原理。下篇为害虫预测预报部分，共3章，分别介绍害虫预测预报原理、害虫预测预报的生物学方法和害虫预测预报的数理统计方法，阐明了害虫发生期、发生量和危害损失的短期、中期和长期预测预报的多种实用方法和操作步骤，以及迁飞性害虫的异地预测方法等。

本书适合于植物保护学专业、森林保护学专业、昆虫学专业、生态学专业、测报学及农学等植物生产类专业应用，也可作为科研人员、植物保护工作者和病虫测报管理决策者的参考书。

第四版编写人员

主　编　刘向东（南京农业大学）

编　者（以姓氏笔画为序）

王　星（湖南农业大学）

王满困（华中农业大学）

刘向东（南京农业大学）

杨　广（福建农林大学）

吴进才（扬州大学）

汪四水（苏州大学）

陆永跃（华南农业大学）

蒋明星（浙江大学）

翟保平（南京农业大学）

第二版编写人员

主　编　张孝羲（南京农业大学）
副主编　陈常铭（湖南农业大学）
参　编　程遐年（南京农业大学）
　　　　耿济国（南京农业大学）
　　　　张国安（华中农业大学）
　　　　费惠新（南京农业大学）
审稿者　牟吉元（山东农业大学）
　　　　程极益（南京农业大学）

第三版编写人员

主　编　张孝羲（南京农业大学）

副主编　翟保平（南京农业大学）

参　编　牟吉元（山东农业大学）

　　　　张国安（华中农业大学）

　　　　刘向东（南京农业大学）

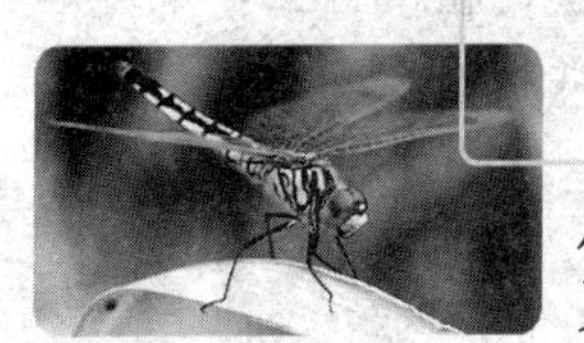

第四版序

本书的第一版作为全国高等农业院校统编教材于1985年出版，第二和第三版相继于1997年和2002年出版。本书第三版已使用13余载，在此期间生态学有了不少进展。在本书的使用过程中，我们也收集到一些宝贵的意见，并发现了书中的一些文字错误。我们梳理了近20年的教学经验，并结合高等院校教育教学改革的新成果与新要求，发现本教材需要更新和完善，以体现生态学科的新发展和满足科研与生产的需要。为此，我们进行了第四版的修订工作。本次修订中遵循了“教材内容的科学性、先进性、系统性和适用性，教材结构体系的渐进性”原则，以介绍学科的基本理论和方法为主，结合生态学发展的新特点和趋势，深入浅出地阐明昆虫生态学的基本理论，并将这些理论顺理成章地用于害虫的预测预报实践中，以指导生产，形成了理论和实践融于一体的多学科交叉的特色教材。本版教材是全体编写人员，包括前面各版的编写者，以及其他许多研究者在内的集体智慧和劳动成果的结晶。前面各版主编和有的编写者虽已仙逝，但他们的精神与学识精髓将在本书中长存。

本次修订新增了昆虫种群分布的地统计学方法、昆虫化学生态学、害虫再猖獗与生态治理、害虫预测预报原理等章节，同时害虫预测预报数理统计方法一章增加了各方法的SAS统计软件的运行程序和重要结果的展示，以便读者理解和使用。在内容编排顺序上也做了一些调整，以做到知识点的前后连贯性和完整性。

本次修订全书仍分上、下两篇，共10章，前面7章为昆虫生态学，后3章为害虫预测预报学，以适应各校作为一门课或两门课开设的教材需要。绪论主要阐述生态学的定义及研究进展，由刘向东编写；第一章介绍昆虫个体生态学，第一节至第三节由陆永跃编写，第四节和第五节由刘向东编写；第二章介绍昆虫种群的空间分布，由刘向东编写；第三章介绍种群的数量动态，第一节和第三节由王星编写，第二节、第四节和第五节由刘向东编写；第四章介绍昆虫进化生态学，由蒋明星编写；第五章介绍昆虫群落生态学，第三节（五、六）和第四节由杨广编写，其他由刘向东编写；第六章介绍昆虫化学生态学，由王满囷编写；第七章介绍生态系统生态学，第一节至第八节由吴进才编写，第九节由翟保平编写；第八章介绍害虫预测预报原理，由刘向东编写；第九章介绍害虫预测预报的生物学方法，由刘向东编写；第十章介绍害虫预测预报的数理统计学方法，由汪四水编写。全书由刘向东统稿。

我们要感谢前面各版的所有编写人员，感谢中国农业出版社的大力支持和理解，使得本次修订能顺利完成。同时要感谢为本书修订工作提供建议和文献参考的各位学者，由于篇幅有限，未能将他们的参考文献一一列出，在此谨致谢忱。

由于编者学识和水平有限，生态学内容涉及面广、推陈出新快，在修订工作中，难免疏忽和遗漏，也必然会存在一些不足，恳切期望广大读者理解并提出宝贵意见，以便进一步修订完善。

编　者

2016年5月

注：该教材于2017年12月被评为农业部（现名农业农村部）“十三五”规划教材［农科（教育）函〔2017〕第379号］。

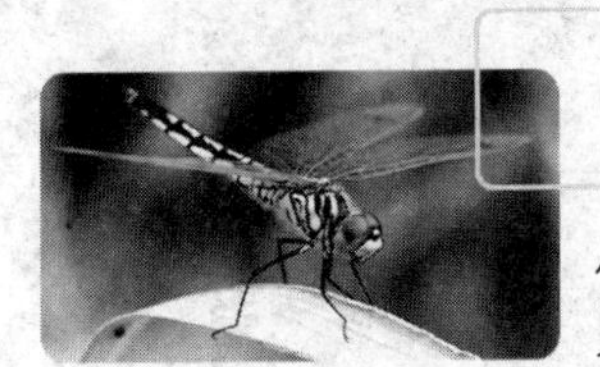

第三版序

本教材是教育部“面向21世纪高等农林教育教学内容和课程体系改革计划”项目的成果。

本书的第一版作为全国农业院校统编教材于1985年出版，1988年曾获国家优秀教材奖。第二版于1995年完稿，1997年出版。完稿日期距今已达5年,出版后也已使用了3个周期。在此期间生态学已有不少进展,在使用中我们也收集到一些宝贵的意见,加上我们自身教学的感受,作了第三版的修订工作。本书修订中严格掌握本科教材的原则,以介绍学科的基本理论和方法为主,内容新而涉及面广,深入浅出,并注意与研究生教材的区别和衔接。第三版中还增加了有关生态学近代新进展的内容,如生物遗传与进化、协同进化、生物多样性和保护等新内容。

第三版全书仍分上、下两篇，共九章。前七章为生态学，后两章为害虫预测预报，以适应各校作为一门课或两门课开设的教材需要。

第一、二章仍为生态学的基本概念和个体生态学，分别介绍系统论、限制因子及生态平衡等基本理论及昆虫与生活环境间的关系。

第三章为种群生态学，为全书的重点，作了全面的修订，增加了实例，以便于教学。

第四章为种群的分化、新种形成及生物进化，除介绍种下类群的分化类型和规律外，加强了生物遗传与进化，以及协同进化（coevolution）的新理论与新材料。

第五、六章为群落生态学和生态系统学，分别介绍有关生物群落的特性和测定、分析方法；生态系统的结构、能量流、物质流和信息流，以及生态系统的相对平衡及其保护利用。两章的修订重点均为加强其实用性和应用性。

第七章为生物多样性及其保护，这是近代生态学应用的热点，也为本版新增加的章节和内容。主要介绍生物多样性的基本原理和方法，多样性保护的研究现状和发展。

第八章及第九章分别为害虫预测预报方法及数理统计预报方法。除介绍长、中、短期预测方法外，还尽量加入一些实际的计算实例。

第三版由张孝羲任主编，翟保平任副主编，参编人员有牟吉元、张国安和刘向东。我们要感谢前二版的参编人员和曾为本书再版工作参加部分工作和对本书修订提出宝贵意见的各位先生和女士。

由于编者学识、经验有限，在再版工作中，必然还存在某些错误和不足之处，恳切期望读者在使用过程中提出宝贵意见，以便修订。

编　者

2001年9月

第二版序

《昆虫生态及预测预报》第一版作为全国农业院校试用教材于1985年出版。第一版参加编写人员有张孝羲（主编）、李运甓（副主编），还有陈常铭、廖顺源、耿济国、程遐年、张国安。1987年曾获国家教委优秀教材奖。第一版至今已经十年了。在此期间生态学已有不少进展，我们又收集了各方面的宝贵意见，加上我们自身教学的感受，作了第二版的修订工作。十分遗憾和深切悼念的是原副主编李运甓先生因病已于1985年不幸逝世，不能再参加第二版的修订工作。与第一版相比，本版的修订原则和特点有：

1. 全书分上、下两篇即昆虫生态学与害虫预测预报方法。既可供“昆虫生态及预测预报”课程使用，也可供“昆虫生态学”或“害虫预测预报原理和方法”两门课程使用。

2. 根据本科教材编写要求，加强了基础理论和方法的内容。尽量做到层次分明，与研究生课程在深度上有所区分。拓宽本科生知识面，在昆虫生态学中增加生态学的基本概念、理论、群落生态学、生态系统与系统分析、种型分化和生物地理学等内容。在写作上尽量做到少而精，从原来的62.1万字，缩减到42万字左右。

3. 注意与本科其他课程间的分工，避免重复。在上篇取消原第一章中昆虫几个生物学特性。个体生态学部分着重论述昆虫与环境条件间的关系和适应、调节机制。对种群生态学也作了某些精简。在下篇中，取消了生物统计方法及抽样技术等内容，以免与其他课程重复。

4. 根据近年来本学科的进展，在生态中增加了种群遗传学基本理论与概念、生物进化与适应、种下类群的分化等新内容。在预测预报方法中增加了中、长期预报方法。

第二版由张孝羲任主编，陈常铭任副主编，参编人员有程遐年、耿济国、张国安、费惠新。牟吉元教授和程极益教授为本书审稿者。我们还感谢曾为本书再版工作参加部分工作和对本书修订提出宝贵意见的各位先生。

由于编者学识、经验有限，在再版工作中，必然还存在某些错误和不足之处，恳切期望读者在使用过程中提出宝贵意见，以便修订。

编　者

1995年12月

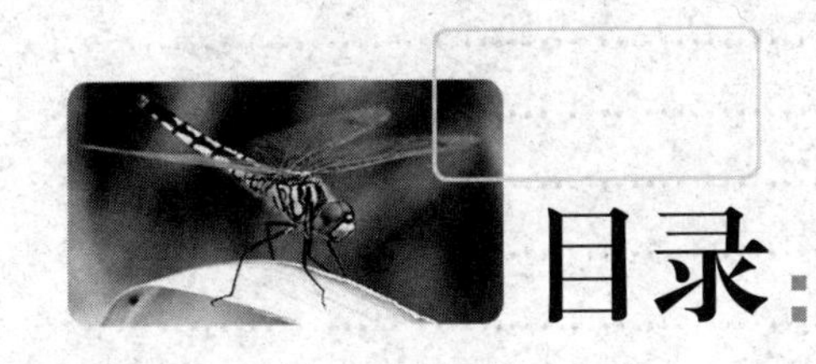

目录

上篇　昆虫生态学

下篇　害虫预测预报学

绪　论

1858 年，Thoreau 在书信中用到了生态学（ecology）这个名词，但他没有给出明确的定义。1869 年德国生物学家 Haeckel 在其《普通生物形态学》一书中给生态学下了一个明确定义，他认为，生态学是研究动物与其他生物的和非生物的环境总关系的科学。这个定义有很广泛的含义，以至大多数生物科学都与生态学有关。后来，虽然又有不少科学家先后给生态学下过不同内容范围的定义，但 Haeckel 的定义还是比较广泛地被人们所接受。1979 年，我国生态学家马世骏指出，生态学是一门多学科的自然科学，它研究生命系统与环境系统之间的相互作用规律及其机理。综合各学者对生态学的定义，生态学是研究生物与生物之间以及生物与环境之间的全部关系的学科。生态学的研究对象是所有生物类群及环境，研究的内容是各种关系。

一、生态学的发展历程

昆虫生态学的起源、发展与整个动植物生态学的产生和发展是不可分割的。生态学思想虽然在人类远古时期的狩猎、捕鱼、采集等活动中早有记载，如最早记录于公元前 707 年的《春秋》一书中的我国蝗虫和水、旱的关系，但生态学观念的发展，在其应用于人口学以前，是很缓慢的。直到马尔萨斯（Malthus）1798 年的《人口论》以及达尔文（Darwin）1859 年提出的自然选择和适者生存等概念的提出，才使生态学的观点得到迅速发展。不过至今，生态学仍是一门年轻的学科，它的发展历程大致经历了萌芽期、形成期和发展期。

（一）萌芽期

生态学的萌芽期经历时间很长，古人在农牧渔猎生产中产生并积累了一些朴素的生态学知识。例如春秋战国时期通过观察总结出的能指导农事活动的二十四节气；公元前 4 世纪，亚里士多德描述了动物的不同类型栖居地（陆栖和水栖），将动物分为食肉、食草和特殊食性；公元 6 世纪，贾思勰《齐民要术》中介绍的季节、气候、土壤与不同农作物的关系等。这些知识均涉及了现今的生态学思想，属于早期朴素的生态意识，这也意味着生态学的萌芽。

（二）形成期

大约从公元 15 世纪开始到 20 世纪 40 年代是生态学的形成期。Graunt 1662 年最早认识到出生率、死亡率和人类种群年龄结构对人口数量估测的重要性，并首次用来预测。他指出，在无迁入的情况下，英国伦敦人口可在 64 年后翻一番。Leeuwenhoek 1687 年第一个研究了昆虫的理论增殖率，并计算出 1 对埋葬虫经 3 个月后可增殖到746 496头的结果。林奈

(1707—1778) 首次将物候学、生态学和地理学观点结合起来，综合描述外界环境条件对动物和植物的影响。马尔萨斯 (1766—1834) 在1798年发表了《人口论》，并将数学分析方法引进了生态学，使用了逻辑斯谛增长模型。达尔文 (1809—1882) 在1859年出版了震动当时学术界的《物种起源》，提出了生物进化的概念。到20世纪30年代，生态学中的食物链、生态位、生物量、生态系统等概念相继产生，生态学作为一门学科基本形成，并得到长足发展。

(三) 发展期

自20世纪50年代起至今是生态学的发展期。生态学发展至今已形成了自己的理论体系，如生态位理论、生态平衡理论等。生态学在发展自身理论体系的同时，也重视吸收数学、物理、化学、计算机科学等的成果，为解决工业化带来的环境问题、能源危机、人口危机等重大问题提供了理论指导和方法支持。因而生态学在发展中越来越受到重视，并被认为是唯一可能解决环境和社会等宏观问题的应用性学科。

二、生态学的发展特点

20世纪30年代后，随着数学、物理学、电子计算机技术及系统科学的发展和渗透，生态学的研究得以向深度和广度两方面迅速发展，其发展的特点主要有以下几个。

(一) 从描述生态向实验生态及物质定量方面发展

19世纪以前，生态学的研究大多是以野外调查资料来描述自然界动物、植物的组成、演替现象等，是描述生态阶段。19世纪末到20世纪初，实验生态得到发展，如研究动植物的发育积温，人工气候与动植物生长、发育、生产力间的关系等，这些至今仍为生态学中重要的研究手段和领域。随着数学、计算机技术、系统科学的发展，生态学各方面的研究愈来愈重视各种关系的定量化，包括研究宏观的数量结构变动和微观的化学能量变动，例如生态系统中的生产者、消费者和分解者之间物质循环和能量流动的量化关系、化学信息定量关系、生物量关系，以及构成食物链的各个种群在时间和空间上的变化量等。能流是衡量系统结构和功能效力的标准，以能流为基础可以将能量、物质、劳力、价值等这些不同性质的单元联系起来，便于建立一个生态系统的模型，实现对生态系统发展和生产力的预测、管理和利用。生态学最终将全面迈向定量化水平，并发展到预测生物和环境的功能。

(二) 从个体向复合系统的广度发展

生态学逐渐从个体生态向种群生态、群落生态和生态系统生态学的宏观方向发展。从认识个体适应性开始，发展到认识系统的结构、功能和生产力，这既是生态学在方法论上的发展，也是生态学在认识论上的提高。生态学研究发现，群体绝不是个体的简单累加，由于群体内的相互关系，群体的作用和功能远远大于简单个体的累加。同样，生态系统也不是种群或群落的简单集合，每个高一级的单元，都有它自己独特的结构特性，正如农田、森林、湖泊、江河是一种生态系统，它们通过相互影响作用，构成了一个大的生态系统一样。

系统是由许多相互作用又相互联系的物质单元或成分所组成的整体。它具有明显的结构

和特有的功能。系统通过内在的反馈机制来调整自身的平衡。系统能生产有机体的生物量大小称为系统的生产力。生态学揭示出复合系统的结构、功能、自身调节作用、生产力等，为解决生态系统受损所引发的诸多环境、能源和社会问题等提供方法或解决问题的科学思路。

从生态学的发展情况出发，Odum 1971 年认为，现代生态学的范围，应当看作各种有机体水平与相应的物理环境（能源和物质）的结合，而形成的不同水平的特定功能系统。有机体水平或称为生物系列（biological spectrum），一般可分为群落、种群、个体、器官、细胞、基因。生物系列、环境与特定的功能系统间的关系，如图 0-1 所示。

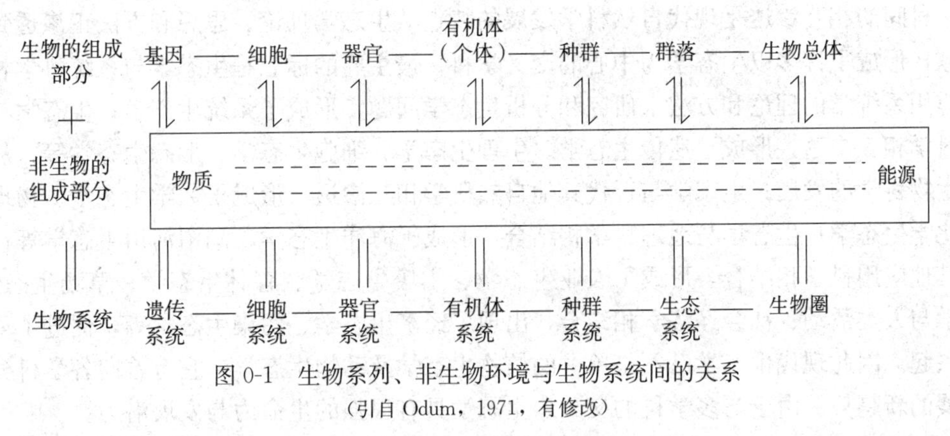

图 0-1 生物系列、非生物环境与生物系统间的关系

（引自 Odum，1971，有修改）

1979 年，马世骏先生指出，生态学是研究生命系统和环境系统相互关系的科学。生命系统是自然界具有一定结构和调节功能的生命单元，如动物、植物和微生物。生命系统可分为基因、细胞、器官、个体、种群、群落和生态系统 7 个层次，其系统的行为在空间、时间、物质流、能流和信息方面都比其他任何系统复杂得多。环境系统是自然界的光、热、气体、水分及其他有机和无机元素，相互作用所共同构成的空间。它们直接或间接地起着相生、相克和分解、组合的作用。因此环境中任何一个成分的作用都不同程度地带有其他成分的影响。

必须指出，这些生物系列或系统之间是相互关联、相互依存的，例如个体不能长时期地脱离种群而生存，器官也不能长时期地离开有机体而存活。生态学研究最早是从有机体（个体）开始的，因此一般习惯认为，如果生态学的研究内容立足于群落、生态系统、景观甚至全球，则认为属于宏观生态学的范畴；而以器官、细胞和基因为对象，探讨生态现象的内在本质和调控的遗传机制时，则认为属于微观生态学范畴，分子生态学的产生是生态学向微观方面发展的最好例证。无论是宏观还是微观，生态学中的每个生物系列或系统都有其独特的内容和研究方法，都是组成整个生命系统所不可缺少的环节，都是同等重要的。还必须指出，虽然一个生物系列或水平的科学进展将有助于其他水平的研究发展，但某个水平的所有研究内容并不能完全解释或解决另一个水平中的现象和问题。因此生态学的研究，不必从宏观到微观，或者从微观到宏观的次序进行，而应在可能范围内齐头并进地对这些生物系列全面地开展研究。

（三）协同进化论观念的发展

有机体与有机体之间，有机体与环境条件之间的关系不是独立的或相互对立的，而是一种协同进化的关系。把环境看作资源，有机体通过复杂的生理代谢过程，与环境之间相互补充资源。因此一种生物的进化绝不是孤立的，而是和环境资源共同进化的结果。只有不断地、有计划地培养环境资源，才能长期稳定地发挥资源的作用。协同进化的观念不但是一个学术理论问题，而且也是一个生产问题，它正影响着生产管理和设计的指导思想，成为农业绿色革命的重要理论之一。有关协同进化理论可参阅本书第四章。

（四）向多学科性方面发展

学科间的相互渗透是现代自然科学发展的特点。生态学理论、思想和方法正渗透到多学科领域，形成了许多以生态学为中心的交叉学科。最主要的标志是生态学与系统科学相互渗透，应用系统学的理论和方法来研究和分析生态学问题，形成了系统生态学；生态学与其他生物科学相互渗透，形成了遗传生态学、生理生态学、细胞生态学、形态生态学等，从而推动了生物科学的发展；生态学与近代其他自然科学相互渗透，形成了数学生态学、物理生态学和化学生态学；生态学与地理科学相结合，形成了海洋生态学、湖沼河川生态学等；生态学与其他应用科学相结合，形成了农业生态学、土壤生态学、森林生态学、草场生态学等；生态学与人类活动、社会经济学相结合，出现了经济生态学、污染生态学等，促进了环境科学的兴起。因此现代生态学已不是单一的植物生态学及动物生态学，它有着向各学科分支方向发展的新趋势。由于与多学科的交叉，生态学具有很强的生命力与发展潜力。

三、昆虫生态学及害虫预测预报学的发展

（一）昆虫生态学的发展

昆虫生态学是以昆虫为研究对象，系统阐述昆虫与昆虫之间、昆虫与其他生物之间，以及昆虫与环境之间的全部关系的学科。它是整个生态学的一个重要部分，其研究进展与整个生态学的发展是完全一致的。昆虫生态学在 20 世纪 50 年代以前偏重于个体生态的研究，60 年代后开始发展到研究昆虫种群生态、生物群落和系统生态的层次。特别是在 70 年代后，由于环境保护和害虫综合治理工作的广泛开展，昆虫种群、群落与其周围生物的和非生物的环境系统间的种种联系和规律得到了充分研究，同时，昆虫生态学也不断向生态系统和生物圈的宏观方向发展。

昆虫生态学主要以害虫为对象，有关植物-害虫-天敌三营养级的关系、昆虫与其共生菌的关系、昆虫的行为特性、昆虫抗逆性、昆虫群落及农田生态系统的结构与功能、生物多样性及其保护、害虫灾变机制、昆虫分子生态学、昆虫与全球变化等方面的研究被广大学者所关注，这些也是昆虫生态学需要解决或阐明的重要科学问题。昆虫生态学的发展为害虫预测预报与综合治理提供了理论支持和方法指导。

1992 年《分子生态学》（Molecular Ecology）杂志的创刊，被认为是分子生态学的诞生。由此，生态学开始向微观方向发展。由此，昆虫分子生态学也得到长足发展，并广泛用于对昆虫的种下分类、生态适应性分化的遗传基础、生态行为产生的分子机理以及生态进化等现象的科学解释。例如通过对线粒体 DNA 基因的研究，确定出了欧洲大陆的沙漠蝗来源于非洲和中东地区。

（二）害虫预测预报学的发展

害虫预测预报是要求在害虫发生前预先估测其未来的发生期迟早、发生数量多少、对作物危害的轻重以及分布、扩散范围等；并在掌握一定时间和空间范围内害虫数量变动规律的基础上，进一步研究出便于群众掌握的预测预报指标和方法。害虫预测预报不但需要丰富的生态学基础知识，而且需要一定的生理学、生物学和数理统计学方面的知识。预测预报需要昆虫生理和行为等生物科学的支撑，例如昆虫的发育生物学（昆虫生长、变态、休眠、滞育等特性）、昆虫的繁殖生物学、昆虫行为学（昆虫的迁飞和扩散）。同时，要研究和拟订正确的预测预报办法，必须采用正确的调查抽样和试验方案，对所得的数据资料还必须运用正确的统计分析方法加以整理、分析，才能得出符合实际的结论并找到解决问题的办法，因此也少不了要用到数理统计学的知识。害虫预测预报的发展与昆虫学、生态学和数学等学科的发展紧密相关，但往往要落后于这些学科。

我国的害虫预测预报工作开展较早。早在20世纪50年代初期，我国就开展了东亚飞蝗和小麦吸浆虫的虫情侦查和预报。1952年，制定了中国第一个预测预报标准办法《螟情预测办法》。1955年颁布了《农作物病虫害预测预报方案》。1973年制定了27种（类）《主要农业作物病虫预测预报办法》。1981年出版发行了《农作物主要病虫预测预报办法》，全书共包括32种（类）主要病虫，并首次编入了迁飞性害虫异地预报办法。1986—1992年，制定出15种病虫《预测预报调查规范》，于1996年6月1日以国家标准正式实施。

在害虫预测预报方法与标准建立的同时，我国长期以来都有一支强大的预测预报队伍和一个系统的预测预报网络在运行。1956年底我国建立了专业性预测预报站138个，群众性预测预报点1 890个。1978年成立了农作物病虫预测预报总站，以后各级政府陆续投资建设病虫预测预报机构，基本建成了从中央到省、市、县（市）的全国预测预报网络体系。到2000年，全国共有专业性预测预报机构2 000余个，从事预测预报工作的专业技术人员8 300余人。1998—2002年中央和地方政府共同投资，建成国家级农作物病虫区域性预测预报站500多个，初步建成了全国农作物有害生物监测预报体系。

我国在病虫监测数据和预测信息快速传递手段上有很大的进步，已由20世纪80年代前的信邮方式，发展到从1979年开始的电报和广播传送方式，再从20世纪90年代开始的传真和电子邮件传递方式，至今已基本实现基于数据库技术的互联网远程数据实时传送方式。20世纪末以来，现代媒体技术、信息技术也被应用到病虫预测预报工作领域，开发了农作物病虫灾害预报可视化（电视）预报信息平台，开展了电视预报。

国外农作物病虫预测预报工作比我国起步早，技术进步很快。苏联和日本在20世纪40年代就开展了重要病虫的预测预报工作。例如日本在20世纪40年代就由政府制定了有关法律，确定了农作物病虫预测预报的任务，20世纪60年代以来，建立健全了全国预测预报和防除机构及人员编制。除政府聘用的800多名专职技术人员外，全国还有9 000多名病虫业务调查员和几千个观察点，实行预测预报数据和情报的统一管理。目前，日本中央政府及47个县已组成计算机联网系统，统一应用DRESS专用软件系统，以中央政府为中心，47个县各有亚中心，形成了大型电子计算机全国联机网络系统，负责全国数据收集、处理、储存和传递，中央政府能迅速得到预测预报数据资料，预报信息也能迅速发布、传递和相互交换。

20世纪70年代以来，美国、加拿大、英国等国也相继建立了预测预报资料的计算机数据库。美国的许多州，建立了病虫综合管理计算机网络中心系统，病虫的监测数据能及时通过网络传送至中心，经整理分析后发布病虫预报及防治意见信息，可直接通过网络传送给农场主。西欧建立了一个由14国参加的蚜虫联合预测预报网络，统一用Taylor吸虫器定期采集蚜虫样本。该网络中心设在英国洛桑试验站，由该站统一鉴定蚜虫种类，进行数据统计、储存、整理和分析计算，发布蚜虫发生趋势预报信息。另外，“3S”技术已在病虫预测预报中得到一定应用。美国、英国、澳大利亚等国利用雷达对迁飞性害虫进行空中监测。我国应用昆虫雷达监测迁飞害虫（如褐飞虱、稻纵卷叶螟、黏虫、草地螟等）的工作也已开展几十年，基本探明了昆虫迁飞过程中的行为规律，提高了迁飞性害虫的异地预测和防控水平。地理信息系统、遥感和全球定位系统所组成的“3S”技术有望在害虫预测预报中发挥更大作用。

思考题

1. 简述生态学的研究内容与对象。
2. 现代生态学发展有哪些新特点？
3. 我国在害虫预测预报方面已取得了哪些成就？

上篇

昆虫生态学

第一章　昆虫与环境的关系

主要内容　本章为昆虫个体生态学，主要介绍环境因子对昆虫个体的影响及昆虫对不良环境条件的适应对策。主要包括非生物因子对昆虫存活、生长发育、繁殖、行为等的影响，生物因子对昆虫的作用，昆虫的休眠与滞育、扩散与迁飞、生物钟、学习行为。

重点知识　环境的概念、高温和低温对昆虫的影响、昆虫的过冷却现象和耐寒性、温度和湿度的联合影响、光周期的影响、气流对迁飞昆虫的影响、生物关系、竞争排斥原理、捕食者与猎物间的关系、休眠和滞育、扩散与迁飞、生物钟、学习行为。

难点知识　昆虫抗寒机制、生态位理论、滞育产生的机制、迁飞过程、迁飞行为的调控、生物钟、学习行为。

昆虫和环境是相互依存、相互作用的关系。环境是有机体的环境，有机体在其特有环境中产生、生长发育和死亡。环境为昆虫提供生存与生长的条件及资源。昆虫在其一生中也不断地对其环境产生反应，从而对自身的生理机能及环境做出相应的改变，最终达到昆虫在环境中和谐发展。本章主要阐述昆虫个体与环境因素间的相互关系，包括各环境因子对昆虫存活、生长发育、繁殖、行为等的影响，以及昆虫对环境因子的适应对策。

第一节　昆虫环境的组成

一、环境的概念

昆虫的环境（environment）是指除研究的昆虫个体外，周围其他所有因素的总和。它除了包括研究个体所处的物理空间外，更重要的是指可以直接或间接影响昆虫生活和生长发育的各种因素，如温度、湿度、光照、风、雨、资源、种内关系、种间关系等。生物学中所指的环境与环境科学中所指的环境有所不同。环境科学中常是指人类环境，是以人为主体的，所以它所指的环境是围绕人群周围的一切。生物学所指的环境是以研究的生物对象为主体的，因此是指除了所研究的生物对象以外的所有一切。两个学科的环境概念的区别的实质在于所研究的主体、中心不同。在生态学中由于所研究的对象的层次不同而环境的含义又有所差异。例如个体生态学中，研究的对象为个体，所以其所指的环境，包含除研究的个体外的所有一切，也包含同种的其他个体和异种生物。而在研究群落生态学中，环境是指除研究的生物群落外的一切因子，仅不包含所研究的组成生物群落的同种和异种生物个体。由此可见，环境概念所包含的内容是随研究对象的变化而变化的。

二、环境因子的归类方法

不同研究者为了研究方便而将研究对象的环境划分为不同类型。Haeckel（1870）把动物所在的环境分为无机环境及有机环境两大类。Allee 等（1949）在 Haeckel 提出的归类方式上，根据环境因素的性质，将环境分为非生物因素（abiotic factor）和生物因素（biotic factor）两大类。其中，生物因素包括天敌（捕食者、寄生物）、病原微生物、食物等，由生物因素构成的环境称为生物环境；非生物因素（也称为物理因素或气候因素）是指温度、湿度、光照、气流等，由非生物因素构成的环境称为非生物环境。Howard 和 Fiske（1911）根据环境因素的作用将环境因素归纳为两类，一类是控制性因素（facultative factor），另一类是灾变性因素（catastrophic factor）。控制性因素的特点是可调节种群的生物平衡，例如害虫的寄生蜂就是属于这种因素，因为寄生蜂可以控制其寄主的数量变动。灾变性因素主要是气候因素，它对生物种群的平衡不起调节作用，而在某一时期可以大量或部分杀伤整个昆虫群体。Smith（1935）把环境因素分为密度制约因素（density dependent factor）和非密度制约因素（density independent factor）。通常食物、天敌等生物因素属于密度制约因素，而气候等物理因素属于非密度制约因素。Мончадский（1953）则把环境的性质与作用结合起来，并从长期历史进化过程中动物与环境的关系出发，把环境分为稳定因素和变动因素两类。稳定因素指长年恒定的因素，如地心引力、地磁、太阳辐射等常数。这些因素确定了动物的居住和分布。变动因素，又分为有规律的变动因素和无规律的变动因素。前者是指地球自转和围绕太阳公转，出现春夏秋冬、潮汐涨落等，主要影响动物的分布。后者是指风、降水、疾病、捕食者等，主要影响动物的数量。

三、环境因子与昆虫的关系

环境是有机体的环境，环境与有机体是不可分割的。非生物因子对有机体的影响，一般称为作用（action）。例如异常的高温或低温造成昆虫的死亡或繁殖力下降，一定的温度和光照周期变化诱发某些昆虫的滞育发生与解除等。而有机体对环境的影响，一般称为反作用（reaction），表现为改变非生物条件。例如一块土地生长了作物，则改变了土地的水分、热量等条件，动植物的尸体分解后加入了土壤，使环境发生了很大变化。

生物与生物之间的关系是以对资源、食物和空间的利用和竞争为基础的。表现有竞争、捕食（寄生）、共生的关系。它们之间的作用是相互的，可以称为相互作用（interaction）。捕食性动物，发展了捕食和消化猎物的能力，而猎物则发展了逃避敌害的各种能力。生物对环境作用的反作用也可称为生物的适应性（adaptation），是通过自然选择、适者生存的法则，逐渐形成的，表现在形态、生理、生态特性上的变异，在进化论中称为协同进化（coevolution）。

生态环境因子对生物有机体的影响作用可以是直接的，如高温或低温造成有机体死亡、生殖力下降、天敌的捕食等；也可以是通过对另一个甚至几个因子的影响而间接作用于有机体，例如降水量影响作物的存活或正常生长，而间接影响食草的动物，如昆虫等。

相同的环境因子对不同物种的影响作用是不尽相同的。例如同样是 30 ℃的高温因子，对于稻纵卷叶螟成虫的产卵有抑制作用，而对棉铃虫成虫反而有提高生殖力的作用。相同环

境因子对相同种类昆虫的不同虫龄和虫态的作用也不完全相同。昆虫不同虫态的生活习性不同，对外界环境因子的适应性也存在差异。例如棉铃虫成虫适合于高温、高湿环境中生存，在28～30℃、相对湿度85%以上时生存率高、寿命长、产卵多；而在卵期和初孵幼虫期，如遇多雨天气则死亡多；幼虫3～6龄间对温度和湿度的适应能力很强，但幼虫从入土化蛹到羽化期间受降水量所导致的土壤水分变化影响很大，土壤相对含水量达40%左右，蛹的死亡率可达80%以上。因此在分析昆虫与环境间关系时，对不同物种或同一物种的不同发育阶段（如虫态、虫龄）必须区分对待。

在繁多的环境因子对昆虫的影响中，各环境因素往往联合作用于昆虫，各因子影响昆虫没有稳定的作用时序，呈随机的联合作用。不过，各环境因子对昆虫的影响作用存在差异性，有主要因子和次要因子之分，在主要因子中还可划分出对昆虫种群的未来数量动态能产生极大影响的关键因子。关键因子分析将在第三章昆虫种群数量动态中阐述。

四、生物对生活环境的忍受律和最低定律

生物的个体或某类群的生存和繁荣均与其生活的环境条件相联系。生物从综合的环境条件中获得必要的能量、营养、水分、空气和其他物质。这些环境条件虽然是多种多样的，而且常常是变化多端的，但是在稳定状态的情况下，当某种或几种基本物质的可利用量最接近于所需要的临界最小量时，这种或这些基本物质便将成为一个限制因子。

（一）利比赫最小因子定律

关于限制因子的概念最早由德国农业化学家贾斯特斯·利比赫（Justus von Liebig）1984年提出，用于阐明植物的诸多营养因素中的重要因素的概念。他发现，作物的产量并非经常受到那些大量需要的营养物质（如二氧化碳和水）的限制，因为它们在自然界非常丰富，并不短缺，而却受到一些稀少的资源（如硼、镁、铁等）的限制，它们的需要量虽少，但在土壤中非常稀少。因此他提出"植物的生长取决于处在最小量状态的食物的量"的主张，被称为Liebig氏最小因子定律（Liebig's law of the minimum），也即当一种或几种限制因子低于其需要量的最低阈值量时，作物的生长、繁殖或生产将被抑制，而作物的产量直接与这些限制因子的施入量呈正比增长。

Liebig的最小因子定律虽在许多方面被证实，但很快也被许多生态学家所补充或扩展，其中最主要的发展是把限制因子不局限于最小量时，而认为当某些因子的存在量高于生物所需要的最高量时，也同样可成为该生物的限制因子，也称为最高量定律（law of the maximum）。另一个发展为，Liebig仅将限制因子局限于作物生长、生产所需的微量元素范围内，而有的学者将之扩大到营养因素以外的许多因素如温度、光等物理因素，从而使限制因子概念的应用范围更普遍化。

奥德姆（Odum，1983）总结了从Liebig时期以来的大量工作，认为最低因子定律在实际应用中还必须补充下述两个辅助条件。

① Liebig定律只有在严格的稳定状态条件下，即在物质和能量的输入和输出处于平衡状态时，才能应用。因为在环境变动而不稳定时，限制因子也可能会有变动。

② 因子间可能有替代作用，即当一个特定因子处于最小量状态时，其他处于高浓度或

过量状态下的物质，尤其是化学性质接近的一部分元素，可能会在一定程度上替代这一特定因子的不足，例如软体动物的壳需要钙，钙可能是主要的限制因子，但环境中有过多的锶时，它就能部分地替代钙的需要。

（二）谢尔福德耐受性定律

英国生态学家谢尔福德通过多年的实验认为，不仅像 Liebig 提出的因子处于最小量时可能成为限制因子，而某些因子如温度、光、水等变量，也同样可成为限制因子。早在 1905 年 Blackman 就提出过“限制因子的反应谱”，任何限制因子对某一生物均可具有 3 个阈值参数：最低条件、最高条件和最适范围（值）。最低条件是指低于此值，反应现象全部停止；最高条件则指高于此值，反应全部停止；而最适范围则反应现象呈现最明显，在最高条件与最低条件之间即为生物的忍受范围。Shelford 在 1917 年将最低限制因子和最高限制因子和生物的耐受力结合起来，提出了谢尔福德耐受性定律（Shelford's law of tolerance），即任何一个生态因子在数量或质量上的不足或过多，当接近或达到某种生物的耐受性限度时，就会使该种生物衰退或不能生存。后来，很多学者以动植物为对象，进行了各种实验性试验，形成了耐受性生态学（toleration ecology）。

耐受性定律较最小因子定律的发展在于：①它不仅考虑了因子量的过少，而且考虑到因子量的过多状况；②它不仅单纯考虑到外界因子的限制作用，而且也估计到生物本身的耐受能力方面；③它还考虑到因子之间的相互作用，如因子替代作用或因子补偿作用等。

Odum 1983 年在总结前人对耐受性生态学方面的研究成果的基础上，也对 Shelford 的耐受性定律提出了一些补充。①生物可能对某一生态因子耐受性范围很宽，而对另一个因子却又很窄。②对许多因子耐受性范围都很宽的生物，其分布一般很广。③当某种生物对某个生态因子不处于适宜范围时，对其他生态因子的耐受性限度也可能随之下降，如植物在低氮水平比在高氮水平时需要较多的水分以防止植物的凋零。④生物常常生活在某生态因子对之并不是最适宜的范围状态下，在这种情况下，其他的生态因素可能会起到更重要的限制作用。⑤繁殖期通常是一个敏感阶段，环境因子最容易起到限制作用。繁殖期的个体、卵、种子、胚胎、种苗等幼苗的耐性程度一般比非繁殖期或成长期的耐性限度要狭窄些，例如棉铃虫、红铃虫等的成虫期、卵期和初孵幼虫期对温度、湿度、农药等外界因子耐受性都较其他幼虫龄期或蛹期敏感。

生态学中通常用一系列的名词术语来表示生物耐受性的相对程度，例如狭温性（stenothermal）和广温性（eurythermal）、狭水性（stenohydric）和广水性（euryhydric）、狭盐性（stenohaline）和广盐性（euryhaline）、狭食性（stenophagic）和广食性（euryphagic）、狭栖性（stenoecious）和广栖性（euryecious）、狭光性（stenophotic）和广光性（euryphotic）。

（三）限制因子的综合概念及其意义

一个生物或一个生物类群的生存和繁荣均与其所处的综合环境条件状况有密切联系。任何接近或超过该生物耐性限度的状况都可说是该生物的限制状况或限制因子。由于生物与外界条件的联系十分复杂和综合，限制因子的概念可帮助人们从这种错综复杂的关系中分析和认识其主导的或关键的联系，从而便于预测和管理。限制因子分析是利用生物对各类因子耐受范围或限度的实验观察结果，获得对各类因子的种种限度的阈值或范围，然后对照外界环

境的变动规律加以分析，一般野外观察测定的实际范围常常比在实验室内试验测定的限度要狭一些。某生物的限制因子会因时间、空间的变化而有所变化。一般在温带或寒带地区，一些灾变性的物理条件如气候等，常可成为影响生物分布或猖獗的限制因子，而在热带或亚热带地区，则种群间或群落内生物种间或种内的竞争、捕食等生物因子常常成为重要的限制因子。限制因子也因物种和同一物种不同发育阶段而异。这是由于不同物种或同一种不同发育阶段对各生态因子的耐受程度有差异。限制因子也因时间（如季节或年份）而异。例如长江流域水稻三化螟越冬期间的雨水为影响越冬存活的限制因子，春季雨水过多影响蛹的存活，而在生长季节内则是初孵幼虫蛀入期与水稻生育期间的配合程度是种群存活及水稻受害的限制因子。

同一种环境因子在不同条件下所起的限制作用也不一样。例如在陆生环境中氧的含量很丰富，变动较小，一般均能满足昆虫的生活需要，故氧对陆生昆虫一般不起限制作用。相反，在水中的溶氧量较少，而且受其他因子的影响变动较大，对水生昆虫来说，含氧量就常常成为限制分布或数量消长的因子。因此在研究水生昆虫时经常要使用溶氧测定仪，而对陆生昆虫研究则并不需要。

第二节　非生物环境因子对昆虫的影响

有机体的非生物环境主要是气候因素。气候因素可以直接影响昆虫的生长发育、生存和繁殖，从而造成种群发生期、发生量和危害程度的差异。气候还可以通过对寄主植物、害虫天敌等生物因子的影响，间接地影响害虫的发生。

一、温度对昆虫的影响

（一）昆虫热能的获得、散失和调节

昆虫属于变温动物（poikilothermic animal）或外温动物，其进行生命活动所需的热能主要来自太阳的辐射热，其次是由本身代谢所产生的热能（代谢热）。昆虫的体温在很大程度上取决于周围环境的温度。

昆虫体积小，表面积大，所以热能散失的主要途径是通过体壁向外传导、辐射和伴随着水分的蒸发而散失。昆虫在休眠和静止时，体温与环境温度接近，但在活动时，体温即行升高。在大气温度为17～20 ℃时，飞翔的飞蝗其胸部体温可达到30～37 ℃，静止时其体温与环境温度相近。

昆虫保持和调节体温的能力很弱。环境温度的变化直接决定昆虫体温的变化。但昆虫对环境温度也有一定的适应能力，它们可以通过改变呼吸强度和水分蒸发强度来微调体温。昆虫在温度较低的情况下，由于产生代谢热，其体温略高于气温；在温度较高的情况下，由于虫体内水分蒸发而散热，其体温略低于气温。例如松毛虫5龄幼虫自25 ℃环境移至11.8 ℃环境时，体温迅速下降至14 ℃，以后下降的速度即较缓，暂时维持在13.8 ℃；如果自25 ℃环境移至27 ℃环境，其体温迅速上升，当接近27 ℃时，上升速度又减慢，只有在强烈活动时，因大量吸氧、异化作用强、产生热量大，体温才能达到或高于27 ℃。

社会性昆虫还可通过改变行为来调节体温。蜜蜂在初冬温度降到14 ℃时，在蜂房内密

集成团，这样体温可以保持在 24～25 ℃范围内，外界温度越低，则蜂群越密集，以此度过寒冬。而当夏季高温时，工蜂则通过振翅通风和加强采水并涂于蜂箱壁内，通过水分蒸发使蜂房温度下降。有的昆虫还可以主动选择适宜的场所来调节体温，例如一些蝗虫中午温度高时，常将身体直向太阳，而上午或下午温度较低时，则将身体横向太阳；蛴螬、蝼蛄等地下害虫在冬季来临时，下移到土壤深层温度较高的地方过冬；异色瓢虫在冬季则成群迁到山区岩石缝洞中过冬；七星瓢虫在夏季高温时则向山上凉爽处转移。这些都是昆虫对外界气温变化的适应行为。

（二）昆虫的温区

昆虫只能在一定的温度范围内才能进行正常的生长发育，超过这个范围（过高或过低），其生长发育就会停滞，甚至死亡。根据昆虫在各温度范围内的生理、生态、行为表现等，可将温度范围划分为 5 个温区：致死高温区、亚致死高温区、适温区、亚致死低温区和致死低温区。

1. 致死高温区 昆虫的致死高温区一般为 45～60 ℃。在此范围内，昆虫经短期兴奋后即死亡。这是由于高温直接破坏酶的作用，甚至造成蛋白质的破坏、凝固，这种破坏过程是不可逆的，因此，高温引起有机体的损伤是不可能恢复的。例如稻蓟马在 42 ℃时，3min 即死亡。

2. 亚致死高温区 昆虫的亚致死高温区一般为 40～45 ℃。在此范围内，昆虫各种代谢过程的速度受到影响，从而引起功能失调，表现出热昏迷状态。如果继续维持在这样的温度下生活，也会引起昆虫的死亡。如果在短时间内温度恢复正常，昆虫仍可恢复正常状态，但可能部分机能特别是生殖机能会受到损伤。

3. 适温区 昆虫的适温区一般为 8～40 ℃。在此范围内，昆虫生命活动正常进行，处于积极状态。适温区又可分为：高适温区、最适温区和低适温区。

（1）高适温区 昆虫的高适温区，在温带地区一般为 30～40 ℃。在此范围内，昆虫的发育速度随温度的升高反而减慢，此范围的上限称为最高有效温度，此时昆虫虽不一定死亡，但发育速度迟缓，或寿命缩短，繁殖量减少。例如小地老虎在 30 ℃时，寿命缩短一半以上、产卵量显著减少、卵的受精率很低。棉红铃虫在 35 ℃时，不能产卵。

（2）最适温区 昆虫的最适温区一般为 20～30 ℃。在此范围内，昆虫表现为热能消耗量最少、发育速度适当、寿命较长、繁殖力最大、死亡率最低。例如黄地老虎发育的最适温度，卵为 25.3℃，第一代幼虫为 25.6 ℃，第二代幼虫为 21.0 ℃，蛹为 19.0℃；麦二叉蚜在 22 ℃时，胎生速率最高；黏虫成虫在 20～22 ℃（相对湿度 90%）时产卵最多；棉铃虫卵发育的最适温度为 25℃。

（3）低适温区 昆虫的低适温区在温带一般为 8～20 ℃。在此范围内，随温度下降，发育速度缓慢、繁殖力降低、甚至不能繁殖，此范围的下限称为最低有效温度，此时昆虫代谢作用减慢至很低程度，发育停止，高于这个温度昆虫才开始发育，故也称为发育起点温度，常用 C 表示。例如黏虫幼虫的发育起点温度 C 为 6.4～9.0 ℃，黄地老虎幼虫为 9～10 ℃，国槐尺蠖幼虫为 10.5 ℃，稻纵卷叶螟绒茧蜂成虫产卵前期为 16.8 ℃。

4. 亚致死低温区 昆虫的亚致死低温区一般为－10～8 ℃。在此范围内，昆虫体内各种代谢过程不同程度地减慢，而处于冷昏迷状态或体液开始结冰。如果继续维持在这样的温度，昆虫也会死亡，如果在短时间内恢复到适温，昆虫仍可恢复活动。

5. 致死低温区　昆虫的致死低温区一般为−40～−10 ℃。在此范围内，昆虫体液大量冰冻和结晶，使原生质受到机械损伤、脱水和生理结构遭到破坏，细胞膜受到破损，从而引起组织或细胞内部产生不可复原的变化而引起死亡。

不同种的昆虫或同一种昆虫的不同虫态和生理状态在不同条件下（如季节、环境、外界温度变化速率等），对温度的适应范围是不同的。昆虫对外界温度变化的适应性表现，也称为对外界温度的生态可塑性。

（三）温度与昆虫发育速度的关系

1. 在最适温区内，昆虫的发育速率与温度呈直线关系

（1）有效积温法则　在最适温区内随着温度的提高，昆虫的生长发育速率直线上升，且完成某个发育阶段所需要的总热量为一个常数，这就是昆虫的有效积温法则。另外，昆虫的发育需在环境温度高于某个值以上时才能开始，而低于此温度不会发育，昆虫开始发育的这个温度称为昆虫的发育起点温度（C）。因此昆虫的有效积温法则可表示为

$$K=N\ (T-C)$$

式中，K 为昆虫完成某一发育阶段所需的有效积温（d·℃），T 为昆虫所处的环境温度，N 为在这样的环境温度下完成某一发育阶段所需的天数（即历期，d）。

昆虫的发生速率（v）可用发育历期（N）的倒数来表示，由此，有效积温法则又可表示为

$$T=Kv+C$$

这表明，昆虫的发育速率与环境温度呈直线关系。根据这种直线关系，可以简单地测定出昆虫各发育阶段的发育起点温度和有效积温。

（2）昆虫有效积温的测定方法　一般采用在食物充足的条件下，在最适温区范围内的不同温度下饲养昆虫，获得昆虫完成各阶段所需要的历期，然后根据发育速率与温度的直线关系模型，采用最小二乘法计算出各发育阶段的发育起点温度（C）与有效积温（K）。饲养昆虫的温度可以在恒温、人工变温和自然变温下进行。

①发育历期的获取：不同温度下昆虫发育历期的获取方法有以下几种。

A. 恒温条件下饲养试虫。在最适温区内设定 5 个以上的温度梯度，并在各温度下饲养试虫，观察其在不同恒温下的发育历期。

B. 人工变温法条件下饲养试虫。在人工气候室内模拟自然界气温的季节变化和昼夜变化饲养昆虫，以获得多组不同日平均温度下的发育历期。或在恒温箱内饲养，做人工级跳式变温处理，如将供试昆虫每天经过 6～10h 较高的温度，而另外 14～18h 则给以较低的温度，并依昆虫在不同温度中经历的时间，按加权平均法求得日平均温度，从而获得 5 组及以上不同日平均温度下的发育历期。

C. 自然变温条件下饲养试虫。这种方法不需恒温设备，只要将供试昆虫分期分批在自然条件下饲养，利用自然界季节性和昼夜的温度变化，而获得在不同日平均温度下的发育历期，温度组合应在 10 组（次）或以上。这种方法要求饲养阶段的不同时间温度有波动，且是在最适温区范围内波动，试验最好在昆虫实际发生的季节进行。此法简便易行，所获得的结果比较符合实际情况，但试验所需时间较长。

② 有效积温和发育起点温度的估计方法：根据在最适温区内，昆虫发育速率与温度间

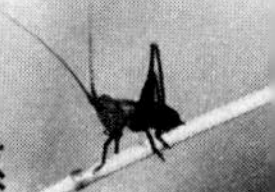

的直线关系，可以利用不同温度下的发育速率（v），采用最小二乘法计算有效积温（K）和发育起点温度（C），其计算公式为

$$K=\frac{n\sum vT-\sum v\sum T}{n\sum v^2-(\sum v)^2}$$

$$C=\overline{T}-K\overline{v}$$

式中，v 为温度 T 下的发育速率，n 为试验时所设的温度组数，$\overline{T}$ 为所有温度的平均值，$\overline{v}$ 为各温度下发育速率的平均值。

（3）昆虫有效积温法则的应用　有效积温法则在害虫预测预报中有广泛的应用价值，主要表现如下。

① 预测一种昆虫在不同地区可能发生的世代数：昆虫在某地的发生代次主要由该地气象上的总积温所决定。如果某种昆虫完成 1 个世代的有效积温为 K，当地全年的有效总积温（超过该昆虫发育起点温以上部分的温度和）为 K_1，则该虫在当地一年内可能发生的世代数（n）可估计为：

$$n=\frac{\text{某地全年有效积温总和（d·℃）}}{\text{某虫完成 1 个世代的有效积温（d·℃）}}=\frac{K_1}{K}$$

② 预测昆虫地理分布的界限：通常认为，昆虫在某地能完成 1 个世代，顺利进行越冬，则该地可能为该昆虫的分布区。那么气象上的有效总积温与某昆虫的世代有效积温相等时，则该地就为该昆虫的越冬北界。

③ 预测昆虫的发生期：根据昆虫的发育起点温度（C）和有效积温（K），可计算出各气温条件下昆虫完成某一个发育阶段所需要的天数（N），即

$$N=K/(T-C)$$

从而可知道，过多少天数后，昆虫会完成某个生长发育阶段，而出现预测虫态或虫龄，从而进行昆虫发生期的预测。

例如已知深点食螨瓢虫卵的发育起点温度为 15.46 ℃，卵的有效积温为 58.06 d·℃。调查发现 7 月 10 日为深点食螨瓢虫的产卵高峰期，7 月中旬气象预报的平均气温为 28 ℃，则可用有效积温法则计算出该气温条件下卵的历期（N），从而预测出该虫的卵孵化高峰期将发生多少天之后，其预测式为

$$N=K/(T-C)=58.06/(28-15.46)=4.6\ (\text{d})$$

即 5 d 后的 7 月 15 日将是该虫的卵孵化高峰期。

④ 利用于确定保存天敌的低温和释放天敌的适期：例如已知玉米螟赤眼蜂全代的发育起点温度为 5 ℃，完成 1 代所需的有效积温为 235 d·℃，故选择低温保存温度应在其发育起点温左右，即 5 ℃左右。例如预测 13 d 后（6 月 2 日）田间将出现玉米螟越冬代成虫的产卵高峰期，此时放蜂防治效果最好，那应该在何种温度下繁蜂，才能不错过 6 月 2 日放蜂的适期。根据条件可计算出要求的赤眼蜂的发育历期 N=13 d，赤眼蜂的发育起点温度 C=5 ℃，有效积温度 K=235 d·℃，则饲养的温度 $T=Kv+C$=235×（1/13）+5=23.1（℃）。

（4）有效积温法则在应用上的局限性　在应用有效积温法则时需要注意以下几点。

① 要注意昆虫实际生活环境的小气候温度与百叶箱大气温度差别较大，所以在应用气温资料来代表昆虫的发育温度预测发生期时，会产生一定的误差。有条件的预测预报站应积

累预测预报对象所居住的小气候温度与平均气温的相关回归式，将气温转换为小气候温度后，再代入有效积温法则中进行预测，以提高预测预报的准确性。

② 一般测定昆虫的发育起点温度和有效积温是在室内恒温饲养下进行的，而昆虫在自然界是在变温下进行发育的，虽然恒温与变温的平均温度一样，但它们对昆虫发育的影响会有所不同，在一定的变温下昆虫的发育往往比相应的恒温快。例如小地老虎卵在 20 ℃恒温下，历期为 6.17 d，而在 15～20 ℃的变温下（平均温度为 19.1℃）历期为 4.96 d；在正常的昼夜变温下饲养苹果实蝇，比在同样变幅的平均温度的恒温下饲养，发育速度加快 7%～8%。此外，气象上的日平均温度也不能完全反映实际温差情况，且与昆虫实际生活的小气候环境不完全相同。因此对有效积温法则预测出的结果要科学对待。

昆虫处于最适温范围和高适温范围相间交替的变温下，对于其生长发育有减缓的趋势；处于最适温范围和低适温范围相间交替的变温下，对于其生长发育则有促进作用。所以在实际应用中，常出现在夏季预测时，实际发生期比理论预测值偏晚，而在早春预测时实际发生期比理论预测值偏早，在应用时需根据实际气温变化对结果加以分析和修正。

③ 影响昆虫发育速度的外界因子除了温度外，还有湿度、食物等，有时它们是影响昆虫发育的主要因素，特别是对于一些寄生性和土居性昆虫则更重要，而有效积温法则只是根据温度来判断发育速度，所以只有在温度对该虫的生长发育速度起主导作用时，用有效积温法则预测发生期才会准确。

④ 利用有效积温法则预测昆虫 1 年发生的代数时，往往只适用于 1 年发生多代的昆虫，而对 1 年发生 1 代，或 2 年和多年完成 1 代，或在本地不能越冬的迁飞性昆虫意义不大。另外，生理上有滞育或高温下有夏蛰的昆虫，在滞育或夏蛰期间有效积温法则也不适用。

2. 在适温区内昆虫的发育速率与温度呈逻辑斯谛曲线（logistic）**关系**　昆虫在偏低温度范围内的发育速率增加随温度的增长缓慢，温度继续升高，发育速率迅速增长，而在偏高温度范围内发育速率增加又减慢，从而呈现出一条 S 形曲线关系。该曲线的模型为

$$v=\frac{K}{1+e^{a-bT}}$$

式中，v 为发育速率，T 为温度，K 为所测昆虫的最大发育速率，a 和 b 为常数，e 为自然对数的底（e=2.718……）。

一般认为，逻辑斯谛曲线模式可以相对较好地反映昆虫的发育速率与温度关系的实际情况，因此，比较普遍地用于表征温度与昆虫发育速率间的关系。

3. 超过适宜高温区后，昆虫的发育速率随温度的升高而减慢　当温度高于昆虫的适宜高温区后，昆虫的发育速率将变慢，发育历期变长，从而表现出高温抑制昆虫生长发育的现象。例如在 30℃下，灰飞虱各龄若虫的发育历期明显比 24 ℃和 27 ℃下的长，不过卵历期和成虫寿命仍缩短（图 1-1），这表明，30 ℃已超出

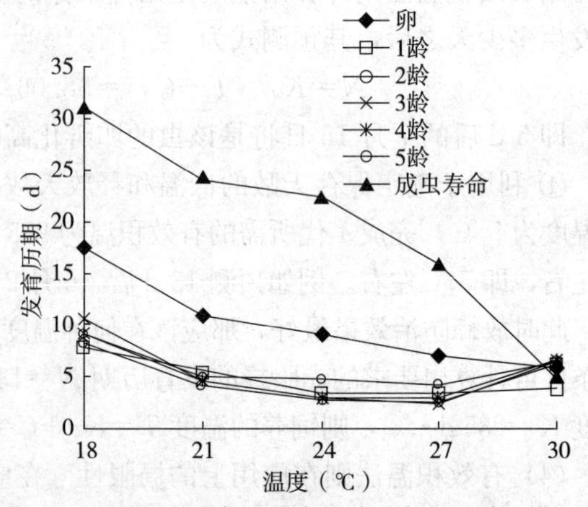

图 1-1　不同温度下灰飞虱各虫态（龄）的发育历期（d）
（引自张爱民等，2008）

灰飞虱若虫的适宜高温区，抑制了灰飞虱若虫的生长发育速度。

(四) 温度对昆虫存活的影响

在季节间温度变化很明显的温带地区，高温和低温对昆虫存活的影响很大，温度是引起昆虫种群数量变动的重要因素之一。

1. 高温对昆虫的致死作用及昆虫的耐热性

(1) 高温致死昆虫　如果环境温度高于适温范围，昆虫逐渐呈热昏迷状态；当进入高温致死范围内时，昆虫在较短时间内即死亡，多数昆虫在39～54 ℃都将被热死。

但昆虫耐热程度因种类和生活环境不同而有所不同。例如生活在温泉中的水蝇科幼虫能忍受55～65 ℃的高温；二化螟幼虫不耐高温，7月稻田水温达35 ℃以上时，幼虫密度减少97%以上；斜纹夜蛾在40 ℃的高温下仍能正常发育；家白蚁的致死高温为39 ℃，在37 ℃以下都能正常生活；黏虫初孵幼虫在35 ℃时全部死亡，在30 ℃时死亡率达44%；实蝇幼虫在42 ℃下死亡率达50%，残存下来的幼虫到化蛹时大部分死亡（在41.9 ℃时化蛹率只有13%）。

夏季高温出现的强度和延续时间的长短可以引起昆虫死亡率的差异。例如小地老虎卵期和幼虫期遇上土表日最高温度42 ℃，每天接触2～4 h，对其生存无多大影响，但当土表最高温度达45 ℃，每天接触2 h，卵的孵化率降为60%，幼虫全部死亡，这种情况如连续2 d，卵的孵化率仅为30%。

(2) 高温致死昆虫的原因　高温对昆虫致死的原因比较复杂，一般认为主要有以下3种。

① 温度升高引起体内水分过量蒸发而使昆虫致死。昆虫致死除受高温强度、持续时间、取食方式、体壁保水机制等影响外，还与环境湿度密切相关。环境湿度低时，蒸发快，有利于昆虫调节体温，但因高温失水过多易干死；环境湿度高时，不利于蒸发，虽不至于干死，但起不到调节体温的作用，体温很快升高，易引起生理失调而死亡。

② 高温使虫体内蛋白质凝固、变性而致死。蛋白质的凝固温度的高低与含水量有关，在蛋白质含水量多时凝固点低，含水量低时凝固点就高。因此当昆虫遇到高温引起失水时，同时也就提高了蛋白质的凝固温度，这同时又是昆虫的一种耐热适应。

③ 在不太高的温度下，高温能破坏细胞的线粒体，抑制酶、激素的活性，使代谢作用下降，甚至死亡。高温在一定程度上加速了各生理过程的不协调，例如不能供应足够的氧气，或排泄机能受阻而不能正常排泄代谢产物而引起中毒，以及引起神经系统的麻痹等，从而致死昆虫。

(3) 昆虫的耐热调节　水分蒸发是昆虫遇高温时，用来调节体温的一种主要方式。当温度升高时，代谢加快，这时昆虫的气门开放时间延长，增加了体内水分的蒸发量，从而使体温下降，耐热性增强。

在自然界，很多昆虫通过各种方式躲避夏季的高温，例如蝼蛄、金针虫等在夏季高温来临时钻入深土层，大地老虎、麦蜘蛛、小麦吸浆虫等则入土以滞育状态越夏。

昆虫受热后，体内在生理上会产生一些应激反应，从而提高昆虫的耐热性，例如在遇高温后，昆虫会产生热激蛋白。

可以根据某些害虫的耐热力差的特点，采用高温方法灭虫。例如储粮害虫一般不耐

40 ℃以上的高温，在炎夏中午晒粮，可以杀死麦蛾等；温汤浸种可杀死蚕豆象、绿豆象以及棉籽中的红铃虫等。

2. 低温致死昆虫与昆虫的耐寒性　在发育起点温度以下，随着温度降低，昆虫的生长发育停止，代谢水平下降而进入麻痹状态。当温度继续下降，体液冰冻结晶，原生质脱水、机械损伤和生理结构（包括细胞膜）严重破坏而引起死亡。

（1）低温致死原因　低温对昆虫的致死原因，因昆虫种类和低温强度、持续时间而不同。一般有以下两种情况。

① 代谢消耗和生理失调致死。这种致死主要发生在 0 ℃以上低温环境中。例如一些耐寒力弱的种类，当较长时间处于发育起点温以下或 0 ℃以上的低温环境中，昆虫由于体内养分的过分消耗、体质虚弱、生理失调而死亡。

② 体液结冰致死。体液结冰一般在 0 ℃以下。体液结冰引起昆虫的死亡，主要由于原生质失水，体液或原生质结冰的机械作用，细胞和组织破裂，或破坏了原生质的氧化作用系统，甚至引起了原生质的变性。一般耐寒性较强的温带昆虫的低温致死大多数属于此类。

（2）昆虫的过冷却现象与耐寒性　昆虫体液结冰是低温致死的重要原因，一般水在 0℃时开始结冰，而昆虫的体液则能耐受零下若干度低温。俄国物理学家巴赫梅捷夫（1898）用热电偶温度计研究天蛾、大天蚕蛾等在低温下的体温变化时，发现了过冷却现象。昆虫体温下降到 0 ℃以下时体液仍不结冰的现象，即为昆虫的过冷却现象。将昆虫置于低温环境中，昆虫的体温会不断下降，当体温下降到 0 ℃时，昆虫体液仍不结冰，而当体温继续下降至一定的温度时，体温会因体液结冰而突然上升，上升到最高点后体温又将继续下降至与环境温度相同。昆虫体温开始突然上升时的体温称为过冷却点（under cooling point），表现体液开始结冰。体温上升到最高值又下降时的温度称为结冰点，表示体液大量结冰（图 1-2）。

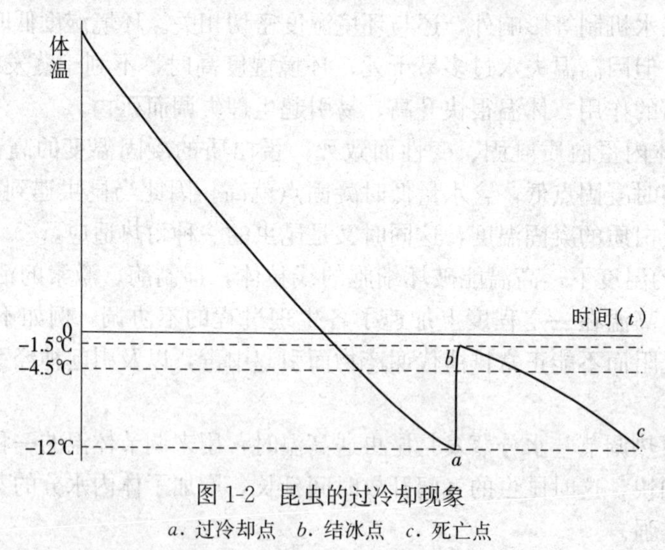

图 1-2　昆虫的过冷却现象

a. 过冷却点　*b*. 结冰点　*c*. 死亡点

如图 1-2 所示，昆虫体温降至过冷却点（*a*）之前，处于冷昏迷状态，不会产生任何生理失调。体温达到结冰点（*b*）时，体液大量结冰，如果此时将虫从低温环境中迅速取出，昆虫还可以复活。而当体温再次下降到 *c* 点时，昆虫体液完全结冰而死亡，*c* 点或之前某点可称死亡点，*c* 点的位置受昆虫种类的影响，不同种类位置不同。

昆虫的耐寒性和过冷却现象关系比较密切。昆虫可采用耐冻和避冻两类对策来应对严

寒。一般认为耐冻对策的昆虫是通过提高过冷却点来诱导胞外结冰，从而使胞内亚细胞结构免受损伤。而避冻对策的昆虫则通过降低过冷却点来增加抗寒力。

采用降低过冷却点来应对严寒的昆虫种类较多，因此一般认为，昆虫的过冷却点越低，则耐寒性越强。昆虫的抗寒能力的强弱，通常就可用它的过冷却点来表示。不同昆虫的过冷却点不同，例如玉米螟5龄幼虫的过冷却点平均为－13～－21 ℃，个别个体可降低到－80 ℃；棉红铃虫老熟幼虫过冷却点为－15.37 ℃；三化螟老熟幼虫过冷却点为－10～－11.6 ℃；黏虫幼虫过冷却点只有－3.2～－9.6 ℃。过冷却点也可以用于分析昆虫的分布界线，玉米螟的过冷却点较低、耐寒性强，它可以分布到我国的极北地区；红铃虫越冬幼虫在冬季绝对低温达－15～－16℃，持续2 h或1月平均气温在－4.8 ℃以下的地区，死亡率几乎为100%，这也是限制此虫在北方分布的主要因素；三化螟只能分布在山东汶上县和河南辉县以南的地区；而黏虫在北纬33°，1月份0 ℃等温线以北的地区均不能越冬。

不少昆虫在冬季来临之前，脂肪和糖类的积累明显增加，水分减少，由于体液浓度的提高而明显地降低了体液结冰的温度；当温度继续下降，体内结合水的比例增加，又进一步降低体液结冰的温度。通过这样的生理过程使过冷却点明显下降，耐寒性也显著提高。

昆虫的过冷却点受昆虫体重、生理状况、体内生化物质的组成及含量以及冰核微生物等的影响，同时也与昆虫的发育阶段及所处环境有关。一般个体小、体重轻的昆虫过冷却点低，个体大而重的过冷却点高。昆虫的生理状况是指体内水分、脂肪、糖类物质的含量和状态。例如，棉红铃虫越冬幼虫的耐寒力与体内含水量相关，体内含水量越低，其过冷却点和结冰点愈低（表1-1）。

表1-1　越冬棉红铃虫的耐寒力与虫体含水量的关系

（引自傅胜发等，1959）

虫体含水量（%）	过冷却点（℃）	结冰点（℃）
50～55	－17.50	－10.20
55.1～60	－15.00	－8.36
60.1～65	－15.50	－8.90
65.1～70	－12.70	－5.59
平均	－15.37	－8.74

昆虫的耐寒力不仅与虫体含水量有关，而且与体内水分的状态（即游离水和结合水的比例）也有关系。结合水是指与细胞原生质亲水胶体微粒紧密结合的水分子，或在胶体的超毛细管中所持有的水分，属于胶体系统，不易冻结，所以虫体内结合水比例大，耐寒力就强。一般耐寒性强的昆虫，在低温到来前，体内结合水比例增加，如北方地区的天蚕蛾（*Callosamia promethea*）等。而抗寒力弱的昆虫在低温季节到来前体内游离水的比例反而增加，例如属南方种的谷象等。另一类昆虫则在低温到来前体内的两种水分的比例不变，但有主动迁移避寒的习性，如地下害虫蛴螬等。

越冬期间体内游离水的减少，常伴随着脂肪和肝糖含量的增加。有的实验证明，甘油是昆虫耐寒的基质，在越冬期间体内的肝糖分解为甘油及山梨醇，耐寒性增强，越冬结束后又

合成肝糖。此外，昆虫在越冬前还可积累大量糖类、亲水胶体物质和氨基酸及盐类等，使体液的浓度增加，导致体液渗透压增加，过冷却点降低，从而增强其耐寒的能力。这些物质的积累与越冬前的营养条件有关。凡营养条件好的，越冬死亡就少。例如湖南调查三化螟在晚籼稻田内的越冬死亡率比晚粳稻田高。所以在调查越冬后有效基数时，要注意选择上一年不同营养状态的寄主植物类型田。

对玉米螟越冬幼虫过冷却点的测定证明，在干燥环境中过冷却点低、耐寒力强，在湿润环境中则反之。所以一般冬季湿冷比干冷容易引起越冬死亡。

同一发育阶段的虫体在不同季节内耐寒力有所不同。一般一定虫态或虫龄的个体过冷却点常随着季节性气温的下降而降低，亦即耐寒力随之增加。例如玉米螟5龄幼虫随秋季的来临，其过冷却点逐渐下降，在晚秋季节可达－20 ℃以下（表1-2）。

表1-2 玉米螟5龄幼虫过冷却点的季节性变化

（引自 Barnes 等，1949）

测定日期	测定头数	虫体含水量（%）	平均过冷却点（℃）	生存数
7月13日	10	63.5	－14.6±0.55	0
8月17日	10	53.0	－11.5±0.11	0
9月6日	10	58.6	－16.1±0.87	0
9月13日	10	55.4	－16.2±1.65	0
10月8日	10	54.8	－18.9±0.89	0
10月23日	10	52.7	－22.0±0.96	6

一般越冬早的虫体的耐寒力较弱，越冬死亡较多。例如收割较早的中籼稻田中三化螟幼虫的越冬死亡率常较收割迟的稻田为高。另外，秋季温度如果突然下降，死亡常较多。例如家蚕的越冬卵在温度逐渐下降到－32 ℃时不死亡，若骤然降到－32 ℃则全部死亡。这是由于温度逐渐降低时体液冷却均匀，有利于以过冷却状态耐寒。同时，一年中最冷的季节也是昆虫最耐寒的时期。如果冬季时暖时寒，或者春季气温升高后又遇到强寒流，则这种气候先使昆虫生理代谢作用增强，体内水分代谢部分恢复，含水量增加，耐寒力降低，其后如再遇严寒，则死亡率便升高，特别是春季寒流的袭击，常可引起多种昆虫越冬虫态或虫龄的大量死亡。所以一般作有效越冬基数的调查不应在冬前或冬季，而是在春寒经过以后。

冰核微生物会引起昆虫在低温下体液的快速结冰，而提高过冷却点。例如二化螟肠道中有一种真菌 *Fusarium* sp. 具有冰核活性，无菌幼虫的过冷却点为－20.6 ℃，而带菌的幼虫为－7.0 ℃。

（五）温度对昆虫繁殖的影响

昆虫繁殖有一定的适温范围，一般接近于生长发育的适温范围。在此范围内繁殖力随温度升高而增强，但繁殖的最适温度范围常较发育的要窄些。温度对繁殖的影响主要在成虫期。例如小地老虎成虫在8～35 ℃范围内可以生存，但是其产卵的适宜温度范围为15～

22 ℃；平均温度高于 26 ℃时，成虫的交尾率下降 22.3%～50%；平均温度达 30 ℃时，成虫则不能产卵。稻蓟马在 17～29 ℃范围内都能产卵，其产卵的适宜温度范围为 17～25 ℃，当温度达到 28 ℃时产卵明显受到抑制。棉红铃虫产卵的起始温度为 20 ℃，在 25～31 ℃范围内产卵量随温度的增高而增加，温度超过 31.4℃时产卵量显著减少，35 ℃以上则不能产卵。

昆虫的成虫在较低温度下虽能生存，寿命也较长，但性腺不能发育成熟，不能交尾产卵或产卵极少。在过高的温度下，成虫寿命短，雄虫精子不易形成，或失去活动能力，也可影响交尾行为而引起不育，使雌虫所产卵多为不受精卵，因此不能孵化而死亡。例如稻纵卷叶螟雄成虫受 40 ℃高温每天热击 5 h，持续 3 d 后，其精子的发生数量不受影响，但与未热击的雌蛾交配时，精子不能正常转移到雌虫体内，从而引起繁殖力的显著降低（图 1-3）。

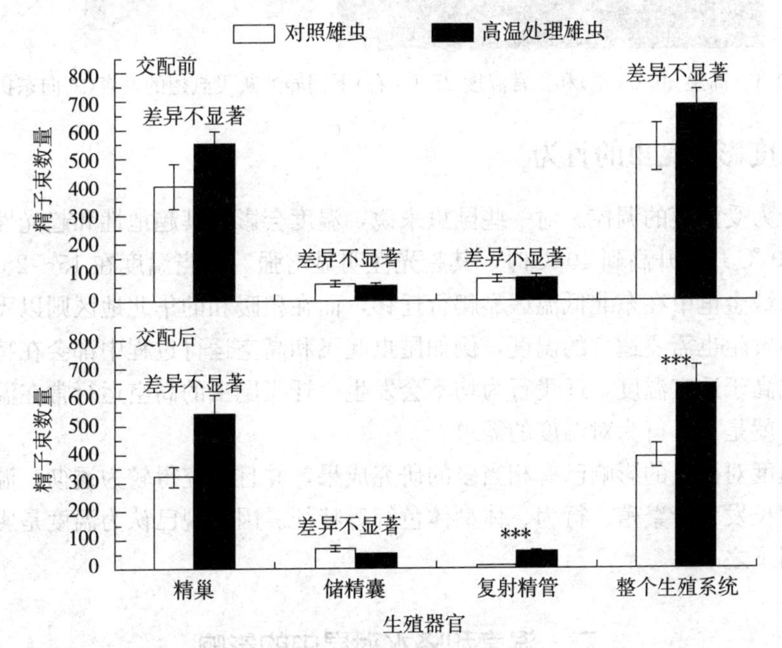

图 1-3　稻纵卷叶螟雄成虫受 40 ℃高温热击处理 3 d（每天 5 h）的效果

（引自 Liao 等，2014）

在适宜的温度下，成虫性成熟快，产卵前期和产卵期均短，繁殖力最大。昆虫繁殖的适宜温度范围常较生长发育或生存的适温范围要狭窄得多，其他外界因子也是如此。这主要是因为生殖细胞处于分裂旺盛的初生状态，而体细胞则是已经分化成型的细胞，前者对外界条件变化的反应要敏感得多。用射线处理雄虫，可以造成雄虫不育而不影响雄虫的正常生活和行为，也是这个道理。

（六）温度对昆虫体型体色的影响

不同温度下饲养的同种昆虫，其体型大小和体色会发生显著变化。例如在低温下饲养的棉蚜，其个体大，体色多为墨绿色，而在高温下饲养的个体，其体型小，体色多为淡黄色。在低温下饲养的蝗虫，其体色变暗，而在高温下饲养时，体色变淡。高温可引起昆虫成虫身体的发育不健全，翅不能正常展开，或生殖腺的发育受到抑制而引起不孕等。例如黏虫蛹在 30～35 ℃高温下，羽化后翅多干卷，雌蛾和雄蛾的性腺发育均受到抑制，不孕卵比例增多。

高温下饲养的灰飞虱也表现出翅卷缩而不能全展开的现象（图 1-4）。

图 1-4　高温 30 ℃（左）和正常温度 27 ℃（右）下饲养的灰飞虱翅的发育（刘向东摄）

（七）温度影响昆虫的行为

昆虫的行为受温度的调控。对一些昆虫来说，温度会影响其趋地性和趋光性，如温室粉虱在温度从 10 ℃开始升高到 40 ℃时，其趋光性明显增强，而当温度在 15～25 ℃时，其趋地性较强。棕绒金龟甲在东北低温区靠爬行迁移，而在稍暖和的华北地区则以飞翔扩散。昆虫迁飞行为的发生也需要适宜的温度，例如昆虫起飞和高空运行过程中都会在特定的温度下进行，低于或高于适宜温度，迁飞行为均不会发生。迁飞昆虫的高空运行常在温度最高的逆温层顶进行，就是飞行行为对温度的需求。

总之，温度对昆虫的影响已有相当多的研究成果，并且探究得较为透彻。温度能影响昆虫的存活、生长发育、繁殖、行为、体型体色等等特征。因此现已认为温度是影响昆虫的最主要的外界因子之一。

二、湿度和降水对昆虫的影响

和温度一样，水也是生命活动所必需的条件之一。原生质的化学活性与水是不可分割的，盐和糖类只有在水溶液状态下才能发生生理作用；酶的作用也只能在水溶液中才会显示出来；体内的激素联系、营养物质的输送、代谢产物的运转、废物的排除等，都只有在溶液状态下才能实现。昆虫主要从周围环境中摄取水分，而且具有保持体内水分避免散失的能力。环境湿度、水分、食物含水量的变化对昆虫起着极其重要的影响。

（一）昆虫水分的获得、散失和调节

1. 昆虫获得水分的方式　昆虫主要从食物中取得水分，一些昆虫还有直接饮水、通过体壁渗透吸水。此外，在特殊的条件下，一些昆虫还可以利用代谢水。

（1）从食物中取得水分　这是昆虫获得水分的主要方式。昆虫的直肠具有很强的吸收水分的机能，可将消化后的残渣和未被消化的碎片内的水分吸收入体腔以补充水分的消耗。一些昆虫甚至为了吸取水分而大量摄食。例如飞蝗在迁飞期间的能量消耗和水分散失是相当大

的，这期间飞蝗取食的植物仅有少量被消化吸收，大部分成碎片随虫粪排出，其中的大量水分在通过直肠时被吸取。

（2）直接饮水　不少昆虫有直接饮水的习性。例如许多蝶、蛾、蜂都有饮水习性。姬蜂在饮水以后腹部显著膨大，在林区边缘的水沟边常可捕获生活于乔木的姬蜂，这是姬蜂因饮水的需要而迁移到低湿地方的。玉米螟、粟灰螟等越冬幼虫在越冬后吸水才能进入积极的生命活动状态。白蚁筑巢时，都会筑一条“吸水线”通向水源。

（3）通过体壁或卵壳吸水　有些昆虫可以通过体壁渗透吸收附在上面的水分。水生的或土中生活的昆虫常有这种情况。例如东亚飞蝗卵在孵化过程的一定阶段，卵粒由于吸水而膨大，卵内含水量也明显增加。

（4）利用代谢水　在代谢中不论消耗那一类营养物质，水总是代谢的最后产物之一。例如1 g脂肪代谢后可以产生1.07 g水，1 g淀粉代谢后可以产生0.55 g水，1 g蛋白质代谢后可以产生0.41 g水。昆虫在越冬前体内储存的脂肪、糖等，可以成为体内水分的一个来源。取食干木材和其他干物质的昆虫，代谢水是体内水分的重要来源。

2. 昆虫水分散失的途径及对失水的控制　昆虫体内的水可通过排泄、呼吸和体壁向外散失。也通过直肠、马氏管的基部、气门、体壁的结构控制失水。通过水分的散失和对水分吸收的控制，使体内维持相对的水分含量。

（1）消化、排泄系统的排水　由消化、排泄系统排出来的水，都与虫粪一起排出体外。虫粪中的水来自两个途径，一是未被消化的食物残渣中的水和已消化的食物中被吸收剩余的水，二是由马氏管排出代谢废物时一起送进后肠的水。消化道和马氏管都有回收水的机能，以保证体内维持足够的水分。消化道吸水的部位主要在后肠，特别在直肠部分吸收水的能力最强。马氏管从血液中吸取含氮的废物，主要是尿酸盐，这些废物是以水溶液状态被吸入马氏管的，当这些水溶液通过马氏管的基部时，部分重新回收入血液之中。因此消化系统和马氏管是失水的一个途径，同时也是控制失水、调节体内水分的一个途径。

（2）呼吸系统的失水　昆虫的气管遍布全身各种组织，如果计算气管壁的面积，其要比体壁的表面积大好多倍。气管壁的水分蒸发量是相当大的。昆虫通过呼吸作用可以散失大量水分。昆虫通过气门控制呼吸，也控制水分的散失。据测定，蝗虫成虫失水中有70%是从气门蒸发的；家蚕蛹的失水有60%出自气门。当温度提高或空气中二氧化碳含量增加时，昆虫的呼吸作用加剧，气门开放，通过气门失水更多。

（3）通过体壁失水　昆虫的体壁有良好的保水性能，特别是裸露生活的陆生昆虫更是如此。如果体壁受到损伤，可能由于大量失水而引起死亡。惰性粉（高岭土、滑石粉）对一些仓库害虫的杀伤作用的机理，就是由于惰性粉落于节间膜上，通过昆虫本身的活动而磨损表皮层，造成过度失水而死亡。环境温度升高到足以扰乱蜡层的分子排列的时候（低于蜡层熔化温度5～10 ℃），保水能力将明显下降，也可导致昆虫死亡。

昆虫在孵化、脱皮、化蛹、羽化期间，新形成的表皮保水能力甚低，如果环境湿度偏低，容易造成大量失水，轻则产生畸形，重则引起死亡。

（二）不同生活方式昆虫对环境湿度的要求

不同生活方式的昆虫对环境湿度的要求不完全相同。

1. 水生昆虫对环境湿度的要求 水生昆虫可以通过体壁吸收水分，当离开水面时容易失水死亡，例如稻象甲幼虫、稻摇蚊幼虫等。

2. 土栖性昆虫对环境湿度的要求 土栖性昆虫或生活于土中的虫期，如金龟子幼虫、叩头虫幼虫、拟步甲幼虫、一些土栖性的叶甲幼虫、一些土中化蛹的夜蛾蛹、蝗虫的卵等，如果放入相对湿度低于100%的环境中，就会由于水分散失而体重下降，甚至由于失水而死亡。蝗卵、金龟子卵等在环境湿度低于饱和湿度时会引起干缩，只有通过体壁吸水后才能正常孵化。

3. 钻蛀性昆虫对环境湿度的要求 钻蛀于浆果内、茎内的昆虫，在钻蛀生活的虫期，同样适于100%的相对湿度。例如三化螟的蛹期在相对湿度100%时比96%时短一些，而直接与水接触时，蛹期将比饱和湿度下更短一些。

4. 裸露生活昆虫对环境湿度的要求 裸露生活于植物上的昆虫或虫期，对环境湿度也有一定的要求。例如亚洲飞蝗在温度为30～35 ℃、相对湿度为35%时不能完成发育；相对湿度为45%时发育期为36～43 d；相对湿度为100%时发育期为25～31 d，但成活率较低；相对湿度70%为适宜湿度，发育期为32～37 d，但成活率较高。稻纵卷叶螟的卵重在46%～51%的相对湿度下显著轻于在100%湿度下的（图1-5左），卵在正常温度但相对湿度低的条件下胚胎能发育，但幼虫不能破卵而出（图1-5 A），在高温低湿条件下卵直接干瘪死亡（图1-5 B），而在高温高湿条件下胚胎发育不正常（图1-5 D）。

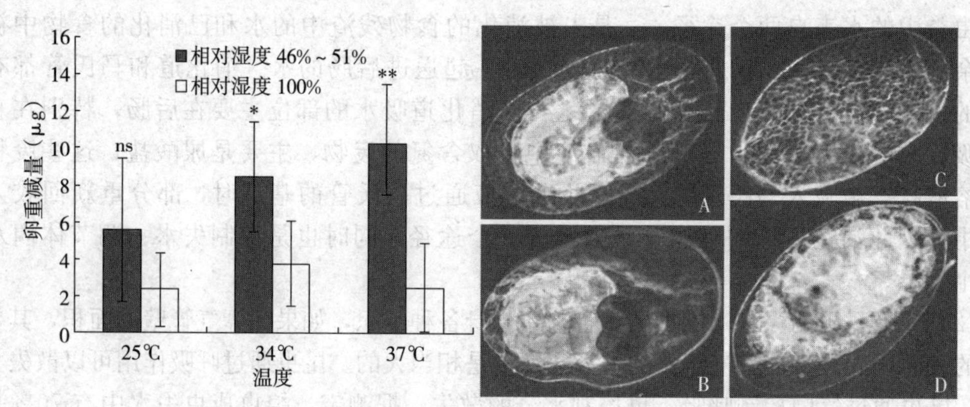

图1-5 稻纵卷叶螟卵在不同湿度下的重量变化（左）及胚胎发育（右）

A. 25℃、相对湿度47%，发育130 h B. 25℃、相对湿度80%，发育109 h C. 37℃、相对湿度51%，发育100 h D. 37℃、相对湿度100%，发育100 h ＊. 两湿度间差异显著 ＊＊. 两湿度间差异极显著 ns. 差异不显著

（引自方源松等，2013）

（三）湿度对昆虫生长发育、存活和繁殖的影响

湿度能影响体内水分平衡，自然会对昆虫的体内代谢起作用。因此与代谢有关的繁殖、生长发育、成活率也会受到外界环境湿度的影响。对裸露生活于植物上的昆虫或虫期与外界环境湿度的变化直接发生联系。

1. 湿度对昆虫生长发育的影响 湿度对昆虫发育速度的影响远不如温度明显，主要是因为其血液有一定的调节代谢水的能力和在其发育期间食物含水量充足，所以只有在湿度过高或过低而且持续一定时间，其影响才比较明显。例如东亚飞蝗卵在30 ℃时，土壤含水量在15%～18%范围内发育正常，但当土壤含水量下降至4%时，不仅孵化率低，而且孵化时

间大大延迟。稻纵卷叶螟卵的发育速率与湿度关系密切，表现出随着湿度的增加，发育速率加快，历期缩短（表1-3）。

表1-3　不同温度和湿度下稻纵卷叶螟卵的发育历期（d）

（引自方源松等，2013）

湿度（%）	温度（℃）					
	22	25	28	31	34	37
46～51	6.14±0.23a	4.87±0.04a	NH	NH	NH	NH
64～66	5.87±0.05ab	4.85±0.05a	3.53±0.38a	3.23±0.11a	2.88±0.08a	NH
77～82	5.59±0.10bc	4.34±0.17b	3.45±0.21ab	3.05±0.14b	2.92±0.20a	NH
86～89	5.41±0.34c	4.48±0.20b	3.25±0.27ab	2.95±0.08b	2.83±0.05a	NH
100	5.52±0.19c	4.11±0.11c	3.11±0.15b	2.94±0.06b	2.82±0.03a	NH

注：表中的数据表示为“平均数±标准差”。同一列数据后有不同小写字母表示湿度间差异显著。NH表示卵没有孵化。

2. 湿度对昆虫存活的影响　湿度对昆虫存活的影响较为显著。例如黏虫卵在23℃下，相对湿度为18%、50%、75%、80%和95%时，其孵化率分别为0%、20%、60%、76.7%和76.73%，但相对湿度为100%时，其孵化率又下降为73.9%，说明黏虫卵在适温范围内，其孵化率随着湿度的增加而提高。再如亚洲玉米螟的卵在25℃下，相对湿度为90%时，可全部孵化；相对湿度为70%时，孵化率为83%。亚洲玉米螟、粟灰螟等的卵块，在干旱和高温情况下，易于干瘪脱落。

3. 湿度对昆虫繁殖的影响　湿度会影响昆虫的繁殖能力。多数昆虫产卵时要求高湿度。例如黏虫成虫在25℃的适温下，在相对湿度90%时产卵量比60%时高出1倍以上。棉红铃虫成虫的交配产卵要求80%以上的相对湿度；稻纵卷叶螟成虫在95%以上的相对湿度产卵最多，偏低的湿度不产卵，即使产卵不孵化；飞蝗的产卵量以相对湿度为70%时最多。

在环境湿度偏低的情况下，成虫往往出现下面的一些现象：一些雌虫已经抱卵但产不出来；一些卵内胚胎已经发育完成而不能破卵孵化（图1-5 A）；一些幼虫完成1个龄期后已经形成新表皮而旧表皮蜕不下来；一些成虫已在蛹壳内形成而不能羽化，一些已经羽化出来的成虫不能正常展翅。在这样的情况下，并不是由于偏低的湿度影响卵内胚胎发育，也不是由于偏低的湿度影响胚胎、幼虫、蛹的发育。而是因为偏低的湿度引起昆虫失水较多，血液中的水因用于补充组织代谢对水的需求，而在体内形成不了足够的液压，从而对产卵、孵化、蜕皮、羽化和展翅发生影响。

天气干旱时往往导致蚜虫、叶螨等发生严重。刺吸式口器昆虫以汁液为食，从食物中可以取得充足的水分，因而对一些刺吸式口器昆虫来说外界环境湿度的影响较小。当湿度偏低时，植物组织内含水量比较低，取食的干物质量相对增加，反而有利于刺吸式口器昆虫的生长发育。同时，寄主体内水分的降低会提高体内酶的活性，特别是转化酶，使得蚜虫能获得更多的葡萄糖、氨基酸等。另外，天气干旱，还不利于这些害虫天敌的繁殖和存活。

4. 降水对昆虫的影响　降水与空气湿度密切相关，因此常常可以从一个地方的降水量了解湿度的一般情况，或以同一地方不同时期或季节降水量的特点来表示当地一年内的湿度变化。这在一定范围内是有参考价值的。降水对昆虫的生态影响如下。

①降水显著提高空气湿度，从而对昆虫发生影响。

②降水影响土壤含水量，对土中生活的昆虫起着重要的作用。同时，土壤含水量对植物发生影响，从而作用于昆虫的食料，特别对取食植物汁液的昆虫影响更加明显。

③降水对一些昆虫却是重要的条件。附在植物上的水滴，常常对一些昆虫卵的孵化和初孵幼虫的活动起重要的作用。例如稻瘿蚊的初孵幼虫借叶片上水滴的张力爬行侵入，或落入水中移动侵入，降水（或灌溉）对小麦吸浆虫的入土和出土发生影响，早春降水对解除越冬幼虫的滞育状态有密切的关系。

④在北方冬季以雪的形式降水，形成地面覆盖，有利于保持土温，对土中或土面越冬的昆虫起保护作用。

⑤降雨也常常成为直接杀死昆虫的一个因素。蚜虫、红蜘蛛在暴雨后种群数量往往减少；暴风雨后在田间往往发现已死或将死的蛾类成虫，而且还可发现大量抱卵的雌蛾。

⑥降雨影响昆虫的活动。降雨会抑制许多昆虫的飞翔活动；远距离迁移的昆虫常因降雨而被迫降落；连续降雨也常常会影响赤眼蜂、姬蜂、茧蜂的寄生率。

降雨对昆虫的影响往往应用旬降水量、月降水量甚至年降水量与害虫发生数量间的相关关系来表示。除了考虑降水量外，还应该考虑降水强度、持续时间等因子，因为同样的降水量、不同的分布时间对昆虫会产生不同的影响。例如 10 d 内降水 50 mm（旬降水量），这可能是在短时间内一场大雨降水 50 mm，其他时间均为晴天，也有可能是连续阴雨。这两种情况对昆虫的作用是完全不同的。一些昆虫幼虫钻蛀于植物组织内，或在卷叶苞内生活，成虫自由活动，因此降水对其幼虫及成虫会有不同的影响。

5. 温度和湿度对昆虫的综合影响 在自然界，虽然在某些情况下，温度和湿度对昆虫的影响有主次之分，但二者是互相影响和综合作用于昆虫的。对不同昆虫或同种昆虫的不同发育阶段，昆虫的适温范围可因湿度的变化而偏移；同样，适宜的湿度范围也可因温度条件而变化。或者说，在一定的温度和湿度范围内，相应的温度和湿度组合，可以产生相近似的生物效应。在温湿系数（相对湿度/温度）小于 2.5 时，稻纵卷叶螟卵的孵化率随温湿系数增加而升高，但大于 2.5 后，卵均保持高孵化率（图 1-6）。

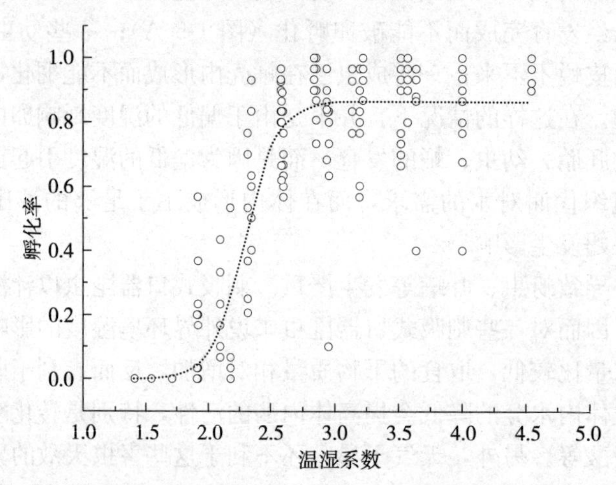

图 1-6 稻纵卷叶螟卵在温湿度联合条件下（以温湿系数表示）的孵化率

（引自方源松等，2013）

温度与湿度对生物的作用是相互联系的。温度与湿度的关系在生物气候学上常常以温湿系数和气候图来表示。

温湿系数（E）是指同一时段内平均相对湿度（RH，去掉%号）与平均温度（T）的比值，即

$$E=RH/T$$

或用温雨系数（Q）即同一时段内降水量（P，mm）与温度的比值表示，即

$$Q=P/T$$

温湿系数可以作为一个指标，用以比较不同地区的气候特点，或用于表示不同年份或不同月份的气候特点。一般可以应用于日、候、旬、月、年不同的时间范围。

例如华北地区用温湿系数分析棉蚜的消长，当5 d的温湿系数为2.5～3.0时，有利于棉蚜发生，可造成猖獗危害。

需要指出的是，温湿系数的应用有一定的局限性的，例如在我国南方可以找到 $E=1\ 500/250=6$ 的地点和年份，而在我国的西北，也可以找到 $E=600/100$ 的地点和年份，这两个温湿系数值同样是6，但两个气候环境是有很大差别的。因此应用温湿系数分析害虫大量发生条件时，应标出此间的温度和湿度范围。

三、光在昆虫活动中的意义

昆虫在进化过程中形成了对辐射热、光的强度、光的波长和光的昼夜变化（光周期）的适应性。昆虫的许多习性、行为都受到光的控制。

（一）辐射热对昆虫的影响

昆虫可从太阳的辐射热中吸取热能。在寒带地区，春天冰雪还未融化，有时会发现一些体黑的隐翅虫在冰雪上面活动，这些昆虫可吸收太阳的辐射热而提高体温。在高寒山区或寒带地区的昆虫往往颜色深暗，这样有利于吸收太阳的辐射热，在热带地区的昆虫往往色泽鲜艳而有强烈的金属反光，这也有利于反射太阳的辐射热而避免体温过高。一些昆虫（例如菜粉蝶）在阴暗处化蛹的蛹色较深，在光线较强处化蛹的蛹色较浅，有些昆虫的体色随栖息场所的背景色泽而变化，这都可能与光的辐射热发生联系。

（二）光的强度对昆虫的影响

光的强度也就是亮度或照度。光照度的单位常用勒克斯（lx）。光照度主要影响昆虫昼夜的活动，如交配、产卵、取食、栖息等。按照昆虫生活与光照度的关系，可以把昆虫分为：白昼活动型（例如蝶类、蝇类、蚜虫等）、夜间活动型（例如夜蛾科、螟蛾科、多数金龟科昆虫等）、黄昏活动型（弱光活动，例如小麦吸浆虫、蚊等）和昼夜活动型（例如某些天蛾科、大蚕蛾科、蚕蛾科等昆虫）4类。

一般来说，生活在黑暗地方的昆虫，增加光照度，它们则会躲入黑暗的缝隙中。许多蛀茎生活、地下生活和仓库内生活的昆虫具有这种习性。相反，裸露生活的许多昆虫，在光线较弱时会趋向光源或光线较强的地方。但对许多昆虫来说，在过强的光照度下特别活跃，代谢加速而寿命缩短。

昆虫有发达的感光器官，复眼和单眼，而且形成了对光照度选择的趋性，如趋光性和负趋光性。

一些昆虫的活动受到光强的影响。例如蚜虫的迁飞与光照度有关，蚜虫在黑暗中不起飞，而中午光照度超过 10 000 lx 时也很少迁飞，故每天上午和下午出现两次迁飞高峰。试验证明，在无风的环境下光源对蚜虫的迁飞有一定的导向作用。又如蚊虫大多在 0.15～1.50 lx 的光强下活动，强光及完全黑暗的条件下活动较少。

（三）光的波长对昆虫的影响

光是一种电磁波，由于波长不同，显示出各种不同的性质，表现出各种不同的颜色。太阳光通过大气层到达地球的波长为 290～2 000 nm。昆虫可见光波的范围与人不同。人眼可见波长为 390～770 nm，对红色最为敏感，对紫外光和红外光均不可见；昆虫可见波长范围为 250～700 nm，对紫外光敏感，而对红光不可见。例如蜜蜂可见波长范围为 297～650 nm，果蝇甚至可见 257 nm 的波长。

昆虫的趋光性与光的波长关系密切。许多昆虫都具有不同程度的趋光性，并对光的波长具有选择性。一些夜间活动的昆虫对紫外光最敏感，例如棉红铃虫对 365.8～400 nm 光波的趋性最强，棉铃虫和烟青虫分别对光波长 330 nm 和 365 nm 趋性最强。预测预报上使用的黑光灯波长为 360～400 nm，比白炽灯诱集昆虫的数量多、范围广。黑光灯结合白炽灯或高压萤火灯（高压汞灯）诱集昆虫的效果更好。

LED 节能环境保灯也可用于诱集昆虫，其在害虫预测预报上的应用是今后发展的趋势。研究表明，蓝色和绿色 LED 灯对白背飞虱的诱集效果要好于黄色和红色灯（图 1-7）。

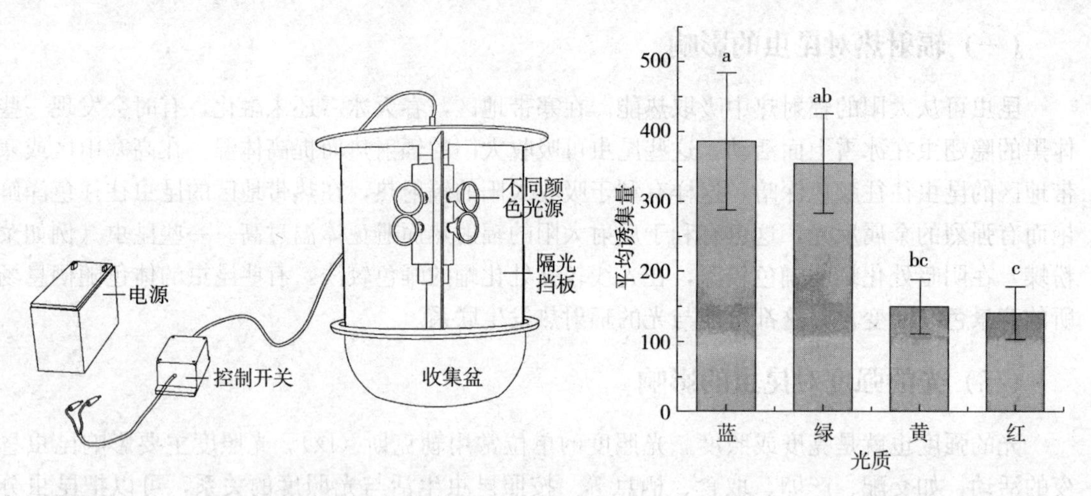

图 1-7 LED 田间诱集灯装置示意图（左）和不同颜色 LED 光源对白背飞虱的诱集量（右）
（引自 Yang 等，2015）

蚜虫对粉红色有正趋性，对银白色、黑色有负趋性，故可利用银灰色塑料薄膜等隔行铺于烟苗、蔬菜等行间，可驱避蚜虫。黄色对蚜虫的飞行活动有突然抑制作用，类似某些物理刺激而引起昆虫的假死性，据此可利用“黄皿诱蚜”进行预测预报和“黄板诱蚜”进行防治。

植物的花色和叶色对一些昆虫的趋向也有关。例如大菜粉蝶喜欢趋向于黄色和蓝色花，雌蝶喜欢在绿色和蓝绿色叶上产卵；二化螟、稻纵卷叶螟等在深绿色稻株上产卵，而在黄绿色的稻株上产卵较少。

（四）光周期对昆虫的影响

昼夜中的光暗相互交替，形成了不变的序列关系，这是光周期的日变化。一年内每天光周期的日变化是不同的。在北半球，夏至日最长而夜最短，冬至日最短而夜最长，秋分刚好是从夏至日最长逐渐变化至冬至日最短的中点，春分刚好是从冬至日最短逐渐变化至夏至日最长的中点，“春分秋分，昼夜平分”说的就是这个意思。这是光周期的年变化。

在同一纬度内光周期的年变化是相同的。不同纬度的光周期年变化的节律相同，都是夏至日最长而冬至日最短，春分和秋分日夜平分。但在赤道线上，夏至和冬至的日照时数没有区别，而由赤道向高纬度地带，夏至的日照时数逐渐增长，冬至的日照时数逐渐缩短。在北纬 65°以上，可以出现白夜，即夏至前后昼夜都可以看到太阳，而冬至前后，昼夜却是暗淡无光。

地球公转形成四季，自转形成白天黑夜；地球又是倾斜绕太阳公转，所以形成白天黑夜日照时数的不同。夏半年，太阳直射北半球，高纬度背向太阳而不被太阳照射的纬度圈窄于赤道，太阳照射的纬度圈范围大于赤道，故向高纬度日照时数增多。

生物对光周期（日变化及年变化）的适应形成了生物钟，即在生理上形成了与光周期变化相适应的节律，在昆虫中也有相似的现象，这将在后面章节中阐述。

昆虫对生活环境光周期变化节律的适应所产生的各种反应，称为光周期反应或光周期现象。许多昆虫的地理分布、形态特征、年生活史、滞育特性、行为以及蚜虫的季节性多型现象，都与光周期的变化有着密切的关系。

昆虫活动的时间节律，按其性质可分为外生性节律和内生性节律两类。外生性节律也称为昼夜节律，其对外界环境条件可产生直接反应，例如蛾类白天潜伏、晚上活动，蝶类则相反。如将其置于恒定条件（如连续黑暗或连续光照）下，它们原有的昼夜活动节律就会消失。内生性节律也称为时辰节律，是昆虫体内具有真正的指示时间节律的机制。例如昆虫的运动、取食、羽化以及萤火虫发光等节律，即使在恒定条件下原有的节律也不会消失。

光周期的年变化对许多昆虫的反应都非常明显。主要是光周期的年变化比温度的年变化更有规律性。温度的年变化是波动地增加或波动地下降的，而光周期的年变化是逐日地有规律地增加或有规律地减少的。例如许多蚜虫在短日照时才产生两性个体。又如光周期对许多昆虫冬期滞育的关系非常密切。特别是高纬度地带的许多昆虫，光周期的变化成为昆虫滞育越冬前生理上的准备和进入滞育的先兆，并且是部分昆虫解除滞育的生态条件之一。

昆虫滞育与光周期关系密切，滞育的产生与解除是昆虫适应环境条件的一种对策，具体内容将在本章第五节中阐述。

四、风对昆虫的影响

风与水分蒸发量关系密切，从而对湿度产生影响。蒸发量大也会引起温度下降。因而风对环境温度和湿度都会发生作用。对昆虫来说，风也有助于体内水分和周围热量的散失而对昆虫体温发生影响。这是风对昆虫影响的一个方面。

风对昆虫迁移、传播的作用是相当明显的。这是风对昆虫影响的重要方面。许多昆虫能借风力传播到比较远的地方。例如曾有记载，一些蚊、蝇类可被风带到 25～1 680 km 甚至

以外，蚜虫可借风力迁移 1 220～1 440 km 的距离，一些无翅昆虫附于枯枝落叶碎片上随上升气流而到达高空传播到远方等。据报道，日本近来于太平洋海域（菲律宾至日本）的海面上能捕获到随季风北向迁移的稻褐飞虱。我国近年在 1 500 m 空中也曾捕获稻褐飞虱、白背飞虱等多种昆虫，以及黑肩绿蝽、隐翅虫、蜘蛛等害虫天敌。这些都说明了风对昆虫的迁移起重要的作用。高空迁飞的昆虫以风为运载工具，进行远距离的迁飞。风是昆虫远距离迁飞的运载工具。

我国春夏季为西南季风，从秋季起则西北风盛行，这个大气环流特点与季风气候对我国几种重要农业害虫的南北往返迁飞有很大影响。对褐飞虱迁飞与风关系的研究结果表明，褐飞虱在我国东半部春夏季由南向北迁飞，秋季又复自北向南迁飞，这种循环往返的迁飞，主要是由于我国处于东亚季风环流地区，春夏季太平洋上副热带高压逐渐增强北跃，在此暖湿高压西北侧形成西南季风带，携带褐飞虱由西南向东北方向迁移；秋季副热带高压减弱南退，而西伯利亚的冷高压增强东移南下，形成强东北风，又携带褐飞虱由北逐渐向南回迁，这样每年周而复始，循环往复。而在这两个高压之间的广大地区，由于高压进退而产生气流场和锋面，又是促使迁飞虫群迫降的条件。近年来国内外用雷达监测空中迁飞昆虫的运行规律证明，迁飞昆虫在高空运行过程中常有成层飞行的现象。在密集层内虫群密度常比层外大几十倍，而这种密集成层的层次高度常处于高空逆温层顶部，和高空中风速最大的低空急流层相一致，一般风速超过 12 m/s 时称为低空急流层。因此可以依据低空急流层的强度、流向、高度等参数来估测迁飞昆虫在高空运行时的迁飞轨迹。

暴风雨不但影响昆虫的活动，而且常常会引起昆虫的死亡。特别是华南及沿海地区台风对昆虫的影响是值得重视的。例如台风会抑制其经过地或周边地区褐飞虱的正常长距离迁飞，或引起迁飞路线和降虫区域的改变（Hu 等，2013），从而导致褐飞虱在某些区域意外降虫汇集而成灾。

除上述情况外，在强风的长期作用下，昆虫也有适应环境的特点。达尔文早就注意到这种情况：在太平洋一些小岛上的昆虫形态上发生了变化，一般表现在翅退化或翅特别发达，这样可以保证不被风吹到海里。

五、昆虫所处的小气候

气候是指某一地区大气规律性变化的过程，这是根据多年观测所得的气温、降水、风等要素的平均值而得出的。气候因地区而不同。从昆虫生态学和害虫预测预报的角度，气候又可分为大气候（macro-climate）、生态气候（eco-climate）和小气候（micro-climate），其中小气候对害虫的发生消长有特殊影响。

小气候是指近地面大气层约 1.5 m 范围内的微细气候。植物生长及昆虫生存地范围内的气候属小气候。近地面层的温度除因地面性质的不同而不同外，也受地面覆盖状况的影响。地面覆盖物能吸收太阳辐射能而再对外辐射，这个层次又称为外活动面，多在作物封行后出现。在大田内，农作物群体间温度，一般在日间，植株上层温度变化和气候常相符合，但向植株基部温度逐渐下降。水稻田进行烤田、棉田和麦田进行施肥灌溉等农事操作后，光、温、湿、风等气象要素均有改变，从而影响在这一小气候环境中生存繁殖的昆虫，使其发育速度、繁殖速率、种群密度以及寄生物和寄主间的关系等发生变化。

例如黏虫是好湿性种，一般在丰产麦田或地势低洼、植株稠密、郁闭度高的田间，因麦行间小气候环境适宜，中温高湿适于成虫交配产卵，幼虫存活率高，常出现猖獗危害。反之，在地势高，或麦株生长稀疏的麦田，黏虫发生数量较少。

大豆蚜（*Aphis glycines*）在较高温度和一定湿度下生存率高，反之则不利于蚜虫种群的增殖。该种在大豆植株较稀疏的豆田内发生多；而在植株较密的豆田内，由于湿度高、温度低，种群数量少。

近年来，各地在研究褐飞虱在长江流域夏季消长的关键因素时认为，盛夏日平均气温高于 33.5 ℃，即为限制性因子。据望江县病虫预测预报站观测，即使在大气温度高于 33.5 ℃的盛夏季节，在稻株丛间的小气候环境中的温度也明显低于这个数值，特别是在郁闭封行的中稻田内，差异更为明显。由于褐飞虱栖居在稻丛基部近水面处，在盛夏季节中，当大气温度高于 33.5 ℃时，此处仍适宜其生活繁殖，成为当地晚稻田虫源。因此考察温度对褐飞虱的影响时，要注意水稻田的小气候。

凡冬季在近地面土层中越冬的昆虫，都要受到贴地层小气候的影响。田间作物的植株状况影响贴地层小气候，从而影响昆虫越冬后的存活率，以及春季因升温快慢不同而影响春季不同类型田内害虫的发育进度。

上述种种实例表明，由于田间作物种类不同，或长势差别，就形成了田间小气候的差异，从而影响在这个小气候环境中栖息昆虫的存率、繁殖等。因此在害虫预测预报时既要结合大气候的总体情况，也要考虑小气候的特殊性，才能做出准确的判断。

第三节　昆虫与土壤环境的关系

土壤是由固体（无机物和有机物）、液体（土壤水分）和气体（土壤空气）组成的三相系统。不同土壤中这 3 种成分的质和量都是不同的，它们之间不是简单的混合，而是相互联系、相互制约的统一体。

土壤内有大量终生栖息的昆虫，还有一部分在地面上生活的昆虫，但其生命的某一阶段又必须在土壤里度过。据调查，1 m^2 麦田 30 cm 深土内，有 73 000 个无脊椎动物，其中 6 000个是昆虫；而同样大小的荒草地有 8 700 个昆虫。昆虫的生活和土壤环境有十分密切的直接关系或间接关系。Buckle（1923）估计，有 98%以上的昆虫种类在它的生命中某个时期与土壤环境有密切的关系。昆虫和土壤环境发生的联系形式有 3 种类型：终生生活在土壤中，部分生活史阶段生活在土壤中和大部分生活史阶段生活在土壤中。

终生都生活在土壤中，或仅个别时期生活在土壤外的种类，有弹尾纲、原尾目、蝼蛄、金针虫、麦根蝽、土居白蚁等，在农业上常被称为地下害虫。

部分生活史阶段在土壤中生活的昆虫，其个体某个发育阶段或在一定季节内必须在土壤内度过。这类昆虫很多，有的是产卵于土内或土面，如蝗虫、蛴螬；有的是在土中化蛹，如棉铃虫、黏虫、地老虎、大豆食心虫等；还有的是在土中越冬、越夏，例如小麦吸浆虫等。

大部分生活史阶段均在土壤表面度过的昆虫常有窝穴在地下，例如蚁类、鳞翅目夜蛾科和天蛾科以及膜翅目的许多种类，其幼虫、蛹都在土穴中生活。

不同土壤类型，通过土壤气候（包括土壤中温度、空气和水分变化）、土壤的理化性状及土壤中的生物群落的作用对昆虫的分布与种群消长产生影响。

一、土壤温度对昆虫的影响

土壤的主要热源是太阳辐射。因此和气温一样，土壤温度也有昼夜和季节性变化。但其变化幅度不像地面那么大，离土表越深变幅或变化速度愈小。据测定，在离土表45 cm的土层中几乎没有昼夜温差，在8～10 m深的土层中温度常年基本稳定。在白天接受阳光时，土表的温度升高快，而内部热传导较慢，升温慢；夜间土表散热快，而土壤内部积聚的热散失慢。由于土壤中的热来源于太阳辐射热，并以传导方式向内部传热，因此土壤的成分、颜色、结构、坡度及坡向、植被状况等都对土壤温度的变化有影响，从而也影响昆虫的趋温选择性、分布状况和活动习性。例如在土壤中产卵的昆虫，选择的产卵地点往往同土壤温度有密切关系。亚洲飞蝗经常选择在向南倾斜的砂土地产卵，因为这些地方受热多。土壤环境又是昆虫及其他变温动物避免环境温度剧烈变化的优良栖息场所，很多昆虫选择在土壤里越冬、越夏。由此可以利用冬耕，将越冬害虫翻耕出来，把害虫冻死或消灭，这是一项农业防治措施。

土壤温度的变化对土栖昆虫在土壤中潜土的深度或垂直迁移有直接影响。一般在秋季气温渐降时，昆虫要向土壤深层迁移，气温越低，入土越深；春季转暖时，越冬昆虫复苏渐向上迁移；在夏季炎热时，也有些土居昆虫向土下潜伏，夏末秋初又向上面耕作层移动，因此在黄淮旱作地区，出现地下害虫的春秋两季危害现象，即是蛴螬、金针虫等地下害虫在土壤中进行垂直迁移和危害的结果。

在北方各地华北蝼蛄在土中进行垂直迁移活动和危害麦类、旱粮作物的时期与土壤温度有密切关系。当土壤温度达8 ℃以上时该虫开始活动，土壤温度达13～26 ℃时活动于25 cm以上表土中，土表温度达26 ℃以上时又向下迁移。

掌握土栖昆虫上升开始危害或下移停止取食的临界温度，对于抓住时机进行土壤处理或其他防治措施有重要指导意义。

二、土壤水分对昆虫的影响

土壤水分主要来源于降雨、降雪以及人工灌溉。此外，空气中的水蒸气遇冷也会凝结成土壤水分。土壤中存在3种形式水分：①吸着水，土壤微粒具有很大的吸引力，能使其表面上覆盖着一薄层水分子膜；②毛细管水，由于毛细管作用存在于土壤微粒之间的水分；③重力水，在土壤微粒之间由于重力作用而运动着的水分。具有团粒结构的土壤，其团粒之间有较大的孔隙，而团粒内部又有细的毛细管，能保持优良的吸水能力。

土壤里的空气经常处于高湿度状态。外界湿度的变化对土壤湿度的变化影响较小。因此可以认为土壤环境是无脊椎动物由水生演变成陆地生活的过渡环境。许多较原始的昆虫至今仍保持着终生的土栖生活。

土壤中不仅存在着气态水，还存在着液态水（即土壤含水量）。与地面环境不同，土壤含水量对昆虫的影响是相当大的，许多昆虫在卵发育阶段和蛹羽化阶段需要从周围环境中吸收水分。例如在陕西武功的棕色金龟甲（*Rhizotrogus* sp.）的卵，在土壤含水量为5%时全部干缩而死，在土壤含水量10%时部分干缩而死，在土壤含水量15%～30%的各处理中均

能孵化，在土壤含水量超过40%时则易被病菌寄生而死亡，孵化出来的幼虫不能在含水量30%以上的土中生活，因为这时土壤已呈浆状。小麦吸浆虫幼虫化蛹和蛹羽化为成虫出土，都需要一定的土壤含水量，在干旱时虽然成虫已发育完成但也不能出土，所以常是雨后集中大量羽化。在这种情况下，降雨就可成为预测发生期的生态指标。

棉铃虫的幼虫是在土中做土室化蛹，成虫羽化后钻出土面，因而土壤含水量对蛹的死亡率和成虫的羽化率影响很大。从室内模拟人工降雨的试验结果来看，土壤含水量对棉铃虫蛹期的影响是显著的（表1-4）。从表1-4中可见，土壤含水量主要影响棉铃虫蛹在土中的存活和成虫的正常羽化出土，对入土化蛹影响较小；土壤相对含水量愈大死亡率愈高，其中以幼虫入土后3 d（已做好土室化蛹）降雨的影响最显著，即使土壤相对含水量只为40%，正常羽化率也只有50%。田间调查中，棉铃虫化蛹盛期多雨年份，成虫羽化数量显著减少。近几年来各地已将其化蛹盛期的降水量多少作为预测该虫下代发生量的重要气象指标。大豆豆荚螟和小地老虎等在化蛹期也相类似。

表1-4　土壤相对含水量对棉铃虫化蛹羽化的影响

（引自张孝羲等，1981）

降雨情况	土壤相对含水量（%）	处理虫数（头）	化蛹率（%）	正常羽化率（%）	死亡率（%）	羽化后不能出土率（%）	羽化后出土展翅不全率（%）
幼虫入土前降雨，土壤水分维持到羽化结束	0	15	100	66.6	6.8	0	26.6
	20	15	100	80.0	20.0	0	0
	40	15	100	86.0	6.8	0	6.6
	60	15	100	60.0	6.7	13.3	20.0
	70	15	100	46.0	6.8	0	46.6
	80	15	100	26.7	60.0*	0	13.3
	100	15	6.6	0	93.4*	0	0
幼虫入土后3 d降雨，土壤水分维持到羽化结束	40	14	100	50	35.7	0	14.3
	60	15	100	33.3	6.8	33.3	26.6
	70	15	100	33.3	46.7	20.0	0
	80	15	100	33.3	33.4	20.0	13.3
	100	15	100	0	100	0	0

*　包括幼虫和蛹的死亡率。

但土壤含水量对昆虫的影响常因土壤的物理性状而不同。例如适于东亚飞蝗产卵的土壤含水量，黏土为18%～20%，壤土为15%～18%，持水力最差的砂土地低至10%仍属适宜范围。

三、土壤空气对昆虫的影响

土壤空气来源于大气，但又不同于大气，因为土壤中有一部分气体是由土壤中所进行的生化过程产生的。由于土壤生物的呼吸作用和有机物的分解，不断消耗氧气和放出二氧化碳，所以土壤空气中氧和二氧化碳的含量与大气有较大差别。二氧化碳浓度高，氧含量低。

低等昆虫通过体表直接进行气体交换，如无气管的原尾虫和弹尾虫，以皮肤进行呼吸；有气管的大蚊和叩头甲科的昆虫，以体表和角质膜交换气体。土栖昆虫能主动迁移以选择适宜的呼吸条件，当土壤中水分过多，通气不良时，爬到空气较多的土壤表层；当土壤表层蒸发干旱而不利于皮肤呼吸时，又转入土壤深处。

在土壤中化蛹的昆虫，常结一个土茧，以解决土壤中水和空气的矛盾，既保持湿润又有通气条件，一旦土茧破碎或落水，蛹则窒息而死。

四、土壤的理化性状对昆虫的影响

土壤的理化性状包括土壤成分、组成的土粒大小、土壤紧密度、透气性、团粒构造、含盐量、有机质含量、土壤酸碱度等性状。各种具有不同理化性状的土壤，不但影响生长的植物，同时也决定着地下和地面某些昆虫的种类及数量。

一些地下害虫的地理分布与土壤的性质和结构有很大关系。例如华北蝼蛄主要分布在南方较黏重的土壤地区。土栖昆虫的许多适应性也同其在土壤里活动有关，例如蝼蛄的前足特化为开掘足；土栖昆虫幼虫体呈蠕虫形，有利于在土壤空隙间潜行；又如双翅目剑虻科（Therevidae）的幼虫身体分成更多的亚节以增加其灵活性；有挖土习性的昆虫往往体壁坚硬、上颚发达，同时在体后端有支撑的构造，例如步甲的幼虫。一些比较小型的昆虫，例如葡萄根瘤蚜，在有空隙的团粒结构的黏壤土中活动和蔓延都较方便，危害则严重，而在砂土地里（土粒直径0.02～2mm）则基本不能生存，因为没有团粒结构，土粒间没有足够的空隙供若虫活动。对于体型较大、身体柔软的昆虫（如蛴螬），则在疏松的砂土和砂壤土中有利于它们活动。蝼蛄也适宜在砂土地活动。

在土壤中产卵的昆虫，对土壤的物理性状有一定要求。例如芜菁蝇（*Phorbia brassicae*）、日本金龟甲（*Popillia japonica*）常选择砂壤土产卵，越是疏松的土壤其产卵深度越深。在华北、东北一带危害大白菜的白菜蝇（*Hylemyia floralis*）的危害程度与土壤的物理性状有密切的关系。据辽宁金县调查结果，在砂壤土及黏壤土中危害最重，在砾质砂壤土中危害轻，而在粉砂黏壤土中几乎不见危害。蔬菜害虫黄守瓜的产卵、化蛹及羽化都同土壤物理性状有关，产卵以壤土最适宜，黏土其次，砂土中不见产卵；化蛹和羽化在壤土和黏土中均达90%左右，而在砂土中则只有60%和75.5%。

土壤的化学性状，例如土壤内矿物质含量、二氧化碳含量、氨气含量、氢离子浓度（即土壤pH）等，均直接影响土中昆虫的生存。土壤含盐量是东亚飞蝗发生的重要限制因素。对我国蝗区的调查结果表明，土壤含盐量在0.5%以下的地区是东亚飞蝗的常年发生地区，它产卵的最低含盐量临界为0.3%，含盐量为0.7%～1.2%的地区是其扩散区，含盐量为1.2%～1.5%的地区则无此虫分布。因此土壤含盐量1.2%成了东亚飞蝗自然分布的界限。此外，土壤含盐量、酸碱度和在这样的土地上适生的植物种类都是彼此密切相关的，从而也影响蝗虫的种类分布与发生。

土壤pH对昆虫有影响，例如叩头甲科的大多数种类的幼虫（金针虫），适合于4.0～5.2的pH范围，但也有的种适于在碱性土中生活。据调查，我国的沟金针虫喜欢在酸性缺钙的土壤中生活，而细胸金针虫则喜欢在碱性的土壤中生活。葱蝇在强酸性土中产卵多，在碱性土中产卵少。麦红吸浆虫适宜于碱性土壤上发生，而麦黄吸浆虫则较喜欢酸性土壤。

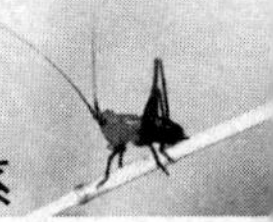

土栖昆虫受土中二氧化碳的影响因种类而不同。白蚁能忍受二氧化碳，一些甲虫的幼虫在土中趋集于产生二氧化碳植物根部；螨和弹尾虫受到二氧化碳及氧的刺激后向某些分解物上聚集，但接触到少量硫化氢或氨即死亡。

第四节 昆虫与生物环境的关系

生物因素是环境因素的重要组成部分，它包括环境中的一切生物。由于生物的生命活动和相互联系，就构成了自然界生物间的相互依存和相互制约的关系。它包括种内各个体间的关系，以及种间各物种及各种的个体间的各类关系。生物因素既影响昆虫的生长、发育、繁殖和分布，又影响昆虫种群的存活与密度变化。植食性昆虫受寄主植物和天敌的影响尤为明显，同时种间和种内的密度变化在一定条件下也影响种群的盛衰。

一、生物关系的类型

昆虫与生物环境间的关系，即生物关系，主要有 4 类：捕食关系、寄生关系、竞争关系和共生关系。捕食关系表现为一个个体消耗另一个个体的全部或部分，例如蜘蛛与褐飞虱。寄生关系表现为一个个体慢慢地消耗另一个体，致使另一个体的死亡，例如蚜茧蜂与蚜虫间的关系。竞争关系表现为两个体或竞争双方相互制约，从而降低了各自的适合度，例如同在棉株上的棉铃虫和红铃虫。共生关系表现为两个体或双方互惠互利，生活密不可分，例如蚜虫与其体内的 *Buchnera aphidicola* 生共生菌。

昆虫的两物种个体间的关系还可细分为：竞争作用、捕食作用、寄生作用、中性作用、偏害作用和偏利作用。其中，中性作用的两物种个体虽共处一起，但相互无影响。偏害作用是对一方的个体有害，但对另一方无作用，如同在棉株上的棉蚜和棉红蜘蛛，棉蚜排泄的蜜露对红蜘蛛有影响，但红蜘蛛对棉蚜的影响不明显。偏利作用是对一方有利，而对另一方无影响，例如蚜虫和蚂蚁，蚜虫的存在对蚂蚁明显有利，但蚂蚁对蚜虫的作用不明显。

二、食物链和食物网

自然界生物之间最基本的关系是食物的联系，即营养联系。食物联系是生物物质循环和能量转换的基础，生物通过食物联系构成相互依存和相互制约的一个整体。

（一）食物链

食物联系通常是以植物为起点，植物从土壤中吸取水分和矿质营养，从空气中吸收二氧化碳，在太阳辐射的作用下，经过植物叶部进行光合作用，合成有机物质。这些有机物质可提供植物生命活动所需要的化学能和热能。植食性昆虫通过取食植物获得营养物质和能量，它们又是捕食性或寄生性天敌的营养物质和能量的来源。这种以植物为起点的彼此依存的食物联系的基本结构就称为食物链（food chain）。食物链的环节数最少 3 个，多的可达 5～6 个。例如水稻→二化螟→稻螟赤眼蜂，为 3 个节点的食物链；水稻→稻纵卷叶螟→纵卷叶螟绒茧蜂→金小蜂，为 4 个节点的食物链；水稻→褐飞虱→蜘蛛→青蛙→蛇→……→人，为多

个节点的食物链。

（二）食物网

自然界，单纯直链式的食物链是很少存在的，各食物链总是通过共用食物节点而相互交错联系成网状，这种错综复杂的食物联系的网状结构就称为食物网（food web）。

图 1-8 为稻田中以水稻为生产者的食物网中的一个分支。褐飞虱以吸食水稻汁液为生，而多种寄生性或捕食性天敌又以褐飞虱为食，这些天敌本身又是重寄生物或其他捕食者的猎物，这类食物联系形成了彼此依存和制约的以水稻为起点的食物网中的一个分支。

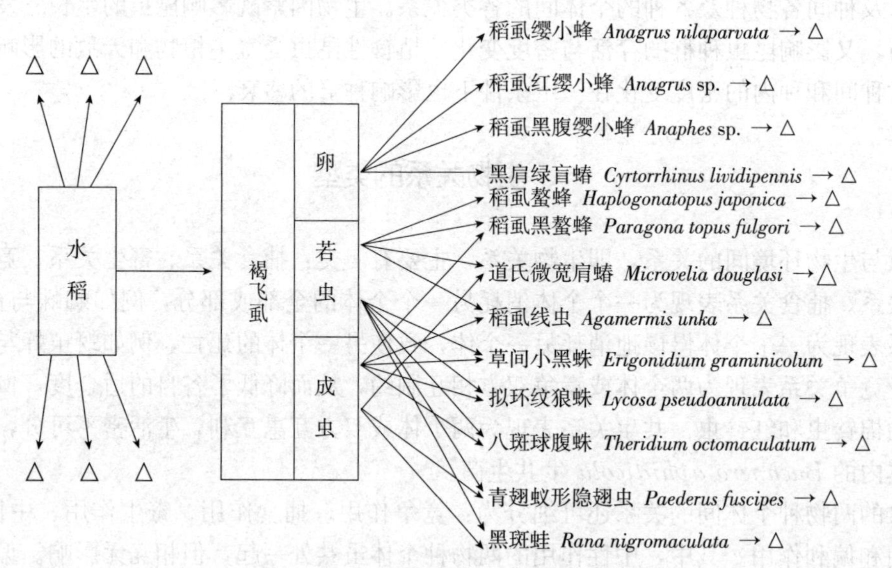

图 1-8 稻田中一个食物网示意图

（△表示其余环节已省略）

上述水稻食物网中的褐飞虱分支并非截然独立的，其中不少环节既与褐飞虱相联系，又与其他水稻害虫分支有联系。例如黑肩绿盲蝽可吸食多种飞虱、叶蝉的卵和若虫，道氏微宽肩蝽可捕食多种飞虱、叶蝉的若虫和成虫。蜘蛛的猎物就更多了，拟环纹狼蛛可捕食多种飞虱、叶蝉及鳞翅目、双翅目昆虫。青蛙的食性更复杂，在稻田中几乎是无选择地捕食它遇到的昆虫。由此看出，褐飞虱食物网分支常常与其他害虫食物网分支交叉在一起，构成更复杂的食物网。

因此，在预测害虫种群数量动态时，不可单纯着眼于寄主植物与某种天敌的数量关系，而应当从食物链和食物网的角度，分析寄主植物与害虫之间、害虫与害虫之间、害虫与天敌之间以及天敌与各级捕食者之间的数量关系。例如在我国南方稻区，稻螟赤眼蜂（*Trichogramma japonicum*）是稻螟（二化螟、三化螟）、稻纵卷叶螟、稻苞虫、稻螟蛉、沼蝇等昆虫卵的重要寄生性天敌，这些害虫在稻田内数量消长情况，直接对稻螟赤眼蜂的种群数量发生影响，有时可起促进数量增长的作用，有时可起抑制数量的作用，并且作用的大小时有变化。了解食物网中各物种间的捕食关系和动态，就有可能正确估计害虫种群密度的发展趋势。

三、竞争关系

利用相同资源的同种或不同种生物个体间，当资源不充足时会发生竞争关系。自然界生物间存在相互依存和相互制约的复杂关系，一般都是由于对食物或居住空间的竞争原因引起的。例如水稻和稻田杂草间、水稻的各种害虫间、某种害虫的各种天敌间、某种天敌的寄生物和捕食者间等，都存在以食料和生存空间相联系的种间竞争关系。

(一) 种间竞争关系

种间竞争关系，是生物长期进化过程中形成的适应性，因而它们的生长发育和繁殖都具有相应的时序性。小麦红吸浆虫成虫羽化期经常与小麦抽穗期相联系。同一种作物上，有的害虫出现期较早，有的害虫出现期较迟。种间竞争的适应性还表现在居住空间方面。同一作物上的多种害虫不可能共同栖息于同一生态位（niche），例如南方棉田中，小地老虎只在苗期咬茎，棉蚜危害嫩叶，金刚钻蛀嫩头，棉大卷叶虫和造桥虫危害叶片，棉红铃虫蛀害蕾、花、铃等，不同种类的害虫经过长期竞争选择后，分化成了利用棉株的不同生育期或利用同一生育期棉株上的不同营养部位的种类。

种间竞争是物种适应性进化的动力之一。同一种作物上多种害虫在一起时的种间竞争现象也很普遍，例如棉花上棉铃虫和红铃虫的竞争，二者总是以相互残杀的方式独占棉铃；水稻上纵卷叶螟和稻苞虫各以不同的卷叶方式来适应对稻叶的竞争。种间竞争的时序性或空间的选择性，都表明竞争的双方或多方物种在生态位选择上有差别。例如一种更喜在高温中生活，另一种更喜在较低温下生活，这种异质性使两个种能各得其所地共同利用环境中的资源。生态学上称这种规律为竞争排斥原理（competitive exclusion principle）或 Gause 假说。竞争排斥原理表明，生态位完全相同的两个物种不能共存。

生态位是指生物在环境中的功能地位，包括所占领的物理空间、能利用的资源、能适应的条件、出现的时间等。生态位与生境既相联系又有区别，生境是指生物生活的物理环境。生境中包含有许多生态位。生态位具有多维性，有机体所能利用的每种资源或影响有机体的每个条件均称为生态位的一维。有机体的生态位有基础生态位和实际生态位之分。基础生态位是由物种本身的特性所决定的，是在无任何环境压力下生物体能占有和利用的所有资源。而实际生态位是环境压力存在的条件下，生物体能利用的所有资源。生物体的实际生态位宽度一般要比其基础生态位宽度窄。竞争、捕食、寄生和共生关系发生时均会影响生物体的实际生态位。

两个物种彼此竞争同一资源时，可能有以下 2 种不同的结局：① 竞争后两物种共存，但生态位分离；② 竞争后一方存活，另一方被淘汰。竞争后到底出现何种结局，由竞争双方的环境适应能力高低所决定。由此可见，同一环境中共存的物种在生态要求上不可能是完全相同的。这个观点对于害虫生物防治、农业防治和害虫数量预测都是有用的。例如 Debach 和 Sundby（1936）研究过的红圆蚧（*Aonidiella aurantii*），其为美国加利福尼亚州南部的一种柑橘害虫。大约在 1900 年，一种寄生性天敌黄金蚜小蜂（*Aphytis chrysomphali*）从地中海地区偶然输入，很快扩散成为红圆蚧的天敌。1948 年该地从中国南部引进一种岭南蚜小蜂（*Aphytis lingnanensis*），该小蜂在黄金蚜小蜂发生的所有地区繁殖并定居下来。到 1958 年，黄

金蚜小蜂在整个区内被岭南蚜小蜂完全取代。到1961年，黄金蚜小蜂只有2个地区保留下来，分别占总小蜂种群的32.6%和14%。1956年和1957年，与岭南蚜小蜂同属的另一种蚜小蜂印巴蚜小蜂（*Aphytis melinus*）从印度引进，1957—1959年，印巴蚜小蜂在加利福尼亚州所有柑橘区释放，很快在内地较热地区取代了岭南小蜂，但在海边没有发现这种现象。1961年加利福尼亚州大部分柑橘区，印巴蚜小蜂占总蚜小蜂种群的94%～96%。这种竞争结果，导致两个种生活在柑橘生产区的两个地方，海边和内地，发生了明显的生态位分离。

（二）种内竞争关系

生物界种内竞争的现象也很普遍。同一空间内任何一种植物或动物的密度超过该空间所能容纳的程度时，经常发生自然淘汰现象以保持物种的延续。例如草蛉、瓢虫、小地老虎、棉铃虫等，在种群密度大而食料不足时，常有自相残杀现象发生。同一朵棉花中存在两头以上的红铃虫幼虫时，也会通过自相残杀而仅留下一头幼虫。有的物种在密度过大时，会以扩散、迁移方式另觅适宜的栖息地和食料。例如稻飞虱可产生长翅型而迁出，棉蚜产生有翅型而扩散。

种内竞争的影响表现在存活率下降、个体增长速率、成虫体重和生育力下降等方面。例如Leonard（1970）曾报道舞毒蛾（*Porthetria dispar*）对种群数量有自我调节的现象。在其第一代幼虫食料丰裕的年份，其雌蛾可产生大型卵，孵出的第二代幼虫个体较大，可在原寄主树上取食，并产生营养状况良好的雌蛾。在第一代幼虫食料不足的年份，所产生的雌蛾只能产下小型卵，由此孵出的第二代幼虫体型较小，往往随风飘移到其他树上定居取食，这种扩散方式常在种群拥挤度大或饥饿状态下发生，由此产生的雌蛾营养较差，易导致种群的衰落。

种内竞争也是物种对环境的适应表现。了解种内竞争的规律性，是天敌保护、利用和害虫猖獗原因分析的重要依据，因而也是害虫预测的重要依据。

必须指出，生物的种间竞争和种内竞争有时是交错在一起而难以截然划分的。例如在稻田中稻纵卷叶螟卵量低时，如果其寄生性天敌稻螟赤眼蜂比较多，则其多寄生现象必多，一般每粒卵被赤眼蜂产入1粒卵，寄生蜂都可正常羽化，若产入2～3粒卵，由于寄主卵营养物质有限，不能满足赤眼蜂所有个体的需求，故都在羽化前的中途死亡，即使能完成发育，羽化后个体也变小，繁殖力低，生活力减退，并导致后代雌性比例下降，生活力和攻击力降低，赤眼蜂种群因此衰落，而稻纵卷叶螟卵孵化率得以提高。由此可见，种内竞争与种间营养关系也是相互联系并互为因果的。在害虫数量预测时既要考虑天敌作用参数，又要考虑天敌和害虫各自的生活力（种内竞争），才能正确地做出判断。

四、捕食关系

捕食者与猎物间的关系是发生在不同营养层物种之间的取食与被取食关系。它们是以作物为起点的食物链中两个重要环节，也是生物防治的基础。

所谓捕食（predation），可以解释为一种生物取食另一种生物。从广义角度来看，动物取食植物、肉食性动物取食其他动物、寄生性生物取食其他生物均属于此范围。但这里仅讨论肉食性昆虫或蜘蛛、螨类的捕食现象和寄生昆虫的寄生现象。值得指出的是，典型的寄生

现象一般是指当寄生物侵入寄主后在寄主体内繁殖多代，且不一定使其寄主立即死亡，甚至并没有致死作用。例如内寄生性原虫、细菌、真菌、病毒、线虫等。而寄生性昆虫侵入寄主后，当自己繁殖一代后，寄主随即死亡（少数外寄生昆虫或螨类例外），很类似于捕食现象。因此有不少学者把昆虫寄生现象称为拟寄生（parasitoid）。

捕食关系对害虫种群数量的调控有重要作用。捕食者的种类、数量及捕食量直接关系到捕食者对猎物的控制作用大小，因此受到研究者的广泛关注。捕食作用包括3种反应：功能反应、数值反应和干扰效应。功能反应系在不同的猎物密度下，每个捕食者的捕食量与猎物数之间的关系，也就是捕食作用与猎物密度有关。数值反应系捕食者数量与猎物密度之间的关系。干扰效应是捕食者之间的关系。

（一）捕食者与猎物间的功能反应

捕食者的捕食量随猎物密度的变化而变化的现象称为功能反应。Holling（1959）提出了3种基本曲线来描述功能反应（图1-9）。

1. 第一种类型的功能反应　第一种类型亦称为Holling Ⅰ型。捕食者与猎物的相遇率（或发现域 a）为一常数，即捕食者对猎物捕食数随猎物密度上升而增加，而且成一直线关系。但对猎物的捕食量存在一定密度阈值 N_x，当超过该值时，捕食的猎物数不再增加，即成一常数，使直线变平，又称为折线型（图1-9 Ⅰ′）。于是捕食者攻击的猎物数（N_a）为

$$N_a=\begin{cases}aT_sN & (N<N_x)\\ aT_sN_x & (N\geqslant N_x)\end{cases}$$

式中，T_s为寻找时间（为一常数），N 为猎物密度，N_x为猎物饱和密度，a 为捕食者的攻击率或发现域。

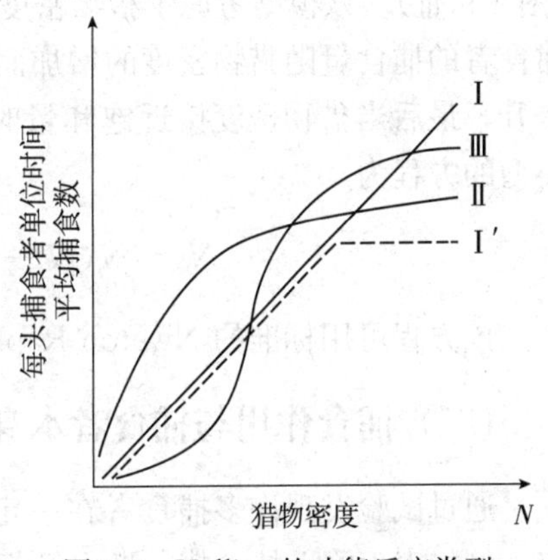

图1-9　Holling的功能反应类型

Holling Ⅰ型模型假定捕食者发现一个猎物则已对其利用，没有考虑其对猎物的处理时间，这明显在实际中不太成立。

2. 第二种类型的功能反应　第二种类型又称为Holling Ⅱ型，亦称凸形反应，其特点是呈负加速曲线，为逆密度制约的（图1-9 Ⅱ），也是捕食者与猎物关系间最常见的一类。Holling通过模拟实验证明，捕食者每当与一个猎物相遇，总要有一定时间用于制服、产卵、取食或其他有关活动。所以当捕食者在找到一个猎物到又重新寻找新的猎物之间，有一个时间间隔，称为处理时间（T_h），而捕食者处理完毕后又开始搜索到重新找到一个新猎物之间的时间则称为搜寻时间（T_s），当捕食者遇到的猎物愈来愈多，则其用于处理的时间（T_h）愈多。那么在总时间（T）范围内的有效搜索时间（T_s）就愈少。所以Holling认为搜索时间（T_s）是与猎物密度（N_t）有关的，从而影响捕食效率。设发现域（a）为瞬时的猎物发现率（instantaneous rate of discovering prey）a'和搜寻时间（T_s）的乘积，即

$$a=a'T_s$$

捕食者总搜寻时间为 T，则有

$$T_s=T-T_hN_a$$

$$N_a = a'T_sN_t$$

将 T_s 代入 N_a 中得，

$$N_a = a'(T - T_hN_a)N_t$$

$$N_a = \frac{a'TN_t}{1 + a'T_hN_t}$$

这就是著名的 Holling 圆盘方程。大多数无脊椎动物的功能反应属于此型。该方程中 a' 和 T_h 的参数估计可先将曲线方程取倒数后直线化，再采用最小二乘法进行确定，即

$$\frac{1}{N_a} = \frac{1}{a'T} \cdot \frac{1}{N_t} + \frac{T_h}{T}$$

因此设定 5 个不同密度的猎物（N_t），分别将 1 头捕食者放入其中，24 h 后（$T = 1$）计数被捕食者捕食掉的猎物数（N_a），将 N_t 和 N_a 分别转换成倒数后，利用这 5 组数据，通过最小二乘法求得 a' 和 T_h。

3. 第三种类型的功能反应　第三种类型亦称为 Holling Ⅲ型。这种类型的曲线呈 S 形（图 1-9 Ⅲ）。该模型考虑了猎物密度较低时会抑制捕食者的捕食作用。因此在低猎物密度下捕食者的捕食量随猎物密度的增加而增加较慢，而当猎物密度达到一定量时，捕食量呈直线上升，最后当猎物密度接近饱和量时，捕食量的上升又变缓。Hassell（1977）提出表示该类型的方程为

$$N_a = N(N - N_a)(\lg \frac{N - N_a}{N} - bT_hN_a + cT)$$

该方程可用标准的 Nweton-Raphson 方法迭代解出 b、c 和 T_h，其中 b 和 c 为常数。

（二）捕食作用与捕食者本身密度的关系——干扰效应

通过试验发现许多捕食者在一定空间内，常对邻近的同种其他个体的存在有明显的反应。例如寄生蜂、捕食螨、瓢甲等都可以增加局部扩散行为来对同种个体的相遇起反应。这就是通常所称的相互干扰作用。这种干扰作用随捕食者的密度增加而使每头捕食者的寻找效率降低。其原因是每次捕食者相遇而发生局部扩散，从而减少搜寻猎物的有效时间。这种捕食者的密度对捕食量的影响，称为捕食者和猎物间的干扰效应，或干扰反应。

Hassell-Varley（1969）提出这种关系的数学模型为

$$a = QP_t^{-m}$$

式中，a 为发现域，m 为干扰系数，Q 为寻找系数，P_t 为捕食者的密度。该模型表明，捕食者相互干扰后会导致捕食者攻击率或发现域的降低。

（三）捕食作用对猎物分布的反应

以上各模型都是假设捕食者是随机寻找的，就是说每个捕食者平均地占有同样多的猎物，在每个单位空间上以同样时间进行寻找，而每个猎物个体都具有同样的被发现的概率。但在自然界任何物种种群都有其空间分布特性，猎物的不同密度又决定着它的空间分布类型。所以许多昆虫天敌都不是随机寻找的，也就是说在害虫不同密度的区域内，天敌在其上所花的时间不相同。一般说，天敌要花更多的时间集聚在害虫密集的单位空间内，与害虫密度低的单位相比，会引起害虫较大的死亡率，如同 Holling Ⅲ型 S 形功能反应曲线那样，在

曲线的下平稳区（低密度）和曲线的上平稳区（高密度）区域内捕食者对猎物种群密度的空间分布反应较不明显，而只有在S形曲线的中间区域范围内，捕食者的寻找率受猎物种群密度的空间分布差异影响较明显。Hassell 和 May（1973）提出了表示捕食者在不同密度猎物斑块中分布的基本模型，即

$$\beta_i = c\alpha_i^{\mu}$$

式中，β_i 为捕食者在 i 斑块中的分布比例，c 为常数，α_i 是猎物在 i 斑块中的分布比例，μ 为聚类指数。$\mu=0$ 时，表示捕食者在各斑块中随机搜索；$\mu=1$ 时，表示捕食者的分布比例与猎物的密度呈比例关系；$\mu=\infty$时，表示捕食者聚集在最大猎物密度的斑块中。μ 越大，捕食者聚集性越强。

（四）捕食作用的数值反应

数值反应是指捕食者数量与猎物密度之间的关系，主要是由于猎物作为食物消耗而对捕食者的生长发育、生殖、死亡等方面产生的影响。Bedding 等（1976）提出了有关模型。

1. 猎物密度对捕食者发育速率的影响 猎物密度对捕食者发育速率的影响，可用下式描述。

$$1/D=\alpha\ (L-\beta)$$

式中，$1/D$ 为捕食者发育速率，α 和 β 为常数，L 为食物消化率。

若假设食物消化率（L）与捕食的猎物数（N_a）呈比例关系，则有

$$L=KN_a$$

式中，K 为常数，它与每个猎物的大小以及每个被捕食猎物的利用比例有关。

如将 Holling Ⅱ型模型的 N_a代入上述捕食者发育速率公式，可得

$$\frac{1}{D}=\alpha\left(\frac{Ka'N_tT}{1+a'T_hN_t}-\beta\right)$$

2. 猎物密度对捕食者生殖力的影响 被捕食的猎物数与捕食者的生殖力呈线性关系时，用下式表示。

$$F=(\lambda/e)(KN_a-C)$$

式中，F 为捕食者生殖率；N_a为被捕食的猎物数；e、λ 和 C 均为常数，其中 e 为平均每卵的生物量。

将 Holling Ⅱ型捕食量（N_a）代入上式，可得

$$F=\frac{\lambda}{e}\left(\frac{Ka'N_tT}{1+a'T_hN_t}-C\right)$$

以上介绍了单种捕食者与单种猎物间的捕食关系，然而在自然界中许多捕食者是多食性或杂食性的，而且多种猎物又是同时存在的，因此这种多物种之间的捕食系统会更为复杂。近年来，国内外对这种多物种间的相互关系已有不少研究，这对害虫的综合治理及生物防治有更大的推动作用。

五、生物因素对昆虫的生态效应

生物因素对昆虫的生态效应与非生物因素比较起来，其特点主要表现在以下几方面。

（一）生物因素对昆虫影响的不均匀性

非生物因素（如温度、湿度、光照等条件）对昆虫的作用，对不同密度大小没有什么不同，它对所有同种群的个体起着比较均匀的作用，也即昆虫个体间所受到的影响差异不大。生物因素对昆虫各个体的影响，一般都并非一致，其影响只涉及种群内的部分个体。例如食料，有的个体能获得较充足的食料，有的个体不能获得充足的食料，因而表现出不同的生态效应。又如天敌，有的害虫个体遭受天敌的袭击，被寄生或被捕食，有的个体却幸免，受攻击的与幸免的害虫所表现的天敌生态效应也不相同。因此生物因素对昆虫的生态效应是不均匀的。

（二）生物因素与种群密度大小的关系

生物因素对昆虫影响的程度，与该种群的密度大小有关。在一定的空间范围内，害虫的食料是有限的，当害虫密度较大时，个体平均的食物量相对降低，食物的质量也相应下降，由于食料不足，部分个体可能濒于饥饿，因此种群的死亡率亦升高，繁殖力下降，并可引起种群的衰落。当种群密度下降至较小时，则食料对昆虫种群就产生有利的生态反应，种群死亡率下降，繁殖力上升，又可能带来种群的兴旺。因此食料因素对昆虫的生态效应，是受昆虫种群密度影响的。在一定范围内，天敌对害虫的作用大小，也与害虫的密度大小有密切关系。当害虫种群密度大时，天敌易于搜寻寄主而获得丰富的营养，有利于天敌种群的迅速繁殖，并可能控制害虫种群的继续上升。当害虫种群密度小时，天敌搜寻寄主而花费的时间较长，消耗的能量较大，天敌甚至缺乏食料，由此而引起天敌种群的下降，害虫种群反而可能逐渐回升。食料、害虫、天敌都具有种群密度大小的问题，因而生物因素的生态效应受密度的制约。

生物因素对昆虫的生态效应还表现出质的差别，例如食料条件本身的差别可以反映于害虫的存活率、发育速度、繁殖力等方面。譬如水稻三化螟在分蘖期和孕穗抽穗期孵化，存活率分别可达36.61%和42.78%，而圆秆期孵化的，其成活率降至22.33%；平均每雌怀卵数在水稻分蘖期、孕穗期和圆秆期依次为334.4粒、316.5粒和266.1粒。非生物因素对昆虫的生态效应，不受昆虫种群密度大小的影响，但非生物因素本身的变化，可以引起对昆虫种群生态效应的差异。例如冬春高温年份，许多害虫越冬死亡率降低，虫口基数较大；南方稻区夏季雨水较多的年份，稻苞虫种群密度上升。

（三）昆虫对环境的适应性

昆虫对环境的非生物因素和生物因素所表现的适应性是不同的。对非生物因素，只有昆虫单方面的适应。例如台湾稻螟、稻瘿蚊、大斑黑尾叶蝉等水稻害虫，只适宜在南方冬季气温较高的地区生活，二化螟则可在全国稻区分布。

昆虫对生物因素的适应，则明显地表现出相互适应的特征。害虫与寄主植物、害虫与天敌，都表现出相互适应的特征。例如褐飞虱与水稻，褐飞虱通过长期的食料选择，最终以水稻为其专化的寄主植物，并从遗传上保留了适应水稻的生物学特性，它的发生能够与水稻的生育期相吻合，它具有与水稻生育期相一致的年生活史，具有翅型分化（长翅型、短翅型）、迁移扩散、隐蔽产卵等特性，从而保证了种的延续和在有利的年份暴发而猖獗危害。水稻的

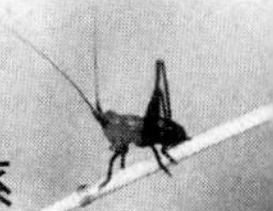

不同品种、品系存在着不同程度的抗褐飞虱基因，一些抗性较强的品种、品系被人类选择利用，成为推广的抗性品种。但在多年栽培抗性品种的地区，褐飞虱由于对抗性品种的适应，又产生了使抗性品种失效的生物型。

柑橘叶片含有较高浓度的芸香油，这类有刺激作用的物质对许多害虫具驱避作用，但对柑橘凤蝶成虫有引诱其产卵于叶部的作用，幼虫取食橘叶后，它胸部背面的翻缩腺可将芸香油挥发散去。这也是害虫与寄主植物适应的现象。

害虫与寄主植物相互适应是一种直接关系，也可以看到不同种害虫共同危害一种寄主植物的间接关系。例如棉蚜和棉蓟马共同危害棉花叶片，当棉蚜种群密度大时，受害棉叶向下卷缩，组织加厚，间接影响棉蓟马吸食棉叶，使棉蓟马种群难以发展。反之，当棉蓟马种群大时，棉叶受害而向上卷曲，叶背出现银白色斑痕，会间接影响棉蚜的吸食，使棉蚜种群受到抑制。

（四）相关物种间相互影响

有相关的物种之间互为生物环境，彼此影响对方种群的数量。生物界有相关的两个或多个物种互为生物环境因素，并彼此影响对方种群数量的现象颇为常见。例如稻纵卷叶螟幼龄幼虫的专性寄生蜂稻纵卷叶螟绒茧蜂（*Apanteles cypris*）是抑制稻纵卷叶螟种群的重要天敌，田间自然寄生率可达50%以上，在此寄生蜂成虫羽化盛期，种群能否发展，则受田间稻纵卷叶螟1～3龄幼虫密度大小的制约。但二者种群数量又共同受非生物因素的影响。如纵卷叶螟常年以第2代和第4代分别为早稻和晚稻的主害代，如果在第3代发生期（7月份）雨水较多，气温偏低，那么第3代也可能对迟熟早稻、中稻和一季晚稻造成严重危害，因此也促使稻纵卷叶螟绒茧蜂种群数量上升。又如褐飞虱与黑肩绿盲蝽，褐飞虱的卵和若虫受黑肩绿盲蝽成虫和若虫的攻击，影响种群的增长，从而对黑肩绿盲蝽的种群也发生影响。这两个种又都受到非生物因素的制约。由于褐飞虱对气温的适应范围比黑肩绿盲蝽宽，在20～30℃为褐飞虱的适温范围，并且33～37℃高温下暴露2h，不会影响成虫的存活和繁殖（李干金等，2015）。而黑肩绿盲蝽在31℃下就不能正常繁殖，3代后种群灭亡（俞晶晶等，2014）。因此在湖南每年7月下旬至9月上旬，黑肩绿盲蝽种群密度偏低，以后才逐渐上升，而褐飞虱种群则迅速激增。因此在害虫预测预报中，考虑生物因素的作用，不能单独只看寄主与寄生物或猎物与捕食者间的矛盾关系，还应考虑当地、当时的非生物因素对这些生物的不同效应。

第五节　昆虫对环境的适应

环境因子对昆虫个体产生影响，促进了昆虫个体不断产生对环境的适应性。这种适应性在昆虫个体发育或系统发育过程中表现出了几种通用的模式，例如休眠和滞育、扩散与迁飞、生物钟和学习行为等。

一、昆虫的休眠与滞育

昆虫在不良的季节性气候或食物条件下，常表现生长发育停止、新陈代谢速度显著下降

的现象，并常潜伏在一定的保护环境中，借以度过不良时期，这种现象称为休眠或滞育，且常发生在越冬或越夏阶段。这是昆虫对外界不良环境条件在时间上延滞的一种适应性，但不是所有的个体都能安全度过不良时期。昆虫经过越冬、越夏后还能存活多少，什么时间开始停止发育，什么时间又开始恢复活动，这些都关系到未来种群的发生基数和发育进度，是害虫预测预报中很重要的参数和指标。

休眠（dormancy）是昆虫物种在个体发育过程中对不良外界条件的一种适应性。当这种不良条件（主要是气候条件）一旦消除而能满足其生长发育的要求时，昆虫便可立即停止休眠而继续正常地生长发育。例如休眠越冬的灰飞虱，遇到气候适宜时就出来活动并取食。滞育（diapause）是昆虫物种在系统发育过程中长期对外界环境条件发生改变的一种适应对策，具有遗传性，常常是在一定季节或一定时期均会必然产生的一种现象。例如大地老虎（*Agrotis tokionis*）在全国各地均以老熟幼虫在夏初季节进入滞育，即使给予适宜的温度或食物条件，也不能阻止滞育的发生。

一般，一种昆虫只具有休眠或滞育特性中的一种，但少数昆虫也可在其年生活史中具有两类特性。例如大地老虎以老熟幼虫滞育越夏，又以3～4龄幼虫休眠越冬。

（一）昆虫的休眠

休眠是昆虫个体在发育过程中对不良外界因素的一种暂时性的适应性。在温带及寒带地区，昆虫的休眠常发生在秋冬气温下降、其食料植物枯熟的时期；而在干旱或热带地区，昆虫的休眠常发生在旱季或高温季节来临时期。有不少农业害虫具休眠特性，例如小地老虎、黏虫、斜纹夜蛾、甜菜夜蛾、稻纵卷叶螟、东亚飞蝗、家蝇、多种食蚜蝇等。昆虫的休眠虫态有的是固定不变的，例如东亚飞蝗在全国各地都以卵在土中休眠过冬，家蝇及多种食蚜蝇以成虫休眠过冬。但很多种类昆虫的休眠虫态不固定，例如小地老虎在江淮流域以南可以成虫、幼虫或蛹过冬；有的可以不同虫龄幼虫过冬，例如大地老虎在江苏以3～6龄幼虫在绿肥田内过冬。这种非固定性休眠越冬的昆虫，由于越冬期间不同虫态或虫龄的抗寒能力有差别，在不同年份或地点进入越冬时虫态或虫龄比例不同，所以往往造成越冬死亡率有差异，从而影响来年的有效虫口基数。因此调查进入越冬期的虫态或虫龄的比例，在害虫发生量预测上也有一定意义。

（二）昆虫的滞育

滞育是昆虫系统发育中的一种内在的比较稳定的遗传性。滞育时期也有冬季和夏季两类，分别称为滞育越冬和滞育越夏。昆虫滞育的虫期或虫龄因种而异。

1. 滞育的类型 昆虫的滞育类型有兼性与专性两大类。

（1）兼性滞育 兼性滞育（facultative diapause）在多化性昆虫中发生，并不出现在固定的世代，发生滞育的世代可随地理条件或季节性气候、食物等因素而变动，往往在倒数第2代中一部分个体滞育，另一部分则继续发育，形成局部的下一世代。例如玉米螟在江苏一带1年可发生2～3代，可以第2代或第3代的幼虫滞育越冬；棉铃虫可发生4～5代，三化螟3～4代，桃小食心虫在东北地区可发生1～2代，这些代次的固定虫态均可滞育越冬。

（2）专性滞育 专性滞育（obligatory diapause）出现在固定的世代及虫期，多为一化性滞

育昆虫。在个体发育中，不论当时外界环境如何，常按时进入滞育，例如大地老虎、大豆食心虫（*Leguminivora glycinivorella*）、麦红吸浆虫（*Sitodiplosis mosellana*）等（表 1-5）。

表 1-5 几种昆虫的滞育情况

种 名	所属目	滞育期		滞育性质
		滞育虫期	滞育代次	
稻灰飞虱	半翅目	若虫（第 4 龄）	4～5 代（江苏）	兼性滞育
棉蚜	半翅目	卵	20 代左右	兼性滞育
桃一点叶蝉	半翅目	成虫	5～7 代（江苏）	兼性滞育
黑尾叶蝉	半翅目	若虫	5～6 代（江苏）	兼性滞育
三化螟	鳞翅目	幼虫（老龄）	3～4 代（江苏）	兼性滞育
玉米螟	鳞翅目	幼虫（老龄）	1～3 代	兼性滞育
粟灰螟	鳞翅目	幼虫（老龄）	2～3 代	兼性滞育
粟穗螟	鳞翅目	幼虫（老龄）	2～3 代	兼性滞育
棉铃虫	鳞翅目	蛹	4～5 代（江苏）	兼性滞育
棉红铃虫	鳞翅目	幼虫（老龄）	2～4 代	兼性滞育
桃小食心虫	鳞翅目	幼虫	1～2 代	兼性滞育
苹果顶芽卷叶虫	鳞翅目	幼虫（幼龄）	3～4 代（江苏）	兼性滞育
柞蚕	鳞翅目	蛹	1、2 代	兼性滞育
家蚕	鳞翅目	卵	1、2、3 代	兼性滞育
大地老虎	鳞翅目	幼虫（幼龄）	1 代	专性滞育
大豆食心虫	鳞翅目	幼虫（老龄）	1 代	专性滞育
天幕毛虫	鳞翅目	卵	1 代	专性滞育
棉舞毒蛾	鳞翅目	卵	1 代	专性滞育
梨茎蜂	膜翅目	幼虫（老龄）	1 代	专性滞育
李实蜂	膜翅目	幼虫（老龄）	1 代	专性滞育
桃象鼻虫	鞘翅目	幼虫（老龄）	1 代	专性滞育
麦红吸浆虫	双翅目	幼虫（老龄）	1 代	专性滞育

2. 滞育的形成条件

（1）光周期　过去常以为滞育的形成主要与低温（或高温）的到来和食物、水分及营养条件有关。但近年来的大量研究证实，大部分有滞育特性的昆虫，其滞育的形成和其对光周期的反应关系最密切。

生态学上把能引起昆虫种群 50%左右个体进入滞育的每日光照时数，称为临界光照周期或临界光照时数。每个物种滞育的临界光照周期有所不同。例如在北纬 35°地区二化螟（*Chilo suppressalis*）的临界光照时数每日为 14 h，三化螟（南京）为 13 h 45 min，玉米螟（南京）为 13 h 50 min，桃小食心虫（辽宁省熊岳，25 ℃下）为 14 h 13 min～14 h 50 min，家蚕为 14 h。

每一种昆虫不是所有虫态都能感受光周期的变化，能感受光周期变化并发生滞育反应的虫龄或虫态称为临界光照周期的敏感虫态。例如家蚕的滞育虫态为子代卵，而其临界光照敏感虫态却为母体卵子发育期；棉铃虫以蛹滞育，其临界光照周期的敏感虫态为 4～5 龄幼虫（表 1-6）。

表 1-6　几种昆虫的滞育虫态和敏感虫态

虫　名	滞育虫态	敏感虫态
家蚕	子代卵	母代胚胎
松毛虫	幼虫	整个幼虫期
草地螟	前蛹期	老龄幼虫
八字地老虎	老熟幼虫	幼龄幼虫
棉铃虫	蛹	4～5 龄幼虫
玉米螟	老龄幼虫	3～4 龄幼虫
三化螟	老龄幼虫	3 龄幼虫
桃小食心虫	老龄幼虫	整个幼虫期

按昆虫产生滞育的光周期反应，可将滞育划分为以下 4 大类型。

① 短日照滞育型：此型也称为长日照发育型，大多发生在温带及寒带地区。即当自然光照周期每日在 12～16 h 以上时，昆虫可继续发育而不发生滞育。相反，当日照时数逐渐缩短至其临界光照时数以下时，滞育的比例就剧增。例如三化螟（南京种群），当日照短于 13 h 45 min 时，50%以上的老熟幼虫发生滞育（图 1-10）。我国大部分冬季进入滞育的昆虫均属此型，例如玉米螟（图 1-11）、棉铃虫、棉红铃虫及多种瓢虫等。

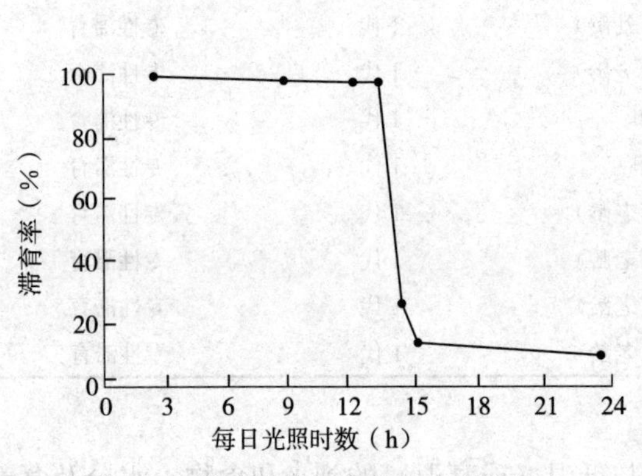

图 1-10　南京三化螟滞育的光周期反应
（短日照滞育型）
（仿杜正文和蔡蔚琦，1963）

图 1-11　南京玉米螟滞育的光周期反应
（短日照滞育型）
（仿杜正文和蔡蔚琦，1964）

② 长日照滞育型：此型又称为短日照发育型，当自然光照在 12 h 以下时，可以正常发育。相反，当光照时数逐渐加长，超过其临界光照时数时，大部分虫体进入滞育。凡夏季进入滞育的昆虫都属于此型。例如一化性家蚕（图 1-12）、一化性桑螨蚕蛾（*Rondotia menciana*）、大地老虎、麦红吸浆虫、麦蜘蛛等。

③ 中间型：这种类型在大部分光照时数范围均发生滞育，而只有在很狭窄的光照时数范围内才不发生滞育。这种特性常为一些代数较少的昆虫具有，可以保证其多化性的不出现。例如桃小食心虫，在温度 25 ℃下，每日光照时数短于 13 h，老熟幼虫全部进入滞育，光照时数延长至 15 h 时则大部分不滞育，而在光照时数在 17 h 以上时又有半数以上的幼虫进入滞育（图 1-13）。

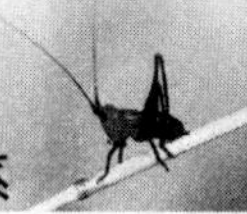

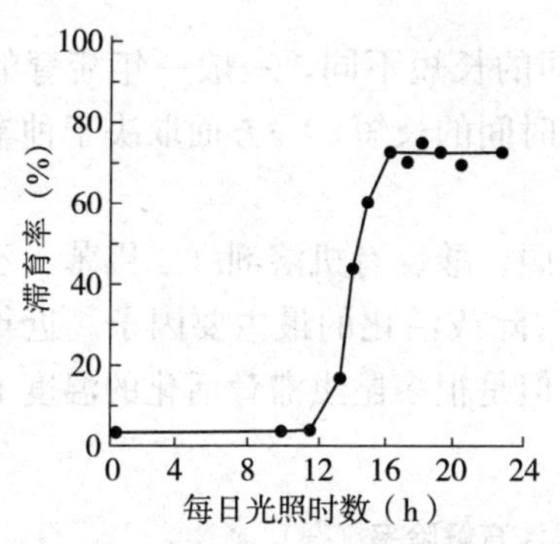

图 1-12 家蚕在 15 ℃下光周期反应（长日照滞育型）
（仿 Kogure，1933）

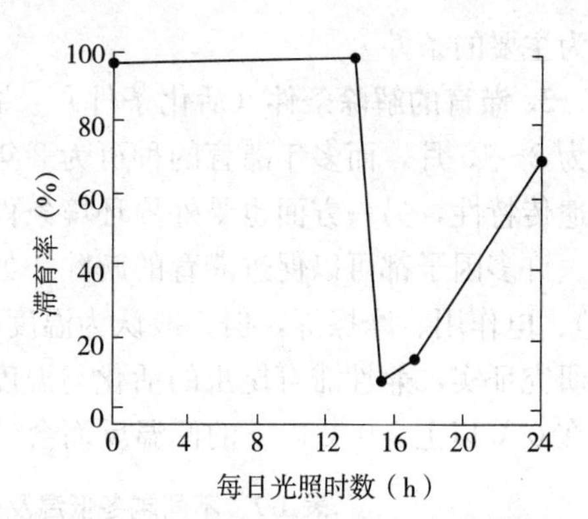

图 1-13 桃小食心虫幼虫在 25 ℃下光周期反应（中间型）
（仿李秉钧等，1963）

④ 无光照期反应型：光照周期变化对这种类型的滞育没有影响，如苹果舞毒蛾、丁香天蛾等。

了解昆虫滞育的光照期反应，对预测兼性滞育昆虫最后一代的转化率（发生量）和转化时期（发生期），均有实际意义。例如要在江苏扬州预测三化螟第 4 代的转化率，由于三化螟的临界光照敏感虫态为 4 龄幼虫前，临界光照周期为 13 h 45 min，则查天文年历中“民用晨昏朦影表”，1976 年扬州日光照 13 h 45 min 在 8 月 28 日，在此时调查田间虫龄比例，凡已发育为 4 龄以上的部分即将发育成第 4 代，而在 3 龄幼虫期及以前的各虫龄，则不再化蛹而将以老熟幼虫滞育越冬。由于各年间三化螟在临界光照周期以前的发育进度不同，因而造成每年 3 到 4 代转化率的差异，从而影响第 4 代发生量的多少。

（2）温度条件 高温引起某些昆虫的夏季滞育，或低温引起冬季滞育，这在实际中普遍存在。滞育并不由温度的平均水平决定，而是与其变化的方向和程度有关。例如温度从高变到低，或从低变到高，常常会引起滞育的增多。比如美洲棉铃虫的幼虫饲养在 26.6 ℃、21.0 ℃和从 26.6 ℃每周降低 3 ℃直到 18.8 ℃时，蛹的滞育百分率分别为 0.3%、2.65%和 94.3%。但不可否认，自然界温度的这种变化方向和日照长短的变化常常是同步的。因此光照和温度对滞育的影响，常常有相互依赖的关系。

具有短日照滞育特性的昆虫，当温度升高，日照增长时，常继续发育而不滞育；当温度下降，日照缩短时，则会引起滞育。具有长日照滞育型特性的昆虫则相反。光照和温度的相互依赖关系，大体上温度每升高 5 ℃，短日照滞育昆虫的临界光照周期缩短 1.0～1.5 h。所以纬度愈高，温度愈低时，同一种昆虫的临界光照周期会较低纬度、高温地区的长，从而出现北方地区昆虫进入滞育的时期比南方早。

（3）湿度和食物条件 大气水分、湿度或食物中的含水量多少，对昆虫的滞育形成也有一定影响。在热带地区，全年有明显的雨季和旱季，大多数昆虫在旱季来临时进入滞育阶段，到雨季开始时才解除滞育而继续发育繁殖。湿度对滞育的影响常常和食物的含水量相联系。随着季节的不同，寄主植物体内的营养物质和含水量也相应发生变化，并影响取食昆虫的滞育形成。食物状况对滞育形成的影响也可能与光条件紧密相关，并且可以改变昆虫光周期反应的敏感虫期。但是在温带地区，光条件在调节昆虫季节性滞育中一般具有主导意义，食料只为从属因素；而在热带地区，日照长短、季节变化不很明显，则食料因子的影响可能

成为主要的条件。

3. 滞育的解除条件（活化条件） 各种昆虫滞育时间的长短不同，一般一年滞育的种可为2～10月，而多年滞育的种可为2年以上。这种滞育时间的长短，一方面取决于种本身的遗传特性，另一方面也受外界环境条件变化的影响。

许多因子都可以促进滞育的解除，如低温、高温、光照、酸、有机溶剂（二甲苯、乙醚等）、电作用、摩擦等，但一般认为温度是滞育虫体滞育解除或活化的最主要因子。近年来的研究证实，兼性滞育昆虫的活化与温度的关系最密切。但是很多昆虫滞育活化的温度下限都在0℃以上，0℃以下的低温反而会延迟滞育的解除。

表1-7 不同越冬低温及处理时间下棉铃虫蛹滞育解除率（%）

处理温度（℃）	处理时间长短（d）								
	7	14	21	30	40	50	60	70	80
4	7.14	0.00	16.67	31.82	—	76.92	86.67	—	92.31
7	0.00	9.52	10.53	38.10	57.89	93.33	100.0	100.0	100.0
10	9.09	7.41	3.85	61.29	92.59	91.43	100.0	96.0	100.0
14	0.00	90.40	—	75.00	94.74	100.0	100.0	100.0	100.0

表1-7结果表明，棉铃虫滞育蛹在秋冬季4～14℃低温下1.5～2.0月均能解除滞育，而且在此温度范围内温度愈高（10～14℃）解除滞育的时间愈短。

有的昆虫滞育虫体活化的适宜温度范围较狭窄，例如家蚕的卵在5.0～7.5℃时产生明显的活化，高于或低于此范围活化比例都较低；柞蚕蛹活化的最适宜温度为8～9℃，在此条件下经1.5～2.0月大部分蛹解除滞育，低于或高于此温度范围则活化期限都延长；黑尾叶蝉活化的适宜温度为5～10℃。不少昆虫在0～12℃条件下均可显著促使滞育解除，但有一些昆虫的活化适宜温度范围较广，例如棉铃虫蛹在0～30℃温度下都能促使滞育解除。总之，冬季0℃以下的低温没有促进滞育解除的作用，反而可使滞育虫体死亡率增加或延迟滞育解除，而0℃以上的温度则可促进滞育解除。所以可以理解，冬季温度较高的年份，滞育解除早，而春季和夏季发生也早。冬季温度在0℃以下的地区，滞育活化的过程主要在秋季和春季进行。从棉铃虫、黑尾叶蝉等昆虫的研究中发现，在越冬阶段，实际存在两个发育阶段，第一阶段为滞育阶段，第二阶段为休眠阶段。棉铃虫的滞育阶段在2～15℃（发育起点以下）下约经2月便结束，实际上是在冬季已结束滞育阶段而进入休眠阶段；黑尾叶蝉在5～10℃条件下经50～60 d便活化而结束滞育（约在1月份）。所以温度对来年第1代成虫羽化迟早的影响时间主要在1—2月以后。因此对于有滞育特性的昆虫，在越冬或越夏期间，应当分别对这两个发育阶段进行深入的研究，这样才能提高发生期预测的准确性。

4. 滞育产生的机制 多种外界条件可引起昆虫滞育的产生或解除。任何一种外因都必须通过内因起作用。例如同样是光照周期变化这个外因，对于有滞育特性的三化螟、棉铃虫等昆虫和没有滞育特性的东亚飞蝗、黏虫等昆虫所产生的作用却完全不同，前者可产生滞育，而后者则无滞育。这充分说明内因在昆虫滞育中起决定性作用。据研究，引起昆虫滞育的内因主要是体内激素的活化或抑制的调节作用。脑激素、蜕皮激素、保幼激素和由食道下神经节所分泌的滞育激素（diapause hormone，DH）都与滞育的形成或解除有关。

昆虫滞育一般可以分为以下3种类型（图1-14）。

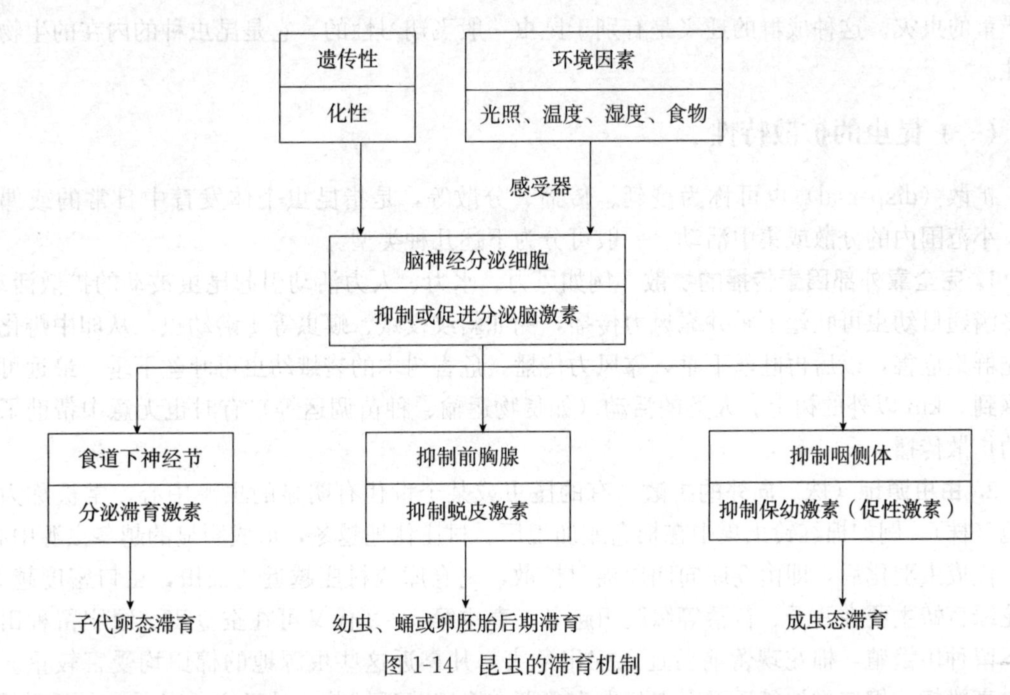

图 1-14 昆虫的滞育机制

（1）卵期滞育（胚胎滞育） 卵期滞育的有家蚕等。胚胎早期神经和内分泌系统尚未形成。有人认为滞育主要是由蛹期体液内的滞育激素所控制的。这种抑制生长的激素是由食道下神经节分泌的，它又是受脑神经分泌细胞所分泌的脑激素控制的。

（2）幼虫或蛹期滞育 大多数农业害虫属于这一类。一般认为，主要是由于脑激素减少或停止分泌，抑制了前胸腺分泌蜕皮激素的活动，保幼激素与蜕皮激素间丧失平衡，因而使幼虫或蛹停止发育，进入滞育状态。例如经过一定的低温，即可以刺激脑继续分泌脑激素，促使蜕皮激素量增加，滞育也就得到活化而解除。

（3）成虫滞育 成虫滞育主要是由于缺乏咽侧体所分泌的保幼激素，也可以认为是由于缺乏脑激素的直接作用。保幼激素是受脑激素控制的，在成虫期有促进性器官发育的作用。

二、昆虫的扩散与迁飞

昆虫在生长发育过程中，当原来栖息地的条件不能满足其需求，或遇到不良外界条件时，其种群可向外扩散或进行远距离的迁飞，以便种群侵入到一个适宜其生存繁殖的新栖息地，使其种群得以更加繁荣昌盛。种群的扩散与迁飞是物种对不良外界条件在空间转移上的一种适应特性。

昆虫的迁飞与扩散特性，是影响其发生量和发生期的重要因素。许多农业害虫，常从一些地区或田块向另一些地区或田块集中或分散，从而造成在某个时间内同一个地区或田块中的害虫数量突然增多或减少的现象。昆虫的这种成群的或者有明显出发点或去向的活动，称为昆虫的扩散和迁飞。

严格说来，昆虫的迁飞和扩散是两个不同的生物学特性。一般认为，凡是昆虫在个体发育中日常的、在小范围内的分散或集中，就称为扩散；而迁飞则常是指某些昆虫的成虫，在某一时期内从虫源地区成群地、远距离地迁飞到另一个地区繁殖危害，从而造成迁入地区发

生严重的虫灾。这种成群的迁飞是有别于昆虫一般飞翔习性的，它是昆虫种的内在的生物学特性。

(一) 昆虫的扩散特性

扩散（dispersal）也可称为蔓延、传播、分散等，是指昆虫个体发育中日常的或偶然的、小范围内的分散或集中活动。一般可分为下述几种类型。

1. 完全靠外部因素传播的扩散 例如风力、水力、人力活动引起昆虫被动的扩散活动。许多鳞翅目幼虫可吐丝下垂并靠风力传播，例如斜纹夜蛾、螟虫等1龄幼虫，从卵中孵化后常先群集危害，以后再吐丝下垂，靠风力传播。危害树木的袋蛾幼虫可吐丝下垂，最远可随丝飘到5 km以外的树上。人类的活动（如货物运输、种苗调运等）有时也无意中帮助了害虫的扩散传播。

2. 由虫源地（株）**向外的扩散** 有的昆虫或某个世代有明显的虫源中心，常被称为虫源地（株）。例如棉红铃虫集中在棉仓或加工厂、村庄住地越冬，形成明显的越冬虫源中心。第1代成虫羽化后，即由仓库向四周棉田扩散，离仓库或村庄越近的棉田，虫口密度越大。棉花绿盲蝽主要在苕子、苜蓿等绿肥田越冬，春季第1～2代又可在蚕豆田、绿肥留种田或萝卜留种田繁殖，棉花现蕾前后迁入棉田危害，凡靠近这些虫源地的棉田均受害较重。棉蚜、高粱蚜、棉红蜘蛛等还可由点片发生逐渐向全田蔓延扩散。对于这类害虫，在预测预报上也要求查清虫源地、测准点片发生期，防治上要求控制虫源地，将其消灭在田外或点片阶段。

3. 由于趋性（如取食或产卵等）**所引起的小范围的分散或集中** 例如水稻三化螟有趋向分蘖期和孕穗期稻田产卵的习性。由于各田块间的水稻品种、水肥管理等差异，就造成了田块之间水稻的不同生育阶段，形成了三化螟危害的不同类型田。稻苞虫成虫有取食花蜜的习性，白天常分散到各种蜜源植物上取食（如棉花、瓜田、野生开花植物），而后又集中飞到稻田产卵。豆天蛾白天集中在高秆作物（如玉米、高粱等）田中栖息，夜间再分散到豆田产卵。了解这类害虫的扩散、蔓延习性，在预测预报和防治中均有助于选择调查类型田，或确定重点防治田块。

(二) 昆虫的迁飞特性

迁飞又称为迁移（migration），是指一种昆虫成群地从一个发生地长距离地迁飞到另一个发生地的行为。迁飞是昆虫对外界不良环境条件的一种在空间上转移的适应行为。迁飞并不是各种昆虫普遍存在的生物学特性。迁飞常发生在成虫的一个特定时期——幼嫩阶段的后期。幼嫩阶段是指成虫刚羽化到翅骨化变硬之间的阶段，迁飞就紧接在这个时期之后。所以，迁飞开始时，雌成虫的卵巢尚未发育成熟（或称为成虫卵巢发育为一级），大多还没有交尾产卵。

在研究中已发现，有不少主要农业害虫有群集迁飞的特性，例如东亚飞蝗、黏虫、小地老虎、草地螟、甜菜夜蛾、麦盾蝽、多种蚜虫和瓢虫。近年来，又发现稻纵卷叶螟、稻褐飞虱、白背飞虱、灰飞虱、棉铃虫、稻水象甲等也有长距离迁飞的现象。了解昆虫迁飞的特性，将有助于改进对某些害虫的预测预报和防治工作。

1. 迁飞昆虫的种群特征 在自然界形形色色的昆虫中，迁飞昆虫种群一般具有下列

特性。

① 种群数量长期具有季节性突增、突减现象，并使上下两代间发生数量悬殊。

② 在一个相当大区域内种群有同期突发现象，即在大区域内同时突然发生。

③ 种群在上下两代间的发育进度不吻合。

④ 成虫发生期间雌虫卵巢发育有不连续现象。由于迁飞发生在成虫幼嫩阶段的后期，交尾产卵以前。所以如果在迁出地（代）逐日捕捉雌虫进行生殖器官解剖，可见卵巢发育进度始终以幼嫩（一级）的占绝大多数，且交配率极低，说明当地成虫正逐日迁出，而所捕成虫均为新羽化的。相反，如在迁入地（代）做相同的解剖，可见卵巢发育始终都在二级以上，并以成熟的为大多数，交配率很高（表1-8）。

⑤ 在高空用高山网或飞机捕捉，海面航捕可捕到大量有季节性活动的虫源。

表1-8　黏虫第1～2代雌蛾卵巢发育级别（扬州，1978）

代别	解剖日期	解剖雌蛾数（头）	交配率（%）			卵巢发育进度（各级所占比例，%）					
			未交配	交配1次	交配2次	Ⅰ	Ⅱ	Ⅲ	Ⅳ	Ⅴ	Ⅵ
第1代（迁入代）	3月5日至4月1日	225	12	59.1	28.9	0	7.6	11.6	23.5	21.3	36
第2代（迁出代）	5月20日至6月9日	59	98.3	1.7	0	91.5	5.1	3.4	0	0	0

2. 迁飞昆虫的类型　根据多种具有迁飞特性的昆虫的分析，迁飞可分为下述4种类型。

（1）无固定繁育基地，连续性迁飞类型　这类迁飞昆虫无固定的繁育基地，可连续几代发生迁飞，每一代都可以有不同的繁育基地；成虫的寿命较短（常局限在1个季节内），从某一代的发生地迁飞到新的地区去产卵繁殖，产卵后成虫随即死亡。农业害虫中的大多数迁飞昆虫都属于此类，如黏虫、草地螟、稻纵卷叶螟、褐飞虱、白背飞虱、非洲黏虫（*Spodoptera exempta*）、甜菜夜蛾、甘蓝夜蛾（*Mamestra brassicae*）、丫纹夜蛾（*Plusia gamma*）、非洲沙漠蝗（*Schistocerea gregaria*）等。有的种类的迁飞个体只做单程迁出，而不能迁回原来的地区。例如草地螟在我国西北地区及在前苏联地区经常做群体迁飞，迁飞距离200 km以上。另一些种类如黏虫、飞虱等，它们像鸟类中的候鸟一样，在一定的季节里按一定的方向迁去，当年又迁回。但这种周期性的迁飞过程不是由同一世代、同一个体完成的，而是在一年内由不同世代的种群完成。对于这一类害虫，在预测预报和防治上必须开展南北各地间的情报互通，逐代进行异地预测，才能取得主动防治的效果。

（2）有固定繁育基地的迁飞类型　大多数的飞蝗都属于这种类型。它们常有一定的特别适生的繁育基地，称为蝗区。只有在这些基地上才能大量繁育，形成大群能够起飞的群居型飞蝗。例如我国的东亚飞蝗就是从几个沿湖（河）、沿海蝗区起飞，向几百千米以外的地方扩散危害。对于这一类有固定繁育基地的迁飞昆虫，在预测预报和防治上应当局限在蝗区，及时侦察，消灭蝗群在迁飞之前，并且应当贯彻改造蝗区、根治蝗害的根本性预防措施。我国在中华人民共和国成立后对蝗区的改造已取得很大成就，基本上控制了飞蝗的迁飞和危害。

（3）越冬或越夏迁飞类型　这类昆虫的迁飞都发生在越冬或越夏期前后。成虫的寿命较长。成虫从发生分布地方迁向越冬（夏）地区，在那里度过其滞育阶段，在滞育结束后又迁回原来地方产卵繁殖。例如我国的七星瓢虫、异色瓢虫等，在秋季都成群迁飞到山区向阳的

石缝、树皮等处越冬，春暖后又飞出到大田繁殖。稻水象甲第1代成虫7月份即成群飞到山区土下越夏越冬，翌年春季又飞回稻田。

（4）蚜虫迁飞类型　蚜虫在发生过程中有无翅蚜和有翅蚜两种。当栖息场所的条件（营养条件或气候条件）不适宜时常出现有翅型，需要迁飞或扩散到新的寄主场所去繁殖后代。特别是有季节性寄主转移的蚜虫种类，如棉蚜、桃蚜等。在春秋季各有1次从越冬寄主到夏寄主和由夏寄主返回到越冬寄主的迁飞。

3. 迁飞昆虫的种型分化　迁飞昆虫同一种群中的同一世代会出现有的个体分化为迁飞型，有的却为居留型的现象。由此说明，迁飞从生物学意义上来看也是一种行为多态现象，有的个体可进行长时间的持续飞行，即为迁飞型；有的个体只能进行短时间的飞行，即为居留型。这种种型的分化首先决定于其内在的基因遗传力，但也受环境的影响。已证实，迁飞昆虫的行为首先是由一对或数对等位基因决定的。

种型分化的临界虫期，有的在幼虫期，例如褐飞虱在若虫3龄以前、蝗虫在蛹期。但在成虫的幼嫩阶段也可由于环境因素的作用而导致两型比例的改变。Dingle（1968）、Caldwell、Rankin（1972）用数量遗传学的方法研究乳草蝽（*Oncopeltus fasciatus*）迁飞型的人工选择的遗传力。第1代选养产卵前期最长的个体（63.5 d）代表迁飞型，以后逐代选养产卵前期短的个体，直到第8代为14.9 d（为典型的居留型），试验结果为8代平均遗传力（h^2）接近于1。但在8代后再放在短光照下饲养时，其子代的产卵前期可恢复到60 d，即又变为迁飞型。说明选择反应（R）很强，迁飞行为的遗传是因环境的自然选择作用而变动的。也就是说，一个世代中，迁飞型与居留型的比例首先是由基因决定的，但两型各占的比例也因环境因素变动而变化。

小乳草红长蝽（*Lygaeus kalmii*）的迁飞期限虽因季节和地理区域而变动，但其遗传力始终为0.2～0.4，比乳草蝽迁飞型的遗传力低，说明迁飞特性的遗传力也是因物种而异的。

影响迁飞昆虫种型分化的环境因素主要有以下4个方面。

（1）光照周期　在秋季回迁阶段，短光照可引起成虫的生殖滞育而发生迁飞。乳草蝽在光期∶暗期＝16∶8时为居留型，正常产卵；而短光照光期∶暗期＝12∶12时，羽化后45 d卵巢仍不发育而发生迁飞。此虫在北美，春季（5月）由南向北，逐代分段迁飞，每代北迁几百千米；当秋季光照缩短到光期∶暗期＝12∶12时，向南回迁到美国南部。一般认为春夏季北迁主要是食料因子的影响，而夏末秋初的回迁则是短光照的影响。短光照引起迁飞的例子很多，如红蝗、小菜蛾等。

（2）食料条件的不适宜或缺乏　许多迁飞昆虫的迁飞型发生在食料条件不适宜时，例如褐飞虱若虫取食黄熟期水稻，则90%以上为长翅型并迁飞；在干旱季节来临植物干枯时，非洲蝗虫迁飞。

饥饿可明显抑制咽侧体分泌保幼激素的活性，使卵巢停止发育而引起迁飞。例如褐飞虱在羽化后取食24 h再饥饿，则卵巢均停止发育在一级末或二级初（个别发育到三级）而发生迁飞。棉红蝽（*Dysdercus* spp.）饥饿时可促进其迁飞，但在取食后翅肌溶解而变为居留型。所以食料常是春季和夏季决定两型比例的重要因素。

（3）温度　异常的高温或低温都可引起卵巢发育不正常而起飞。例如褐飞虱、稻纵卷叶螟在29～30 ℃以上时卵巢发育都明显受抑制而产生迁飞。高温可减弱咽侧体活性而使性器

官发育延迟，满足迁飞的低水平神经反应阈值而诱发迁飞。但对有的迁飞昆虫，高温可促进卵巢发育而使夏季迁飞型的比例下降，例如小蠹虫等。

（4）拥挤度　在很多迁飞昆虫中，种群的拥挤度是迁飞的一个重要诱发因子。其原因有3种解释：一种认为单位空间内种群密度大时造成营养条件恶化而引起迁飞型比例增加；另一种认为拥挤使个体间接触刺激增加，影响咽侧体的活性而促使转化为迁飞型；再一种认为拥挤增加了个体间由虫体发出的近红外信息刺激而影响咽侧体活性。

4. 迁飞昆虫的迁飞过程　昆虫的迁飞可分3个过程：起飞、运行和降落。

（1）起飞过程　迁飞昆虫羽化后有向上起飞习性，这是迁飞昆虫生理和行为上固有的特性。起飞时内部生理上已充分做好飞行燃料（主要是脂肪和糖原）的积累准备。陈若篪等1979年研究褐飞虱起飞时脂肪含量最高，平均每头达0.502 mg，体重适中，翅的负荷较小。起飞时飞行肌发育完善，特别是肌肉中有关能量释放的α-甘油磷酸脱氢酶的活性激增。例如非洲迁移蝗起飞时这种酶的活力增加达40倍。起飞都处于卵巢不成熟的阶段。

起飞时种群常有对短光波紫外光的正趋性。因此与一般的无固定方向的扩散飞行不一样，迁飞昆虫的飞行方向一致，起飞都有一致向上的顺风飞行习性。起飞的形式最初有直上、斜上、盘旋向上等姿态，但据雷达观测到一定高度后一般均呈顺风、斜向上飞行。

起飞与外界物理因素有关。首先是光照度，一般均发生在日出前和日落后的晨昏朦影时，光照度100 lx以内。起飞时的温度需超过一定的阈值，如蚕豆蚜为15.5～20.3 ℃（平均为17.3 ℃），褐稻虱在18 ℃以上，稻纵卷叶螟则为13 ℃，低于此阈值则不起飞。强风可抑制起飞，弱风反而刺激起飞。例如褐飞虱及黑尾叶蝉在风速分别大于12 km/h和11 km/h时均不起飞。

起飞行为有明显的日节律。例如褐飞虱在25℃以上时，一般在日出前和日没后的晨昏朦影时起飞，为日双峰起飞型，光照度14～100 lx为起飞盛期，而秋季温度变低，起飞高峰在午后到傍晚前，呈日单峰起飞型。黏虫、稻纵卷叶螟、小地老虎均为傍晚起飞。

迁飞昆虫的起飞冲动是一种遗传的本能。即使当时的环境条件尚未出现不良情况，也可看到成虫羽化后跃跃欲飞、聚集群飞的现象。但如果在这个关键时刻，外界因子对起飞发生较长时间的抑制作用，如连续强风、降雨等，则可使成虫的生殖机能发育成熟起来，这样成虫便不再起飞迁移，而被迫在原地继续繁殖生活。所以常见到有时迁飞昆虫种群中大部分已迁走，但仍可有一部分在原地繁殖生活的现象。不过，这种现象也与昆虫种群内存在遗传上迁飞能力弱的个体有关。

起飞是迁飞昆虫的一种主动飞行行为。从飞行能源上分析，体内脂肪在脂肪动员激素作用下，大量、迅速地转化为糖原，供飞行肌运动时消耗，此时飞行的距离只有几百米到千余米。当起飞并飞行达到有稳定水平气流层高度时，便可借助风力顺风做水平飞行。

（2）运行过程　过去对于昆虫的迁飞过程大多凭借间接的气象相关资料推测的。自20世纪60年代以来，英、美、加、澳及我国相继开展了雷达监测昆虫空中飞行的研究，尤其对于运行过程中昆虫飞行行为的认识有很大进展。翟保平和张孝羲（1993，1994）总结了国内外雷达监测20多种昆虫的资料，得出昆虫在高空运行过程中有成层、定向等边界层顶

现象。

①成层及高度：昆虫起飞后主动爬升到几百米到千余米高，进入风场、温场最适的大气边界层内，转入水平飞行。在雷达上测到空中种群都存在有明显上、下界线的密度集聚层。虫层的厚度可达几十米到几百米。虫层的高度以体型大的昆虫较低，而体型小的昆虫较高。夜间迁飞的昆虫的成层高度较低，大都位于地面逆温层顶或稍高。例如 6 月夜间迁入东北的黏虫多分布在 500 m 以下的 200～400 m 处。白天迁飞的成层高度较高，例如褐稻虱夏季白天北迁种群密度最大值出现在 1 500～2 000 m 高度，秋季回迁时黄昏起飞则在 700～900 m 处成层。稻纵卷叶螟秋季回迁时在 250～600 m 处成层飞行。运行的虫层一般与逆温层顶、温度最高、风速最大的低空急流层相一致（1 500 m 以下出现相对风速大于其上风速 2m/s 的最大值时称为低空急流（low level jet，LLJ）。据分析低空急流持续时间≥2 d 的天数与褐飞虱在我国对水稻的危害面积呈显著正相关。低空急流纵向伸展达 9°纬度以上的次数，可作为褐飞虱全国性大发生的预警指标。

②定向和位移：空中种群常保持一致的飞行方向。定向是指虫群中昆虫的头部都朝向同一个方向，在扫描昆虫雷达平面显示器上表现为回波的哑铃状分布（图 1-15）。

昆虫的定向可与风向一致，保持顺风定向。但不少昆虫（如飞蝗、黏虫等）的定向方位却与顺风风向呈一定的偏角，例如非洲黏虫的飞行方向始终与风向成 65°～71°夹角。我国的东方黏虫在飞越渤海的过程中，在风向 32°～80°范围（西北至东北风向）时，几乎总是朝东北（10°～80°）定向，定向方位比风向偏右 20°～110°。据推测，这种与风向有一定偏角的定向特性可使虫体保持平稳和充分利用大气环境的动能，以及大大降低其在迁飞过程中种群的损失率。但也有一些小型昆虫却没有这种定向特性，例如褐飞虱、稻纵卷叶螟的空中虫群却没有定向而是随机分布的，整个虫群的位移虽是顺风飞行的，但虫体头部的朝向并不呈一致方向，在雷达显示器上表现为回波圆圈状分布（图 1-16）。

图 1-15 黏虫成层迁飞雷达屏幕显示图
（示哑铃状光点群，朝东北顺风定向）
（仿陈瑞鹿等，1988）

③飞行速度与位移速度：过去认为运行过程中虫体是完全随风被动飘移，因此其飞行速度、位移速度也与风速完全一致。雷达观察中回波分析证实，虫子在运行时仍在缓慢地振翅，用显示器上单点（虫）位移分析可知，许多大型昆虫虫体的位移速度、位移方向，并不等于风速、飞行速度和风向，其实际的位移速度是风速与飞行速度的矢量和，实际的位移方向与风向有一定偏角（表 1-9）。

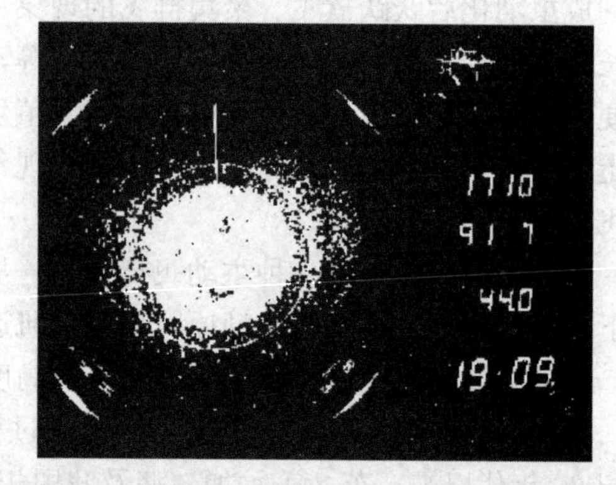

图 1-16 稻纵卷叶螟成层迁飞雷达屏幕显示图
（示圆圈状点群，无定向行为）
（仿 Riley 等，1995）

表 1-9　非洲黏虫的定向与位移

（引自 Riley 等，1983）

日期	时间（h：min）	高度（m）	风速（m/s）	风向（°）	位移速度（m/s）	飞行速度（m/s）	位移方向（°）	定向（°）
2月27日	3：50	150	2.0	210	2.8±0.9	3.5±0.8	113.8±33.7	81.6
2月27日	22：10	75～150	6.0	257	8.0±1.4	2.8±1.0	247.4±13.4	225.1
2月28日	19：30	75	8.0	237	9.4±1.7	2.3±1.0	233.3±7.6	210.4
2月29日	4：30	75	0.5	310	3.2±0.5	3.6±0.5	121.9±22.7	122.9
2月29日	5：45	75～150	3.0	145	5.0±0.5	2.8±0.7	121.1±21.3	98.5
3月1日	4：30	75～150	1.0	190	3.8±0.6	3.5±0.7	127.9±21.0	113.9
4月4日	19：26	200～300	10.0	278	10.6±1.5	2.0±0.8	275.8±7.6	243.6
4月4日	5：45	50	1.3	167	3.9±0.9	3.2±0.9	123.9±32.1	108.6
4月7日	4：40	60	2.6	293	4.4±0.9	2.4±0.6	312.4±19.1	334.9

雷达观测资料证实，迁飞昆虫已进化到能相当主动地选择最适风场、温场的能力。它们起飞后主动升空飞行到最适巡航高度，并做水平飞行，还通过成层行为集聚在边界层顶附近的急流层内，再通过定向行为使其运行轨迹尽可能接近预期迁入区的方向，最大限度地减少种群损失，到达新的栖息地。这便称之为边界层顶现象（翟保平和张孝羲，1993）。

（3）降落过程　雷达观测昆虫在降落时翅会收拢，虫体便快速下降。降落具有一定的主动性，但外界条件（如光、气压、气流等）对降落有一定的刺激诱导作用。例如夜出性的蛾类，均在夜间飞行，黎明前则降落地面，次日并可再起飞。有的（如飞虱）则为一次性迁飞，降落后一般不再起飞。

降落的时间也不像起飞时间那样集中，据分析稻纵卷叶螟起飞后约经 8 h 左右降落，褐飞虱则最长达 12 h。降落一般较为分散，但如有特定的大型天气过程，造成在一个大区域内产生风向辐合带，如槽线附近、或槽前、锋后的降雨区、气压下降如低涡等，则会使正在降落的虫群集中分布到一定区域内，而出现虫量的突增和同期突发。

根据国内对稻纵卷叶螟、褐飞虱等的研究，分析地面和高空天气条件与降落的关系，可以归纳出 3 种有利于迁飞昆虫降落的天气类型。

①春季锋面天气型：由于太平洋暖气流和西伯利亚冷气流的不断交锋拉锯，形成了冷锋或静止锋，锋前盛吹西南风，特别是槽前锋后有显著的下沉气流，有利于迁飞昆虫北迁集中降落。春季锋面型天气在岭南主要发生在 4—5 月，岭北在 5—6 月，长江流域在 6—7 月中旬，淮北在 7—8 月，正与稻纵卷叶螟在各地区的北迁降落盛期相吻合。

②夏季太平洋副高压天气型：由于太平洋副热带高压的季节性北移，副热带高压后部盛吹东南风到西南风，副热带高压的脊线附近有明显的下沉气流，有利于迁飞昆虫北迁集中降落。副热带高压天气在长江流域一般在夏季 7 月下旬至 8 月盛行，也是此时稻纵卷叶螟、褐飞虱迁入的主要天气型。

③秋季锋面和大陆高压控制型：秋季太平洋副热带高压南退及大陆高压南进在其交界面

常产生锋面天气，锋后盛吹偏北风，锋后或槽后有明显的下沉气流，有利于迁飞昆虫南迁（回迁）集中降落。

另外，低涡、台风边缘、台风倒槽影响时，也可有明显的下沉气流，成为迁飞昆虫降落的有利条件。

5. 昆虫迁飞的控制机制 根据国内外的研究，昆虫的迁飞行为主要受内激素控制。在成虫羽化时一般体内保幼激素少于蜕皮激素，此时并不飞行。由于成虫期前胸腺常退化而咽侧体比较发达，因而随着成虫年龄的增加，保幼激素不断增加，当其达到一个中等水平时，便激发运动神经反应，而开始起飞，此为迁飞的起始阈值。在雌虫中，当保幼激素的量增加到一个高水平时，便激发植物性神经反应，卵巢便随即开始发育，此为卵巢发育起始阈值。据研究，植物性神经反应和运动神经反应是相对立的。当植物性神经反应被激发后，运动神经反应便被抑制。因此卵巢一经发育，飞行行为便显著减退，并开始定居繁殖（图 1-17）。如 Rankin 等研究，乳草蝽的雌虫血淋巴内保幼激素Ⅲ滴度增达 10^{-2} mg/μL 时卵巢开始发育，当 50%雌虫产卵时，种群的飞行行为完全停止。

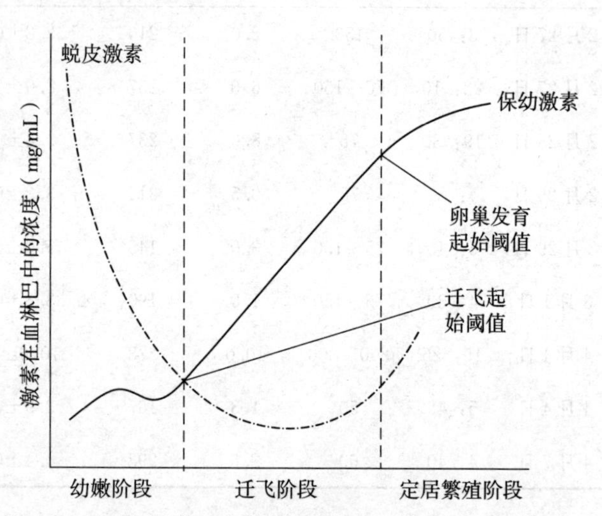

图 1-17 雌虫血淋巴内激素含量与迁飞和卵巢发育的关系
（引自 Rankin 和 Riddiford，1978，有修改）

至于雄虫的飞行和激素的关系，目前已知当保幼激素增多时飞行不断增强，可能要在取食交配后飞行才停止。

以上是个体迁飞行为。如果以一个地区的迁飞昆虫种群来看，可以设想：在迁出区由于初次起飞都发生在成虫幼嫩阶段的后期，卵巢都处于未成熟阶段，所以如在迁出区的成虫期系统取样解剖，则绝大部分为卵巢发育前期的未成熟期成虫；相反，如在迁入区做系统取样，则可见绝大部分为发育中后期的成熟成虫（图 1-18）。在黏虫、稻纵卷叶螟、褐飞虱和棉铃虫的虫源性质的研究均证实了这种推论。在我国东半部不同纬度地区系统取样解剖稻纵卷叶螟，将同一季节中蛾龄相同的地点圈连起来，组成蛾龄发育同型区，凡低龄的同型区即为迁出区，凡高蛾龄的同型区即为迁入区，依此研究出稻纵卷叶螟在我国东半部的迁飞路线。

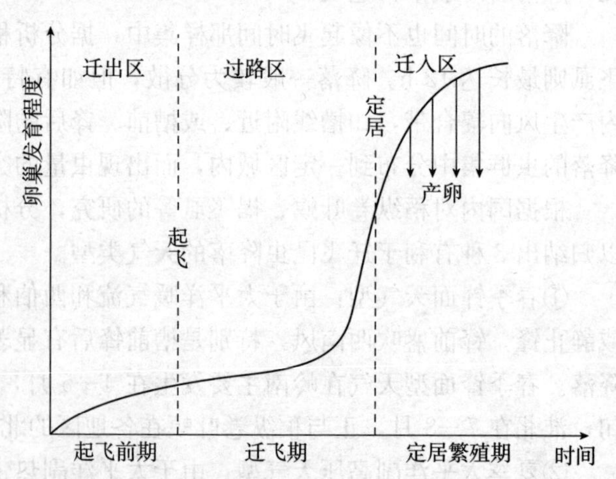

图 1-18 雌虫卵巢发育程度和迁飞的关系示意图
（引自张孝羲等，1979）

三、昆虫的生物钟和学习行为

昆虫对于变化着的环境的适应反应不但表现在时间上发育迟滞，即发育生理上的休眠与滞育，以及从空间上的转移，即行为上的迁飞和扩散的种种适应特性，而且也反映在生理节奏上的调整与配合，也即生物钟，以及各类学习行为等，从而使生物在个体和系统发育过程中更能与环境条件相协调，确保物种的繁衍。

（一）生物钟

生物的生理机能和生活习性受内在的、具有时钟性能的生理机制的控制，这种生理机制便称为生物钟（biological clock）。它的最普遍的表现为昼夜生理节奏（circadian rhythm）。

生物所处的许多外界物理环境（如太阳、月亮、温度、光照、海潮等）都存在季节性周期或日周期的节律变化。由于地球围绕太阳的公转而产生了季节性气候周期变化，地球的自转产生了日夜的光暗或温度的日周期的变化。月亮引力的周期变化也导致海洋潮汐的周期活动。太阳每 11 年有 1 次表面剧烈的爆炸，称为太阳黑子活动。而且生物中植物及包括昆虫在内的动物也普遍存在生理上、行为上的种种节奏现象。例如昆虫的交尾、产卵、卵的孵化、幼虫化蛹或成虫羽化、觅食等生活习性及行为也表现有日夜近似 24 h 周期的各种生活节律。研究证明昆虫的这些生理和行为是由内在的生物钟所控制的。

1. 生物钟的类型　不同学者对生物钟的类型有不同的分类方法，但大多数学者倾向于分为下述 2 类。

（1）类型Ⅰ　这类生物钟是对外界光周期的感受直接由脑部的某些细胞组织所控制的，发生常与对光的接收器复眼无关，节律与光强度无关，而生理节律型的变化与光周期有关。植物和动物的许多试验证明，黑暗期的长短常较光亮期长短对生理节律的影响更重要。这类生理节律表现在发育节律（休眠或滞育）、孵化、蜕皮、羽化、激素的释放等方面。

（2）类型Ⅱ　这类生物钟主要由光接收器复眼所控制。在完全黑暗或完全光亮条件下节律常失控。光周期对生理节律型转变的重要性远小于上述类型Ⅰ。该类型的行为节律多与太阳方位变化有关，如蜜蜂的出巢觅食时间节律等。

不论哪种类型的生理节律都呈周期现象，其周期的长短大多接近于地球自转所造成的日周期 24 h。例如 3 种蜚蠊 *Leucophaea maderae*、*Byrsotria fumigata* 及 *Periplaneta americana* 的生理节律周期为 23～25 h。这种生理节律周期对温度的变异有一定的自动调节或平衡能力，如 *Leucophaea maderae* 在 20 ℃时周期为 25 h 6 min，在 25 ℃时则为 24 h 24 min，而在 30 ℃时为 24 h 17 min（Roberts，1960）。

2. 生物钟的举例　在英国用吸虫器多点的捕获结果表明，13 目 4 000 多种昆虫的飞行活动均有明显的日夜节律现象（Lewis 和 Taylor，1965）。鞘翅目、广翅目、膜翅目、捻翅目、双翅目的短角亚目和环裂亚目、缨翅目、半翅目昆虫大多数种类在白天活动，而鳞翅目、脉翅目、毛翅目和双翅目的长角亚目则大多为夜间活动。活动多数为单峰型，但也有双峰型。

（1）羽化的节律　成虫的羽化在每天有一定的节律，例如稻纵卷叶螟蛾羽化均在夜间，夏季高温时上半夜占 54%，但在秋季温度低至 20 ℃时，羽化多半在下半夜的 2:00—6:00，

并有少数在白天羽化。美国白蛾（*Hyphantria cunea*）成虫羽化时间的分布，冬季低温时与高温分布大致吻合，高峰一般在午后 14:00—18:00，而夏季高温时则与温度变化无关，均在日落前后的 18:00—20:00。三化螟、棉红铃虫等夜间活动昆虫的羽化高峰大多在上半夜。而日间活动的稻苞虫成虫则以 6:00—9:00 羽化最多，16:00—18:00 活动最盛。稻蝗为日出性昆虫，成虫羽化在夏季为双峰型，高峰在 6:00—10:00 和16:00—19:00，秋季温度低时则改为单峰型，以中午最多。棉蚜的有翅蚜在全天都有羽化，但羽化高峰出现在晚上 20:00—0:00（图 1-19）。

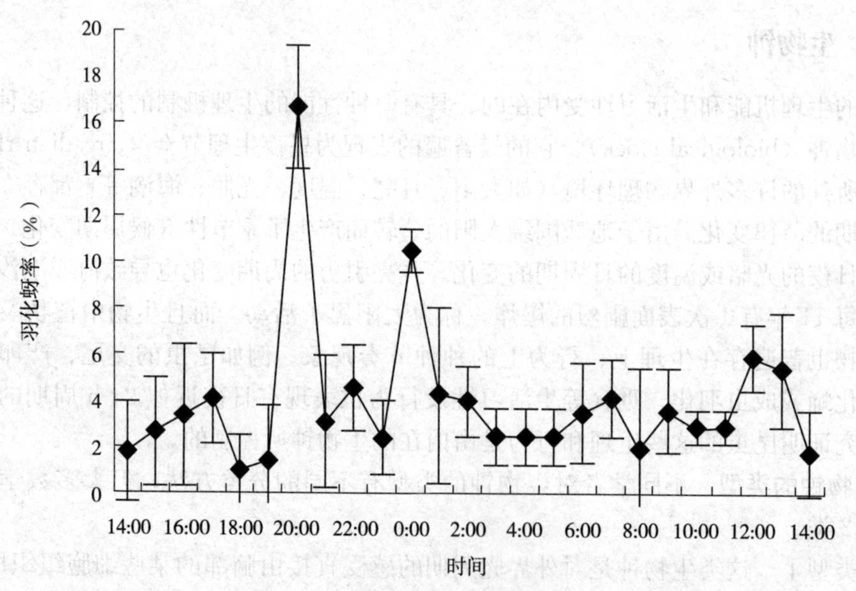

图 1-19　棉蚜的有翅蚜羽化时间的日节律

（引自刘向东等，2003）

（2）交尾和产卵的节律　成虫交尾和产卵也有一定的日节律。例如三化螟成虫交尾基本在 19:00—20:00，稻瘿蚊以上半夜为主，美国白蛾的交尾大多在凌晨的 3:00—4:00 开始一直延续到 16:00—17:00。幼虫的孵化时间节律，例如稻纵卷叶螟在高温、晴天以7:00—9:00最多，阴雨天孵化盛期推迟 1 h 左右。三化螟幼虫孵化以清晨居多，10:00 后便很少，这与初孵幼虫抗高温、干旱能力弱有关，清晨往往温度低、湿度大，有利于幼虫的存活和侵入稻茎。

（3）迁飞的节律　迁飞性昆虫的起飞时间也有一定节律，一般夜出性昆虫（如黏虫、稻纵卷叶螟等）都为单峰型，以 19:00—20:00 居多；日出性昆虫（如蚜虫、蝗虫、东亚飞蝗等）起飞大多在 11:00—14:00；而整天能活动的飞虱则在夏季起飞为双峰型，在日出前和日落时，而秋季气温低时则改为单峰型，集中在下午暖和时起飞。

由此可见，昆虫的发育或生活活动节律是因物种而异的，昆虫本身可对变化的外界条件做一定的适应调节。

3. 生物钟的特性　生物钟普遍存在于昆虫中，昆虫受生物钟控制后表现为有节律的行为，这种节奏包括昼夜节律（周期为 24 h）和次昼夜节律（周期比 24 h 短得多）。无论何种节律都是内源性的，它不仅是对光照和温度变化的反应，并且在恒定的环境条件下，也能继续不断地自由运转。昼夜节律的内源周期一般是近似 24 h，但并不准确地等于 24 h。昼夜

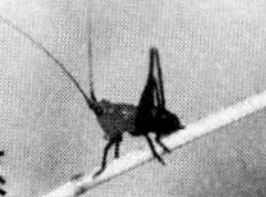

节律的周期在生理范围内对温度变化是相对地不敏感。如果节律被光照、温度或其他环境因子的突然变化所打破，昆虫自身可重新校正。

4. 生物钟的机制 昆虫的生物钟是一个复杂的生理过程，是昆虫体内一系列化学和物理变化的结果。实验证明，黄粉虫（*Tenebrio molitor*）、德国小蠊（*Blattella germanica*）、欧洲玉米螟（*Ostrinia nubilalis*）的幼虫体内氧的消耗高峰在黑暗开始后，而最低时则在拂晓后，而果蝇（*Drosophila melanogaster*）幼虫的氧消耗则为晨暮双峰型。

许多昆虫血淋巴中糖原、海藻糖及其他糖类的滴度或钾、钠离子的浓度也发现存在明显的生理节律。其他物质（如萤火虫的发光物质）、昆虫体色的变化等也均有生理节律。

昆虫生殖生理的研究中也发现有明显由生物钟控制的现象。例如蟋蟀（*Teleogryllus commodus*）的精珠每天在鸣声开始前1～5 h排出至雄虫外生殖器口上。地中海粉螟（*Anagasta kuehniella*）精子在睾丸中的移动也是由生物钟控制的。雌性性外激素释放的节律性更是在许多种昆虫研究中被证实。

对果蝇蛹羽化节律的研究证明，昆虫的生物钟是有一定的遗传性的，其基因响应的位点位于X性染色体上。目前，一般认为生物钟应包括3个组成部分：联系环境至生物钟起搏器的输入途径、起搏器和联系起搏器与各种生理、代谢和行为过程的输出途径。并且已经明确，起搏器由*per*基因控制，昆虫缺失Per蛋白，则节律消失。基因*per*产物的质变和量变均能引起生物钟周期的改变，定时*per*基因在生物钟的定时功能中起重要的作用。

（二）昆虫基本行为的适应

昆虫大多数行为形式是有利于昆虫对环境的适应。因此，行为是具有适应意义的运动。有些行为很容易被观察到，如飞行、跳跃等，有的则要耐心观察才能见到，如蜜蜂和蚂蚁的通讯行为等。动物行为的类型很多，与昆虫有关的行为有4大类：趋性（taxis）、反射（reflex）、本能（instinct）和学习（learning）。其中，前3类属先天性的行为，是可以遗传的；最后一类则为后天性的，一般是不遗传的。

1. 趋性 趋性与向性（tropism）有时很难区分，但后者一般是指没有神经系统的植物的根、茎、叶、花等的应激性定向运动反应，例如向光性、向地性、向触性、向化性、向水性等。而趋性是低等动物趋向刺激发源地的行为。昆虫中最常见的有趋光性、趋化性、求偶的趋化性和对鸣声的反应。蝴蝶在逃避敌人时，可以定向地朝着太阳飞行，这样就可以使捕食者由于阳光的刺激，而找不到它。如果蝴蝶的一只眼睛瞎了，那么它就只做圆周飞行，被解释为由于蝴蝶的两只眼睛得不到阳光相等的刺激，所以不能朝太阳进行定向的飞行。趋性可以是直接的趋向刺激源，如飞蛾扑火即为一例。趋性也可以是偏向的，如蜜蜂的向光趋飞总有一个偏角。趋性在不同种间差别很大，例如水稻三化螟、二化螟的趋光性较强，但大螟、玉米螟、棉铃虫、红铃虫等则趋光性较弱。不同虫种对不同光波的光源趋性也有不同。昆虫的雄虫对雌虫所释放的性外激素的趋性非常敏感，即使在极低浓度下，也能在很远距离外感受并作趋性反应。

2. 反射 反射一般是指昆虫通过神经系统，对刺激所发生的有规律的反应，是比较定型的，故又称为非条件反射（unconditioned reflex），即对一种刺激只有一种不变的反应能力，在同种个体中反应一致，都具有固定的遗传性。在昆虫中常见的反射有假死性，虫体遇到刺激后即会堕落地面，翅和足收缩，身体蜷曲不动，伪装死亡，以逃避天敌。例如许多象

鼻虫及黏虫、地老虎幼虫都具有假死性。还有的昆虫在遇到刺激后，身体做剧烈的弹动，以逃避天敌，如稻纵卷叶螟幼虫、多种天蛾科幼虫等。这些反射行为都是物种的一种特有的遗传行为，与条件反射不同，不是经过学习后所获得的。

3. 本能 本能也是昆虫可遗传的较固定的物种特性。它不需要通过明显的外界刺激。例如三化螟幼虫孵化后就会寻找水稻的生长点而钻蛀到叶鞘或茎内，如果半小时内不能蛀入稻株内，便会因身体失水而死亡。许多钻蛀性害虫（如棉铃虫、玉米螟、梨小食心虫等）均有这种本能。危害树木的大蓑蛾的幼龄幼虫会吐长丝下垂，随风飘荡，从而扩散到远处。许多社会性昆虫（如白蚁、蜜蜂等），各类个体的职能具有严格的分工，并有特异的行为，例如兵蚁负责保卫和御敌，工蚁负责觅食、做巢，雄性蚁及蚁后负责交尾繁殖等。迁飞性昆虫羽化后随即跃跃欲飞，有做长距离的迁飞的本能。本能是至今所知的遗传性行为中最为复杂的行为。本能不完全是个体发育中外界刺激所决定的，它同时还决定于昆虫体内的特殊环境，也即各种生理、生化条件。而外界的刺激（如光照、温度、颜色、化学物质等），只是作为本能行为的诱发物。本能行为决定于昆虫内在的遗传基因。

4. 学习行为 学习行为与上 3 类行为不同，不是由物种基因遗传的固定行为，而是通过后天的多次经历或刺激而产生的经验，反映在行为上的变化。这在昆虫的觅食、求偶、照顾后代、逃避天敌、寻找回巢路径等方面的行为研究中已证实。一个经典的例子：在自然情况下，蜜蜂能识别和记忆当地植物的每天的开花时间，从而可准确地飞去觅食。Beling（1929）用人为的蜜源，固定在每天一定的时间引诱蜜蜂觅食，经多次训练后，蜜蜂可以记忆每天任何有蜜源的时刻，准时前来觅食。又如幼虫的学习会引起成虫行为的变化，丽蝇或果蝇成虫对糖的趋性的敏感程度受到其幼虫期取食食物中含糖量的影响。稻虱缨小蜂上一代寄生在叶蝉或褐飞虱卵中，其所羽化的下一代同一种成虫对这 2 种卵的寄生选择性有明显的偏好差异。从飞虱卵中羽化出的缨小蜂成虫，偏好于寄生飞虱卵，而不喜好寄生叶蝉卵；而从叶蝉中羽化出的成虫则偏好寄生叶蝉卵，而不喜好寄生飞虱卵。多种膜翅目蜂类还可记忆其回巢的路径或飞行的范围，例如蜜蜂。

? 思考题

1. 非生物因素对昆虫个体有何影响？
2. 如何设计试验来确定一种昆虫的发育起点温度及有效积温？
3. 有效积温法则有何应用价值？
4. 昆虫与生物环境因子之间有哪些主要的关系？
5. 生物因素对昆虫的生态效应与非生因素相比有哪些不同？
6. 昆虫对环境因子有哪些适应对策？这些对策产生受哪些因子的影响？

第二章　昆虫种群的空间分布

主要内容　种群是一定区域内同种个体的集合体，组成种群的个体占据空间的形式就是种群的空间分布。本章主要阐述种群的基本特性、昆虫种群空间分布及类型、昆虫种群空间分布的确定方法、昆虫种群空间分布的动态过程及应用、异质种群的特点等。

重点知识　种群的定义、种群的特性、密度制约效应、种群结构、种群空间分布的影响因素、随机分布、负二项分布、核心分布、频次法、平均拥挤度、抽样方法的选择、异质种群的类型。

难点知识　种群结构、空间分布型的概率公式、平均拥挤度、地统计学确定空间分布的方法、异质种群。

生长在一定区域内的同种昆虫总体，它们由出生到死亡，数量由少到多，由盛到衰，造成在时间上和空间上的数量变动，这就是昆虫的种群问题。种群生态学是以种群为研究单位，研究种群的数量波动及其范围、种群的发生与环境的关系以及种群消长原因等，它属于生态学的重要组成部分。种群生态学的研究内容可以归结为两大类，一类是研究种群的空间分布规律，另一类是研究种群数量随时间变化的规律。种群的数量、空间特征和时间特征是种群存在的外部基本形式，也是种群变动的 3 个表现形式。

种群生态学是生态学研究的核心内容。通过对种群问题的研究，可以阐明和预测昆虫在发生过程中数量变动的规律性。例如害虫的大发生原因、益虫生产中的丰歉问题等，因而对保证农业的高额稳定生产有重要的经济意义。从理论意义上来讲，种群生态学为生态学的发展开辟了一个新的领域。从种群水平来研究生物与环境的相互关系，与从个体（有机体）水平来研究是完全不同的。种群生态学对于进化论也具有重大意义。物种的形成是进化过程中的一个决定性阶段，而物种进化是通过种群表现出来的，因而进化论的研究离不开种群生态学的内容。

第一节　种群的基本特性与种群结构

一、种群的基本特性

（一）种群的基本概念

物种是指自然界中凡是在形态结构、生活方式及遗传上极为相似的一群个体，它们在生殖上与其他种类的个体有严格的生殖隔离。物种在自然界的表现形式是种群（population）。

种群是指一定区域内同种个体的集合体。组成一个种群的个体都属于同一物种，它们占据了一定的空间，利用着相同的资源。种群作为具体的研究对象，可分为自然种群（例如稻田中的褐飞虱种群）和实验种群（例如实验条件下人工饲养的稻纵卷叶螟种群）。

（二）种群的基本特性

1. 种群具有个体的生物学特性　种群由许多个体所组成。同一种群的个体之间的相互联系要比不同种群个体间的联系更为密切。由于种群是物种存在的基本单位，所以它可以部分地反映构成该种群的个体的生物学特性，也就是说，种群具有可与个体相类比的一般生物学性状。例如就某个体而论，具有出生、死亡、寿命、性别、年龄（虫态或虫期）、基因型、繁殖、滞育、迁移等特性。这些特性对于种群而言，则表现为出生率、死亡率、平均寿命、性比、年龄组配、基因频率、繁殖率、滞育率、迁移率等。种群的这些生物学特性是其组成个体相应特征的一个统计量，它反映了该种群中个体特征的集中值。

2. 种群具有个体不具备的特性　种群作为一个群体的结构单位，它具有一些个体所不具备的特征，主要表现在以下几个方面。

（1）种群具有密度或数量特征　在一定空间范围内，某种群的个体数多少，即为种群的密度，例如每穴水稻上褐飞虱为10头。种群的数量还有动态波动的特性，如季节性的波动。

（2）种群具有空间分布特征　组成种群的个体因扩散或聚集（相斥或相引）等习性而形成的在空间范围上具有的特定分布形式，例如聚集分布、随机分布和均匀分布。

（3）种群具有密度效应　种群因种间或种内个体间的相互联系状况和当时环境条件的影响，而具有调节其本身密度的能力，或称为密度控制机制。

生态学上将种群的实际增长率随种群密度增长而下降的现象称为密度制约效应（effect of density dependence），这是种内竞争关系发生后的结果。引起种群数量变化的因子大体可分为3大类：①随着种群密度的增加，因子的作用会引起种群较大比例的个体的死亡（图2-1A），该因子又称为选择性因素；与之相反，如果随种群密度的增大，因子的作用引起种群小比例的个体死亡，则称为逆密度制约效应（图2-1B）；②因子的作用不受种群密度的影响（非密度制约），其作用基本呈一个恒定值，例如鸟类和其他捕食者对害虫的作用，并不受害虫种群数量多少的直接影响，它们每年平均消灭一定的个体总数（图2-1C）；③灾难性因子（灾难性的非密度制约），例如暴雨、低温、高温或其他气候条件而造成的种群毁灭被列为灾难性的，因为这些气候条件的影响与偶然遭受这些灾难性事件的昆虫的基数的多少完全无关（图2-1D）。灾难性因素主要是指气候因素，它不管害虫种群密度如何，几乎总是杀死一定比例的个体。而选择性因素是指种群减少的比例是随种群密度的增加而增大的那些因素，例如寄生物。自然种群的平衡只能通过选择性因素的作用才能保持，因为当害虫种群增加时，选择性因素对种群的破坏作用效果也增大。

（4）种群具有分化特性或多型现象　同一种的种群之间在形态上常没有明显的差异，也能相互交配、繁殖，不存在生殖隔离现象。但在特定的条件下，如由于地理上的长期隔绝或寄主食物的长期特化而对这些环境条件产生了一定适应，也会使种群之间在生活习性或生理、生态特性上存在某些差异，这就是种群的分化（differentiation of population）。

由于地理上的长期隔绝而形成的种群称为地理种群或地理宗。例如华南的三化螟与华东地区的三化螟由于长期的地理隔绝，而各自对栖息地环境产生了适应，它们虽属同一种，但

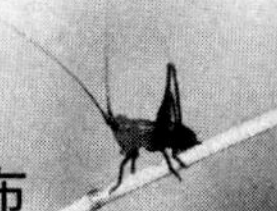

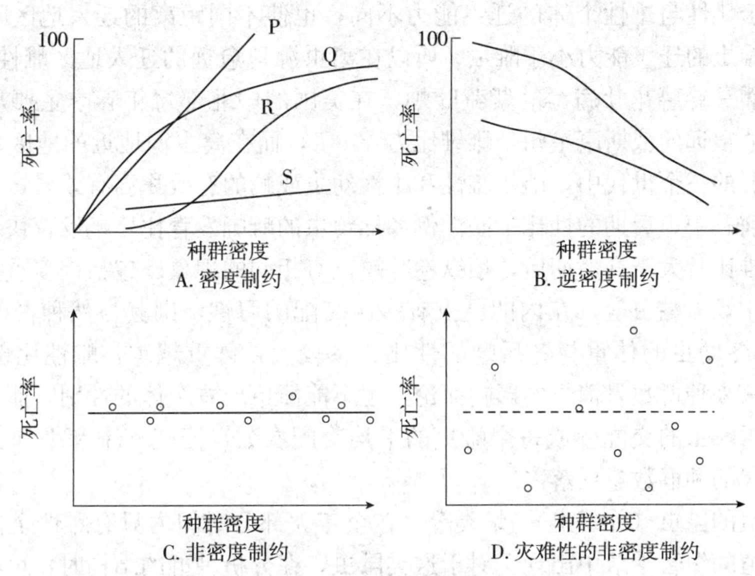

图 2-1　死亡率与种群密度之间的关系

（A 图中的 P、Q、R、S 表示 4 种密度制约类型）

（仿 Varley 等，1974）

对环境条件的生态可塑性却不同。南京地区三化螟幼虫滞育的临界光周期为 13.75 h，而在广州地区则为 13 h。

由于以食物条件为主而引起的种群分化，就形成了食物种群、食物宗或寄主型。例如苹果绵蚜原产于美国，在当地必须在苹果及美国榆两种寄主上生活，方能完成其世代交替，其有性世代都发生在美国榆上，但在传入欧洲后，因传入地缺乏美国榆，经长期的适应后，欧洲的绵蚜即可在苹果树上完成整个世代交替过程。我国的苹果绵蚜也属欧洲类型。棉蚜种群在同一地域内存在棉花型和瓜型的寄主分化特性，棉花型不能在黄瓜寄主上建立种群，瓜型不能在棉花寄主上建立种群；二者在产生性蚜能力上也存在分化，在相同条件下棉花型的易产生有性世代，而瓜型的很难产生有性世代（高雪和刘向东，2008）。

二、种群的结构

种群虽由许多个体组成，但这些个体间的某些生物学特性可以是不同的。种群的结构又称为种群的组成，是指种群内某些生物特性互不相同的各类个体群在总体内所占的比例的分配状况，或称各特性个体在总体中的分布。昆虫种群最主要的结构包括性比和年龄组配，其他还有因多型现象而产生的各类生物型。

（一）性比

组成种群的个体自然有雌与雄的区别，在大多数昆虫的自然种群内雌性与雄性个体比率（即性比 sex ratio）为 1∶1。但常由于各种环境因素的影响，使种群正常的性比发生变化，从而引起未来种群数量的消长。最显著的例子是由于食物营养的丰歉而使许多小蜂类，特别是赤眼蜂的性比发生变化。在食物短缺而雌性比率严重下降时，下代种群数量将显著减少。

迁飞性昆虫由于雌性与雄性个体的迁飞能力不同，也使不同距离的迁入地区间性比有所不同。有的昆虫雄虫的迁飞能力小于雌虫，所以在离虫源地愈远的迁入地区雌性比例将愈大。例如在美国传播马铃薯花叶病毒的紫菀叶蝉，在美国的中北部每年春季主要从美国南部迁来，在离虫源地很远的威斯康星州，雌雄比为10∶1，而在离虫源地近的地区雌雄比要小得多。在一个种群的一个世代中，由于雌性和雄性幼虫或蛹的有效积温有差异，也使得种群整个发生期间的前、中、后期的性比不同。例如棉铃虫的雌蛹发育比雄蛹发育快1～2 d，因此在高峰期间雌雄比常大于高峰期后；稻纵卷叶螟也有相同的现象。包括许多重要农业害虫例如红铃虫、三化螟、黏虫等，在内的昆虫有多次交配的习性，则其自然种群的性比也不是1∶1。三化螟越冬幼虫的体重与冬后蛹的性比关系较大，体重越重，雌性比例越高（表2-1）。就性比对未来种群数量消长的影响而论，也不能简单地看个体的性别，而要进一步用解剖的方法来分析雌虫的交配率或每个雌虫的平均交配次数，当交配率和平均交配次数较小时，会使下一代的种群数量低落。

营孤雌生殖的昆虫（如蚜虫）、螨类等，在全年大部分时间内只有雌性个体存在，而雄虫只是有性繁殖的短暂季节中出现。对于这类昆虫，在分析种群的结构时，可以不考虑其性比问题。

表2-1　三化螟越冬幼虫体重与性比的关系

（引自孙宝瑛和吕中林，1965）

体重（mg）	雌蛹数	雄蛹数	雌蛹比例（%）
20～30	2	14	12.5
31～40	12	62	16.21
41～50	22	31	41.51
51～60	43	3	93.48
61～70	20	0	100
71～80	10	0	100
81～90	2	0	100

（二）年龄组配

由于组成一个种群的各个体的实际年龄有差异（包括幼虫期和成虫期），因此在统计分析种群密度时，不能简单地统计个体数，而要分析种群的年龄组配（age-distribution），它表示种群内各年龄组（成虫各期、幼虫各龄等）个体的相对比例。

不同年龄的个体对环境的适应能力有差异，例如夜蛾类幼虫不同龄期的抗药性、感染病毒的能力、对温度的适应性等都有显著差异。不同年龄的成虫的繁殖能力差异也很大。早在1938年，生态学家Bodenheimer就将种群年龄分为3种生态年龄：生殖前期（pre-reproduction）、生殖期（reproduction）和生殖后期（post-reproduction）。不同的生物这3个时期的长短占其整个生活史的比例差异很大。对一般动物来说，常有较长的生殖期和较短的生殖前期和后期，而昆虫因为有胚后发育，有较长的幼期，所以常有较长的生殖前期、短的生殖期和极短的生殖后期，甚至没有生殖后期。

可以根据对种群现时年龄组成的调查来预测未来种群各年龄组的发生时期，如常用的发育进度预测法就是这样。

种群的年龄分布是一个重要的种群特征。一个种群内不同年龄群的比例既可决定当时种群的生存、生产能力，也可预见未来的状况。一般来说，一个激烈扩张的种群，常具有高比例的年轻个体；一个稳定的种群，具有均匀的年龄分布结构；而一个衰退的种群，则具有高比例的老年个体（图 2-2）。将种群按从小龄到大龄出现的个体比例绘图，即是年龄金字塔（age pyramid）或年龄锥体。从年龄金字塔的形状可预测种群未来数量的变动趋势。图 2-2 中，A 为增长型种群的年龄组配，B 为稳定型种群的年龄组配，C 为下降型种群的年龄组配。种群的变化动态有时并不表现在种群密度的变化上，而只表现在年龄结构的变异上。

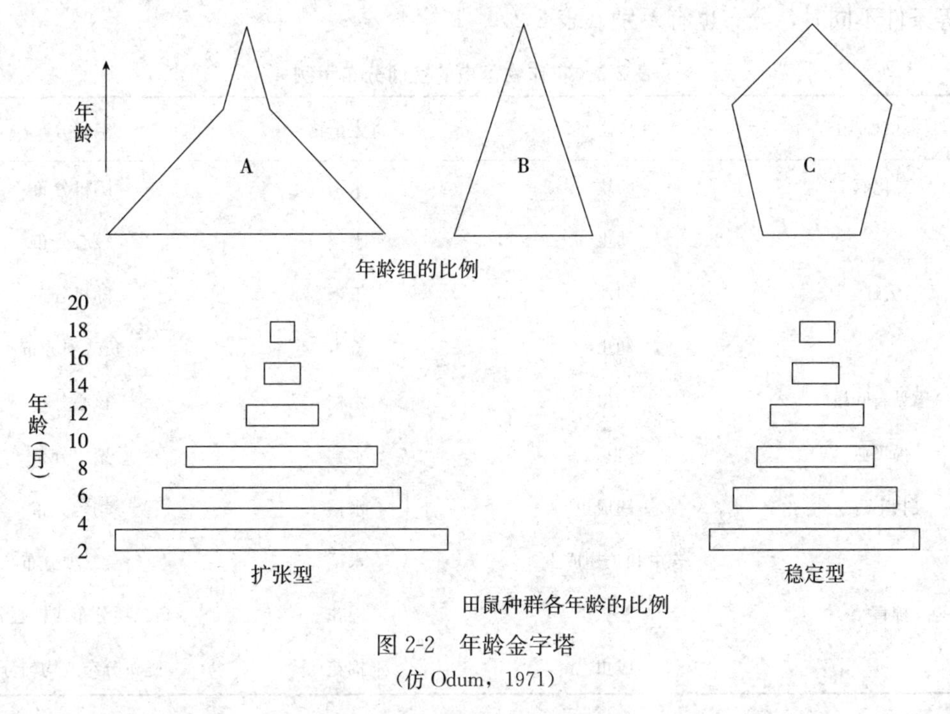

图 2-2　年龄金字塔

（仿 Odum，1971）

Lotka（1925）提出了一个重要理论，他认为一个种群总趋向于发展成为一个具有稳定的年龄分布的种群。如果这种稳定的年龄分布受到环境的暂时干扰而发生变化，则也有恢复到原来的趋向。从这个理论出发，有必要来测定每个种群的特定年龄组配，从这种年龄组配的变化中可以分析出各自然因素对种群的影响规律。

（三）多态现象

种群内相同性别的个体在形态特征上表现出差异的现象，称为种群的多态现象（或称多型现象，polymorphism）或多态性。种群中多态性个体间不但在形态上有一定的区别，更重要的在行为和生殖能力上常有显著不同。例如蚜虫种群存在无翅型和有翅型的多态性，在小生境不适宜时有翅型增多，并随即迁移他处；迁移蝗有群居型和散居型；飞虱类有长翅型和短翅型。昆虫种群在翅型方面的多态性（或翅二型性）表现了个体在迁飞能力上的不同，飞虱的短翅型常定居而移动少、产卵多、寿命长，而长翅型能长距离迁飞。因此可以根据种群中各翅型个体出现的比例来预测种群的迁飞情况，以及未来发生数量。

第二节 种群的空间分布及其类型

一、种群空间分布的基本概念

种群是由个体组成的，种群内个体的组合有一定的规律性。由于种群栖息地内生物环境（例如种内和种间关系等）和非生物环境（例如气象、地形、土质等）间相互作用的关系，造成种群个体以一定的形式扩散分布在一定空间内，这种分布形式称为种群的空间分布（spatial pattern）。种群的空间分布不但因种而异，而且同一种内不同虫期、年龄、密度或环境等条件不同时，分布也有差别（表 2-2）。

表 2-2 农作物害虫的空间分布示例

害虫种类	虫态	寄主植物	空间分布
二化螟	卵块	水稻	随机分布
	幼虫	水稻	核心分布
大螟	卵块	玉米	随机分布
	幼虫	玉米	负二项分布
稻纵卷叶螟	幼虫	水稻	核心分布
褐飞虱	各虫态	水稻	聚集分布
白背飞虱	短翅成虫	水稻	均匀分布
	若虫和长翅成虫	水稻	负二项分布
棉盲蝽	若虫	棉花	负二项分布或核心分布
	成虫	棉花	随机分布或均匀分布

研究种群分布，不仅有助于确定或改进有效的抽样设计方案，而且可对研究资料提出适当的数据统计方法，同时，对了解昆虫的猖獗、扩散行为和种群管理也有一定意义。

种群空间分布的研究一般只考虑定居的种群，但对于一些迁飞性昆虫也研究其在有相对稳定虫态的一段时间的空间分布。用相对静止的观点考察种群的空间分布常用 3 种方法：离散分布的理论拟合、聚集强度的测定（即分布指数法）和地统计学分析。

二、种群空间分布的类型

昆虫种群空间分布一般可分为两大类：随机分布和聚集分布。

（一）随机分布

随机分布又称为泊松（Poisson）分布。随机分布种群的个体独立、随机地分配到可利用的空间单位中，每个个体占领空间任何一个位置点的概率是相等的，并且任何一个个体的

存在不影响其他个体的分布，即个体间相互独立（图 2-3 A）。属于这类分布的种群，其全部个体占领研究区域内的任一位置的概率是相等的。通过样方抽样调查种群数量时，样方中个体的平均数大致与抽样样本的方差相等。随机分布的种群可用泊松分布的理论公式来表示样方中出现虫量的概率大小。

（二）聚集分布

聚集分布的种群其个体做不随机分布，而呈现疏松不均匀的分布状况，也就是一个个体的存在会影响其他个体对空间的占领，个体间相互影响较大（图 2-3 B）。样方取样调查该种群数量时，样本平均数会远远小于样本方差。聚集分布又可分为 2～4 种类型，常见的有以下两种。

1. 负二项分布　负二项分布又称为嵌纹分布。组成种群的个体分布疏密相嵌，很不均匀（图 2-3 D）。例如大螟在稻田中的分布，常表现为田边多而田中间少的形式。

2. 核心分布　核心分布又称为奈曼分布。组成种群的个体在空间上形成很多大小集团或核心，核心与核心之间的关系是随机的（图 2-3 E）。例如二化螟的幼虫在水稻上危害形成的枯心团，常呈核心分布。

聚集分布还可用泊松-正二项分布的理论公式来表示。

（三）均匀分布

均匀分布是指组成种群的个体呈规则分布，个体间均保持一定的距离（图 2-3 C）。样方抽样时，一般表现为样本平均数远大于样本方差。均匀分布常用正二项分布理论公式表示。属于均匀分布的昆虫特别少，幼虫蛀干危害松树的黄杉大小蠹（*Dendroctonus pseudotsugae*），其蛀孔在树干上的排列呈有规则的均匀分布。

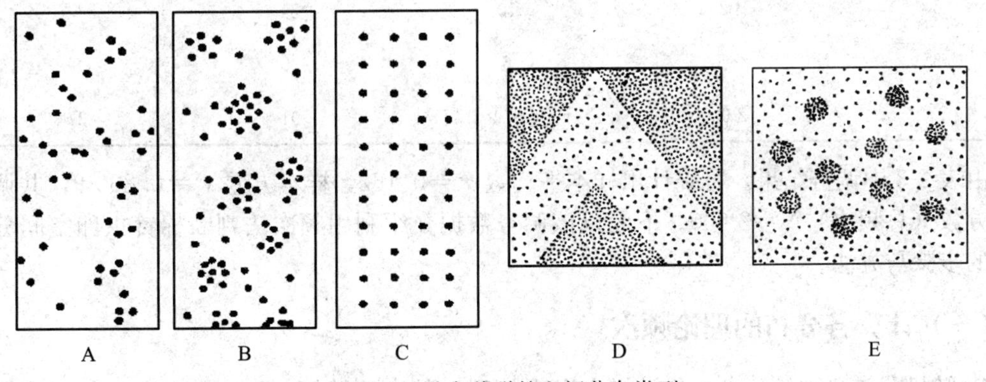

图 2-3　昆虫种群的空间分布类型

A. 随机分布　B. 聚集分布　C. 均匀分布　D. 聚集分布中的负二项分布　E. 聚集分布中的核心分布

第三节　昆虫种群空间分布的确定方法

一、频次分布法

频次分布法是一种用来判断昆虫种群空间分布类型的经典方法。该方法首先对研究种群进行随机抽样调查，获得各样方中的个体数；然后根据样方中出现的个体数多少对样方进行归类，如样方中没有个体的称为0样方，有1个个体的称为1样方，有2个个体的称为2样方……；再统计各类型样方实际出现的频次，并利用各种分布的理论概率公式，计算出各类型样方出现的理论频次；最后利用卡方（χ^2）检验方法分别检验各理论分布的理论频次与实际频次间的差异，依据差异的显著水平判断出种群与何种理论分布类型吻合或趋近，从而得出研究种群的空间分布类型。

卡方检验时，实际频次与理论频次间的卡方（χ^2）值的计算公式为

$$\chi^2=\sum_{i=0}^{k}\frac{(O_i-T_i)^2}{T_i}$$

式中，O_i为i类型样方实际出现的频次，T_i为i类型样方理论出现的频次，i为样方类型。

例如调查和分析棉铃虫卵在田间的空间分布（以株为抽样单位随机抽样），将调查资料整理为频次分布统计表（表2-3）。

表2-3　棉铃虫卵的频次分布统计表

每样方的卵数（x）	实查频次（f）	fx	x^2	fx^2
0	1 756	0	0	0
1	193	193	1	193
2	33	66	4	132
3	11	33	9	99
4	4	16	16	65
5	2	10	25	50
6	1	6	36	36
Σ	2 000	324	91	374

由表2-3中调查结果，可统计出样本平均数$x=0.162$，样本方差$s^2=0.260\ 9$，共调查的样方数（总频次）$N=2\ 000$。下面以该调查数据介绍利用频次法判断棉铃虫卵空间分布类型的步骤与方法。

（一）计算各分布的理论频次

1. 随机分布（泊松分布）**各类样方出现的理论频次的计算**　k类样方出现的理论概率P_k通式和相应的理论频次（f'_k）分别为

$$P_k=\mathrm{e}^{-m}m^k/k!$$

$$f'_k=NP_k=N\mathrm{e}^{-m}m^k/k!$$

式中，k为样方类型种类（$k=0$、1、2、…、n），m为每样方中的平均个体数（本例$m=0.162$），N为总调查样方数（本例$N=2\ 000$），e为自然对数的底（取值2.718 28）。

将各值代入公式求出理论频次。先算出0样方出现的理论频次，即有

$$f'_0=NP_0=2\ 000\times\mathrm{e}^{-0.162}\times0.162^0/0!\ =1\ 700.882$$

0 样方理论频次计算出以后，其他类型样方的理论频次可利用下列关系式递推。

$$\frac{f'_k}{f'_{k-1}}=\frac{m}{k}$$

即可用 $f'_k=\frac{m}{k}\times f'_{k-1}$ 可计算出 1 样方出现的理论频次（f'_1）、2 样方出现的理论频次（f'_2）、3 样方出现的理论频次（f'_3）、4 样方出现的理论频次（f'_4）和 5 样方出现的理论频次（f'_5），即

$$f'_1=\frac{m}{k}\times f'_0=275.543$$

$$f'_2=\frac{m}{k}\times f'_1=22.319$$

$$f'_3=\frac{m}{k}\times f'_2=1.205$$

$$f'_4=\frac{m}{k}\times f'_3=0.048\ 8$$

$$f'_5=\frac{m}{k}\times f'_4=0.001\ 58$$

χ^2 检验时要注意，各类型样方出现的理论频次 f'_k 要不小于 5，如果出现小于 5 的样方类型，可将理论频次小于 5 的各项合并，或者全部与前面一样方类型合并，合并后的 f'_k 要求大于 5，本例可将 f'_2 以后各项合并为一项，即

$$f'_2=2\ 000-(1700.882+275.543)=23.575$$

即理论上样方类型可分为 0、1、2 共 3 类。

2. 核心（奈曼）分布理论频次的计算 样方类型 k 出现的理论概率通式为

$$P_0=e^{-m_1(1-e^{-m_2})}$$

$$P_k=\frac{m_1m_2e^{-m_2}}{k}\times\sum_{r=0}^{k-1}\frac{m_2^r}{r!}p_{k-r-1}\qquad(k>0,\ r\leqslant k-1)$$

式中，$m_2=\frac{s^2}{\bar{x}}-1=0.610\ 5$，相当于集团内平均个体数；$m_1=\frac{\bar{x}^2}{s^2-\bar{x}}=0.265\ 4$，相当于抽样单位内平均集团数。

样方类型 k 出现的理论频次为：$f'_k=Np_k$ 。

令 $A=m_1m_2e^{-m_2}=0.087\ 98$，则有

$$f'_0=Ne^{-m_1(1-e^{-m_2})}=1\ 771.630\ 07$$

$$f'_1=Af'_0=155.866\ 9$$

$$f'_2=\frac{A}{2}(f'_1+m_2f'_0)=54.434\ 4$$

$$f'_3=\frac{A}{3}(f'_2+m_2f'_1+m_2^2f'_0/2!\ )=14.069\ 0$$

$$f'_4=\frac{A}{4}(f'_3+m_2f'_2+m_2^2f'_1+m_2^3f'_0/3!\ )=3.795\ 8$$

由于 $f'_4<5$,所以该项以后的需合并成一项,即 $f'_4=2\ 000-(1\ 771.630\ 07+155.866\ 9+54.434\ 4+14.069\ 0)=3.999\ 6$，其值还小于 5，得再与前面一项合并，即 $f'_3=14.069\ 0$

+3.999 6=18.068 6。

因此样方类型为0、1、2、3共4类。

3. 嵌纹分布（负二项分布）**理论频次的计算**　负二项分布在昆虫田间分布中被认为是适合范围最广的一种理论分布，其在田间的分布特点表现为极不均匀的嵌纹图式。各类样方出现的概率分布的通式为

$$P_k=\frac{K+k-1}{k!\ (K-1)!}Q^{-K-k}P^k$$

式中，$P=\frac{s^2}{\bar{x}}-1$，$Q=P+1$；K 有许多求法，如矩法、零频率法、最大或然估值法等，常用的是矩法，计算式为

$$K=\frac{\bar{x}}{P}$$

本例中，可得

$$P=(0.260\ 9/0.162)-1=0.610\ 5$$

$$K=0.162/0.610\ 5=0.265\ 4$$

$$Q=0.160\ 5+1=1.610\ 5$$

代入公式求理论频次，先求得第一项理论频次，即

$$f'_0=NP_0=N\times\frac{(K+0-1)!}{0!\ (K-1)!}\times Q^{-K-0}P^0=1\ 762.42$$

在计算出第一项理论频次后，以后各项可利用以下关系式递推。

$$\frac{f'_k}{f'_{k-1}}=\frac{K+k-1}{k}\times\frac{P}{Q}$$

$$f'_1=\frac{K+1-1}{1}\times\frac{P}{Q}\times f'_0=\frac{KP}{Q}\times 1\ 762.42=177.31$$

$$f'_2=\frac{K+2-1}{2}\times\frac{P}{Q}\times f'_1=\frac{(K+1)P}{2Q}\times 177.31=42.52$$

$$f'_3=\frac{K+3-1}{3}\times\frac{P}{Q}\times f'_2=\frac{(K+2)P}{3Q}\times 42.52=12.17$$

$$f'_4=\frac{K+4-1}{4}\times\frac{P}{Q}\times f'_3=\frac{(K+3)P}{4Q}\times 12.17=3.78$$

因为 $f'_4<5$，以后各项需与之合并，重新计算得

$$f'_4=2\ 000-(1\ 762.42+177.31+42.52+12.17)=5.58$$

（二）卡方（χ^2）检验

对以上计算出的各分布的理论频次和实际频次进行卡方（χ^2）计算，并根据总的卡方值查卡方表，查 χ^2 表时的自由度，泊松分布为 $n-2$，负二项和核心分布都为 $n-3$，n 为理论分布计算时的样方类型数（理论频次需大于5）。凡算得的 χ^2 累计值大于该自由度下 $P=0.05$ 时的 χ^2 值，则其 $P<0.05$，表示理论分布与实际分布不相符合，也就是不属于该种理论分布类型。反之，当算得的 χ^2 值小于 $P=0.05$ 下的 χ^2 时，表示实际分布与理论分布相符合，可以判断该种群属于该种理论分布类型（表2-4）。本例所测的棉铃虫卵，在卵量平均为每株0.162粒的密度下，其空间分布属于负二项分布。

表 2-4　各分布类型理论频次卡方（χ^2）检验

每样方虫数（k）	实查频次（f）	理论频次			卡方（χ^2）值		
		随机分布	核心分布	负二项分布	随机分布	核心分布	负二项分布
0	1 756	1 700.882	1 771.630 07	1 762.42	1.79	0.14	0.02
1	193	275.543	155.866 9	177.31	24.73	8.84	1.39
2	33	23.575	54.434 4	42.52	31.90	8.44	2.13
3	11		18.068 6	12.17		0.00	0.11
4	4			5.58			0.35
5	2						
6	1						
Σ	2 000	2 000	2 000	2 000	58.42	17.42	4.00
$df=1$，$\chi^2_{0.05}=3.84$，$\chi^2_{0.01}=6.63$ $df=2$，$\chi^2_{0.05}=5.99$，$\chi^2_{0.01}=9.21$				自由度	$n-2=1$	$n-3=1$	$n-3=2$
				概率	$P<0.01$	$P<0.01$	$P>0.05$
				适合程度	极不适合	极不适合	适合

上述结果表明，在卵量平均为每株 0.162 粒的密度下，棉铃虫卵在田间呈负二项分布，即为嵌纹分布类型。

频次分布法虽然可以得出种群属于何种具体的空间分布型，但其计算较为复杂，并且需要获得连续虫量的样方，因此需要调查的样方量较多，一般要达上百至上千个，因此该法使用时会受到限制。

二、分布指数法

用种群聚集强度指数（或分布指数）来分析判断昆虫种群的空间分布类型的方法是在 20 世纪 50 年代后期发展起来的，目前应用较多。该方法既可用来判断种群空间分布的大体类别（例如是随机分布还是聚集分布或均匀分布），也可对种群中个体群的行为、种群扩散型的时间序列变化提供一定的信息。分布指数是建立在样方抽样基础上的，其利用的参数主要是样本平均数和方差。分布指数的种类有多种，现介绍常用的几个。

（一）扩散系数

扩散系数（C）是检验种群是否属于随机分布的一个指数，其计算公式为

$$C=\frac{s^2}{x}$$

式中，x 为平均数；s^2 为样本方差。

若 $C=1$，则认为种群的分布属随机的，且 C 遵从平均数为 1、方差为 $2n/(n-1)^2$ 的正态分布，即 $C\sim N\left[1,2n/(n-1)^2\right]$ 的分布。因此 C 可用来测定种群的分布是否属随机分布。C 的概率为 95%的置信区间为

$$x\pm ts_{\bar{x}}=1\pm 2\sqrt{2n/(n-1)^2}$$

若 n 很大时，则 $x\pm ts_{\bar{x}}=1\pm 2\sqrt{2/(n-1)}$。

如果计算得的 C 值落入置信区间范围内，则可认为是随机分布。例如在 7 月 17 日抽 200 个样方，得蝗虫密度为 1.3 m^2 有 0.11 头，$s^2=0.154$，则 $C=0.154/0.11=1.4$。C 的概率为 95%的置信区间为 $1\pm 2\sqrt{2/(200-1)}=1\pm 0.2$，即为 0.8～1.2。

若实际算得的 C 值为 1.4，显然大于此置信区间，故可判定此地蝗蝻不属于随机分布，而属聚集分布。

如果 C 随虫口密度变化，则不能用 C 大小来判断空间分布，而要用其他方法。因此首先要对几块虫口密度不同的地进行检查，看 C 是否依赖于虫口密度，然后再决定用什么指数方法来判断空间分类型。例如丁岩钦等（1981）对东亚飞蝗在卵孵化到成虫期进行了系统的密度调查，结果见表 2-5。

表 2-5　秋蝗 C、K 和均数比较

调查日期	均数（$\bar{x}$）	C	K
7 月 17 日	0.11	1.4	0.27
7 月 19 日	1.01	27.0	0.03
7 月 21 日	0.55	4.0	0.18
7 月 23 日	0.47	4.4	0.13
7 月 25 日	0.61	2.9	0.32
7 月 27 日	0.60	2.6	0.34
8 月 1 日	1.30	1.3	4.30
8 月 4 日	0.18	1.2	0.90
8 月 7 日	0.40	1.1	4.40

从表 2-5 可知，C 不随虫口密度而增减，所以可以用 C 法来测定。再从图 2-4 和图 2-5 中可见，无论是夏蝗还是秋蝗，从蝗蝻刚孵化时起便呈聚集分布。在孵化盛期到 2 龄盛期间，C 最大，也即聚集度最大，以后随虫龄增大而不断变小，到 4～5 龄时，有时会变为随机分布。但在成虫羽化后（夏蝗），随着交尾、产卵的进行，聚集度又迅速上升。这样，可见 C 不仅可以说明种群的空间分布，而且还可以说明种群空间分布在时间上的变化。

Green（1966）提出了一个新的扩散系数，称 Green 扩散指数 G，其计算公式为

$$G=\frac{(s^2/\bar{x})-1}{\sum(x)-1}$$

判断空间分布的标准为，$G<0$ 时，种群为均匀分布；$G>0$ 时，种群为聚集分布。

Myers（1978）发现，Green 扩散指数是判断空间分布的最好指标之一，它对种群密度和样方大小是独立的。

（二）K 法

K 的计算公式为

$$K=\frac{\bar{x}^2}{s^2-\bar{x}}$$

K 就是负二项分布中的参数 K。K 大小与虫口密度无关。K 越小，则表示种群聚集度

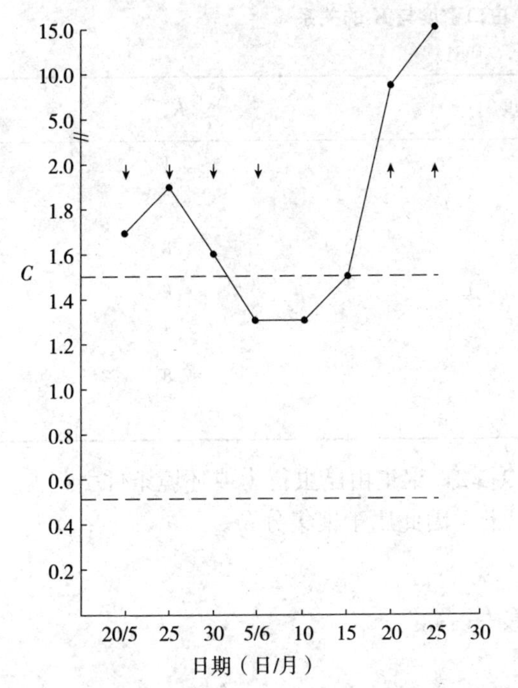

图 2-4　夏蝗蝗蝻与成虫的扩散型

（水平虚线表示 C 值落入随机扩散型的区间；向下的箭头，从左至右分别表示 2 龄、3 龄、4 龄和 5 龄的盛期；向上的箭头，从左至右分别表示羽化和产卵盛期）

（仿丁岩钦，1978）

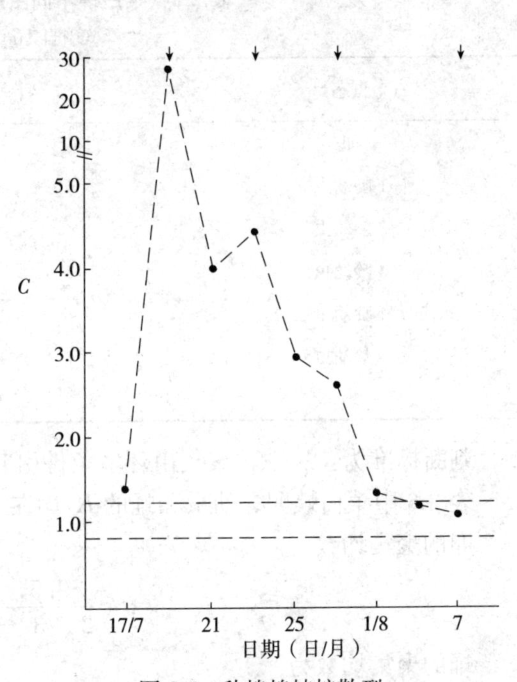

图 2-5　秋蝗蝗蝻扩散型

（水平虚线表示 C 值落入随机扩散型的区间；向下的箭头，从左至右分别表示 2 龄、3 龄、4 龄和 5 龄的盛期；向上的箭头，从左至右分别表示羽化和产卵盛期）

（仿丁岩钦，1978）

愈大，如 K 趋于无穷大（一般为 8 以上），则逼近随机分布。但 K 有时会受抽样单位的大小的影响，因此最好用相同样方来抽样调查，以做比较。

Cassie（1962）提出用 C_A 指数来判断空间分布比较方便。C_A 的计算公式为

$$C_A = 1/K$$

$C_A = 0$，为随机分布；$C_A > 0$，为聚集分布；$C_A < 0$，为均匀分布。

例如 Harcourt（1961）调查菜白蝶的卵平均密度为 9.5 粒/百株，方差 $s^2 = 38.61$，那么

$$K = 9.5^2 / (38.61 - 9.5) = 3.1$$

$$C_A = 1/3.1 = 0.322$$

C_A 显然大于 0，故可以判定为聚集分布。

因昆虫的聚集可由本身的行为或由环境条件引起，Bliackth（1961）进一步提出了用聚集均数（λ）来判断聚集是由什么原因引起的方法。

$$\lambda = \frac{\bar{x}}{2K} \times r$$

式中，r 是具有自由度等于 $2K$ 时的 χ^2 分布函数，即 r 为 χ^2 分布表中自由度等于 $2K$，概率值（P）为 0.5 时的 χ^2 值（计算 λ 应用 0.5 概率水平）。由于 $2K$ 自由度常是有小数的，因此准确的 χ^2 值可用图或比例内插法估算。

例如用菜白蝶的不同虫态平均数与 K 来计算聚集均数（表 2-6）。

表 2-6　菜白蝶不同虫态中虫口密度与 K 的关系

（引自 Harcourt，1961）

虫态	平均密度	K
卵	9.5	3.1
1 龄幼虫	5.6	2.8
2 龄幼虫	4.4	2.8
3 龄幼虫	4.0	4.6
4 龄幼虫	3.6	5.1
5 龄幼虫	2.6	7.8
蛹	1.7	2.3

判断标准为：$\lambda<2$，聚集由环境条件引起；$\lambda \geqslant 2$，聚集由昆虫行为或环境条件引起。

表 2-6 中菜白蝶卵、幼虫和蛹的 K 均在 8 以下，因此属于聚集分布。

卵的聚集均数为

$$\lambda=\frac{9.5}{2\times 3.1}\times 5.55=8.5$$

蛹的聚集均数为

$$\lambda=\frac{1.7}{2\times 2.3}\times 3.54=1.3$$

由此可见，菜白蝶卵的聚集分布是由成虫产卵造成的，蛹期的聚集则是由环境的原因造成。

（三）Taylor 幂函数法则

Taylor 幂函数法则指出，种群的方差（s^2）与抽样平均数（$\bar{x}$）之间是函数关系。此法则可分析一块或多块田内调查的结果。方差和平均数间的关系可用下式进行拟合。

$$s^2=a\bar{x}^b$$

等式两边取对数，得　　$\lg s^2=\lg a+b\lg\bar{x}$

式中，a 和 b 为参数，b 的生物学意义是种群聚集度对密度依赖性的一个测度。

以多块田调查所得 $\lg\bar{x}$ 为横坐标，$\lg s^2$ 为纵坐标作图，即可用最小二乘法算出直线回归方程的系数 $\lg a$ 及 b。然后根据 $\lg a$ 和 b 的大小确定种群的空间分布。

如果 $\lg a=0$，$b=1$（$a=1$），则种群为随机分布；如果 $\lg a>0$，$b=1$（$a>1$），则种群为聚集分布，且与密度无关；如果 $\lg a>0$，$b>1$（$a>1$），则种群为聚集分布，且与密度有关。

（四）平均拥挤度法

平均拥挤度（$\overset{*}{x}$）是 Lloyd（1967）提出的一个表征种群拥挤程度的参数。$\overset{*}{x}$ 代表每个个体在一个样方中的平均他个体数（或称邻居数），指的是平均在一个样方内每个个体的拥挤程度。平均拥挤度强调的是个体的平均，而不是像平均数那样是样方的平均。用平均数时受“0”样方的影响很大，在集团很少、“0”样方很多时，虽然平均数很小，但实际上在集团中某些个体间仍极拥挤，种内竞争激烈。因此平均数难以真正反映生物因素的影响效应。

而平均拥挤度却不受"0"样方的影响，因为"0"样方无法提供关于个体的信息，所以在抽样过程中，有大量"0"样方发生的情况下，利用平均拥挤度指标来表征个体的分布效果更好，它可以比较真实地反映出种内竞争等生物因素的作用。

平均拥挤度（$\overset{*}{x}$）的公式为

$$\overset{*}{x}=\frac{\sum x_i}{N}=\frac{\sum_{j=1}^{Q}x_j(x_j-1)}{\sum_{j=1}^{Q}x_j}$$

式中，x_i为第i个个体的邻居数，x_j为第j个样方中的个体数，N为所有样方中的总个体数，Q为调查的总样方数。

若种群呈随机分布，即$s^2=\bar{x}$，则$\overset{*}{x}=\bar{x}$。

在大量的整片抽样时，直接用上面公式计算$\overset{*}{x}$。如果用随机抽样，则该计算结果会有偏差，可用下式计算平均拥挤度。

$$\overset{*}{x}=\bar{x}+\frac{\bar{x}}{K}$$

式中，K为负二项分布中的K。如果用一般矩法估计K，则平均拥挤度为

$$\overset{*}{x}=\bar{x}+(\frac{s^2}{\bar{x}}-1)(1-\frac{s^2}{Q\bar{x}})$$

式中，Q为抽样数，s^2为方差，$\bar{x}$为平均数。

由此可见，当K越大时，$\overset{*}{x}$越小，说明聚集度越小；当K趋于无穷大时，则$\frac{\bar{x}}{K}$趋于零，因此$\overset{*}{x}=\bar{x}$，也即负二项分布逼近随机分布。而K愈小，$\overset{*}{x}$会愈大，则表示种群聚集度愈大，则$\overset{*}{x}>\bar{x}$。这也告诉人们，在聚集分布的种群中，拥挤度的作用就显示出来了，而在随机分布的种群中则作用不明显。

例如下列格图中，有20个个体分布于20个方形小区（或样方）中，在每个样方（小格）中每个个体的邻居数（x_i），从第一行左边数起，第1小区为0，第2小区为1、1（即每1个体各有1个邻居），第3～4小区为0。同样，第2行是0（样方中只有1个个体，它就没有邻居），2、2、2，0，1、1；第3行为0，0，0，0；第4行为0，2、2、2，0，0；第5行为3、3、3、3，0，0，1、1。将以上各邻居数（x_i）累计，再除以总个数（N），则得每个个体在每个小区中的平均邻居数，也就是平均拥挤度，即$\overset{*}{x}=30/20=1.5$。

若以平均数计算，则$\bar{x}=20/20=1$。

0	2	0	0
1	3	0	2
0	1	0	0
1	3	0	1
4	0	0	2

在平均拥挤度计算中"0"样方是无意义的。

从平均拥挤度的概念出发，许多学者引申出不少指数作为种群分布的判断指标。

1. 聚集指数　Lloyd（1967）提出用平均拥挤度（$\overset{*}{x}$）与平均数（$\bar{x}$）的比值作为分

析种群空间分布的指标。

当$\overset{*}{x}/\bar{x}=1$时，种群为随机分布；当$\overset{*}{x}/\bar{x}<1$时，种群为均匀分布；当$\overset{*}{x}/\bar{x}>1$时，种群为聚集分布。

2. $\overset{*}{L}$ 指数　其计算公式为

$$\overset{*}{L}=\overset{*}{x}+1=1+\bar{x}+(\bar{x}/K)$$

式中，K 为负二项分布中的K。当K 趋于无穷大时，种群聚集度小，种群分布趋于随机分布，$\bar{x}/K$ 趋于0，则$\overset{*}{L}=1+\bar{x}$。

所以可以用$\overset{*}{L}$ 与（$1+\bar{x}$）的比值作为分析种群空间分布的指标。

当$\overset{*}{L}$/（$1+\bar{x}$）$=1$时，种群为随机分布；当$\overset{*}{L}$/（$1+\bar{x}$）>1时，种群为聚集分布；当$\overset{*}{L}$/（$1+\bar{x}$）<1时，种群为均匀分布。

3. 平均拥挤度与平均数的回归关系　Iwao（1971）提出用平均拥挤度（$\overset{*}{x}$）与平均数（$\bar{x}$）间的直线回归关系式中的两个系数α 和β 作为判断空间分布的指标，即

$$\overset{*}{x}=\alpha+\beta\bar{x}$$

但需要注意，只有当$\overset{*}{x}$ 与$\bar{x}$ 间的直线回归关系成立时，也就是回归关系在0.05水平上是显著的，方能用α 和β 来分析种群的空间分布。如果为其他函数关系时，则要用其他方法。

上式中，α 说明分布的基本成分的分布性质（或称为按大小分布的平均拥挤度）。当$\alpha>0$时，个体间相互吸引，分布的个体成分是个体群；当$\alpha=0$时，分布的基本成分是单个个体；
当$\alpha<0$时，个体间相互排斥。

β 说明成分的空间分布。当$\beta=1$时，种群为随机分布；当$\beta<1$时，种群为均匀分布；当$\beta>1$时，种群为聚集分布。

而α 和β 的不同组合可提供种群的不同空间分布的信息。当$\alpha=0$，$\beta=1$时，种群分布为随机型。当①$\alpha>0$，$\beta=1$；②$\alpha=0$，$\beta>1$；③$\alpha>0$，$\beta>1$时，种群分布为聚集型。其中属于①时为奈曼A型或泊松-正二项分布型；属于②和③时，为负二项分布型，其中属②时为具有公共K 的负二项分布，属于③时则为一般负二项分布。

例如丁岩钦等分析东亚飞蝗蝗蝻的$\bar{x}$ 与$\overset{*}{x}$ 间的回归关系，经检验为直线型，相关系数$r=0.682$，$P<0.01$，$\alpha=0.211$，$\beta=3.712$，属于第三类的聚集分布，即一般负二项分布。

徐汝梅等（1984）对上述Iwao模型进行了改进，使之适合非线性的场合。徐氏模型的通式是

$$\overset{*}{x}=\alpha+\beta\bar{x}+\gamma\bar{x}^2$$

式中，γ 为基本成分分布的相对聚集度随种群密度而变化的速率。显然，当$\gamma=0$时，该模型就成为Iwao模型。

三、地统计学法

（一）地统计学的概念

地统计学（geostatistics）是20世纪60年代由法国著名数学家Matheron总结发展起来的，是在地质分析和统计分析互相结合的基础上形成的一套分析空间相关变量的理论和方法。它广泛用于地质学和矿物学领域，目前在生态学和环境领域上也得到应用。地统计学利

用的是区域化变量理论。一个变量在空间上与位置有关，该变量就是区域化的。而在空间上，生物种群是一个区域化变量，因此可用地统计学方法进行分析。

利用地统计学方法判断昆虫种群的空间分布，它与前面的频次法和指数法相比具有明显的优点。频次法和指数法仅是对样方中虫量进行调查后，利用样本均数和方差两个信息进行空间分布的判断。它没有考虑样方的位置与方向，但地统计学方法不仅考虑样方中的虫量多少，还需同时考虑样点的位置方向（如东西向、南北向）、样点彼此间的距离。例如对麦田灰飞虱种群的调查，其样点布局如图 2-6 所示，每个样点的方位和样点间的距离都是可知的，结合每样点调查的虫量来分析种群的空间分布。同时，地统计学方法还可测定出研究种群空间结构的相关性和依赖性。但是地统计学方法也有其明显的缺点，它对种群数量调查的要求较高，需对调查样点先进行定位，并且在判断空间分布时计算较为繁琐，一般需要借助于计算机软件进行。不过，现在有专门的地统计分析软件，并且 GIS 软件中配有专门的地统计学模块，计算已不是问题。

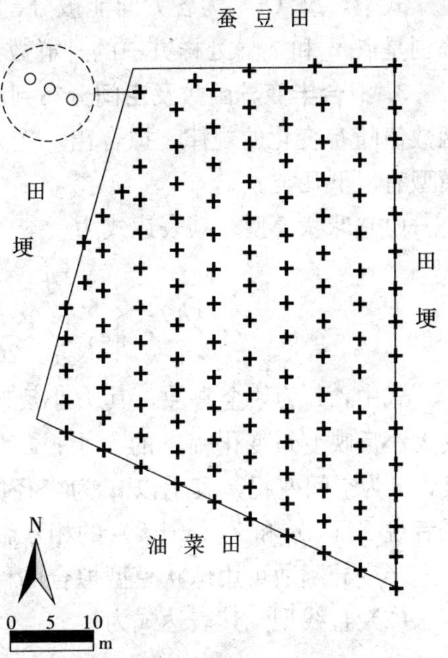

图 2-6　麦田灰飞虱空间分布的地统计取样各样点示意图
（+表示样点，◦表示麦株）
（王瑞供图）

（二）地统计学在判断昆虫种群空间分布中的应用

地统计学方法判断昆虫种群空间分布的简单步骤可归纳为以下几步。

1. 选样方并测定　在研究种群中选定样方，测定各样方间的距离及每样方中种群的个体数。样方（点）定位可采用手持式 GPS 定位仪。例如测定甘蓝上小菜蛾幼虫的空间分布，以株为单位取样，测定菜地南北株距离为 40 cm，东西株距为 50 cm，每行 10 株，共 33 行。取样总数为 330 株。调查每株甘蓝上小菜蛾幼虫的数量，记载于方格纸上，制成实时数量分布表（表 2-7）。

表 2-7　样点中小菜蛾幼虫数量记录表

x_{11}	x_{12}	x_{13}	x_{14}	x_{15}	x_{16}	x_{17}	x_{18}	x_{19}	x_{110}
x_{21}	x_{22}	x_{23}	x_{24}	x_{25}	x_{26}	x_{27}	x_{28}	x_{29}	x_{210}
x_{31}	x_{32}	x_{33}	x_{34}	x_{35}	x_{36}	x_{37}	x_{38}	x_{39}	x_{310}
x_{41}	x_{42}	x_{43}	x_{44}	x_{45}	x_{46}	x_{47}	x_{48}	x_{49}	x_{410}
x_{51}	x_{52}	x_{53}	x_{54}	x_{55}	x_{56}	x_{57}	x_{58}	x_{59}	x_{510}

2. 计算种群样本方差函数值　样本方差函数值［$r(h)$］计算公式为

$$r(h)=\frac{1}{2N(h)}\sum_{i=1}^{N(h)}[Z(x_i)-Z(x_{i+h})]^2$$

式中，$N(h)$ 为各方向能被分割的数据组数，如 (x_i, x_{i+h})；$Z(x_i)$ 和 $Z(x_{i+h})$ 分别是点 x_i 和 x_{i+h} 处样方中的种群数量；h 为分隔两点间的距离。

3. 拟合半变异函数及空间分布判断 计算出各 h 距离下的样本方差函数值，根据方差函数值随 h 变化的规律，拟合出一个函数方程，该函数方程即为半变异函数。半变异函数模型有以下几类。

（1）球状模型 其表达式为

$$r(h)=\begin{cases}c_0+c & (h>a)\\ c_0+c\left[\dfrac{3h}{2a}-\dfrac{1}{2}\left(\dfrac{h}{a}\right)^3\right] & (0<h\leqslant a)\end{cases}$$

式中，c_0 为块金常数，其大小反映局部变量的随机程度；c 为拱高；c_0+c 为基台值，其大小反映变量变化幅度的大小；$c_0/(c_0+c)$ 为空间不连续性强度，表示变量的随机程度；a 为空间变程，表示以 a 为半径的领域内的任何其他 $Z(x+h)$ 间存在空间相关性，或者说 $Z(x)$ 和 $Z(x+h)$ 的相互影响。

半变异函数可用球状模型拟合的种群属于聚集分布。

（2）直线型 其表达式为

$$r(h)=A+Bh \qquad (h>0)$$

如果为非水平状直线，说明种群为中等程度的聚集分布，其空间依赖范围超过了研究尺度。如果为水平直线或稍有斜率，表明在抽样尺度下没有空间相关性。

（3）指数型 其表达式为

$$r(h)=c_0-\mathrm{e}^{-3h/a}$$

符合指数型的种群属聚集分布。

（4）高斯型 其表达式为

$$r(h)=c_0+c(1-\mathrm{e}^{-3h^2/a^2})$$

式中，a 为相关程。

如果 $r(h)$ 随距离无一定规律变化，不能用各模型进行拟合，则种群为随机分布。

例如小菜蛾幼虫在早甘蓝上的半变异函数如图 2-7 所示。由图 2-7 可知，小菜蛾幼虫在南北和东西方向的半变异函数均呈球状，说明它们的空间分布为聚集型。

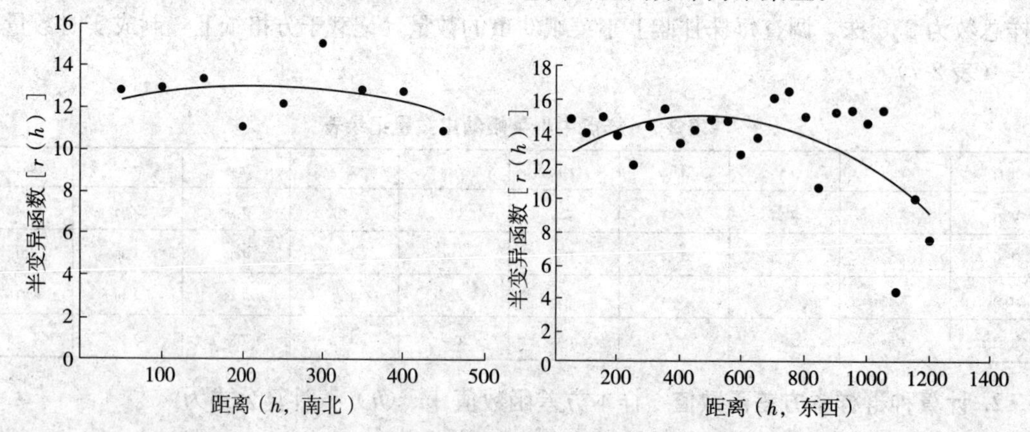

图 2-7 小菜蛾幼虫在早甘蓝上的半变异函数

（引自高书晶等，2004）

第四节　昆虫种群空间分布的动态过程及应用

一、昆虫种群空间分布的动态与成因

昆虫种群空间分布是种群在运动过程中相对静止的一种表现形式，它有空间的限制和时间的变化，是与昆虫的生活习性及生境条件在时间上的变化直接相关联的。在某种程度上，它反映了种的特性。同一种昆虫的空间分布可能因虫期及种群年龄结构而异，例如水稻的二化螟和三化螟幼虫，不同龄期的平均拥挤度变化很大。孙建中等（1991）采用 Lloyd（1987）的 $\overset{*}{x}$ / $\bar{x}$ 聚集指标，测定了不同龄期二化螟幼虫的聚集强度变化，并同时用 Iwao 提出的 $\overset{*}{x}$ 与 $\bar{x}$ 回归分析及徐汝梅等的 Iwao 模型的改进型进行分析比较，结果发现，随着二化螟幼虫龄期的增加，其聚集强度下降（图 2-8）。天幕毛虫幼虫时呈聚集状，但成虫期为随机分布。瓢虫越冬时聚集于一起，而在非越冬时期则较为分散。

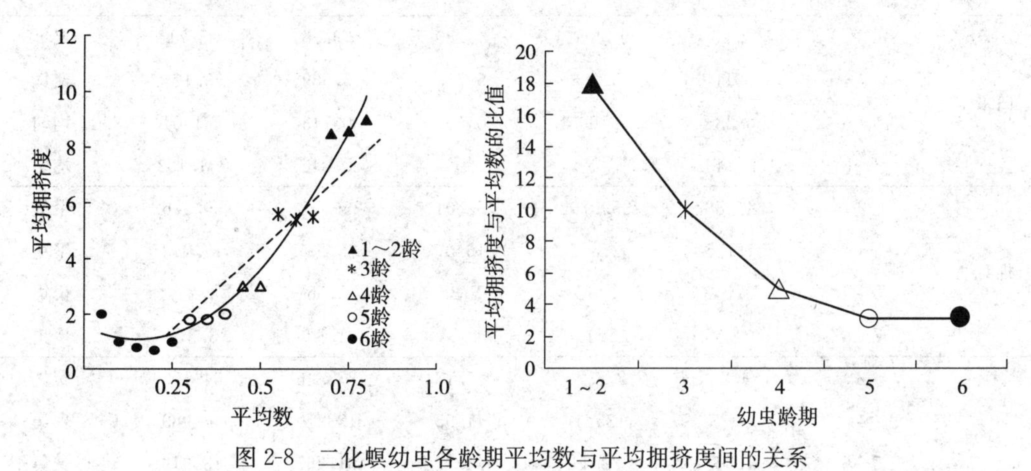

图 2-8　二化螟幼虫各龄期平均数与平均拥挤度间的关系

（仿孙建中和杜正文，1991）

造成昆虫种群聚集分布的原因很多，个体间的相互引诱、栖息环境的不一致等都可以造成某个种群（不同的虫态、年龄等）在田间呈现特定的分布格局。一般来说，卵期的空间分布格局主要与雌虫的产卵习性有关。例如二化螟、三化螟的成虫活动迅速，产卵时间短，卵块在田间都为随机分布。而稻纵卷叶螟成虫在田间往往是聚集分布，所以卵的分布也呈聚集分布。幼虫的空间分布主要由卵期格局决定的，但在幼虫发育阶段，通过扩散和各种死亡因子、稻田环境的异质性等的作用，其空间分布也会发生变化。在急流中生活的滤食性水生昆虫，为了应对水流而呈聚集分布状。池塘中的捕食性昆虫，如蜻蜓幼虫及田鳖由于生活环境条件非常优越而聚集在池塘中。蚜虫因为其快速的孤雌生殖而表现出聚集分布的形式。锯蜂和天幕毛虫因其幼虫有聚集的行为特性而形成聚集性分布。

种群的空间分布还随种群密度的变化而变化。一般而言，低密度的种群常呈随机分布，但随着密度的增大，空间分布则可能转化为聚集分布。如春季木槿上的棉蚜，在前期为负二项分布，到 5 月上中旬有翅蚜在冬寄主上进行过一次扩散和繁殖，又随着有翅蚜大量侨迁，种群聚集度降低，接近于随机分布。侨迁蚜从木槿上迁飞到棉田后种群也为随机分布，但当侨迁蚜在棉田产子和繁殖几代后，因棉蚜数量的急增，蚜虫的分布则又变为聚集分布。蝗虫

种群的空间分布也有随密度的变化而变化的特性。

种群的空间分布也受外界条件的影响，外界环境条件决定着昆虫空间分布的表现形式。影响昆虫空间分布的外界因子主要有作物因子、地理地貌因子和气候因子等。

作物的种类、长势和布局会影响昆虫种群的空间分布。秦厚国等（2001）对斜纹夜蛾各龄幼虫在不同作物上的聚集度研究表明，其聚集度始终表现为向日葵＞棉花＞白菜（表 2-8）。蚜虫在寄主条件优越的环境中呈现较强的聚集分布，而当寄主营养恶化后，则产生有翅蚜迁移，而呈现出随机分布。地理地貌特征往往会影响作物的布局和长势，从而影响昆虫的分布。例如一些昆虫的成虫对产卵的作物或长势有选择性，如果这种作物分布于一定的区域，则会引诱成虫在小区域间产卵的不均匀性，从而造成卵的聚集分布。

表 2-8 不同作物上斜纹夜蛾幼虫的聚集度指标值

（引自秦厚国等，2001）

作物	虫龄	平均数（x）	平均拥挤度（$\overset{*}{x}$）	$\overset{*}{x}/x$	C	C_A	空间分布
白菜	2	2.25	100.81	44.80	99.56	35.71	聚集
	4	0.911 6	5.208	5.713	5.669	5.12	聚集
	5～6	0.285	0.160 3	0.562	0.713	−1.01	均匀
	7～8	0.149	0	0	0.846	−1.182	均匀
棉花	2	4.188	259.702	62.01	259.514	60.976	聚集
	4	1.725	27.72	16.07	26.997	15.083	聚集
	5～6	0.602	3.15	5.23	3.55	4.237	聚集
	7～8	0.265	1.16	4.38	1.89	3.378	聚集
向日葵	2	4.28	278.75	65.13	275.46	64.103	聚集
	4	3.23	135.42	41.93	133.19	40.989	聚集
	5～6	1.545	22.11	14.31	31.767	13.313	聚集
	7～8	0.67	4.96	7.403	5.289	6.41	聚集

气候条件的适宜与否会使昆虫种群的数量发生重大的变化。在适宜的气候条件下，昆虫种群往往呈现数量剧增现象，从而种群呈现聚集分布。当气候条件不适宜时，昆虫种群数量急剧降低，分布则由聚集转变为随机。

农事操作，如施用农药和水肥管理，改变昆虫种群的数量，从而引起昆虫种群的空间分布发生变化。例如施用农药后，大大降低了害虫的虫口密度，也使聚集程度原本很高的害虫变得相对分散。

二、昆虫种群空间分布的应用

明确了昆虫的空间分布，可以为种群密度调查时的抽样提供理论指导。对于均匀分布的种群，抽样时只需抽少数几个样方，即可得到准确的种群密度结果。随机分布的种群，调查时可遵循大样方、少抽样数的原则，以节约调查时间，并获得较准确的结果。随机分布种群的抽样可采用简单的五点取样法。聚集分布的种群，调查时要遵循抽样数多、样方可小点的

原则。抽样方法可采用平行跳跃式取样、棋盘式取样、Z 字形取样等方法（具体见第八章，图 8-2）。特别是对负二项分布的种群，如大螟进行种群密度调查时，必须采用 Z 字形取样方法，这样的结果才能反映田间种群的大小。

另外，昆虫种群空间分布还可指导进行害虫防治决策，以确定某次调查后是采取防治措施还是继续监测。用于进行防治决策的序贯抽样方法就要以空间分布为基础。

第五节 异质种群

组成种群的个体具有一定的扩散能力，同时一定空间条件下只能容纳有限的种群个体（最大饱和容量），因此种群的所有个体必须占领和利用不同的空间。在相同地域范围内，由于生境的不连续性或斑块化，在不同斑块内的同一物种个体所组成的个体团，可称为局部种群（local population）。一般来说，异质种群或集合种群（metapopulation）是指在斑块生境中，空间上具有一定的距离，但彼此间通过扩散个体相互联系在一起的许多小种群或者局部种群的集合。生境斑块即局部种群所占据的空间区域。在人工干扰较多、生境普遍呈斑块化的农田中，各昆虫种群往往以异质种群状态存在。异质种群强调了种群空间分布的地理隔离效应对种群特性的影响。

1969 年，Levins 首次提出“异质种群”概念，他将其定义为：“由经常局部性绝灭，但又重新定居而再生的种群所组成的种群”，也可说异质种群是由空间上彼此隔离，而在功能上又相互联系的两个或两个以上的亚种群或局部种群所组成的种群斑块系统（system of patch population）。生态学家早已注意到，由于近代社会经济的高度发展，人类的活动造成景观或栖息地破碎化，形成了一个个在空间上具有一定距离的生境斑块（habitat patch），同时也正是因为栖息地的破碎化而使得一个较大的种群被分割成许多小的局部种群（small local population），许多物种实际上是以异质种群的方式存在。异质种群也被认为是“一个种群的种群”（a population of populations），并且为了区分这两个不同层次的种群概念，用局部种群来表示传统意义上由一群个体组成的种群，用异质种群表示一组局部种群构成的种群。真正为异质种群生态学奠定理论框架和方法论基础的是芬兰 Hanski。异质种群研究的核心是将空间看成是由生境斑块构成的网络，探讨这些斑块网络中的多个局部种群的空间结构和动态。

异质种群有不同类型：①典型的异质种群（classic metapopulation），也称 Levins 异质种群（Levins metapopulation），局部种群间个体存在单向的扩散，从一个生境斑块扩散到另一个斑块，且有一定的斑块尚未占领（图 2-9 A）。②大陆-岛屿型异质种群（mainland-island metapopulation），各岛屿上的局域种群均由大陆单向扩散或迁飞而来，尚有未被利用的岛屿斑块（图 2-9B）。③非平衡性异质种群（nonequilibrium metapopulation），扩散后形成的各局域种群间不再有扩散行为发生，存在没被占用的斑块（图 2-9C）。④斑块化种群（patchy population），各局域种群间有双向的扩散行为发生，生境中所有斑块均被利用，从而各局域种群形成了网络化（图 2-9D）。

一个典型的异质种群需要满足 4 个条件：①适宜的生境以离散斑块形式存在，这些离散斑块可以被局部繁育种群所占据；②存在灭绝风险，即使是最大的局部种群也有灭绝风险；③生境斑块不可过于隔离而阻碍局部种群的重新建立；④各个局部种群的动态不能完全同步。

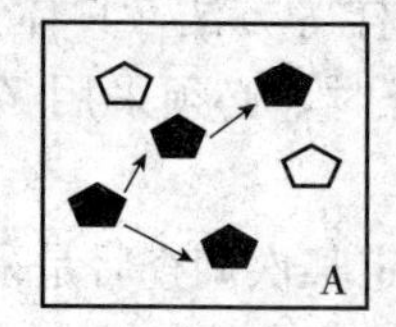

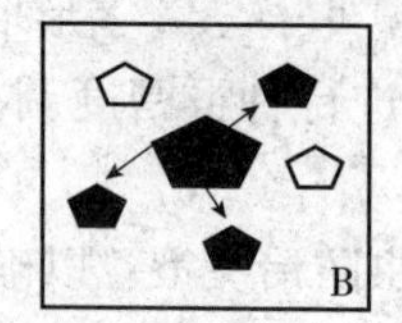

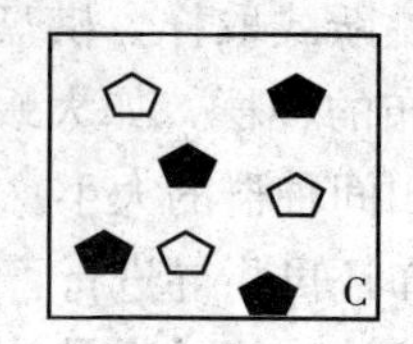

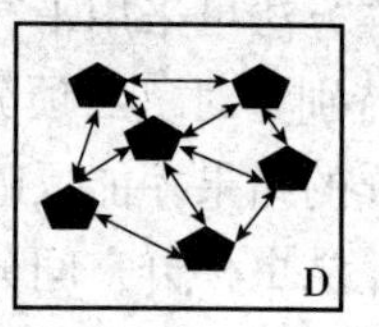

图 2-9　异质种群的几种类型示意图
（黑色斑块为已被占据，白色斑块为尚未被占据）
A. 经典的异质种群　B. 大陆-岛屿型异质种群　C. 非平衡性异质种群　D. 斑块化种群
（仿 Harrison 和 Taylor，1997）

对异质种群的研究，主要可找出斑块面积、隔离程度与局部种群灭绝及重建之间的关系，探讨异质种群的时空动态，从而明确种群的灭绝概率、迁移率、斑块占有率等。各斑块生境中存在局部种群的定居与灭绝的动态过程，即局部种群的灭绝以及从现存局部种群中扩散出的个体在尚未被占据的生境斑块内建立起新的局部种群的过程，这一过程称为周转。异质种群的持续时间（metapopulation persistence time），即期望寿命，是指在一个异质种群中全部局部种群灭绝所需的时间长度。异质种群的研究对生物多样性保护有一定的指导意义。异质种群的概念在保护生物学和景观生态学中应用较多。

思考题

1. 昆虫种群空间分布的类型及判断方法有哪些？
2. 研究昆虫种群的空间分布有何意义？
3. 异质种群与传统种群的概念有何异同？

第三章　昆虫种群的数量动态

主要内容　害虫种群数量的急剧升高，会引起对作物危害的加重。昆虫种群的数量动态规律具有指导科学监测、预测及防控害虫的重要意义。本章主要阐述昆虫种群的消长类型、消长规律和消长机制，以及种群的生命表技术、种群的生态对策等。

重点知识　种群数量季节性消长、种群指数生长型、种群逻辑斯谛生长型、种群生命表的组建与应用、种群生态对策与防治。

难点知识　种群生长型模型的组建、种群生命表的组建、关键因子分析、种群生态对策、种群消长机制。

昆虫种群的数量动态是指由于昆虫的出生率和死亡率的变动以及外界环境条件的改变所引起的种群个体数量随时间的变化情况。自然界，同种昆虫是以种群的形式存在和适应外界环境变化的，因此种群数量也随外界环境因子的改变而发生各种变化。掌握昆虫种群数量在时间和空间上的发展趋势，是害虫预测预报和防治、保护利用有益昆虫的重要理论基础。

第一节　昆虫种群数量消长的表现

昆虫种群时刻发生着出生和死亡的过程，其成员在不断更新之中，但是这种数量的变动往往在某个密度的上下波动。种群受某种干扰而发生数量的上升或下降，都有重新回到原水平的倾向，这种情况就是种群的动态平衡。

昆虫种群数量的消长动态取决于两个方面：①种群内在因素，例如种群的生理、生态特征、适应能力等；②外在因素，例如种群所处的栖境、地理与气候特征等。因此昆虫种群在时间和空间上会表现出一定的数量波动，呈现出种群数量在不同地理区域、不同年份和不同季节的消长动态。

一、昆虫种群数量的地理消长

种群表现出的在地理区域或栖息地间的数量分布的差异，称为种群数量的地理消长。种群在一定空间上的数量分布主要由种群的生态要求及地理条件的满足程度所决定的。在自然界，经常可以看到一种害虫在其分布区域内的不同地区间，种群密度差异很大的现象。有的地区该种害虫常年发生较重，种群密度常年维持高水平状态，其猖獗频率也很高，这样的地区称为种群密度高的相对稳定区，也常称为发生基地、发生中心、主要发生地、适生区等。在这种区域内，对该种害虫几乎每年都需要进行防治工作。而在另一些地区，该种害虫密度常年维持在低水平状态，很少需要防治，这样的地区称为种群密度低的相对稳定区。还有一些地区，该种害虫的密度介于上述二地区之间，种群密度波动较频繁，也就是该种害虫在有的年份发生多而需要防治，有的年份则发生少而不需要进行防治，这样的地区称为种群密度波动区，对该地区监测时需特别关注种群发展动态，以免因疏忽也造成大的危害。

二、昆虫种群数量的季节消长

昆虫种群数量的季节消长是指昆虫种群的数量受外界环境因子季节性变化的影响，使生活在该环境中的昆虫种群产生与之相适应的季节性消长的规律。这种规律在一定的空间内常维持相对的稳定，形成了不同的种群季节消长类型。

（一）昆虫种群数量季节消长类型

一化性昆虫种群数量的季节消长动态比较简单，在一年中种群密度只呈现出 1 个增殖期，其余时期都呈减退状态。多化性昆虫种群数量的季节性消长比较复杂，而且常因地理条件和在不同地区年发生代数不同，其种群数量的变化较大。一般表现为下述 4 种类型（图 3-1）。

1. 斜坡型　此型种群数量仅在前期出现生长高峰，以后便直趋下降，例如黏虫、小地老虎等。

2. 阶梯上升型　此型种群数量逐代逐季递增，例如三化螟、玉米螟、棉铃虫等。

3. 马鞍型　此型种群数量常在春秋两季出现高峰，夏季常下降，如桃蚜、棉蚜等。

4. 抛物线型　此型种群常在生长季节中期出现高峰，前后两头均少，如高粱蚜、稻苞虫等。

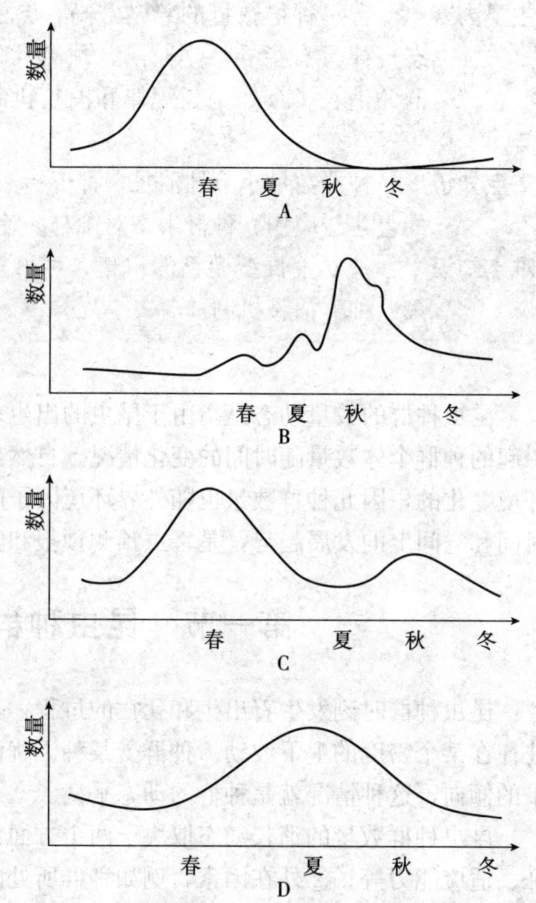

图 3-1　长江流域几种害虫种群季节性消长模式图

A. 斜坡型（黏虫）　B. 阶梯上升型（三化螟）

C. 马鞍型（桃赤蚜）　D. 抛物线型（高粱蚜）

（仿张孝羲等，1979）

（二）昆虫种群季节性消长的主导因素

种群季节性消长原因是由物种的主要特性及其与栖息地生态系统内气候、食物及天敌的季节性变动的相互作用形成的。昆虫种群季节性消长主要受气候、食物和天敌因子的调控。

1. 气候制约型　这种类型是以物种对气候的适应性为内因，以生境的气候条件为主要诱发因子的季节消长类型，如小地老虎的发育适温为 14～20 ℃，凡气候适宜的季节就是该种群的发生季节。因此在长江流域春季的气温较为适宜，而发生量高；夏秋季气温高，发生

量少，而表现出典型的斜坡型（图 3-1 A）。

2. 气候-食物制约型 这是以物种对气候和食料条件的适应性为主导因子的季节消长类型，例如水稻三化螟，其发育繁殖适温为 29～30 ℃，幼虫的侵入及营养要求与水稻各生育期间的关系极为密切。分蘖期、孕穗期、抽穗前后对侵入、生存均有利，而秧苗期、返青期、圆秆期及抽穗后则均不利。在江苏，当 3—4 月降水量大、雨日多、气温低的年份，越冬幼虫、蛹死亡多，第 1 代发生数受抑制。而当气候适宜的季节，2～3 代幼虫盛孵期与水稻各感虫生育期的吻合程度，常为决定当地多发季节的主导因素，并且由于这种吻合程度在不同地区及不同年份的变异，形成三化螟在各地区或年份内季节性多发期的差异，但总体上，随着代次的增多呈增加的趋势，而表现出了阶梯上升型的季节性消长动态（图 3-1B）。

3. 天敌制约型 这是以生境中天敌的季节性消长为主导诱发因子的季节消长类型，例如银纹夜蛾，在江苏徐州地区，7 月上旬第 2 代密度最大，但由于第 2 代在蛹期及第 3 代幼虫期遭到一种病菌和小茧蜂的寄生，致使以后各代密度急剧下降。

三、昆虫种群数量的年际动态

昆虫种群数量在不同年份间的变动规律，称为昆虫种群数量的年际动态。不同种类的昆虫其年份间的数量波动规律差异较大，可表现为周期性波动、非周期性波动和稳定型几类。

（一）周期性波动

少数昆虫种群数量的年际变化呈现周期性波动，这种周期性与种群自身的遗传特性及昆虫与寄主间的相互作用有关。例如瑞士科学家研究发现，松线小卷蛾在落叶松林中的年际数量波动有明显的周期性，周期的间隔为 8～9 年，平均 8.4±0.4 年。经过分析这种周期性大发生形成的原因，主要是由落叶松与松线小卷蛾的相互制约、相互依存关系所造成。因为松线小卷蛾大发生后，落叶松树势受损，不能为小卷蛾提供充足营养，从而引起小卷蛾种群数量的下降。小卷蛾数量变少时，落叶松又得到恢复和发展，从而可为小卷蛾的发展提供有利条件。年际呈周期性波动的昆虫一般发生在稳定的生态系统中，而在多变的农业生态系统中，呈周期性波动的昆虫很少。例如在 1881—1930 年，针叶林中松夜蛾和松尺蛾没有明显的周期性变化，但松尺蠖的数量变动有明显的周期性（图 3-2）。

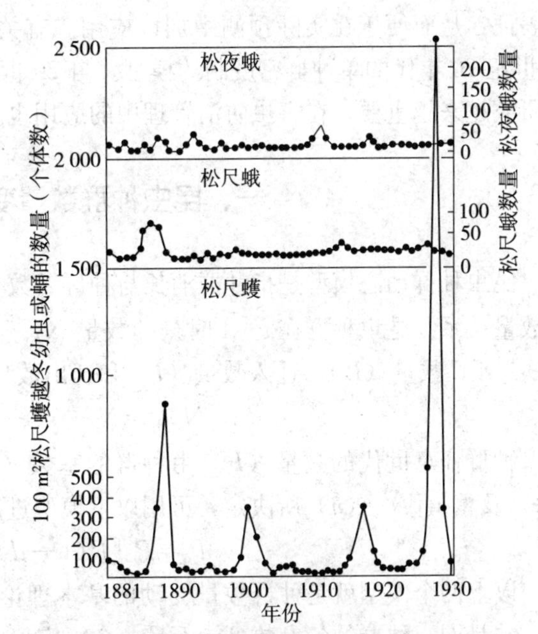

图 3-2 三种针叶林害虫在枯枝落叶层中越冬幼虫或蛹的数量波数
（引自孙儒泳，1987）

（二）非周期性波动

昆虫种群数量的非周期性年际波动由环境因子变化的随机性所决定，绝大多数农业害虫均属此类型。例如褐飞虱种群在我国江淮稻区的大暴发就没有明显的周期性。昆虫种群的生活环境极不稳定或不固定时，种群的数量在年度间变化差异较大，而表现出非周期性波动。因此农业害虫的监测与预测工作较为重要，以便随时根据监测结果提供防治建议。

（三）昆虫种群数量趋于稳定的类型

昆虫在不同的年份间，其种群密度基本处于相似的密度水平，主要是外界大区域的主导环境因素常年处于种群的适生或抑制范围所致。例如水稻三化螟，在常年早稻、中稻和晚稻混栽的地区，其种群密度常年维持在高水平状态。反之，在常年推行纯双季稻或纯单季早稻、中稻的地区，则三化螟种群常年维持在较低的水平。

在寄主多样性稳定的状态下，捕食性天敌年际种群数量常稳定在一定的水平。例如稻田捕食性蜘蛛在水稻栽插后数量可持续上升，直至水稻抽穗后期蜘蛛数量升至高峰，种群数量在年份间常稳定在 1.5×10^6～3.0×10^6 头/hm^2，其中早稻或早中稻田捕食性蜘蛛群落的数量较少，而晚稻田则较高。

第二节　昆虫种群的生长型

种群数量动态是种群生态学研究的重点之一。种群数量的消长规律可用数学模型来拟合或表征，从而便于在实际预测中加以应用。有关昆虫种群动态的模型研究，最早可追溯到20世纪20年代的单种群密度制约模型。自20世纪60年代以来，模型在昆虫种群生态学中的研究越来越重要，在害虫防治管理中的应用也越来越受到重视。

一、昆虫种群数量变动的理论模型

昆虫种群动态模型是指种群消长与种群参数（例如出生、死亡、迁出、迁入等因子）间的数量关系。昆虫种群在 $t+1$ 时刻的数量 N_{t+1} 由 t 时刻种群的数量 N_t 及种群的出生数量（B）、死亡数量（D）、迁入数量（I）和迁出数量（E）所决定，即

$$N_{t+1}=N_t+B+I-D-E$$

种群任意世代的数量（P）由种群的基数（P_0）、增殖率（R）、死亡率（d）、迁出率（M）及繁殖代次（n）所决定，可用以下模型进行估计。

$$P=P_0[R(1-d)(1-M)]^n$$

以上两个模型就是种群数量变动的基本理论模型。模型中的各生命参数可通过实验得到，并且同一种群的各参数可能不是一个恒定值，而是由一些因子所决定的函数。例如稻纵卷叶螟种群的增殖率（R）与产卵期内的温度和湿度有关。模型中各参数的估计将在第八章中阐述。

二、昆虫种群的生长型

种群数量随时间变化的动态称为种群的生长型。种群的生长型反映了各类因子对种群作用后集中在种群数量上的表现，因此明确了生长型将对种群发生量的预测有指导作用。单种种群的生长型按时间函数的连续性，可以分为世代离散性生长型和世代重叠连续性生长型两大类。

（一）世代离散性生长模型

1 年只发生 1 代或 1 年内只有 1 个繁殖季节的昆虫种群，以及世代中各虫态不重叠的多代性昆虫种群，其生长型可用离散模型来表示，即

$$N_{t+1}=R_0N_t$$

式中，N_t为 t 世代时种群内的雌虫数量（种群基数）；N_{t+1}为在 $t+1$ 世代时种群内雌虫数量；R_0为净增殖力或繁殖速率，指平均每头雌虫每代所产生的雌性后代数。有时以生殖率即上、下两代间的种群数量的比值表示，故有

$$R_0=N_{t+1}/N_t$$

1. 净增殖力恒定时　净增殖力（R_0）恒定时，种群的数量变化就较为简单，仅与虫口基数及净增殖力有关。$R_0>1$ 时，则种群无限增长；$R_0<1$ 时，则种群将不断减少。例如设 $R_0=1.5$ 头/雌，N_0（基数）$=10$ 头，代入上式得 $N_{t+1}=1.5N_t$，即可预测以后各世代种群数量，即有第 1 代数量 $N_1=1.5\times10=15$ 头；第 2 代数量 $N_2=1.5$（1.5×10）$=22.5$ 头；第 3 代数量 $N_3=1.5$［$1.5\times$（1.5×10）］$=33.75$ 头。

可见，种群数量的变动，决定于净增殖力（R_0）以及基数（N_t）。

2. 净增殖力依某些条件而变动时　从以上最简单的差分方程中可见，未来的种群数量（N_{t+1}），主要决定于净增殖力（R_0）和基数（N_t）。而在许多情况下，净增殖力（R_0）常常不是恒定的常数，常受其他因素（如气候、寄主物候、天敌、密度等）的影响，是这些变动因素的一个函数，即 $R_0=f$（x），而且它们之间的关系可能较为复杂。例如净增殖力与各因子间可以是直线关系、曲线关系、一元回归或者多元回归关系等。因此在建立生长型模型前，得先将 $R_0=f$（x）的方程式建立出来，再代入基本的差分方程式 $N_{t+1}=R_0N_t$ 中，从而组成一个复合的生长型模型，以供预测预报时使用。

例如根据张孝羲和顾海南等（1987）研究，南京地区稻纵卷叶螟的第 3 代卵量（N_{3E}），决定于第 2 代成虫数量（N_{3A}）及其雌性比（P_F）和雌虫繁殖力（R_0），即

$$N_{3E}=(P_F\times R_0)N_{3A}$$

而 P_F及 R_0又分别是一些气候因素的函数，例如

$$P_F=-15.955\,9+2.506\,6T$$

$$R_0=1\,234.263-15.057T-8.85RH$$

式中，T 为第 2 代成虫产卵期间的平均气温（℃），RH 为第 2 代成虫产卵期间的平均相对湿度。

则联合建立稻纵卷叶螟第三代卵量的数理模型为

$$N_{3E}=[(-15.955\,9+2.506\,6T)(1\,234.263-15.057T-8.85RH)]N_{3A}$$

（二）世代重叠连续性生长模型

这个模型适合于生活史短、每年发生多个世代、世代间有不同程度的重叠的种群，也适用于成虫繁殖期特长，或1年以上发生1代的昆虫。这种生长曲线属于连续的，常用微分方程来加以拟合。首先要假定种群在 t 时间的生长只与 t 时间的环境条件有关。这种连续型的生长曲线有下述两种情况。

1. 在无限环境中的几何增长型（J形生长曲线） 首先假定在任何短瞬间 $\mathrm{d}t$，每个个体具有 $b\mathrm{d}t$ 的概率来生产出新的个体。在此同时短瞬间也存在 $d\mathrm{d}t$ 的个体死亡概率。这样在此瞬间的种群数量有如下微分式。

$$\mathrm{d}N/\mathrm{d}t=bN-\mathrm{d}N=(b-d)N$$

式中，N 为种群数量，t 为时间，b 为瞬时出生率，d 为瞬时死亡率。

$(b-d)$ 也可称为种群的内禀增长能力，它代表在一定非生物的和生物的环境条件作用下，种群所固有的内在增长能力，可以用 r 代表之，则 $r=b-d$，代入上式后得，

$$\frac{\mathrm{d}N}{\mathrm{d}t}=rN$$

移项得

$$\frac{\mathrm{d}N}{N}=r\mathrm{d}t$$

两边积分得

$$\int\frac{\mathrm{d}N}{N}=\int r\mathrm{d}t$$

则有

$$\ln N+c=rt+c$$

设 $t=t_2-t_1$，当 $t=t_2$ 时，$N=N_2$，代入上式得

$$\ln N_2+c=rt_2+c$$

式中，c 为任意常数。当 $t=t_1$ 时，$N=N_1$，代入后得

$$\ln N_1+c=rt_1+c$$

上面两式相减，得

$$\ln N_2-\ln N_1=r(t_2-t_1)$$

$$\ln(N_2/N_1)=rt$$

$$N_2/N_1=\mathrm{e}^{rt}$$

$$N_2=N_1\mathrm{e}^{rt}$$

即

$$N=N_0\mathrm{e}^{rt}$$

这就是种群在无限环境条件下，如食物和空间不受限条件下做几何级数增长的指数生长型模型，也称为J形生长曲线，如图3-3中的a曲线所示。

当 $r>0$ 时，种群按指数函数形式无限增长；$r<0$ 时，种群按指数函数形式无限下降。

指数增长型的前提是昆虫种群在一个无限的食料和空间下生活，因此有很大的局限性，往往只在一些生活周期很短、繁殖十分迅速的菌类中出现。但在昆虫种群中，一些生活史较短、繁殖又很快的蚜虫、红蜘蛛、蓟马等在短期内种群数量也基本呈指数型增长。在农业生

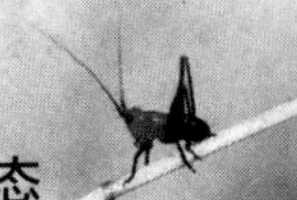

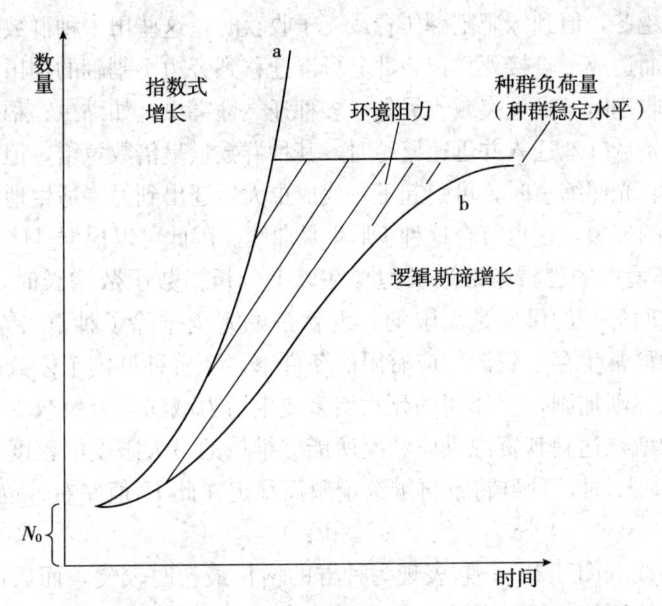

图 3-3　指数式增长（a）和逻辑斯谛增长（b）的种群动态比较
（环境阻力指两种增长间的差距，其量随种群增大而加大）

态系中还可见如图 3-4A 中的几种 J 形曲线增长型，其表现为种群开始时按几何级数迅速增加，而至一定时间后由于受到环境因素的冲击而种群数量突然急减。例如稻田多种天敌蜘蛛

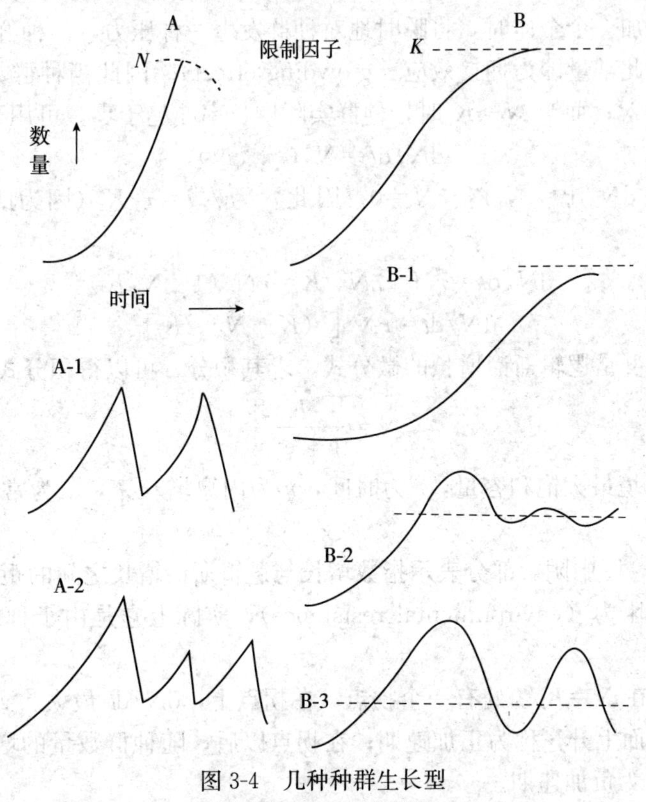

图 3-4　几种种群生长型
A. J 形指数曲线　B. 逻辑斯谛曲线
（仿 Odum，1978）

在绿肥田或麦田中越冬，但到绿肥割翻压青或麦子收获时，这些田中种群数量突然急减，大部分是由于农事操作而造成了直接死亡，一部分可以迁移到旁边不割翻的稻田中，再次呈几何级数增长，而至水稻收割时又发生突减。另外，多种迁飞性害虫（如黏虫、稻飞虱、稻纵卷叶螟等）在一个地区开始从外地迁入并迅速繁殖时，其种群数量呈倍数急增，但在作物成熟、气温升高，或气温下降、光照缩短时，可引起下一代成虫大量迁出到另一适生地繁殖，而使当地的种群密度突然急减的现象，这也符合这种J形生长曲线。因此可以根据具体情况加以选用。

2. 在有限的环境中的逻辑斯谛增长型　在以上分析指数函数增长时，曾假定其环境中的资源（食物及空间等）的供应是无限的，也就是说完全排除了种群各个体间对资源的竞争。但实际上，种群常生存于资源供应有限的条件下，随着种群内个体数量的增多，对有限资源的种内竞争也逐渐加剧，个体间的死亡增多或生活力减弱，繁殖减少，种群的增长速率逐渐减少，当种群增长达到其资源供应状况所能够维持的最大限度的密度，也即环境负荷量（carrying capacity）K 时，种群将不再继续增殖而稳定在此 K 值左右，也即

$$dN/dt=0$$

这就是S形曲线（图3-3b），它表现为种群的增长最初时较慢，而后迅速增加，但后来却逐渐变慢，最后接近停止增长的程度。S形曲线与指数曲线不同，它具有一个上渐近线，即虽然增长速度几乎停止了，但还没有达到最高点，所以只能称为一个渐近线，同时它是逐渐地而不是突然地趋向于此渐近线的。这种S形生长曲线最初由Verhulst（1838）、Pearl和Roed（1920）用微分方程来加以描述，这就是著名的逻辑斯谛方程（logistic equation）。它假定：当种群中增加一个个体时，将瞬时地对种群发生一种压力，使种群的实际增长率 r 下降一个常数（c），此常量即为拥挤效应（crowding effect）。因此当种群数为 N 时，种群的实际增长率为 $r-cN$；而当 $N\rightarrow K$ 时，种群实际增长率亦趋于零，可用下列式子表达。

$$dN/dt=N(r-cN)$$

当 $N=K$ 时，$dN/dt=0$，$r-cN=0$。因此 $c=r/N=r/K$（因为此时 $N=K$）。代入上式，即得

$$dN/dt=rN-rN^2/K=rN(1-N/K)$$

$$dN/dt=rN[(K-N)/K]$$

此即为表达种群是逻辑斯谛增长的微分式。求其积分，可以得积分式为

$$N=\frac{K}{1+e^{a-rt}}$$

式中，K 为环境最大饱和容量，t 为时间，r 为内禀增长率，a 为常数（其值取决于初始种群 N 的大小）。

如图3-3所示，图中阴影部分表示指数增长与逻辑斯谛增长之间的距离，Gause（1934）称这个差距为环境阻力（environmental resistance），实际上它是由于种内竞争引起的拥挤效应的结果。

逻辑斯谛曲线在 $N=K/2$ 处有一个拐点，在拐点上，dN/dt 最大。到达拐点前，dN/dt 随种群数量的增长而上升，称为正加速期；在拐点以后，随种群数量的增长，N 趋向于 K，dN/dt 趋向于零，为负加速期。

现举例拟合逻辑斯谛生长型模型。培养酵母菌种群的增长情况，其菌量（N）随时间（t）的变化，如表3-1所示。

表 3-1　酵母菌种群数量的增长

t	N	N_n/N_{n+1}	$\ln[(K-N)/N]$	t^2	$t\ln[(K-N)/N]$
0	2	0.333 3	5.371 4	0	0
1	6	0.285 7	4.263 5	1	4.263 5
2	21	0.280 0	2.974 9	4	5.949 8
3	75	0.463 0	1.561 3	9	4.683 9
4	162	0.613 6	0.512 2	16	2.048 8
5	264	0.830 2	−0.449 8	25	−2.249 0
6	318	0.852 5	−1.022 6	36	−6.135 6
7	373	0.941 9	−1.837 8	49	−12.864 6
8	396	0.893 9	−2.387 6	64	−19.100 8
9	443				
Σ			8.985 5	204	−23.404 3

逻辑斯谛模型的拟合方法为：将 $N=\dfrac{K}{1+e^{a-rt}}$ 移项得

$$N(1+e^{a-rt})=K$$

$$N+Ne^{a-rt}=K$$

$$Ne^{a-rt}=K-N$$

$$e^{a-rt}=(K-N)/N$$

双边取自然对数，得

$$a-rt=\ln\left(\frac{K-N}{N}\right)$$

令 $y=\ln(\dfrac{K-N}{N})$，得

$$y=a-rt$$

这是一条直线方程，因此可用最小二乘法拟合出 a 和 r。以下为拟合逻辑斯谛生长型方法的步骤。

(1) 环境最大饱和容量（K）的确定　环境最大饱和容量（K）的求法有多种，例如算术平均法，将接近饱和点附近的几个时间点的 N 值平均，而得一个 K。或用选点法，即选 3 个时间等距离点的横坐标值，如时间 t_1、t_2 和 t_3，取其相对应的种群数量（纵坐标值）P，分别为 P_1、P_2 和 P_3，则可按下列公式计算 K。

$$K=\frac{2P_1P_2P_3-P_2^2(P_1+P_3)}{P_1P_3-P_2^2}$$

此法所求 K 受选点位置的影响较大，选点时最好选接近种群最大饱和容量的时间。另外，还可以用直线回归法计算 K。先计算一项 N_n/N_{n+1}，表 3-1 中 t_0 和 t_1 时 $N_0/N_1=2/6=0.333\ 3$，依次类推计算出 N_n/N_{n+1} 项，将 N_n 及 N_n/N_{n+1} 的值分别描到坐标图中，如图 3-5 所示。由图 3-5 可知 N_n 和 N_n/N_{n+1} 之间呈显著的直线关系，该回归直线模型为：$N_n/N_{n+1}=A+BN_n$。

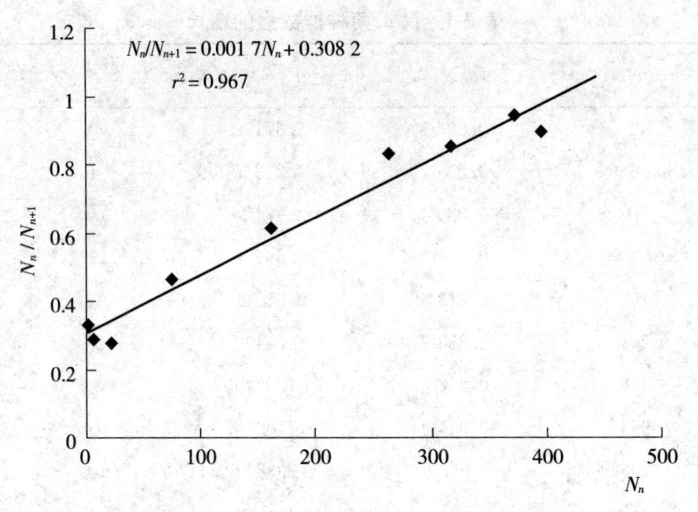

图 3-5　种群数 N_n 与 N_n/N_{n+1} 间的关系

按最小二乘法可求得 A 和 B，即有 A＝0.308 2，B＝0.0017（图 3-5），故有

$$N_n/N_{n+1}=0.001\ 7N_n+0.308\ 2$$

令 $N_n/N_{n+1}=1$，并代入上式，即表示 n 和 $n+1$ 时刻时种群的数量不再增加，$N_n=N_{n+1}$，此时的 N_n 即可视为环境最大饱和容量（K），故有

$$1=0.308\ 2+0.001\ 7N_n$$

$$N_n=(1-0.308\ 2)/0.001\ 7=432.37=K$$

目前，K 的求法还有枚举法、麦夸法等十余种。随着计算机的普及，一些计算较为复杂但精确度较高的求 K 的方法已经得到应用。一般情况可用直线回归方法。

（2）求算 a 和 r 根据 K 的大小，将各时间下的种群数量 N 换算为 $\ln[(K-N)/N]$。然后，根据 $\ln[(K-N)/N]$ 和时间 t 间的直线关系 $\ln[(K-N)/N]=a-rt$，如图 3-6，用最小二乘法求得 a 和 r。

经计算得：a＝4.954 9，r＝0.989 1。因此该种群的生长曲线为

$$N=\frac{432.37}{1+e^{4.954\ 9-0.989\ 1t}}$$

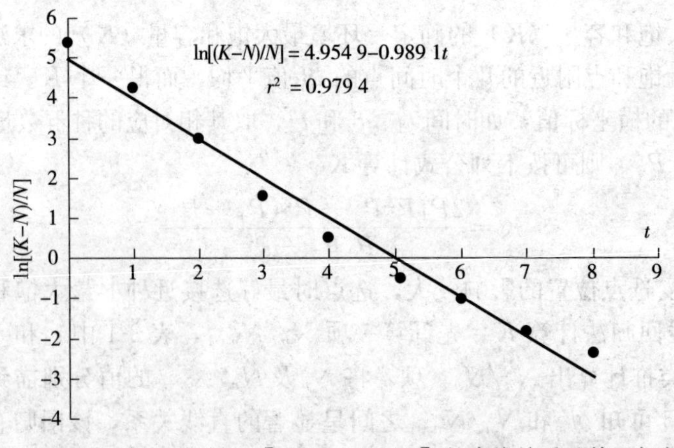

图 3-6　不同时刻（t）与 $\ln[(K-N)/N]$ 的直线关系及其回归方程

逻辑斯谛生长型虽考虑了种群密度对种群发展的限制作用，并且假定种群数量每增加一头，会使种群的增长率下降一个常数（c），但是它还有下述一些不足之处：①逻辑斯谛生长型没有考虑种群的年龄组配，它要求种群初始有一个稳定的年龄组成。事实上，在不同时间或空间上种群的年龄组配是会发生变化的，而各年龄组配可以发生不同的死亡率和生殖率。②模型要求种群的增长是连续的而不是离散的。而对于大多数昆虫来说，常1年发生几个世代，各世代间既有重叠，又不完全重叠，因此数量的增长也不完全连续。③种群密度等环境压力对种群增长力的影响存在一定的滞后性，但逻辑斯谛生长型并没有考虑时滞（time lag）。昆虫常有复杂的生活史，有变态发育，因此常有明显的时滞效应存在。④自然种群的数量难以稳定于K，因为昆虫种群会受多种外界因素的影响，如人为因素中的耕作、收种、施药等会造成短时间内种群数量的急剧变化，从而形成了逻辑斯谛曲线生长型的一些变形，如图3-4 B所示。种群实际的这些特点限制了逻辑斯谛曲线生长型的适用范围。它一般只适于生活史单纯、生活史相对短、繁殖快的昆虫种群，或者适用于发育期特别长、寿命长、有稳定的年龄组配的高等脊椎动物。因为在这些生物种群中年龄组配对未来数量的影响降到了次要地位，或者是有比较稳定的年龄组配。

第三节　昆虫种群生命表

一、生命表的概念及作用

生命表是按种群生长的时间，或按种群的年龄（发育阶段）的顺序编制的、系统记述种群从出生到死亡过程中的存活与繁殖情况、死亡原因等的表格。生命表最初用于人寿保险。1921年Pearl和Parker开始用生命表技术研究果蝇和杂拟谷盗的实验种群增长规律。1954年Morris和Miller发表了用生命表研究昆虫自然种群消长的详细实例，以后生命表技术得到了推广，并广泛地应用于森林、果树和大田作物害虫的生态与防治研究中。最初，生命表仅作为一种种群死亡状况的系统记载表格，后来深入发展了关于生命表中各项目间关系的分析方法。目前生命表方法已成为研究种群数量变动机制，评价各种害虫防治措施，制定数量预测模型和实施害虫科学管理的一种重要方法。

生命表技术的主要优点有：①具有系统性，即记述了一个世代从开始到结尾整个过程的生存或生殖情况；②具有阶段性，它分阶段地记述各阶段的生存或生殖情况；③具有综合性，它记述了影响种群数量消长的各因素的作用情况；④具有关键性，即通过关键因素的分析，找出在一定条件下综合的各因素中的主要因素和作用的主要阶段。因此生命表技术是昆虫生态和预测预报工作中最常用的研究方法。

二、生命表的类型及基本形式

在生态学中应用较多的生命表有两种主要形式：特定时间生命表和特定年龄生命表。此外，还有动态混合生命表（dynamic composite life table）、图解式生命表（diagrammatic life table）等。动态混合生命表研究的种群是由不同时间出生的。图解式生命表是以图表等直观形式来表述生物的存活和死亡过程。这里主要介绍在昆虫生态学研究中广泛应用的前两

种生命表。

(一) 特定时间生命表

特定时间生命表（time specific life table）也称为垂直生命表或静态生命表，是在年龄组配比较稳定的前提下，以特定时间为间隔单位，系统调查记载在时间 x 开始时的存活数量和 x 期间的死亡数量，同时也可包括各时间间隔内每一个雌体的平均产雌数量。从这种生命表中，可以获得种群在特定时间内的死亡率和出生率，用于计算种群在一定环境条件下的内禀增长力（r_m），或周限增长率（λ）和净增殖率（R_0），从而可用指数生长模型预测未来时间的种群数量变化，还可以用 Leslie 转移矩阵方法预测种群未来数量或建立预测模型。

特定时间生命表，没记录引起昆虫死亡的原因，因此它不能分析死亡的主要原因或关键因素。特定时间生命表适用于世代重叠的动物或昆虫，特别适用于室内实验种群的研究。

特定时间生命表又可分为只考虑种群死亡过程的生命期望表和繁殖率表两类。

1. 只考虑种群死亡过程的生命期望表 分析这类生命表可以得到种群在各时刻开始时的生命期望值（e_x）（表 3-2）。

表 3-2 一个假设的生命期望生命表

时间（x）	n_x	d_x	L_x	T_x	e_x	$1\,000q_x$
0	1 000	300	850	2 180	2.18	300
1	700	200	600	1 330	1.90	286
2	500	200	400	730	1.46	400
3	300	200	200	330	1.10	667
4	100	50	75	130	1.30	500
5	50	30	35	55	1.10	600
6	20	10	15	20	1.00	500
7	10	10	5	5	0.50	1 000
8	0	0	0	0	0	0

组成生命期望生命表需要下列各项目：

x：按年龄或一定时间划分的单位时间期限（如日、周、月等）；

n_x：在 x 期开始时的存活虫数；

d_x：在 x 期限内（$x \to x+1$）的死亡数；

q_x：在 x 期限内的死亡率，常以 $100q_x$ 或 $1\,000q_x$ 表示；

e_x：在 x 期开始时的平均生命期望数；

L_x：在 x 到 $x+1$ 期间平均存活数目；

T_x：在 x 期限后的平均存活数的累计数。

在制表前首先要划分时间间隔或年龄期限（x）。生活史历期长的种类则 x 期限可长些，一般以不超过一个虫态历期为最好，如间隔 2～3 d 等。生活史短的昆虫 x 一般设为 1 d 或 2 d，如棉蚜种群生命表建立时常每天调查 1 次。

生命表中各栏都互有关系，只有 n_x 及 d_x 是实际观测值，其他各栏都可通过观测值进行计算得到。结合表 3-2 中的数据，计算如下。

$$d_x = n_x - n_{x+1}$$

例如 $d_3=n_3-n_4=300-100=200$。

$$q_x=d_x/n_x$$

例如 $q_3=d_3/n_3=200/300=0.667$，$1\,000\,q_3=1\,000\times0.667=667$。

L_x 为从 x 到 $x+1$ 期间的平均存活数目，如果 x 到 $x+1$ 间的期限较短，则可写为

$$L_x=(n_x+n_{x+1})/2$$

例如 $L_3=(n_3+n_4)/2=(300+100)/2=200$。

T_x 为 x 期限后的平均存活的总数目，按下式计算。

$$T_x=\sum_x^{\infty}L_x$$

例如 $T_3=L_3+L_4+L_5+L_6+L_7=200+75+35+15+5=330$。

平均生命期望值（e_x）的计算式为

$$e_x=T_x/n_x$$

例如 $e_3=T_3/n_3=330/300=1.10$。

2. 繁殖率表　生命期望表是围绕种群的年龄特征死亡率为中心的生命表，它没有记录种群的繁殖情况。另一种特定时间生命表加入了各年龄（时间）内的繁殖力项 m_x，因此称为繁殖率表（1ife and fertility table）或生命生殖率表。表中仍有时间项（x）及各时间开始的存活率项（l_x），$l_x=n_x/n_0$。m_x 表示在 x 期限内存活的平均每一个雌虫所产生的雌性后代数。对于昆虫而言，在没有特别说明的情况下常假设雌雄比例为 1∶1。表 3-3 为棉蚜的繁殖率表。

表 3-3　棉蚜实验种群的繁殖特征生命表

年龄（x，d）	存活数（n_x）	存活率（l_x）	产仔总数	平均产仔数（m_x）	l_xm_x	xl_xm_x
0	10	1.0	0	0.000	0.000	0.000
1	10	1.0	0	0.000	0.000	0.000
2	10	1.0	0	0.000	0.000	0.000
3	10	1.0	0	0.000	0.000	0.000
4	10	1.0	5	0.500	0.500	2.000
5	9	0.9	10	1.111	1.000	5.000
6	9	0.9	20	2.222	2.000	12.000
7	8	0.8	22	2.750	2.200	15.400
8	8	0.8	24	3.000	2.400	19.200
9	6	0.6	25	4.167	2.500	22.500
10	6	0.6	18	3.000	1.800	18.000
11	5	0.5	10	2.000	1.000	11.000
12	4	0.4	6	1.500	0.600	7.200
13	3	0.3	6	2.000	0.600	7.800
14	3	0.3	4	1.333	0.400	5.600
15	2	0.2	4	2.000	0.400	6.000
16	1	0.1	2	2.000	0.200	3.200
17	1	0.1	1	1.000	0.100	1.700
18	1	0.1	0	0.000	0.000	0.000
19	0	0.0	0	0	0	0
Σ				28.583	15.700	136.600

表 3-3 中，l_x为年龄 x 时种群的存活率。$\sum l_x m_x = R_0 = 15.70$，为每一代的净增殖率，本例表明每一头雌虫经历 1 个世代可生产 15.7 个雌性后代。

虽然这个种群的个体最长寿命为 19 d，但其平均寿命肯定小于 19 d，因此 1 个世代的平均寿命值（T）的计算式为

$$T = \sum (x l_x m_x) / \sum (l_x m_x)$$

表 3-3 中棉蚜种群一个世代的加权平均寿命为：$T = 136.6/15.7 = 8.7$（d）。

种群增长的瞬时速率（r_m）或称为内禀增长能力，$r_m = \frac{\ln R_0}{T} = \frac{\ln 15.7}{8.7} = 0.316\ 5$，即该棉蚜种群以每天每头雌蚜产 0.316 5 头仔蚜的速率增长。

（二）特定年龄生命表

特定年龄生命表是以动物或昆虫的年龄阶段作为划分时间的标准，系统地记载不同年龄级别或年龄间隔中真实的虫口变动情况和死亡原因。在调查或制作生命表时，在一定阶段内只出现该年龄阶段的个体，不像在特定时间生命表中，同一时间调查的存活数中可能存在各种年龄个体。因此特定年龄生命表又可以称为水平生命表或动态生命表。可以根据表中的数据分析影响种群数量变动的关键因素，估算种群趋势指数和控制指数，从而组成一定的预测模型。特定年龄生命表是从同一种群中定期取样获得的。这类生命表适用于世代隔离清楚的动物或昆虫，特别应用于自然种群的研究。

表 3-4 是甘蓝上的小菜蛾第 2 代特定年龄生命表，其年龄划分：卵期、低龄幼虫期（L_1）、中龄幼虫期（L_2）、高龄幼虫期（L_3）、蛹期和成虫期共 5 个年龄阶段。通过调查获得了各年龄阶段的存活虫数、引起死亡的因子及该因子的致死虫数，最后通过雌雄一一配对，调查得到了各对成虫的产卵量。

表 3-4　甘蓝上的小菜蛾第 2 代各阶段生命表

（引自 Harcourt，1961）

年龄期限（x）	每一期限开始时的存活数（百株）（n_x）	死亡因子（d_xF）	每一期限内的死亡数（d_x）	每一期限内的死亡率（$q_x = d_x/n_x$）	存活率（$1-q_x$ $s_x=$）
卵	1 580	未受精	25	0.015 8	0.984 2
幼虫（L）					
第一期（L_1）	1 555	降水量 30.5mm	1 199	0.771	0.229
第二期（L_2）	356	降雨量 13.2mm	(36)*	(0.101)*	(0.899)*
		小茧蜂	(52)*	(0.146)*	(0.854)*
			88**	0.247**	0.753**
第三期（L_3）	268	姬蜂	69	0.257	0.743
蛹	199	姬蜂	92	0.462	0.583
蛾（A）（性比＝54∶53）	107	性别	1	0.009	0.991
雌蛾×2	106	生殖力减退	78	0.736	0.264
正常雌蛾×2	28	成虫死亡	20	0.714	0.286

调查得：成虫最高生殖力（F）＝216 粒/雌蛾，成虫平均生殖力＝57 粒/雌蛾。

* 括号中的数字为该年龄期限内各致死因子作用致死数量及致死率和存活率；**表示第二期（L_2）的总死亡数、死亡率和存活率。

根据每年同世代的生命表数据，可把各年龄期的各项结果进行平均，从而制作出一个平均生命表。表 3-5 为欧洲玉米螟在甜玉米上的平均生命表。表中死亡率在年度间的变化幅度大小说明该因子对种群作用的稳定程度，除 3～5 龄幼虫和成虫的迁移因子的变化幅度大外，其他各阶段的致死因子的作用在年度间变化较小，作用较为稳定。

表 3-5　欧洲玉米螟在甜玉米上 5 个世代的平均生命表

（引自 LeRoux，1963）

年龄（x）	平均存活数（百株虫量，n_x）	致死因子（d_xF）	死亡数量（d_x）	死亡率（$100q_x$）	$100(q_x)$的变化幅度
卵期	306.7	微小赤眼蜂（*Trichogramma minutum*）	5.5	1.8	小
		捕食（蓟马、瓢虫、草蛉、食蚜蝇等，未区分鉴定）	23.8	7.8	小
		脱落	19.6	6.4	小
		未受精	2.9	0.94	小
幼虫期 $L_{1\sim2}$	254.9	转移等	21.8	8.55	小
$L_{3\sim5}$	233.1	死亡	1.9	0.82	小
		迁移	54.5	23.4	1～61
L_{5a}	176.7	死亡	5.3	3.0	小
		迁移	61.5	34.8	小
L_{5b}	109.9	死亡	9.6	8.7	小
		Eumea caesar 寄蝇寄生	0.2	0.18	小
		捕食（种类未鉴定）	0.5	0.45	小
		其他	13.4	12.2	小
蛹期	86.8	死亡	4.9	5.64	小
		寄生	3.3	3.8	小
		捕食（种类未鉴定）	1.9	2.2	小
蛾（性比＝50∶50）	76.7	迁移	71.6	93.6	9～96

世代死亡数＝302.2，世代死亡率＝98.53%
世代存活数＝4.5，世代存活率＝1.47%
种群趋势指数（I）＝170%（即下代百株卵量与上代平均百株卵量的比率）

以上两种类型的生命表，可以根据研究对象的特性及研究的目的来选用。

三、生命表的编制及数据的获取方法

无论是特定时间生命表还是特定年龄生命表，建表数据主要通过试验和田间调查获得。在每一个特定时间或特定年龄阶段开始时，调查种群的生存个体数，即可得到生命表中 n_x 项。当种群达到成虫并开始产卵或繁殖后代时，调查产卵量或产仔量，可获得每雌产雌数 m_x 项。当进行自然种群生命表调查时，对死亡个体还可以调查其死亡原因，如寄生、捕食、降水等因子的作用。特定时间生命表在试验或调查之前要确定好调查间隔的时间，一般以不超过一个虫态历期为好。特定年龄生命表则一般从卵开始调查，可以每个虫态及虫龄逐渐检

查，也可以根据研究的要求或昆虫的习性，将几个龄期合并检查。

（一）试验种群生命表的实验方法

试验种群可以在人工控制条件下进行饲养，从而获得各时刻或龄期的存活数和繁殖数，建立生命表。试验种群生命表可以在室内模拟条件下进行，也可在田间自然条件下接虫进行。室内人工饲养常用单头饲养法，系统检查各虫在各时间的死亡和生殖情况，从而得到各时间期限的生存数（n_x）和平均生殖数（m_x）。田间自然接种时，可在笼罩内进行，也可直接在田间作物上进行。对于钻蛀性昆虫用一次接种、分次取样调查的方法。对于外露性昆虫则除一次接种外，也可按年龄期多次接种，多次检查而取得 n_x 和 m_x 值。

（二）自然种群生命表的抽样调查方法

许多重要的农业害虫（例如褐飞虱、白背飞等）种群在自然条件下常发生世代重叠，在每次个体调查时，总会有不同发育阶段的个体出现，并且不同发育阶段的历期不同，因此各发育阶段存活数不能由一次调查的个体数来代替，而需要通过间隔一定时间的多次调查，每次调查分别记录各发育阶段的个体数，然后通过平均龄期法或面积法进行各发育阶段中期的平均个体数的计算，从而可建立出特定年龄生命表。

1. 平均龄期法 各龄（期）中期个体的存活数等于在各调查时间内该龄（期）出现的个体数的合计数（A）乘以调查间隔的天数，再除以该龄（期）的平均历期。各龄（期）的平均历期可通过相邻两龄期出现的高峰之间时间差来确定。如 1 龄幼虫的高峰期出现在第 4 天，2 龄幼虫的高峰出现在第 8 天，则 1 龄幼虫的平均历期为 8－4＝4（d）。该法求算各年龄阶段中期的存活数 n_x 可用下式进行。

$$n_x = \frac{\text{该龄个体合计数} \times \text{调查间隔天数}}{\text{该龄平均历期(d)}}$$

例如，以每 2 d 调查 1 次菜粉蝶种群各年龄阶段个体的数量，得到如表 3-6 的调查结果。

表 3-6 菜粉蝶自然种群数量调查表

时间（d）	1龄	2龄	3龄	4龄	5龄	蛹	成虫	合计（B）	lg$B$
4	247							247	2.39
6	203	71						274	2.44
8	12	144	82					238	2.38
10	1	26	124	71				222	2.35
12		8	46	131	31			216	2.33
14			18	72	120			210	2.32
16			10	35	145	17		207	2.32
18			3	23	121	59		206	2.31
20			1	14	69	116		200	2.30
22			1	9	41	145		196	2.29

（续）

时间（d）	1龄	2龄	3龄	4龄	5龄	蛹	成虫	合计（*B*）	lg*B*
24				4	38	131	9	182	2.26
26				2	29	94	35	160	2.20
28				2	22	60	41	125	2.10
30				1	13	28	47	89	1.95
32				1	7	13	21	42	1.62
34					4	9	5	18	1.26
36					1	6	1	8	0.90
38						1	4	5	0.70
40							4	4	0.60
合计（*A*）	463	249	285	365	641	679	167		

由表3-6菜粉蝶1龄、2龄、3龄、4龄、5龄、幼虫和蛹的历期分别为4d、2d、2d、4d、6d和8d，由此可计算得到各龄中期的个体数，即

1龄中期个体数＝463×2/4＝232头

2龄中期个体数＝249×2/2＝249头

3龄中期个体数＝285×2/2＝285头

4龄中期个体数＝365×2/4＝183头

5龄中期个体数＝641×2/6＝214头

蛹中期个体数＝679×2/8＝170头

计算所得的各年龄中期个体数由于抽样误差或龄期区分不准，而未呈现出严格的高龄个体数少于低龄个体数的规律，因此需将计算得到的个体数进行平滑化处理，使其满足种群个体数从低龄到高龄逐渐减少的规律。将平滑化后的个体数中前面龄期的减去后面龄期的，即可得到各龄期的死亡数。

当田间调查到各龄期出现的高峰间有重叠时，平均龄期法就不能使用。

2. 面积法　该法是将各龄（期）的各次查得的个体数按调查间隔天数为横坐标、各次个体数为纵坐标，画成曲线图，再计算曲线所夹总面积，以总面积除以该龄平均历期，即为该龄中期个体数。例如表3-6中1龄幼虫的数量可作成图3-7。由图3-7计算曲线所围面积为

$$总面积=\frac{2\times247}{2}+\frac{(247+203)\times2}{2}+\frac{(203+12)\times2}{2}+\frac{(12+1)\times2}{2}=925$$

1龄幼虫的平均历期为4 d，因此1龄幼虫中期的个体数为925/4＝231头。同理，可求得其他龄期中期的个体数。

另外，还可以用Richards-Walott、Kobayash、Berryman等提出的方法来计算各龄期的存活个体数，从而组建出自然种群的生命表。

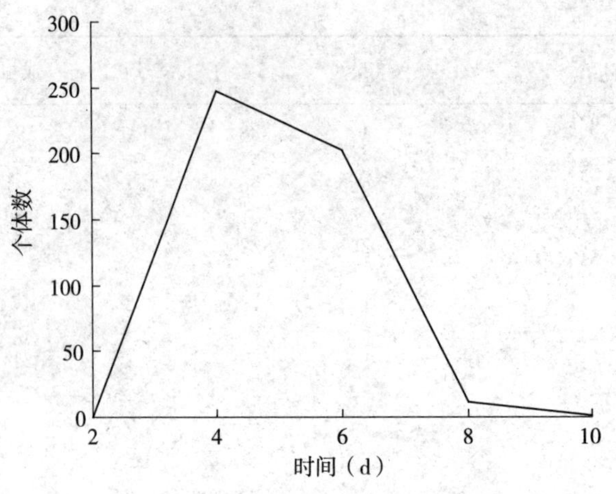

图 3-7　面积法计算 1 龄幼虫个体数

四、生命表的分析与应用

对已建成的一份完整的生命表，虽然已经从直观上反映了种群数量动态的某些特征，但这些终究还是零星的、表面的现象。生命表分析就是要透过那些零星的、表面的现象，寻求种群变动的内在规律，探索数量变动的机制等。

生命表分析方法很多，这里只介绍一些常用的、基本的方法。

（一）种群的存活曲线及其类型

种群的存活率随时间或年龄变化的曲线称为种群的存活曲线。如果用数量（或概率）与时间或年龄关系表示，其存活曲线可归纳为（图 3-8）所示的 4 个类型。不同物种种群存活曲线的形式不同，是各物种在相应的环境条件下的种的特征。Price（1975）考察了 22 个植食性昆虫生命表，得出存活曲线存在两个基本类型（也有一些中间类型出现）。第一种类型，表现在早期有极高的死亡率，至中龄幼虫期死亡率达 70%以上，曲线呈下凹型。许多在幼期死亡率高的物种都是自由生活处于暴露状态而无保护的种类；第二种类型，存活曲线呈拱型，其中龄幼虫死亡率不超过 40%，大部分物种都受其穴居性生境或群集保护习性所保护。一般而言，植食性昆虫的存活曲线以第一种类型居多。

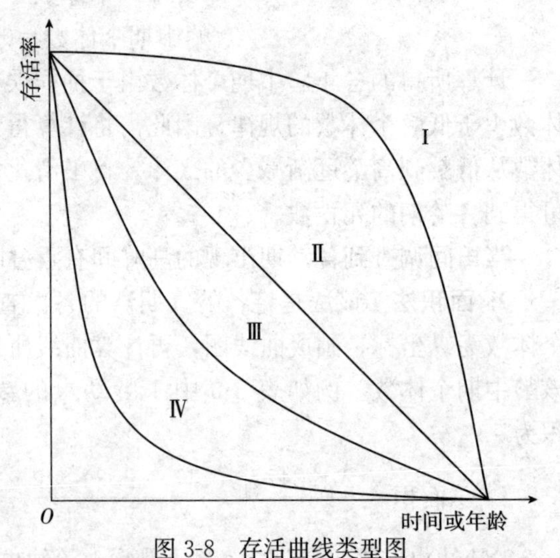

图 3-8　存活曲线类型图

Ⅰ. 死亡主要发生在老年个体　Ⅱ. 死亡个体数在每个单位时间内为常数，存活率呈直线　Ⅲ. 死亡率是一个常数，存活率呈对数曲线　Ⅳ. 死亡主要发生在幼年阶段

（仿 Slobodkin，1962）

了解存活曲线的形状，有助于制定合适的害虫防治策略。存活曲线表明了物种在哪个时期最易遭伤亡，从而引导人们强调对该

时期的防治。

(二) 内禀增长能力的概念及计算

内禀增长能力（innate capacity of increase，r_m）是指在给定的生物和非生物环境条件下，具有稳定年龄组配的种群的最大瞬时增长速率，故有下列关系式。

$$dN/dt = r_m N$$

内禀增长能力由于综合考虑了种群的发育速率、特定年龄存活率和特定年龄生殖率 3 方面的特性，因而它反映了一个种群在特定环境条件下的数量增长能力，它在生态分析和种群数量预测方面有一定价值，可以作为一个指标来衡量当时或未来种群消长的趋势，以及种群在特定环境条件下的适合度。

下面利用表 3-3 中生命表数据来说明内禀增长能力（r_m）的具体计算过程。

令 T 为种群经历 1 个世代的平均生长周期（即平均寿命），N_0代表开始时的虫量，N_T表示经过 1 个世代的虫量，则有

$$N_T = N_0 e^{r_m T}$$

$$\ln (N_T/N_0) = \ln R_0 = r_m T$$

$$r_m = (\ln R_0) / \mathrm{T}$$

如表 3-3 所列各数值可知，$R_0 = \sum l_x m_x = 15.70$，$T = \sum x l_x m_x / \sum l_x m_x = 8.7$（d），则得

$$r_m = \frac{\ln R_0}{T} = \frac{\ln 15.7}{8.7} = 0.316\ 5$$

即表示平均每一头雌虫的瞬时增长率为 0.316 5 头。因为这里的平均寿命（T）的计算是近似的，所以这样计算所得的 r_m值也是个粗略的值。Lotka（1907，1913）推导了一个精确计算 r_m的计算公式，其为

$$\int_0^{\infty} e^{-r_m x} l_x m_x \mathrm{d}x = 1$$

其 r_m值可由解方程求得，但一般计算是采用差分综合法，即

$$\sum e^{-r_m x} l_x m_x = 1$$

关于上列的 Lotka 的积分式虽然在数学上可以进行明确的推导，但对其生物学上的意义还难以作出解释。

具体计算可先以假设 r_m值为利用 $\ln R_0/T$ 粗略计算出的值，并代入精确计算的公式中，得

$$\sum e^{-r_m x} l_x m_x = Z_1$$

如果 $Z_1 > 1$，再取一个略大于粗略值的另一个值并代入精确计算公式中，得 Z_2。若 Z_1和 Z_2比较接近，且在 1 的两侧，则可用线性内插法求得 $Z_0 \approx 1$ 的 r_m值，此 r_m值即为理论的内禀增长力的精确值。

现以表 3-3 中数据为例，先假设 $r_{m1} = 0.316\ 5$，得

$$Z_1 = \sum e^{-0.316\ 5x} l_x m_x = 1.361\ 473 > 1$$

因此精确的 r_m 的值会大于 0.316 5，于是逐渐增加其值，计算出 Z 值。当 $r_{m2} = 0.361\ 6$

时，代入精确公式中得

$$Z_2=\sum \mathrm{e}^{-0.3616x}l_x m_x=1.000234$$

于是再取 r_{m3} 的值为 0.361 63，得 $Z_3=\sum \mathrm{e}^{-0.36163x}l_x m_x=1.000031$。因此精确的 r_m 的值可认为是 0.361 63。这种为试数逼近法，需要进行较多的运算，但如果通过计算机程序来完成，也是相当简单的。

另外，可通过线性内插法，计算出精确的 r_m 值。其方法是选择两个 r_m 值（r_{m1} 和 r_{m2}），并且保证其对应的 Z_1 和 Z_2 值分别在 1.0 的左右，即一个大于 1.0，另一个小于 1.0，然后通过下式进行精确 r_m 值的计算。

$$r_m=r_{m2}-\frac{(1-Z_2)(r_{m2}-r_{m1})}{Z_1-Z_2}$$

由精确的 r_m 可计算出精确的平均寿命为 $T=(\ln R_0)/r_m=7.6$ d。

因为 r_m 是代表每个雌虫的瞬时增长率（instantaneous rate of increase），可以用下列公式将瞬时增长率转为周限增长率（finite rate of increase，λ）。

$$\lambda=\mathrm{e}^{r_m}$$

例如本例 $r_m=0.36163$，则

$$\lambda=\mathrm{e}^{0.36163}=1.4357$$

该周限增长速率是指每头雌虫在试验条件下，经过单位时间（此例为 d）后的增翻倍数为 1.435 7，也就是说棉蚜种群将逐日以 1.435 7 倍的速度不断做几何级数增长。

利用 r_m，还可以进行种群倍增所需日数（t）的计算，其计算的基本公式可以推导出为

$$t=\frac{\ln 2}{r_m}=\frac{\ln 2}{0.36163}=1.9167\,(\mathrm{d})$$

即棉蚜种群在 1.9 d 左右后数量即为原来的 2 倍。

此外，从 r_m 的计算式可看出，雌虫较早并集中生产雌性后代时，其内禀增长率将较高，而在年龄较大时所产的少量后代对内禀增长率的贡献较小，因此 Wyatt 和 White（1977）提出单个蚜虫的内禀增长率的粗略计算式为

$$r_m=\frac{0.738\ln M_d}{D}$$

式中，D 为蚜虫从出生到开始产仔所需的时间，M_d 为从产仔开始 D d 内所产的仔蚜数。该方法仅考虑了蚜虫在繁殖前阶段所产的后代数，这说明后期所产的后代数对内禀增长率贡献小。因此通过计算不同年龄区间内的种群的内禀增长率大小，则可估计不同年龄区间的新生雌虫个体对 r_m 贡献大小的差异。

（三）种群数量趋势指数的分析

1. 种群趋势指数的概念　种群数量趋势指数（I）是指在一定条件下，下一代或某虫态的数量（N_{n+1}）与上一代或上一虫态数量（N_n）的比值，也就是存活指数，即

$$I=N_{n+1}/N_n$$

由于种群的发生消长有明显的阶段性，因此可进一步进行组分分析，即

$$I=\frac{N_2}{N_1}\times\frac{N_3}{N_2}\times\frac{N_4}{N_5}\times\cdots\times\frac{N_{n+1}}{N_n}$$

$$I=I_1\times I_2\times I_3\times\cdots\times I_n$$

Morris 和 Watt（1963）提出了著名的 I 值模型，即 I 值可用世代内各虫期的存活率和繁殖力乘积来表示，即

$$I=S_{\mathrm{E}}S_{\mathrm{L1}}S_{\mathrm{L2}}\cdots S_{\mathrm{pp}}S_{\mathrm{A}}P_{♀}FP_{\mathrm{F}}$$

式中，S_{E}、S_{L1}、…、S_{A}分别代表卵、各龄幼虫、预蛹、蛹、成虫的存活率，$P_{♀}$代表雌性比率，F 代表雌虫最高产卵量（生殖力），P_{F}代表实际产出率（=实际生殖力/最高生殖力）。

I 值表示种群消长趋势的标准为：$I=1$ 时，下代种群数量将保持不变；$I>1$ 时，下代种群数量将增加；$I<1$ 时，下代种群数量将减少。

可以根据一张生命表求得 I 值以供种群发生量的短期预测用。更重要的是根据平均生命表，求得一个平均 I 值，则可供发生量的中长期预测用。

$$I=N_{n+1}/N_n$$

$$N_{n+1}=N_nI$$

在查得上代基数（N_n）后，乘上常年平均 I 值，就可预测下代数量。

在 I 值的模型中，为分析方便起见，常把 S_{E}、S_{L1}、S_{L2}……顺序编号排列为 S_1、S_2、S_3、…、S_{i-1}、S_i、$P_{♀}$、F、P_{F}，并各称为 I 值的组成成分（组分），除指定的标准产卵量 F 外，其余每个组分数值的变化都会引起 I 值的变化。应用数学模型进行 I 值及其组分分析（component analysis），有助于合理评价影响种群数量变动的一些重要的生态因子，如合理评价各种天敌作用和各类防治措施的实际效果等。

2. 种群趋势指数分析 下面剖析组分对 I 值的作用，即庞雄飞（1990）提出的重要因素分析。

（1）增加某虫期死亡率对 I 值的影响 设对虫期 i 增加死亡率 d_i，则该虫期存活率为 S_i-d_i，这时 I 值将改变为 I_{di}，即

$$I_{\mathrm{di}}=S_1S_2\cdots(S_i-d_i)\cdots S_nP_{♀}FP_{\mathrm{F}}$$

上式两端同除以 I，得

$$\frac{I_{\mathrm{di}}}{I}=\frac{S_i-d_i}{S_i}=1-\frac{d_i}{S_i}$$

令 $I_{\mathrm{di}}/I=M_{\mathrm{di}}$，表示当组分 S_i增加死亡率 d_i后 I 值增加的倍数，即

$$M_{\mathrm{di}}=1-d_i/S_i$$

（2）抽去一个组分对 I 值的影响 抽去一个组分（S_i）的含义是使 $S_i=1$，则式变为

$$I_{\mathrm{Si}}=S_1S_2\cdots S_{i-1}\times1\times S_{i+1}\cdots S_nP_{♀}FP_{\mathrm{F}}$$

两端同除以 I，则有

$$\frac{I_{\mathrm{Si}}}{\mathrm{I}}=\frac{S_1S_2\cdots S_{i-1}S_{i+1}\cdots S_nP_{♀}FP_{\mathrm{F}}}{S_1S_2\cdots S_{i-1}S_iS_{i+1}\cdots S_nP_{♀}FP_{\mathrm{F}}}=\frac{1}{S_i}$$

令 $I_{\mathrm{Si}}/I=M_{\mathrm{Si}}$，则 $M_{\mathrm{Si}}=1/S_i$。

上式说明，存活率 S_i 愈大，则 M_{Si}愈小。表示 S_i 对 I 值的作用相对小，反之存活率 S_i 愈小，则 M_{Si}愈大，表示 S_i对 I 值的作用相对大。

（3）种群趋势指数的控制指数 种群数量趋势的控制指数（index of population control，*IPC*）是控制因子对种群系统控制作用的一个指标，以作用于系统内部状态引起的

存活率与原有的存活率的比值表示。*IPC* 即为引起种群趋势指数改变的倍数。

设作用因子 i 的控制指数为 IPC_{S_i}，则有

$$IPC_{S_i}=I_{S_i}/I=1/S_i$$

设作用因子 1、2、3、…、n 的控制指数为 $IPC_{S1,S2,S3,\cdots,n}$，则有

$$IPC_{S1,S2,S3,\cdots,Sn}=(1/S_1)(1/S_2)(1/S_3)\cdots(1/S_n)$$

庞雄飞等利用 *IPC*，综合分析各类因子（如天敌、药剂防治等）对种群数量发展的作用程度，是对重要因子进行分析的主要方法。

（四）关键因素分析

种群数量的变动是其本身的遗传特性和外界综合的环境条件之间相互联系、相互制约的结果。在一定条件下常有 1～2 种外界环境因素是起主要作用的，即称为关键因素。又因为昆虫的生活有严格的阶段性，因此同样一种因素，它在昆虫生活的不同阶段所起的作用也是不同的。凡是某个阶段的数量变动能极大地影响整个种群未来数量变动的阶段就称为该种群的关键阶段。必须指出，生命表的特定死亡率（或生存率）的绝对值，是不能判别关键阶段的。也就是说，在生命表中的某一个最高的死亡率的相应因素或阶段（即重要因素或阶段），并不一定就是关键因素或阶段，而判定关键因素主要要看这个因素（或阶段）所引起的种群死亡率的变动与整个种群数量（至少是下一代的数量，或者下一年的发生量）变动间的相关和变异程度。Morris（1957，1959，1963）对云杉芽蛾生命表的研究提出，影响种群的因素可有关键因素和非关键因素两类。某类因素所引起的种群死亡率在年份之间保持相对稳定，并且与该种群整个数量变动之间的关系不大时，称为非关键因素。这种死亡率在未来数量预测的模式中常可作为常数看待。某类因素所导致的种群死亡率的绝对值可能不大，但在年度间变动较大，也即有较大的方差，而且这种死亡率的变动对于未来整个种群的变动影响很大，这类因素就称为关键因素。它们对于预测未来数量的变动的价值较大。进行关键因子的分析，要具备至少 5～6 年的同代次的生命表资料，才能进行合理的变量分析。关键因素的分析有许多种方法，现仅介绍几种常用的方法。

1. *K* 值图解相关法　该方法是由 Varley 和 Gradwell（1960）提出的。*K* 值是指前后相邻的两个阶段的存活虫数的比值的常用对数值。而全世代各阶段或因子的 K_i 值的总和，称为总 *K* 值。

$$K_i=\lg(l_{x_i}/l_{x_{i+1}})=\lg l_{x_i}-\lg l_{x_{i+1}}$$

$$K=\sum K_i=K_1+K_2+\cdots+K_n$$

下面举一个实例来说明该方法。Varley 和 Gradwell（1963）在英国牛津对危害橡树的一种冬尺蠖进行了 13 年生命表的研究（1950—1962），制成 13 张生命表，每年有 6 个 K_i 值（K_1～K_6）和一个总 *K* 值，按年份及 *K* 或 K_i 值作图，得图 3-9。

从图 3-9 可见，以 K_1（冬季致死因素）所导致的种群密度波动最大，而且波动趋势与总 *K* 极相似。因此可以认为冬季致死就是关键因素。*K* 值图解相关法简便易行是其优点，但用目测时，有时较难判定相似程度。特别是当 K_i 曲线都不像或有几个都像总 *K* 时，就难以凭目测判别，而要用变量分析方法。

2. 相关回归分析法　相关回归分析是以决定系数（r^2）或回归系数（b）为标准来衡量关键因素或阶段。

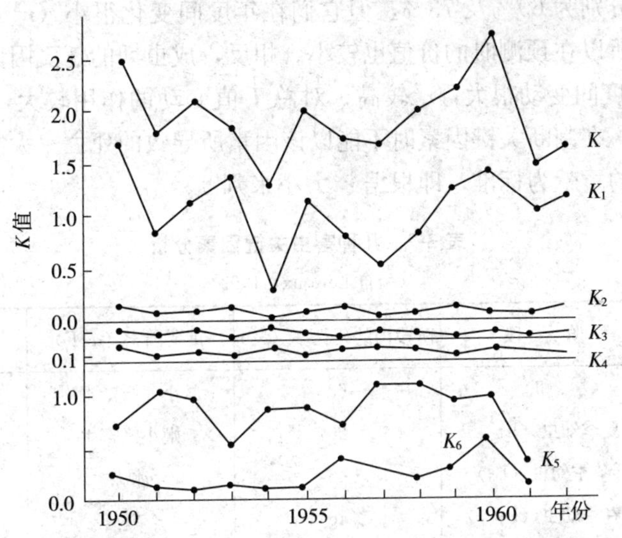

图 3-9　影响冬尺蠖（*Operophtera brumata*）数量变动的关键因子分析

K_1. 冬季致死　K_2. 幼虫寄生蝇 *Cyzenis albicans*　K_3. 幼虫其他寄生性天敌

K_4. 微孢子　K_5. 蛹的捕食天敌　K_6. 蛹的寄生性天敌 *Cratichneumon culex*

$K=K_1+K_2+\cdots+K_6$

（仿 Varley 和 Graelwell，1963）

$$r^2=\frac{\left(\sum xy-\frac{\sum x\sum y}{n}\right)^2}{\left(\sum x^2-\frac{(\sum x)^2}{n}\right)\left(\sum y^2-\frac{(\sum y)^2}{n}\right)}$$

$$b=\frac{\sum xy-\frac{\sum x\sum y}{n}}{\sum x^2-\frac{(\sum x)^2}{n}}$$

决定系数（r^2）的计算是将各年份中所要测验的因素或阶段所对应的存活率（或死亡率）作为自变量（x），下一代的数量或种群趋势指数（I）作为因变量（y）进行直线回归分析，得到直线回归线的决定系数。r^2 的变化可以表示出这个因素或阶段对整个种群数量变动的作用程度。r^2 值最大的因子或阶段即为关键因子或关键阶段，因子中 b 值最大者也可判断为关键因子。

例如 LeRoux 等（1963）用各年份中的阶段内存活率与世代总 I 值间的直线回归关系的决定系数（r^2）大小与变动情况，分析了 4 种害虫生命表中的关键因素（表 3-7）。表 3-7 中证明苹芽白小卷蛾以冬季冰冻为关键因素（$r^2=0.685$），桦鞘蛾则以冬季的鸟和天敌寄生为关键因素（$r^2=0.908$），果树黄卷蛾及欧洲玉米螟则以成虫迁飞为关键因素（r^2 分别为 0.702 及 0.777）。

从表 3-7 中还可看出，那些在年度间死亡率变动不大（或接近恒定）的因素或阶段，对种群数量趋势指数（I）的变动作用很小，即使这些因素所导致的阶段死亡率可能是相当高的。表中果树黄蛾虫实例中，1～2 龄幼虫时的扩散转移因素及 3～5 龄幼虫时鸟的因素都可

造成高的死亡率，分别为69%及73%，但它们在年度间变化很小（r^2 也很小），对总 I 值变动作用也不大，所以在预测时的价值也较小。相反，成虫期的迁飞因素，虽然导致的死亡率仅17%，但在年度间变动很大，r^2 较高，对总 I 值变动的作用较大，所以在预测时价值也较大。由此看来，在判断关键因素时不能以该因素所导致的死亡率大小为依据，而要根据它对未来数量变动的贡献为标准，即根据 r^2 大小来判断。

表 3-7　几种害虫关键因素分析

（引自 LeRoux，1963）

种　类	阶　段	阶段内的死亡率（%）	重要因素（d_xF）	决定系数（r^2）
苹芽白小卷蛾（*Spilonota ocellana*）	卵	63	微小赤眼蜂寄生	很低、恒定
	夏季幼虫（$L_{1\sim4}$）	20	姬小蜂寄生	低、恒定
	冬季幼虫（L_5）	46	冰冻	高（0.685）、变动
	春季幼虫（$L_{5\sim7}$）	46	鸟	低、恒定
	蛹	16	寄生	很低、恒定
	成虫	23	性比、生殖力减退等	很低、恒定
桦鞘蛾（*Coleophora serratella*）	卵	17	寄生	很低、恒定
	冬季幼虫（L_5）	57	鸟和姬小蜂寄生	高（0.908）、变动
	蛹	23	鸟	很低、恒定
	成虫	81	性比、生殖力减退等	很低、恒定
果树黄卷蛾（*Archips argyrospilus*）	卵	8	干瘪	很低、恒定
	5月幼虫（$L_{1\sim2}$）	69	转移	很低、恒定
	6月幼虫（$L_{3\sim5}$）	73	鸟类	低、恒定
	蛹	28	捕食性天敌	很低、恒定
	成虫	17	迁飞	高（0.702）、变动
欧洲玉米螟（*Ostrinia nubilalis*）	卵	14	捕食+脱落	很低、恒定
	夏季幼虫（$L_{1\sim5}$）	68	扩散+迁移	低、恒定
	成虫	94	迁飞	高（0.777）、变动

用回归系数(b)为标准判断关键因子时，还可以各个 K_i 值为自变量，总 K 值为因变量，依据各年份的值，拟合出 K 和 K_i 之间的直线回归关系式，回归关系式的系数(b)，即直线斜率，可判断关键因子或关键阶段。b 值最大的 K_i 值所代表的因子或阶段即为关键因子或关键阶段。

以上 r^2 和 b 值计算时，都可以先将参与直线回归计算的变量 x 和 y 转换为对数值后，再代入公式计算，以保证两变量间的关系呈直线关系。

（五）Leslie 转移矩阵及其在生命表上的应用

Leslie（1945）推导出用矩阵法计算种群数量增长的方法。它可以将生命表中研究出来的种群结构、各年龄的存活率及年龄的生育力作为矩阵的元素，在计算机的帮助下，计算出任何一时刻种群中各年龄的数量及总数量。

现用一简单的例子来加以说明。计算开始时先查得在 t 时间种群各特定年龄的个体数：

N_0为年龄 0～1 之间的个体数；N_1为年龄 1～2 之间的个体数；N_k为年龄在 k 到 $k+1$（最大年龄级）之间的个体数。

一般只统计或折算成雌虫数，在 t 时间各年龄的个体数向量（N_t）可用矩阵表示

$$\boldsymbol{N}_t=\begin{pmatrix}N_0\\N_1\\N_2\\\vdots\\N_k\end{pmatrix}$$

这是一个 n 维的列向量，其中 N_i 是矩阵的元素，它代表着年龄级中的个体数量。

从年龄组 x 到年龄组 $x+1$ 时种群的存活率 S_x 可计算为

$$S_x=\frac{L_{x+1}}{L_x}=\frac{n_{x+1}+n_{x+2}}{n_x+n_{x+1}}$$

式中，n_x 为 x 时间开始时种群的存活数；L_x 为 x 时间到 $x+1$ 时间种群的平均存活数，即 $L_x=\frac{n_x+n_{x+1}}{2}$。

某年龄雌虫平均生产的并能存活到下一年龄时间（$x+1$）的雌性后代数 $f_x=S_xm_x$，m_x 为生命表中 x 年龄平均每雌的生产雌虫数，f_x 即为各年龄的繁殖力。

所以在时间 $t+1$ 时的新个体数为

$$f_0N_0+f_1N_1+f_2N_2+\cdots+f_kN_k=\sum_{x=0}^{k}f_xN_x$$

时间 $t+1$ 时，第一年龄级的个体数为 S_0N_0，第二年龄级的个体数为 S_1N_1，第 x 年龄级的个体数为 S_xN_x。这种关系可列成矩阵 $\boldsymbol{M}$，即

$$\boldsymbol{M}=\begin{pmatrix}f_0 & f_1 & f_2 & f_3 & f_4 & \cdots & f_{k-1} & \\ S_0 & 0 & 0 & 0 & 0 & \cdots & 0 & 0\\ 0 & S_1 & 0 & 0 & 0 & \cdots & 0 & 0\\ 0 & 0 & S_2 & 0 & 0 & \cdots & 0 & 0\\ \vdots & & & & & & & \\ 0 & 0 & 0 & 0 & 0 & \cdots & S_{k-1} & 0\end{pmatrix}$$

矩阵 $\boldsymbol{M}$ 是由年龄特征繁殖力（f_x）与年龄特征生存率（S_x）组成的矩阵。它是一个 n 阶矩阵，其第一行为年龄特征繁殖力（f_x），在 $\boldsymbol{M}$ 矩阵中的 $n-1$ 阶矩阵的对角线元素为年龄特征存活率（S_x）。

在 $f_x\geqslant 0$ 和 S_x 为 0～1 时，当查得该种群在 t 时间的各年龄个体的数量后，Leslie 指出在任何未来的时刻（$t+x$），该种群各年龄的数量可用下列数学式来表达

$$\boldsymbol{N}_{t+1}=\boldsymbol{M}\boldsymbol{N}_t$$

$$\boldsymbol{N}_{t+2}=\boldsymbol{M}\boldsymbol{N}_{t+1}$$

由此，可计算出任意时刻种群各年龄个体的个体数。

以徐汝梅等（1979）进行的七星瓢虫生命表研究为例，首先将七星瓢虫以 3 d 为 1 个年龄组，观察并统计得实验种群的存活率（S_x）及繁殖力 f_x（表 3-8）。

表 3-8　七星瓢虫生命表

（引自徐汝梅等，1979）

3 d年龄组（x）	虫态	年龄特征存活率（S_x）	年龄特征生殖力（f_x）
1	卵	0.440	0
2	1龄幼虫	0.732	0
3	2龄幼虫	0.788	0
4	3龄幼虫	0.874	0
5	4龄幼虫	0.892	0
6	预蛹及蛹	0.990	0
7	预蛹及蛹	0.980	0
8	成虫羽化至第一头雌虫产卵	0.980	0
9	成虫羽化至第一头雌虫产卵	0.900	0
10	产卵期	1	2.651
11	产卵期	1	2.698
12	产卵期	1	3.791
13	产卵期	1	6.000
14	产卵期	1	7.011
15	产卵期	1	8.814
16	产卵期	1	6.698
17	产卵期	1	4.104
18	产卵期	1	3.720
19	产卵期	1	4.244

该试验初始供试虫数为年龄组为1的220头，以后再没有加入新的不同年龄的个体，根据以上数据，可列出一个19阶的Leslie转移矩阵。

$$
MN_t=\begin{bmatrix}
0&0&0&0&0&0&0&0&0&2.65&2.70&3.79&6.00&7.01&8.81&6.70&4.10&3.72&4.24\\
0.44&&&&&&&&&&&&&&&&&&\\
0&0.73&&&&&&&&&&&&&&&&&\\
0&&0.79&&&&&&&&&&&&&&&&\\
0&&&0.87&&&&&&&&&&&&&&&\\
0&&&&0.89&&&&&&&&&&&&&&\\
0&&&&&0.99&&&&&&&&&&&&&\\
0&&&&&&0.98&&&&&&&&&&&&\\
0&&&&&&&0.98&&&&&&&&&&&\\
0&&&&&&&&0.90&&&&&&&&&&\\
0&&&&&&&&&1&&&&&&&&&\\
0&&&&&&&&&&1&&&&&&&&\\
0&&&&&&&&&&&1&&&&&&&\\
0&&&&&&&&&&&&1&&&&&&\\
0&&&&&&&&&&&&&1&&&&&\\
0&&&&&&&&&&&&&&1&&&&\\
0&&&&&&&&&&&&&&&1&&&\\
0&&&&&&&&&&&&&&&&1&&\\
0&&&&&&&&&&&&&&&&&1&0
\end{bmatrix}
\begin{bmatrix}
0\\220\\0\\0\\0\\0\\0\\0\\0\\0\\0\\0\\0\\0\\0\\0\\0\\0\\0
\end{bmatrix}
$$

由上面矩阵可求得各时间的瓢虫种群的总数量，结果如表 3-9 所示。

由表 3-9 中的数据，对不同时间（t）与种群的总个体数（N，各年龄个体数的和）作图，得图 3-10。由图 3-10 可看出，瓢虫种群呈明显的指数生长型，因此可以建立瓢虫种群数量增长的指数模型，即

$$N_t = 73.306e^{0.152t}$$

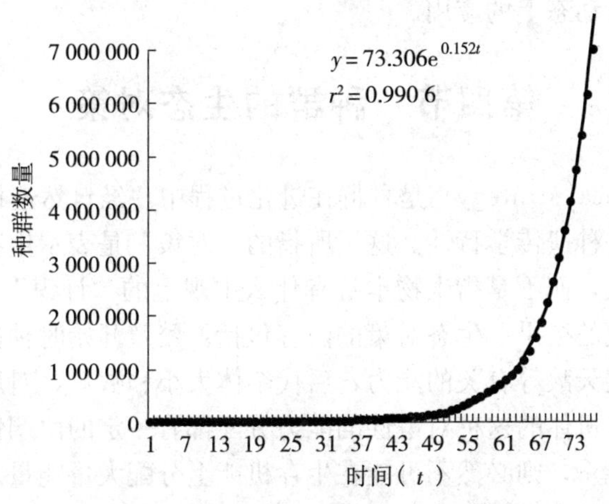

图 3-10 瓢虫种群数量随时间的变化

这就是七星瓢虫种群数量变动的指数预测式，可以代入任何时间 t 求得相应的种群数量。

表 3-9 各时间七星瓢虫总个体数的 Leslie 矩阵估算值

（引自徐汝梅等，1979）

时间（t）	数量（N）	时间（t）	数量（N）
0	220	12	864
1	161	13	1 113
2	127	14	1 432
3	111	15	1 460
4	99	20	1 121
5	98	25	4 741
6	96	30	10 264
7	94	40	44 165
8	85	50	155 552
9	309	60	753 930
10	412	70	3 559 230
11	578	80	14 911 165

矩阵模型有许多优点，如模型简单明确、便于在计算机上计算、数据直接来自生命表等。Leslie 矩阵模型要求各年龄组的划分是等距的，而且时间间隔也要求与年龄组的间距相一致，这对于大多数昆虫种群的应用受到限制。为此，Vandermeer（1975）建立了不等期

年龄组矩阵，庞雄飞等（1980）也在此基础上进行了改进。徐汝梅等（1981）则考虑到不同虫态昆虫的历期随温度变化的情况，提出并建立于随温度而变化的变维矩阵模型。又由于Leslie矩阵中各元素均为一常数，所以实际上它只是一种理论模型。张孝羲等（1987）将各年龄繁殖力或生存率的常数元素，均组成与环境因子相结合的各函数式，从而将Leslie矩阵改进为变维、变量的实用矩阵，并编制成多种害虫种群系统计算机预测模型，由此推动了矩阵模型在昆虫种群数量动态上的应用。

第四节　种群的生态对策

生态对策（ecological strategy）是种群在进化过程中，经自然选择获得的对不同栖境的适应方式，是种群的一种遗传学特性。这里所指的“对策”是表示生物体对于其所处生存环境条件的不同适应方式，而不是指生物本身有什么主观上的“计谋”。生态对策是物种在不同栖息环境下长期演化的结果。生态对策的内容包括：繁殖开始时种群的大小和年龄，与生殖、生长、生存、逃避天敌等有关的能力，后代个体大小和数量，对后代的哺育能力，以及迁飞或扩散能力等。有机体的这种对策性的能力分配都有一定的协调性。一个有机体如果在生殖上耗去了大量的能量，则必然不可能在生存机能上分配大量能量。有的有机体具有很好的照看后代的能力，则其本身便不可能有大量繁殖后代的能力。迁飞型个体具有远距离迁飞的能力，但其生殖力就比居留型小。所以生物体所采纳的某种对策也就是其生活史中各方面能源物质的协调分配，但各个方面对于总的适应是有贡献的。

一、生态对策的类型及其一般特征

从进化的意义上来说，生态对策使种群在其栖息环境中的适应性发展到最大限度。因此生物的栖息生境可以被看作一块模板，进化动力就是在此模板上塑造生物的生态对策。这种对策可以用种群生长模型的参数概括出来。前面已经谈到在有限环境中种群的增长呈一个连续过程时，其模型是一个微分方程，其中种群的大小和变化速度主要取决于内禀增长率（r）和环境最大饱和容量（K）。K 的大小决定种群发展的最大范围，r 则反映了种群的增长速率。当 N 或 $N_t<K$ 时，则 $\mathrm{d}N/\mathrm{d}t>0$，或 $N_{t+1}>N_t$，种群数量增长。当 N 或 $N_t=K$ 时，即 $\mathrm{d}N/\mathrm{d}t=0$，或 $N_{t+1}=N_t$，则种群保持稳定，不增不减。当 N 或 $N_t>K$ 时，则 $\mathrm{d}N/\mathrm{d}t<0$，或 $N_{t+1}<N_t$，则种群数量下降。同时，可以看出，当 K 值保持一定时，r_m 值的大小决定了种群消长的速率。r_m 值愈大，消长速率越快，种群数量就越不稳定；相反，当 r_m 值保持一定时，K 值的大小决定了种群允许发展的限度，K 值愈大则种群发展的限度愈大。

根据以上 K 与 r_m 两个参数在种群数量消长模式中的作用，可以设想有两类生态对策或两类生物。一类是 r_m 值较小，而相应的 K 值都显得较大，种群数量基本趋于稳定的，也就是说它们是以增大环境容量 K 来使种群维持旺盛，它们进化的方向是增强种间或种内竞争能力或称为增强拥挤忍受度，这样自然也就是增大了环境的饱和容量 K 值，这类对策就称为K类对策（K strategy），属于这类对策的生物称为K类对策者（K strategist）（又称为K类生物）。它们常发生在环境比较稳定、资源比较丰富、灾害性气候较少的地区。另一类则

具有较大的 r_m 值，而相对较小的 K 值，种群数量很不稳定，所处的环境条件也不稳定，灾害性天气较多，种群的平衡取决于其强大的增殖率，这类对策就称为r类对策，属于这类对策的生物则称为r类对策者（又称为r类生物）。

K类对策者具有较稳定的生境，它们的世代时间（T）与生境保持有利的时间长度（H）的比值很小（T/H 很小），所以它们的进化方向是使它们的种群保持在平衡水平上，以及不断地增加种间竞争能力。它们的食性比较专一，并且与同一分类单位的其他成员相比，它们的个体较大，世代时间较长，但内禀增长率较小。这是因为种群在保持或接受 K 值的情况下，由于它们的个体较大、世代时间较长、存活率较高，因而高水平的出生力就不必要了。对于K类对策者的植物和动物，在防御机制上做了很大的投资。亲代的照看能力通过低的出生率（窝仔数或窝卵数少，但幼仔个体大）、长寿和个体大而得到加强。可以认为，这种死亡的减少，能导致更有效地利用能量资源。

然而，K类对策者当其种群密度明显下降到平衡水平以下时，就不大可能迅速地恢复，甚至可能灭绝。化石记录表明，有许多动物系，其个体不断增大，直至最后灭绝，这称为考普氏规律（Cope's rule）。这些生物系逐渐变为K类选择性的，并越来越适应于特化的、稳定的生境。恐龙的灭绝，可能是由于它们无能力适应白垩纪末的气候变化，因为它们是极端的K类对策者。

综上所述，对K类对策者可以用下列的特征识别：个体大、寿命长、低的潜在增长率、低的死亡率、高的竞争能力以及对每个后代的巨大“投资”。它们的种群水平将保持或接近于平衡水平。典型的K类对策害虫有绵羊虱蝇、苹果蠹蛾、二疣独角仙和舌蝇等。另外，如周期蝉（十七年蝉 *Magicicada septendecim*）等也是典型的K类对策害虫。

r类对策者是不断地侵占暂时性生境的种类，T/H 值较大，它们在任何种群密度下都会受到选择。它们的对策基本上是随机的“突然暴发”和“猛烈崩溃”。迁移是这类种群的重要特征，甚至每代都能发生。

r类对策者种群具有较高的内禀增长率，这是借助于高的出生率（R_0大）和短的世代时间（T 小）而达到的。由于它们的量很大，占据的生境较多，所以不必需要高的竞争能力。它们的个体往往较小，死亡率一般较高，迁移是它们短暂生存的必要组成部分，因而总是不经济的。它们对捕食者的主要防御，除了高的出生率以外，常常还通过同步性（即被捕食者数量增多，捕食者才增多；被捕食者数量减少，捕食者数量也相应减少）和它们的机动性（由于个体较小，并善于迁移，因而有利于进行隐藏和逃避）来防御。

由于r类对策者具有较高的内禀增长率，环境饱和容量又通常较小，因此r类对策者种群往往在数量上显示为稳定性，由于密度过高、食料不足而引起的死亡率通常很高。然而，极端的r类对策者却是例外，它们由于具有较灵活的转移习性，故可以调节本身的种群密度。当环境恶劣或食料不足时，它们可通过长距离的迁移，去寻找新的食源，从而摆脱种群密度过高的影响，减少死亡率。迁飞性昆虫及蚜虫、红蜘蛛等就是一些典型的例子。当环境恶劣或食料缺乏时，蚜虫可由无翅型产生有翅型，进行迁飞扩散；红蜘蛛则可通过吐丝，随风传播。当然，个别的种群当环境极端恶劣时，尤其是在人为因素的干扰之下（诸如喷撒农药、水旱轮作等），死亡率很高甚至灭绝，但是作为这个物种的整体却是富有恢复活力的。

Pianka（1970）对K类对策动物与r类对策动物的特征做了概括比较，如表3-10所示。

表 3-10 K类对策与r类对策动物的特征比较表

（引自 Pianka，1970）

	r类对策动物	K类对策动物
气候条件	可变的或不可变的，不确定的	稳定的或可测的，较为确定
死亡率	常是灾难性的，非直接的，非密度制约的	较为直接的，密度制约的
存活曲线	常为Ⅲ型	常为Ⅰ、Ⅱ型
种群大小	在时间上是可变的，不平衡的，通常小于K值，为群落中的不饱和部分，每年需重新移植	在时间上是稳定的，平衡的，常处于K值附近，在群落中处于饱和部分，不必重新移植
种内、种间竞争	常松弛，可变	经常保持
选择有利性	1. 快速发育 2. r_m高 3. 生育提早 4. 体型小 5. 单次生殖	1. 缓慢发育 2. 竞争能力强 3. 延迟生育 4. 体型大 5. 再次生殖
寿命	短，常短于1年	长，常长于1年
最终结果	提高生产率	提高效率

昆虫作为一个整体，大多属于r类对策有机体，或都接近于r类对策的一端，但不同类群的昆虫或不同栖境下的昆虫采取的生态对策也有不同。一般说来，在热带地区生存的物种，更接近于K类对策。例如热带生存的物种，就是典型的K类对策害虫，而在温带或寒带地区生存的物种，常趋向于r类对策。但即使像蚜虫那样典型的r类对策昆虫类群，其不同物种所采纳r类对策的程度也有不同。例如杏蚜和松蚜的体型较大，繁殖率较低，应当更倾向于采纳K类对策。由此可以看出，所谓生态对策实际上是一个从K类对策到r类对策的连续系统，或称为r-K对策连续系统。在这个系统中，按照K类选择和r类选择的不同程度排列着各种各样的生物，存在许多中间类型。我们还可看出，从K端到r端，生物的个体不断变小、世代时间不断缩短、内禀增长率逐渐增大、同样环境下平衡时的种群数量亦越来越大、对外来干御的恢复能力亦越来越强。

二、栖境特性与生态对策的关系

栖境对于任何一种动物来说可以定义为整个生活期间活动所到达的地域。因此动物的活动范围大小，决定其栖境的宽广程度。栖境不但对不同物种来说是不同的，而且对同一种不同虫态的昆虫来说也有差异。例如介壳虫的移动性很小，故其栖境范围较小；而一些蝶类、蝗虫等活动性大，甚至在成虫期做远距离迁飞，所以相对说来，它们的栖境要大得多。天牛的幼虫只在一个枝干部生活，故栖境小，而到成虫期时则可飞行到其他树上，栖境就扩大了。与生态对策有关的栖境特性可包括以下3个方面。

（一）栖境的稳定性

栖境的稳定性即在一特定地理位置上，特定生境类型所保持的时间长度。例如在温带的森林中高大的乔木可活几十年到几百年，而不断演替着的草本植物，只能活几个季度；动物

的粪便，或尸体只能保留几个星期。所以稳定性的意义取决于有机体世代的长短（T）与栖境对有机体有利的时期（H）之间的比率（T/H）。这种比值愈小表示栖境稳定。

（二）时间上的变异性

时间上的变异性是指在一定地点有机体生存的期限内，随着环境条件的变化，环境负荷量（K）也随之而变化（也称为时间上的异质性）。K 的变化可以是周期性或可预测性的，如温带、寒带落叶林，每年春季发芽复苏，秋末又落叶凋谢；也可以是非周期性的或随机性的，如一些灾害性天气或病虫害的侵袭等。

（三）空间上的变异性

空间上的变异即栖境是成片的还是分割成不连续的小块。在热带雨林中，任何一种特定树种，常呈斑块状分布，在食物链中由于起点植物的分割分布，也会形成食物链中其他成员的斑块状分布。相反，在北方落叶林中，同一种或少数几种树种可以连片覆盖几千平方千米。

上述3方面特性对于种群生态对策的形成均有影响。但其中稳定性常起决定作用。也就是可以把注意力集中在分析（T/H）比值上。当世代的长短/环境有利时期（T/H）近似于1时，任何一世代的种群对下一代的资源状况没有影响，因此过度拥挤的种群也不会在进化上留下不良的后果，在这种环境下所生存的物种常是积极的进取者，或称为r类对策的有机体。相反，在栖境相对稳定的环境中，也就是 $T/H<1$，此时环境负荷量 K 虽然较为稳定，但是显著的超负荷现象将使 K 值有所下降，如果当代的种群密度过大时，便会发生不利于以后世代的后果。同时，在这种稳定的栖境中也将会有许多其他物种迁入并定居下来，造成各种类型的种间竞争，包括捕食现象将因此而激化。在此环境中生活的物种常有高的取食效率而在自然选择中被保存下来。这样的生态对策，就称为K类对策。

三、生态对策与种群动态

由于上述种群增长模型中参数的不同，典型的（或称极端的）r类对策者和K类对策者的种群增长曲线具有很不相同的形式(图3-11)，

图3-11中，横坐标为 t 时刻的种群数量，纵坐标为 $t+1$ 时刻的种群数量，图中45°角的虚线处，时刻 t 与 $t+1$ 的种群数量相等。就K类对策者而论，种群曲线与该虚线有两个相交叉的点：X 点与 S 点。在种群密度相当低的水平时有 X 点，其有两个相背发散的箭头，表示此点为不稳定点，种群或趋于上升而得到繁荣，或继续下降而趋于灭绝。因此 X 点又称为灭绝点（extinction point）。在种群密度达相当高水平时有 S 点，此处有两个相对而收敛的箭头，表示此点为稳定平衡点，在经历中等程度的环境扰动以后，种群总是趋向于恢复到此平衡状态。但如果种群遭受高度干

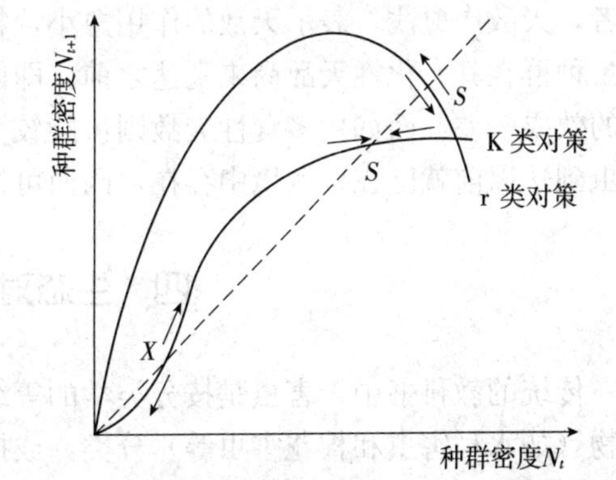

图3-11　r类对策者和K类对策者的种群增长曲线
（仿 Southwood，1974）

扰而下降过于剧烈，则便可到达 X 不稳定点，而有被灭绝的危险。相反，采取r类对策者只有一个与虚线相交的点 S 平衡点，种群在低密度水平时，增殖极快，迅速上升至 S 点附近，种群在此附近做上下颤动，当种群密度过高时也会自动压下而趋于此平衡点。无论是极端的r类对策者还是K类对策者，天敌似乎都不能起重要作用。因为极端的r类对策者本身的增殖速率极快，而天敌常不易在很短的时间内赶上其增殖速率而把害虫数量压下去，或当天敌赶上并发挥控制作用时害虫已达大发生程度而造成严重危害，或者r类对策害虫可能已从原栖境中迁出而到新栖境中去重新建立种群。对于K类对策者则因其体型常较大、竞争能力较强，所以天敌的作用也很难发挥。而只有大多数中间类型的对策者，天敌的作用才是很重要的。

Southwood 与 Gomins（1976）利用电子计算机模拟的方法，作出了一个表示种群增长率（$N_{t+1}-N_t$）/N_t、种群密度（N_t）以及栖境稳定期三者关系的三维模式图（图 3-12）。此图的曲线组分别表示在不同的栖境稳定期处的各个切面。

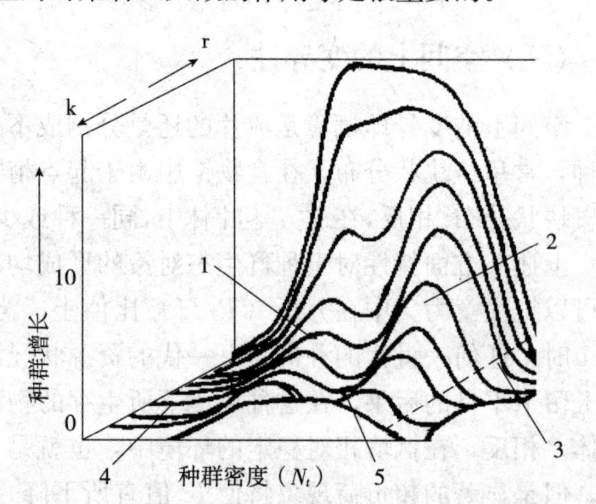

图 3-12 一个关于K类对策和r类对策的三维模型

1. 局部发生脊 2. 大发生脊 3. 崩溃谷 4. 灭绝谷 5. 天敌沟

（仿 Southwood 和 Gomins，1976）

此模型像一个山头的一角，在“山脚”处有两个“脊”。趋向于高密度一侧的为大发生山脊（epidemic ridge），趋向于低密度一侧的为局部发生山脊（endemic ridge）。在大发生脊的高密度外侧，有一崩溃谷（crash valley），种群一旦发展进入该谷，特别是典型的r类对策者，即可能因密度过大，种内竞争加剧，或导致流行病而崩溃。在局部发生山脊的低密度外侧，则有一灭绝谷（extinction valley），当种群密度下降至该区时，特别是典型的K类对策者，亦因密度过稀而有灭绝的危险。在“山”上另有一天敌沟，处于典型的r类对策者与K类对策者之间。只有当种群密度处于该沟时，天敌才能较好地发挥控制作用，“沟”愈深，表示天敌的作用愈大。而典型的r类对策者或K类对策者都没有天敌沟，中间类型愈趋向于K端者，天敌沟愈深，因此对这类对策者采用生物防治易见成效；相反，愈靠近r端者，天敌沟愈浅，表示天敌的作用愈小，特别是迁飞性害虫可以不断地转移栖息环境，使害虫种群在其专化性天敌尚未到达之前，即能有所发展，所以对于这类害虫用专化性天敌防治的效果较差，而如用多食性天敌则可能较为有效，因为这些天敌分布广，很可能在迁飞性害虫到达以前就已在该栖境中存在，因而可发挥一定作用。

四、生态对策与防治策略

传统的教科书中，害虫是按分类学的等级（如属、种等）来归类的，或按照其所危害的作物（如水稻害虫和棉花害虫等）分类，或按危害的方式（如咀嚼式、刺吸式害虫等）来归类的，而本节所介绍的观念是按物种对生态环境的适应性——生态对策来分类。这种归类的方式，与害虫防治策略的制定有重要关系。r类对策害虫具有高的繁殖力，大发生频率高，

在种群遭受环境或人为干扰后恢复的能力强，能迅速从低密度上升到高密度，许多种类的迁移性强，所以常为暴发性害虫。r类对策害虫虽也有天敌侵袭，但在害虫大发生之前天敌的控制作用常比较小。因此对于这类害虫除应注意作物抗虫性育种外，化学防治仍是控制其发生的主要措施，可以考虑一套以抗虫品种为基础、化学防治为主、生物防治为辅的综合防治设计。因为对于r类对策害虫，如果单纯使用化学农药，将很难摆脱抗药性的问题，而单纯利用生物防治，也由于r类对策害虫的高增殖能力而不易收到令人满意的效果，但生物防治可以起到辅助作用。同时，尽管农药有其内在的缺点，但它仍然是防治r类对策害虫的主要手段，特别是在r类对策害虫大发生的情况下，它往往可以速见成效。

在另一极端的K类对策害虫中有一个经常出现的问题，即常常处于低个体数水平，但它们仍然可以成为重要的害虫。一是当它们直接侵袭作物的产品，例如侵袭果、枝干而不是根、叶的时候；二是由于K类对策害虫抵御天敌的能力较强、虫口死亡率低、易于回升。但当死亡率相当高时，便趋向于消灭。中间类型害虫既吃根和营养叶，也吃产品，但能被天敌很好地调节。利用天敌来对中间类型害虫进行调节，可以收到较好的效果。总的来说，K类对策害虫往往容易被根除，或至少能被压低到不足以危害的虫口水平，在虫口很大，而造成较严重损失的时候，施用农药也许是适宜的。然而对付K类对策害虫最适当的策略是耕作等农业防治和培育对害虫有抗性的栽培品种。因为这两种措施，都直接有助于缩小害虫生态位的有效范围，对于K类对策害虫的一种特殊有效的策略是先将虫口压低到相当低的水平，再用不育防治或遗传防治，便可能达到灭绝的程度。

对于中间类型害虫，利用生物防治往往可以收到较好的效果。按照推论，利用化学农药来防治这些害虫很可能会造成再猖獗（害虫的再猖獗机制将在第七章中阐述）。

第五节　种群数量平衡及其调节理论

关于种群数量平衡及其调节，早在19世纪就有许多讨论。在达尔文以前，神学占有统治地位，如在《圣经》中记载蝗灾是由于神的惩罚，直至达尔文时代（1859年后）方开始用自然平衡来解释这种现象，平衡的打破是“繁殖过剩”的结果。生态学家认为，动物内在的繁殖倾向随时随地受到种种外界环境条件的制约，但对于“各类因素究竟如何影响与抑制着种群内在增殖倾向的?”以及“是否存在着某类特殊的环境因素，起着调节种群密度的作用?”等问题，各生态学家有许多不同的观点。总结起来基本可分为以下5种论点。

一、生物学派

Howard与Fiske（1911）是生物学派的创始人。他们在研究舞毒蛾和棕尾毒蛾中将环境因子分为3大类：①适应性因素（facultative agent），主要是寄生性天敌，它对种群的抑制作用常随种群密度增长而加大；②灾变性因素（catastrophic agent），例如高温、风暴或其他气候因素，其对种群的抑制作用与种群密度无关，不管种群密度大或小，总是可以杀死一定比例的个体，例如种群数量为100时，可杀死40个，而当数量为500时，可杀死200个；③鸟和其他捕食性天敌，常每年保持一定的种群密度，从而每年可消灭相当恒定数量的寄主个体。所以当寄主大发生时，其消灭的个体比例较小，而在寄主密度小时，其消灭的个

体比例较高。以后的 Nicholson（1933）、Smith（1935）、Lack（1956）、Solomon（1949，1957，1964）、Milne（1957）等学者的基本观点，基本上都属于生物学派的观点，但他们各有不同程度的发展。

Nicholson 主要增加了种间竞争的数学模型，他在 Lotka 和 Volterra 的捕食者与被捕食者模型的基础上，在数学模型中增加了时滞效应。并且认为种间或种内竞争常是控制种群密度的主要因素，包括种内为食物或居住地而竞争，以及寄主与天敌间的种间竞争。

Smith 则建议将 Howard 等的环境因素的分类，引用更有明确含义的术语，将适应性因素改为密度制约因素，灾变性因素改为非密度制约因素。另外，他也承认有时气候因素也能成为一个决定因素，但只有当它也成为密度制约因素时才有可能。例如当存在一种保护性避难场所时，因只能容纳一定数量的个体，当某种气候致死因素来临时，那些未进入庇护所的个体便被消灭了，因此因这个气候因素而引起的死亡率，与当时的种群密度有关。

Solomon 的观点基本上与 Nicholson 相同，但他又认为，在处于较为稳定的和有利于该种群生存的条件下，生物因素（主要是寄生性天敌和捕食性天敌）是控制种群密度的主要因素，而在较为不利或恶劣的气候条件下，气候因素似乎对种群密度起决定作用。

Milne 则把影响种群密度的因素分为 3 大类：①完全密度制约因素，例如种内竞争；②不完全密度制约因素，例如天敌；③非密度制约因素，例如气候等。并按种群的数量动态，将数量分为 3 个数量带：极高数量带、一般数量带和极低数量带。以上 3 类环境因素，在 3 个数量带中所起的作用是不同的。在极高数量带中，由天敌（指天敌作用减少时）和气候促进种群数量上升，而种内竞争则致使种群数量下降，并永不使种群密度达到最高毁灭程度。在一般数量带中，均由于天敌和气候间的综合作用而使种群密度上下波动。在极低数量带中，则均由气候因素促使种群密度上下波动，并永不使密度下降到最低毁灭程度。在自然界，许多种昆虫的密度带处于一般数量带，因此引起种群密度波动的最基本因素是气候和天敌的综合作用。

二、气候学派

Bodenimer（1928）最早提出昆虫种群密度的波动，首先是由于天气条件对种群的发育速率和存活率的影响所致，并认为许多昆虫的幼期常由于气象因素的影响而死亡达 85%～90%。Uvarov（1931）在《昆虫与气象》一书中总结了气象条件对昆虫生长、繁殖和死亡的影响，以及与种群数量波动间的相关关系。他将气象因素看作控制种群的首要因素，并且反对自然界存在稳定的平衡，着重指出大田种群的不稳定性。Thompson（1929，1956）、Andrewartha 和 Brich（1954，1960）等也基本上属于此学派。Thompson 虽也认为种群栖息地内物理因素所引起的间断性和变异性是自然控制的最首要的外在因素，但是又认为影响一个种的综合外界环境是无时无刻不在变化的，因此一个种群的自然控制的原因既是多样的又是可变的。

Andrewartha 和 Brich 反对把环境条件分为生物的、物理的，或者分为密度制约因素和非密度制约因素，他们认为所有的因素都与种群密度有关，而主张把环境划分为 4 类：气候、食物、其他动物和寄生菌类、生活场所。并认为自然种群的数量可由于 3 条途径而受到限制：①资源（食物和栖息场所）不足；②由于动物对这些资源的扩散和寻觅能力的限制；③种群的增殖率（r）为正时的时间过程。在自然界，第三种情况最为常见，而 r 值的变动，可因气候、捕食性天敌，或其他因素而引起。第一种情况是不常见的。任何一个自然种群数

量的消长与上述4个环境条件都有关，只是在大多数情况下，其中一两种可能起决定作用，至于哪一种因素起主要作用，则需做具体分析。

三、综合学派

20世纪50年代后，许多学者注意到，单纯从生物因素或气候因素来解释种群波动机制是相当片面的。例如ВИКТОРОЪ（1955）等都倾向于以生物因子与非生物因子间复杂的组合作用，作为种群波动机制的多因性，并因时间、地点而变化。不同的种群和在不同情况下，都可能有一种或几种因子是起主要作用的。实际上，Andrewartha等最后也倾向于综合学派的论点。

四、自动调节学派

上述的各学派大都着重研究外在因素（extrinsic factor）控制种群数量的规律。这些学派的观点均是建立在组成种群的各个体的特性是相同的假定基础之上的，而在实际上种群内个体间的差异性是明显存在的，例如种群个体的多态性。因此一些学者从另一角度研究了种群内在的变异性（intrinsic change）及其在控制种群数量中的重要性。

种群个体的变异可有两种类型：表现型（或表型 phenotype）和基因型（或遗传型genotype），与这两种类型相联系的调节机制也是不同的，但最终都与进化论有关。

英国遗传学家Ford（1931）最早提出遗传变异对种群调节的重要性。他指出，自然选择在环境条件适宜、种群密度增长时会缓和下来，使种群内的变异增强，以致许多劣等的基因型又因自然选择增强而被淘汰，造成种群数量下降，同时种群内的变异性也减弱。所以种群数量的增长不可避免地会导致未来种群数量的下降，这也可以说是一种内在的反馈机制。

Chitty（1955）提出，当种群在两个时间（i和n）内，当n时间的死亡率（D_n）大于i时间的死亡率（D_i）时，如果观察到两个时间的环境条件（M_i及M_n）有显著的差异，就可以认为种群数量的这种差异主要是由外在因素造成的；若发现两个时间的环境条件基本相同，则可认为这种种群数量的变异，主要是由种群内在个体的变异性造成的。

Chitty在1960年提出了一种理论：种群密度的调节并不一定是由外在的环境资源的破坏或是恶劣的天气引起的，而是由于任何物种均具有调节它们本身的种群密度的内在能力决定的。也就是说，在适宜的环境条件下，种群密度的无限增长可因种群种质的恶化（或退化）而受到控制。因此可以认为，非密度制约的因素（如天气等）的影响效应也是与种群密度有关的。当种群密度大、种质下降时，这种效应也增强。因此数量和质量是种群研究中的两个重要方面。

五、自然调节的进化意义

上面已经述及组成种群的个体间是有差异的，也就是个体以及由个体组成种群的异质性问题。每个个体都有个体的遗传本性及其基因型，一个地方种群的每个成员分享着共同的基因库。物种就是由许多彼此能实际或潜在杂交的种群组成的。因此目前生态学家除研究由个体组成的种群特征外，也着重研究每个个体的基因型，把种群看作自然的单元，即所谓的孟

德尔种群（Mondelian population）。选择的结果就是适者生存。所谓适者即具有更高的繁殖后代能力的个体或种群，这也就是进化的过程。过去的概念认为，这种自然选择的进化的过程是很缓慢的，但 Ford（1975）指出，可能这种进化作用很迅速，从而使进化的时间进度接近了生态时间进度。这是因为有机体数量的变动是通过种群中个体的遗传性变异引起的。

种群的自动调节又是怎样受进化变化的影响的呢？Pimental（1961）指出，这种进化作用是通过基因反馈机制实现的。进化变异是由基因反馈机制控制的，这种反馈机制协调着对立的双方：寄主和害虫，食草动物和植物，捕食者和被捕食者。他认为，自然种群调节是以进化过程为基础的。这种反馈系统可以用图 3-13 表示。

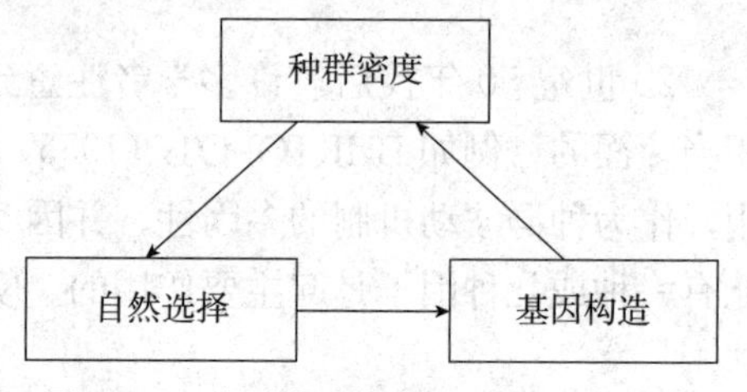

图 3-13　种群密度调控的基因反馈机制

例如美国堪萨斯州自 1942 年引进抗小麦瘿蚊的小麦品种后，瘿蚊的种群密度锐减。这说明这种瘿蚊的种群密度的变化是由于改变了小麦基因构造而引起的。Pimental 的基因反馈机制论点包括种间相互关系。

以上各学派是从不同角度来探索种群自然调节机制的。他们的论点间虽然有很尖锐的争论，但并不是完全相互排斥的，有许多地方还是相互重叠的。在错综复杂的自然界，以为一种因素是普遍地决定一个种群数量变动的原因，显然是十分片面的。人们可以从各学派中吸取其正确的一面，综合其精华，用来解释和解决实际的理论和生产问题。

种群数量的变动是种群的遗传特性（生理、生态特性及适应性）与外界环境条件间相互作用后的一个暂时的结果表现。前者为引起种群数量波动的内因，后者则为外因。这种表现有时间、空间上的差异，各因素之间还有主从关系，即在一定的条件下，常有 1～2 种是主导因素，其他则为次要因素。这种主从关系也不是固定不变的，可以因条件而相互转换。例如在同一个地区，一种外界因素对于不同种群的数量变动的效应是不同的。例如长江流域以北地区，冬季－16 ℃以下的低温因素对三化螟和红铃虫种群可起致死效应，而对玉米螟和二化螟的影响则较小。另外，同一个外界因素在不同的地区内，对同一种昆虫的数量波动效应具有一定的相似性，例如 14～24 ℃的气温在南京、昆明、重庆、广州等地对小地老虎均有促进季节性猖獗的效应，而 25 ℃以上的高温则均可促使当地种群的季节性地衰落。这些都足以说明外因必须通过种群内在特性而起作用。因此在研究一个种群的数量变动原因时，必须首先掌握种群的内在特性，再调查分析其与外界因素间的相互关系，并辨别出各种关系间的主次性，以及在时间、空间上的变异程度等，这样才能正确地洞悉种群数量波动的真实原因。

思考题

1. 昆虫种群数量波动的主要表现形式有哪些？
2. 举例阐述引起昆虫种群数量波动的原因。
3. 指数增长型和逻辑斯谛曲线增长型是昆虫种群数量消长的常用模型，请设计试验阐述拟合出两类生长模型的步骤和方法。
4. 试述昆虫种群生命表的组建方法及其应用价值。
5. 试述不同生态对策害虫种群的特征差异及相应的防治策略。

第四章　昆虫进化生态学

主要内容　本章以昆虫为对象，主要讲述种群的遗传与变异、种群的进化与适应、昆虫与其他生物的协同进化等。

重点知识　昆虫的种下分化、生物型、生物进化机制、自然选择、适应、协同进化。

难点知识　生物进化理论、哈迪-温伯格定律、协同进化理论。

进化生态学是利用生态学、遗传学、进化生理学来阐述生物在行为、生理、分子等方面的适应机制，是生态学的一个分支学科。昆虫种类多、分布广，且具有多样的行为、生活史等特征，因而成为进化生态学研究的模式生物。随着分子生物学技术的发展，有关昆虫种群结构、分化和进化方面的研究取得了长足进展，这不仅促进了昆虫生态学学科的发展，而且也为害虫的预测预报提供了理论指导。

第一节　昆虫种群遗传结构和遗传变异

昆虫种群的遗传结构是指具有不同基因型或遗传特性个体在种群中所占比例的分配状况，例如基因频率和基因型频率。种群中所有个体共享同一基因库，不同个体可通过交配进行基因交流，但由于交配的选择性或非随机性会造成个体间基因型或表现型的差异，从而形成种群的遗传多样性。种群的遗传多样性水平和不同等位基因的发生频率，受到诸多因子的影响，包括突变概率、环境异质程度、种群大小及活动能力等。

对某个物种，不同地理种群之间会在等位基因的发生频率、分布上存在差异，处于不同生境条件下的种群也是如此。由于内在遗传结构不同，不同种群可呈现不同的生态学特征。研究昆虫种群的遗传结构，探明种群内和种群间遗传变异的时空分布，有助于深入理解昆虫和寄主植物间的作用过程与机制，以及物种形成机制、害虫发生机制等，从而为制定合理的害虫控制和益虫利用策略提供科学依据。

一、昆虫种群遗传结构的形成

昆虫种群遗传结构的形成途径，现有以下 3 种不同的假说。

（一）内源性的本土适应假说

本源性的本土适应假说（intrinsic local adaptation hypothesis）认为，植物的基因型是影响植物质量（防御能力、营养水平等）的主要因子，植食性昆虫可经过长期的选择进化，形成适应特定寄主植物的基因型，例如黑松圆蚧（*Nuculaspis californica*）对西黄松

(*Pinus ponderosa*) 的适应。西黄松作为黑松圆蚧的寄主植物，其质量不仅在不同种群之间有差异，而且在种群内不同植株之间、甚至同一植株的不同部位之间存在差异。黑松圆蚧则经过进化，形成了适应西黄松的不同植株或同一植株不同枝条的基因型（Edmunds 和 Alstad，1978）。

（二）外源性的本土适应假说

外源性的本土适应假说（extrinsic local adaptation hypothesis）认为，环境因子对寄主植物的质量影响较大，环境因子决定了植物中与昆虫相关的性状的发展方向，昆虫种群对寄主植物的这些性状适应后，即形成特定的遗传结构。

（三）基因漂移假说

基固漂移假说（gene drift hypothesis）认为，遗传结构是由于偶然发生的基因漂移而形成的。例如当种群中的部分个体因一些偶然因素被隔离后，易引起部分等位基因的随机丢失，这些个体的遗传组成与正常个体存在明显的差异，从而形成了特定的遗传结构。

上述 3 种假说中，前两种都认为，昆虫为了适应环境条件而发生适应性的遗传变化，故称为适应模型；而最后一种则认为昆虫的遗传结构不是通过适应，而是通过基因漂移形成的，故称为中性模型或漂移模型。根据适应模型，昆虫在某种植物上定殖多代次后，它们利用该植物的成功率会提高，经过几个世代的自然选择后，种群中便可能形成同质结构（demic structure）。

昆虫特定遗传结构的形成有两个共同的条件。其一是，植物的存在时间应足够的长，这样，取食该植物的昆虫才有可能繁育足够多的世代而形成遗传结构。寿命较长的一些树种，有些昆虫可在其植株树上繁殖成百上千世代，十分有利于这些昆虫遗传结构的形成。其二是，处于相对隔离状态的个体群之间较少发生基因流动，这样，才有可能形成同类群，从而获得一种特定的遗传结构。这种情形易发生于扩散能力低、寄主专化或有同型交配倾向的昆虫中。

二、昆虫种群遗传结构和变异的影响因素

昆虫种群遗传结构、遗传变异状况，受到多种因素的影响。基因突变、遗传漂移、基因流动等是昆虫进化形成一定遗传结构的物质基础，是内在因素；昆虫生殖方式、活动能力，以及寄主植物、杀虫剂、所处物理空间等多种环境因素，则是决定遗传结构发展格局的重要外界因子。这些因子中，有许多并不是独立起作用，而是相互联系和影响的。例如昆虫活动能力、所处物理空间大小可影响基因流动的水平；遗传漂移能否发生及发展方向与昆虫所处物理空间状况密切相关。

遗传变异，是指不同种群之间、种群内不同个体之间等位基因频率的变化情况或差异水平。在昆虫自然种群中，遗传变异普遍存在，与此相对应，不同种昆虫或同种昆虫的不同个体之间常在多种表现型上存在一定程度的差异，例如个体大小、耐寒能力、飞行能力、生殖能力、抗药性水平等。这些遗传变异，是昆虫产生表现型变异和种群分化的重要基础，从而为实现生物进化提供了可能。在外部各种选择压的综合作用下，昆虫等位基因的频率及相关表现型在上下世代间发生不同程度的变化，从而引起昆虫的进化。

（一）基因突变

基因突变是可遗传变异的源泉，因此是驱动昆虫进化的一个因素。昆虫种群中突变的发生是随机的，但一旦发生突变，就有可能引起种群遗传结构的改变。

（二）遗传漂移

遗传漂移（genetic drift）是指当一个种群中的生物个体数量较少时，下一代的个体容易因为有的个体没有产生后代，或有的等位基因没有传给后代，而和上一代有不同的等位基因频率。遗传漂移的效应大小与种群的大小有关。与大种群相比，小种群较易发生遗传漂移，经过数个世代之后，原先存在的等位基因很可能丢失，导致遗传多样性下降。对相互隔离的不同种群（如一些岛屿上的种群），在遗传漂移作用下，它们之间某一（些）等位基因的频率可产生较大差异，甚至有的等位基因会从一些种群中丢失。同时，遗传漂移也是种群获得等位基因的重要途径。当种群较小时，通过遗传漂移将等位基因固定于种群中（即种群中的所有个体均携带该等位基因）所需的时间较短。鉴于这些原因，遗传漂移被认为是小种群进化的主要动力。

奠基者效应（founder effect），是一种由少数个体建立种群后所产生的一种特殊的遗传漂移作用。该效应可发生于许多类型的昆虫中。例如入侵昆虫，当它们入侵到一个新的区域后，后代种群的基因频率主要取决于起初入侵该地的个体数量、这些个体的基因频率以及遗传变异程度。奠基者效应还可发生于海岛、高山深谷等与四周环境相对隔离的生境中。

（三）基因流动

基因流动（gene flow）是指生物个体从一个种群迁入到另外一个种群，或者从一个种群迁出，并随之通过交配繁殖，导致种群之间发生基因交流。

（四）昆虫生殖方式

营孤雌生殖的种群，其遗传变异程度可能极低。例如蚜虫，少数几头甚至 1 头孤雌生殖雌虫即可繁衍形成 1 个种群，这样的种群遗传变异极低，因此常将一个母蚜的全部后代称为克隆。

（五）昆虫分布范围和活动能力

与分布范围较窄的昆虫相比，广布种在其分布范围内一般具有较大的遗传差异。当种群局限在较小的空间范围内，或当地种群因空间隔离、本身扩散能力低而与其他种群间较少交流时，由于交配局限于种群内部（同型交配），种群遗传变异程度可能极低。显然，种群之间的扩散对提高和维系遗传变异至关重要。

（六）环境因素

在生态系统中，众多生物因子和非生物因子可直接影响昆虫生殖方面的性状，例如生殖时间、生殖力、配偶选择、交配成功率、用于生殖的能量分配策略等，由此影响昆虫后代种群的遗传结构。而且环境因素还可通过群落中的竞争、捕食、寄生、共生等营养联系，间接

地影响昆虫种群的遗传结构。在农业生态系统中，许多人为投入的生产因子可对害虫施以强烈的选择压，例如转基因抗虫作物、化学农药可对靶标害虫种群的遗传结构产生巨大影响。

在上述各种因子综合作用下，通过自然选择，昆虫对生存的环境达到适应。需强调的是，自然选择的结果通常不会使种群适合度达到最大。自然选择的具体结果，常随时间和地点变化。一定时间内种群遗传结构可能发生较大变化，但也可能被阻止发生改变。自然选择可引起种群遗传多样性升高，也有可能使种群遗传多样性降低。不过，自然选择可使昆虫获得对其生存和繁殖有利的性状；获得有利性状的个体，往往具备较强的竞争力，通过繁殖后，种群中具备这些性状的个体逐渐占据优势。

三、昆虫种群的多态性

昆虫种群中普遍存在多态型（polymorphism），这在前文已有阐述。在表现型上表现为某个性状具有多种形态（或说表型变异），如体色、个体大小、翅型、飞行能力、耐寒力等。多态型是昆虫快速适应环境变化或其他选择压的基础。

（一）非遗传多型性

非遗传多型性（nongenetic polyphenism）又称为拟表现型（phenocopy）或生态型（ecomorph），是指同一基因型个体在不同环境条件下被诱导产生的不同表现型，是一种非遗传上的变化。非遗传多型性可出现于众多性状中，包括形态、行为及生活史的某些特征（如滞育）。许多种飞蝗具有散居型和群居型，二者的体色、形态、行为等显著不同，如东亚飞蝗，其散居型体型较大、黄褐色、不能远距离迁飞、产卵量较大，而群居型则体型较小、黑褐色、能进行群集性远距离迁飞、产卵量较小。飞蝗的这些不同表现型，主要是由个体发育期间的种群密度和食料条件决定的，种群密度低、食料丰富时从若虫阶段便开始发育为散居型，反之，则发育为群居型。

（二）遗传多态性和多基因变异

遗传多态性（genetic polymorphism）和多基因变异（polygenic variation）是生物产生适应性进化的基础。遗传多态性，是指种群内不同个体之间存在非连续的表现型，表现型是某一位点的等位基因以一定频率发生变异的结果。多基因变异是指种群内不同个体之间存在连续变化的表现型，表现型由多基因控制。

遗传多态性及其作用的一个经典事例是，英国工业区桦尺蛾（*Biston betularia*）对当地环境变化做出的快速适应，即产生工业黑化现象（industrial melanism）。该尺蛾的体色具有多态性，在非工业区，浅色蛾白天栖息在覆有地衣的树干上，能借助地衣的浅色保护自己，故较少被鸟类捕食，而黑色型则因颜色醒目而较多被捕食，因此种群中黑色型的发生比例较低。而在工业区，受工业污染的严重影响，树干颜色变成黑色，由此浅色型桦尺蛾变得醒目而易被捕食，而黑色型蛾则借助树干的黑色反而得到保护，被捕食概率显著降低。经过数十年的选择后，工业区黑色型的比例占绝对优势，而浅色型的发生比例则下降至极低水平。桦尺蛾之所以能通过色型转变而适应环境，是因为种群中存在体色相关的多种遗传变异，这样，当环境条件变化时，那些特定体色的个体因不易被鸟类发现而捕食，从而存活下来。

当昆虫利用多种不同的生境条件或资源时，其遗传多态性便有可能形成。对于多食性昆虫而言，寄主植物种类是导致其形成特定遗传结构和遗传变异的重要因素。例如美国科罗拉多州的中欧山松大小蠹（*Dendroctonus ponderosae*）的形态和基因频率在不同地区间、不同寄主植物间存在显著差异（Sturgeon 和 Mitton，1986）。

第二节　昆虫种群的分化和生物型

一、昆虫种群的遗传分化

在昆虫自然种群中，遗传分化无处不在，而且分化程度通常较高。导致昆虫种群产生遗传分化的原因，可以是一些随机事件，也可以是一些环境因素。在自然条件下，生境条件往往存在一定的异质性，由此形成一系列离散的生境斑块（habitat mosaic），尤其当生境条件受到人类干扰而导致生态系统破碎化（ecosystem fragmentation）时，生境的斑块化现象更为明显。在不同的生境斑块内，若其中的昆虫相互间极少交流，在生物和非生物环境因子作用下，种群便可能发生遗传分化，形成一些离散的、遗传构成不同的个体群。这些个体群，称之为同类群（deme）。同类群是遗传上十分相似的一组个体的集合。在不同同类群之间，基因交流十分有限。

例如当一些个体与种群的其他个体隔离开，或者一个种群与另一个种群相互隔离，相互间基因交流十分有限，便有可能出现遗传分化，形成同类群。此外，对植食性昆虫，由于寄主植物质量的差异，也可形成同类群，例如黑松圆蚧生活在不同植株的西黄松上，或者生活在同一植株的不同枝条之间，其种群的遗传结构都会有差异，在同寄主上的种群也是由不同的同类群所组成的。

二、昆虫的生物型

生物型是指在种群内或种群间表现有不同生理、生态特性的同物种的种下类群。不同生物型间可以在特定寄主上存在发育或存活的显著差异，或者在取食、产卵偏好程度上有显著差异，或者在日活动节律、季节活动节律、个体大小、体型、体色、抗药性水平、迁飞和扩散能力、信息素、传播病原能力等方面有显著差异。生物型是昆虫适应环境条件的一种重要体现。

遗传性的生物型类型在作物抗虫性及害虫抗药性等方面研究较多。例如国际水稻研究所已测出水稻有 7 个抗褐飞虱的主基因，目前已测验出 6 个褐飞虱的致害生物型，即生物型 Bph 1、Bph 2、Bph 3、Bph 4、Bph 5 和 Mindanao 型。在亚洲的不同地区存在不同的生物型。我国褐飞虱出现过生物型的变化，例如 1990 年以前均为生物型 1，而 1987 年以来出现了生物型 2，少数地区还有 Mindanao 型。褐飞虱生物型的杂交试验证实，其致害基因是由多基因控制的，各生物型间在形态、细胞、生化、鸣声特性及致害能力方面均有较大的重叠。因此这种种型变异是连续性的、重叠的和以多基因为基础的。

产生抗药性的害虫种群与未产生抗性的相比，在生理、生态上存在显著差异。害虫抗药性生物型的产生有其遗传基础。昆虫本身存在抗性基因或者药剂诱导基因突变而产生抗性基因，从而在药剂的选择下，抗药性得以显现。例如家蝇（*Musca domestica*）的单个主基因

可以同时影响几个解毒酶，而其产生抗药性的机制则是由于主基因邻近的未带抗性基因的染色体的倒位所致。褐飞虱对吡虫啉产生的抗性首先是在药剂选择下出现代谢酶活性的上升，当高抗药性生物型出现时就发生了与吡虫啉结合的乙酰胆碱酯酶受体关键结合位点的突变。

由于不同生物型种群之间还存在较高水平的基因交流，所以昆虫生物型的表现往往变化较大，一些生理生态特性会因基因交流而被稀释，例如昆虫抗药性水平的波动性就可以因抗性与敏感生物型间的基因交流所致。人们常认为的迁飞性害虫不易产生抗药性，也是因为不同区域的种群基因交流频繁、抗性水平易被稀释的原因。

种群内个体在非形态和性别上存在差异，就可以方便地用生物型来表述。因此生物型一词运用较广，其划分的标准也多种多样，一般是研究者根据自己的目的来确定属于某种生物型。生物型是种下的分类，虽然与物种或亚种有明确的界限，即生物型间没有生殖隔离、存在基因交流，但是在实际研究过程中也容易将一些近似种误认为是某个物种的不同生物型。因此在利用生物型一词时，要保证物种划分的正确性。

第三节 生物的进化与适应

现今自然世界存在着形形色色的生物种类。生物种类为何会有这么丰富多彩呢？为何会有 100 万种以上的昆虫，且占整个动物种类的约 2/3 呢？这些便是生物进化的研究内容。从昆虫的种类数、个体数和栖息地的分布状况来看，与其他生物相比较，昆虫在进化方面具有其明显的特色：①昆虫具翅，具外骨骼，便于行动及抗御的适应；②昆虫有变态特性，不同虫态可生活于不同的栖境，更有利于生存竞争，又有多态现象，尤其在高级的社会昆虫中；③昆虫一般具有趋于小型化、高繁殖、生活史短、迁移频繁等特点，更有利于其多方面的适应与进化。由此，昆虫成为了研究生物的进化与适应的优越对象。

进化（evolution）是指一个生物群体在长时期中遗传组成发生的变化。进化的结局是产生更为多种多样的生物种类和数量更多的生物后代，和使这些生物更好地适应变化着的环境。

一、进化理论的历史发展过程

（一）特创论和连续创造论

关于进化的理论与概念，早在 18—19 世纪便开始有热烈的争论与研究。当时在欧洲对于生物物种的产生与存在有两种理论，即特创论与连续创造论。特创论认为，从地球有生命时起，物种一旦形成，就是延续不变化，这在当时更为流行，包括著名生物学家林奈（Linnaens，1707—1778）及阿格齐斯（Agassiz，1807—1873）在内的许多学者都接受特创论。林奈相信他所定出的各物种是永恒不变的。连续创造论则认为，生物是变化的，新的物种不断形成，这便是连续创造论或进化论的雏形。这方面，拉马克（Lamark，1744—1829）是卓越的代表人物，他是生物科学的伟大奠基人之一，生物学（biology）一词，就是他首创的。作为一个动物和植物的分类学家，他在 1801—1809 年发表了一系列的著作，相信生物是进化的，其理论主要有 3 方面：①适应（adaptation），他相信有一种压力使生物适应于它的环境；②用进废退，经常使用的器官发达，不使用的则退化；③获得性遗传，生物能把适应环境过程中所获得的性状传递给后代。后来的研究发现当时拉马克的学说基本上是错误

的，因为用进废退所造成的变异是不能传到下一代的，后天获得性一般是不遗传的。但是，他提出了适应、变异、进化等概念，在当时来说起着进步的意义。

（二）自然选择学说

直到达尔文（Charles Darwin，1809—1882）经过5年环球航行考察，得到了极为丰富的实际材料，又经20多年的思考与阅读文献，于1859年写出了世界生物学上不朽的著作《物种起源》后，生物进化的事实及机制才得到真正的揭示。自然选择学说（又称为达尔文主义），为生物进化论打下了坚实的基础。该学说的要点可归纳如下。

1. 变异 变异（variation）是任何一类生物所固有的特性，不但亲代与子代间有差异，而且同一亲代所生子代也总有差异。

2. 过度繁殖 过度繁殖（overproduction）即生物出生的数量远远超过其所能获得的食物和生存空间，如任其自然繁殖必然遭遇种群过剩的结果。

3. 生存竞争 任何生物为了争取食物、空间或其他必需条件（如植物所需的阳光），不断发生生存竞争（struggle for existence）。由于需求的相似性，这种竞争在同种的个体间比种间更为激烈。达尔文的这种生存竞争概念是从马尔萨斯的人口论中引申出来的。

4. 适者生存 生物既有变异，又有竞争，其结果则使进化具有适合于生存的变异的个体生存下来，而另一些不利于生存的变异的个体则被淘汰而死亡。这种适者生存（survival of fitness），或自然淘汰的概念是达尔文自然选择学说的核心。

5. 获得性遗传 获得性遗传（inheritance of acquired characters）是指获得生存的个体，通过繁殖其下一代能把特殊的、有用的和适应的变异留传下来。这与拉马克的观点有相似之处。

达尔文的自然选择学说经一百多年来的考验和应用，至今仍为生物界广泛的承认和应用。虽然也对其中的若干地方做了批评和修正，但这种修正更加巩固和完善了他的理论。主要修正处为：①关于变异，更加明确变异是由于突变，由于新基因的引入群体，或由于漂移而使基因移出群体，由于多倍性或由于遗传的重新组合而引起的。现在强调的变异是以群体而不是个体水平发生的，是群体在进化，而不是个体在进化。在群体范围内，遗传的变异对进化才有意义。②关于生存竞争，并非起因于生物个体间直接的斗争，而是由于分化性生殖（differential reproduction）或分化性生存（differential survival）。使一种生物生存下来是由于在生殖或生存过程中被选择而使某些类型得到生产更多的后代，而另一些则未被选择而趋于死亡。例如果蝇的突变可产生白眼和红眼果蝇，但在自然交配中雌的果蝇还是喜欢选择红眼雄果蝇交配。因此白眼的突变体虽然重复出现，但由于性选择的失败而很快消失。有助于成功地生存的自然选择，也有利于进化。

另外，达尔文由于当时科学发展的限制，未能分清体细胞的变异不能遗传，而只有性细胞的变异才可能遗传。关于新种的形成方面，他认为适应的变异逐渐积累就会产生新种，也没有看到隔离在新种形成中的决定作用。

二、综合进化论

综合进化论，又称为新达尔文主义，其基本论点如下。

任何一种生物，没有两个个体完全相同的。变异有两类，一类是获得性状、环境影响或

突变，如果影响到生殖细胞，则可能遗传给后代，这才与自然选择和进化有关。另一类则是如果变异只影响到体细胞，那么这种变异就不可能遗传，对进化无作用。进化的原始物质是遗传变异。可遗传的变异主要有两种，即染色体或基因突变、基因重组。突变是DNA链上的碱基序列的错误替置，染色体的断裂、丢失、易位等染色体的突变。基因重组是基因组合的变化。基因重组也具有无限变异的可能，一对基因杂交体，可产生2种配子和3种基因型，100对基因杂交体可以产生2^{100}种配子和3^{100}种基因型。由于基因数目很多，其可能组合的基因型几乎可说是无穷尽的。所以在平常情况下，即使没有突变，只是基因重组就可以产生无数的变异。具有适应性变异的个体通过了环境条件的选择而生存下来，不具有适应性变异的个体则被选择而淘汰死亡，这就是生存斗争或适者生存的过程，也就是自然选择。

自然选择过程是一个长期的、缓慢的、连续的过程。通过一代代的生存环境的选择作用，生物类群的变异被定向地向着一个方向积累，性状愈来愈不相同，加上存在隔离的条件，以致演变成为新种，这便是进化的过程。

进化不是在个体水平上进行的，更不是由于某个性状的变异和遗传，进化是在族群或类群的水平上进行的。也就是说进化不单是在基因频率的变异上进行，而是导致基因型频率的变异或整个基因库的改变。

三、生物进化的机制

变异、遗传和自然选择是导致生物进化的三要素，现分别简述如下。

（一）变异

变异是生物遗传和自然选择的原材料，也是生物进化的原材料。没有变异则生物的遗传就没有差异，自然选择就没有选择的对象，也就谈不上进化。

变异基本上可分为两大类：体细胞的变异和生殖细胞的变异。只有后者才是对生物遗传或进化有意义的变异。

变异有好几种形式，对进化最有意义的是突变和基因重组（分子水平）或基因型变异（种群水平），此外如基因的迁移、基因漂移等也都可导致DAN组成的改变。

1. 突变 突变变异包括染色体的变异和基因突变。

（1）染色体的变异 染色体上有决定遗传的因子，这些遗传因子就是位于DNA上的基因。由于染色体上含有遗传因子，因此染色体如有变化，遗传性状就会有相应的变异。

①染色体结构的变异：在外界或内部因素的影响下，染色体的结构可发生变异（图4-1），主要表现在以下几个方面。

A. 缺失（deletion）：一条染色体断裂，但其片段未能重新结合，这就造成了缺失。有末端缺失和中间缺失。

B. 重复（duplication）：一条染色体断裂的片段错误地接合到同源染色体的相应部位，造成后者的一段重复。

C. 倒位（inversion）：一条染色体断裂片段，位置倒过来再接合上去。

D. 易位（translocation）：非同源染色体的一对染色体同时发生断裂，而两个片段彼此错误地交互接合上去。

染色体结构的变异，严重的可造成昆虫死亡，特别是缺失。在多数情况下，造成遗传病变或新的生物型（biotype），如桃蚜的红色个体中的第 3 对染色体 A_3 常与 A_1 有易位，而且这些个体常为抗药性强的抗性型个体。果蝇复眼的小眼面数目，由某 1 对基因所决定，在染色体重复的情况下，可使小眼面的数目减少。

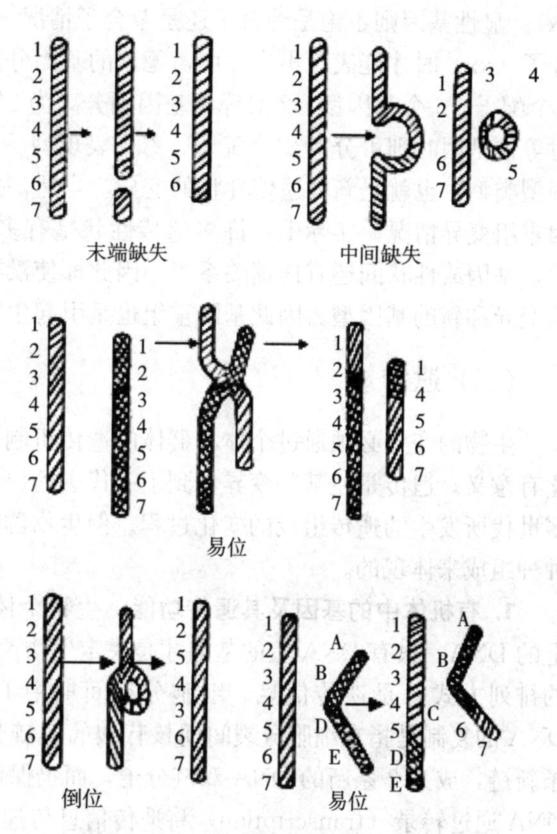

图 4-1　染色体结构的变异

②染色体数目的变化：正常的动植物的体细胞中，染色体数目一般都为成对的二倍体，但在有的情况下，有的形成三倍体或四倍体（三倍体以上的，统称为多倍体 polyploidy），这在植物界中常见。在蚜虫的无性繁殖世代中也发现有三倍体或四倍体。

（2）基因的突变　基因突变是导致种群变异的最基本原因之一。基因是 DNA 上一个片段，是决定生物遗传性状的遗传物质。基因突变就是 DNA 在复制过程中发生了错误或改变。DNA 是一条多核苷酸的双链，因此 DNA 最常见的改变是链上碱基或碱基序列的改变，主要的改变有以下 3 种。

①取代：即一种碱基为另一种碱基所取代，取代可以是 1 个，有时也可多于 1 个。

②插入：即在碱基序列中，插入 1 个碱基。这种改变要比取代为大，最严重时，可使整个阅读框的读断处全部改变，使所有的氨基酸全部读错。

③丢失：即在一系列碱基中，缺少或丢失一个，这与插入一样，有时也可使全部氨基酸被读错。

正因为这样，后 2 种突变常常引起整个蛋白质的全部改变，一般会由于不能形成新蛋白质而造成死亡，但有时会由于插入或丢失的部位并不影响全部阅读，或有 1 个插入，后面又有 1 个丢失，二者相抵，从而有可能产生能存活的突变。突变可由于辐射、某些化学物质的诱变、异常的温度变化、病毒的感染或存在 1 个突变基因所致。此外，DNA 聚合酶在聚合时或 DNA 修补系统在工作中发生错误而引起突变。

2. 基因重组　生物的一对单纯的相对性状（例如果蝇的红眼和白眼），是受位于生殖细胞同源染色体上的一对等位基因（Xx）所控制的。在生殖细胞成熟并进行减数分裂的过程中，成对的等位基因随同源染色体的分离，而各自进入一个生殖细胞中，结果使每一个生殖细胞只含有成对的等位基因中的一个基因，也称为配子（如 X 或 x）。在受精过程中，精子与卵子细胞结合在一起，因此合子又恢复有 2 个成对的等位基因。但在一起成对的两个基因，可以是相同的（如 XX 或 xx），称为纯合子（homozygote），也可以是不同的（如 Xx），称为杂合子（heterozygote）。而且这两个相对的基因一个是显性的（X），另一个是隐性的

(x)。显性基因则不论是纯合子还是杂合子情况下总是能表现出来。而隐性基因则只有在纯合子（xx）时才能表现出来。由孟德尔的基因分离和重组定律可知，1对等位基因可分离为2个配子，3个基因型。2对等位基因则分离为2^2个配子、2^2个表现型和3^2个基因型。而n对等位基因时则可分离2^n个配子、2^n个表现型、3^n个基因型，并以2^n-2的数量出现新的表现型类型，也就是新的遗传性状的变异。当然，这是在单纯的单基因、完全显性条件下的基因重组变异情况。实际上，许多遗传性状是有多基因控制的，一个基因也可与几种性状有关，基因或性状间还有连锁关系等。因此即使没有基因突变，就是基因重组就可发生无穷尽的变异和新的基因型。因此基因重组也是引起生物进化最重要的一类变异因素。

（二）遗传

生物的变异必须通过个体和群体的遗传机制，使某些变异可遗传到下一代后，才能对进化有意义。遗传是使某些变异传到下一代去的保证。虽然生物的进化是指生物群体，通过许多世代所发生的遗传组成的变化过程。但生物群体的遗传变化是通过无数个体的遗传变化的种种组成来体现的。

1. 有机体中的基因及其遗传功能　生物个体的遗传物质是包含在生殖细胞核中染色体上的DNA。只有DNA上的基因才是决定生物遗传的最基本的物质。DNA分子中的碱基对的排列方式就是遗传信息。细胞分裂间期中DNA的复制（replication）是遗传的基础。DNA的复制是指在细胞分裂间期核苷酸的双链分为2个单链，每条旧的单链上重新合成1条新链，成为2条新的DNA双链分子，而仍保留着原来碱基对的排列方式（即遗传信息）。DNA通过转录（transcription）将遗传信息传递给核内信使RNA（即mRNA）。mRNA可穿过核膜孔，进入细胞质内，再以它作为蛋白质合成的模板，决定蛋白质的氨基酸序列，将遗传信息翻译（translation）成蛋白质。遗传学中的中心法则即DNA→RNA→蛋白质的遗传信息的传递过程。

2. 种群中的基因　进化虽以表征个体性状的基因的遗传和变异作为物质基础。但是生物的进化是指生物群体（种群）内基因组成的世世代代的变化过程。基因库（gene pool）、基因频率和基因型频率是表征种群遗传特征的具体内容。

种群的基因库是指种群中全部个体的所有基因的总和。当然，人们不可能了解种群内所有个体，更不可能掌握全体个体的所有基因。在实际研究中常是指相对的基因库，即研究一部分个体，甚至一部分个体中的部分基因而获得相对基因库组成。在种群数量变动过程中不断有新的个体产生和老的个体死亡，还有个体的迁出或迁入。其个体所携带的基因随出生或死亡、迁入或迁出从基因库中加入或丢失。还有通过突变，不断有新的基因加入。所以种群基因库的组成是不断变化着的。

假如在两性繁殖的种群内，有1对单纯的等位基因A及a。则A及a在种群内出现的频率即为基因频率。设某种群内A的频率为0.9，a的频率为0.1，根据孟德尔定律，两个纯合子AA及aa的个体经过随机交配后，第一代（F_1）的基因型均为杂合型Aa；在Aa与Aa交配产生的第二代（F_2）则会分化为：AA、Aa及aa共3个基因型，其比例为1∶2∶1，可用二项式$(p+q)^2$表示之，p代表A的频率，q代表a的频率。该式展开后得

$$p^2+2pq+q^2=1$$

代入p及q后，则得　$(0.9)(0.9)+2(0.9)(0.1)+(0.1)(0.1)=1$

各相应基因型频率为 0.81 + 0.18 + 0.01 =1
AA Aa aa

说明种群基因库中AA基因型频率为0.81，Aa为0.18，aa为0.01。再进一步计数A及a等位基因频率。由于AA基因型的个体频率为0.81，则在基因库中它们的A配子频率也为0.81。同样，aa基因型中的a配子频率为0.01，Aa杂合子中A及a配子的频率合计为0.18。所以A及a配子各占0.09（表4-1）。

表 4-1 F_2 基因频率

基因型频率	基因A配子频率	基因a配子频率
AA 0.81	0.81	0.00
aa 0.01	0.00	0.01
Aa 0.18	0.09	0.09
合计	0.90	0.10

可见杂交二代中A及a的等位基因频率仍为0.9及0.1，与最初比例并没有变化。那么F_3中情况如何？现仅以AA基因型为例计算，见表4-2。

表 4-2 F_3 中AA的频率

基因型	基因型频率	后代中AA的频率
AA×AA	(0.81) (0.81)	0.656 1
AA♀×Aa♂	(0.81) (0.18/2)	0.072 9
AA♂×Aa♀	(0.81) (0.18/2)	0.072 9
Aa×Aa.	(0.18/2) (0.18/2)	0.008 1
合计		0.81

其他组合均不产生AA型。以上4个AA频率相加，AA基因型频率仍为0.81，保持不变。以同样方法可以计算得aa仍为0.01，Aa仍为0.18。既然，基因型频率不变，则基因频率必然维持不变。这就是哈迪-温伯格定律（Hardy-Weinberg law），即在随机交配群体中，1个基因座有两种等位基因A和a的频率分别为p和q，基因型AA、Aa和aa的频率分别为p^2、$2pq$和q^2，则该群体为遗传平衡群体，基因频率不随世代而变化。对于多基因的情况，这个定律同样适用。哈迪-温伯格定律需满足5个条件，才能表现出自然种群中基因频率稳定不变的结论。5个条件为：①种群是极大的；②种群个体间的交配是随机的；③没有突变发生；④没有迁移或新基因的加入或迁出；⑤没有自然选择。

哈迪-温伯格定律是一个统计学定律，它指出，根据孟德尔定律以及概率规律，种群内各基因频率能达到及维持平衡状态。这个定律在种群遗传学及进化论上与孟德尔定律一样重要。哈迪-温伯格定律虽然说明在5个假定条件下基因频率是稳定不变的，但实际上，正说明了自然界以上5个条件是不存在的。首先种群不可能永远处于极大状态，为此，基因频率不可能按这种稳定的状态维持下去。自然种群中并不一定是随机交配的，假如AA及Aa都只选择AA与Aa交配，aa也都只与aa交配（即同型交配），或者其他选择限制，那么下一代的基因频率就不可能维持不变了。达尔文讲的性选择，以及在实验室中可见雌性的红眼果蝇，假如有红眼的雄性果蝇存在时，它们永远不选择白眼的雄性果蝇交配，就是一个例子。

另外，突变和迁移则更是自然界常见的现象，都会导致基因结构的变异或基因的漂移或稀释。至于自然选择改变基因频率的作用机制，则更为重要。环境对于基因频率会有一定的选择作用，如上计算原来的等位基因频率A为0.9，a为0.1，那么原来的基因型频率AA为0.81，Aa为0.18，aa为0.10。假如选择作用使A由0.9变为0.8，a相应地由0.1变为0.2，那么选择后的第二代的基因型频率为AA=0.64，Aa=0.32，aa=0.04。而且这种选择不止作用于一个世代，而是有定向地作用于许多代，那么后代中AA基因型频率还会不断下降，aa型则不断增加，以致AA型可降低到极少，而aa型可增加到几乎占全部。有人计算过，假如有一个很微弱的选择压0.001，即1 000对999的选择优势，对一个极微小的基因频率0.000 01的基因（x），发生选择作用只要经过23 400个世代，（x）基因的频率就可以增加到0.99的极优势频率。23 400个世代在地质年代上来考虑可说并不太长，如1年繁殖1代，而选择压只有0.001，只需23 400年就可使一个物种发生根本改变。植物对害虫的抗虫性或害虫对农药的抗药性生物型的产生和变异更是十分常见，而快速的人为选择作用下基因型频率发生显著变化的实例则更多。

选择作用的另一方式是对于多基因决定的性状的改变，这是指许多基因决定同一性状，即多等位基因。环境的改变也可造成向一个方向选择，同时作用于多对等位基因而使许多基因频率同时发生变异，这样会造成基因型更大的改变，甚至形成全新的性状，这种作用又称为选择的创造性作用。另外，如果多个基因决定不同的性状，而选择同时作用于多个基因，则将创造更多的新的性状或新种。还有基因之间有时有相互作用，还有一般突变都是隐性的、频率极低，而选择作用一般只作用于显性性状，但有时选择作用会使隐性变为显性，从而其表现型成为选择的新材料，从而发生很大的变异。总之，哈迪-温伯格定律的重要性在于用统计学来证明在假定条件下基因频率是稳定不变的，但这些条件基本上是不存在的。自然选择始终在起作用，突变不断发生。基因的漂移和加入、种群个体间交配的非随机性、条件隔离等均证明了自然情况下基因频率是一直在改变，进化始终在进行。这个定律提供了对种群遗传的一个基础频率的统计，并可计算出哪些因素会影响多少基因频率的改变，也即研究导致进化的主导因素。

（三）自然选择

单有变异和遗传还不能形成生物的进化，而只有通过自然选择，才能使遗传变异有定向的积累，才能保证变异和遗传代代相传。进化论所强调的自然选择是指凡能适应变化着的环境（或指一种自然的压力）的变异和遗传便能保留下来，能适应的个体或表现型可以生存下来，而那些不能适应的则被淘汰，也可以说是适者生存的过程。上面所讨论的只是自然选择作用的两个明显的表现型，它们分别为2个等位基因所表达。但在自然界实际上自然选择还常作用于多个性状，或多个基因。一个性状即使在同一种群内各个体间均有变异，它所表现的性状数值与个体频率间关系是呈钟形的常态曲线（图4-2）。

例如昆虫某种群的存活率受外界湿度因子的影响，二者关系可呈正态曲线。在最初情况下，以年平均降水量400 mm（图4-2中U基因型）时存活最多，年降水量为360 mm（T基因型）或440 mm（V基因型）次之，而年降水量为320 mm（S基因型）或480 mm（W基因型）时存活数极少（图4-2A）。经过大降水量的不断选择后，适应高降水量环境的新类型（如X、Y、Z）产生，而喜低降水量的S、T、U类型被淘汰。这种分化性存活

(differential survival) 是由某些等位基因所控制，而自然选择可通过改变各基因型的频率而使图形发生很大变化。

自然选择的类型有多种，但主要的有3类：定向性选择、中断性选择和稳定性选择（图4-3）。

1. 定向性选择 定向性选择（directional selection）是最主要的一种类型（图4-3A）。如图4-2所示，如在正常情况下，各年份的年平均降水量只在平均数400 mm处波动，其峰顶或曲线高度和幅度可稍有变动，但如果环境条件年降水量有定向变动的趋向，而经多年后逐步增加年降水量，如经多年后年雨量增加至箭头2处440 mm，则原出现频率为次的V型特别昌盛而上升为最主要表现型，原先的U型降为次表现型，并开始出现新的基因型X。而经许多年后如年平均降水量仍持续向一个方向增加至箭头4处520 mm，则整个种群以基因型X为主体，并出现了原来没有的X、Y和Z 3个新基因型。这便是定向性选择所导致的进化。值得指出的是，这种变化不单是后代的峰值向右移，而且其改变程度极大，原来的极限型甚至原来所没有的基因型却占了主体。这可能是由于机遇或突变

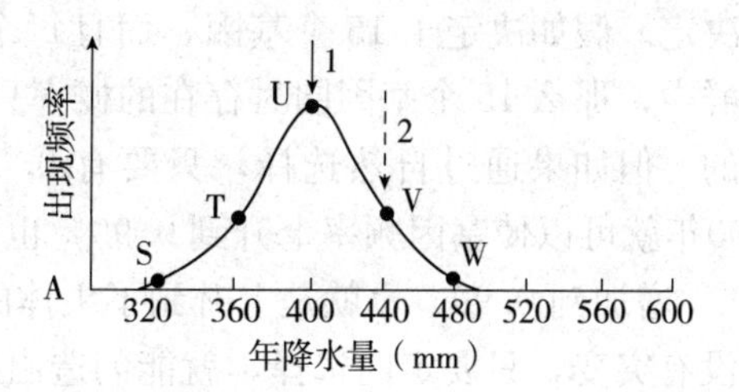

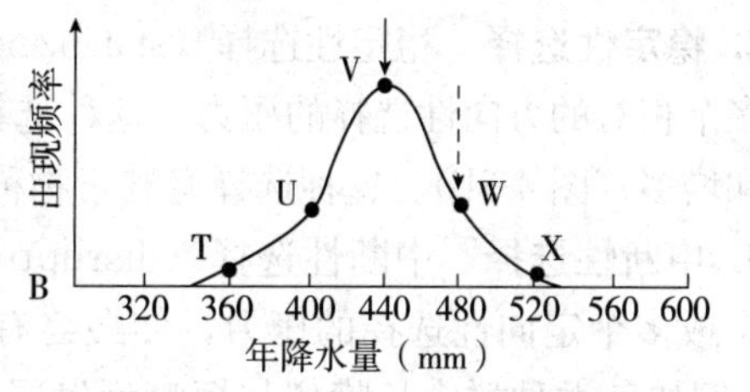

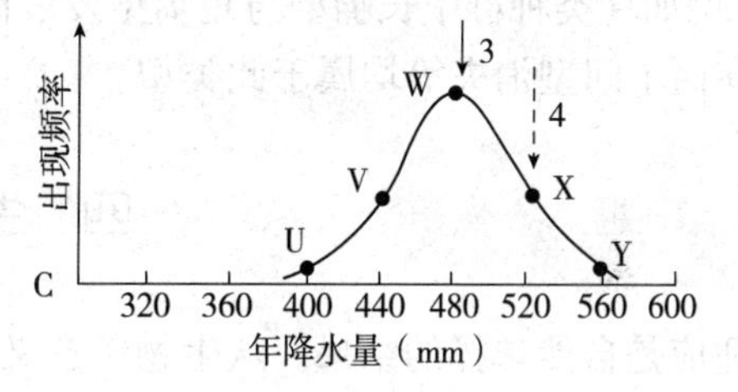

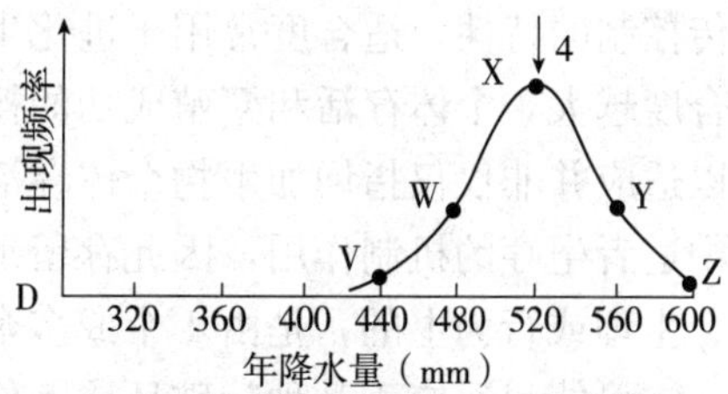

图4-2 直接受降水量变异选择的假设种群进化变异
（仿Krebs，1985）

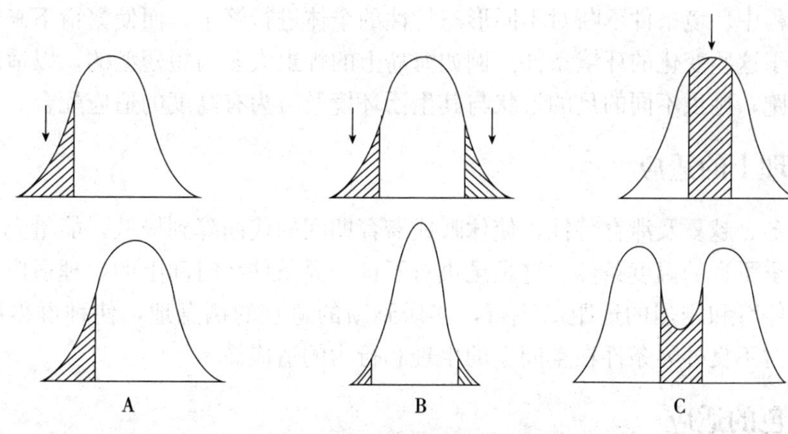

图4-3 自然选择的3种类型
A. 定向性选择 B. 稳定性选择 C. 中断性选择
（仿Krebs，1985）

使新的基因上升为主要成分，另一种可能是由于一个性状（如X、Y、Z）是由多对等位基

因所决定。假如决定于 15 个基因，而且每个基因在最初时期的频率很小，如都以 1%存在于种群中，那么 15 个基因同时存在的概率只有 10^{-30}，这个概率是如此微小，几乎是不可能存在的。但如果通过自然选择，只要有 0.001 的选择压，对每个 0.01 的基因频率只需要 10 000年就可以使基因频率上升到 0.99，也就是说 15 个 0.01 频率的基因同时存在的概率可从 10^{-30} 增加到 0.99，也就是上升到了主体的地位，而这在最初几乎是不存在，因此即使在完全没有突变，只要定向选择，就能创造出新种来。

2. 稳定性选择 稳定性选择（stabilizing selection）是指种群的一个多基因性状同时承受 2 个或多个相对的方向性选择的压力。这种选择压作用不断淘汰两端的极端型，而使中间型得以保持和增多（图 4-3B）。这种选择有利于物种的稳定，有利于适应性物种的维持存在。

3. 中断性选择 中断性选择（disruptive selection）常发生于种群的一个多基因性状承受 2 个或多个定向性选择的压力，使最终有利于二极端类型，而形成马鞍形分布曲线（图 4-3C），例如鸟类种群中长嘴型与短嘴型发展而中间型减退、昆虫中翅型变异的长翅型和短翅型存在而中间型消失等均属于此类型。

四、生物的适应

适应是自然选择的结果。从生物学意义看，适应是指可增加有机体适合度（fitness）的任何遗传控制的特性。适合度常用于进化生物学，是衡量一个个体存活和繁殖成功机会的尺度，适合度越大，个体存活和繁殖成功的概率越大。因此适合度也可指个体对后代的遗传贡献。所以适应并非仅仅指增加生物个体存活的机会，而是增加对其后代的繁殖，既然通过自然选择中适者生存的机制作用，因此存留下来的必然是具有适应意义的遗传特性。它可能是形态上、生理或行为上的，是由 1 个或多个基因控制的。它可能涉及个别细胞或器官或整个有机体。它可能只适应于某种特殊环境条件，或有普遍的适应价值。

（一）形态结构上的适应

在进化过程中环境条件不断对不同形态特性的个体进行筛选，而使繁衍下来的种群形态结构更加适应于这些变化的环境条件。例如海岛上的蝗虫大多为短翅型的，以适应于避免被频繁的大风吹跑；昆虫不同的足的形状与其生活环境及行为有高度的适应配合。

（二）生理上的适应

昆虫的越冬、越夏及滞育特性，使休眠或滞育期间的代谢降到极低，能量充分积累，以度过冬季或夏季不良的温度条件。这是昆虫对不良外界条件在时间上的生理适应。而迁飞性昆虫则以生殖停育和剧烈的远距离飞行，移居到新的适宜的栖息地，使种群得以良好的繁衍。这是昆虫对不良外界条件在空间上的生理和行为的适应。

（三）颜色的适应

昆虫中 3 种体色的适应是明显的适应证据，即保护色、警戒色和拟态，都是昆虫色泽选择与背景或姿态颜色相一致而避免被天敌捕食的一种适应。例如前面以述及的英国桦尺蠖蛾的灰白色和黑色个体的变化与工业污染的关系。

(四) 生物种间相互适应

这方面明显的例子为许多花的色泽或香味与传粉昆虫的嗅觉、视觉或行为上的适应，使这些生物间得以相互适应和协同进化。

五、生物进化论的争论

自达尔文1859年发表不朽著作《物种起源》一书而建立了达尔文进化论以来，世界各国的科学家对达尔文主义做过许多修正和发展，并形成了上述的新达尔文主义或综合进化论。但在20世纪随着古生物学等化石标本的不断发掘，以及分子生物学的迅猛发展，在生物进化研究领域也兴起了对达尔文进化论的种种争论，现归纳几种主要论点如下。

(一) 关于“寒武纪生命大爆发”的论点

1909年在加拿大哥伦比亚省发现寒武纪中期的布尔吉斯页岩动物群、1947年在澳大利亚弗林德斯山脉发现的寒武纪末期埃迪卡拉动物化石群以及中国澄江帽天山发掘的化石群，均发现距今约5.3亿年的寒武纪早期，地球的生命存在形式突然出现了从单样化到多样化的飞跃，于是人们提出了“寒武纪生命大爆发”的概念，并形成了对达尔文进化论的冲击。主要有以下两个论据。

1. 形态停滞和进化事件 化石揭示出在长达几万到几百万年期间，并没有发现生物的形态有像达尔文进化论认为的渐进的演化过程，而是出于不变的状态，例如北京猿人的时代(距今24万～50万年)，经过3次冰川期和3次间冰期，但其形态都十分稳定。与他们共生的100多种哺乳动物也没发生过明显的变化，古生物学家称之为形态停滞。但当生物经历了长期的形态停滞后突变便发生了，旧的种突然消失，新的种类突然产生，这种突变被称为进化事件。这种长期的“停滞”又“突变”现象是与达尔文渐变进化是不相容的。

在过去的670万年内世界上共发生过11次进化事件，并将之编号为1～11。它们分别发生在距今670万年、480万年、425万年、370万年、320万年、260万年、190万年、100万年、50万年、12.7万年及1.1万年前。这些时间在各大洲的表现虽然各不相同，但是却有一个共同规律，都是出现在寒冷期的末尾。这是达尔文理论无法解释的事件。

2. 寒武纪生命大爆发 从上述有名的化石群中发现距今约5.3亿年的寒武纪早期，地球生命存在形式突然出现从单样化到多样化的飞跃，突然出现了包括现代动物中大多数的门类，还有许多现在已绝灭的类群，以致寒武纪的动物门类比现今还多。所以并不像达尔文进化论所说的从低级到高级，从少数到多的渐进演变，而是来自一个共同的起点时间。几乎所有的门一级分类单位都起源于寒武纪。所以并不像达尔文进化论所认为的那样起源于同一祖先的树枝状家谱式（也称为进化树），而是一种大爆炸式或金字塔式的进化模式，古生物家称之为辐射演化。

(二) 中立学说（分子进化）

20世纪60年代以来分子生物学的研究发现，同工酶有庞大的多态现象，蛋白质一级结构氨基酸序列的比较研究在分子水平上看到大部分进化是对自然选择既非有利也非不利的中

立突变，且由随机漂变使之在群体中固定。中立学说认为，DNA 中的碱基对的置换突变是选择的对象，中立突变的被固定就被看作中立进化的事例，而且认为大部分碱基置换是中立的或近于中立的，其置换率要大大高于非中立的适应置换。而只有很少数的突变对生物生存有利，从而导致产生适应性进化。中立学派中的微效假说认为，分子水平的突变几乎都像似中立的，其实并非严格中立，许多基因的微小效应累积起来就可成为生物发生适应性进化的原因。其实，中立学派与达尔文学派最初的剧烈争论是集中在选择的对象问题上。前者认为基因突变是选择的对象，后者则把作为生命整体的个体看作选择的对象，但到后来达尔文学派也承认许多中立的等位基因也是具有选择意义的。中立学派也在分子水平上承认具有适应性自然选择，虽然其频率是很微弱的。所以也可以把中立学说看成新达尔文主义在分子水平上的修正或进步。

（三）协同论

协同论是一门研究不同事物共同特征及其协同机理的科学，研究各种运动和系统中从无序到有序转变的共同规律。对生物学科而言，无论它包括有种、属、科、目等不同分类单元，但它们与生物的个体均相类似，既有生命，又有寿命。在它们早期生命力非常旺盛，也有很强的可塑性；但在它们的晚期则生命力很弱，可塑性很小。根据以上原理，认为生命大爆发的进化模式出现在生物门类的早期便很好理解了，同为那时的生物生命力强，可塑性大，从而在环境的剧烈变动中很易发生大爆发式的辐射演化。而到了进化进入晚年阶段，生命力变弱，可塑性变小，当然也不可能出现爆炸式的进化了。

协同论的另一个论点认为从研究世界各国的统计资料出发，得出每年的冬末春初乃是老年人正常死亡的高峰期的结论，这与当时的气候条件有关，而在 670 万年内，11 次生物进化事件也正发生在冰期的晚期或末尾。在地球历史上存在着各种不同尺度的气候变迁的“大年”，而在大年的“冬末春初”恰恰正是各级生物进化事件发生频繁的时刻。

协同论的这些论点基本与达尔文适者生存的自然选择论点相符合，都反映生物对外界环境变动的适应过程。只是这些生物进化事件的发生发展不是渐进的，而是非匀速的，在生物的早期甚至是爆炸式的。

一般认为，综合进化论或新达尔文主义的基本论点是正确的（例如遗传变异是进化的物质基础，自然选择是进化的主要机制等），只是在近 100 年来随着宏观进化学科的古生物学及微观进化的分子生物学的发展，发现了许多生物的变异和遗传的新事实和新规律，而对新达尔文主义做出某些修正。

第四节　昆虫种群的进化

一、昆虫的生活史进化

昆虫种类繁多，生活史类型也多种多样。同一种昆虫，在不同地区、不同时间可能呈现不同的生活史。昆虫生活史的进化，是指生活史中各个组分的进化，包括个体大小、形态特征（如体色、翅型）、生长和发育速率、生殖力、寿命等方面。

昆虫某生活史特征的获得，从进化角度看均有其适应性。例如当豌豆蚜（*Acyrthosiphon*

pisum）的寄主植物质量变化时，该蚜虫和它的一种天敌蚜茧蜂（*Ephedrus californicus*）均能调整各自的生活史策略，包括后代数量、寿命、发育时间等，以达到相互适应（Stadler 和 Mackauer1996）。

（一）昆虫个体大小的进化

个体大小是昆虫生活史进化中最易度量的一个特征。通常而言，体型大的竞争力、逃避天敌的能力往往较强，产生的后代较多。同时，其在某些方面也面临更大的风险，例如易被某些偏爱较大猎物的天敌捕食。其次，因它们对食物、空间等资源的需求较大，若遇资源短缺，会显得比较脆弱。为此，昆虫种群中最占优势的个体并不是最大者，也不是最小者，而是一些大小“适中”者。例如中等大小的天蓝细蟌（*Coenagrion puella*）雄性个体所能遇到的配偶数量要多于个体较小或者较大者，因此在生殖机会上占有明显优势（Begone 等，2006）。

（二）昆虫生殖方式的进化

从是否有雄虫参与生殖的角度，昆虫的生殖可分为有性生殖和孤雌生殖两种方式。除了完全营两性生殖的昆虫种类外，一些种类还可采用孤雌生殖的方式产生后代，例如部分寄生蜂、蚜虫、竹节虫、锯蝇等，这些昆虫无雄虫，或者有雄虫却并不行使生殖功能。还有一些昆虫，则既可营两性生殖，也可营孤雌生殖，这两种方式在其生活史中交替出现，例如棉蚜在越冬代营两性生殖产下卵进行越冬，而在其他季节营孤雌生殖。

从进化角度看，两性生殖方式有利于保留和提高昆虫种群的遗传多样性、杂种优势和异系交配程度，从而有利于昆虫适应多变的环境、利用新生境、抵御病原物及删除有害基因和突变体。但是两性生殖也有其缺点，其一是作为生殖参与者的雄虫并不能直接产生后代，从而使种群损失近一半的能量；其二是雄虫还会与雌虫争夺食物、空间等资源，从而影响雌虫的生殖；其三是在雄虫缺少时，种群存在灭亡的风险。此外，在苜蓿黄蝶（*Colias eurytheme*）中还发现，尽管两性交配可使雌虫获得雄虫精囊中的某些营养物质，从而有利于生殖，但交配降低了雌虫的寿命。也许正因为两性生殖存在这些不足，一些种类的昆虫通过进化获得了孤雌生殖的方式，并且其中一些种将孤雌生殖作为主要的生殖方式。

通过生殖方式进化以提高环境适应能力的一个代表性例子是蚜虫。许多蚜虫如黑豆蚜（*Aphis fabae*），在其生活史中进行周期性的孤雌生殖，而且所有后代均为胎生，这样可缩短世代时间。一些蚜虫种类在其年生活史中有转换寄主植物的特性，例如棉蚜冬季在木本植物上以卵越冬，春季卵孵化后在木本植物上以孤雌生殖繁殖 2～3 代后迁飞到夏寄主草本植物上继续进行孤雌生殖，并在秋季迁回到冬寄主上进行两性生殖后产下卵。这种生活史特性使其能最大限度地利用寄主植物，且由于采用了孤雌生殖方式，可避免雄虫对资源的占有和消耗。同时，通过两性生殖产生的越冬种群，一定程度上保留了物种的遗传多样性，有利于提高翌年种群适应环境的能力；且主要以卵越冬，有利于提高种群对冬季低温的抵抗能力。一些蚜虫在某些地区以成虫越冬，虽然对冬季低温敏感，但有利于成虫翌春尽早产生后代。一些蚜虫还能从孤雌生殖型转换成两性生殖型，以满足种群扩散或越冬的需要。这些生活史特征，均有利于蚜虫适应环境和提高种群增长的潜力。

（三）昆虫飞行能力的进化

昆虫具有飞行的多态性，即既有能飞行的种类（迁飞性昆虫），又有不能飞行的种类，而有的种类还可同时具有这两种表现型。在能飞行的种类中，飞行能力在不同种类昆虫之间、不同种群之间、相同种群的不同个体之间也存在差异。有些昆虫还具有翅的多态性，例如长翅型和短翅型。这些飞行和翅的多态性，有利于昆虫灵活应对多变的环境。

无飞行能力的昆虫一般生活于林地、山顶、沙漠中的绿洲、岛屿、海岸上的一些特殊生境（如沙丘和岩石裂缝）、水体（如海洋表面和淡水中）、洞穴、鸟类或哺乳动物体表、膜翅目或白蚁等社会性昆虫的巢内等生境中。这些昆虫为何要进化形成无翅或不能飞行的种类，现有几种可能的解释：①在一些生境如山顶、沙漠中绿洲、岛屿等，无翅或不能飞行这种表现型有利于促使昆虫不受意外离开这些生境，防止飞行扩散到这些生境周围的不适宜区域，从而减少因扩散进入不适宜区域而带来的风险；②一些生境条件长时间保持相当高的稳定性，生活在其中的昆虫无必要通过飞行扩散来寻求其他适宜的生境；③一些不能飞行的种类，或者原先能飞行而后来丧失此能力的种类，能通过其他一些形态或行为的性状来补偿，从而不影响种群的扩散能力，例如沙漠中一些无翅的虎甲种类，其足明显长，躯体形态有利于快速行走。

但问题是，在一些扰动频率较高的生境如海岸边和淡水中，为何也发生一些不能飞行的种类？如果这些生境发生不利于这些昆虫的变化，则它们可能因不能飞行而遭灭顶之灾。对此，一种解释认为，飞行能力与雌虫的其他生活史特征（如生殖力）存在权衡关系：由于飞行需消耗能量，昆虫飞行时的代谢速率是静止时的几十倍，同时构建飞行肌和翅本身也需消耗能量，故飞行能力对生殖等生活史方面具负面影响；相反，无翅或翅减小的个体所节省的能量有利于其生殖和存活，使生殖时间提早、生殖力提高、寿命延长等，从而有利于种群繁衍。现在一般认为，在条件比较稳定的生境下，昆虫会向失去翅（飞行能力）的方向进化；而在环境条件可能多变（异质程度高）的条件下，昆虫多向形成翅多态性的方向进化。

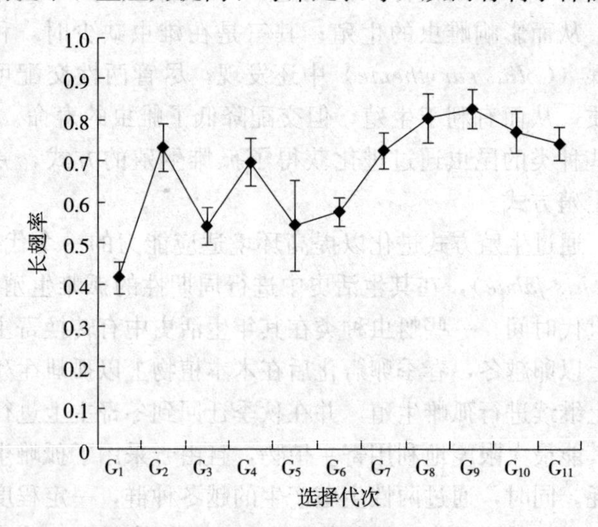

图 4-4　褐飞虱长翅型的筛选响应

（引自彭娟等，2012）

飞行能力与其他生活史特征的权衡关系具有相应的遗传基础，因此在自然条件下，昆虫可对选择做出强烈反应，导致其飞行能力或某种翅型比例发生明显变化。在实验条件下进行人为的定向选择，可使某种飞行性状（翅型）的比例显著提高。例如对褐飞虱中长翅雄虫与长翅雌虫交配后代进行连续代次的同向选择后，其种群中的长翅率可由开始的 40%上升到第 9 代的 80%左右（图 4-4）。

(四) 昆虫耐寒性的进化

对生活史中一定阶段遇到的低温环境，昆虫可通过生理、行为等方面的适应性变化来适应。气候、生境状况、昆虫利用能量的策略、个体大小、过冷却能力等因子都可对耐寒性的进化选择产生影响。有人认为，避冻性是昆虫的一种基本的抗寒形式，而耐冻性则是由几类不同的节肢动物相互独立进化形成的，常见于完全变态的昆虫中。从地域上看，寒带和温带的昆虫可能是从温带或亚热带种群进化来的。

不同种昆虫或者同种昆虫的不同地理种群之间，常存在耐寒性差异。例如对 27 种果蝇（*Drosophila*）幼虫耐寒性的系统发育关系研究发现，在致死低温（lower lethal temperature）、抗寒策略、抗寒性可塑程度存在明显的种间差异，其中 18 种对寒冷敏感，另外 9 种采用避冻的耐寒策略。*Drosophila* 亚属中，所观察的所有 *virilis* 和 *funebris* 组果蝇都能避冻；*Sophophora* 亚属中，*obscura* 组果蝇除了 *Drosophila persimilis* 为寒冷敏感的之外，其余都能避冻，而 *melanogaster* 组果蝇则全部对寒冷敏感（Strachan 等，2010）。果蝇不同种类间的抗寒策略差异，主要取决于它们的系统发育，寒冷敏感型可能是其原始的耐寒性状，而避冻型则是从寒冷敏感型中发生数次进化形成的（图 4-5）。

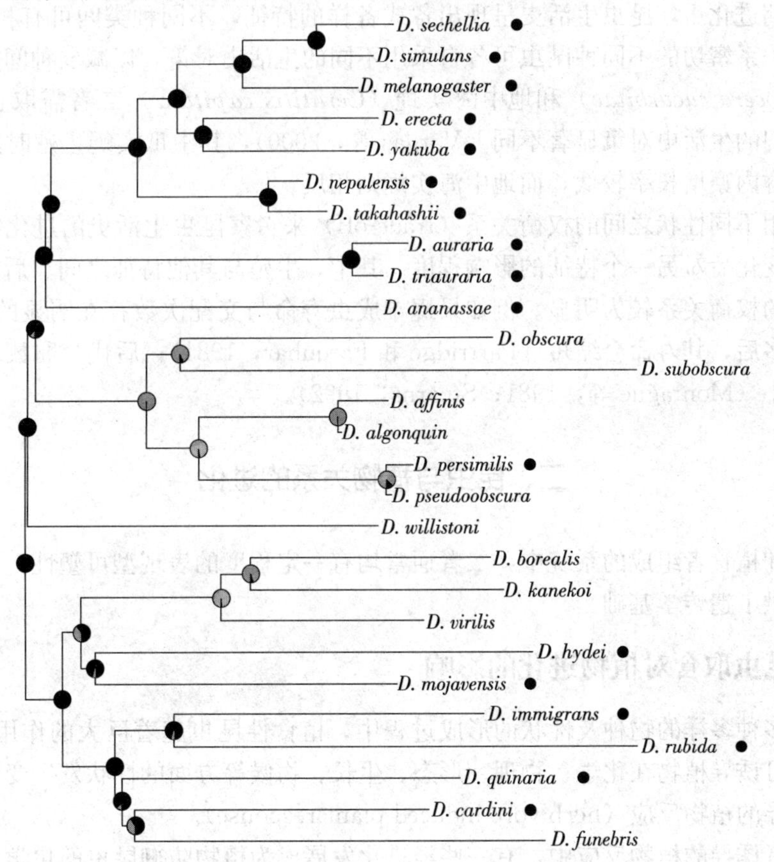

图 4-5 果蝇（*Drosophila*）幼虫抗寒策略的进化

[学名后有“•”的为寒冷敏感（chill-susceptible）型物种，其他为避冻型（freeze-avoiding）物种，结点处小圆圈的深色比率示所在结点寒冷敏感型的比率]

（引自 Strachan 等，2010）

（五）昆虫生态对策的进化

有一些昆虫的生态对策和生活史中的某些特点可随种群密度、季节、资源多少、地理位置等而变化。例如菜豆象（*Acanthoscelides obtectus*）在种群密度较低时表现出 r 对策的特点，即生殖力提高、产卵前期缩短、生长加快等；而在高密度种群中则表现出 K 对策的特点（Aleksic 等，1993）。米赛按蚊（*Anopheles messeae*）的生活史对策可随季节变化，即在食物等资源充裕时，可从 r 对策转换为 K 对策（Gordeev 和 Stegniy，1987）。切叶蚁（*Trachymyrmex septentrionalis*）的个体大小随地理位置变化而变化，纽约长岛种群的个体大于佛罗里达的；该蚁北方种群由于受到冬季低温的胁迫，其生活史进化在较大程度上是为了适应当地的冬季气候条件，而南方亚热带种群，则由于无气候方面的制约，其生活史特征主要是有利于种群的快速增长方面。

在西欧，一种眼蝶 *Hipparchia semele* 的寿命、生殖力、卵的大小等生活史特征在不同地区间有显著差异，与地中海地区相比，靠北部的种群雌蝶发育早期的产卵量明显较大，而卵粒较小，雌蝶寿命较短。由于北部地区易出现对该蝶不宜的气候条件，因此在这些地区该蝶必须在温暖季节结束之前尽快完成生殖。

经过长期进化后，昆虫生活史呈现出各式各样的特征，不同种类间可有相当大的差异。有趣的是，关系密切的不同种昆虫可各自采用不同的生活史对策，以减弱种间竞争。例如瓜实蝇（*Bactrocera cucurbitae*）和地中海实蝇（*Ceratitis capitata*）二者需取食一些相同的基质，但它们的生活史对策显著不同（Vargas 等，2000），其中瓜实蝇生殖时间较迟、生活史较长、种群内禀增长率较低，而地中海实蝇则相反。

人们常用不同性状之间的权衡关系（trade-off）来考察昆虫生活史的进化特征，即一个生活史特征变化后对另一个特征的影响程度。其中，生殖与其他特征之间、后代的数量与其适合度之间的权衡关系较为明显。例如果蝇雄成虫寿命与交配次数存在明显的负相关关系，交配次数增多后，其寿命会缩短（Partridge 和 Farquhar，1981）；后代窝卵数增大后，卵粒的体积会减小（Montague 等，1981；Stearns，1992）。

二、昆虫与植物关系的进化

在植物和植食者组成的系统中，二者通常均有一定程度的表现型可塑性，这为二者的适应性进化提供了遗传学基础。

（一）昆虫取食对植物进化的影响

在植物多种多样的物种及性状的形成过程中，植食性昆虫起着巨大的作用。通过取食，植食性昆虫可诱导植物在化学、物理、形态、生长、物候等方面的性状发生变化，即出现一些植食者诱导的植物反应（herbivore induced plant response）。

在植食者诱导的植物反应中，有一些经进化发展成为植物防御昆虫的化学性状或物理性状。在化学防御性状方面，植物基因型可向着有利于产生具有特殊结构的化学防御物质的方向进化。例如 Zust 等（2012）研究发现，在欧洲，拟南芥（*Arabidopsis thaliana*）中的芥子苷（glucosinolate，十字花科植物中的一种防御化合物）的分子结构与甘蓝蚜

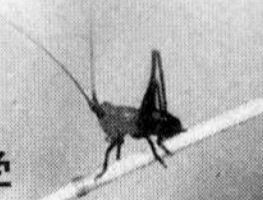

(*Brevicoryne brassicae*)和萝卜蚜(*Lipaphis erysimi*)(二者均仅取食十字花科植物)的分布相关。决定芥子苷分子上碳侧链(carbon side chain)长度的GS-ELONG基因，其发生频率存在地理间差异，在以甘蓝蚜发生为主的地区，该植物产生四碳侧链的芥子苷分子，而在以萝卜蚜为主的地区，该植物则产生三碳侧链的芥子苷。而且，将可产生不同芥子苷组分的基因型的植株混合后，供蚜虫取食，仅经过5个蚜虫世代，植物各基因型中芥子苷的组成与各蚜虫自然发生地的植物一样。但如果没有蚜虫的取食，则各基因型只产生很低水平的芥子苷，而不再对蚜虫具有抗性。由于拟南芥的抗虫性只与芥子苷的分子侧链长度相关，而与该物质的总量无关，说明该植物在不同蚜虫的选择压作用下，可分别向着产生不同长度碳侧链的芥子苷的方向进化。

(二)昆虫抵御植物化合物的进化

植物被昆虫取食时所表现出的反应，会反过来作用于植食者种群，对昆虫种群的生理、行为、生活史等方面性状的进化产生显著影响(Agrawal，2001；Fordyce，2006)。而且植食者的许多性状经过长期进化，对寄主植物的防御产生了适应。

例如粉蝶幼虫只取食十字花科植物，它们为了防御该科植物中被取食诱导的芥子苷，经进化获得了许多降解芥子苷的方式，包括采用黑芥子酶、串联重复的腈特异性蛋白等。其中，腈特异性蛋白能催化芥子苷水解成腈类物质，而不是毒性较高的异硫氰酸酯类物质。粉蝶幼虫的这种降解芥子苷的能力，已经过了大约1 000万年的进化。

又如许多种昆虫的幼虫和成虫能取食产生强心苷(cardenolide)的夹竹桃科植物，尤其是马利筋属(*Asclepias*)和罗布麻属(*Apocynum*)的一些植物。强心苷是一种次生代谢物，它能与钠泵即Na^+/K^+ ATP酶(ATPa)的α亚基结合并产生抑制作用，由于该亚基是Na^+/K^+多亚基主动转运体(multisubunit active transporter)的一部分，对肌肉收缩、神经功能及其他一些需要阳离子转运的动物细胞过程至关重要。因此强心苷对大多数植食者具一定的毒性。在昆虫中，能取食夹竹桃科植物的种类隶属于数个不同的目。这些昆虫之所以能适应此类植物，原因之一是它们中的ATPa结构上发生了一些变化。例如黑脉金斑蝶(*Danaus plexippus*)的ATPa分子中至少有一个氨基酸发生了替换，由此可抵抗强心苷的抑制作用。

三、昆虫捕食关系的进化

(一)猎物行为的进化

对脊椎动物捕食者与猎物的关系研究发现，捕食者似乎可对猎物的行为产生强烈的选择压，即在捕食选择压的作用下，猎物可通过一些行为上的进化获得适应性，如减少取食、减少活动、使用避难场所等，从而降低被捕食的风险。当三列伊蚊(*Aedes triseriatus*)幼虫面临捕食性天敌巨蚊(*Toxorhynchites rutilus*)的捕食胁迫时，那些活动和取食较频繁的个体，以及在水表面以下的个体，易被巨蚊捕食，而处于水表的个体被捕食的风险明显较低，在实验条件下采用捕食者选择压处理三列伊蚊后，其停留于水表的时间延长、活动时间缩短，表明捕食者出现与否可使猎物的行为快速分化。

昆虫对捕食性天敌采用何种防御策略，较大程度上可能取决于相应的代价大小。例如在

遇到被捕食的风险时，豌豆蚜会采用掉落或走开的防御方式，但采用这种方式的程度受环境因子的影响，当寄主质量较高时，采用此种防御方式的个体较少，以提高利用这些植物的可能性；当地表较干燥时，也较少采用掉落的方式，以降低掉落至地表后干燥致死的危险。

昆虫可通过翅的多态性变化来减少被捕食的风险。例如许多蚜虫在面临捕食者威胁时，在同种个体释放的报警信息素作用下，后代种群中有翅个体的比例可明显提高，这种现象被称为天敌（或天敌信号）诱导的形态变化。这种变化体现了昆虫对天敌的一种适应性，因为其后代可通过飞行扩散避开天敌，而进入无天敌的区域繁衍种群。

（二）猎物对捕食性昆虫生活史进化的影响

捕食者生活史的进化受环境因子影响，其中猎物是驱动其进化的一个重要因子。例如与捕食介壳虫的瓢虫相比，捕食蚜虫的瓢虫发育明显较快、成熟较早、生殖力较高、成虫寿命较短，雌虫向卵巢输送的脂肪比例高。这是因为蚜虫通常是出现时间较短的资源，而介壳虫则是发生时间较长的资源。因此分别捕食蚜虫和介壳虫的瓢虫，其生活史也进化成与其猎物出现的时间相适应了。

四、寄生性昆虫与寄主关系的进化

在寄生蜂选择压作用下，寄主昆虫通过进化在形态、行为、生理等方面获得了多种防御机制。寄生蜂则为了充分利用寄主资源，也在其生活史、寄主定位、应对寄主防御等方面具有相应的适应策略。

由于寄生性昆虫绝大多数寄生于寄主的体内，其生长发育受制于寄主的资源。因此通过自然选择，寄生蜂的生殖、寄生和生活史性状应该朝着有利于其高效摄取、配置寄主资源的方向进化，包括雌蜂交配时间、发现和寄生寄主的频率、寄主昆虫的质量（个体大小、营养状况等）、后代卵的数量和性别、在宿主昆虫体内的存活和发育能力等方面。

（一）寄生蜂对寄主个体大小的选择

许多研究发现，寄生蜂所选择的寄主个体大小与后代成蜂的个体大小显著相关，从而对寄生蜂的交配、生殖、扩散的能力、寿命等产生了影响。不过，寄主个体大小与寄生蜂适合度的关系并无固定模式。例如寄生蜂的发育速率、个体大小同寄主的大小有时并不呈直线关系，而在相同大小的寄主中，寄生蜂的这些参数也有可能不同。

（二）寄生蜂发育速率的进化

寄生蜂在寄主体内的发育速率，可影响后代成蜂的羽化时间，从而影响后代成蜂可遇到的寄主昆虫的数量、适合度、个体大小等。在存在寄主昆虫的条件下，寄生蜂发育时间较短时，后代成蜂羽化较早，因此与那些发育时间较长、羽化较迟者相比，可利用的寄主数量较多。

（三）寄生蜂和寄主昆虫的协同进化

寄生蜂的发育、生殖、行为等策略，受到许多生理、生态因子的制约。对容性寄生蜂（被寄生的宿主仍能继续取食、生长），卵和新孵化的幼虫必须突破或者适应寄主昆虫

的免疫反应，如凝血作用、吞噬作用、包囊作用及一些抗菌物质。研究表明，这些防御因子在系统发育上比较保守。另一方面，寄生蜂也不是被动适应，而是可向寄主昆虫注入或分泌一些可调控寄主生长、发育或行为的生化因子，如多分DNA病毒、类病毒粒子、毒液、畸形细胞等，这些因子可单个或协同作用，促使寄生蜂与及寄主相互适应并协同进化。

有趣的是，寄主昆虫采用的一些防御寄生蜂的策略可能被寄生蜂利用。例如当面临天敌威胁时，麦长管蚜（*Sitobion avenae*）能释放报警信息素，以使同种其他个体产生行为防御，对此，缢管蚜蚜茧蜂（*Aphidius rhopalosiphi*）通过进化形成了相应的行为策略，即将该蚜虫报警信息素作为一种发现蚜虫寄主的利他素。又如豌豆蚜腹管分泌物对蚜虫能起到报警信息的作用，或者在受到天敌攻击时，作为黏液粘住天敌的口器、触角、产卵器等，但是，这些腹管分泌物又可刺激阿尔蚜茧蜂（*Aphidius ervi*）产生强烈的产卵行为（Ralec等，2010）。

寄主植物具有调控寄生性天敌和寄主昆虫关系的作用。例如寄生蜂对寄主昆虫的适应状况，与寄主昆虫所取食的寄主植物的质量有关。植物中所含次生化合物的种类和含量不同，则寄生蜂可能表现出相应的差异。

共生菌可在寄生蜂与寄生宿主昆虫的协同进化过程中起重要作用。对豌豆蚜研究发现，该蚜虫可通过多种机制抵御寄生蜂，其中除了行为、生理免疫方面的途径外，还可利用共生菌来防御寄生蜂。豌豆蚜缺失与免疫功能密切相关的数个基因，它本身对寄生蜂只具部分的免疫功能，但是该蚜虫体内寄生有*Enterobacteriaceae*、*Serratia symbiotica*、*Hamiltonella defensa*等多种共生菌，这些共生菌可协助豌豆蚜抵御寄生蜂（Ralec等，2010），这可称为由共生菌调控的抗性（symbiont-mediated resistance）。例如*Hamiltonella defense*可使该豌豆蚜免受阿尔蚜茧蜂（*Aphidius ervi*）和蚜茧蜂（*Aphidus eadyi*）的寄生。另一方面的研究也表明，在*Hamiltonella defense*胁迫下阿尔蚜茧蜂可快速进化，以削弱*Hamiltonella defense*对宿主蚜虫的保护作用，从而提高对宿主的寄生能力（Dion等，2011）。

五、昆虫与共生微生物关系的进化

昆虫中含有类群十分丰富的共生微生物，尤其是共生细菌。根据对宿主昆虫的依赖程度，这些共生物可分为两组明显不同的类群，一组为原生共生菌（primary symbiont），它们为宿主的存活和生殖所必需；另一组为次生共生菌（secondary symbiont），不为宿主必需，只寄生部分种群或种群中的部分个体，但通常也能对宿主的生殖力、存活、抵御病原物或天敌起重要作用。

在原生共生菌中，有一类细菌寄生于宿主细胞内，被称为细胞内共生细菌。这些内生细菌与宿主昆虫为共生关系，二者的稳定关系可能已维持数上百万年。由于是通过母系传播，从进化上看，这些内生细菌只有通过雌性宿主的产生和存活才能获得利益，因此通过进化，它们获得了许多有利于宿主雌性后代产生和存活的性状，以此促进它们本身在宿主种群中的扩散。

不过，次生共生菌对宿主昆虫也起着相当重要的作用。例如蚜虫除了感染一些可为宿主提供营养物质的共生菌如*Buchnera aphidicola*之外，还可感染一至数种次生共生菌，它们对蚜虫体色变化、耐热性、利用寄主植物、抵御寄生蜂等起重要作用。在隐翅虫属（*Paederus*）中，内生菌假单胞菌（*Pseudomonas*）产生的毒素可保护其免受蜘蛛捕食。在一些果蝇中，内生菌沃尔巴克氏体（*Wolbachia*）可保护其免受多种 RNA 病毒的侵染。在烟粉虱中，立克次氏体（*Rickettsia*）可提高宿主的适合度，提高宿主后代中雌性个体的比例。

在自然条件下，共生菌与宿主的关系不是一成不变的。许多昆虫的共生菌具高度的遗传变异性，在它们作用下宿主所产生的表现型可以发生改变。例如南太平洋众多岛屿上的幻紫斑蛱蝶（*Hypolimnas bolina*）感染的内生菌沃尔巴克氏体（*Wolbachia*），在 20 世纪早期发现时对宿主具有杀雄（male killing）作用（Dyson 和 Hurst，2004），然而在 21 世纪初发现，在少数地区该蝶已对该沃尔巴克氏体（*Wolbachia*）菌株的杀雄作用产生抗性（Charlat 等，2005）。又如在豌豆蚜中，内生菌 *Buchnera* 的基因组相当稳定，但即便如此，一个点突变也能对宿主蚜虫的适应性产生重大影响，如 Dunbar 等（2007）发现，北美洲豌豆蚜中的共生菌 *Buchnera* 热休克蛋白 *ibp*A 基因启动子序列中的一个核苷酸发生删除突变后，在热胁迫条件下不再具有转录能力，由此降低宿主蚜虫对热胁迫的耐受能力。

第五节　昆虫的协同进化

协同进化（coevolution）一词最早由 Ehrlich 和 Raven（1964）讨论植物与植食性昆虫相互间进化影响时提出。但直到 1980 年 Jazen 才给协同进化下了一个严格的定义：协同进化是一个物种的行为受到另一个物种的行为的影响而产生的两个物种在进化过程中发生的变化。它包含有 3 个方面的特性：①特殊性，一个物种各方面的特征的进化，由另一个物种引起的；②相互性，两个物种的特性都是进化的；③同时性，两个物种的特性必须同时进化。从这个定义中可以看出，协同进化是研究两个物种间相互影响和相互适应的演变特征和过程。它与自然界单一的物种对物理或生物环境的一般适应性是不同的。后来又有些学者提出过类似的定义，如“两个种间持续地相互反馈反应”、“相互影响的物种间同时进化”等，都可归于这类严格的定义范畴，或称为一对一协同进化（pairwise coevolution）。自然界完全符合这类定义的进化主要发生在某些特定的共生、寄生、共栖的物种之间。农林植物对害虫的抗虫性防卫反应和害虫对抗性植物的适应性变异而产生种种生物型（biotype）是最典型的实例。

Jazen（1980）和 Futuyma（1983）又提出了另一类广义的定义，“某一个或多个物种的特征受到多个其他物种特性的影响而产生的相互进化现象”，也称为协同进化。包括植物与多种害虫或害虫与多种植物之间的进化关系，也涉及植物、害虫、天敌 3 种营养层次间多个物种间的进化关系。在这种定义下，协同进化研究的范畴就要广的多。但是必须注意，协同进化下的适应性变异必须是交互反馈影响的（也即 A 影响 B，B 反过来影响 A），并且要符合上述的 3 个特性，否则易与一般的适应性变异或进化相混淆。由于这种交互的遗传变异很难直接测定出来，也要求有多学科的交叉，如生态学、分类学、生理生化、遗传学等。Speight（1999）将协同进化分为对抗性协同进化（autagonistic coevolution）（如植物与害虫）及共生性协同进化（mutualistic coevolution）（如微生物与昆虫，开花植物与传粉昆虫及蚂蚁-植物共生关系）。

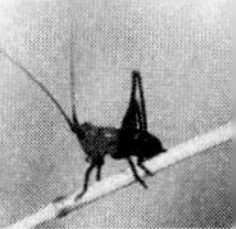

一、昆虫和寄主植物间的协同进化

(一) 协同进化理论

1. 防御与反防御的协同进化 防御与反防御的协同进化（evolutionary arms race）理论认为，植物组织的多种多样化学结构，一定程度上是植食性昆虫选择的结果。植物种群的一个或几个个体因为基因突变或者重组，获得一个新的可遗传的防御性状，通过自然选择种群中带有该防御性状的个体比例得到提高。然后，针对该植物防御性状，植食者昆虫会进化出能破解该植物防御的能力来适应植物。此后，植食者与植物的关系发展到一定程度，植物的另一种防御性状又出现，驱使植物和植食者的适应性变化交替呈现。

例如裂榄属植物 *Bursera schlechtendalii* 能同时采用物理和化学的方法防御植食者，二者共同组成一个喷射枪的防御系统（squirt-gun defense）。在化学防御上，植物 *Bursera schlechtendalii* 能产生萜烯类化合物，并以一定压力储存于叶片的管道中，当叶片被植食者破坏后，萜烯树脂即被释放而润湿叶表；同时，树脂能喷射长达 2m 的距离，对植食者形成物理防御。针对裂榄的这种防御系统，*Blepharida* 属叶甲几乎在相同的时间内进化形成了一种突破该植物防御的性状，其在取食裂榄叶片之前，其幼虫会先将叶脉切断，然后再取食叶片，从而避免了树脂的影响。经过约 1.12 亿年的协同进化，裂榄属植物和 *Blepharida* 属叶甲建立了相当密切的协同进化关系，此类叶甲新种的形成通常与裂榄新种的出现相关。

2. 躲避和辐射协同进化 躲避和辐射协同进化（escape and radiation coevolution）理论由 Ehrlich 和 Raven 于 1964 年提出。他们认为，植物和昆虫之间的协同进化可导致物种形成和适应性辐射（adaptive radiation）。躲避和辐射协同进化过程有以下几个步骤。

①植物通过基因突变和重组产生新的次生化合物。

②这些化合物可降低植物对昆虫的适合度水平，故在自然选择中，植物向着有利于产生这些化合物的方向演变。

③含这些新化合物的植株，形成一个新的类群；它们通过繁殖扩展，形成了一个无先前取食者存在的新适应区（adaptive zone）。

④在昆虫种群中，一个新的突变或者重组发生，此类个体能够克服上述植物中形成的新的次生化合物。

⑤此类昆虫进入它们自己的新适合区，许多其他昆虫种类也进入该类植物（含新的防御化合物）上，由此形成一个新的植食者类群。

例如在植物中，简单的香豆素（coumarin）为一些小分子，只发现于少数科的植物中，但是研究发现，随着该物质分子结构的不断改变，含此类化合物的植物也随着增多。其分子结构改变后形成的羟香豆素（hydroxycoumarin），分布于多达 30 科左右的植物中。线形的呋喃香豆素（furanocoumarin）已发现于 8 科的植物中，但其中的大多数属为芸香科或伞形科的。角形呋喃香豆素（angular furanocoumarin）只出现于 13 属的植物中（其中豆科 2 属，伞形科 11 属）。不管香豆素化学结构发展得如何多样，总会有昆虫突破这种化学物质，而利用该种植物。昆虫已经克服香豆素的每一种分子形式而进入了自己的适应区（Berenbaum，1983）。

（二）协同进化的时空表现

植物与植食者间协同进化的结果由其所处环境中生物群落的组成和物种间关系所决定，相同植物与不同植食者协同进化后会表出不同的结果，这正是协同进化理论要解释的现象。协同进化会随空间和时间的变化而变化，对此种现象的解释被称为协同进化的地理镶嵌理论(geographic mosaic theory of coevolution)。在理论中，植物和植食者表现出的一些相互作用的性状在进化热点(coevolutionary hotspot)上达到匹配，即进行相互的选择，而在冷点(coldspot)上不匹配，即不存在相互选择。进化热点就是指生物群落，其中的选择对各种关系的影响是相互的，而进化冷点是仅有一个物种或没有物种能适应对手。进化热点和冷点是相互混杂的。

例如在美国，种子捕食对美国黑松（*Pinus contorta*）球果和种子的进化表现出地理镶嵌的形式。在红交喙鸟（red crossbill）的自然选择下，植物进化成较大的球果，球果末端的种鳞较厚，同时，由于没有来自松鼠的选择，种子较多，种子与球果的生物量比值较大。然而，在小落基山脉（the Little Rocky Mountains）地区，受球果螟蛾（*Eucosma recissoriana*）捕食种子的影响，该植物进化成球果较小、种子较少。因此美国黑松和其种子捕食者之间的进化并无单一的轨迹，进化过程取决于其所处空间内的生物群落中相关物种的具体关系。

二、昆虫的共生性协同进化

与昆虫共生的物种种类较多，Bachner（1965）及Price（1996）估计在英伦三岛的昆虫中有共生微生物的种类的比例约占36%，如表4-3所示。

表4-3　英伦三岛昆虫与微生物共生的种类

目（order）	种数	共生的种数
直翅目（Orthoptera）	39	8
虱目（Anoplura）	308	308
缨翅目（Thysanoptera）	183	183
半翅目（Hemiptera）	411	288
同翅目（Homoptera）	976	891
鳞翅目（Lepidoptera）	2 233	1 116
鞘翅目（Coleoptera）	2 844	709
膜翅目（Hymenoptera）	6 224	2 874
双翅目（Diptera）	3 190	811
蚤目（Siphonaptera）	47	47

可见共生现象在昆虫中是十分普遍的。共生性协同进化可分为3种类型：内生性共生(endosymbiotic mutualism)、自由生活共生（free-living mutualism）及蚂蚁-植物共生(ant-plant mutualism)。

（一）内生性共生

内生性共生大都是微生物或鞭毛虫等原生动物，生活在昆虫的体腔内，其中最为典型的例子为白蚁肠道中共生的鞭毛虫和共生细菌，使整个等翅目昆虫得以开拓取食高纤维素的食

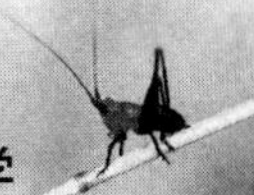

物，而这是其他昆虫所不能利用的。白蚁的生存几乎完全依赖于肠道中生存的这些共生生物。而白蚁也创造了必要的嫌气微环境，并提供充足的纤维素资源供这些共生生物的生存。

一般动物（包括昆虫）消化纤维素的能力都较低，主要由于其能量收支的效益太低。而纤维素的消化在自然界主要由许多菌类来完成的（Martin，1991）。即使在白蚁取食木质物质和消化过程中，纤维素的消化也是由其共生菌单独完成的。白蚁肠道中含有复杂的细菌和酵母菌如芽孢杆菌（*Bacillus*）、链霉菌（*Streptomyes*）、假单胞菌（*Pseudomonas*）、不动细菌（*Acinetobacter*）等，并有鞭毛虫（*Pseudotrichonympha*）等。在鼻白蚁科（Rhinotormitidae）中的散白蚁属（*Reticulitemes*）的后肠中曾发现至少 11 种高级鞭毛虫，如果去除鞭毛虫则其消化纤维素能力将下降 30%（Yoshimura 等，1995）。白蚁在每次蜕皮时将全部失去它肠道中的共生生物，而必须随即从其邻居处重新获得这些共生生物，这也是为什么白蚁进化为社会性昆虫的理由之一，以保证它能随时有邻居在其身旁。有些鼻白蚁科种类甚至有利用其后肠中的细菌来固定大气中氮素的能力。而高级的白蚁，如大白蚁属（*Macrotermes*）巢中养育有共生的真菌菌圃（Bignell 等，1994）。年轻的工蚁在离巢觅食时常吃一些死木材，但在回巢后都会吃尽菌圃中的真菌的分生孢子。这些分生孢子中含有纤维素酶，可帮助工蚁降解肠道中所食的植物组织。同时，菌圃中的真菌也直接将周围的植物残骸降解，以供老龄的工蚁喂食幼蚁，而幼蚁只能取食已降解的纤维素、半纤维素、果胶和木素。在白蚁进化生态学中的一个更为复杂的问题是白蚁与其共生生物可共同通过复杂的生理生化过程，使其木质食物中的 C/N 与白蚁身体组织中的 C/N 达到平衡状态。在其木质食料中 N 含量仅为 0.5%，而 C 含量却极大，故其 C/N 常高达 350～1 000，而白蚁身体组织中含 N 量高达鲜重的 8%～13%。所以食料中的 C/N 大大高于身体组织。而白蚁必须依据其共生生物通过共同的一系列生理生化代谢和排泌机能，才能取得 C/N 的平衡，而获得生存。这便是白蚁与其体内及体外（巢内）的多种共生生物的相互适应演化的协同进化过程。其中还有许多具体的生理生化或生物学规律还没研究清楚。白蚁和微生物（原生动物）间的内生性共生关系，是迄今研究最为清楚的一对一严格协同进化的事实之一。

另一个例子是半翅目昆虫不少类群如蝉、飞虱、蚜虫等具有一种特殊的组织称为含菌细胞（mycetocyte），微生物就生活在其中。Buchner 及 Price（1965，1996）根据半翅目中最低等的类群中也具有这种含菌细胞组织的事实，推测半翅目整个类群可以通过辐射进化而适应很广的植物寄主范围，靠吸食这些寄主的叶液而生活，是因为其体内的微生物可提供一些寄主食料中所没有的基本营养物质，如必需氨基酸等。

另一个令人十分关注的例子是一些寄生蜂类如姬蜂、小茧蜂等与多角体病毒的共生关系。姬蜂是许多昆虫的内寄生昆虫，多角体病毒（VP）位于寄生蜂的输卵管腔内，随着寄生蜂在其寄主体内产卵时，传入到寄主昆虫体内，并生活在寄主昆虫的免疫系统血细胞内。当没有这样的多角体病毒存在时，姬蜂的寄生成功率将减退，因此认为这是一个寄生蜂、病毒和寄主 3 个物种间的共生协同进化关系。

内生性共生协同进化的例子还很多，但其机制还有许多未研究清楚。这种内生共生关系，由于 A 生活在 B 体内，在进化过程中必然要求两个种间有密切的适应调节关系。所以明显地属于严格的协同进化关系。

（二）自由生活共生

自由生活共生种类由于生活的环境较复杂，两种生物间的协同进化关系就不如内生共生那样密切，而且要完全确切地证实进化的相互性或同时性比较困难，故容易和一般的适应性进化相混淆。所以在讨论其协同进化时必须十分谨慎。至今有充分证据的例子有丝兰蛾（*Tegeticula yuccasella*）、纯蛱蝶（*Heliconius* spp.）及无花果蜂类榕小蜂科（Agaontidae）和熊蜂科（Bombidae）等。这些昆虫与寄主植物的关系，都是既取食植物的花蜜，又帮助植物传播花粉，提高植物的生态适合度，是一种互利共生的关系（mutualism）。而且大多数是多物种间的共生，即一种植物常有多种传粉昆虫，而一种传粉昆虫又可为多种植物传粉。所以它们间的共生关系比起一对一的协同进化的要疏松得多。例如 Begon 等（1986）研究熊蜂与植物传粉关系时发现，虽然熊蜂都不是单食性的，而且植物对传粉熊蜂的诱引也不是专化性的，但在长期的协同进化过程中，二者都明显地建立了一定的相互适应进化的范围和关系。他测定分析出7种熊蜂的工蜂、雌蜂和雄蜂的中舌长度与它们的几种寄主植物的花冠长度间有一定的相互关系，如图4-6所示。该图说明花冠长度与中舌长度这两个特征之间有一定的同步进化关系。

在植物与传粉者共生中，也有少数是一对一协同进化的。Galil 和 Eisikowitch（1968）发现无花果属中除少数例外，每一种无花果树均有一种特定的榕小蜂来传粉，几乎是完整的

熊蜂种名	花冠长度(mm)（0～4 / 4～8 / 8～12 / ≥12，%）		中舌长度(mm)			
			工蜂	女王蜂	雄蜂	
Bombus appositus	2.0 / 3.5 / 26.3 / 67.3	*n*=1 356	12.8	10.5	11.4	第一群
Bombus kirbyellus	1.0 / 0.9 / 17.9 / 80.2	*n*=1 787	12.1	9.4	12.5	
Bombus flavifrons	22.7 / 30.4 / 25.4 / 21.5	*n*=4 484	10.2	7.3	9.0	第二群
Bombus sylvicolla	37.8 / 55.8 / 6.5 / 0	*n*=1 501	8.5	5.8	7.4	第三群
Bombus bifarius	42.9 / 54.2 / 2.9 / 0.1	*n*=1 388	8.4	5.8	6.6	
Bombus frigidus	29.5 / 56.5 / 12.8 / 1.2	*n*=1 129	7.3	5.7	7.0	
Bombus occidentalis	43.1 / 23.3 / 19.4 / 14.2	*n*=360	8.3	5.7	7.2	第四群

图4-6　不同中舌长度的熊蜂所利用的花冠

（仿 Begon 等，1981）

一对一协同进化。无花果生有假果（图 4-7），雄花和雌花都着生在假果内，果顶有 1 个小孔，小孔的开口时间与果内雌花期同步。榕小蜂的雌蜂有翅，从小孔中进入假果内，进行传粉，也产卵在有的花上，一花可产多个卵，当那些单接受了传粉的雌花，就会发育而产生种子，那些又接受传粉又被产入蜂卵的，便长成虫瘿，蜂卵孵化，幼虫和蛹在虫瘿内发育为雌和雄成虫，并在虫瘿内交配。雄虫无翅，在假果侧面咬一孔，羽化出虫瘿，随后雌虫也从虫瘿中羽化。雌虫的羽化期正与无花果的雄花开花同步，雌虫先在果内取食花蜜，并授雄花粉，藏于前足基节特有的小囊内，再从雄虫所咬的羽化孔中爬出，飞到其他假果上，重复以上过程。每一种无花果的开花和发育期与相应的榕小蜂的生活史特性呈相互适应的协同进化。实际上小蜂的大部分生活史都是生活在无花果体内。故类似内生性共生，有十分密切的协同进化关系。

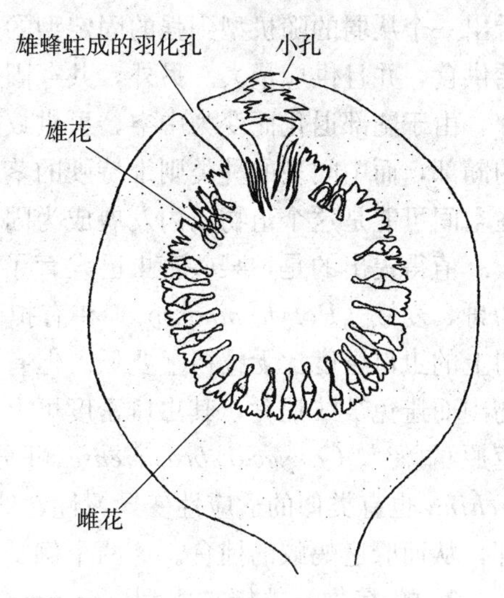

图4-7 无花果序横切面
（仿 Price，1996）

（三）蚂蚁-植物共生

1. 蚂蚁-植物：植物供给蚂蚁食物类型（myrmecophytism） 一般公认植物供给蚁食物或躲藏空间是一种抗拒害虫的防卫特性，有许多报道涉及这方面的例子。例如在中美洲金合欢属植物在叶尖供应蛋白质给觅食的蚂蚁。植物供给蚂蚁食物，蚂蚁助其抵御害虫的现象专门称为供蚁食的植物（myrmecophytic）。中美洲的墨西哥罗佩属（*Cecropia*）植物除供蚂蚁躲避场所外，还专门分泌一种糖原，是一种动物组织中常见的高分子的多糖类，在降解时可迅速释放出葡萄糖，供肌肉及肝脏使用。这种动物性的糖原，在植物中合成，可说是一种协同进化的例证。这种供蚁食物和空间的例子很多。但从协同进化观点来看，人们会问，植物到底从蚂蚁处得到什么好处？这方面的例子也很多。如 Fonseca（1994）曾试验从 *Tachigali myrmecophila* 树上移去拟切叶蚁（*Pseudomyrmex concolor*）后，树上的害虫密度增加 4.3 倍，叶片的受害增加 10 倍。有蚁的树叶的寿命较无蚁的长 2 倍时间。但是有许多学者对蚁-植物的关系是否真是密切协同进化现象，还是一种个别的或随机的适应性现象，还持谨慎的怀疑态度。如在非洲的豆科植物 *Caesalpinioideae* 复合种有 4 个近缘种，经 DNA 序列测定其中 2 种有蚂蚁的种类 *Aphomomyrmex afer* 和 *Petalomyrmex phylax* 显示出其起源是独立的，而不是同谱系的。这好像不符合躲避和辐射协同进化模式。这种蚁与植物的相互关系是独立的或随机的事件，而不是一种固定的相互性的适应变异现象。看来对过去所报道的许多蚁-植物关系有必要用分子技术来做进一步深入的评估。但尽管蚁-植物联系可能是非密切的协同进化关系，但毕竟在许多地点，尤其是热带地区，提供了许多惊奇的有相关性的实例。例如 Fiala 和 Linsenmair（1995）在马来西亚的 Pasoh 森林保护区中查得 741 种木本植物中，有 91 种在花外面有分泌蜜，分布于 16 科的 47 属的植物中，显示出这种蚂蚁-植物联系有相当的随机性而非必然性的。但在古热带树的大戟科的血桐属（*Macaranga*）中，所有的种均以不同的方式供给蚂蚁食物（有花外蜜和脂肪体），并可以看出一个从弱的随机型到强的固定型的连续的系统带。固定型的供蚁食植物，常从幼期就开始供食，并且供应量大。另外，共存固定型的种还可提供蚁巢的栖息空间。在其茎内的节间部，由于髓部退化而变为中空，可供蚁居住。非供蚁食植物种则仍保持硬的茎和坚实而潮湿的髓部，而中间型的种类则维持硬的茎，但髓部变软，易于被蚂蚁挖空而居住。所以提供居住空间可能是这个植物属内发展成为固定型供蚁植物的重要步骤。

值得提出的是，某些害虫已发育了一些适应特性来还击蚁-植物的共生效应。例如在墨西哥，麦蛾（*Polyhymno* sp.）在有拟切叶蚁（*Pseudomyrmex ferruginea*）保护的金合欢树上的虫口密度比无蚁树上要低。但有的麦蛾幼虫可藏在合欢树的羽状复叶叶片形成的遮蔽物中而避免被蚁捕食，其虫口密度可上升到足以杀死其寄主植物的程度。在巴西热带稀树干草原的灌木 *Caryocar brasiliense* 可分泌花蜜引诱蚂蚁迁来，而为害树的蛱蝶 *Eunica bechina* 也有类似的适应性变异习性，幼虫可用其粪便制成一种棒状结构，幼虫躲藏在其底部，从而躲避蚂蚁的捕食。这两个例子都可说明具有 3 个营养阶层的多个物种间的协同进化

2. 蚁-植物：蚁传布类型（myrmecochory）　第二种蚁-植物共生类型为蚁传布类型，即牧草蚁传布种子。植物可借助昆虫传粉，也可借助蚁传布种子。植物在种子表面提供蚂蚁某些食料，种子的表面生有可分离的突出物，称为油质体（elaiosome），它富有脂肪或某些蛋白质。牧草蚁将种子搬到巢内，吃去油质体，遗留种子在地下巢内，种子便能萌芽。Lanza 等（1992）进一步研究了种子油质体的化学成分，可显著影响对蚂蚁的诱引力和蚁的一系列行为。如 3 种延龄草属（*Trillium*）的植物种子上的油质体所含的蛋白质、中性脂和脂肪酸很不一样。油酸可刺激蚁寻找种子，亚油酸则刺激蚁将种子搬运到其巢中，3 种种子间这些化合物的差异及脂肪与蛋白质的比例都与这 3 种植物的种子传布的成功率有关。

Nakanishi（1994）将蚁传布又分为 3 种类型，第一种是植物有自体散布能力，即种荚会自动炸开，将种子弹出相当远的距离，然后再由蚂蚁助其传布到更远距离；第二种是植物有无性繁殖和有性繁殖两种性能，蚂蚁只是助其有性繁殖时将种子传布一定距离；第三种是纯粹靠蚂蚁搬动传布种子。

植物中蚂蚁取食油质体，又搬运种子，到底能得到多少益处？Horvitz 和 Schemske（1994）发现，产生油质体而诱引蚂蚁传布的种子的发芽率较无油质体的高 1.6 倍，传布的距离大了 3 倍左右。Ferreira（1996）发现蚂蚁可每天搬运 88%的种子，并可较自体传布的种子移出远 1～2.5m。但由于其他环境条件也可影响种子的传布，因此在不同环境下其效益是不同的，但也有发现种子被蚂蚁搬运到垃圾堆中或营养更贫瘠的土壤中，而反影响其发芽。总之，蚁传布的共生是很不专化的。一种蚁常可传布多种种子，而且有其他因素的参与。因此即使有协同进化关系，也必然是很松散的关系。

思考题

1. 昆虫种群分化主要表现在哪些方面？各有何意义？
2. 简述哈迪-温伯格定律及其价值。
3. 生物进化论有哪些新发展？
4. 协同进化理论对害虫的管理有何指导意义？

第五章 昆虫群落生态学

主要内容 本章主要以昆虫为对象，阐述群落的结构与功能，为害虫的综合治理在群落水平上提供理论支持与策略指导。主要内容有：群落的基本特性、群落的结构、群落的演替、群落的多样性与稳定性、群落特性的分析等。

重点知识 群落的基本特征、群落的时间结构和营养结构、群落的边际效应、群落的演替、群落的物种多样性、多样性指数、群落的稳定性、群落相似性、群落生态学的应用。

难点知识 群落演替过程、群落多样性与稳定性的关系、群落特性的分析方法。

形形色色的生物种群共享同一生境时，它们会有何种表现？回答这个问题，需要群落生态学的知识。生物群落（community）是指一定地段或一定生境内各种生物种群构成的结构单元。在自然景观中，不论是原始的还是经人工改造的生境内，都有多种植物、动物和微生物生活在一起，它们之间存在着复杂的相互联系、相互依存、相互制约的关系，这就组成了群落。

群落概念强调了生物种群之间的相互作用。把群落看成自然界层次结构的一个基本单位，它具有个体和种群层次所不能概括的特征和规律。由于群落概念的产生，使生态学研究出现一个新的领域——群落生态学（community ecology）。

群落和生态系统是两个不同的概念。群落是指某个区域多种生物种群群体的集合，而生态系统的概念除此以外，还包括无机环境，并强调物质循环和能量流动。但是谈到群落生态学和生态系统生态学这两个分支的内容时，就有点难以细分了。作为教科书，可以分别讨论群落生态学和生态系统生态学，但它们实际上是一个完整的、统一的生态学分支，而不是两个分支。

第一节 群落的基本特性

群落和种群一样，有它自身的一系列的基本特征，这些特征有别于生物个体和种群的水平，而是其在生物群落水平上的独特性表现。

一、物种的多样性

关于物种的多样性，首先要问的问题就是，在特定群落内到底生活有多少植物、动物、微生物。群落内共同生活的物种数量常常是极大量的，例如有记载在 1 m^2 的森林中生活有6 000多种植物和动物，6 000 多万个生物个体。当然，在不同的物理环境下的一个相同表现型的生物群落中（如松林、稻田、山地等）其物种数量会相差很大。一般寒带地区少于温带，更少于热带；高山比平原少。所以在研究群落时首先要弄清到底有多少个物种，也即群落的物种组成。

二、群落的结构和生长型

群落的结构是指物种的组成和各物种的个体数量比例，常有时间和空间的区别。所谓空间结构，是指一个群落内不同的垂直空间（如海拔高度、植物的不同高度等）或水平空间中物种的组成和个体数比例的不同。所谓时间结构，是指在不同昼夜或季节间物种组成或个体比例的不同。所谓营养结构（trophic structure），是指群落内各种间的食物关系，最简单地说就是"谁吃谁"。群落的营养结构决定着群落内的能量流和物质流，例如植物→草食类→肉食类，也称为不同营养阶层。

群落的生长型通常是指主要植物的生长型，因为植物是群落中各生物物种间最重要和最基础的生产者，其生长型可分为树木、灌木、草本和苔藓类，或者把乔木分为阔叶树、针叶树等。植物的生长型还常与空间结构有联系。

三、优势种和相对多度

从分类的角度，群落中每一个种都是一个分类单位，都是同等重要的，甚至更要重视那些稀有的物种。而从生态学角度则认为在群落内无数的物种间不是每个种对群落的兴衰具有相等的重要性的。在每个营养层次中总有少数几种起着决定性作用，它们从数量、大小、活力等方面影响和控制着整个群落的兴衰。这些便成为优势种。优势种是达到了生态上高度成功，并且还可以决定群落内较大范围内的生境条件，而这些条件也确是整个与它联系的种的生活所必需的。物种间优势的比较和估量常用相对多度（relative abundance）来衡量，是指群落内不同种的数量间的相对比例。为了研究需要，组成群落的物种还常常被划分为优势种（dominant species）、关键种（key species）和冗余种（redundancy species）。这种划分往往是根据物种被人工去除后对群落的影响程度大小来定的。关键种去除后群落就会崩溃，而冗余种去除后对群落基本无影响。

四、群落的演替

生物个体的特性有变异（variation），种群密度有波动（population dynamics），而群落则有演替（succession）。演替是指一个群落内的物种数及相对多度不是固定不变的，而是随时间的推移而向一定方向发生变化，并且这种变化是不可逆的，这是群落特有的一个属性。在没有人为干扰的情况下，群落发展到一定阶段后呈现出相对的稳定状态，即称为顶极群落（climax community）。

五、群落是一个开放的系统

群落虽有一定的空间界限，但与外界物理或生物的环境间是相互开放交流的，其没有一个明确的边界。因为组成群落的各生物种群存在频繁的交流，常会发生物种或个体的迁入和

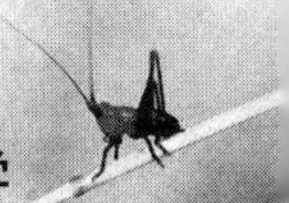

迁出现象。不同群落间也没有截然的边界，常是交错在一起的。

第二节　群落的结构

生物物种在环境中分布及其与周围环境之间的相互关系所形成的结构，可称为群落的结构（structure）。从群落物种组成方面来考虑群落结构时，可从物种多样性（species diversity）、种间关系（species interaction）、功能组织（functional organization）等方面来描述。从组成群落的各种群的时空动态来考查群落结构时，可从各物种的垂直分布格局、水平分布格局、时间分布格局、营养格局等方面来描述。本节主要从群落的时空动态方面来讨论其结构，而从物种组成方面考查群落结构时多涉及物种多样性问题。

一、群落的垂直结构

大多数群落都有垂直空间的分化，这种情形被称为垂直分层现象（vertical stratification），也即群落的垂直结构。群落的垂直结构取决于植物的生活型，即植物的高矮、大小、分枝状况、叶等，它是受光照度的递减所决定的。例如森林中有林冠（canopy）、下木（understory tree）、灌木（shrub）、草本（herb）、地被（ground）等层次，还可将根和土壤分成若干层次。林冠层直接接受阳光，是进行初级生产过程的主要地方，它的发育状况对下面各层次有着直接影响。如果林冠郁闭度大，林下灌木和地被物就发育不好；如果林冠相当开阔，林下植物就发育良好。当然，林下植物的盛衰还取决于土壤水分条件和坡度、坡向等因素。

陆地群落的外貌主要决定于植被的特征，要叙述植被的外貌，首先要叙述植物的生长型（growth form）。我国常用以下系统：①乔木，可分为针叶树、常绿阔叶树、常硬叶树、落叶阔叶树、有刺乔木、丛生乔木；②藤本植物；③灌木，可分落叶阔叶树、常绿硬叶树、丛生灌木、肉质茎树、有刺灌木、半灌木、亚灌木等；④附生植物；⑤草本植物，又分蕨类、禾草类、非禾本科草本植物；⑥菌藻植物，又分地衣、苔藓、地钱等。

陆地群落的结构受到地形的垂直分布状况的影响很大。在不同海拔高度的垂直层次内，其气候、土壤、水分等物理条件差异很大，从而影响群落中植物及其他物种和相对多度的差异。

水生群落的外貌主要决定于水的深度和水流特征，而水生群落的分层主要决定于光穿透情况、水温和溶氧的分层，如上湖层、温跃层、下湖层等。

陆地群落和水生群落，按植物光合作用的情况，都可将其分为上面的自养层（autotrophic layer）和下面的异养层（heterotrophic layer）两大层次。群落的光合作用或初级生产过程主要在自养层中进行。陆地群落的林冠、草被层植物和水生群落的水体上层植物都能通过光合作用制造营养物质。异养层植物也利用自养层中已制造的储存物，并在此层进行分解作用。自养层又称为绿色层，异养层又称为褐色层。

在群落的每个垂直结构层次中，栖息着一些可作为各层特征的动物，它们以这个层次的植物为食料，或以这个层次作为栖息场所。由此，动物在群落中也有分层现象。一般而言，群落中植物层次越多，动物的种类也越多。陆地群落中动物种类的多样性几乎是植被层次发育程度的函数。例如在森林群落中，虽然大多数鸟类可同时利用几个不同的层次，但每一种

鸟类都有一个自己最喜好的层次，有的喜欢在林冠层，有的喜欢在乔木层，有的喜欢在灌木层，有的喜欢在草被层或地面层。昆虫也是这样，食叶性鳞翅目、半翅目种类大多在树冠危害叶片；蛀食性鞘翅目、膜翅目种类在树干上危害；弹尾虫、纺足目、步甲科和蚊科昆虫常在地被植物的枯枝落叶之间栖息；步甲科、叩头甲科、拟步甲科、象甲科和金龟科的幼虫，多在植物根部取食；蝼蛄科和蚁科成虫则栖居于土壤中。

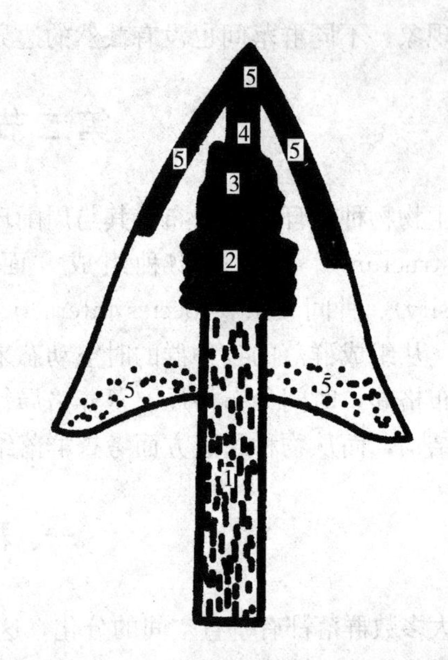

图 5-1 害虫在冷杉不同部位侵害和分布的序列
1. 云杉八齿小蠹 2. 云杉四眼小蠹 3. 细小蠹
4. 中穴星坑小蠹 5. 林道梢小蠹

在冷杉的不同高度上可以看到不同种类蛀干害虫的危害，如图 5-1 所示。云杉八齿小蠹（*Ips typographus*）定居于树干的下部，云杉四眼小蠹（*Polygraphus polygraphus*）蛀害树干的中部，细小蠹（*Pityophthorus traegardhi*）侵害树干的上部，中穴星坑小蠹（*Pityogenes chalcographus*）多在树干上部和树冠危害，林道梢小蠹（*Cryphalus saltuarius*）在树枝和树梢上危害。

农田生物群落由于种植的植物种类、栽培条件的差异，形成不同的层次结构。以稻田群落为例，其上层光照强、通风好、叶片茂绿，是稻苞虫、稻纵卷叶螟等食叶性害虫取食和栖居之处；稻田中下层，光照较弱、湿度大，为水稻茎秆层，主要是螟虫、飞虱和稻秆蝇取食和栖居之处；而在稻田地下层，即水稻根系层，处于淹水条件，主要是食根性害虫如稻根叶甲幼虫、稻象甲幼虫和双翅目幼虫活动危害的场所。

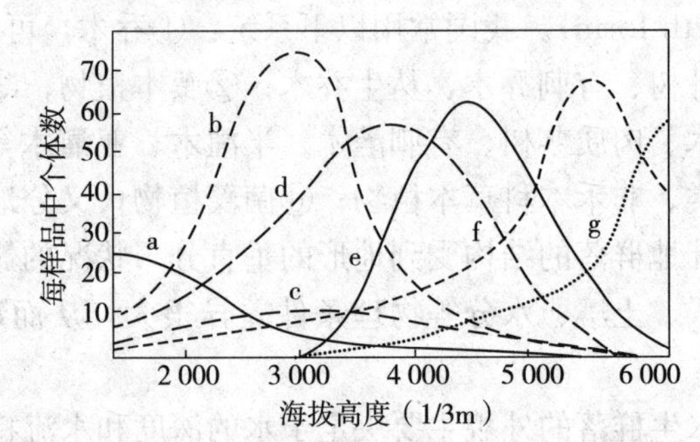

图 5-2 7 种食叶昆虫在中湿性生境中沿着海拔高度的分布
a. 叶蝉（*Graphocephala coccinea*） b. 啮虫（*Gaecilius* sp.）
c. 大叶蝉（*Agalliopsis novella*） d. 啮虫（*Polypsocus corruptus*）
e. 花蚤（*Anaspis rufa*） f. 叶蝉（*Cicadella flavoscuta*）
g. 宽头叶蝉（*Oncopsis* sp.）
（仿 Whittakrer，1952）

群落的垂直分布格局，还包括陆生群落不同海拔高度和水体群落不同水域深度上分布的物种和数量。如 Whittaker（1952）对美国大烟山国家公园不同高度梯度上植被状况的观察，发现从山谷到山脊每种食叶昆虫的数量分布，可用沿高度梯度而变化的钟形曲线来表示（图 5-2）。出现这种垂直分层的原因，除了不同高度梯度上气候的差异外，主要是由于植被不同，使食叶昆虫追随不同的食料而形成的。

二、群落的水平结构

生物群落的水平格局（horizontal pattern）（即水平结构）与构成群落的成员的分布情

况有关。陆地群落的水平结构主要决定于植物的空间分布。除人工林有可能出现均匀分布外，生长在沙漠里的灌木，因植株之间不可能太靠近，分布也比较均匀，但在自然状况下陆地群落大多数种类植物是成群分布的。植被的斑块状镶嵌结构是常见的水平格局，它受一系列内外因素所决定（图 5-3）。例如种子的散布和传播方式就相当重要，若种子成熟后直接散落在母株的周围，就会产生成簇的幼小植物，靠风力传播的（如蒲公英种子），或靠鸟兽传播的（如苍耳种子）就可散布得很远；植株的荫蔽和分泌抑制异种的物质，就可抑制其他植物的生长；此外还有相互促进的正的种间关系。环境条件如土壤、地形、风、火等，都可影响植物的分布。同时，动物的选择性采食、掘土挖洞、践踏等，所有这些因素都导致群落中的植被在水平方向上出现复杂的镶嵌性（mosaicism）。

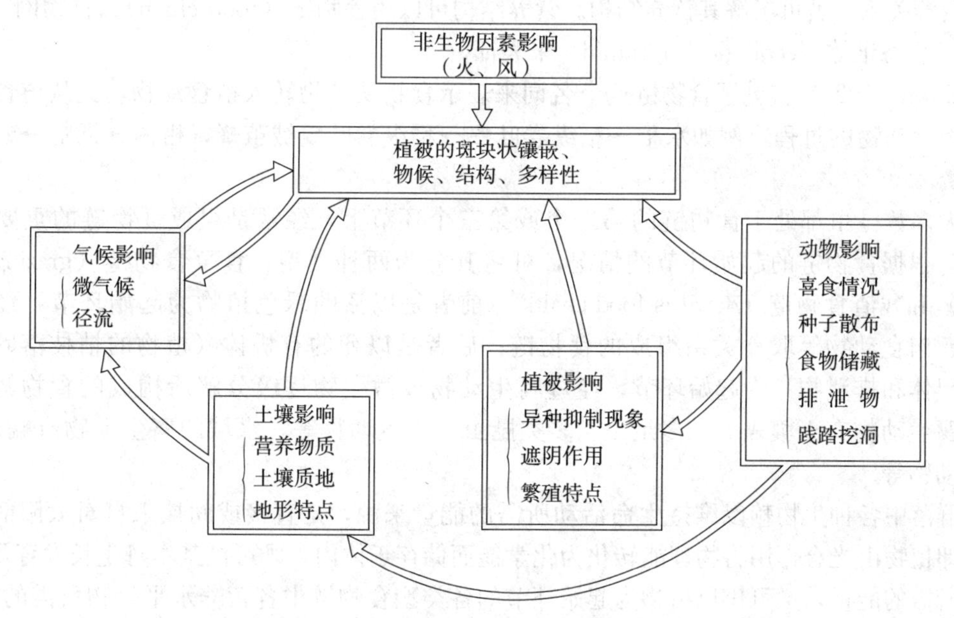

图 5-3　陆地群落中植被水平结构（镶嵌结构）的主要决定因素
（仿 Smith，1980）

三、群落的时间结构

群落的时间结构是群落的动态特征之一。因为很多环境因素具有明显的时间节律（如昼夜节律、季节节律），所以群落结构也可随时间而有明显的变化，这就是群落的时间格局（temporal pattern）。时间格局实际上包括两方面，一是由自然环境因素的时间节律引起群落各物种在时间上相应的周期变化；二是群落在长期历史发展过程中，由一种类型转变成另一种类型的顺序过程，亦即群落的发展演替。后一方面内容将在下节中阐述。

群落昼夜节律的例子很多，在农田中，白天活动的昆虫有蝶类、蜂类和蝇类，夜间活动的有夜蛾类、螟蛾类。在森林中，白天常可看到多种鸟类，夜间则有猫头鹰、夜鹰和鼠类活动。由于物种活动时间的差异，使群落结构在白天和晚上有所不同。

群落的年周期变化，即季节性变动，动物和植物都比较明显。在温带地区，群落变化主

要受周年日照、温度条件的影响；在热带地区，则主要受周年内干季和湿季交替的影响；温带落叶阔叶林，在冬季树木光秃，草被枯黄，候鸟迁往南方，大多数变温动物进入休眠状态。秋冬群落与春夏群落相比较，群落面貌迥然不同。研究昆虫群落的季节变化规律，可以看出每时段昆虫群落物种组成及其数量变化的特点，并进而为害虫综合治理或益虫繁殖利用提供依据。

四、群落的营养结构

营养关系是生物群落的各生物成员之间最重要的联系，是群落赖以生存的基础。分析群落的营养关系，就可了解其营养结构。营养结构可以用食物链（food chain）、食物网（food web）、生态锥体（ecological pyramid）来表征。

Elton（1927）首创了食物链这个名词来表示食物从植物转入植食动物，又从植食动物转入肉食动物的过程，例如水稻→稻纵卷叶螟→稻纵卷叶螟绒茧蜂，柑橘→橘蚜→蜘蛛→雀→鹰。

大多数昆虫都处于食物链的第二个或第三个环节上，经常是组成食物链的重要成分之一。根据食物链的起始环节的情况，可将其分为两种类型：食草食物链（grazing food chain）和残渣食物链（detritus food chain）。前者是以活的绿色植物为起始环节，经植食动物、肉食动物等取食关系组成的食物链；后者是以死的有机体（植物的枯枝落叶、动物的尸体和排泄物）为起始环节，经过腐生动物或微生物逐级分解所构成的食物链。陆地的腐生动物有土壤螨类、多足虫、多类昆虫、原生动物等，水域的腐生动物有蠕形虫、软体动物等。

群落中各种生物赖以维持生命活动所需的能量来源，是直接或间接来自对太阳能的利用，即植物由光合作用将物理能转化为化学能而储存于体内，既可供其本身生长发育及行为活动所需的能量，又可供以植物为起始环节的各类型食物链中各营养水平生物所需的能量。由于能量沿着食物链流动，每经一级都将损耗很大的能量，所以自然界很少有超过5～6个环节的食物链。

群落中各生物种间的营养关系十分复杂。例如一种害虫可能取食多种植物，每种植物也可能有多种害虫，各种害虫又有多种天敌。从群落的食物链结构来看，一个群落可形成许多条食物链，这些链或以共同的植物或以共同的害虫或天敌相联系，从而形成一个错综复杂的网状结构，这种网状结构即食物网（图5-4）。可见食物链和食物网是群落

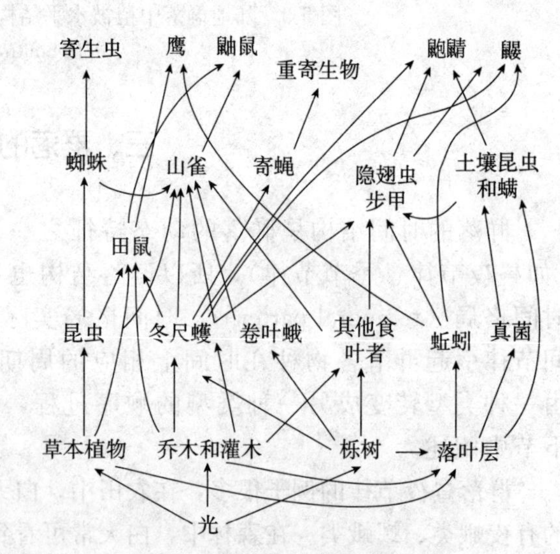

图5-4　一个森林群落中的食物网结构
（仿Varley，1970）

内各种生物营养结构的表征，也是一切群落赖以存在的基础。

营养结构可用各相继营养级别上的个体数量，或单位面积现存量，或单位面积单位时间所吸收的能量来做定量描述和测定。将其由低到高的顺序排列绘制成图形，可展示一个塔形图，塔基一般较宽，属植物类生产者，相继的各层形成逐渐缩小的塔身和塔顶，分别为各类消费者，如此构成的图形即称为生态锥体或生态金字塔（ecological pyramid）。生态锥体有3种基本类型（图5-5）：①数量锥体（pyramid of number），以各相继营养级别生物的个体数来描述的生态锥体；②生物量锥体（pyramid of biomass），以各相继营养级别生物的总干物质量或其他生命物质总量所建立的生态锥体；③能量锥体（pyramid of energy），以各相继营养级别生物的能量或“生产力”所建立的生态锥体。

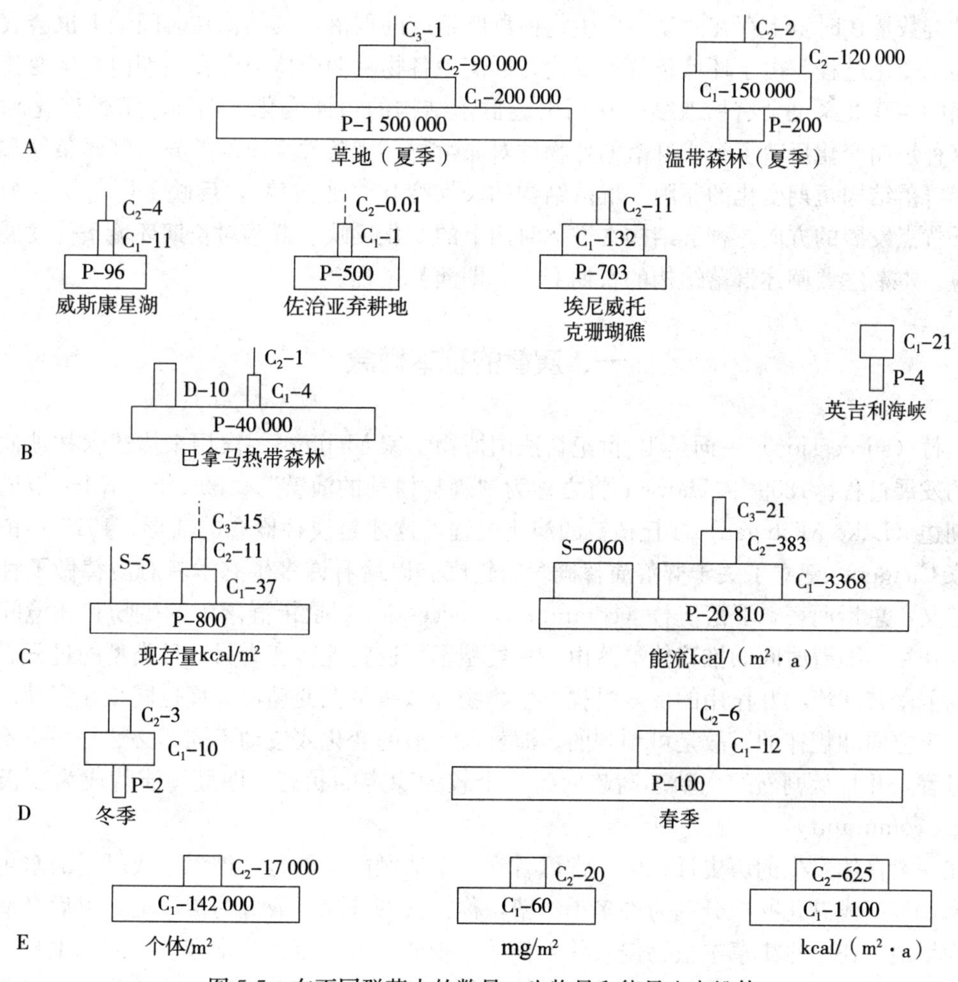

图5-5　在不同群落中的数量、生物量和能量生态锥体

A. 数量生态锥体，每0.1hm² 个体数（微生物及土壤动物除外）　B. 生物量锥体（g/m²）　C. 佛罗里达银泉生物现存量锥体与能量锥体的比较　D. 意大利湖泊水柱（只有浮游生物）里生物量锥体的季节变化（kg/m³）　E. 密歇根废弃地土壤节肢动物的数量、生物量及呼吸能量的“亚锥体”
P. 生产者　C_1. 初级消费者　C_2. 次级消费者　C_3. 第三级消费者　S. 腐食者(细菌和真菌)　D. 分解者（细菌、真菌、食腐屑动物）

（1 kcal=4.18 kJ）

（仿Odum，1971）

一般而言，生态锥体多呈塔形，尤以能量锥体最能保持塔形，但数量锥体、生物量锥体有时呈倒置的塔形，如森林群落中的树木个体大而数量较少，其植食性昆虫的个体小而数量较多，这类群落的数量锥体则呈倒置的塔形。同样，寄生者和宿主的数量，前者常多于后者，这类群落的数量锥体也呈倒置的塔形。生物量锥体有时也可呈倒置的塔形，例如海洋生物群落中的浮游植物个体很小，生活史很短，繁殖快，根据某一时刻的调查结果，其生物量常低于浮游生物的生物量，则也表现倒置的塔形。

第三节 群落的演替

种群数量在时空上存在波动。由生物种群所组成的群落，其结构在时间轴上也会表现出一个动态变化过程。由于环境条件的变化，群落中各物种的个体数会在短期内发生变化，各物种间的相互关系也会有所改变，从而引起群落结构的短期变化，例如季节性变化和年变化，这种短期变化反映了组成群落的各物种对非生物环境条件反应的差异。气候条件和干扰是引起群落结构短期变化的原因。群落结构的长期变化（如演替），反映了群落从一个新的或受干扰点发展的方向。种群结构在进化时间上的变化反映了群落对长期环境条件发展趋势的反应。本节主要阐述群落结构的长期变化，即演替过程。

一、演替的基本概念

演替（succession）一词是 19 世纪初法国博物学家 Malle 第一次用来描述森林被砍伐后植被的发展过程。1859 年 Thoreau 将之称为“森林树种的演替”。1899 年 Cowles 报道了密歇根湖边（Lake Michigan）沙丘植被的演化过程，这才是演替概念的前形。1916 年植物生态学家 Clements 建立了关于群落演替概念的轮廓。以后有许多生态学者对演替做了种种研究和定义。总括而言，群落演替（community succession）是指群落中的生物和环境间反复地相互作用，随着时间的推移使群落由一种类型不可逆转地转变为另一种类型的过程。演替是生物群落与环境相互作用的反复过程，生物物种和数量在变动，环境也同步在变动。演替是有一定方向和规律的，故是可预测的。演替与一般的变化或波动不同，必然是一个不可逆转的过程，并且从剧烈的变动逐渐趋向于一个较为稳定的状态，即最终演替成为顶极群落（climax community）。

在一般自然发生的历史过程中，常可看到一个清澈的湖泊逐年被泥沙或腐烂的水生植物所填塞，逐渐浅湖化并被分割为许多小池塘，称为浅湖分隔，或成为沼泽地，以后又从沼泽地变为旱地。在一年生草本植物侵入并生长后，相继又有多年生草本和一些灌木生长，再发展为乔木，最后成为一片森林，形成一个较为稳定的群落。随着植物相的变化，一些草食动物和肉食动物也相应发生、发展。这其中昆虫常可成为群落演替的指示动物。从一个粮食仓库群落的演替最易说明这问题。仓库是一种人为的环境系统，如果不加其他管理措施而任其发展，则常可见到群落演替的 3 个阶段。最初有一些初级仓虫侵入，如谷象、米象、谷蠹、药材甲、豆象、咖啡豆象、米蛾等。这些害虫都可取食危害完整的谷粒，它们常蛀食种子或粮食产品（如酒曲等），蛀成许多小孔、碎粒或碎屑，还有许多虫粪等。经过一段时间便有许多二级仓虫侵入，并繁殖起来。由于这时的环境不适宜于初级仓虫的生存，而次级仓

虫便代替初级仓虫而成为粮仓中的优势种群，如锯谷盗、拟谷盗等谷盗类。它们只能取食碎粒，或从虫孔中侵入粮食物品。经过相当时间的危害，粮食碎屑更多，虫粪及其他代谢物不断积累。由于呼吸代谢还产生了水分，温度和湿度上升，有利于许多微生物的生长。此时粮食已发生霉烂。这种环境又逐渐不适于二级仓虫的生存而被三级仓虫所替代，如黑菌虫、皮蠹、书虱、露尾甲、粉螨等。这种群落结构的变化是不逆转的，是与粮仓环境同步变化的，是昆虫与粮食环境二者相互作用的结果。这 3 大类群的昆虫又可作为粮仓群落演替的指示生物。

二、群落演替的类别

（一）按演替出现的起点划分

按演替出现的起点可将群落演替分为原生演替（primary succession）和次生演替（secondary succession）两类。原生演替是开始于从未被生物占据过的区域，又称为初级演替，如在岩石、沙丘、冰川泥上所建群落的演替。次生演替是指在曾被生物占据过的或原来就有生物群落的地方发生的演替，如火烧演替、开垦演替、放牧演替等。

（二）按引起演替的原因划分

按引起演替的原因可将群落演替分为内因性演替（endogenetic succession）和外因性演替（exogenetic succession）。内因性的演替是指由于群落内部不同物种间的竞争、抑制或生物活动，改变环境条件的演替。外因性演替是指非生物因素变动引起的演替，如海岸的升降、河流的冲积、沙丘的移动、大气候的变化等。

（三）按群落代谢特征划分

按群落代谢特征可将群落演替分为自养性演替（autotrophic succession）和异养性演替（heterotrophic succession）。群落中主要生物以增加光合作用产物的方式进行的演替，属自养性演替；反之属异养性演替。前者如裸岩→地衣→苔藓→草本植物→灌木→森林的过程，后者见于受污的水体。

三、群落演替的一般特征

群落在演替的过程中表现出以下特征。

（一）演替的方向性

演替的方向是由初始的先锋期，经发展期，最后到成熟期或顶极期。Margalef（1968）曾提出用生物量、食物网、生物组成和食物利用率作为衡量群落成熟的指标。Odum（1969）提出用 6 个方面（即群落能量学、群落结构、生活史、营养物质循环、选择压力和群落的稳定性）来衡量演替的趋势。大多数群落的演替都有共同的趋向，即从低等到高等，由小形到大形，由生活史长到生活史短，由群落层次少到层次多，由营养层次简单到复杂，由物种数少到多，由种间关系不平衡到平衡，由群落不稳定到稳定状态。

（二）演替速度

群落演替历期变化很大，从拥有很少生物量群落（如腐食者）的数周到拥有丰富生物量群落（如森林）的数百年。演替速度是指群落演替从裸地开始，经过一系列演替阶段达到顶极群落所需要的时间。原生演替的速度非常缓慢，因为先驱物种在一片原生裸地上形成种群，再以它为基础发展成一个先驱群落，需要经过漫长的自然选择过程。先驱群落建立之后，每个定居种需要复制、扩散、巩固，同时物种之间发生激烈的资源竞争，群落组成不断变化或更新，所需的时日更长。次生演替的速度则比较迅速，因为这类群落已有一定基础，加上在次生裸地上蕴藏的一个休眠种子或孢子的供应库，这就大大缩短了演替的时间。

由于有些群落的演替时间很长，其演替过程较难直接观察到其实情。这时，可以利用生物化石标本的记录来分析得到史前群落的物种组成、种间关系等情况，反演推测出群落的演替方向和速度。这属于古生态学（paleoecology）研究的内容。

（三）演替效应

演替效应是指群落内的物种，在其自身发展过程中，对生境产生一些对自己生存不利，而对其他物种生存有利的因素，以致在此过程中创造了物种演替的环境条件。例如拟谷盗种群在发展过程中产生的代谢废物，对其自身存活是不利的有毒物质，往往抑制其群落增长，甚至引起种群灭亡。但是这些产物却对某些微生物的繁殖有利，甚至可以排斥并替代拟谷盗。

四、顶极群落

随着群落的演替，最后出现一个相对稳定的群落，即顶极群落（climax community）。它是一个环境条件取得相对平衡的自我维持系统。顶极群落的特征和性质取决于在那里起作用的物理环境，以及同群落中物种的遗传特性相互作用的状况。

（一）顶极群的类型

Tansley（1935）根据引起顶极群落产生的关键因素，将顶极群落分成以下类型。

1. 气候顶极群落　具有正常地形与土壤特性，而且其特征不为邻近所出现的外力所干扰的顶极群落，称为气候顶极群落（climatic climax community）或正常顶极群落（normal climax community），又称为地带性顶极群落（zonal climax community）。气候顶极群落能反映大气候的特点。

2. 土壤顶极群落　由于土壤因素偏离正常特征使生长的植被在演替过程和顶极群落中发生特化，这类顶极群落称为土壤顶极群落（edaphic climax community）。

3. 地形顶极群落　由于局部地形（如温带地区的阳坡和阴坡）产生一种具有特色的植被，这类植被发展的顶极群落称为地形顶极群落（topographic climax community）。通常，特定的地形、地貌特征形成特殊的土壤条件，伴随特殊的小气候，故地形顶极群落又称为地形-土壤顶极群落。

4. 动物顶极群落　任何群落，除植被以外，都含有许多直接或间接依靠植物为食或作

为栖息场所的动物种群。有时一个植物群落的结构和组成，为某种动物经常的、强有力的活动所制约，使原先的群落朝着这类动物所施压力相平衡的方向发展，即某种占优势的动物改变了植被，构成一个与动物活动密切联系的动态系统，称为动物顶极群落（zootic climax community）。

（二）顶极群落的性质

关于顶极群落的性质，有3种不同的学说：单顶极学说（monoclimax theory）、多顶极学说（polyclimax theory）和顶极群落-格局学说（climax pattern theory）。

1. 单顶极学说　单顶极学说是美国生态学家Clements（1916，1936）提出来的，他认为在每一个气候区，只有一个顶极群落，其他一切群落类型都朝着这个唯一的一种顶极群落发展。并认为各地区的顶极群落的类型，取决于当地的气候条件。

2. 多顶极学说　多顶极学说是英国生态学家Tansley提出来的，他认为任何一个地区的顶极群落都是多个的，它取决于土壤理化性质、动物的活动等因素。单顶极学说则认为，这些多种多样的群落都处于演替过程中，它们终究都要演变为当地区特有的、单一的顶极群落。因此两个学派实质上的不同，变成对于测定相对稳定性的时间标准了。但是无论以什么时间为标准，气候都是变化的。演替是一个连续的变化过程，一个气候区只有一个顶极群落的概念就显得十分抽象了。

3. 顶极群落-格局学说　顶极群落-格局学说是Whittaker（1953）根据多顶极学说提出的。他认为，自然群落是由许多环境因素决定的，如气候、土壤、生物等因素。他认为在逐渐改变的环境梯度中，顶极群落类型也是连续地逐渐变化的，彼此之间难以彻底划分开来。目前，多数学者倾向于多顶极学说及顶极群落-格局学说，但限于生物群落类型在地球上的情况，从大范围来看，仍有地带性规律的。

五、昆虫群落演替案例

昆虫由于其物种多、分布广、数量大、迁移性强、对外界环境条件敏感等特点，其群落的演替过程非常明显。昆虫群落的演替趋势与植被或昆虫的取食对象的演替有关。在演替早期，通常是食性广谱者或r对策者占主导地位，而在演替后期则是专食性者或K对策者占主导地位。在演替的早中期物种丰富度通常会增加，但在演替后期会达到一个稳定状态或下降。

植食性昆虫群落的演替往往相随于植被群落的演替。Evans（1988）发现美国堪萨斯州草原发生火灾后，蝗虫群体出现了可预测的变化。火灾后由于禾本科草的生长，取食禾本科草的蝗虫种类的相对丰富度先上升，随后又因非禾本科草本植物的数量增加而下降。在早期演替的温带和热带森林中，刺吸式昆虫和蚂蚁占优势，而在后期演替的森林中食叶者、捕食者和腐食者占优势。这种趋势很可能反映了早期演替过程中具有幼嫩、多汁组织的高运输率的物种占优势，这对刺吸式昆虫和看护蚁是有利的（Schowalter，1994，1995；Schowalter和Crossley，1988；Schowalter和Ganio，2003）。植食性昆虫与植物的物种丰富度在最早演替阶段高度相关，但在后期不相关；相反，大量的昆虫和寄主植物在演替后期高度相关，但在早期就不相关。植食性昆虫的早期定殖取决于植物种类组成，但是后期的种群数量的增加取决于寄主植物的丰盛度（Brown和Southwood，1983）。

森林或木材上昆虫群落的演替与树木的老嫩与木材的腐朽程度相关。Starzyk 和 Witkowski（1981）研究了取食树皮和木材的昆虫群落与橡木到鹅耳枥（hornbean）的森林群落演替阶段间的关系。他们发现，在具有丰富死木材的老森林（70 年以上）中和具有新树桩的刚伐完地内的物种丰富度最高。钻蛀性昆虫幼虫的密度也在老森林中最高，而在刚伐完地内达中等水平。森林演替的中间阶段，取食树皮和木材昆虫的物种少，密度也较低。在一般情况下，木材中发生的演替时间尺度超过数十年，且是由树皮甲虫和食菌小蠹在树死亡时或刚死后穿过树皮屏障引发的（Ausmus，1977；Dowding，1984；Savely，1939；Swift，1977；Zhong 和 Schowalter，1989）。这些甲虫在新鲜的木材（腐败Ⅰ级，树皮完整）上接种了许多共生微生物（Schowalter 等，1992；Stephen 等，1993），并为腐食者和它们的天敌提供进入内部基质的通道。树皮甲虫和食菌小蠹只存在于第 1 年，但有助于穿透树皮和分离树皮，以及皮层下的干燥组织（引起腐败Ⅱ级，树皮分化和脱落）。紧随其后的是钻蛀甲虫、树蜂和与它们相关的腐生微生物，它们通常在接下来的 2～10 年中占优势地位。粉蠹和其他甲虫、木蚁（*Camponotus* sp.）或白蚁在随后的木材分解阶段占优势地位（腐败Ⅲ～Ⅳ级，大量隧道、边材和心材腐败），这可能会持续 5～100 年，取决于木材的条件（特别是水分含量）和种群资源的相似性。随着木材的腐烂，木材变得越来越软、多孔，并含有更多的水分。这些昆虫和与昆虫相关联的细菌和真菌共同完成了木材的分解和混合难以生物降解的腐殖质于森林地表中（腐败Ⅴ级）。

腐食性昆虫具有降解动物尸体的能力。动物尸体上昆虫群落的演替则与尸体的腐烂程度相关联。在尸体所处的新鲜、肿胀、腐烂、干燥、残余等不同阶段中，聚集其上的昆虫物种集合截然不同，并且各物种出现的时间有明显的可界定性（Payne，1965；Tantawi 等，1996；Tullis 和 Goff，1987；Watson 和 Carlton，2003）。小动物尸体被埋葬甲发现后，首先会被掩埋，然后再被产卵，这时尸体上昆虫群落的演替过程就开始了。与哺乳动物尸体上的昆虫种类相比，爬行动物尸体上有着不同的物种组成（Watson 和 Carlton，2003）。对于所有的动物尸体，一般在新鲜、肿胀和腐烂阶段，主要以双翅目昆虫为主，尤其是丽蝇，而后期主要以鞘翅目昆虫为主，尤其是皮蠹。每个阶段的历时长短取决于影响尸体腐烂速率的环境条件和捕食者，特别是蚂蚁（Tullis 和 Goff，1987；Wells 和 Greenberg，1994；Tantawi 等，1996）。这种由当地环境因子调控的腐食类昆虫群落演替的明显顺序性，已被法医昆虫学家应用来确定尸体的死亡时间。

在集有植物叶片的水池或溪流系统的下游会产生一些以腐殖质为基础的群落（detritus-based community），其演替过程也较为明显。Richardson 和 Hull（2000）以及 Richardson 等（2000）观察了波多黎各一集水池中叶片上双翅目滤食者和采集者昆虫种类到来的顺序（即群落的演替），最早到达完全展开的蝎尾蕉叶苞上的定殖者是一种小型的未鉴定的蠓科昆虫，随后是一种未鉴定的毛蠓科昆虫。接着定殖于该水池的是两种食蚜蝇 *Quichuana* sp. 和 *Copestylum* sp.。在富集腐殖质和低氧量的较陈旧的苞片上生存的是淡色库蚊（*Culex antillummagnorum*），最终定居在最陈旧的苞片上的是大蚊（*Limonia* sp.）。

六、群落演替的影响因子

群落演替的方向和演替的速度受到多种因素的影响，例如群落所处环境的基质条件、先

锋生物或前一群落的生存者、环境条件和干扰、物种间的关系等。初始群落的特征和各种生物因素、非生物因素等决定了群落按何种途径发展到最终的哪类群落。

（一）群落所处环境的基质

群落所处环境的基质条件决定了生物体附着、定殖和获得必要资源的能力。一些环境基质限制了物种的存在，例如蛇纹岩土、石膏沙丘和熔岩流，很少物种能忍受这种单一的基质条件或有限的植被覆盖。因此该类环境下群落物种的丰富度很低，演替历时很长。而肥力较好的土壤生境上，很易被多种绿色植物占据而建立群落。

（二）起始定殖者的组成和前一个群落的生存者

起始定殖者的组成和前一个群落的生存者会影响演替的途径。一个地点的初始定殖者代表了该区域的物种库，它们的组成会因它们与种群资源库接近程度的不同而变化。丰盛度高的物种比稀有物种更易占据一个生境。快速增长和扩张的种群比衰退种群更易利用生境中适宜的区域。例如如果树在树皮甲虫最小丰盛度期间死亡，那么由带有不同微生物的昆虫所主宰的异养演替（heterotrophic succession）的启动就会被延缓（Schowalter 等，1992）。最早由钻蛀甲虫、树蜂和白蚁接种的腐生菌定殖的木材，比首先由树皮甲和食菌甲虫带来的霉菌定殖的木材的腐烂速度更快（Käärik，1974；Schowalter 等，1992）。最先侵入昆虫种类的不同，其所带菌的类型不一样，从而影响群落演替的速度和方向。

（三）群落受到干扰后的崩溃重建过程

群落受到干扰后的崩溃重建过程也是群落的演替过程。由于群落中各种群对干扰的耐受性不同，不同干扰作用后存活下来的种类也就不同，因此引起后续演替的差异。干扰的规模影响群落定殖的比例。由草本植物定殖启动的演替会不同于由草本植物、先前群落中的幸存个体和繁殖体（种子库）共同引起的演替。上一个群落的残留物有助于后续演替物种的早期出现和提前发展，也会排斥引起另外一条演替途径出现的一些杂草物种的定殖。大尺度的干扰会促进杂草物种快速大面积定殖，而小尺度的干扰使暴露的面积太小，不能满足不耐阴的杂草种类的生长，而被从边缘扩张而来的演替后期物种所定殖（Brokaw，1985；Denslow，1985；Shure 和 Phillips，1991）。干扰出现的顺序对群落中先后出现的物种群的组成种类有影响。例如火灾之后连着干旱和水灾之后连着火灾两类干扰作用后，群落的演替会完全不同。

（四）长期的环境变化

长期的环境变化（包括人为干扰），也影响群落发展的方向。研究表明，聚集在试验池塘中的物种在各重复中变化很大并且表现出了高度的随机性，但是如果所有的试验池塘在夏末经过慢慢抽干，而在冬春重新灌水的干扰后，其物种组成就较为相似。这就是因为干扰筛掉了一些不耐旱的物种。

（五）动物的行为

动物的行为会影响群落的演替。植食动物的取食危害会影响群落中植物物种组成的变化。

食种子的动物会改变生境中种子的数量，而抑制后续的演替或改变演替的方向。建洞穴或土丘的动物、在泥中打滚或压紧土壤的动物能杀死小斑块上的所有植物，或者可为杂草物种提供合适的发芽环境或者其他资源，进而改变演替方向。一些研究表明，蚂蚁和白蚁巢建穴聚居地是一种独特生境，通常含有高的营养成分，有利于一些独特植被的生长，但当该聚居地被放弃后，就会发生群落的演替（Brenner 和 Silva，1995；Garrettson 等，1998；Guo，1998；Lesica 和 Kannowski，1998；Mahaney 等，1999）。在南美草原的一种切叶蚁 *Atta vollenweideri* 放弃定殖地后，其巢穴的崩溃形成一些小水池，这有利于植物定殖和林地的发展（Jonkman，1978）。

（六）捕食者

捕食者也会影响群落的演替。例如蜘蛛经常是冰碛石或其他裸露生境上最早的定居者。蜘蛛网诱捕了活的和死的猎物以及其他有机残体。在有机质、养分以及微生物分解活动都很低的裸石系统中，蜘蛛对猎物的消化可能会加速养分纳入正在发展中的生态系统。由结构蛋白组成的蜘蛛网可能会给地表分配一些氮素。此外，蜘蛛网还可以物理稳固地表，并能通过凝集大气中的水分来增加地表的湿度。蜘蛛的作用将有利于蓝藻和早期演替植被的发展（Hodkinson 等，2001）。

第四节　群落的多样性和稳定性

昆虫组成了世界绝大部分的生物多样性。昆虫对环境具有独特的适应机能，在不同的环境下出现不同的种类和数量分布，以致其群落的组成和结构具有更高的复杂性。农田生态系统是一种经过人工改造并不断受到干扰的系统。在这种系统中，昆虫群落的基本性质及其发展规律与其他陆地生物群落有所不同，其多样性和稳定性的表现形式极为复杂。农作物病虫害的发生和发展，与农田昆虫群落的多样性和稳定性密切相关。人们研究昆虫群落的多样性和稳定性，其主要目的就是为了合理开发和利用自然资源，实现有害生物的生态控制，促进农业持续健康地发展。

一、群落多样性的概念

生物多样性（biodiversity 或 biological diversity）是一个描述自然界多种多样程度的内容广泛的概念，不同学者因为研究的对象和目的不同，可能会有不同的侧重点。群落多样性通常是指群落中物种的丰富度、各物种的丰盛度和各物种数量的均匀性，也就是常说的群落物种多样性。

物种丰富度（richness）表征群落中包含多少个物种，常用 S 表示。丰富度越大，则物种数越多，生物种间的关系越复杂。由于一般无法对整个群落进行生物个体的全部调查，因此要得到群落物种丰富度的真实值是很难的。因此在确定丰富度高低时，需采用相同的抽样方法、样方大小和抽样数进行群落的调查，如果样方大小和抽样数不同，则需要对调查所得丰富度进行校正，如采用稀疏法（rarefaction method）。同时，也可根据样方调查中出现唯一种（指同一群落中仅在 1 个样方中出现的物种）的种类数，采用 Jackknife 方法进行各群落丰富度的估计。

丰盛度（abundance）是指组成群落各物种的个体数，个体数越多，说明该物种的丰盛度越高。

均匀性（evenness）是指组成群落所有生物个体数在各物种间的分配情况。当个体数平均分配给每个物种时，群落的均匀性最高。

物种丰富度是群落多样性的核心，它在根本上决定了群落多样性的高低。

二、群落物种多样性的影响因素

许多因子影响群落物种多样性，其中以生境、资源可利用性和物种互作相关的因子对群落结构影响最大。

（一）生境面积和复杂性

在时间或空间上，群落中的物种数量与取样数关系很大，物种数量随着取样量增加而上升。大生境面积的取样会获得区域物种库中绝大部分的物种。生境面积的增大，生境异质性也会提高，其生态位的数量增多，这样可以为更多的物种提供生存空间和资源。因此生境面积的大小直接关系到群落中的物种丰富度。

在岛屿生物地理理论的发展过程中，MacArthur 和 Wilson（1967）提出物种丰富度（S）和岛屿面积的关系（a），两者间的关系可表示为

$$S = Ca^z$$

式中，C 是取决于分类单元和生物地理区域的参数；z 是很少随分类单元或者生物地理区域变化而变化的参数，其值通常为 0.20～0.35。参数 z 的值随着生境异质性增大和越靠近大陆而增加。这种物种与面积的关系在岛屿内非隔离的区域或者大陆内取样时也同样成立，只是 z 会更小，通常为 0.12～0.17（MacArthur 和 Wilson，1967）。

生境面积一直被认为是影响物种丰富度的主要因子，它很可能是影响物种丰富度在纬度和寄主存在时间上的梯度表现（Birks，1980；Price，1997；Terborgh，1973）。然而，生境面积大小也代表了生境异质性的高低。与小岛屿相比，大岛屿在海拔高度、土壤类型、地貌等上具有更大的变化幅度。同样地，大面积的陆地与小面积的陆地相比，其生境条件的变化幅度也更大。物种组成明确的群落往往依赖于特定资源，例如植物或者微生物（Moore 和 Hunt，1988）。当资源多样性增加时，物种丰富度会呈指数增加。而且，生境异质性可为生物提供避难所，以逃避竞争或者捕食。另外，植物个体结构的复杂性也会影响在该植物上生活的物种多样性（Lawton，1983）。

生境的破碎常会改变物种丰富度和其他多样性的度量值。大碎块比小碎片保持了更大部分的物种丰富度（图 5-6）。破碎化生境中的特征物种常被其周围发源地中的特征物种所取代（Summerville 和 Crist，2004）。群落中有些功能团（guild）对生境破碎会比另一些更加敏感，因此受影响程度的大小存在功能团间的差异。功能团是指群落中具有相类似功能的物种集合，例如群落中全部捕食性天敌可归类为同一功能团，全部寄生性天敌可归为另一类功能团。例如 Golden 和 Crist（1999）报道由于生境的破碎化，一枝黄花上刺吸类昆虫和寄生蜂显著减少，但是咀嚼类昆虫和捕食性天敌大体不受影响。总体而言，昆虫物种丰富度因破碎化而降低，这主要是由于稀有物种的丧失所致。

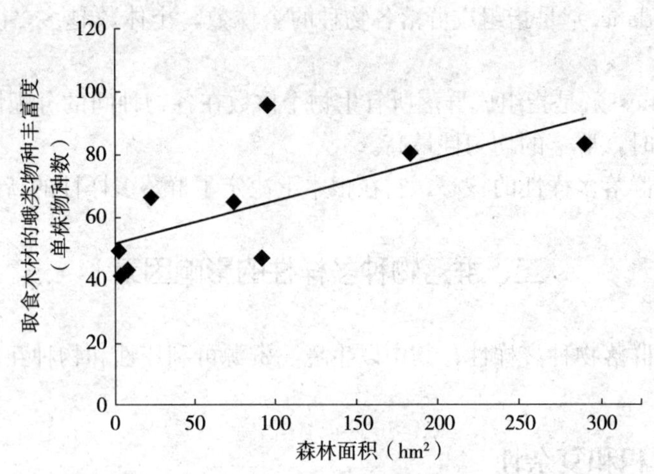

图 5-6　森林斑块大小与取食木材蛾类物种数量之间的关系
（引自 Summerville 和 Crist，2004）

（二）生境的稳定性

生境稳定性决定了群落发展中利用生境时间的长度。Wilson（1969）认为群落发展分 4 个阶段。第一阶段是物种间无相互作用阶段（non-interactive stage），发生在刚存在的新生境或刚被干扰之后的生境中，这个阶段群落的物种数量少且种群数量低，物种间未产生相互影响关系。第二阶段是物种间发生相互作用阶段，随着群落中物种数量的上升，竞争和捕食关系影响群落结构，并伴随着一些物种的消失和新物种加入。第三阶段是协调阶段，该阶段群落中各物种保持共存并能高效利用资源，形成种团。第四阶段是进化阶段，物种间通过协同进化，提高群落在资源利用和种团形成上的总体效率。经常受到干扰生境中的群落发展很难超越早期阶段，而稳定的生境允许群落向高级阶段发展，并提高物种丰富度。然而最稳定的生境还会允许最适应的物种抢占其他物种的资源，从而导致物种丰富度的下降。这种物种多样性高峰出现在中度干扰水平的现象，被称为中度干扰假说（intermediate disturbance hypothesis）。

（三）生境或资源的条件

生境条件（habitat condition）决定了特定物种存活和持续的模式。生境的物理条件包括温度、水和其他物质。例如从溪流中引水灌溉会改变水生无脊椎动物群落的生境条件，水深、流速和湿地生境的变化与水的抽走量相关，不过，水的电导率和温度的变化只有在抽走超过 85%以上的水量后才出现。减少了超过 90%以上的水量并且温度在 30 ℃以上时就会引起水生动物群落结构从以收集和滤食性的蜉蝣目、𫌀翅目和毛翅目为主的群落转变为以刮食性的长角甲、捕食类和非昆虫为主的群落。特殊资源的存在决定了与其相关物种的存在。当生境中以前有限的资源（寄主）变得更加丰富时，与其相关物种也会变得更加丰富，直到其他一些因子又变得有限为止。例如给草地施肥增加了节肢动物物种丰富度和丰盛度(Siemann，1998)。

有限资源可能会抑制生境中优势种的产生，而保持高的物种丰富度。物种丰富度不总是与生产力呈线性相关（Rosenzweig 和 Abramsky，1993）。因为高生产力有利于使最具竞争

力物种占优势。所以中等水平的生产力经常支持最高的多样性。在水生植物、陆生植物和动物群落中，物种丰富度和生产力之间最常见的是峰型关系，表明物种丰富度通常在生产力中等水平下最高（Mittelbach 等，2001）。

各营养级水平的多样性均受资源存在的多样性影响。节肢动物群落的多样性与植物群落多样性相关。植物种群的遗传多样性也会影响与植物相关的节肢动物的多样性。发生了遗传分化的植物种群的异质性比遗传上没有分化的高。植物结构的复杂性也会影响节肢动物群落的多样性。

生境的异质性会影响物种的丰富度。资源分散时，生物很难维持能量和营养平衡，所以单个物种的丰盛度（个体数）通常会随着资源异质化的增高而下降，某一种丰盛度的降低可腾出部分生态位给更多的物种，从而提高了物种丰富度。相反地，同质资源有助于提高最适应物种的竞争优势，导致物种丰富度下降。例如大规模地种植单一的农作物或者林业植物，就为一些物种种群的猖獗暴发提供了条件，减少了与其共享生境的其他物种的资源。

（四）物种间的相互关系

物种间的相互关系能够加强或者消除一些物种的存在，如当资源缺乏时，种群就不会延续。同样，竞争者、捕食者和共生者的存在，也直接和间接地影响相关物种的延续。以前，物种间的相互关系常被认为是协同进化的证据。然而，物种进入新区域时，还可以通过先前的适应经验（pre-adaptation）占领一些空生态位，如利用新生境与原生境的相似性来占据新生境，而不是要完全与其他物种建立关系后才定殖。

一些物种对群落结构的影响有特别深远的效果，它们在群落中的存在与否会引起不同的群落结构，这些物种就是群落的关键种（keystone species）。关键种被用于描述影响生态系统结构或者功能较大的任何物种，且这种影响与它们的丰盛度或者生物量不一定呈比例（Bond，1993；Power 等，1996）。例如一个顶级捕食者偏向于捕食那些有相互竞争的猎物物种中丰盛度最高的猎物，从而阻止任何单种猎物能竞争性地抑制其他猎物种，为此而使群落保持高的多样性。而当该捕食者在群落中缺失时，群落多样性就降低。

在一定程度上，一些昆虫种类的丰盛度极大地改变了多样性、生产力、能量比例或者营养流等而被认为是关键种。许多植食性昆虫可以通过选择性地降低丰盛度高的寄主植物的密度，为其非寄主植物提供生存空间和资源，从而提高植物物种的多样性（Lawton 和 Brown，1993；Schowalter 和 Lowman，1999）。南方松树甲虫（*Dendroctonus frontalis*）在高种群密度时能够杀死松树，从而增加了其他蛀干物种种群所需资源的存在性，而增加了松树害虫的多样性（Flamm 等，1993）。大蜻蜓（*Tramea lacerata*）稚虫取食其他蜻蜓和很多其他物种，但它也被其他蜻蜓和豆娘稚虫取食。湿地群落引入大蜻蜓对猎物豆娘有直接的不利影响，但又可通过降低其他捕食性蜻蜓数量而对豆娘有间接的正面作用（Wissinger 和 McGrady，1993）。白蚁和蚂蚁可通过决定植被的发展来影响土壤结构和肥力。

自下而上的因子（bottom-up）（如资源供应）和自上而下的因子（top-down，如营养级连）共同调节种群的平衡。任何营养级的丰盛度变化都会影响其他营养级的丰盛度。通常，一个营养级丰盛度的上升会提高其上一营养级的可利用资源，但会降低其下一营养级的丰盛度。某个低营养级丰盛度的下降，会降低其对更低一级营养层的控制作用，从而提高了与其低一级的营养层的丰盛度，但又减少与其高一级营养层的丰盛度。去除昆虫天敌，会增

加植食昆虫的丰富度而减少植物的产量。从枯枝落叶中去除捕食者，会提高弹尾虫的丰盛度和枯枝落叶的分解速率（Hunter 等，2003）。郭公甲（*Tarsobaenus letourneauae*）捕食蚂蚁，特别是 *Pheidole bicornis* 蚂蚁，降低了蚂蚁的丰盛度，提高了植食者丰盛度，从而降低了蚂蚁所在树 *Piper cenocladum* 的叶面积。当这种甲虫不存在时，顶级捕食者是一种效率低的蜘蛛，那么蚂蚁丰盛度高，而植食者丰盛度低。营养层中自上而下和自下而上的调控效应表明，资源（光和营养）的增加直接提高了植物生物量，但对中间营养级或顶级捕食者没有间接影响，但去除高营养级的物种会间接影响植物的生物量。

总之，物种间的关系是通过食物链和食物网中的营养关系，对群落物种丰富度和多样性产生影响。

三、群落稳定性

群落稳定性常表现在群落所处的生态系统的稳定性之中，一般包括抗干扰能力和被干扰后的恢复能力两方面。Holling（1973）最初将稳定性定义为群落以微小结构变化抵挡干扰的能力，而恢复力是群落受到干扰后恢复的能力。Webster 等（1975）随后改进了稳定性的定义，将稳定性定义为抵抗变化的能力和受干扰后恢复的能力的结合。演替是群落恢复力的表现。然而，至今用来衡量稳定性的标准还是不太明确的。在抵抗力被打破之前，群落可以承受多大程度的变化？恢复力是否需要恢复到干扰前的群落结构，或者是恢复支持特定群落类型的生态系统功能，并且是在什么空间和时间尺度下的恢复？这些问题的答案都还是模糊的。

群落的抵抗力取决于优势种对典型干扰或其他环境变化，或者对资源的耐受性水平。恢复力来自能够快速地重新定殖和生长的物种。总体而言，具有高的生物储量和非生物储量和低周转的温带森林应对干扰表现出最强抵抗力和最低恢复力；具有较低的生物储量和非生物储量和快周转的溪流系统表现为弱抵抗力和强恢复力。抵抗力和恢复力对一个给定生态系统稳定性的贡献呈负相关，其贡献取决于 K 对策者和 r 对策者的比例。群落的演替就代表了一种从恢复力强群落到抵抗力强群落的转变趋势。

区域内的物种丰富度和分布影响群落的抵抗力和恢复力。斑块化提高了群落与外部因素的接触，从而降低了抵抗力。例如森林群落内部的树木由于周围树木的缓冲作用而少受高温和大风的影响，因而通常比开放式生长的树木具有更小的支撑作用。斑块化增加了树木遭遇高温和大风的概率，因此使这些树木对湿度胁迫和刮断倒树的威胁更加脆弱（Chen 等，1995；Franklin 等，1992）。斑块化也会干扰区域物种库中物种在受干扰地重新定殖的能力。物种适应于不同水平的扩散和定殖，以能够在典型生境基质中维持种群。如果板块化提高了斑块转变率，那么许多物种的定殖速率就不足以为群落恢复提供必需的恢复力。

从物种组成和食物网结构方面来看，简单的群落往往会比复杂的群落更稳定（May，1973，1983）。Boucot（1990）指出，在化石记录中，简单海洋生物群落比复杂的海洋生物群落出现于不同沉积间断层的频率更高。特定的植物分类群在大区域内生存了 10^6～10^7年，表明了其高度的稳定性。群落演替可能存在多个终点的假说表明，许多群落并不一定要恢复到它们受干扰前的组成或食物网结构（Schowalter，1985；Schowalter 等，1981；Shugart 等，1981）。

数学建模分析方法的结果表明，越复杂的群落在受到干扰时越容易因任一种群的受扰而导致整个群落的崩溃，这是因为受扰效应可通过食物网影响整个群落中的物种（May，1973，1983；Yodzis，1980）。Evans（1988）发现，蝗虫集合体在草原生态系统火烧后很明显地汇聚，以形成结构上的更大相似性，而不是随机存在。Fukami 等（2001）建模了分块群落，并发现增加多样性提高了区域群落的组成相似性，而更大的相似性提高了群落结构和功能的可靠性。

多样性会抑制能威胁一些物种进而破坏群落结构的昆虫或病原物的传播。例如美国南部松树和阔叶树的多样性减慢了南方松树甲虫种群的扩散（Schowalter 和 Turchin，1993）。Ostfeld 和 Keesing（2000）发现小型哺乳动物和蜥蜴物种丰富度上升，减少了由蜱传播的螺旋菌引起的人类莱姆病的病例，但这种病例随着土栖鸟类物种丰富度的上升而增加。这些结果表明，疾病的流行可能依赖于病原宿主的多样性，而发病率常会随着病原宿主被非宿主不断稀释而降低。

在一定程度上，群落变量的多样性和稳定性之间缺乏明确的相关性，这可能是演替过程中群落所处的中间阶段能产生多种演替途径所导致的一个人为结果。经常受干扰的群落会比那些不经常受干扰的群落更稳定，因为协调的物种团被干扰选择出来了。此外，如果最大物种多样性发生在中等水平的干扰，那么从偏离特定群落结构的频率和幅度来看，早期和后期演替群落的低物种多样性就会同时对应高和低的稳定性。

由此说明，群落的多样性与稳定性间的关系较为复杂。判断稳定性时与把握的空间尺度关系较大，局部水平上的不稳定，放大到景观区域内却可能是稳定的。另外，稳定性是用抵抗力还是恢复力来衡量，这也没有统一的标准。群落多样性的度量也一样存在较多指标，如物种丰富度、功能团的丰富度、一些物种多样性指数或者是功能团的多样性指数等。稳定性可与一些指标相关，而与另一些指标不相关，因此在各种研究中容易出现不同的结果。

不过，在农田生态系统中，现有的研究表明，单一的作物田中害虫暴发成灾的概率要高于作物种类多、系统复杂的田，因为作物种类多，特别是随时有开花植物存在的系统，会有利于天敌昆虫的生活，从而提高天敌的种类和数量，压制害虫种群的暴发。但是，农田多样性多高才可控制住害虫，以保持系统的稳定性，这也还没有具体结论。

第五节　群落特性的分析

群落由许多种群组成，其结构比种群要复杂得多。因此仅凭群落中的生物个体数还远不能表述清楚群落的特性，而应该从生境变化、物种组成、物种间关系、物种优势度、多样性等多方面来描述群落的基本特性，同时对多个群落进行相似性比较，通过聚类和排序方法，综合评价各群落间的亲密关系或相似水平。

一、群落的生境梯度及物种分布

自然环境各个生态因子常有一定的梯度分布，例如海拔、温度、湿度、土壤、风、光等，对动物群落来说还有植被梯度因素。如果用两个主要环境因子与各种种群密度分布做二维状态关系分析，也就是以因素 1 作为横坐标，因素 2 作为纵坐标，将每一个物种在二维点

上的种群密度按等数量线制成一个群落物种在二维生态梯度上的种群分布图，从图中可以看出群落中各物种受环境梯度的影响情况。Whittaker（1952，1956）作出了美国大烟雾山中2种栎树林和3种昆虫群落的生境梯度分布图，见图5-7。

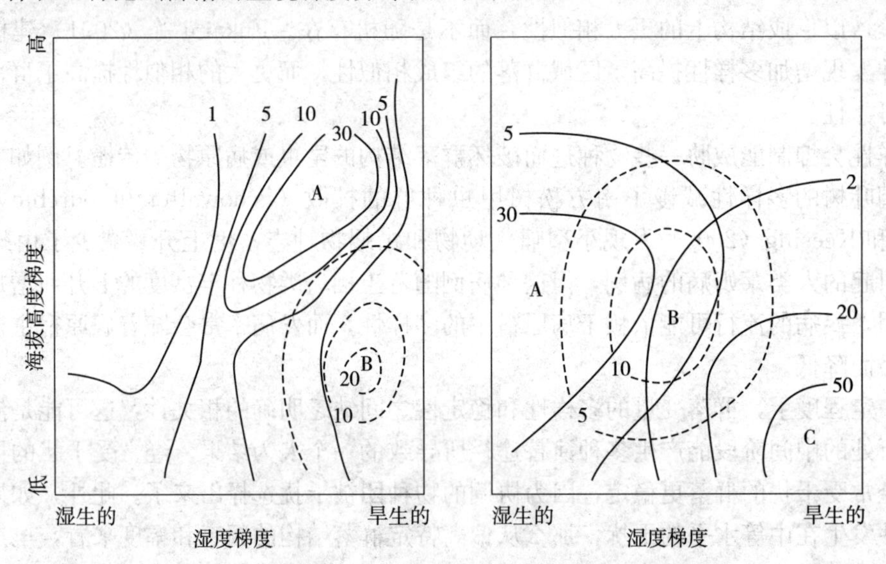

图5-7　在大烟雾山沿湿度梯度和高度梯度上生物的分布

a. 橡树的等数量线［A. 北方红栎（*Quercus borealis*）　B. 大红栎（*Quercus coccinea*）］

b. 3种昆虫的分布［A. 啮虫（*Polypsocus corruptus*，啮虫科）　B. 牛虻（*Leptopeza compta*，牛虻科）

C. 长蝽（*Kleidocerys reseda*e，长蝽科）］

（引自 Whittaker1952，1956）

图5-7中的线条为各种群的等数量线。从图5-7中可以看出每一个物种都有一个数量较集中的分布中心，随着生境梯度逐渐向不适合生存的方向延伸，种群数量减少。这实际上正反映了该种生物在生境梯度上的分布情况。

Terborgh（1971）建立了物种种群在生境梯度上分布的3个基本模型图，见图5-8。

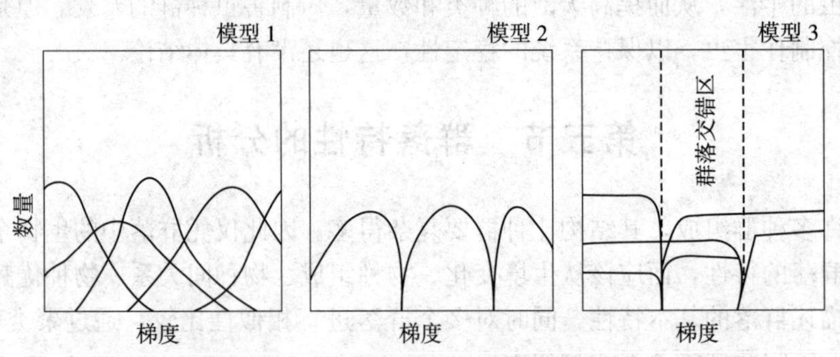

图5-8　Terborgh提出的3个模型

模型1. 沿着一个环境梯度物种的数量不受其他种的影响

模型2. 竞争者相遇的地方数量斜截　模型3. 在群落交错区边缘数量明显斜截

（引自 Terborgh，1971）

图5-8中，模型1代表各物种间是相互独立的，它们在生境梯度上的生态适应地和生态幅度交错重叠，因此也表现出群落中各物种呈交错重叠的分布状况。模型2表示了各物种的竞争性和排斥性，或各物种对生境梯度的适应性有十分严格的差异性，从而限制了其分布，

并形成了各自明确的分布界限。模型3则显示出各物种对生境梯度的适应性的非连续性，有的适应于梯度偏小的范围，有的适应于梯度偏大的范围，特别要指出的是中间有一个群落交错区，则是以上两类物种生态适应区的交错重叠区。群落交错区内的物种往往种类多，数量大，竞争激烈，变动频繁。

通常将群落交错区中生物种类增加、某些种类密度增大或生产力增大的现象，称为边际效应（edge effect）。立体农业就是群落边际效应利用的最好例证，其增产增收效果明显。立体农业是充分利用空间把不同生物种群组合起来，形成多物种共存、多层次配置、多级物质循环和能量流动利用的立体种植、立体养殖或立体种养的农业经营模式，这是农业可持续发展的方向，例如稻田养鱼或养鸭模式、果园养鸡模式等。

石培礼等（2000）调查了四川卧龙亚高山林线交错带几个群落的样地信息（表5-1），调查结果也显示出在林线生态交错带附近物种数量最多。

表5-1 四川卧龙巴郎山林线交错带群落的生物分布（引自石培礼等，2000）

群落类型	位置（距林线的距离，m）	物种数
1. 岷江冷杉郁闭林	350～290	17
2. 郁闭林、疏林交错带	230～170	40
3. 岷江冷杉疏林	130～170	35
4. 冷杉林林缘	50～20	63
5. 冷杉林与草甸交错带	距冷杉林20m，草甸10m	69
6. 林缘草甸	10～40	56
7. 草甸Ⅰ	40～90	45
8. 草甸Ⅱ	90～150	32

上面讨论了不同生境梯度下群落中的物种分布。反过来也可以从群落的分布状况来研究分析生境的相似性和生境的区划。它是以群落内各物种对生境梯度的生态适应性作为生物指示指标，比较生境区域间的相似或相异程度，最后做出生境的区划。下面以芬兰Kontkannen（1950）的研究为例，说明具体的研究方法和分析过程。在芬兰卡累利阿（Karelia）的草原上研究叶蝉科昆虫的分布特点。在该草原富沼泽、贫沼泽、泥炭草地和牧草地4种类型上（即有从湿到干的生境梯度），将该草原粗略地分为8个样区，用扫网法分别均匀取样收集叶蝉样本，共采到36种叶蝉，并发现依其对湿度的适应性可分为6个组群，但在分布区上有许多重叠之处（表5-2），故用相似指数（即相似商，Q_s）来分析样品间的相似程度，再以这些组群分布的相似性指数作为标准来分析整个草原的自然区划。将8个样区按A、B两组分为各个二二组合，进行相似指数（Q_s）的计算和分析（表5-3）。Q_s相似指数用下式计算。

$$Q_s = \frac{2c \times 100}{a + b}$$

式中，a为A样区全部样本中物种的总数目，b为B样区全部样本中物种的总数目，c为两个样区全部样本中相同物种的数目。相似指数也可用于反映两个群落的相似度大小。

表 5-2　8 个样区生境梯度上的叶蝉种类数

（据 Kontkanen 1950 年资料重新整理）

生境梯度	样区	叶蝉种类数	生态类群划分
湿	1	5	一
↑	2	5	一
	3	11	一、二、六
	4	6	二、六
	5	11	二、三、六
	6	13	三、四、六
↓	7	8	四、六
干	8	21	四、五、六

生态类群划分，将叶蝉按对湿度的生态适应性分为 6 个组群：一为喜湿性，二为偏湿性，三为中性，四为偏干性，五为喜干性，六为广湿性。

表 5-3　8 个样区按 A、B 两组（两两组合）的 Q_s 指数计算

抽样样区		Q_s 指数及公式中各参数值			
A	B	a	b	c	Q_s
1	2	5	5	5	100
1	3	5	11	5	62
1	4	5	6	0	0
3	4	11	6	6	70
3	5	11	11	6	55
3	6	11	13	1	8
4	5	6	11	6	70
4	6	6	13	1	10
5	6	11	13	6	50
5	7	11	8	5	53
5	8	13	8	8	80

分析时，若 A、B 两个样区的相似性指数（Q_s）＜50 时，可暂定为界限的分界标准。例如样区（1，4）的 Q_s=0，而样区（1，2）和样区（1，3）间均 Q_s＞50，故可分析为 1～3 区为一个生态区。依次类推，可以将以上 8 个样区分为 1-3、3-5 和 5-8 共 3 个生态区。可见，这 3 个生态区间的边界有模糊或重叠处，但总体可将 Karelia 草原分为共 3 个生态区。

二、群落的优势度

群落优势度（dominance）是指群落中个体数量最多的一种种群的个体数占群落总生物个体数的比例，表示为

$$B=\frac{n_{\max}}{N}$$

式中，n_{max}为群落中数量最多一个物种的个体数，N 为群落中生物的总个体数。

优势度愈大，则表示群落内物种间个体数差异愈大，其优势种愈突出，种间竞争愈激烈，群落多处于不稳定状态。

三、群落的优势集中性指数

群落的优势集中性指数（index of dominant concentration，C）是用概率论概念来分析群落的优势度（Simpson，1949），可表示为

$$C=\sum_{j=1}^{s}(p_i)^2=\sum_{i=1}^{s}(\frac{n_i}{N})^2$$

式中，p_i为 i 物种个体出现的频率，n_i为 i 物种出现的个体数，N 为群落的总个体数。

上述计算式的物理意义是，当随机抽取两个样本时，抽到为同一物种的概率。优势集中性指数越大，抽到同一物种的概率就高，这也是表征群落内各物种个体数分布规律的一个量度方法。

四、群落的物种多样性

群落的物种多样性（species diversity）是一种利用群落中物种数和各物种个体数来表示群落特征的方法。群落的丰富度（S）只包含了物种数一个信息，群落的优势度（B）则只包含了物种个体数一个信息，而群落的物种多样性则包含有群落中物种数目及各物种的个体数（或生物量、生产力等）之间的比例关系。物种多样性最常见的计算方法有下述 3 种。

（一）Shannon-Wiener 指数

Shannon-Wiener 指数简称香农指数，是 Shannon 和 Wiener 借用了信息论方法提出的。信息论的主要测量目标是系统的有序或无序的含量。在信息工程中，人们要预测信息中下一个是什么字母，其不定性的程度有多大。例如 b、b、b、b、b、b、b 这样的信息流，都属于同一个字母，要预测下一个字母是什么，没有什么不定性，其信息的不定性等于零。如果是 a、e、b、d、c、f、g，每个字母都不相同，那么其不定性就大。香农指数就利用了信息论中的不定性测量方法。在信息流中物种数就相当于字母数，而各物种的个体数，就相当于各字母出现的次数。多样性指数越大，其不定性也就越大。香农指数的公式为

$$H'=-\sum_{i=1}^{S}p_i\ln p_i$$

式中，H'为群落的物种多样性指数（亦称为香农指数）；S 为物种数，p_i为第 i 物种的个体数占总个体数的比例（$p_i=n_i/N$，n_i为第 i 物种的个体数，N 为群落中各物种的总个体数）。式中对数的底可用 2、e 或 10，最初的公式用的是 2，为了计算方便也可用 e 或 10。现用一个假设的例子加以说明（表 5-4）。

从表 5-4 中可以看出，物种数越多，H'越高。在相同物种数时则各物种个体数越均匀，则 H'越高。当一种群落中包含有更多的种类，而且各个种的个体数分布较均匀时，则容易形成一个较为复杂的相互关系，可能会使各物种间保持相对的平衡状态，从而使群落趋于稳

定。H'可以反映出群落中的丰富度、变异程度或均匀性。同时，也不同程度地反映出不同地理环境条件或群落发展的情况。所以该指数是目前应用最多的一种估计物种多样性的计算方法。

表 5-4　4 个群落中各物种个体数所占比例

群落	样本中各物种个体数所占的比例（$p_i=n_i/N$）			物种总数	H'
	物种 1	物种 2	物种 3		
Ⅰ	0.90	0.10	0	2	0.33
Ⅱ	0.50	0.50	0	2	0.69
Ⅲ	0.80	0.10	0.10	3	0.70
Ⅳ	0.33	0.33	0.33	3	1.10

一般，靠近赤道地区的物种数较多，各物种间个体数较均匀，多样性较高。而远离赤道的温带或寒带地区则物种数大大减少，物种间个体数差异大，优势种突出，多样性较低。究其原因，一般认为由于寒带地区受历史上冰川的影响而群落重建和演替的年龄较轻；而靠近赤道的地区年龄较老，又离太阳近，辐射能较大，气候较稳定。但靠近赤道的地区，生境分化复杂，新种形成的速度和群落演替的速度都较快，物种间调节控制系统较完善，在演替中积累了许多能在竞争中起缓冲作用的中性物种；由于生境的分化也积累了对生境要求不同的物种，从而充分利用了资源，缓和了种间竞争的程度。

现代世界由于生产力的迅猛发展，盲目开发自然资源，破坏和污染了环境，已成为对人类社会影响的头等重要问题。应用群落的物种多样性指标来研究环境保护问题，已有许多研究报告。例如农田中滥用化肥和农药后，多样性指数下降，害虫极容易再猖獗。如经过合理的管理和控制后多样性指数又可得到恢复。物种多样性指数（H'）可作为环境污染程度的一种生物指标。

（二）辛普森指数

Simpson（1949）以概率论为依据提出了一种多样性指数。他假设一个群落包含 S 个物种的总个体数为 N，第 i 种有 n_i 个体，$N=\sum n_i$。若从中随机抽取两个个体，其属于同一物种的概率越大，就可认为群落的多样性越低，概率公式为

$$\lambda=\sum\frac{n_i(n_i-1)}{N(N-1)}$$

因为概率（λ）的解释与多样性（H'）正相反，λ 愈大则多样性愈小。Greenberg（1956）提出用 $1-\lambda$ 来表示多样性，为了方便，记为 D，即有

$$D=1-\lambda=1-\sum p_i^2$$

式中，p_i 表示整个总体中第 i 种个体的比例，$p_i=n_i/N$。D 值愈大，则多样性愈高。

Simpson 指数（Simpson index）对稀有种作用较小，而对普遍的种作用较大，其值为 $0\sim1-1/S$。

例如有 A、B 和 C 3 个群落，抽样调查每个群落的物种数和个体数，结果如表 5-5 所示。

表 5-5　3 个群落具有两个物种的不同个体数

群落类型	物种 1（S_1）	物种 2（S_2）
群落 A	100	0
群落 B	50	50
群落 C	99	1

根据表 5-5 即可分别求得群落 A、B、C 的多样性指数分别为

$$D_A=1-[(100/100)^2+(0/100)^2]=0$$

$$D_B=1-[(50/100)^2+(50/100)^2]=0.5$$

$$D_C=1-[(99/100)^2+(1/100)^2]=0.0198$$

计算结果表明，B 群落的多样性高于 C 群落，而 A 群落的多样性最低。

（三）Brillouin 指数

对生物群落的取样时，往往属搜集性的取样，而并非完全随机。在不放回的有限搜集性取样时，用 Brillouin 指数（$\hat{H}$）来估计群落的多样性较为适合，其表达式为

$$\hat{H}=\frac{1}{N}\log\left(\frac{N!}{n_1!\ n_2!\ n_3!\ \cdots}\right)$$

式中，N 为群落中搜集到的总个体数，n_i 为第 i 个物种的个体数，对数可以选择任意底数。

Brillouin 指数与香农多样性指数（H'）一样，它对群落中稀有物种的个体数变化较为敏感，而 Simpson 指数对普遍种个体数的变化较为敏感。

对各群落进行调查时，最好保持取样方法、样方大小和取样数的一致性。这样计算出来的多样性指数在不同群落间才有可比性。

五、群落的均匀度

Pielou（1975）提出了用均匀度（evenness）指数来衡量群落的均匀程度。各个物种个体数之间的分配越均匀，H'值就越大。如果每一个体都属于同一种，则多样性指数为最小。因此可以通过估计群落的理论上的最大多样性指数（H_{max}），然后以实际的多样性指数（H'）对最大多样性指数 H_{max}的比例，来衡量一个群落的均匀度。

当各物种的个体比例（p_i）值均相等时，也即 $p_1=p_2=p_3=\cdots=1/S$ 时，群落为最均匀，此时，群落的多样性指数为最大多样性指数，即 $H_{max}=\ln S$。

因此可以把均匀性指数（E）定义为

$$E=\frac{H'}{H_{max}}=\frac{H'}{\ln S}$$

现以表 5-6 中的数据为例，来说明均匀性指数的计算。

因为 $H_{max}=\ln S=\ln 6=1.792$，且由表 5-6 可知，$H'=1.05$，故有

$$E=\frac{H'}{H_{max}}=\frac{1.107}{1.792}=0.617$$

表 5-6　应用香农指数计算多样性和均匀性

物种	p_i	$-p_i \ln p_i$
1	0.642	0.284
2	0.021	0.081
3	0.135	0.270
4	0.003	0.017
5	0.121	0.256
6	0.078	0.199
$\sum$	1.00	1.107

该群落的均匀度（E）为 0.617。均匀度也是群落的一个表征特性，均匀度越大则表示群落内各物种间个体数分布越均匀，物种的多样性相对较大，物种间的相互制约关系较密切。

六、种间关联分析

在群落研究中，往往需要确定哪些种趋向于生活在一起而形成群落，群落的边界在哪里。为了客观地答复这问题，就需测定物种之间的关联程度。种间关联系数（coefficient of interspecific association）或无样方取样法（plotless sampling method）可以用来测定群落内物种的关联性。

（一）关联系数

1. 关联系数的测定方法　两物种 A 和 B 关联程度的测定，多采用 2×2 列联表来进行，其基本原理为：在样方中出现 A、B 两物种出现的情形有 4 种：①a 型，两种共有；②d 型，两种均缺；③c 型，有 A 种，无 B 种；④b 型，无 A 种，有 B 种，具体如表 5-7 所示。

表 5-7　群落中 A 和 B 物种在各样方中的出现情况

物种 A	物种 B	
	有	无
有	a	b
无	c	d

如果绝大多数样方属 a 型或 d 型，则两物种属正关联的；如果绝大多数样方属 b 型或 c 型，则两物种属负关联的；如果上述 4 种类型在样方中随机出现，则两物种没有任何关系。因此可用卡方 χ^2 检验法来判断两物种之间有无关联；如有关联是正关联，还是负关联。

产生正关联的原因可能是：共生关系、食物联系、对某种环境条件有共同的需求。负关联的原因则可能是：种间有异种抑制物质的存在、竞争排斥、对某种环境条件有相反的要求。

例如有两种昆虫 x 和 y，调查他们在 1 m^2 的样方中出现频率，结果如表 5-8。

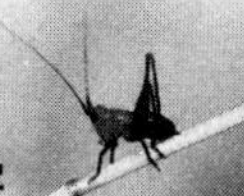

表 5-8　群落中昆虫 x 和 y 在各样方中的出现情况

昆虫 x	昆虫 y	
	有	无
有	8	47
无	75	20

由表 5-8 可知，如以 a、b、c 和 d 分别表示 a 型、b 型、c 型和 d 型的个体数，则有 $a+d=20+8=28$，$b+c=47+75=122$，即 $b+c>a+d$，可见这两物种具有负关联的关系。

如果要定量地表示其关联程度，则应计算关联系数，其计算式为

$$V=\frac{ad-bc}{\sqrt{(a+b)(c+d)(a+c)(b+d)}}$$

式中，V 为关联系数，其值的变化范围 $-1\sim+1$。若 V 是正值，$ad>bc$，为正关联；若 V 是负值，$ad<bc$，为负关联；若 V 值为零，$ad=bc$，示无关联。此例 V 值为

$$V=\frac{(8\times20)-(75\times47)}{\sqrt{(8+47)(75+20)(8+75)(20+47)}}=-0.62$$

因此，x 与 y 两物种属负关联，其关联程度为 62%。

2. 关联系数的显著性检验　由上式求出的 V，是否达到统计学上的显著性水平，常用 χ^2 检验法来检验观察值、期望值之间的差异水准。χ^2 的计算公式为

$$\chi^2=\frac{n(ad-bc)^2}{(a+b)(c+d)(a+c)(b+d)}$$

式中，n 为调查的总样方数。

上例中，数据代入 χ^2 式求得 $\chi^2=71.66$。

2×2 列联表的自由度为 1，如果 $\chi^2>3.84$（$\chi^2_{0.05}$，自由度为 1 的 χ^2 值为 3.84），表示关联显著，达 95%显著性水准；若 $\chi^2>6.64$（$\chi^2_{0.01}$，自由度为 1 的 χ^2 值为 6.64），表示关联极显著，达 99%显著性水准。本例 χ^2 值为 71.66，远大于 $\chi^2_{0.01}$ 水准，可见负关联极显著。

这种方法虽简单方便，但所测结果随样方面积大小而异。用该方法做种间关联测定时，样方效应需要排除，一般可通过改变样方面积大小来排除。当样方面积不断改变后，调查工作量就会显著增加。

（二）无样方取样法

为避免样方效应，可应用无样方取样法（plotless sampling method）来判断物种间的关联程度。

物种 x 的任一个体的最近邻居是物种 x 或物种 y，如果物种 x 是成群的，则 x 个体的最近邻居是 x 的可能最大。x 和 y 的每个个体的最近邻居有表 5-9 所示的 4 种可能。

表 5-9　群落中两物种的邻居情况

物种	最近邻居	
	x	y
x	a	b
y	c	d

仍以 a、b、c 和 d 分别表示 a 型、b 型、c 型和 d 型的个体数，若 $ad>bc$，表明两物种是分散的，它们是负关联的，若 $ad<bc$，表明两物种在一起的机会多于各物种自己的个体在一起的机会，两物种是正关联的。

同样可用关联系数中的方法计算 χ^2 值，如果卡方值大于 0.05 水平自由度为 1 时的值，则两物种间的关联显著。

七、群落间相似性的分析

在群落生态学研究中，为了准确地对群落分类，除研究种间关联度外，还可比较两个群落之间的相似程度（similarity）。

（一）相似性指数

根据群落中的物种数来估计相似性指数（index of similarity），其公式为

$$S=\frac{2c}{a+b}$$

表 5-10　群落物种密度调查表

（引自 Smith，1980）

物种	A 群落	B 群落
1	10.25	0
2	39.74	16.94
3	10.16	39.37
4	20.17	78.87
5	0.00	30.77
6	26.14	0.00
7	7.02	0.00
8	29.39	0.00
9	39.85	0.00
10	10.44	21.49
11	6.83	12.98
12	0.00	12.26
合计	199.98	212.68

式中，S 为相似性指数；a 为群落 A 中的物种数；b 为群落 B 中的物种数；c 为两群落中共有的物种数。

S 在 0～1 之间变动，即在完全不相似与完全相似之间变动。

与相似性指数相对应的相异性指数（index of dissimilarity），计算式为

$$d=1-S$$

例如 A、B 两群落的各物种及密度调查的结果如表 5-10 所示。计算相似性指数可按各群落的物种数，各物种的生物量或密度的数量来计算。

1. 依物种数计算　依表 5-10，有 $a=10$，$b=7$，$c=5$（A、B 两群落共有种数）则 $S=(2\times5)/(10+7)=0.59$。表示 A 群落与 B 群落间有 59%的相似程度。

2. 依各物种密度计算　依表 5-10，有 $a=199.98$（A 群落各物种密度的累加），$b=212.68$（B 群落各物种密度的累加），$c=128.12$（A、B 群落共有种的平均密度的累加）则 $S=(2\times128.12)/(199.98+212.68)=0.62$。表示 A、B 两群落间有 62%的相似程度，与按物种数计算基本相同，二者仅为计算属性的差异。

（二）百分率相似性指数

百分率相似性指数（index of percent similarity）的计算，首先计算出 A 群落中每个物种的个体数占该群落总物种个体数的百分率（a_i），和 B 群落中每个物种的个体数占该群落总个体数的百分率（b_i），则两群落的相似度（P_s）为

$$P_s=100-0.5\sum|a_i-b_i|$$

例如调查 A、B 两群落，得各物种个体数及其所占百分率如表 5-11 所示，则

$$P_s=100-0.5\sum|a_i-b_i|=100-0.5[(50.6-0)+(34.4-15.3)+(11.6-8.1)+\cdots+(28.8-2.4)]=42.9$$

即 A、B 两群落的相似程度达到 42.9%。

同样，也可按各物种在两群落中的最小百分率的累计值来计算相似程度（P_s），即

$$P_s=\sum\min(a_i,b_i)$$

则有

$$P_s=(0+15.3\%+8.1\%+15.3\%+1.2\%+0.6\%+0+0+0+0+2.4\%)=42.9\%$$

即 A、B 两群落的相似程度达 42.9%。两种计算结果完全相同。

表 5-11　A 和 B 两群落物种个体数和百分率

物种	群落 A		群落 B	
	数量	百分率（%）	数量	百分率（%）
a	83	50.6	0	0
b	25	15.3	55	34.4
c	19	11.6	13	8.1
d	25	15.3	27	16.9
e	2	1.2	11	6.9
f	1	0.6	2	1.3
g	0	0	6	3.8
h	1	0.6	0	0
i	3	1.9	0	0
j	1	0.6	0	0
k	4	2.4	46	28.8
合计	164		160	

根据两两群落间的相似度大小值，可采用聚类和排序方法进行多群落的相似程度比较，并将所考察的群落进行归类。这样，还可进行干扰因子或各类处理作用对群落影响大小的评

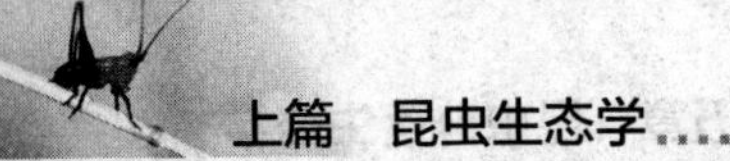

价。同时，根据聚类或排序结果，可分析出群落对环境因子的依赖水平。

思考题

1. 与种群的基本特征相比，群落具有哪些特性？
2. 群落的结构可表现在哪些方面？
3. 如何理解群落的时间动态？举例说明群落演替的动力。
4. 群落物种多样性的度量方法有哪些？
5. 如何理解群落多样性与稳定性的关系？

第六章　昆虫化学生态学

主要内容　本章主要阐述植物与植食性昆虫间的化学联系、昆虫的信息素、昆虫对信息化合物质的感受机理、化学生态学原理在害虫综合治理中的作用。

重点知识　昆虫化学生态的发展和利用趋势、植物的抗虫机制和化学防御昆虫的对策、昆虫信息素的种类和应用、昆虫的化学感受机理。

难点知识　植物次生代谢物的种类与功能、昆虫的嗅觉识别。

生物之间的联络方式多种多样、丰富多彩。在人类步入信息时代的今天，昆虫世界中的信息联络又是如何？昆虫化学生态学将揭开这一神秘面纱。化学生态学（chemical ecology）是研究生物间的化学联系及其机理，并在实际中加以利用的一门学科，是生态学与化学的交叉，属生态学的一个分支。昆虫种类繁多，行为习性各式各样，与人类生活关系密切。因此，自从化学生态于20世纪70年代诞生以来，昆虫一直是这个领域的主要研究对象。

生物的通信系统是生物圈各种生物之间建立相互联系的工具，也是维系生态系统内物质和能量流动的基本因素，更是生态系统中信息流的主要组成部分。探索生物之间的通信方式并对其加以利用是现在也是未来有害生物综合治理的关键措施之一。自1959年人类从雌蚕中分离、鉴定了第一个昆虫性信息素蚕醇以来，昆虫化学生态学得到了迅速发展。特别是随着分析化学及分子生物学的发展，昆虫对外界信号物质的感受机制的研究也取得了长足的进展。本章主要从植物与昆虫、昆虫与昆虫之间的化学联络方面来阐述昆虫化学生态学的基本内容。

第一节　化学生态学概述

一、化学生态学的形成背景

昆虫学家法布尔早就注意到雄蛾能够远距离找到雌蛾，可能是化学物质在起作用。然而，长期以来，人们对生物间化学联系的认识是感性、模糊和笼统的。化学生态学作为一门独立的学科，是在社会需求和技术保障的大环境下，由化学家和生态学家协同发展起来的（管致和，1991）。自然界的化学联系所利用的化学信号物质都是极其微量的，一般都是毫克或微克级水平，昆虫的性信息素甚至为纳克和皮克级。只有能对如此微量的化学物质进行精确测定与分析后，才有可能发现其功能并加以利用。20世纪50年代末气相色谱、液相色谱等方法的建立，让人们能够测定出微量的成分，这为昆虫化学生态的发展提供了重要工具和方法，从此，化学生态进入了一个新的时代。

化学信息流的概念可追溯到20世纪70年代左右，法国化学家Florkin（1966）在《分

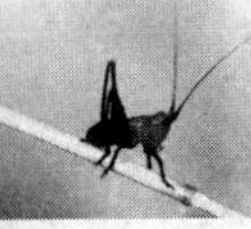

子在适应性与系统发生中的作用》一书中指出“在生物化学过程中，有一种明显的分子或大分子流，它们携带着一定量的信息。”这是化学生态学诞生的先兆。1972年，美国的Sondheimer和Simeone主编出版了第一本《化学生态学》(Chemical Ecology)。在20世纪70年代有较多的关于动物与植物间相互作用的生物化学的研究成果面世。例如1970年，Harborne出版了《植物化学生态学》(Phytochemical Ecology)；1973年，van Emden出版了《昆虫与植物的关系》(Insect-Plant Relationships)；1975年，Gilbert和Raven出版了《动物与植物的协同进化》(Co-evolution of Animals and Plants)。而化学生态学的定义则是由法国化学家Barbier（1976）在《化学生态学导论》(Introduction to Chemical Ecology)一书中形成的。他认为化学生态学是“研究活着的生物间，或生物世界与矿物世界之间联系的科学”。

1975年，国际化学生态学会主办的《化学生态学杂志》(Journal of Chemical Ecology)在美国创刊，这标志着化学生态学已经独立成为生态学的一个分支。由此，有关化学生态学的研究开始异常活跃，化学生态的研究内容和内涵也更加丰富。例如Mikllar和Haynes（1998）从内容和方法的角度给出了化学生态学的定义，他们认为“化学生态学是研究生物种内和种间关系中发挥作用的天然化学物质的结构、功能、来源和重要性的科学”。我国学者认为，“化学生态学属于生态学分支，是化学和生态学的交叉学科，研究生物间的化学联系及其机理，并应用于实践的科学”。这些定义的发展，也反映了化学生态学学科的发展。

二、化学生态学的研究内容

根据化学生态学的定义可知，化学生态学的研究内容非常丰富，主要包括：①化学信息及其感受机理，主要涉及感受化学信息物质的器官的形态和功能，以及化学信号的传递过程及其机理，包括化学物质类型和信号类型的联系、神经信号的传递方式和物质基础两方面的内容（Hassen，1999）；②昆虫信息素的研究和利用，主要是昆虫信息素的分离、鉴定和合成，以及在害虫监测和防治中的应用技术研究（闫凤鸣，2011）；③昆虫与植物之间的关系，主要涉及植物如何利用物理和化学的手段防御昆虫、昆虫如何克服这些防御屏障的机理问题，也就是植物和昆虫的协同进化问题（Schoonhoven，2005）；④植物诱导抗性，主要研究植物受害后增强自身抗性的化学及分子机制等；⑤寄主-寄生物-天敌三级营养关系，主要涉及植物在受到危害后所释放的信息物质对有害生物天敌的作用；⑥植物他感作用，主要研究不同植物之间通过化学物质相互影响及其机理等。当然，化学生态学的研究内容非常丰富，除了上述与昆虫关系最为密切的内容外，还包括海洋生态系统的化学生态学、微生物系统的化学生态学、脊椎动物和人的化学生态学等。

三、化学生态学的意义

化学联系是生物之间联系的重要方式。信息化学物质将各种营养层次的生物和没有营养关系的生物联系在一起，形成一个巨大的化学信息网络，而化学生态学就在于揭示这些信息联系，它涉及各个生物类群，特别是植物与植物、植物与动物以及动物与动物之间的化学联系，使得人们重新认识生物相互关系的内在机理。因此化学生态学的理论和实践充实了生态

学及整个生命科学的内容。

昆虫因营养、繁殖、防卫、扩散等需要而与其他昆虫个体及植物发生密切的联系。昆虫化学生态学主要以现代分析手段研究昆虫种内、种间以及植物之间的化学信息联系、作用规律以及昆虫对各种化学因素的适应性等。植物、昆虫和天敌三者化学关系的揭示，将有助于利用植物的抗虫性机制治理害虫，有利于利用天敌对害虫进行生物控制，有助于利用各种信息化学物质进行害虫预测预报与防治。

第二节　植物与植食性昆虫间的化学联系

植物和昆虫是陆地生态系统的重要组成部分。目前已知的植物种类有35万种，已定名的昆虫约100万种，其中约有一半是植食性的，它们依赖于植物生活。植物根植于土壤，不像昆虫一样自由的行动。由此，植物必有比昆虫更强的抗逆能力，才能演化至今而尤盛不衰。因此可以说，植物最好的防御手段，就是化学防御。

一、植物的次生性代谢物

表面上看，植物不能移动，不会主动攻击，生活周期长，在与昆虫的相互关系中处于不利地位。然而在受到各种动物包括昆虫的取食危害后，植物却依然郁郁葱葱，覆盖了大部分的陆地表面。植物显然具有有效的防御机制，其中植物的次生代谢物质在防御中起着重要作用。

在细胞水平上，各类生物的基础代谢产物是类似的，是生物生长、发育、繁殖的物质基础。在此基础上，以非物质代谢途径产生、不直接参与维持生命活动的物质，统称为次生性代谢物（secondary metabolite）。植物的次生代谢物质种类繁多，迄今，已鉴定出的超过10万种（Buckingham，1993）。由于次生代谢物质种类多，结构各异，对其进行分类较为困难。目前主要分为含氮化合物、苷类化合物、萜类化合物、酚类化合物等。

（一）生物碱

含氮类次生代谢物质种类最多，已知超过6 500种。其中，生物碱（alkaloid）类型的最多，是一类含氮的环状化合物，分为真生物碱和伪生物碱，二者结构完全不同，前者由6～7个氨基酸残基组成，后者由脂肪酸合成路线而来。生物碱主要存在于被子植物中，有15%～20%的被子植物的种子含有生物碱。含生物碱较多的植物有夹竹桃、茄科、豆科、罂粟科、百合科、马钱科、豆科和菊科。常见的生物碱有烟碱、阿托品、双稠吡咯烷、豆科双稠哌啶、咖啡碱、丁布等。烟碱主要存在于茄科烟草属的植物中。烟碱是吡啶生物碱，纯的烟碱是无色或淡黄色易挥发的油状液体，强碱性，有刺激味。阿托品是茄科托品烷类生物碱之一，这类生物碱最早是从颠茄中分离出来。吗啡是罂粟所含的生物碱。双稠吡咯烷生物碱首先从菊科千里光属植物中分离出来。豆科双稠哌啶生物碱主要存在于豆科植物之中。咖啡碱主要存在于山茶科的茶树嫩叶、茜草科咖啡和梧桐科可可的种子中。丁布则在禾本科植物中广泛分布。除此之外，还有许多其他生物碱。生物碱的合成是由物种的遗传基因决定的，但环境因素（如光照、氮磷钾等元素的供应、温度、土壤湿度、海拔等因素）都影响生物碱

的含量。

有关生物碱在植物的生理和生态中的作用，目前还难以简明而确切地回答。但越来越多的证据表明，生物碱对于植物是一种保护剂。例如无网蚜属（*Acyrthosiphon*）中的两个近似种豌豆蚜（*Acyrthosiphon pisum*）和（*Acyrthosiphon spartii*），前者取食不含生物碱的一些豆科植物（如豌豆、苜蓿等），而在含生物碱味苦的羽扇豆上不能生存；后者只能在富含生物碱的食物（如金雀花）上生长发育。

生物碱对昆虫的作用主要有：①主要作用于昆虫味觉，阻碍昆虫的取食；②对昆虫有抗生作用，引起昆虫中毒；③某些昆虫对其有特殊的适应性，可利用其作为寄主植物的标识信号。

（二）酚类

酚类（phenol）化合物在植物中分布非常广泛。单宁是植物中一类重要的酚类次生代谢产物化合物，其分子上带有羟基的芳香环，这些羟基可与蛋白质分子的肽链结合，形成不可逆的稳定交叉链，使酶失去活性，蛋白质被鞣化而不能作为营养物。同时，由于单宁的鞣化特性，它又是一种收敛剂，使舌发皱。单宁对多数动物有驱避作用。目前发现许多昆虫能容忍单宁，但它有苦涩味，故昆虫不爱取食。酚类化合物鱼藤酮则主要存在豆科鱼藤属植物中，有广谱的杀虫活性。除此之外，类黄酮、木质素、儿茶酚等也都是常见的酚类化合物。

（三）萜类化合物

萜类化合物是由异戊二烯为单位聚合而成的化合物，是次生代谢物中种类最多的一个类别。它包括的单萜、倍半萜、双萜、三萜和多萜。多数单萜和倍半萜为挥发性化合物，是精油的主要成分，如百里酚、法尼醇、棉酚等。人类对这些气味不敏感，但这些气味常常对昆虫具有拒食作用或作为昆虫寻找植物的信息化合物质。双萜包括树脂酸、赤霉素等，对许多昆虫具拒食作用。三萜分布广泛而且种类繁多，如苦楝素、川楝素，它们对人畜无毒，而对昆虫、蜘蛛和真菌等200余种生物有很好的驱避和抑制作用，被认为是最有希望的植物源杀虫剂。属于类固醇（三萜）的昆虫蜕皮激素及其类似物，在许多植物中发现，一些裸子植物中蜕皮激素的浓度甚至比昆虫高5倍。昆虫体内是α蜕皮激素，而植物中是β蜕皮激素。β蜕皮激素比α蜕皮激素活性强很多，推测可能与防御昆虫取食有关。

植物中另一类重要的萜类物质是除虫菊酯，发现于多年生草本植物除虫菊中，具有毒性高、杀虫谱广、对人畜安全和不污染环境的特点，是理想的杀虫剂。

植物次生代谢物的种类非常繁多，许多证据都表明植物次生代谢物在植物对植食性昆虫的防御中起着重要的作用，但植物次生代谢物的防御机制很复杂，而且次生代谢物的种类、数量随着植物的种类及生长发育而不同。植食性昆虫要成功地在植物上取食，就必须具有相应的应变能力。

二、昆虫对寄主植物的选择及利用

植食性昆虫的种类繁多，但有些昆虫可取食多种亲缘关系较远的植物，被称为多食性昆虫，例如桃蚜可取食50多科植物。有的昆虫能取食少数属的植物或嗜好其中少数几个种的

植物，被称为寡食性昆虫，例如菜青虫只取食十字花科植物。有些昆虫仅以1种或近缘种的少数几种植物为食，称为单食性昆虫，例如三化螟和褐飞虱仅以水稻为食。昆虫对寄主植物的选择和利用，是昆虫的感觉、中枢神经、遗传及一系列行为综合作用的结果。昆虫对植物进行选择利用时，虽然受到自身生理状况（如饥饱程度、性成熟度、卵成熟度等因素）的影响，但对植物的嗅觉和味觉的信息起着非常重要的作用。

当植物的信息在昆虫能够感觉的范围之外时，昆虫运动的频率、速度和方向与植物无关，是一种随机运动。而当昆虫的感觉系统在一定距离上受到挥发性物质或可见指示物刺激时，昆虫就有可能做定向运动。与外界刺激相联系的定向运动称为趋性。运动可以是朝向刺激源（正趋性）或远离刺激源（负趋性），而这种刺激源可能是物理因素也可能是化学因素。例如血黑蝗（*Melanoplus sanguinipes*）在适当的温度和光照或饥饿下开始搜寻寄主，当发现直立物体时，便做定向运动，接近并攀登，这是一种物理导向。又如蚜虫，见到黄色就降落，也是先靠视觉感受。另一类昆虫则是利用化学向导，例如甘蓝种蝇（*Delia brassicae*）可在15 m以外嗅到寄主的气味，且十字花科植物中的烯丙基异硫氰酸（ANCS）使这种蝇在风洞中做出定向运动。

当昆虫通过定向行为到达并降落到植物上后，它就会利用各种感觉器官对潜在的寄主进行周密审查。如果昆虫是为了取食，昆虫常间歇地将少量食物送入口器和口腔，有时甚至吞入肠内，然后做出是否继续利用该寄主植物的决定。Williams（1954）对飞蝗属（*Locusta*）和蚱蜢属（*Schistocerca*）做了研究，发现当这些昆虫到达植物上后，通常首先用触角触动叶片，然后低下头部直至上唇与叶面接触。接着，下颚须的端部反复地并快速地与叶面接触。最后，将上颚贴近叶片的边缘并咬一小口。一种蝗虫（*Melanoplus* sp.），也表现出相似的吞食前行为（Mulkern，1969），只是它的试咬动作出现在触角与食物接触之前。一定的气味就可以促使这些昆虫在非食物物体上进行试咬，例如在玻璃皿、木棍、纸张上涂上有青草气味的物质后，蝗虫就会在这些物品上试咬。这说明虽然这些蝗虫在取食时有鉴别能力，但在试咬时则不分青红皂白，特别是饥饿的时候更是如此。在把若干口“试探性食物”送进口腔并完全嚼碎之后，它们或者停留下来开始取食，或者离开。菜象甲成虫也有相似的行为，当靠近一个植物气味源时，该虫先挥动它们的触角，然后“激动地”用触角在靠近气味源的物体上敲打。当触角棒状节与刺激源接触，或一直等到触角受到足够的刺激时，下颚须就向外伸出并使劲摆动，而其他口器部分则静止不动。下颚的摆动相当于哺乳动物的嗅或舔（Matsumoto，1967），只要触角还在摆动，该动作就延续下去。

植物内部的基本代谢物糖类、蛋白质、氨基酸等是基本的取食刺激因素，但专食性或寡食性昆虫利用植物的次生代谢物作为选择寄主的标志性刺激物。例如芥子油苷是决定许多取食十字花科植物昆虫是否取食的重要因子。又如葫芦苷和卡烯内酯是跳甲的拒食剂。

而昆虫如果是为了产卵，则将产卵器插入植物组织而不排卵，只是试探，也就是对产卵场所质量的鉴定。Zohren（1968）用模拟试验详细阐明了甘蓝种蝇的产卵行为。观察在小型玻璃观察容器内的产卵期雌虫，它们步行或飞行到达盆栽的甘蓝叶片上后，在叶片上的不同部位做间歇性步行或飞行（此称潜伏期，平均历时4.5 min），然后开始连续而随机地定向疾跑（叶面疾跑），但再也不会飞行。当碰到叶脉时，虫子就沿着叶脉一直到达植株的茎秆并下行到基部（茎部疾跑）。在那里，它们把头朝下，做倾斜的、“像蟹一样的”横行绕茎运动（绕转疾跑）。接着，它们下到茎部附近的土面上，做短距离的行走，同时频频变换方向。通常，它们调头回到茎部并开始向上爬行（攀登），这时产卵器明显伸出。当它们朝茎部往回走时，习惯于对土壤进行刺探。在产卵之前，它们常用攀登来终止对土壤的刺探。当产卵器重新插入土中时，它们的后足往往把土粒耙松，最后产下一些卵。之后，一些种蝇又从叶面疾跑状态开始，重复着上述行为，并产出更多的卵。

雌虫在寄主植物上产卵，不仅受到植物化学性质的影响，而且受到先前访问昆虫产生的化学物质的影响。一些昆虫种类在产卵的同时，会分泌一些化学物质，用于干扰同种后来雌虫的产卵或产卵行为，这些化学物质被称为寄主标记信息素。例如樱桃绕实蝇（*Rhagoletis cerasi*）常在产卵后在果实的表面留下标记物质，其他雌虫来到这个被产卵过的果实上，其跗节上的化学感受器会感受到这些物质而选择离开。

三、植物的抗虫机制和化学防御对策

地球上几乎没有一种植物能够避免昆虫的取食危害，同时也没有一种植物能被所有植食性昆虫取食危害。这就说明任何植物对于昆虫的危害，总有某种防御机制。植物受昆虫的危害不是完全被动的忍受，而是通过许多形态结构、生理过程等，对昆虫的侵害做出一定的防御反应。

（一）植物抗虫性

植物抗虫性（plant resistance to insect）是指同种植物在某种害虫危害较严重的情况下，某些品种或植株能避免受害、耐害或虽受害而有补偿能力的特性。与其他种植物或品种相比，在田间受害轻或损失小的植物或品种称为抗虫性植物或抗虫性品种。植物抗虫性是害虫与寄主植物，在一定条件下相互作用的表现。就植物而言，其抗虫机制表现为不选择性、抗生性和耐害性 3 个方面。

1. 不选择性 不选择性（nonpreference）是指植物使昆虫不趋向其上栖息、产卵或取食的一些特性。例如由于植物的形态、生理生化特性、分泌一些挥发性的化学物质，可以阻止昆虫趋向植物产卵或取食；或者由于植物的物物候特性，使其某些生育期与昆虫产卵期或为害期不一致；或者由于植物的生长特性，所形成的小生态环境不适合昆虫的生存等，从而避免或减轻了害虫的危害。

2. 抗生性 抗生性（antibiosis）是指有些植物或品种含有对昆虫有毒的化学物质，或缺乏昆虫生长发育所必需的营养物质，或虽有营养物质而不能为昆虫所利用，或由于对昆虫产生不利的物理、机械作用等，引起昆虫死亡率高、繁殖力低、生长发育延迟或不能完成发育的一些特性。

3. 耐害性 耐害性（tolerance）是指植物受害后，具有很强的增殖和补偿能力，而对产量没有显著的影响。如一些禾谷类作物品种受到蛀茎害虫危害时，虽被害茎枯死，但可增加分蘖来补偿，以减少损失。阔叶树被害后再生能力强，可以忍受大量的失叶，失去 50% 的叶子，不影响来年的生长，而针叶树失去 30%的叶子即对其生长有影响。

（二）植物防御

1. 植物对昆虫防御策略 植物对昆虫的防御策略包括：①物理防御，如植物表面各种毛状体、钩刺、蜡质层等所组成的防御体系；②生理防御，如耐受性属于典型的生理防

御；③化学防御，这是植物对昆虫的防御机制中最重要的部分。有证据表明次生物质确实在保护植物，以减少昆虫和其他动物的取食。例如香豆素是伞形花科植物的主要次生物质，具代表性的有3类：羟基香豆素、线型香豆素和角型呋喃香豆素，三者对昆虫的毒性依次升高。呋喃香豆素还是光敏性毒素，经紫外线照射后对昆虫的毒性显著增加。而这类植物的专食性昆虫对毒素产生了很强的适应性，有的昆虫如织叶蛾在取食前先将叶片卷起，再入内取食，以避免紫外线对毒素毒性的诱导；有的昆虫如乌凤蝶则发展了以细胞色素 P_{450} 氧化酶为主的解毒机制，该种酶可打开毒素内的呋喃环，而不适应的昆虫则在其上很难生存。

2. 植物化学防御的分类　根据植物对植食性昆虫取食的反应，可将植物的化学防御分为组成性防御和诱导性防御。组成性防御是指植物受害之前就固有的能够抵抗昆虫危害的物理的和化学的障碍，而诱导性防御是指当植物受害时才被激活的防御机制。

（1）组成性防御　组成性防御中的次生代谢物是植物体内固有的，它们大多数是挥发性化合物，可对昆虫各种行为产生影响。有些次生物质对昆虫具有驱避作用，例如马铃薯能够释放出蚜虫的报警性（E）-β-法尼烯，可对桃蚜（*Myzus persicae*）产生驱避作用；番茄枝叶中的甲醇和乙醇提出物对菜粉蝶（*Pieris rapae*）具有显著的产卵驱避作用。有些次生物质有抑制昆虫取食的作用。许多植物体内含有单宁、棉籽酚等酚类化合物，可使蛋白质不易消化，造成营养价值的降低，使昆虫呈现出饥饿的症状。分布于马铃薯及其近缘种的茄碱、番茄碱、垂茄碱等，都对马铃薯叶甲的取食有很强的抑制作用。有的植物能够产生干扰植食性昆虫正常生长发育的化合物。1964年，捷克的一位生物学家带着他实验用的昆虫来到哈佛大学，奇怪的是这种昆虫不能在那里的实验室里正常地发育，它们不是在5龄幼虫期末变成性成熟的成虫，而是经历一次额外幼体蜕皮期，形成一种昆虫怪物——6龄幼虫。这究竟是什么原因呢？经多方检查，最后怀疑的焦点落在盛昆虫的盘底纸片上，衬垫这种纸片是为昆虫提供爬行的表面。经过精细的提取分析，发现这种纸片含有保幼激素，而这种纸的原料是美国的一种常绿树。这样，人们在20世纪60年代对保幼激素的研究中，又进一步获得了植物凭借本身合成的激素来打乱昆虫发育的证据，从而保幼激素才引起人们的注意。随后，科学家们发现落叶松、太平洋水松、美洲梅中含有保幼酮，能使昆虫出现既不像幼虫又不像蛹的中间型虫体，从而导致昆虫死亡。而有些植物次生代谢物则可直接毒杀昆虫，例如烟草中的烟碱对许多昆虫具有良好的杀虫活性；黑胡桃的根可分泌一种挥发性物质核桃醌，它不仅对其周围的昆虫有毒杀作用，还可杀死周围的番茄、苹果树等植物。

（2）诱导性防御　诱导性防御由3个阶段组成：信号监测、信号传导和产生防御物质。首先，植物的监测系统通过特异信号识别监测到寄生物的侵害，之后被监测到的信号通过信号传导网络的传导，最终形成防御物质。

植物体内存在着2种诱导性防御：直接防御和间接防御。直接防御指植物自身具有的能够影响寄主植物感虫性的任何一种特性。而间接防御则是指植物本身并不具有能够影响寄主植物的感虫性，但可作为害虫天敌引诱剂，主动招引天敌来控制害虫。

植物还有更“狡猾”的手段，就是合成一种不能利用的化合物，例如橡树叶片的鞣酸类物质能与蛋白质形成一种络合物，从而降低叶片的营养价值。有一种沙漠灌木，它的叶片含有酚树脂，与植物蛋白质和淀粉形成不易消化的络合物，使吞食者无法吸收利用，这样吞食者不得不另找其他食物。

植物还可通过诱导合成蛋白酶抑制剂来防御害虫。例如当马铃薯叶甲取食马铃薯叶片时，水解植物细胞壁后得到的寡聚半乳糖醛酸片段，激发受伤组织周围的蛋白酶抑制素基因；与此同时，内源产生的一种具有信号传导作用的内源多肽物质系统素（systemin）运输到整个植株，并激活依赖于茉莉酸的信号传递级联反应系统，启动远离伤口组织的蛋白酶抑制素基因的表达，使得蛋白酶抑制素在植物体内的含量在短期内迅速上升，阻止昆虫的进一步侵害。这方面的研究为转蛋白酶抑制素基因抗虫植物的成功奠定了基础。这种只有当防御需要时才合成防御化合物，是植物降低其代谢成本的一种方式，因而避免了不必要的消耗和储存代价。

增加毒素合成，是一种典型的诱导防御机制。植物被昆虫取食后，会使已有的毒素含量增加，叶片在几小时或几天内变得不可口了，于是昆虫被迫离去。在昆虫停止取食后植物可能又恢复正常，也可能连续作用达 1 年以上。毒素含量增加的效应可能是局部性的，即在被害处附近，也可能是整株性的。烟草天蛾可诱导烟草体内烟碱等次生物质的含量增加；马尾松毛虫可诱导针叶中单宁和总酚含量的增加。

植物在遭受植食性昆虫攻击后，会在挥发物的组成方面产生明显的变化，这些变化将影响到植食性昆虫的行为。例如虫害诱导的水杨酸甲酯等 4 种化合物对褐飞虱成虫具有明显的驱避作用。

植物的诱导防御还可表现为释放吸引天敌的挥发物，这可理解为植物的"求救"。在自然界，植物、害虫和天敌是陆地生物群落中最为重要的组成部分，植食性昆虫取食植物，天敌又捕食或寄生植食性昆虫，三者之间构成了一个非常微妙的三级营养结构。其中，化学信息联系在协调三级营养关系中起着非常重要的作用。20 世纪 80 年代以来，对多营养层次，特别是对植物-植食性昆虫-天敌三级营养层次化学信息联系愈来愈受到各国学者的重视。植物挥发性物质在三级营养关系中的作用已经成为三重营养关系化学生态学研究的重要内容。植物受害之后，除直接产生次生代谢物质的诱导抗性对昆虫的作用外，还间接地产生挥发性物质对害虫和第三营养层（天敌）的作用。天敌搜寻食物的行为依赖于来自不同营养阶层上的信息，例如植食性昆虫（第二营养层）及其寄主植物（第一营养层），其中化学信息起重要作用。在天敌选择寄主的过程中，起作用的化学信息来自寄主昆虫、寄主植物或二者的相互作用，以及与寄主昆虫有联系的其他生物，其中来自寄主植物的化学信息非常重要。Dicke 等（1988，1994）发现，当棉红蜘蛛（*Tetranychus urticae*）在金甲豆的叶片取食时，植株释放一组挥发性次生代谢物，能够引诱棉红蜘蛛的捕食性天敌智利小植绥螨（*Phytoseiulus persimilis*）；当甜菜夜蛾取食玉米时，玉米通过夜蛾口腔液识别并启动化学防御机制，产生挥发性的萜烯类化合物，吸引甜菜夜蛾的寄生蜂。

四、植物次生物质在昆虫和植物协同进化中的作用

植物与植食性昆虫之间存在明显的协同进化关系。植物的多样化导致了植食性动物的多样化，植食性动物的多样化也促进了植物的多样化，二者在协同进化过程中植物化学信息物发挥了重要作用。昆虫与植物的协同进化可能有 5 个步骤：①植物通过突变和重组产生新的次生物质；②有些次生物质改变了植物作为昆虫食物的适宜性；③这些植物因而免除了植食者的危害，并在新的适应带上再进行进化辐射；④昆虫经过突变和重组，进化出能抵御这些

次生物质的机制；⑤分化后能利用这些食物资源的昆虫就与其他取食者产生了分离，并逐渐形成新的适应带。协同进化认为在昆虫选择食物时，植物所含的次生物质起着关键性的作用。

第三节　昆虫信息素

昆虫的通信手段包括物理通信（如声、光等）和化学通信。化学通信在昆虫交配、觅食、聚集等行为过程中起着重要作用，而在社会性昆虫中，化学通信还调控着种群个体间的分工，使整个群体能顺利地生存发展。信息素是昆虫化学通信中的重要工具。

一、昆虫信息素的种类

昆虫信息素是指由同种个体释放，作用于同种个体之间，并引起其他个体产生行为反应的化学物质，包括昆虫性信息素、踪迹信息素、聚集信息素、警戒信息素、标记信息素等。

（一）昆虫性信息素

昆虫性信息素，又称为性外激素，是由昆虫的某个性别个体的特殊分泌器官分泌和释放的，能被同种异性个体的感受器所接受，并引起异性个体产生交配行为反应的化学信息物质。自1959年Butenandt等鉴定出第一个昆虫性信息素蚕蛾醇以来，全世界已鉴定和合成的昆虫性信息素或类似物约2 000种。绝大多数昆虫性信息素是由雌虫分泌的，用于引诱远距离的雄虫前来交配，例如多数蛾类。也有的雄虫释放性信息素，例如大蜡螟（*Galleria mellonella*）的雄蛾通过释放性信息素，吸引雌蛾前来交配。但有些雄性信息素主要起近距离内激发雌虫性欲，抑制同种其他雄虫前来交配的作用，例如棉铃虫（*Helicoverpa armigera*）等。

昆虫性信息素大部分由两种以上化学成分组成，而由单一化学成分作为性信息素的昆虫很少。性信息素化学结构的碳数范围为10～21，鳞翅目雌蛾性信息素大多数是脂肪族化合物，主要是C_{12}、C_{14}、C_{16}、C_{18}等碳链化合物，功能团主要是乙酸酯、醛和醇，有1～3个双链，有顺、反异构体和不同的R或S旋光异构体。烟夜蛾雌蛾性信息素是由Z9-16：Ald、Z11-16：Ald、Z9-16：OH、顺-9-十六碳醋酸酯（Z9-16：Ac）、顺-11-十六碳醋酸酯（Z11-16：Ac）等组分组成。鞘翅目昆虫的性信息素有脂肪族类化合物，也有杂环萜类等化合物，例如丽金龟（*Anomala azakana*）的性信息素为（S，Z）-5（+）-（1-癸烯基），黑鳃金龟（*Heptophylla picea*）的性信息素为（R，Z）-7，15-十六硫双烯-4-交酯。双翅目昆虫性信息素化学结构研究多集中于几种常见的蝇类，它们均以不饱和烷烃化合物作为性信息素，例如家蝇（*Musca domestica*）的为顺-9-二十三烯（Z9-23：Hy）。半翅目蚧类昆虫性信息素为7～10碳烯醇醋酸酯或丙酸酯，例如梨圆蚧（*Quadraspidiotus perniciosus*）性信息素为顺-3,7-二甲基-2,7-辛二烯-1-醇丙酸酯（SJS-1）。在各类昆虫性信息素中，碳链长度为C_{12}、C_{14}、C_{16}的约占总数的90%，这些化合物的相对分子质量范围分布在158～308。

昆虫的性信息素具有种的特异性。首先，不同昆虫的信息素具有不同的化学结构，例如

卷叶蛾科的性信息素主要是十四碳烯醇，而小卷叶蛾科则为十二碳烯醇。有些昆虫性信息素所含组分的化学结构相同，但比例不同，例如棉铃虫和烟夜蛾为同属近缘种，性信息素组分中都有 Z9-16：Ald 和 Z11-16：Ald，田间诱集试验表明，100（Z11-16：Ald）∶2.5（Z9-16：Ald）棉铃虫对的诱引力明显，而以 73.4（Z9-16：Ald）∶6.6（Z11-16：Ald）的比例对烟夜蛾的引诱活性高。不同物种的性信息素顺反异构体比例也存在差异，例如欧洲玉米螟、红带卷叶蛾（*Argyrotaenia velutinana*）、蓼车青铜野螟（*Pyrausta ainsliei*）的性信息素以顺-11-十四碳烯醇醋酸酯和反-11-十四碳烯醇醋酸酯为主，它们之间的种间交配干扰可通过顺反异构体比例的不同来消除，欧洲玉米螟顺式∶反式为 97∶3，红带卷叶蛾的为 91∶9，蓼车青铜野螟的为 50∶50。具有相同性信息素化学结构的昆虫，雄蛾释放的性信息素在种间识别上也起相当重要的作用。雄蛾释放的性信息素在近距离内刺激同种雌蛾产生多种性行为反应。即使同属昆虫使用相同的雌性信息素，相互间存在交互引诱雄蛾现象，但由于雄蛾释放的性信息素各不相同，非同种雄蛾无法激起雌虫的交配行为，从而不会发生种间交配。

昆虫性信息素作为雌雄之间通信的媒介，其释放不是出现在任何时间，而是限制在特定的时间范围。例如鳞翅目昆虫雄蛾性信息素释放通常表现出一定的时间节律，若以光周期（时间）为横坐标，性信息素滴度为纵坐标作曲线图，在一个昼夜周期内，性信息素表现为单峰（如烟夜蛾性信息素组分 Z9-16：Ald 和 Z11-16：Ac、白点黏虫 *Pseudaletia unipuncta*）或双峰曲线（如烟夜蛾性信息素组分 Z9-16：Ac 和 16：Ac）。昆虫性信息素逐日释放呈单蜂曲线状，一般峰值出现在羽化后 2～3 d。但有些蛾子的腺体中没有明显的性信息素滴度峰值；多数蛾子求偶高峰与性信息素滴度高峰具有同步性，例如冷杉梢斑螟（*Dioryctria abietella*）、梨小食心虫（*Grapholitha molesta*）、印度谷斑螟（*Plodia interpunctella*）、亚洲玉米螟（*Ostrinia nubilalis*）、白点黏虫、美洲棉铃虫（*Heliothis zea*）。

（二）踪迹信息素

踪迹信息素是社会性昆虫分泌的、能使种内其他个体尾随这种气味追踪，以找到食物或返回巢穴的信息化合物。例如美洲的得州切叶蚁（*Atta texana*）工蚁发现可食的植物后，把它切割下来，在搬回巢穴的途中，其尾部频繁地触及地面并通过尾部的杜氏腺释放出踪迹信息素，这样其他工蚁可迅速沿气味踪迹前去搬取食物。踪迹信息素在蜜蜂中又称为奈氏信息素，对蜜蜂在外界环境中的定位非常重要。奈氏信息素在蜜蜂分群过程中寻找新的巢穴或采蜜时，都起着重要的作用。当一只工蜂发现新的巢穴或找到蜜源时，就会通过震动翅膀由第 6～7 节节间膜上的奈氏腺释放奈氏信息素，引导和招引其他蜜蜂一同前往。

（三）聚集信息素

聚集信息素由昆虫产生并能引起雌雄两性同种昆虫聚集行为反应的信息化学物质。昆虫通过聚集或获得有益的环境，或共享资源，或抵御外敌的侵袭。大多数聚集信息素具有性信息素的功能，但与性信息素不同的是它对两性均有作用。鞘翅目小蠹科的小蠹虫，专门在长势较弱的树木的树皮下危害，当少数个体找到适合它们的树木时，便从后肠释放出信息素，这种化学物质与寄主树的萜烯类化合物互相作用后，就能发出集合的信号，使远处分散的同

类飞来聚集，集体取食危害。

（四）警戒信息素

警戒信息素又称为报警信息素，是由昆虫在报警时释放的萜烯类的化学物质，它能以此巧妙地告诉同伙灾难来临。例如当蚜群遇到天敌来袭时，最早发现敌害的蚜虫表现兴奋，肢体摆动，并及时释放出报警信息素反-法尼烯，同伙接到信息后，便纷纷逃离或掉落地上隐蔽。在蜜蜂行刺时，会从其螫针基膜上的克氏腺释放出报警信息素，飞行的守卫蜂受报警信息素吸引会产生攻击行为；当工蜂向来犯者螫刺攻击时，常常用上颚咬住对方，将报警信息素涂在那里，以引导其他蜜蜂前来进攻；当遇到骚扰时，蚁类也会释放警戒信息素，如小黄蚁（*Acanthomyops claviger*）的工蚁受到干扰时，从其上颚腺和腹部的杜氏腺中释放出警戒信息素，引起有效距离的工蚁向发源地聚集并显示出攻击性动作。

一般地，警戒信息素种间的特异性不是很强，一个种的警戒信息素常能引起多个物种的反应，例如有19属的蚜虫如蚕豆蚜、豌豆蚜等的警戒信息素都是反式法尼烯；但也有例外，例如彩斑蚜属（*Thereoaphis*）的警戒信息素中还有3个组分。肛臭蚁（*Iridomyrmex pruinosis*）对本种的警戒信息素有强烈的反应，但对其他种类的警戒信息素反应较弱或无反应。

（五）标记信息素

标记信息素是由昆虫在产卵或其他活动所留下的、传递同种个体存在信息的化学物质。寄主标记信息素一般由雌成虫产生，并随着产卵释放到寄主体内或体表，传递同种或近缘种个体存在的信息。昆虫标记信息素的主要生态学功能是调节昆虫的产卵行为，通过阻止自身或同种其他个体对已标记寄主的产卵选择或减少产卵量来减少后代之间对寄主资源的竞争。例如四纹豆象（*Callosobruchus maculatus*）雌成虫利用寄主标记信息素不仅能判断菜豆上是否有同种个体的卵，而且可以判断出已有卵量的多少，并对卵量不足的寄主再次产卵。鞘翅目、脉翅目、双翅目、半翅目和蜱螨目捕食者中也广泛存在标记信息素，用于介导捕食性昆虫的猎物搜索、产卵、同类相残和集团内捕食，改变猎物蚜虫的生活史，因而影响捕食者控制目标害虫的能力。

二、昆虫对信息素的行为反应

以性信息素为例说明昆虫对信息素的行为反应。昆虫对性信息素的反应一般可分为兴奋、起飞、定向飞行、降落、搜寻、预交尾、交尾等过程。当雄蛾感受到雌性信息素时便逆风而行，沿着性信息素气缕飞行并不断调转身体，做之字形运动（zigzagging）。在逆风向飞行过程中，昆虫的之字形运动是一种先天固有的行为。在风洞试验中，即使在昆虫飞行过程中，去除了信息素，昆虫还是做这样的运动。但之字形的宽度与气缕内气味的浓度相关，浓度越高，之字越窄，反之则宽；一旦浓度为零，昆虫就大幅度地原地反复转身，不前进也不后退。这些现象在田间的试验观察中也得到证实，当昆虫接近诱捕器时，之字运动变得越来越窄。当雄蛾被远距离的性信息素吸引并降落至雌蛾附近时，常释放雄性信息素诱导雌蛾完成交配过程。

三、昆虫的社会性化学信息素

社会性昆虫（包括蜜蜂、蚂蚁、白蚁等）的化学通信在维系它们的社会分工中起重要的作用。例如蜂王信息素是由蜂王上颚腺产生的，有抑制工蜂卵巢发育、另建王室和吸引雄蜂的作用。意大利蜂（*Apis mellifera*）性成熟的处女蜂王出巢婚飞时，便释放蜂王信息素，吸引空中雄蜂与蜂王交配，这种蜂王信息素的一个主要成分为9-氧代-（反）-2-癸烯酸（简写为9-ODA），具有抑制工蜂卵巢发育和阻止工蜂建造王台的作用；另外一个组分为9-羟基-2-癸烯酸（简式为9-HDA），对蜂群具有镇静和安抚作用。9-ODA和9-HAD相互配合，对蜂群起吸引、聚集、控制和安定作用。工蜂对蜂王的哺育积极性高低与蜂王上颚腺激素的分泌量有关。

奈氏信息素是由工蜂第7腹节背面的那沙诺夫腺（Nasonov gland）或臭腺分泌的，在蜜蜂的许多活动中起着引导和定向作用。当蜂群自然分群时，一批工蜂随着蜂王飞离旧巢，先到达新巢址的工蜂翘腹振翅，释放奈氏信息素，以引导后来的蜜蜂进入新巢。当处女王出巢婚飞求偶交配时，一些工蜂便在出入口释放奈氏信息素，引导蜂王出巢婚飞，并在完成交配后充当蜂王回巢的向导；当侦查蜜蜂发现适宜的蜜源、水源时，也会释放奈氏信息素，以引导其他工蜂前去采集。

蜂子信息素是由蜜蜂的幼虫和蛹（总称为蜂子）分泌的不挥发的、接触型外激素，通过工蜂与虫蛹接触，最大限度地抑制工蜂卵巢发育。该信息素还可作为幼虫识别信息素，以利于工蜂区别工蜂幼虫与雄蜂幼虫，还能最大程度刺激工蜂的采集行为。

作为社会性昆虫，蚂蚁和白蚁的化学通信也特别复杂微妙。例如蚁群运动的路线上出现障碍物时，蚂蚁能够很快重新找到最优路径，这里踪迹信息素起了很大作用。蚂蚁在运动中能够感知踪迹信息素的存在及其信息强度，并以此调整自己的运动方向。

第四节 昆虫对化学信息物质的感受机理

昆虫在长期进化过程中，形成了高度专一、灵敏的嗅觉感受系统。凭借这种复杂而精确的嗅觉感受系统，昆虫能识别和鉴定来自种内、种间以及外界环境中的特异性的化学信息物质，并将这些外界的化学信息转化为体内的电信号，启动特定的信号传导途径，并由此表现出相应的行为反应，例如寻找食物和配偶、搜寻产卵及生殖场所、躲避外界不利环境的伤害等。

一、昆虫的化学感受器

对于大多数昆虫而言，嗅觉感器主要分布于昆虫的触角，但是也有一小部分分布于头部的附属器官如下颚须、下唇须等处，同时在昆虫的翅、足、生殖器上也有分布。在昆虫发育早期，会形成一簇嗅觉感受器前体细胞，这些细胞最终形成嗅觉感器。昆虫嗅觉感器是一个中空的腔（iumen），充斥着感器淋巴液，双向感觉神经元浸润在淋巴液中。典型的昆虫嗅觉感觉器通常含有一个或数个嗅觉神经元和至少3个支持细胞，神经元上具有高度发达的树突。嗅觉感器表皮上面分布有很多微孔，气味分子通过微孔进入感器后，与分布于淋巴液中

的气味结合蛋白（OBP）结合，启动嗅觉反应（图 6-1）。

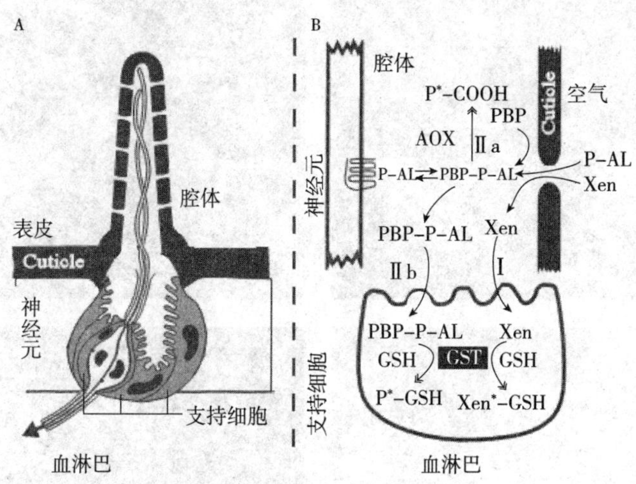

图 6-1　嗅觉感器模式图（A）和气味降解酶作用模型（B）

（引自 Krieger 和 Breer，1999）

嗅觉感器有多种形态，包括毛形感器、刺形感器、锥形感器、腔锥形感器、耳形感器等。但每一种感器由于外部形态的差别又常常分为几个亚型。例如根据感器外形特征，稻纵卷叶螟（*Cnaphalocrocis medinalis*）毛形感器可分为 4 个亚型：STⅠ、STⅡ、STⅢ和 STⅣ，各亚型在形态上有一定差异（图 6-2）；根据底座的形态特征，锥形感器又可分为 4 个亚型，SBⅠ、SBⅡ、SBⅢ和 SBⅣ（图 6-3）；而腔锥形感器是一类感觉锥位于表皮凹陷中的感受器，整个感器呈菊花状，着生在由表皮内陷而成的腔内（图 6-4）。

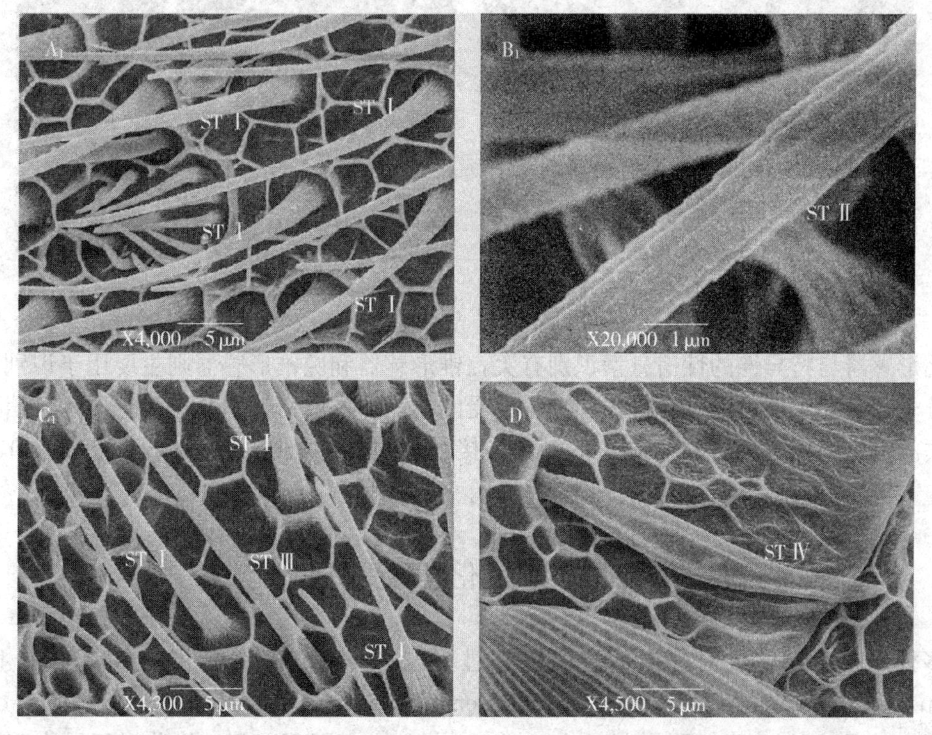

图 6-2　稻纵卷叶螟触角毛形感器 STⅠ（A_1）、STⅡ（B_1）、STⅢ（C_1）和 STⅣ（D）

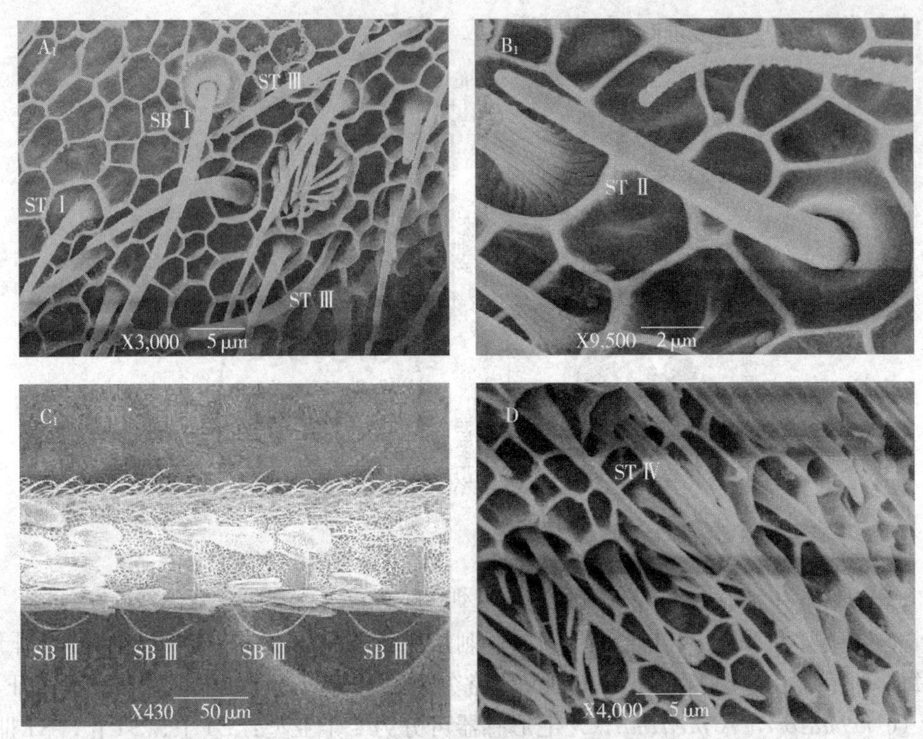

图 6-3 稻纵卷叶螟锥形感器 SBⅠ（A_1）、SBⅡ（B_1）、SBⅢ（C_1）和 SBⅣ（D）

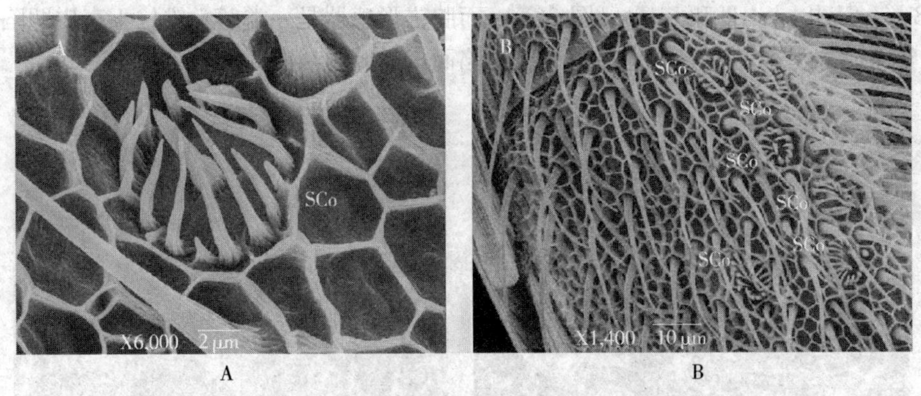

A　　　　B

图 6-4 稻纵卷叶螟腔锥形感器（SCo）的放大（A）和整体（B）

毛形感器与特异性的性信息素识别有关，锥形感器和腔锥形感器则主要用于识别普通的气味分子，刺形感器可能具有机械和味觉感受的功能。一般情况下与气味分子和性信息素识别有关的嗅觉感器主要分布于昆虫的触角，接触性嗅觉感器则主要分布于跗节、口器等器官中。

二、昆虫的化学感受机理

多种蛋白参与昆虫对外界信息的识别过程，主要有气味结合蛋白（odorant binding protein，OBP）、化学感受蛋白（chemosensory protein，CSP）、气味受体（odorant receptor，OR）、气味降解酶（odor degrading enzyme，ODE）等。目前对于昆虫嗅觉研究

有了一定的了解，但具体的反应机理仍然不是很清楚。

（一）昆虫对气味分子的识别

空气中的气味分子和化学物质蕴藏着丰富的外部环境信息。为了对外部环境变化做出合适的行为反应，昆虫外周嗅觉感受系统首先要提供快速而可靠的外界信息，同时对外界的气味信息学习记忆并引导自身做出相应行为反应。虽然昆虫的中枢神经将不同的化学刺激经过一系列的加工转换为相应的行为反应，但嗅觉受体神经元却决定着气味的识别。昆虫识别气味分子谱系的大小和精确度取决于有多少种类的嗅觉受体神经元以及它们如何对应于不同的化学信息。嗅觉神经元加工气味信息，支持细胞分泌相关嗅觉蛋白，共同完成昆虫对气味分子的识别。

（二）昆虫嗅觉相关蛋白

1. 气味结合蛋白　气味结合蛋白（OBP）是由嗅觉感器内部的支持细胞分泌的、浸润于感器淋巴液中并分布在感觉神经元轴突周围的一种小的、球形的、水溶性酸性蛋白。根据N端序列分析，鳞翅目昆虫的气味结合蛋白可分为3个亚族：信息素结合蛋白（PBP）、普通气味结合蛋白GOBP1和GOBP2。世界上第一个被鉴定出的昆虫气味结合蛋白是多音天蚕蛾（*Antheraea polyphemus*）的性外激素结合蛋白（pheromone binding protein，PBP），它特异地在雄虫触角中表达，是触角中含量最丰富的水溶性蛋白。普通气味结合蛋白GOBP1和GOBP2在雌虫和雄虫的触角表达量相当，这也暗示性外激素结合蛋白与信息素识别有关，而普通气味结合蛋白则与植物的挥发性气味识别有关。目前普遍认为昆虫气味结合蛋白具有相似的生理功能，主要是结合和运输气味分子。

2. 化学感受蛋白　化学感受蛋白（CSP）与气味结合蛋白能够识别环境中大量挥发性气味物质不同，化学感受蛋白可以识别外界环境中大量非挥发性化学物质。化学感受蛋白与气味结合蛋白有一些共同点：二者都是小型的高度可溶性的蛋白，都有疏水性的结合位点，但是化学感受蛋白肽链更短（大约120个氨基酸残基），仅有4个保守的半胱氨酸形成两个二硫键。免疫组织定位研究发现化学感受蛋白同样分布于感器淋巴液里，这表明化学感受蛋白具有嗅觉功能，也有研究表明触角中的化学感受蛋白能够结合性信息化合物。

3. 气味受体　气味受体（OR）的基本功能是分析外界的化学气味分子的构象，将不同化学气味分子转换成可以活化不同类型气味受体的气味分子组合型（也即所谓的受体编码模型）来分析外界的信息。目前，至少已经在4个目（鞘翅目、鳞翅目、双翅目和膜翅目）的12种昆虫中发现有气味受体的存在。在黑腹果蝇的全基因组序列中至少已经鉴定出62个候选气味受体基因。

4. 气味降解酶　昆虫的嗅觉反应包括一系列连续的反应，包括气味分子的结合、气味分子在感器淋巴液内的运输、气味分子与受体的结合、信号的转化、信号的传导与信号的终止。其中，信号的终止在嗅觉反应中起着非常重要的作用，不仅避免了嗅觉器官受到连续的化学刺激，同时还减小了信号饱和性的干扰。研究表明，对气味分子的酶解参与了信号终止反应，这包括外源和内源气味降解酶（ODE）。

（三）气味分子在昆虫体内的运输机制

气味分子穿过嗅觉感器上的微孔进入感器后，必须穿过亲水性的淋巴液才能到达嗅觉受体。但气味分子多是疏水性分子，昆虫利用气味结合蛋白和气味分子形成复合物，运输气味分子到达气味受体，同时避免气味分子被淋巴液内的气味降解酶降解。气味分子在体内的运输包括3个主要的步骤：气味结合蛋白捕获通过感器表面微孔进入内腔的气味分子、气味分子结合蛋白与气味分子形成复合物，穿过脂溶性的感器淋巴液扩散到亲脂性的受体膜表面、气味分子结合蛋白构象发生改变使气味分子与气味受体结合。

1. 气味结合蛋白对气味分子的探测与结合　气味分子进入感器后，气味结合蛋白对气味分子的结合具有一定的选择性。昆虫气味结合蛋白对气味分子的吸收并不是被动的无差别的吸收过程，而是对配体的主动选择，合适的气味分子与气味结合蛋白的配体结合兜形成复合物，完成对气味分子的探测与识别。

2. 气味分子在体内的运输　气味结合蛋白作为载体可以结合通过感器上的微孔进入到淋巴液中的疏水性的气味分子，并负责将气味分子运送到嗅觉神经元上的气味受体（OR）上。气味结合蛋白与脂溶性的气味分子结合后，形成水溶性的复合物穿过感器淋巴液后到达气味受体。气味分子的运输和释放过程受pH的影响，而发生构象改变，从而影响配体的运输和释放。家蚕气味结合蛋白与配体的结合发生在感器淋巴液的pH环境下，当pH低于5.0时，气味结合蛋白不与配体发生结合。

X射线衍射分析表明家蚕的性外激素结合蛋白PBP 1具有6个α螺旋，其中的4个反向平行α螺旋（α_1、α_4、α_5和α_6）形成了一个类似烧瓶状的一端狭窄的性信息素结合位点，另外的一个在C端的α螺旋则覆盖了这个狭窄的结合位点。脂溶性的气味分子通过结合到该位点上进入到家蚕信息素结合蛋白（BmPBP）内部形成复合物，运输气味分子顺利通过水溶性的淋巴液并免受气味降解酶的降解。当家蚕信息素结合蛋白接近树突膜上的气味受体后，膜表面的负电荷导致复合物附近的pH降低，引起家蚕信息素结合蛋白构象发生改变，导致配体被释放出来并刺激气味受体，信息素结合蛋白依靠pH变化提供的能量来改变自身构型，以此来完成对信息素的结合和释放。

3. 气味分子与气味受体的结合　一旦气味混合物的信息分布于不同的气味受体通道，即产生一个独特的感知及重新分组过程。这个重新分组的过程可能发生在昆虫触角叶的嗅小球部位。昆虫的触角叶包含有一类物种特异性的嗅小球，可以收集汇聚的同种化学信号。同时发现气味分子对昆虫的刺激与信号的转换是由位于嗅觉感觉神经元轴突上的气味受体完成的。

目前所有研究均表明气味分子必须和气味结合蛋白形成复合物，穿过感器淋巴液到达气味受体，气味分子随即结合到气味受体上。但对于气味分子如何作用于气味受体的还没有统一的答案。

4. 气味分子的失活　由于风向和风力的原因，空气中气味分子的浓度和气味分子的种类变化很快，为了在飞行中快速而准确地感知这种变化，昆虫需要有一种能让分布于感器里的气味分子快速失活的机制，以最大限度地感知进入感器的气味分子浓度的变化。同时，为了保持气味受体的敏感性，避免长时间处于刺激状态，受体上的气味分子也需要快速的失活。关于气味分子和性信息素失活的机理目前有多种模型。一种模型认为，在气味降解酶的

作用下，气味分子或信息素最终被酶解后就永久地失活。Rogers 等（1999）认为，醛类性信息素（P-AL）与信息素结合蛋白（PBP）结合后，形成水溶性的复合物 PBP-P-AL，并运载信息素穿过水溶性的感器淋巴液到达感觉神经膜受体，该复合物与膜受体结合后，信息素随即被分布在感器内腔中的乙醛氧化酶（AOX）失活（途径Ⅱa，图 6-1B），或者被分布于支持细胞中的谷胱甘肽-S-转移酶（GST）失活（途径Ⅱb，图 6-1B）。AOX 使性信息素转变成没有活性的羧酸类化合物 P*-COOH，GST 则催化信息素生成谷胱甘肽信息素缀合物 P*-GSH。

Kaissling（2001）提出了信息素结合蛋白的载体-清除模型（carrier-to-scavenger model）。Ziegelberger（1996）在多音大蚕蛾中发现信息素结合蛋白存在两种类型：还原型（分子内部有 1～2 个二硫键）和氧化型（分子内不存在二硫键）。该模型认为信息素进入到感器内腔后首先与还原型的信息素结合蛋白结合形成复合物，信息素结合蛋白作为载体运输气味分子穿过亲水性的感器淋巴液与气味受体结合形成三体复合物，催化信息素结合蛋白变成氧化型，氧化型的信息素结合蛋白作为清除剂使信息素失活。该模型所强调的是信息素结合蛋白型的改变导致气味分子的失活，而不是气味降解酶的降解作用。

（四）电化学信号传导

当外界气味分子与感觉神经元上的气味受体结合并刺激感觉神经元，感觉神经元将化学刺激转变为电信号，电信号以动作电位的形式沿轴突传播到达更高一级的感觉中心，并在这里对各种电信号进行整合，释放神经冲动，使昆虫产生特定的生理和行为反应。最新研究表明，电化学信号的传导过程在不同动物间均是由气味受体介导的 G 蛋白偶联反应。从线虫到脊椎动物，气味受体均是跨膜 7 次的 G 蛋白偶联受体（GPCR），通过 G 蛋白的活化，产生第二信使，引发级联反应，cAMP 途径和 IP_3 级联反应是其两种主要的信号传导途径。

有资料表明，昆虫电化学信号的传导与普通的信号传导途径不同。首先，昆虫的气味受体与其他物种的气味受体缺乏同源性；其次昆虫气味受体拓扑结构与普通的气味受体完全相反，N 端在膜内，而 C 端则暴露在感觉神经元气味受体膜表面（Benton 等，2006）。昆虫气味受体在介导气味分子的信号传递时，必须与 Or83b 形成异源二聚体，Sato 和 Wicher 两个不同的小组于 2008 年同时发布了一个新的模型：气味受体通过与 Or83b 形成二聚体后，组成了一个配体门离子通道，进行信号传递。

这种独特的信号传导机制确保昆虫快速产生动作电位，使得神经冲动迅速到达大脑中枢神经，指导昆虫对外部环境变化产生精确的行为反应。

自 20 世纪 50 年代末期至今，随着功能基因组与解剖学等手段的综合运用，有关昆虫识别气味分子、气味结合蛋白对分子的运输和释放机制以及电化学信号传导机制等方面均有了深入的研究，使人们对于昆虫嗅觉系统的分子和细胞功能有了深刻的认识。但是昆虫嗅觉方面现今仍然存在许多有待破解之谜，例如在嘈杂的背景环境下昆虫如何感受特定的信号、嗅觉感觉神经元如何选择特定的气味受体基因进行表达、化学信息如何进行整合、信息转化为电信号并传导到中枢神经后采用何种方式失活气味分子等。一个重大的挑战即是阐明顺式和反式作用因子如何共同作用于气味受体基因，使其对特定的气味分子的刺激做出有效的应答。同时，化学信息在每一个特定的信号传导过程中如何被翻译，使昆虫最终做出最适的行为反应也是急需回答的问题。通过对这些问题的研究，不仅有利于阐明脊椎动物乃至人的嗅觉机理，还可以为开发和筛选新型的绿色、环保药剂，进行有效的害虫综合治理提供新的理论依据。

第五节 化学生态学与害虫综合治理

昆虫化学生态学主要以现代分析手段研究昆虫种内、种间以及与其他生物之间的化学信息联系、作用规律以及昆虫对各种化学因素的适应性等。化学生态学的研究已成为害虫综合治理的理论依据和发展方向。

一、植物的化学抗虫性物质及天然杀虫剂

植物次生代谢产物种类繁多，在植物的抗虫过程中发挥着重要作用。一些植物次生代谢产物是理想的农药开发前体，具有较高的应用价值和开发潜力。

植物次生代谢产物中具有杀虫活性的成分主要包括生物碱类、糖苷类、酚类、萜烯类、精油等。从除虫菊中提取的除虫菊酯是最古老的杀虫剂之一，其成分为萜类化合物，对昆虫有触杀和麻痹作用。槐属（*Sophora*）和野决明属（*Thermopsis*）植物中双稠哌啶类生物碱对鳞翅目昆虫产卵有强烈抑制作用。黎芦、商陆以及土槿皮的提取物对小菜蛾幼虫均有较强的杀虫活性。黎芦根和根茎中的活性成分β谷甾醇可作为防治小菜蛾的天然物质。此外，印楝素、鱼藤酮、烟碱等已被开发成市售杀虫剂，而植物源杀虫活性物质也在不断出新。

二、植物诱导抗性的应用

植物在受到虫害时，会产生一些防御物质，对害虫各种行为产生影响或产生直接毒杀作用。同时，植物被植食性昆虫取食时能够释放出特异性挥发物吸引昆虫天敌，甚至被害植株邻近的植株也会产生相应的化学防御物质。可据此设想开发具有生物防治功能的间接杀虫剂。

在害虫综合治理中，可利用生物手段、物理手段或化学手段，诱导植物产生防御物质。例如用茉莉酸甲酯处理番茄后，诱导产生的挥发物能吸引甜菜夜蛾的寄生性天敌甜菜夜蛾镶颚姬蜂（*Hyposoter exiguae*），可提高寄生蜂对甜菜夜蛾的寄生率（Thaler，1999）。经茉莉酮［(Z) -jasmone］处理后的植物，可以显著排斥4种蚜虫，而吸引到更多的七星瓢虫和蚜茧蜂（*Aphidius ervi*）(Birkett等，2000)。

植物产生的防御物质，可以通过人工合成用于害虫治理。例如在棉田使用人工合成的植物挥发物顺式3-已烯醇乙酸酯［(Z) -3-hexenyl acetate］，可吸引七星瓢虫、草间小黑蛛（*Erigonidium graminicolum*）和南方小花蝽（*Orius similis*）3种天敌（Yu等，2008）。(Z) -3-hexenyl acetate和α法尼烯（α-farnesene）的混合使用，可以显著增加蝇小蜂（*Anaphes iole*）对其寄主的寄生率（Williams等，2008）。在橄榄树上喷洒或缓慢释放乙烯，可以减少橄榄巢蛾（*Prays oleae*）的危害，并且对其主要天敌没有负面影响（Sabouni等，2008）。

在害虫综合治理中，还可利用现代生物技术从一些植物、微生物或动物中提取目的基

因，转入作物中来控制害虫，即转基因作物。有些次生物质对昆虫具有驱避作用。例如马铃薯能够释放出蚜虫的报警性（E）-β-法尼烯，可对桃蚜等多种蚜虫产生驱避作用。Beale 等（2006）将（E）-β-法尼烯基因转入拟南芥（*Arabidopsis thaliana*）中，获得了释放（E）-β-法尼烯的转基因植物，对害虫桃蚜产生明显的抗性，而桃蚜的寄生性天敌菜蚜茧蜂（*Diaeretiella rapae*）在该转基因植株上的搜寻时间也明显延长。

三、昆虫信息素的利用

应用行为控制法治理害虫是昆虫化学生态学的一个重要应用领域，也是目前的研究热点。它从新的角度开辟了害虫预测预报与综合治理的新途径。调节昆虫各种行为的性信息素、聚集信息素、驱避剂、刺激剂、抑制剂、取食及产卵引诱剂等各种化学信息素，均可被应用于害虫综合治理的实践中。对害虫产生驱避作用的一些化合物可被作为驱避剂（repellent），如枸橼油、樟脑油、驱蚊酯、驱蚊醇、避蚊胺等已成功地用于卫生害虫的防治。目前研究和应用最多的是昆虫的性信息素。

（一）用于昆虫种群的监测与预报

利用性信息素来监测昆虫种群的数量是一种简便而有效的方法。选择有代表性的区域，放置数个诱捕器，定期记载诱捕到的目标害虫的个体数量，可准确预报害虫的发生时间与数量发展趋势，以便指导防治和采取有效的防治手段。信息素或性信息素只专一诱集某种（类）害虫，因此该方法可以避免产生诱虫灯在诱集害虫的同时也诱杀天敌的不足。另外，利用昆虫信息素监测害虫种群时，不需要像诱虫灯所需的电源，其可用于各种环境。研究表明，性信息素诱集方法得到的虫峰期与实际发生的高峰基本相符，因此可以用于害虫发生期的监测与预报。

昆虫信息素还是害虫种群监测、扩散范围和防治效果调查的有效工具。例如信息素应用于监测谷斑皮蠹（*Trogoderma granarium*）的种群监测、应用于监测叩甲（*Agriotes lineatus*）从欧洲入侵加拿大后的种群分布动态等。

利用昆虫性信息素还可用于害虫天敌动态的监测。例如小菜蛾的性信息素对螟黄赤眼蜂（*Trichogramma chilonis*）有招引作用，可以间接用于监测该赤眼蜂的种群动态，帮助制定适当的生物控制手段。

（二）交配干扰法防控害虫

如果能干扰破坏雌雄间通信联络，害虫就不能正常交配和繁殖后代，从而降低害虫种群数量，达到防控的效果。干扰交配又称迷向法，其基本原理是在田间普遍设置性信息素散发器，空气中到处都有性信息素的气味，使雄虫分不清真假，无法定向找到雌虫进行交配。或者由于雄虫的触角长时间接触高浓度的性信息素而处于麻痹状态，失去对雌虫召唤的反应能力。雌虫得不到交配，便不能繁殖后代。这种方法在舞毒蛾（*Lymantria dispar*）、苹果毒蛾等害虫的防治中取得了成功。在我国也进行了一些研究和试验，例如利用性信息素诱捕法防治梨小食心虫（*Grapholitha molesta*）成效显著，干扰区的交配率比化学防治区下降74.2%～82.9%，虫果率下降50.3%～72.8%，防治费用下降约50%。

但干扰交配的效果受到许多条件的限制，应用效果最好的是只交配1次的种类，其种群数量不能太高，合成性信息素的配比和浓度要符合自然情况等。

（三）大量诱捕法防控害虫

在田间设置大量性信息素诱捕器，可大量诱捕雄蛾，造成田间雌雄比例失调，减少雌蛾交配率，从而降低下一代虫口密度，这也是害虫综合治理的有效方法之一，特别是对性比接近1∶1、雄蛾为单次交配的害虫种类效果更好。例如日本金龟在美国危害300多种作物和观赏植物，每年造成近1 000万美元的经济损失，为了防止这种害虫从东向西扩散，美国农业部从20世纪70年代初开始使用性信息素对该虫进行监测、诱杀，有效地压低了虫口密度；同时，诱来的雄金龟子有部分未被捕杀而与诱捕器周围的雌虫进行交配，雌虫交配后便在诱捕器周围的植被上进行产卵，用长效杀虫剂处理这个范围的土壤可以杀灭大量金龟子卵和幼虫。这样，只需要用农药处理虫口密度高的地方，不必普遍防治，大大减少农药用量。我国在利用性信息素进行害虫治理的实践中也取得了不少成功的案例，例如利用信息素大量诱捕棉红铃虫、白杨透翅蛾、梨小食心虫、玉米螟、暗黑鳃金龟等害虫，均取得了良好的诱捕效果和防治效果。

（四）昆虫信息素与其他防治措施的联合使用

将昆虫性信息素与化学不育剂、病毒、细菌等配合使用可提高信息素的治理效果。用信息素把害虫诱来，使其与不育剂、病毒、细菌等接触，然后这些昆虫通过与其他昆虫接触、交配导致子代不育或使病原物蔓延，进而导致对其种群造成的损害要比当场杀死大得多，这是近年来国内外开始研究的一个新领域。例如日本利用性信息素加病毒对苹果小卷蛾、日本金龟子等害虫进行治理均取得了较好的效果。

植物挥发性物质与昆虫信息素协同对昆虫行为起调控作用，可增强昆虫对性、聚集、示踪、报警等信息素的反应，如忽布疣蚜（*Phorodon humuli*）不仅对冬寄主红叶李（*Prunus cerasifera* var. *atropurpurea*）的气味有反应，而且其对性信息素的反应可以因加入红叶李挥发性物质而得到显著加强。

除昆虫信息素外，与害虫行为相关的其他一些化学信息物质也被应用于害虫的综合治理实践中。例如push-pull策略或者SDD（stimulo-deterrent diversion）策略，该策略是利用合适的刺激物，一方面把靶标害虫作为排斥的对象，使其远离保护作物（push），或吸引靶标害虫到诱集作物（pull）；另一方面，从周围把靶标害虫的主要天敌吸引过来，使害虫或天敌在田间的分布范围和丰富度发生改变，达到保护作物的目的（Miller和Cowles，1990）。迄今为止，把push-pull策略应用于害虫综合管理，并获得巨大成功的是在肯尼亚对玉米禾螟（*Chilo partellus*）和玉米蛀茎夜蛾（*Busseola fusca*）的防治（Khan等，2000）。该防治策略中，适合作pull的诱集植物有纳皮尔草（*Pennisetum purpureum*）和苏丹草*Sorghum sudanense* Stapf，可作为push的驱避植物有糖蜜草（*Melinis minutiflora*）、银叶山蚂蟥（*Desmodium uncinatum*）和绿叶山蚂蟥（*Desmodium intortum*）（Khan等，2000），其中糖蜜草和玉米间作种植时，不但可以驱避蛀茎害虫的产卵，还可以引诱寄生性天敌茧蜂*Cotesia sesamiae*（Khan等，1997）。并且这几种植物是当地家畜的主要饲料，都有重要的经济价值。现在，成千上万的东非农民用push-pull策略保护玉米和高粱。

思考题

1. 植物与植食性昆虫间的相互作用表现在哪些方面？
2. 昆虫信息素的种类和主要作用有哪些？
3. 简述昆虫对化学信息的感受过程。
4. 化学生态学在害虫治理中有哪些应用前景？

第七章 生态系统生态学

主要内容 各种生物群落与环境共同组成生态系统，生态系统是自然界能独立运转和长久存在的基本单元。本章阐述生态系统的基本结构、生态系统的物质循环、能量流动和信息交流、生态系统的相对平衡、生态系统中害虫的表现与治理策略、生态系统中的外来入侵生物、生物多样性保护。

重点知识 生态系统的结构和功能、生态平衡、害虫的再猖獗、生物入侵、多样性保护。

难点知识 生态系统的效率和生产力、害虫再猖獗和生物入侵的生态机制、生物多样性保护理论。

虽然种群和群落都是指一定地域内的生物集合，但是它们并没有真正将生物所处的外界物理环境或生境包括在内。生物种群或群落均生活在一定的物理空间之中。前文已述，昆虫个体是环境中的个体，其与环境密不可分。因此生物个体、种群和群落与其周围的物理环境其实是一个不可分割的整体，这个整体具有与群落和种群不可替代的结构和功能，这个整体即称为生态系统。而在一定区域内许多不同类型的生态系统交错于一体，表现出有规律的相镶斑块状布局，则称为景观（landscape）。景观内的各种生物关系就是景观生态学的研究内容。景观生态学是建在生态系统生态学基础之上的，由于篇幅所限，本书不做详细阐述。

第一节 生态系统的基本概念及农业生态系统的特点

一、生态系统的概念

生态系统（ecosystem）是指在一定空间内栖息的所有生物群落与其周围物理环境共同构成的统一体，整体内的生物与生物之间以及生物与环境之间是相互影响、相互制约的。生态系统的空间范围可大可小，取决于人们所研究的对象、研究的内容和研究的方式。

生态系统这个名词，1935 年由英国生态学家亚瑟·乔治·坦斯利（Tansley）最先提出，用来概述生物群落和环境共同组成的自然整体。美国 Lindeman 于 1942 年提出生态系统各营养级之间能量流的定量关系，初步奠定了生态系统的理论基础。1960 年后，围绕人类社会实际问题进行的研究工作，使生态系统的理论体系得以进一步完善。1965 年在丹麦哥本哈根举行的国际生态学会上确认生态系统这个名词。20 世纪 70 年代以来，由于边缘科学的理论和方法渗透到生态系统研究之中，加上人类社会存在人口激增、粮食不足、能源短缺、资源破坏、环境污染等严重问题，生态系统研究已成为现代生态学研究的中心内容。国际生物学计划（International Biological Programme，IBP）和联合国教科文组织的人与生物

圈计划（Men and Biosphere Programme，MBP），研究的重点是生态系统的动态和人类经济活动对生态系统的影响规律。1972 年在瑞典斯德哥尔摩召开了“人类环境大会”并签订了《斯德哥尔摩人类环境宣言》，这是保护环境的一个划时代的文件。1972 年害虫综合治理（IPM）的策略正式提出。1975 年由 4 个国际组织成立了生态系统保持协作组（ECCT），其主要任务是研究生态平衡和保护环境，以及维护和改善生态系统的生产力。1987 年联合国环境与发展委员会（WCED）在给联合国的报告《我们共同的未来》（Our Common Future）中提出了可持续发展（sustainable development）的设想。1992 年在联合国环境与发展大会上通过了《地球宪章》（Earth Charter），确定了可持续发展的观点。害虫猖獗规律的阐明及系统治理有必要从生态系统角度进行研究。我国由于生态系统研究的开展，对害虫的综合治理已提高到生态系统管理的水平，对城乡生态系统的研究也有一些进展。

二、生态系统的基本结构

所有生物生长发育、建群及生命活动都需要物质、能量及信息交换。生态系统通常包括初级生产者（primary producer）、食草者（herbivore）、肉食者（carnivore）、寄生者（parasite）、分解者（decomposer）、食碎屑者（detritivore）、死亡有机物质库，以及提供生活条件和作为能量、物质的源与库的生理生化和物理环境。系统内各要素是相互联系的。以营养结构而言，生态系统包含以下主要组分。

（一）非生物环境

非生物环境（abiotic environment）包括以下组分。

1. 基质 基质是土壤、岩石、沙砾、水等，包括土壤的理化性质和成分、构成植物生长和动物活动的空间。

2. 物质代谢的环境 物质代谢的环境包括太阳能、二氧化碳、氧气、氮气、无机盐和水。

3. 生物代谢的媒介 生物代谢的媒介包括无机物质（其中又包括无机单质和无机化合物）、有机物质（例如蛋白质、糖类、脂类、腐殖质等）、气候条件（包括温度、湿度、降水、日照、气压等），它们是生物生存的环境，也是生物代谢的材料。

（二）生物组成成分

生物组成成分（biotic component）包括生产者、消费者和分解者。

1. 生产者 生产者（producer）是指能将简单的无机物制造成有机物的生物，也称为自养生物（autotroph）。绿色植物利用太阳能通过光合作用，将二氧化碳和水合成糖，并进一步合成脂肪和蛋白质，供植物自身的建造，并提供消费者和分解者营养需要。化能合成细菌也是生产者，但它并非利用太阳能而是利用物质在化学变化过程中产生的能量，将水和二氧化碳合成有机物。

对于淡水池塘，生产者可分两类：①有根的植物或漂浮植物，只生活于浅水中；②体型小的浮游植物，主要是藻类，分布于阳光能透入的水层中，一般肉眼不易见到，在水池中比有根植物更重要，是有机物质的主要制造者。对陆地而言，生产者主要是绿色植物。

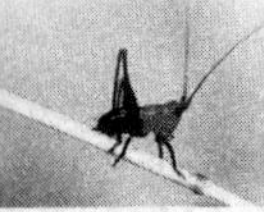

2. 消费者　消费者（consumer）是指那些不能以无机物质制造有机物质，而是直接或间接依赖于生产者所制造的有机物质而生活的生物，因此也称为异养生物（heterotroph）。消费者又可分为下述 3 种。

（1）草食动物　草食动物（herbivore）即直接以植物体为营养的动物。在池塘中，草食动物有两类：浮游动物和底栖动物（环节动物），它们以浮游植物为生。陆地上的草食动物，有植食性昆虫、草食性哺乳动物等。草食动物可统称为初级消费者（primary consumer）。

（2）肉食动物　肉食动物（carnivore）即以草食动物为食的动物，例如池塘中以浮游动物为食的鱼类、陆地上以草食动物为食的捕食性动物（如肉食鸟兽、捕食性或寄生性天敌昆虫）。肉食动物可统称为次级消费者（secondary consumer）。

（3）顶极肉食动物　顶极肉食动物（top carnivore）即以肉食动物为食的肉食动物，例如池塘中的黑鱼或鳜鱼、陆地上的鹰隼等猛禽或重寄生肉食性昆虫，可统称为第三级消费者（tertiary consumer）。

农田节肢动物群落食物网也存在 3 个等级的消费者，害虫取食植物，天敌捕食（或寄生）害虫，有些捕食者（或寄生者）又会捕食天敌或寄生其他天敌，后者称为第三级消费者，第三级消费者对害虫的自然控制具有不利效应。

上述生态系统中生物之间的关系，若按营养级（trophic level）划分，则生产者属第一营养级，草食动物属第二营养级，以草食动物为食的肉食动物属第三营养级，继而还有第四级、第五营养级。由于能流随营养级而递减的规律所限制，营养级难以扩增太多。

在自然界，并非所有消费者都能清楚地归入某个营养级，事实上许多消费者是杂食动物（omnivore）。例如瓢虫类有的既食植物，又食植食性昆虫；有的步甲既捕食昆虫，又食腐殖质；稻田大型蜘蛛既捕食害虫，也可捕食小型蜘蛛；狐既食鼠类，又食浆果，有时还食动物尸体。它们就占有几个营养级。动物的食性还随季节、生活周期而改变。因此有时要将某些动物归入生态系统中哪一营养级是相当困难的。不过关于营养结构的理论还是很有价值的。

3. 分解者　分解者（decomposer）亦属异养生物，或称为腐养者（saprotroph）。这类生物能将动物尸体或植物残体（包括枯枝落叶）中的复杂有机物质加以分解，形成可供生产者重新利用的无机化合物，其作用与生产者正相反。在生态系统中分解者的作用是不可磨灭的，动植物的尸体和残体堆积在地球上，如果不是分解者的作用，物质不能循环，生态系统将会毁灭。分解作用不是一类生物所能完成的，动物和植物的尸体的分解需要经一系列的复杂过程，每个阶段由不同的生物去完成，一般先由一些腐食性无脊椎动物将尸体肢解，腐生性昆虫正属这一类。再由一些腐生的真菌和细菌进行分解。

由此可见，生产者、消费者和分解者，是生态系统中的生物成分，再加上非生物成分的环境，就是组成生态系统的 4 大基本成分。

以下以池塘和草地为例，比较这两种生态系统的数量和生物量（表 7-1）。

陆地上自养的绿色植物，如树林和草的数目远少于水体，但个体大得多，由于个体体积大，其单位面积的生物量也大。如果将海洋与森林相比较，这种区别更大，海洋浮游植物比池塘的小，森林却有高大的乔木。在这两个极端之间，浅水群落（池塘、湖泊、沼泽）、草原、荒漠处在其中间形成一个有序的大梯度。

表 7-1　具相近的中等生产力的水体与陆地生态系统的数量和生物量的比较

生态系统成分	池塘			草地		
	类群	数目（头/m^2）	干物质量（g/m^2）	类群	数目（头/m^2）	干物质量（g/m^2）
生产者	浮游植物（藻类）	10^8～10^{10}	5.0	草本植物	10^2～10^3	500.0
自养层消费者	浮游动物	10^5～10^7	0.5	昆虫和螨类	10^2～10^3	1.0
异养层消费者	底栖昆虫、软体动物和甲壳类	10^5～10^6	4.0	土壤节肢类、环节类和圆虫类	10^5～10^6	4.0
大型消费者	鱼类	0.1～0.5	15.0	鸟类、兽类	0.01～0.05	0.3
分解者	细菌、真菌	10^{13}～10^{15}	1～10	细菌、真菌	10^{14}～10^{15}	10～100

陆地植物的单位质量代谢率比水生植物低，种群的更新较慢，且其腐养微生物比水生植物的丰富，因为陆地生态系统有稳定的纤维状碎屑积聚在枯枝落叶层中。

三、生态系统的类别

生态系统一般为开放系统（opened system），是边界开放的系统，并允许物质和能量与系统周围的环境进行交换。自然生态系统（如森林、草原、海洋、湖泊等），几乎都有不断地来自系统外的物质和能量的输入，以及沿与其相反的方向进行物质和能量的输出。

按人类对系统的影响大小可将生态系统分为自然生态系统（natural ecosystem）（例如热带雨林、荒漠草原、珊瑚礁等）和人工生态系统（artificial ecosystem）（例如农业生态系统、城市生态系统等）。但是自然生态系统与人工生态系统之间很难截然划分界限，因为今日的地球着实难以找到一块不受人类活动影响的场所。

根据人类对生态系统的影响程度不同，也可将生态系统分为变更系统（modified system）和控制系统（controlled system）等。

按生态系统所在环境的性质，生态系统可分为淡水生态系统（fresh water ecosystem）、海洋生态系统（marine ecosystem）和陆地生态系统（terrestrial ecosystem）。

四、农业生态系统的特点

农业生态系统是在人类的干预下，利用社会资源和自然资源来调节生物群落与非生物环境的关系，通过合理的生态结构和高效的机能进行物质循环和能量转化，并按人类的目的进行生产的综合体系。农业生态系统中的初级生产者是农作物，次级生产者是各种禽、畜、鱼等，它们只有符合人类需要才会被扶持发展，反之会受到控制。农业生态系统的特点如下。

（一）物质高投入和系统的高负熵及脆弱性

为了促进农业生态系统的持续和高生产率，必须维持其物质循环和能量流动的正常运行，人们必须向系统补充投入各种有机物质和无机物质，才能形成具有高生产力的有输入和输出的开放系统，导致系统的高负熵和脆弱性。

（二）在能量流动上也是一个开放系统

农业生态系统中的能源投入，以机械能、化肥、农药、排灌、收获、运输、储藏、加工等能耗来维持系统的正常生产。如果是畜牧业和渔业，还需要投入饲料、卫生、屠宰（打捞）、运输等能耗来维持系统的运转。

（三）生物物种结构的单一性导致系统的非稳定性

农业生态系统内的生物种类是经人类为一定目的而选定的，因此构成系统的生物类群贫乏，层次简单，食物链数目少而短，系统内部的反馈机制比较脆弱，系统内部自我调节的机能差，稳定性低。农田生物群落的特征往往是物种高丰盛度、低均匀度，这样的结构易导致植食性昆虫种群数量暴发成灾。

（四）人为干扰

农业生态系统主要是人工选择的，而不是自然选择的。农业生态系统从整体的布局、种植和养殖的计划和措施、产品的运销等，都需经人们的安排，例如种什么品种、前作和后作种什么、怎样种、怎样管理、怎样销售、怎样运输、怎样储藏等，都要通盘考虑。这是有别于自然生态系统的。由于季节性种植、收获、施用农药等农事活动，使系统中群落演替过程被人为中断和破坏，尤其是天敌群落。

（五）种植制度多变和多样化

为了不断满足人类对农产品数量和质量的需求，农作物种植方式和品种不断变化，种植制度的改变会显著影响系统的结构和功能，同时也会有利于或不利于一些害虫的发生。利用这种变化可设计进行害虫的农业防治。

（六）农业生态系的可控与不可控性

农业生态系中的要素有的是可控的，例如选用品种、栽培时间、作物密度、农事活动等；有些是不可控的或只能一定程度的控制，例如温度、湿度、台风等气象要素。害虫综合治理就是要运用可控因子创造不利于害虫发生发展而有利于自然控制的生态环境。

农业生态系统最常出现的问题有：农作物和畜禽渔品种的退化和混杂、农田水土流失，杀虫剂和化肥的过度施用所致的环境污染、化石燃料的大量消耗、农业植物对灾害性天气和病虫害的抵抗力不强等。

第二节　生态系统中的能流

生态系统的能流是指能量在生态系统中的流转过程。生态系统的物流是指物质在生态系统中的流动过程。能流和物流过程是互相联系、又互有区别的。能量储存于化学键中，在物质流动和变化过程中，总是伴随有能量的流动和变化。物质是可以反复被利用的，在生态系统中以循环的方式存在，当物质从生命体流向非生命物理环境并且再返回时称为生物地化学循环（biogeochemical cycling）。能量却只能使用1次，因此能流是单向的，不能循环利用，

以不可利用的形式向环境中耗散掉。

一、生态系统的能量来源

能量的存在形式有多种，例如热能、太阳能（太阳的电磁辐射能）、化学能（储藏于化学分子里的结合能）、机械能、电能等。

生态系统所需的绝大部分能量，都直接或间接地来源于太阳辐射。如果没有太阳能的输入，地球上的生命就会中止。太阳辐射能的波长为150～1 400nm，即太阳光谱。进入地球大气的太阳辐射量大约为1 368 W/m^2，这称为太阳常数。以热带地区总辐射量最高，北方草原群落只有热带的40%。决定太阳辐射量的因素有：①入射角，热带地区接受垂直辐射最多，由赤道到高纬度地区，太阳辐射的入射角逐渐变小，到达地面的太阳能量随之减少；②日照时间的季节变化；③其他，例如地形（平原与山地、阴坡与阳坡有差异）、海拔高度、天气状况（云对地面接受太阳辐射量影响大）、距水体远近等。

此外，人类活动也会影响太阳辐射量，例如城市建筑、公路、铁路的发展，使大量原有植被破坏，使地球表面对太阳辐射的反射率增加；森林过度砍伐后，可能变成反射率高的荒漠；化石燃料消耗增加，大气中颗粒物质随之增加，阻碍太阳辐射的穿透，并增加对太阳辐射能的吸收；大气中二氧化碳含量增加，可通过温室效应，使气温升高。在太阳辐射穿过植被时，又有大部分被绿色植物所吸收，植物吸收蓝的和红的可见光极强，对绿光吸收不强，对近红外线吸收很弱，对远红外线则吸收很强。森林在夏季显得凉爽，是由于大部分可见光和远红外线被上层树叶所吸收。叶绿素则需吸收蓝光和红光进行光合作用。

一个植物群落的初级生产率指单位面积植物产生的生物量，用能量单位表示[$J/(m^2 \cdot d)$]，或用单位面积干物质量[$g/(cm^2 \cdot a)$]表示，还可用单位面积碳量[$g/(cm^2 \cdot a)$]表示。光合作用固定的总能量称为总初级生产率(gross primary productivity,GPP)，除去呼吸作用消耗部分称为净初级生产率(net primary productivity, NPP)。净初级生产率因生态系统和纬度不同而异(表7-2和表7-3)。此外初级生产率还受到温度、降水、土壤类型及生长季节长度等因素影响。

表7-2　不同生态系统年净初级生产率（$\times 10^9$ t碳）

（引自Geider等，2001）

海洋	净初级生产率	陆地	净初级生产率
热带和亚热带海洋	13.0	热带雨林	17.8
温带海洋	16.3	落叶阔叶林	1.5
极地海洋	6.4	混合阔叶、针叶林	3.1
海岸	10.7	常绿针叶林	3.1
盐沼、河口、海草	1.2	落叶针叶林	1.4
珊瑚礁	0.7	热带稀树草原	16.8
		多年生草原	2.4
		裸地阔叶灌木	1.0
		苔原	0.8
		沙漠	0.5
		栽培地	8.0
总	48.3	总	56.4

表 7-3　欧洲和北美南美不同纬度森林总初级生产率

（引自 Falge 等，2002）

森林类型	总初级生产率范围［gC/（m² · a）］	平均值［gC/（m² · a）］
热带雨林	3 249	3 249
温带落叶林	1 122～1 507	1 327
温带针叶林	992～1 924	1 499
冷温带落叶林	903～1 165	1 034
北方针叶林	723～1 691	1 019

注：表中数据根据净生态系统生产率和生态系统呼吸率总和估计。

二、生态系统的能流模式

生态系统最一般的能流模式见图 7-1，图中的方框表示营养级，方框的大小表示生物量的大小，而能流管道的粗细表示能流的大小。各营养级的输入和输出应当相等。

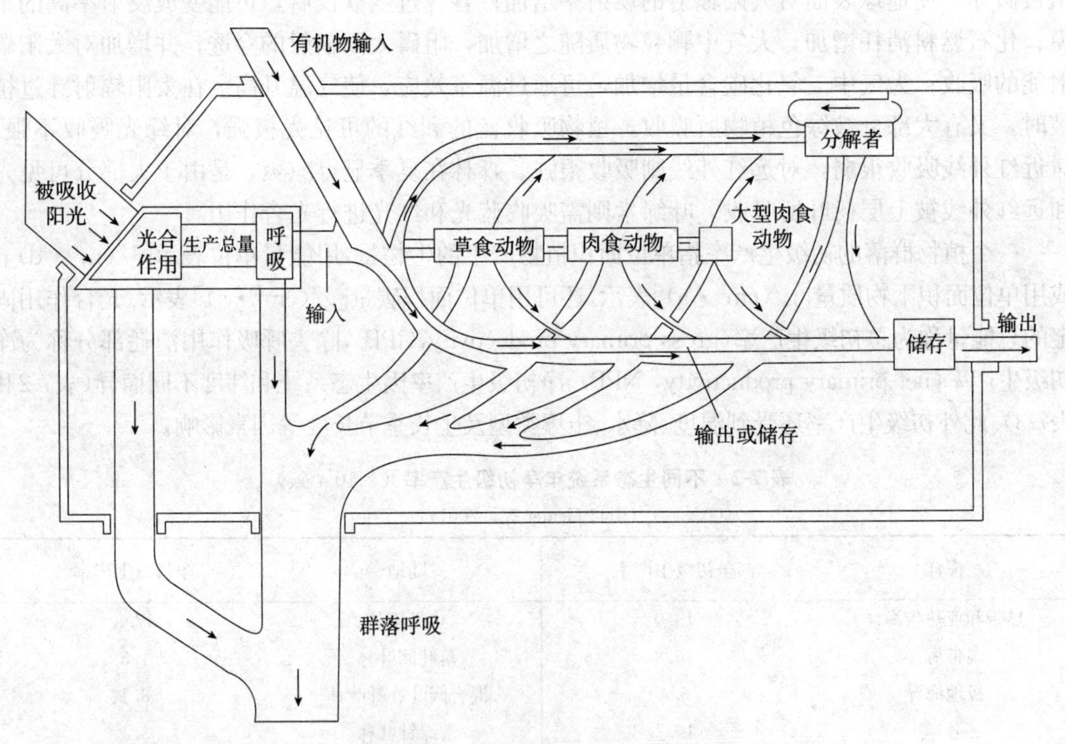

图 7-1　生态系统能流模式图

（仿 Kormondy，1976）

到达地面的太阳辐射，约有 1/2 辐射量被生态系统中的基础营养级（绿色植物）所吸收，绝大部分变成热而消散。对植物而言，大部分太阳能用于蒸腾作用，只有一小部分才为光合作用所固定，形成有机物质，即总初级生产量。生产者生物（绿色植物）的生产过程所形成的生产力，即初级生产力。

生产者以后的营养级，具有共同特点的能流过程。以草食动物为例，它们取食植物，被

吃掉的量称为摄食量或消耗量，这些食物大部分被动物同化，未同化的被排出体外，被同化的一部分用于维持消耗（呼吸量），另一部分即为次级生产量，可供肉食动物的消费。食物链中以后各营养级的能流过程大致相同。由于草食动物、肉食动物及其以后各级的能流过程相近似，一般只使用初级生产和次级生产的概念。次级生产过程包括了第二、第三、第四营养级（消费者动物）的生产过程，也包括分解者的生产过程，这些生产过程所形成的生产力，即次级生产力。

三、生态系统能流的转换效率

初级生产物在每个营养级间的流动比例用转换效率（transfer efficiency）表示。转换效率有 3 种类型：消费效率（consumption efficiency）、同化效率（assimilation efficiency）和生产率（production efficiency）。

（一）消费效率

消费效率（CE）的计算公式为

$$CE = I_n / P_{n-1} \times 100\%$$

式中，I_n是指 n 营养级消费的能量，即摄食的能量；P_{n-1}为 $n-1$ 营养级获得的能量（或净生产率）。消费效率，用单位时间进入食草者肠内的净生产率（NPP）所产生的焦耳能量的比例（%）表示。对次级消费者，表示捕食者捕食草食者的比例（%），未被捕食的将死亡并进入分解者链。大部分生态系的消费率都很低的，森林不到 5%，草地大约 25%，浮游植物为优势的群落大于 50%。脊椎动物捕食者消耗了 50%～100%的脊椎动物猎物，无脊椎动物捕食者捕食了大约 25%无脊椎动物猎物。

（二）同化效率

对于植物而言，同化效率（AE）指植物吸收的太阳能中被光合作用所固定的能量比例（%）；对动物而言，指被动物摄食的能量（I_n）中被同化吸收用于生长或活动等的能量（A_n）比例，其公式为

$$AE = A_n / I_n \times 100\%$$

消费者摄食的能量中，除同化后被利用的（即被消化吸引的）A_n外，其余的能量以粪便消失掉，并进入分解者系统。微生物的同化效率估计很简单，因为这些生物不产生粪便，同化效率值为 100%。但草食者、碎食者的同化效率相当低（20%～50%），肉食者的同化效率较高（约 80%）。

（三）生产效率

生产效率（PE）的计算式

$$PE = P_n / A_n \times 100\%$$

同化效率是产生的新生物量（P_n）占同化能量（A_n）的比例（%），其余部分作为呼吸热量散失。同化效率大小因物种类群而异，一般无脊椎动物较高（30%～40%），脊椎动物中的变温动物处中间类型（约 10%），恒温动物由于维持恒温需消耗大量能量而低（只有

1%～2%)。

四、生态系统的能量和热力学定律

如前所述，太阳能是生态系统中能量的主要来源。在生态系统的能流过程中，能量以动能和潜能两种形式存在。动能是生物及其环境之间以传导和对流的形式相互传递的一种能量，包括热和辐射。潜能是处于暂时静态的能量，代表一种做功的能力或做功的可能性。太阳能经植物光合作用而转化为潜能，储存在有机物分子键中。生态系统的重要功能之一是能量流动，研究能量流动亦即研究能量形式变换的规律，这在物理学中属于热力学范畴。因此热力学的两个定律同样适用于生态系统的能流过程。

热力学第一定律（即能量守恒定律）：在自然界发生的所有现象中，能量既不能消灭也不能凭空产生，只能以严格的当量比例由一种形式转变为另一种形式，或从一个系统流到另一个系统，但其总量从不增加或减少。也就是说，150 亿年前宇宙创造时的总能量与现时的总能量是相等的。在这漫长的时间过程中，能量的形式虽有种种的变动，但从不再获得或消失。

既然，有机体本身不能创造能量，所以它们必须从某些现有的资源中转换而获得能量。植物（或称自养层生物，包括某些细菌或原生动物）吸收太阳能，通过光合作用将电磁能转换为化学能，化学能储藏在化学分子中，用于合成或分解各种植物组织。草食动物（包括昆虫）可将这些化学能转换为各种机械能（如运动、飞行等）以及它们本身的各种化学能量。第二、第三营养层次（如捕食性或寄生性天敌），再利用这些化学能转换为它们生长、运动和生殖需要的能量。

热力学第二定律：在能量从一个形式转换为另一个形式时，能量有持续的损失。从可利用或再利用的形式变为低利用率或不能再利用的形式（热能）。这意味着虽然宇宙中的总能量维持不变，但可利用做功的能量却在宇宙中随时间而减少。也就是说当能量从一种形式转换为另一种形式时，将损失一定的可利用形式的能量。如表 7-4 所示 1 m^2 中 10 000 g 的牧草生产者，被蟋蟀取食和利用后只能生成 1 000 g 的蟋蟀生物量，青蛙取食蟋蟀而生长、发育，可生成 100 g 的蛙生物量，苍鹭再取食蛙，而可生成 10 g 的生物量。

表 7-4 不同营养层的能量转换

营养层	生物量（g/m^2）
牧草（生产者）	10 000
蟋蟀（第一消费者）	1 000
青蛙（第二消费者）	100
苍鹭（第三消费者）	10

Lindeman（1942）在研究水生生态系统后，提出了能量 1/10 定律，他认为营养阶层每升一级都要损失可利用能量的 90%，而只有 10%被利用。基于此，位于食物链底端的害虫种群数量大于位于中位或顶位的天敌种群数量，这也是依靠天敌难以完全控制害虫的理论解释。生态系统中的能流正是遵循着热力学第一定律和热力学第二定律的规律做种种流动的。所以一个生态系统的能量总输入量限定了这个生态系统的生产力。人们可以从能流的输入和

输出情况来估测生态系统的生产力。

第三节　生态系统中的物质循环

化学单质和化合物对生命过程起着关键性作用。各种化学元素，包括原生质的所有必不可少的各种元素，从周围环境到生物体内，又从生物体回到周围环境。化学元素如此不同程度的循环现象被称为物质循环。物质循环在生物圈的范围内具有沿特定途径进行的现象，又称为生物地球化学循环（biogeochemical cycle）。那些对生命必不可少的各种元素的运动，通常称营养物质循环（nutrient cycle）。有机体需要的元素可分两类：常量元素和微量元素。常量元素又分两类，一类是构成占有机物质量的1%以上，如碳、氧、氢、氮、磷等；另一类是占干有机物质量的0.2%～1.0%，如硫、氯、钾、钙、镁、铜等。微量元素是指含量在0.2%以下的元素，如铝、硼、溴、铬、钴、氟、镓、碘、锰、钼、硒、硅、锶、锡、钛、锌等。这些物质在生态系统中不断循环。从生物圈的观点考虑，生物地化循环有两个基本类群：①气体型（gaseous type），其储存库在大气或海洋中；②沉积型（sedimentary type），其储存库在地壳中。有的分3个类型：水循环、气体型和沉积型生物地球化学循环。

一、生态系统中的水循环

（一）生态系统中的水循环过程

水是地球上最丰富的无机化合物，也是生物组织中含量最多的成分。水与生命起源有关，至今仍是各种生物的自然环境。水具有可溶性、可动性、比热容高等独特理化性质。它是地球上一切物质循环和生命活动的介质。地球上的氧气主要来源于水。大气中的水汽是形成云雨的物质基础。海水和江河湖泊的淡水还有调节气候的作用。因此水具有极重要的生态意义。

地球上的水的储量很大，分布很广。除各种矿物质中的水是以化合水和结合水存在外，共他都以游离水存在并构成了地球水圈。地球上的水总量大约有 1.5×10^{9} km^3，其中97%左右分布在海洋，故海洋是水圈的主体，占全球面积的71%。陆地上淡水湖和河流的水量不到地球总水量的1%，但与一切生命活动密切相关，故其生态作用很大。

地球上的水时刻都在运动着，通过固体、液体和气体之间变化，不停地进行着交换，即为水循环（图7-2）。

海洋和陆地在太阳光的照射下，每年有456 000 km^{3}水分蒸发到大气中。从海洋表面蒸发的水，如果又直接以雨的形式降落到海洋中，这称为水的内循环。当海洋蒸发的水分随气流带入大陆，通过降水形式降落于地面，降落后，其中一部分再度蒸发和蒸腾返回大气。植物（包括森林和农作物）可加快水分蒸腾的速度。尤其是林木在其生长过程中的蒸腾比是300～1 000，即有比其本身质量大300～1 000倍的水分蒸腾到大气中。一株大青冈树每天可蒸腾570 kg的水。据了解，一片森林比同纬度的海面蒸发量要大50%。故森林多，水蒸气就多，湿度大，造成降水的条件多。同时消耗的太阳能也大，从而可降低陆地的气温。据估计，每公顷森林可蓄水300 m^3，所以3 333 hm^2 森林相当于一座 1.0×10^{6} m^{3}的水库容

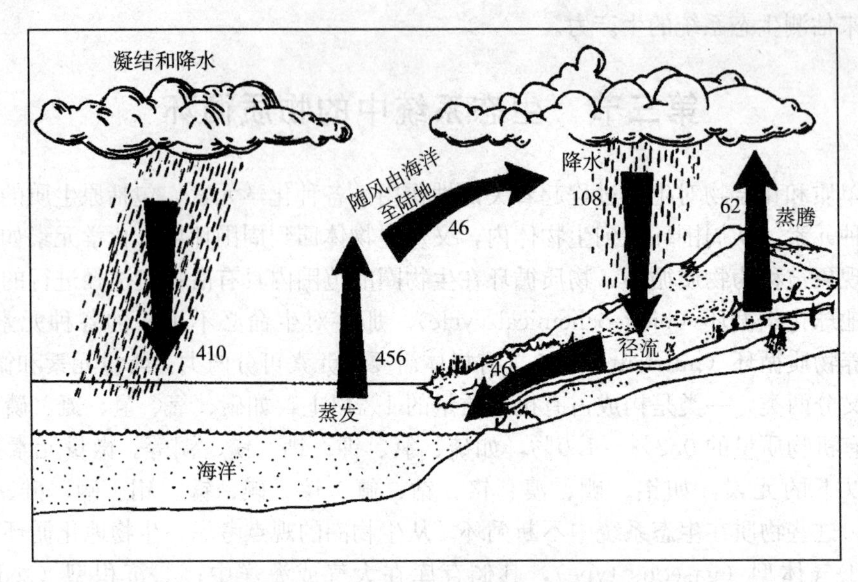

图 7-2　全球水循环（单位为 1 000 km^3/年）
（仿 Ehrlich 等，1977）

量，可见保护森林，积极造林对自然生态环境有十分重要的意义。另一部分降水直接渗入地下，形成土壤水和地下水；还有部分在地表径流注入江河，再返回海洋，于是形成了水分的海陆循环。

绿色植物在地球水循环中起着重要作用。生态系统把将近 40%的太阳能用于植物的蒸腾作用。据计算，植物每生产 1 kg 干物质，平均要蒸腾水分 1 000 kg。在一定气候条件下，得到 20 t 鲜物质量的农作物平均需要 2 000 t 水，收获后还将有 15 t 水蒸腾掉，剩下 5 t 干物质中有 3 t 被固定或转化的水。

（二）人类活动对水循环的影响

农业生产或人类城市生活都要应用或输运大量的水。因此人们应无时无刻不能忘记保护和合理利用水资源。人类活动对水循环的影响有以下几个方面。

1. 空气污染和降水　空气污染使尘埃微粒增加，它悬浮于空气中可使水汽凝结过程受到刺激而影响降水。近年石化燃料燃烧所产生的空气污染使城市处于下风的地区降水量明显增加。空气污染也影响水质，除众所周知的酸雨外，还有降水中铅含量上升，引起许多淡水水域的水质降低。

2. 水域污染和河湖淤塞　水域污染和河湖淤塞产生的原因很复杂。一是广阔的农村从事农业生产多依赖农药化肥，其残留物可通过地表径流和地下水进入江河湖泊。二是城乡建设的发展，硬面公路和地表减少了降水浸润入土的水分，增加径流，并带走路面和地面的尘埃、颗粒等污染物，使江河湖泊沉积量加大。三是河流经过城镇时，排入大量污染物和沉积物，使河流湖泊变浅，交通受阻。四是上述污染物进入水域后，使水质变劣，透明度降低，水生生态系统的生物成分减少，也影响水域中鱼类的生存。另外，开矿、农业耕作、森林砍伐等都将增加水土流失，使江河湖泊变浅。

3. 过度利用地下水　目前，在人口密集的城市或工厂密集工业区，多抽用地下水。许

多地区的地下水位已明显下降，严重时可能引起地面下沉。土壤每年下沉的速度可达15～30 cm。这种情况若在城市发生，对高层建筑的地基威胁很大；在沿海地区可能引起水灾，或引起海水倒灌，造成淡水咸化。

4. 水再分布 人类在各处修筑水渠，将多水区的水引入缺水区，修筑水库和水坝，储存水以供旱季利用，或用来发电以解电力不足之困。但是这些措施也有不良影响，例如水库侵占了陆地面积；影响渔业收入；河口湾和江河下游水量减少，海水倒流，使江河生物群落发生变化；库区泥沙淤积，年久失去水库作用。

二、生态系统中的气体型循环

（一）生态系统中的碳循环

光合作用和呼吸作用是驱动全球碳循环的两个相反过程。碳是构成有机体的基本元素，占生活物质总量的25%，没有碳就没有生命。碳在无生命环境中是以气体（二氧化碳）和无机沉积物碳酸盐（石灰岩和珊礁）或有机沉积物（母页岩和石油）的形式存在的。海洋能溶解大约3.5×10^13 t二氧化碳，并与大气中的二氧化碳保持动态平衡。

碳循环有下述3种形式（图7-3）。

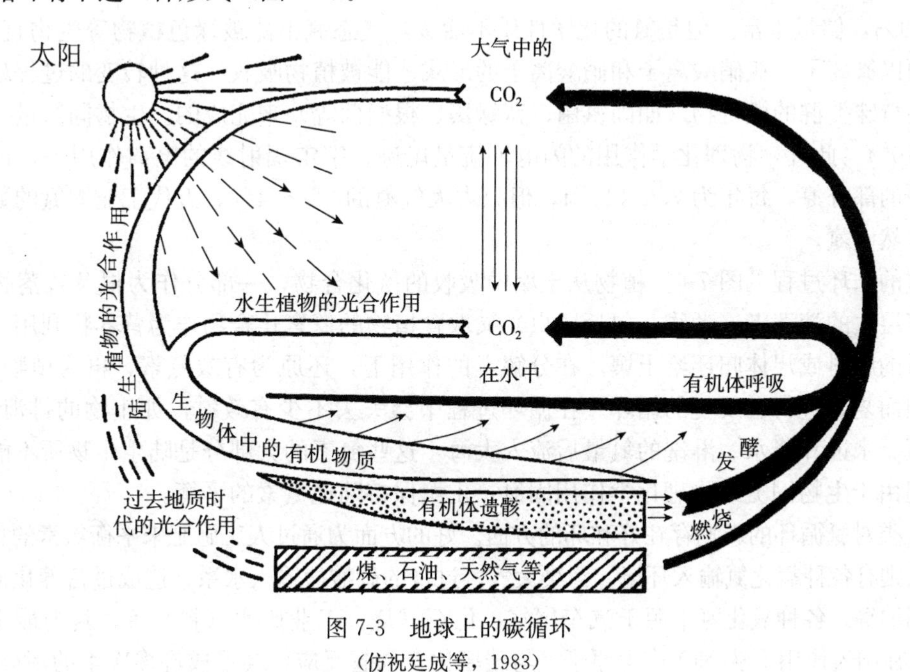

图7-3 地球上的碳循环

（仿祝廷成等，1983）

1. 光合作用 植物通过光合作用把大气中的二氧化碳和水合成碳水化合物，用于构成生物物质。

$$6CO_2+12H_2O+\text{太阳能}\longrightarrow C_6H_{12}O_6+6H_2O+6O_2$$

大气大约含有0.03%的二氧化碳，足以供给植物的光合作用。

2. 光合产物的转化 碳经光合作用构成植物的组织，会进一步发生以下转换。

（1）植物呼吸作用 植物本身通过呼吸作用分解这些物质，用于其本身的生长和繁殖，并再产生二氧化碳，通过叶或根部释放到大气中，同时产生水和化学能。

$$C_6H_{12}O_6+6H_2O+6O_2 \longrightarrow 6CO_2+12H_2O+化学能$$

(2) 被草原动物消费　植物被第一消费者草食动物（包括昆虫）取食后（中间还可经过几个营养层次的转换），碳水化合物转入动物体内，经动物的消化、呼吸分解而排出二氧化碳到大气中。

动植物死后的尸体、残物，经分解者微生物分解产生二氧化碳也返回到大气中，被植物利用。

3. 化石燃料　煤、石油、天然气等燃料，是地质年代生物残体埋藏在地层中，经长期的地质作用形成的含碳物质。人类开掘这些物质作为能源，经燃烧，放出大量二氧化碳到大气中，再被植物所利用。

以上 3 种循环形式是彼此结合，共同进行的。当然，实际上碳在生物圈中的循环决非如此简单的。上述仅勾画出了碳循环的一般轮廓。

由于人类的活动，大气中二氧化碳浓度在不断升高，形成了温室效应，导致全球气候变暖，这对农业及昆虫等产生了显著的影响。

（二）生态系统中的氮循环

氮是氨基酸和叶绿素中的主要元素，是遗传物质 DNA、RNA 的组成成分。大气中含氮量为 79%，储量丰富。但是氮的化学性质不活泼，气态氮不能被绿色植物等生物直接利用，而必须以氮离子、亚硝酸离子和硝酸离子的形式才能被植物吸收。这种转变的过程最主要是靠一些特殊类群的微生物（如固氮菌、蓝绿藻、根瘤菌等）来完成的。生物固氮量每年约为 5.4×10^7 t。此外，物理化学作用的闪电、流星尾迹、宇宙辐射线的电离作用等，也可固定空气中的部分氮，每年为 7.6×10^6 t，但只占大气氮的 3%～4%。近代工业固氮的数量远远超过自然固氮。

氮的循环过程见图 7-4。植物从土壤中吸收的氮化合物，一部分作为根及残落物还给土壤，多层次的消费者（动物，包括昆虫）又取食植物的氮素化合物作为营养物利用。有机体消耗后的废料或尸体归还给土壤。在分解者的作用下，还原为有效氮素，再为植物所利用。如此周而复始进行着反复的循环。在循环过程中会失去不少有效氮，如生物的排泄、遗体、被灌溉、水蚀和降水、淋洗的氮最后流入大海，这些氮素的大部分是陆生生物所不能再利用的。但由于生物固氮或物理化学作用固氮，土壤保持陆地氮素的平衡。

人类对氮循环的影响存在好和坏的方面。好的方面为通过人工施肥来平衡氮素的损耗。坏的方面则有各种氧化氮输入环境，污染大气；过量的硝酸盐输入水系，造成过营养化而污染江河、湖泊等。各种氧化氮来源于汽车尾气、化石燃烧、工业废水（料）等，其中最主要的为 NO_2。在阳光作用下从 NO_2 产生原子氧与碳氮化合物起反应，会形成许多次生的污染物，如甲醛、乙醛、过氧乙酰基硝酸盐(PAN)等，这些总称为光化学烟雾，对人体及植物的危害极大。

在人为的农林水生态系统中也必须研究清楚该系统中氮素循环的现状和未来的趋势发展，采取种种综合措施，以保持在人为生产情况下氮素循环的基本平衡。例如张金霞等（1999）研究高寒草甸生态系统的氮循环（图 7-5），系统中土壤库中氮素总储量为 10.629 t/hm^2，主要以有机氮态存在。植物氮素主要储存在植物活根中，根系总储量为 190.11±49.62 kg/（hm^2·a），活根内占>9.26%。整个系统氮素总输出为 159.35 kg/（hm^2·a），大于系统总输入 84.33 kg/（hm^2·a），说明系统中氮素亏缺，成为限制草场生产力提高的限制因子。

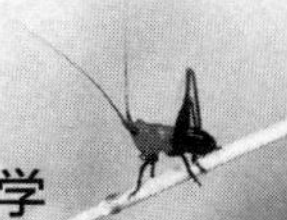

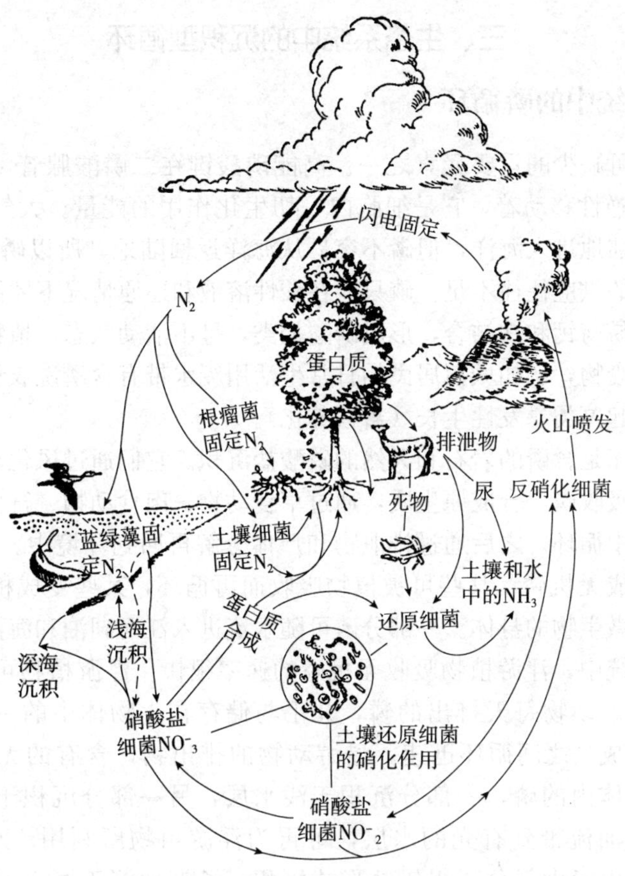

图 7-4　氮在生态系统中的循环

（引自 Smith，1976）

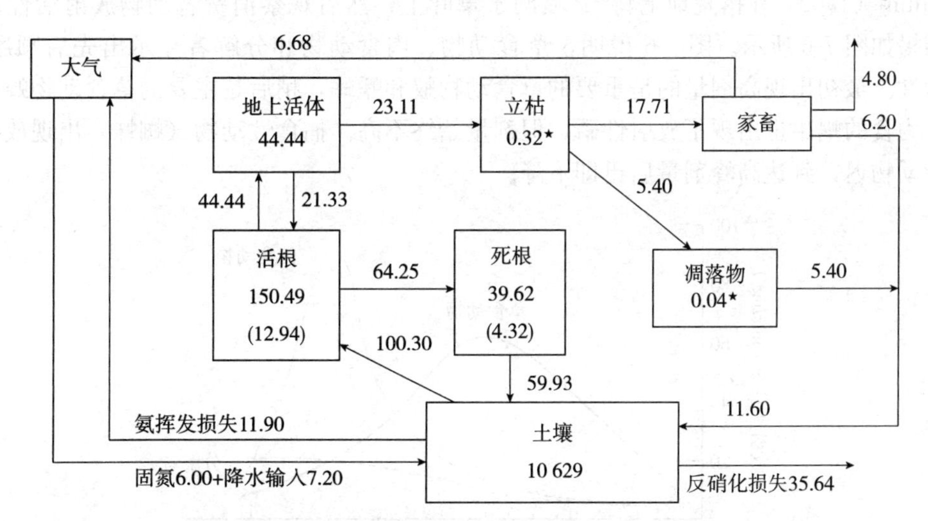

图 7-5　高寒草甸生态系统的氮素循环［单位：kg/（hm^2・a）］

（方框内的数字，括号内的为年存留量，不带括号的为现存量，带★者为残留量；连线上的数字为流通量）

（仿张金霞，1999）

三、生态系统中的沉积型循环

（一）生态系统中的磷循环

磷是有机体不可缺少的重要元素之一。高能磷酸键在二磷酸腺苷（DTP）和三磷酸腺苷（ATP）之间可逆性移动着，它是细胞内一切生化作用的能量。大气中一般没有磷。磷是随着水循环，从陆地进入海洋，但磷不容易从海洋返回陆地，所以磷循环是不完全循环。在自然条件下，磷的供应往往不足。磷只能在酸性溶液和还原情况下才能自由溶解。

在土壤中，磷易与钙和铁结合，形成磷酸盐类，呈不活动状态，植物不能吸收。若水体中输入过多的有磷废物，例如城镇居民的日常生活用废水带有含磷洗衣粉，如不加处理直接流入水体中，易引起藻类暴发性生长（富营养化）。

磷的主要储存库是含磷的岩石和天然的磷酸盐沉积。它们通过风化、侵蚀、淋洗而释出磷。植物从环境中吸收磷，合成原生质，通过草食动物、肉食动物、寄生生物等食物链在水体或陆地生态系统中循环。之后通过排泄物和尸体分解再回到环境中。在陆地生态系统中，有机磷被细菌还原成无机磷，某些可被植物吸收而再循环，某些变成植物不能吸收的磷化物，还有的可组成微生物的身体。一部分磷可随水流进入江河湖泊和海洋。

在水体生态系统中，浮游植物吸收无机磷的速率很快。浮游植物可被浮游动物或食碎屑生物所吞食。浮游动物每天排出的磷，几乎与储存在生物体中的一样多。因此在水体生态系统中的生物成员之间循环迅速。浮游动物的排出物，含有的无机磷可为浮游植物直接利用。动植物体内的磷，一部分沉积于浅水层，另一部分沉积于深层。在深海沉积的磷，有的通过上涌流带到有光的水层，可再为浮游植物所利用。水体的上层多缺磷，而深层却磷饱和。由于大部分磷以钙盐形式沉积，长期地沉于海底，甚至脱离了磷循环而储存起来。

Odum（1962）在撂荒地上将^{32}P喷洒于草叶上，然后观察消费者动物放射活性出现情况，结果如图7-6所示。图7-6说明，草食动物、肉食动物和分解者显示出先后顺序的^{32}P放射活性。最初出现高剂量的是重要的草食动物蚁和蟋蟀，稍后是主要的草食动物蝗虫，而以枯叶为食的蜗牛也出现了放射性磷，但剂量始终不高。捕食性动物（蜘蛛）出现放射活性较草食动物迟，到达高峰剂量后迅即下降。

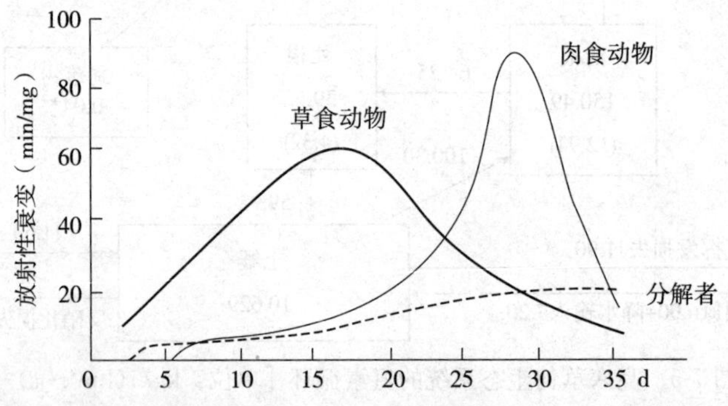

图7-6　以^{32}P标志植物后，在各营养级中放射性磷出现的情况

（引自MacNaughton和Wolf，1973）

（二）生态系统中的硫循环

硫也是蛋白质和氨基酸的基本成分。硫有多种状态，在自然界主要以单质硫、亚硫酸盐和硫酸盐形式存在。

硫循环既属沉积型，又属气体型。被束缚在有机和无机沉积中的硫，可通过风化和分解而释放，以盐溶液形式进入陆地和水体生态系统。还有较多的硫以气态参加循环，因此可在全球规模上进行。

硫进入大气有以下途径：燃烧矿石燃料、火山爆发以及分解过程中释放气体。硫以硫化氢的状态进入大气，很快就氧化成挥发性的二氧化硫。二氧化硫可溶于水，随降水到达地面为弱硫酸。只要硫呈溶解状态，就能被植物吸收和利用，并成为某些氨基酸的成分（如胱氨酸），可由生产者转至消费者。

动物的排泄物和动植物尸体的分解，将硫带回土壤或水底，再经硫化微生物的作用，以硫化氢或硫酸盐形式释放硫。无色硫细菌既能将硫化氢还原为单质硫（S），又能将其氧化为硫酸。绿色或紫色硫细菌，在阳光下，能利用氢气作为氧接受者。在沼泽和河口湾泥层中生活的紫细菌，能使硫化氢氧化形成硫酸盐，进入再循环（图 7-7）。

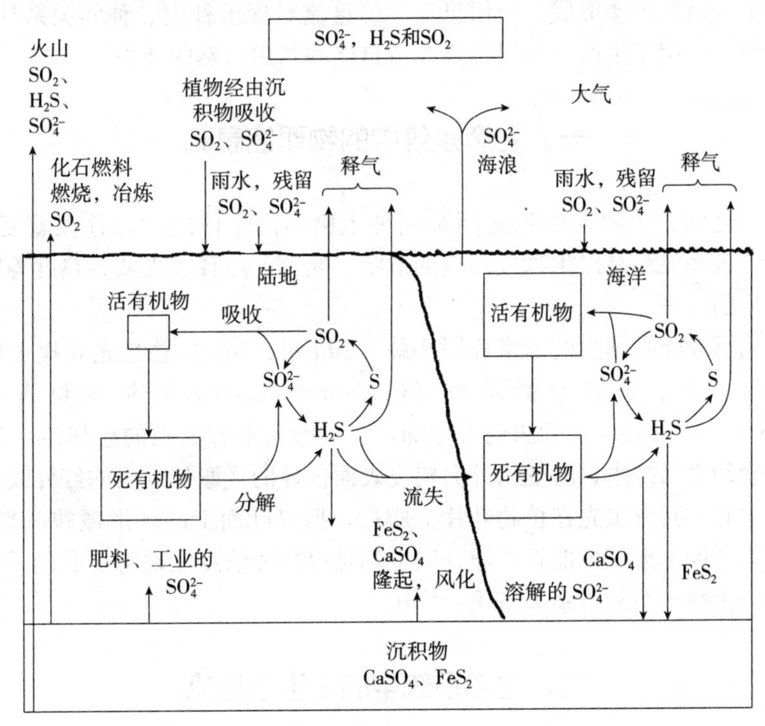

图 7-7 生态系统中的硫循环

（仿 Ehrlich，1977）

人类对硫循环的影响有：通过矿石燃料的燃烧，每年向大气输入二氧化硫达 1.47×10^{8} t，其中有 70%来源于煤。二氧化硫在大气中不保持气态，而与水气起反应形成硫酸。大气中的二氧化硫浓度达 1 μL/L 时人就会感到胸部一种被压迫的不适感，当达到 8 μL/L 时就会感到呼吸困难，当达到 10 μL/L 时咽喉纤毛就会排出黏液。每升空气中含数微升二氧化硫就会刺激呼吸道。硫的细雾状小颗粒，可进入肺部。二氧化硫浓度过高（超过 1 000 mg/

m^3）时，就成为灾害性空气污染。

空气中硫含量与人类健康关系密切。例如亚洲流行性感冒流行期间，在硫污染的城市，感染率上升200%，而未污染的城市，只上升20%。硫也与植物健康有关，硫中毒的植物叶片脉间和叶缘出现坏死组织，轻者出现淡红色或淡黑色斑块。

硫进入大气后，不仅有害植物和人体健康，而且在某些地区形成酸雨。酸雨问题最初发现于北欧斯堪的纳维亚，从1966年以来，降水的酸性上升200倍，最低pH达2.8。酸雨使该区河流酸性增加，影响鲑鱼的生殖，破坏其洄游；陆地森林生长延缓；农田土地的钙和其他营养物质淋溶流失量增加。以后在美洲、亚洲等工业中心的下风位地区亦有酸雨出现，造成的危害显著。

第四节　生态系统中的信息流

生态系统除了上述功能外，还具有信息传递的功能。系统中有机体之间的信息传递方式呈多种多样。信息可将生物种内、种间的一切活动紧密地联系起来，甚至联成一个整体。按照信息的属性和作用，可区分为物理信息、化学信息、营养信息和行为信息。

生态系统中的信息传递形成一个信息流。信息流对探求种内、种间关系具有重要意义。将信息传递的作用应用于生产，可以提高改造自然和利用自然的能力。

一、生态系统中的物理信息流

生物与环境之间、生物与生物之间和同种生物不同个体之间，存在着复杂的趋、避、聚、散的关系，这些关系是以生物或环境的形状、颜色、声音、光波、热度等物理特性作为信息驱动而产生的。

例如寄生稻纵卷叶螟幼虫的赤带扁股小蜂（*Elasmus* sp.）总是先寻找水稻卷叶，再找卷叶里的害虫产卵。黄杉小蠹茧蜂（*Coeloides brunneri*）是木材害虫黄杉小蠹（*Dendroctonus pseudotsugae*）幼虫的寄生蜂，它的触角上有灵敏的感热器，对红外线很敏感，能探测小蠹幼虫钻蛀木材时发出并向树皮表面传导的代谢热发出的红外线。赤眼蜂在寻找鳞翅目卵寄主时，其成虫先在植物叶片上爬行，搜寻叶面上的球形微粒，当它碰上水滴、尘粒等物时，都会停下来试探能否产卵。以上都是以物理信息发现寄主的例子。物理信息流对生态系统中的生物关系的维系起着重要作用。

二、生态系统中的化学信息流

生态系统中凭借化学因素传递信息的事例很多。化学信息的内容很广泛，它是生态系统内的主要信息来源。生物代谢产生的物质（例如酶、维生素、生长素、抗生素、性诱激素等）都属于传递信息的化学物质。虽然这些物质的含量极微，却深刻地影响着生物种内和种间的联系，有的是相互克制，有的是相互促进，有的是相互吸引，有的是相互排斥。近年来，这方面的研究促进了化学生态学（chemical ecology）的发展。昆虫与昆虫之间、昆虫与植物之间、昆虫与其天敌等之间的信息流途径与表现，以及其调控机制等内容已在本书第

六章阐述。这里仅对生态系统中的化学信息流的具体表现和应用做简单归纳，以表明化学信息在生态系统中的重要性。

（一）植物种间的化学联系

植物种间关系是复杂的，有的是对抗的，一个种的个体对另一个种的个体不利，例如种间竞争、寄主寄生关系。有的是互助的，两个种的个体生长在一起，彼此无影响，例如附生关系。有的通过植物分泌物直接或间接地影响他种个体的生长和生存，例如一种菊科灌木的叶片分泌一种苯甲醛物质，对相邻的番茄、玉米等有强烈抑制作用，甚至有杀伤作用，但对大麦、燕麦和向日葵影响很小；洋槐树皮分泌的挥发性物质能抑制多种草本植物的生长；许多高等植物能产生自毒（autotoxic）和抗生（antibiotic）性的有机物质，如萜烯、有机酸、醚、醛、酮等，这些植物分泌物对植物种群的组合和群落构成可产生明显的影响。

农林业生产已重视植物种间的上述这些关系，并注意到了树种混种或农作物混种的关系。例如现已清楚榆树与栎树、白桦与松树、松树与云杉不宜种在一起，它们是互相抑制或互相对抗的；胡桃不能与苹果种在一起，因胡桃醌对苹果有毒害；洋葱与菜豆、芜菁与番茄、番茄与黄瓜有相互抑制作用，而洋葱与食用甜菜、马铃薯与菜豆、小麦与豌豆种在一起有相互促进作用。当桉树、百步、七里香、苦楝、天竺葵、肉桂、柠檬、蒜葱等和另一种植物种在一起，它们的分泌物有杀菌作用，使另一种植物有防病的作用。因此植物分泌物对种间的抑制作用或促进作用，在人工生态系统中的物种安排上具有重要指导意义。

（二）动植物之间的化学联系

植物与植食动物之间的联系，是以物理信息和化学信息为纽带的。植物本身发出的信息会对动物有利或不利，例如玉米螟不喜取食玉米幼苗及抗性品种，由于玉米幼苗或玉米抗性品种组织中存在对玉米螟有毒的化学物质 6-甲氨基苯并恶唑酮（6-MBOA 或 DIMBOA）；褐飞虱不喜取食水稻抗性品种，由于含有 γ-氨基丁酸。一些化学物质可引起动物聚集，例如脂肪酸、棕榈酸乙酯、硬脂酸乙酯等是谷斑皮蠹（*Trogoderma granarium*）的聚集信息素。

寄主植物作为植食性昆虫的营养物质来源，具有引诱昆虫的信息物质，例如柑橘含有甲基丁子香酚（methyleugenol）对橘小实蝇（*Dacus dorsalis*）雄虫有引诱作用，黑芥籽苷对于小菜蛾有引诱作用，花的香味对于吮食蜜的昆虫都有引诱作用。水稻中的对甲基苯乙酮可吸引二化螟蛾来产卵。黄守瓜由于葫芦素 E 而找到黄瓜和西瓜，黄曲条跳甲倾向于取食硫代葡萄糖苷含量较高的十字花科蔬菜。

（三）动物之间的信息联系

研究证明，昆虫的许多行为，如觅食、寻找配偶、找寻产卵场所等，都是受化学信息物质刺激所引起的。这些物质多是天然物质，一般将对种间化学信息素的产生者有利的称为利己信息素（allomone），而对接受者有利的称为利他信息素（kairomone）。用于同一物种个体之间的种内通信的化学信息素有性信息素、警戒信息素、标记信息素、聚集信息素等，它们是动物之间联系的主要化学物质，其具体功能已在第六章中阐述。

生态系统的基础是能量流和物质流从一个亚系统流向另一个亚系统的种种表现。通常太

阳能被植物吸收，然后流向一级消费者草食动物（包括昆虫），再流向二级消费者例如昆虫的捕食或寄生天敌，再流向三级消费者如蛙、蜘蛛等。最后它们的尸体被细菌或腐食性昆虫或低等原生动物所分解，或转变为无机物质或作为热量被释放。生态系统就是研究这些能量及物质在各组分间的流动情况。一个复杂的生态系统中各个种和个体是被能量、各类物质流和信息流联系在一起的。昆虫在这些流动过程中是重要的第二或第三消费者，也可以是陆生或水生领域中分解过程的主要成员。因此昆虫在生态系统中起着重要的作用。

第五节　生态系统的相对平衡

生态平衡是现代生态学发展在理论上提出的新概念。在现代社会中，由于经济的不断发展，如果不高度重视环境和生态系统保护，就会不知不觉地破坏生态系统的相对平衡，而在一定时间后表现出不同程度的灾害性的可悲后果例如滥伐林木而使森林面积不断减少、沙漠扩大、草原过多还田和退化、水土流失、气候干旱化、风沙肆虐、洪水泛滥等。这些都是生态平衡失调的表现。调整、恢复和维护好生态平衡是摆在我们这一代人面前的历史任务。

一、生态平衡

生态系统的平衡是相对平衡，正像一条河流一样，水在不断地流动，当上游的给水量大于下游的排水量时，则河流的水位上涨；反之，则水位下降。给水量与排水量大致相当时，水位稳定。所以所谓水位稳定是指河流河水流动中的稳定状态。故生态系统的相对稳定，并不是静止不动的不变状态。

生态系统是开放的，物质和能量不断输入和输出。一方面，一部分能量和物质被植物吸收，通过光合作用而固定下来，或者通过降水、尘埃下落、河水流入、地下水渗透、人工加入等输入到系统中来；另一方面，一部分能量和物质又通过物理蒸发、生物生理蒸腾、各种生物呼吸、生物迁移、土壤渗漏、排水、人类生产收获而带出等方式从系统中输出。生态系统中的能量和物质在各营养层次或各亚系统中的种种流动，每时每刻都在不停顿地运动和变化。

在一般情况下，当能量和物质输入大于输出时，则生物量将增加；反之，则减少。如果输入和输出趋于相等，生态系统的结构和功能便较长时期处于稳定状态，如有外来干扰时，能通过自我调节（或人为控制），可以恢复到原初的稳定状态。生态系统的这种状态就称为生态系统的平衡。在自然界，一个正常运转的生态系统，其能量和物质的输入和输出总是不断自动调节，趋于平衡的，这时的动植物种类和数量也会保持相对的恒定。

在一个相对平衡的生态系统中，生物的物种数及各物种的个体数维持在最适的量。物种相互依赖、相互制约，各自在系统中正常生长发育和繁衍后代，并保持一定生态位，这种生态系统还能排斥其他生物的侵入。生态系统的结构、生物种类间各种群的数量关系以及环境生产潜力，是衡量生态平衡的指标。

生态系统的稳定性在自然界通常是可觉察的。如果一个较稳定的森林中，食叶昆虫增加，树木生长受到危害，可是食虫的鸟类却因食物丰富而种群得到大增。这样，食叶昆虫的数量又受到抑制，树木生长伴随鸟类种群的增长而恢复正常。生态系统由于自我调节而恢复

原初的稳定。又如草原上每逢田鼠大量繁殖的年代，翌年土产公司收购的狐狸皮也增加。

在水域生态系统中也有类似的现象。春季水温上升，水生生物和动物代谢加快。由于呼吸作用加强，使水中的二氧化碳含量增加，氧气减少。然后，水温变高又使植物光合作用旺盛，吸收大量二氧化碳，放出氧气。这样，水中二氧化碳和氧气的含量又恢复正常。

能量和物质在生态系统内流动与循环过程中，每一种变化发生后，又反过来影响其变化的本身，也就是反馈效应。生态系统就是通过这种反馈关系来维持其发展中的相对平衡。生态系统的这种能力，称为自动调控能力。但生态系统的自动调控能力具有一定的限度。只有在某一限度内，生态系统可以自我调节外来的干扰，这个限度就称为生态阈限。超过了这个生态阈限，自我调节能力将降低或消失，造成生态平衡失调。不同结构或功能的生态系统其生态阈限有所不同。一般生态系统愈成熟、内部小生境愈复杂、生物多样性愈大、食物网愈复杂、能流和物流渠道愈多，则生态阈限范围愈大。生态系统中一条渠道因干扰而出现变化时，可通过另一些通道来代偿，从而逐渐达到另一个新的平衡。这就是顶极群落自我调节能力高，稳定性强的原因。

二、生物多样性与生态系统稳定性

有关生物多样性与生态系统稳定性是生态系统生态学研究的热点问题。多数生态学家认为，物种的多样性导致系统的稳定性，但也有人认为多样性与稳定性的关系并非普遍适用。物种多样性与系统稳定性的关系存在 3 种学说：①铆钉爆破学说，认为系统中每个物种对维持系统稳定具有重要作用，就像飞机的每个铆钉的作用一样，如果一个铆钉脱落有可能造成机毁人亡；②物种剩余学说，认为并非每个物种在食物网中起着重要作用，物种存在多余现象，排除一个或一些物种不影响系统的稳定性；③是折中观点，认为既不是每个物种均如此重要，也不是都存在冗余现象，维持系统稳定有个最优物种组合。总体看来，系统的稳定是相对的，相对的稳定取决于各种条件，多向性的能流是稳定的条件之一。

三、生态平衡的影响因素

影响生态系统平衡的因素不外乎自然因素和人为因素两大类。可分为不可控因素和可控因素。人们应在了解各因素影响作用的基础上，加强或防止可控因素的作用，使生态系统向着健康的方向发展。

（一）环境变化对生态平衡的影响

自然界的一些灾变或全球变化的自然因素（例如火山爆发、山洪、泥石流、海啸、飓风、旱灾等）都可使生态系统在短时间内遭到破坏，甚至毁灭。这些突发性的因素，发生频率不高，但对生态系统的破坏性极大。例如已研究清楚全球性气候变化，由于温室效应使南极冰溶期提前和加长，海水温度普遍升高，从而使全球气温变暖，引起一些昆虫的分布北界向北推移。由于有效积温增加，也使昆虫全年完成的世代数增加。例如湖南省气象中心分析，20 世纪 90 年代以来湖南省年平均气温升高 1.5 ℃，≥10 ℃的年总积温增加 400～500 d·℃，使湖南省的热量条件相当于南移了 2°～3°纬度，也使全省大多数地方的水稻二化螟可完成完整的 4 个世代。日本也有报道，二化螟的年完成 2～3 代的北界向北推移了300 km，因此造成二化螟在许多地区的数量剧增，从而影响了水稻生态系统的平衡。

（二）人为因素对生态平衡的影响

1. 破坏植被引起的生态平衡失调　植物是生态系统的第一生产者。如果不管理好植被，随意大面积毁坏森林、草原和其他植被，便会扰乱生态平衡，引起连锁反应。植被的破坏不仅减少了固定太阳辐射的总输入能量，影响其上层多级消费者生物的数量，而且造成水土流失、气候变干、水源枯涸，这方面的实例举不胜举。非洲的撒哈拉地区，过去也有河有湖，是个农牧渔业兴旺的地区。但从 20 世纪 20 年代开始，由于耕作粗放、过度放牧、无节制地开发水源，如今变为茫茫一片沙漠。现在撒哈拉沙漠还在每年向南扩展 1.5×10^{6} hm^{2}，向北吞侵 1.0×10^{5} hm^{2} 农田。沙漠不断扩大已成为世界性问题。据联合国统计，仅 20 世纪 70 年代的 10 年来，全世界每年有 5×10^{4}～7×10^{4} km^{2}的土地出现沙漠化。我国的情况也是如此，黄河中下游的黄土高原，本来是森林草原相结合的森林与草原带。黄河的水本来也是清的。13 世纪成吉思汗曾看中这个肥沃的地方，把它称为“额尔多斯”，蒙语的原意是“胜利的起点”。从地质上也可证明那里有过茂密的森林，肥沃的草原。但就是经过这几百年来封建王朝掠夺式的过度开发、滥伐森林、滥垦草原，超过了生态阈限，使森林被毁、草原面积缩小，成为一片荒山秃岭，水土流失，形成了目前几个省的黄土高原、沙暴频繁，黄河几度断流、濒临枯涸的危险，要恢复到原来的森林草原生态系统已相当困难和遥远。各种破坏植被事件的发生，生态系统都会给以惨痛的回应。

2. 生物种类减少与生态系统的稳定性下降　上面已述及自然界的顶极群落，其生物种类丰富、食物网错综复杂、系统的稳定性大，而经人工开垦或种植的农田、人工林则生物物种单一、优势种突出、系统的稳定性脆弱，很易暴发病虫危害，造成减产失收。中亚的吉尔吉斯草原，是上万年形成的原始大草原，在被彻底开垦后，一年之间景观大变。表 7-5 中的结果表明，小麦田比原始草原的昆虫种类减少了 57%，但虫口密度却增加了 76%。原始草原多样性指数（*d*）为麦田的 2.6 倍。农田生态系统如果贯彻合理的综合治理措施，科学使用化肥农药，则可保持农田多样性指数高，二级消费者天敌的种类多，可使一级消费者害虫的密度保持相对低而稳定。

表 7-5　原始草原与小麦田昆虫数量的比较

（引自祝廷成等，1983）

昆虫数量	原始草原	小麦田
昆虫种类	330	142
密度（头/m^2）(*A*)	199	351
优势种种数（*S*）	41	19
个体数（*B*）	112.2	331.6
B/*A*（%）	54.4	94.3
多样性指数（*d*）	62.15	24.06

注：$d=(S-1)\ln N$，N 为总个体数。

生物种类中尤以第一生产者植物的种类与整个生态系统的稳定关系最大。这在森林生态系统中表现十分明显。例如松干蚧在胶东半岛和辽宁半岛十分猖獗，主要危害油松和赤松林，纯种的松林中几乎无一幸免，极易遭受虫害而甚至毁林。但是在自然林中常为针叶阔叶混交林，却可见到松树生长得非常健康，松干蚧很少。究其原因，是由于纯松树中树种单一、结构简单、肉食性昆虫天敌很少，松干蚧种群几乎没有天敌控制，只要气候适宜，很容易暴发成灾。在针叶阔叶混交林中，植物种类多样化、小生境类型多，为多种肉食性天敌提供了良好的食料资源和栖息场所，又由于有许多种阔叶树的阻隔，使松干蚧的扩散蔓延受到种种障碍，松干蚧种群常不易猖獗成灾。

3. 食物链破坏与生态平衡失调 食物链是生态系统内各生物物种相互关联的基本纽带，也是系统内能量和物质流动的基本渠道。例如鸟类是许多森林和草原生态系统中基本食物链的主要成员，可取食多种害虫，从而对树木起到重要的保护作用。有人试验在草原上种草时，为了防止鸟吃草籽，而用网把试验区罩上，结果草虽出芽和生长发育，但由于吃虫的鸟被隔离，而害虫发展了起来，草的叶片几乎被害虫全部吃光，而未罩网的天然草原，草叶却生长良好。这说明由于罩网破坏了草→虫→鸟的食物链而引起生态系统的失调。这种现象在农田系统中也常发生，由于滥用农药，虽杀死了害虫，但也杀死了害虫的天敌，而使另外一些害虫又再猖獗起来。

4. 污染物质对生态系统的危害 工业生产中的“三废”、城镇居民的生活垃圾中都有许多有毒物质。农业系统中不合理地滥用化肥和农药，有毒物质可随食物链各环节间的转移而得到浓缩富集，这不但破坏了生态系统的相对平衡，也给人类健康带来极大的威胁。

污染物质的来源有工业“三废”（废渣、废气和废水）、城镇垃圾和汽车与飞机尾气等。这些废物中常含有多种重金属物质（如锌、铜、铅、汞和镉等）、有毒化合物（如氧化氮、烃类化合物、氰化物、氟化物、硝基化合物等）、有害气体（如二氧化硫、一氧化碳、一氧化氮等）。生活用水中磷化物以及农业生产中施用的化肥、农药等可污染水资源直接或间接毒害人畜。

（1）陆地生态系统的污染 污染陆地生态系统的物质主要来源于大气中的二氧化硫、漂尘及其中的重金属铅、镉等，以及大量喷洒的杀虫剂等。它们不但直接危害陆地生态系统，还可间接污染各种水域。

①二氧化硫和酸雨：所有含硫燃料（如煤、石油等）都产生二氧化硫。例如一个火力发电厂，每年排放二氧化硫达270 t。据报道，全欧洲1973年二氧化硫排放量估计达2.5×10^7 t硫量。大气中二氧化硫在阳光下进行光化学氧化作用，产生硫酸雾。硫酸雾在空气中凝聚增大，遇到水汽就以酸雨（亚硫酸）形式降落。另外，大气中的硫和氮可氧化而变为硫酸和硝酸，并在雨水中解离，使雨雪的酸度（pH）下降。一般在雨雪的pH小于5.6时，称为酸雨。例如北美洲和西欧广大地区，200年前雨水为中性，现在年平均pH为4.0～4.5，已变成硫酸和硝酸的稀溶液，甚至单个风暴降雨的pH最低值达2.4，竟和醋酸相同。

二氧化硫酸雨对陆地生态系统危害很大，可使整片森林和农作物死亡而荒芜。10%浓度的二氧化硫酸雨就可使棉花、小麦、豌豆等明显减产。硫酸雾和酸雨也可直接灼烧植物，落在土壤或水体中可使水、土酸化，影响土壤中微生物及水生生物。例如挪威南部数以千计的淡水河、湖曾因受来自西欧酸雨的影响，水体酸化，使3×10^4 km^{2}水域中的鱼群受到危害。

②粉尘中的重金属：大气粉尘分为飘尘和落尘两种。飘尘颗粒很小，能较长时期飘浮在

大气中，四处飘流危害，常称为细颗粒物，用$PM_{2.5}$表示。落尘颗粒较大，随风飘移一定距离，便自行降落。粉尘除直接影响植物光合作用外，其中含有重金属（如铅、镉等）对土壤、植物及人身健康均有害。工业中粉尘常通过大气→土壤→蔬菜→人这个途径进入人体，危害健康。2012年联合国环境规划署公布的《全球环境展望Ⅴ》中指出，每年有近200万的过早死亡病例与颗粒物污染有关。

③化学农药：农药被视为现代化农业的4大支柱之一，在防治农林业病虫害、消除杂草、灭鼠、灭蚊蝇等方面应用相当广泛，对保证农林牧业稳产高产及城市卫生等方面起很大作用。据估计，全世界农药的销售总额2012年达到499.35亿美元。

但是如果施用不科学、不合理或滥用农药，则会给陆地、水域、城市生态系统带来严重的污染，并通过食物危害人体健康。

农药大致上从两方面影响生态系统。一方面可直接使人畜、水生生物接触农药而引起急性中毒。农药不仅杀死了有害病原微生物或害虫鼠杂草，而且同时杀死一些有益的生物，从而破坏食物链的环节或影响生态系统的稳定性。另一方面，一些不易分解的残留农药，长期潜伏在环境，它们的残留量虽然不大，但是通过不同营养阶层、食物链之间的转移，会发生高度的浓缩和富集，即使残留量很少，也会最终在高营养级动物中富集较高的浓度，危害生态系统中各种生物包括人畜健康。例如早已禁用的六六六农药（BHC），经食物链的富集作用，在牛肉和母奶中的含量是土壤中残留量的14倍和171倍以上。这种富集后的浓度足以达到破坏或瓦解肝脏细胞的程度。

残留在土壤中的农药，可抑制或毒害土壤中的微生物，从而降低生态系统中分解者对残留物质的分解还原速率，阻碍物质循环，进而影响第一生产者植物。

残留在陆地生态系统的农药还可通过水生生物的阶层间浓缩而危害各种生物包括人类健康。

(2) 水域生态系统的污染　水域包括江、河、湖泊及近海海水。当排入水域的污染物超过水域本身的自净能力时（自净是指水生生物的吸收、利用降解而使毒害作用降低），便可引起水体环境的变化。水生生物的生长、繁育受到抑制，并能浓缩、富集有毒物质，进而影响人们的生活。

水域生态系统污染的途径主要为工业“三废”、农田化肥、农药、城镇居民生活用水等。工业“三废”，尤其是废水不加处理，直接排入水体。废水中主要的毒物为重金属元素铅、镉、汞等或一些化工有毒化合物。这些污染废水如进入饮用水源或通过农田灌溉，污染农作物，而后进入人体，会危害健康。例如日本富山县神通洲一带，由于工业废水中含有大量镉，污染了水源，再经灌溉稻田。人吃了富集浓缩有镉的稻米，镉侵入人的骨质，引起了著名的日本骨痛病，是一种极为痛苦的污染病。由汞或铅慢性中毒的病例也时有发生，尤其对儿童的危害更为严重。

上文已述，农田的农药残留通过径流，排入水体，造成环境污染。而农田的化肥也通过径流能排入水体，城镇的生活用水中含有大量的磷（洗衣粉带来）和氮直接排入水域后，会使水体因含有大量氮、磷化合物而发生富营养化现象。高浓度的营养物质刺激水域中某些浮游植物（如蓝藻和硅藻）的大量繁殖，过度生长，使整个水面被藻类覆盖，影响阳光及氧气的交换。藻类死后，沉积于水底，微生物分解这些残体时又必然过度消耗水中大量溶解氧，致使鱼类大量死亡。当水域中溶解氧被耗尽后，便转为无氧分解，产生大量的硫化氢气体，

散发出恶臭味，许多水生生物死亡，严重破坏了水域生态系统的平衡。这种现象称为富营养化。它可使一个有生命力的水域变为死水湖（河）。这种水域污染在农村十分普遍。目前，虽已引起人们的重视，但已发生的富营养化，要治理比较复杂和困难，要花费大量的财力和时间。

在近海海域中，尤其是港口、渔场附近，或海上油田附近，常发生油井或船体漏油现象。石油的密度小于海水，散落在水中的石油形成一层均匀的油膜，使水体与大气隔绝，影响气体交换；减少阳光透入，减少水生生物的光合作用。海水油膜也可随某些悬浮物一起凝集下沉或被某些海洋生物吸收后，通过粪便沉积于海底，造成污染。海洋植物（浮游植物）是整个地球上氧气的主要供应者，它供应的氧占地球总供氧量的70%，海域的污染必然会影响地球整个生物圈中的氧循环。

大量的事实表明，生态系统对污染物有一定的净化和降解能力。污染物对生态系统的污染与否，关键在于污染物的数量和强度。只有把污染物的输入量降低到生态系统可能自净化的数量以下，进而再调整整个生态系统的结构，也就是人们通常说的通过排污处理，达到环境保护的排污标准，才能净化环境，长期保持生态系统的相对平衡，以提高生态系统的服务功能，为人类提供高质量的生态环境和丰富的资源。

第六节　害虫再猖獗

一、害虫猖獗与再猖獗的概念

害虫猖獗（pest outbreak），即害虫种群的暴发，是指害虫的种群数量暴发式增加，对农作物的危害达到并超过经济损害允许水平的现象。害虫再猖獗（pest resurgence）指一种杀虫剂或杀螨剂使用后目标节肢动物有害物种丰盛度超过对照或未处理种群的现象（Hardin等，1995）。在20世纪70—80年代，对害虫再猖獗提出多种定义，但其核心问题是由于农药的使用诱导了目标害虫或非目标害虫种群数量异常增加，经过一定的时间，种群数量超过了未施药区。也有人将农药使用导致次要害虫猖獗称为Ⅱ型再猖獗（Metcalf，1986）。害虫再猖獗发生的机制包括生态再猖獗和生理再猖獗，前者主要是药剂杀伤天敌、削弱了自然控制作用所致，后者是药剂亚致死剂量刺激害虫生殖的结果。再猖獗的诱导因子是农药的不合理使用，猖獗是一些有利于害虫种群发生发展的生态因子使种群迅速增长。由此可见，再猖獗仅是农药诱导，而猖獗可能涉及一个或若干个生态因子，其中包括农药。在生态学和害虫治理中，猖獗、再猖獗和抗药性（resistance）3个概念的边界是有所区别的。可以说再猖獗是猖獗的一个特例，或者说猖獗可以涵盖再猖獗；抗药性是再猖獗的原因之一，所以再猖獗可以涵盖抗药性（Cohen，2006）。

二、诱导害虫再猖獗的药剂及害虫类群

农林害虫发生再猖獗是害虫防治中的普遍现象，涉及的害虫主要类群有半翅目、鞘翅目和鳞翅目昆虫以及螨类，但主要集中在半翅目昆虫的飞虱和蚜虫以及螨类之中。诱导害虫再猖獗的药剂种类很多，主要农药类型包括有机磷、氨基甲酸酯类、菊酯类、新烟碱类杀虫剂

（吡虫啉）等。此外，近年的研究表明，诱导害虫再猖獗的药剂还包括杀菌剂（如井冈霉素）和除草剂（如丁草胺）（Wu 等，2001，2004）。对典型的再猖獗型害虫褐飞虱几乎所有的药剂在特定的浓度范围内均能刺激其生殖。

三、害虫再猖獗机制

（一）生态再猖獗

生态再猖獗机制主要是药剂杀伤天敌，削弱了害虫的自然控制作用，破坏了生态平衡导致害虫发生再猖獗。在种间竞争相对平衡的系统中，药剂杀伤竞争种的一方时，会导致竞争的另一方发生再猖獗。农药的田间使用杀伤天敌引起害虫发生再猖獗的实例有很多，例如褐飞虱、棉蚜、螨类。也有人认为杀虫剂对天敌的负效应并非害虫再猖獗的根本原因。只有在天敌具有密度制约调节系统中使用杀虫剂才能导致害虫发生再猖獗。生态再猖獗机制主要是由于害虫和天敌对药剂的敏感性不同，一般来说天敌对农药更敏感，死亡率高，而害虫死亡率低，从而残存的天敌种群不能有效控制残存的害虫种群，而导致害虫发生再猖獗。田间害虫发生再猖獗的原因是多种因子综合作用的结果，其中包括杀伤天敌、药剂刺激生殖及农药改变植物的营养而有利于害虫的取食和繁殖等。因此田间害虫再猖獗发生的机制有必要从种群、群落动力学并结合现代生物技术手段进行深入研究。

（二）生理再猖獗

许多药剂亚致死剂量刺激害虫生殖的机制是由于毒物兴奋效应（hormesis）所致。毒物低剂量具有刺激效应，高剂量才是抑制效应（Calabrese 等，1997，2001，2003；Calabrese，2008）。毒物兴奋效应概念可追溯到 19 世纪微生物学家 Schulz 观察到的重金属和有机溶剂对酵母生长的促进作用，认为这种现象普遍存在于各种化合物和生命体中。后来 Luckey（1968）从希腊语的兴奋性（hormo）及瞬时数量（oligo）两个词合成为 hormoligosis，用来描述在亚最适条件下胁迫因子温和水平的刺激效应的现象。毒物兴奋效应概念已引起了普遍关注（Kaiser，2003）。毒物兴奋效应现象被认为是生命体内稳态（homeostasis）破坏后的一种补偿机制（Calabrese 等，2002）。这种机制可能是超补偿的。许多昆虫物种受到农药胁迫后会表现出毒物兴奋效应。Cohen（2006）提出了农药介导的内平衡调节（pesticide-mediated homeostatic modulation，PMHM）概念。农药介导的内平衡调节是一个含义较宽的概念，包括农药对非目标害虫的毒物兴奋效应和刺激效应。

药剂刺激害虫生殖的调控与害虫的激素及卵黄蛋白的转录水平有关。研究表明，吡虫啉处理的三化螟、二化螟成虫体内激素水平变化显著，促进卵黄发生的保幼激素滴度显著上升。在盆栽水稻上用有效成分为 15 g/hm^2 和 37.5 g/hm^2 处理的三化螟 2 龄幼虫和用 15 g/hm^2 处理的 4 龄幼虫羽化的成虫保幼激素水平与对照（未处理）相比分别增加 90.5%、152.8%和 114.2%（Wang 等，2005），处理的三化螟雌成虫产卵量也显著增加。吡虫啉处理的二化螟也有类似的趋势，并且药剂处理的方式（叶面喷雾、根区施药、点滴处理）对激素水平影响差异也显著，还与供试的水稻品种有关。感虫品种上药剂处理的螟虫激素水平和成虫产卵量显著高于抗虫品种。药剂亚致死剂量刺激褐飞虱生殖的物质基础是褐飞虱取食药剂处理的水稻体内可溶性糖和脂肪含量显著增加，有利于褐飞虱种群的增长，羽化的成虫

脂肪含量显著高于未处理对照（Yin等，2008）。

研究表明，农药亚致死剂量处理的褐飞虱卵巢和脂肪体内RNA含量显著高于对照（Ge等，2009）。RNA含量与卵巢卵黄蛋白含量有显著的正相关，表明药剂刺激生殖是通过激活脂肪体合成卵黄蛋白的RNA转录水平开始的。脂肪体合成更多的卵黄蛋白，进而使摄入卵巢的卵黄蛋白含量显著增加。它的调控机制是药剂抑制保幼激素脂酶基因的表达，但保幼激素基因的表达量显著上调，致使成虫体内保幼激素水平显著提高，卵黄蛋白基因表达量显著上调（Bao等，2010；Ge等，2010）。蛋白质组学研究表明，药剂处理的褐飞虱与生殖相关的蛋白质表达量显著上调。

许多农药的施用对寄主植物的生理生化有显著的影响。例如井冈霉素、扑虱灵、吡虫啉等喷雾显著降低了水稻中草酸的含量（吴进才等，2003）。草酸被认为与抗褐飞虱有关，草酸含量下降则有利于褐飞虱取食和生殖。此外，有些药剂还显著降低了水稻叶片光合速率和叶绿素含量。用同位素活体标记表明，井冈霉素、吡虫啉及三唑磷喷雾抑制了水稻叶片光合产物的输出（罗时石等，2002）。农药的使用影响了寄主植物的生理生化过程，导致其抗虫性下降，有利于害虫的取食和生殖，这种现象被称为农药诱导感虫性（pesticide-induced susceptibility）（Wu等，2001）。另有研究表明，氰戊菊酯和溴氰菊酯显著降低了棉花叶片中的总酚含量，由此导致粉虱发生再猖獗（Jeykumar等，2007）。农药改变植物质量对害虫的影响表现为增加营养（McClure，1977；Jones，1990；Wu等，2001）、促进植物生长（Chelliah等，1980）、引诱害虫（Chelliah等，1980）、降低植物防卫等方面，从而使害虫发生再猖獗。然而在田间条件下由农药改变植物生理生化引起的害虫再猖獗与害虫直接接触农药刺激其生殖两种效应还难以完全区分。

过去研究害虫再猖獗无一例外地局限于药剂对雌虫生殖的刺激效应。完全忽视了两性交配昆虫药剂对雄虫生殖及其交配传导的效应。在昆虫交配生物学中雄虫不仅把精子而且把附腺蛋白（accessory gland protein，ACP）传导给了雌虫。大量研究表明，附腺蛋白影响雌虫行为、产卵量及寿命。一些刺激褐飞虱生殖的药剂对雄虫生殖也有显著的刺激效应，使附腺蛋白分泌量显著高于对照，并且能通过交配传导给雌虫，导致处理的雄虫与处理的雌虫交配后产卵量显著高于对照雄虫与处理的雌虫交配的产卵量（Ge等，2010；Wang等，2010），表明药剂处理的雄虫可经由交配来刺激雌虫生殖。蛋白质组学研究证明，药剂处理的雄虫，其与精子发育相关的蛋白表达量显著上调。

四、害虫再猖獗与抗药性的关系

害虫抗药性是害虫防治中的普遍现象，也是害虫的一种生存对策。抗药性与害虫再猖獗发生有一定的相关性，以至于Cohen（2006）把抗药性作为害虫再猖獗发生的因子之一。抗性种群的适合度代价因害虫种类和所处环境条件而异，一些实例在一定的环境条件下抗药性种群表现为适合度代价，即具有较低的内禀增长率，但也有实例表明抗药性种群具有生殖优势，较敏感种群具有更高的内禀增长率，例如抗吡虫啉褐飞虱种群用刺激生殖的杀虫剂三唑磷、溴氰菊酯处理后种群增长趋势指数高于敏感种群（王海荣等，2009）。这表明有些抗药性种群受到刺激生殖的药剂作用后更易发生再猖獗。田间抗药性种群发生再猖獗可能是综合因子作用的结果，包括抗药性使害虫存活率增加、其他药剂刺激其生殖及有利的生态因子的

协同作用。

五、种植制度与害虫猖獗的关系

作物是农业害虫赖以生存的物质基础，是农田食物网的起点。作物种植制度的任何改变都可能显著改变害虫的生存环境而影响其种群数量的波动。有些改变会剧烈影响种群数量，甚至使害虫灭绝，也有可能使害虫暴发性增加。其中典型的实例是水稻三化螟种群的周期性消长与水稻种植制度密切相关，早稻、中稻和晚稻混栽有利于三化螟种群的世代衔接，而通常发生重，而单季迟播稻则不利于三化螟种群的发生。种植制度影响害虫种群波动的生理生态机制主要是寄主植物的营养及作物有利生育期与害虫发生的物候期重合或错开。但种植制度对害虫影响程度与害虫种类和生活史有关，影响程度大小一般本地越冬的专食性害虫大于本地多食性害虫，对迁飞性害虫影响相对小。

（一）种植制度影响种群数量的生理生态机制

种植制度包括作物的种植时间、作物类型、作物复（间、套）种类型、耕作方式（免耕或深耕）、直播等均会对害虫种群产生重大影响。这种影响可以是有利的，也可能是不利的。有利的影响可能造成害虫猖獗，不利的影响可能使种群下降或灭绝。种植制度影响害虫种群消长的生理生态机制主要为害虫发生与喜食作物或作物生育期的偶联度，如果不能很好偶联，则不利于害虫种群发展，如果害虫发生期间有适宜的作物食料，则有利于种群增长。对于多化性害虫，各代发生期间均有喜好的食物将会使种群猖獗。对迁飞性害虫迁出或越冬地和迁入地适宜食物的偶联度也是种群猖獗与否的重要因子。基于此，通过栽培制度的调整可有效地控制害虫，例如栽培治螟方法，可适当迟播，在越冬代螟虫羽化高峰期稻苗还处在适宜产卵的3叶1心之前，这样避开了第1代螟的发生而达到治螟效果。经实践检验，这种栽培治螟效果好。

（二）种植制度影响害虫种群消长的典型实例

1. 种植制度对三化螟种群消长的影响　三化螟是专食水稻的蛀茎性害虫，在江苏每年发生3代。三化螟种群消长的历史演变与水稻种植制度密切相关。以江苏中南部稻区为例，中华人民共和国成立后水稻种植制度历经单季中稻（1966年前）、纯单季晚稻（20世纪60—70年代和90年代至今）、单季稻与双季稻并存（20世纪70—80年代）。三化螟种群随种植制度变化而波动。单季中稻时期因水稻栽插早，第2代三化螟发生正值水稻分蘖期，有利于三化螟发生危害，但第3代发生时水稻已抽穗，不适合三化螟取食危害，种群数量下降，全年种群呈现中间高两头低的规律。纯单季晚稻因水稻插栽迟，进入稻田的三化螟虫源量低，虽有适宜的食料，种群各世代也会呈阶梯型增长，但发生不会严重。2002年后江苏水稻为纯单季晚稻，三化螟种群锐减，甚至很难见到危害。单季稻与双季稻并存水稻种植制度实施期，由于各世代均有适宜的食料，成为三化螟处于历史猖獗最严重时期。

2. 种植制度对麦类黏虫种群消长的影响　黏虫是一种迁飞性害虫，在江苏、浙江、上海、安徽等地均不能越冬，每年春天3—4月从南方迁入。20世纪70年代种群暴发成灾，主要与华南和华中大面积种植麦类有关，越冬地华南和华中种植冬小麦对黏虫种群增长非常

有利，虫源地种群基数的增加，使得迁入华东及以北的种群数量显著增加。20世纪80年代后越冬地调整种植结构，不再种植冬小麦，切断了越冬虫源，华东地区黏虫发生锐减，冬小麦上基本不需要防治黏虫。

3. 棉田害虫　棉田耕作制度与棉花害虫发生轻重也有一定关系。麦棉套种，小麦播种时经耕翻对减少棉叶螨越冬基数有明显效果，来年棉花上棉叶螨发生较轻。而棉田间作豆类、瓜类、芝麻等作物时，棉叶螨和盲蝽发生严重，因为这些作物是棉叶螨和盲蝽喜好作物，为棉花上种群提供了大量虫源。但从农业防治角度在田边种植一些害虫喜好寄主作为诱集作物，在种群扩散到棉田前集中处理可明显减少棉花上种群数量。

第七节　害虫生态治理与生态工程

一、害虫的原始防治、化学防治、综合治理及生态治理

人类防治害虫已有相当长的历史，大致可分为早期人工合成化学农药前的原始防治、合成化学农药防治、综合治理（IPM）及以生态学为基础的生态治理。不同的防治阶段其方法和理论有所不同。原始防治没有理论体系，主要根据对害虫生物学的初步认识用农业技术控制害虫数量，例如作物残茬或危害株清除、原始的天敌利用（如瓢虫）及用自然物质（如石硫合剂等）控制病虫害。原始防治的目标是降低害虫危害，但控制效果较低，尤其在害虫猖獗时难以控制。

随着人工合成化学农药的问世，害虫防治就进入化学防治阶段。从害虫系统治理角度来看，化学防治目标是单一的杀灭害虫，由于见效快、短期效果显著，导致滥用农药的系列生态后果。但随着现代科技的发展，化学家们也一直试图创新化学农药类型，克服或部分解决传统化学农药出现的系列问题，由此可以预见，化学防治将来仍是害虫猖獗时的主力防治技术。

害虫综合治理（IPM）是在单一的化学防治出现系列生态问题过程中提出的具有哲学思考和理论的较为先进的害虫控制理念，其目标仍为控制害虫种群数量，尤其是利用多种技术把害虫种群控制在经济损害允许水平以下。害虫综合治理也受到社会、经济及农业边际效益的制约，但其理念和理论比具体技术更重要。

相比害虫综合治理，生态治理是一种源头治理，是更为先进的一种系统思想理念。它的目标是依据生态系统理论及害虫种群猖獗机制，用生态工程技术把害虫种群持续控制在经济损害允许水平以下，达到生态效益、社会效益及经济效益最大化。在害虫生态治理过程中不排除合理使用绿色化学杀虫剂作为害虫猖獗时的一种调控因子。

二、害虫生态治理的理论基础和原则

害虫是生态系统中的成员之一，其种群数量的消长受到生态因子（包括寄主等生物因子）的影响。一些生态因子及其水平可促使害虫种群猖獗发生，另一些因子或相同因子不同水平可导致种群崩溃，一些生态因子的协同作用可明显降低种群内禀增长率，控制种群数量在经济损害允许水平以下波动。这就是害虫生态治理的理论基础。

Morris-Watt 种群增长模型为 $I=N_1/N_0=S_E S_L S_P S_A F P_F P_♀$，表明种群数量的波动与昆虫各阶段的存活率、性比、繁殖率有关。从 Morris-Watt 种群增长模型结构可以看出，以生物因子为主体的自然控制对害虫各生命阶段起作用，使 I 呈乘数放大效应下降，而单一因子（如化学防治）只能对某一个生命状态起作用，例如幼虫期。生态调控工程技术的设计就要对害虫生命全过程（虫期）进行调控，但各调控技术的选择应遵循高效、可行、简便、低成本原则。生态调控技术的设计还要随害虫种类及社会、经济、科学的发展而改变，有些技术（如常规稻田释放天敌）在以前应用，现在可能难以进行，相同技术也因对农产品质量要求不同变得可行或不可行，例如稻田养鸭治虫在有机稻田可行，而在常规稻田实施就有困难。

三、粮棉害虫生态治理实例

（一）水稻害虫生态治理技术

水稻害虫生态治理应把稻田及其周围生境设计成一个整体，在保持整个农田生态系统相对平衡的目标下进行技术集成，充分保护和增强自然控制害虫的作用，充分利用水稻植株本身对害虫的抗虫耐虫性，合理科学地选择农药品种、剂量、使用时间及次数，达到水稻害虫的有效防控、生态环境的有效保护和水稻产量和质量的有效提高的目标。经过在试验区的示范实践，水稻害虫生态治理技术主要包括田边种植开花植物或田块间作一些有利于增加天敌库容量的作物；利用水稻分蘖期强补偿耐虫作用，在水稻生长前期（大约栽秧后 1 个月）不用或尽量少用农药、减少对天敌的杀伤；科学使用氮肥的健株栽培法，辅之以养（或放）鸭治虫等技术。示范区害虫轻发或中等偏轻年，可以大幅度减少用药而产量不受影响；中等偏重或大发生年农药用量减少 30%～50%。多年的生态治理促进了生态系统的良性循环。另外，农药的精准使用技术，包括药剂种类选用及搭配、剂量、施用方法等的精准确定，也是将来生态治理必须做的基础工作。

（二）棉花害虫生态治理技术

以棉田间、套种为主的招引瓢虫和其他天敌治蚜虫是棉田害虫生态治理技术中比较成功的实例。棉田间、套种作物系统包括麦棉套种、油菜豆类套种等。其生态原理是麦套棉系统利用小麦生长期间发生的麦蚜等害虫可繁殖更多的瓢虫等天敌，待麦子收割后这些天敌直接转移到棉花上控制棉蚜的危害。研究表明，在几种间套种系统中以麦棉套种最为普遍且有效，因为其两种作物共生期长，天敌库容量增加最多，棉蚜控制效果最好。但麦棉套种对棉花其他害虫如棉叶螨、第 4 代棉铃虫、第 1 代小地老虎、第 1 代玉米螟等具有有利发生的效应。为达到对多种害虫生态治理的效果，在棉田隔一定距离种植玉米或其他植物诱集棉铃虫、玉米螟等害虫，然后集中杀灭诱集作物上的害虫，减少棉花上虫源。棉花害虫生态治理技术体系还包括充分利用棉花植株本身的耐虫性和补偿规律，前期适当放宽防治指标，有利于天敌建群及科学喷施一些农业化学品（如缩节胺、过磷酸钙等）有利于增强植株的抗虫耐虫性，而间接调控害虫种群数量。棉花害虫生态治理技术体系的关键是要以生态系统的整体观科学评价其调控要素的整体调控效果。

第八节 外来有害昆虫入侵的生态学机制

生物入侵是指外来生物由原生存地经自然的或人为的途径侵入到另一个新环境，对入侵地生态系统的生物多样性、农林牧渔业生产甚至人类健康造成经济损失或生态灾难的过程和现象（万方浩等，2002）。随着世界经济全球化和国际贸易自由化进程的加快，特别是旅游业的飞速发展，外来有害昆虫对我国的经济、生态与社会安全构成了巨大的威胁，主要表现为：①外来入侵物种对象多，例如在世界自然保护联盟公布的全球100种最具威胁的外来入侵物种中，昆虫共有14种，而我国就有7种；②面积广，入侵害虫在我国34个省、市、自治区发生；③影响深，例如在经济方面，美国白蛾（*Hyphantria cunea*）、湿地松粉蚧（*Oracella acuta*）、美洲斑潜蝇（*Liriomyza sativae*）等6种入侵害虫每年给我国农林业造成的经济损失达400多亿元（万方浩等，2005）。区别于传统农业害虫，人们对很多外来害虫的生物学和生态学特性还缺乏深入了解，但这些特性却是制定外来害虫的防控对策与技术的科学依据。

一、外来入侵害虫的生物学和生态学特性

一般认为，外来害虫在入侵地常因为没有原产地天敌的控制作用而促进了它们自身种群的增长。但具备哪些特征的外来害虫更易入侵成功，这是近年国际上入侵生物学研究的一个热点问题。因此采用合适的方法归纳和总结出外来害虫的入侵性特征显得非常重要。国际上主要采用两种方法比较分析外来害虫有利于入侵的生物生态学特性，即生物地理比较法（将外来害虫与其原产地害虫比较）和与本地近缘或伴生物种比较法。近年的研究表明，外来害虫在种群遗传分化、逆境适应性和繁殖特性方面表现出相对优势，促进了它们的入侵。

（一）遗传分化

因为传入的基数一般较少，所以入侵害虫的种群一般是由少量个体发展起来，与原产地种群相比，遗传多样性会降低，这对种群发展是有害的（Saccheri 等，1998）。例如竞争力较强的Q型烟粉虱（*Bemisia tabaci*），其种群遗传多样性均高于B型烟粉虱（褚栋等，2007）。但也有研究指出，入侵物种较低的种群遗传多样性反而能增强入侵种在新栖息地的竞争能力（Suarez 等，1999）。如入侵北美洲的阿根廷蚁（*Linepithema humile*）在原产地一般是小而分散的蚁群，但入侵北美洲后由于其遗传多样性降低，入侵地小种群之间遗传亲缘性较高，种内竞争降低，形成了超个体群（supercolony）来排挤本地物种（Tsutsui 和 Suarez，2003）。因此种群遗传分化特性对揭示外来害虫种群扩张机制有重要的理论意义。

（二）逆境适应性

很多成功入侵的外来害虫对环境有较强的忍耐力，使它们获得对土著种的竞争优势，或能占据土著种不能利用的生态位。一些外来害虫在入侵地逆境中有很好的适应性，例如南美斑潜蝇（*Liriomyza huidobrensis*）蛹耐寒性的获得和迅速积累是其种群扩散过程中进化适应的主要方式（Chen 等，2002）；烟粉虱对逆境高温和转换寄主的适应性都比本地温室粉虱

强，体现在高温和寄主这两个因子对其繁殖力和个体生长发育基本无影响（Cui 等，2008；张桂芬等，2008）；松突圆蚧（*Hemiberlesia pitysophila*）雌蚧即使在砍伐后的枝叶中日晒10d，其存活率仍达 70%以上，且冬季存活时间较夏季长（钱明惠，2005）；谷斑皮囊（*Trogoderma granarium*）幼虫在不供给任何食物和水的条件下，其耐饥能力最短也达75～105 d，最长则可达 1 269～1 279 d（黄世水和梁凤娇，1995）。

（三）繁殖特性

很多外来入侵昆虫具有较强的繁殖力、较快的发育速度、高产卵量和世代数多并世代重叠等种群特征，这促进了种群的迅速增长。例如在生殖方式转变方面，原产于美洲而今已扩散至东亚等地的稻水象甲（*Lissorhoptrus oryzophilus*），在我国以营孤雌生殖为主，而它在原产地却以两性生殖为主（杨璞，2008）。在生殖力方面，斑潜蝇的繁殖力很强，每雌虫最多可产 500 多粒卵，且生活周期短，世代重叠明显（陈兵等，2002），这在一定程度上解释了日本的美洲斑潜蝇取代了三叶草斑潜蝇（*Liriomyza trifolii*）成为优势害虫的现象（Tokumaru 等，2007）。林业上的外来入侵昆虫椰心叶甲（*Brontispa longissima*）在 1 年内可发生 3 代以上，单雌平均产卵 119 粒，最多可达 196 粒（周荣等，2004）。日本松干蚧（*Matsucoccus matsumurae*）也具有巨大的生殖繁衍潜力，1 年发生 2 代，1 对雌雄成虫经 2 代繁殖后可产生两万多个后代（山广茂等，2003）。

此外，外来害虫还有一些有利于其入侵扩张的生物学、生态学特性，例如林业外来害虫美国白蛾在我国不同地区的化性不同，甚至在同一地区由于气候因子的变化，其化性也能发生变异，这促进了种群对新环境的适应与扩张（季荣等，2003）。在扩散能力方面，稻水象甲除了通过人类活动（稻草等调运）扩散外，还可以自然扩散以及通过水流等进行远距离扩散（翟保平等，1999）。

二、外来入侵害虫与本地物种的互作关系

外来入侵害虫在建群以及进一步扩张过程中，除了自身种群的生态适应外，还需要与其他物种相互作用，并在生态上或遗传上进行适应性调整。在种间水平上，外来害虫与本地物种的互作可以是直接的，也可以是间接的。这里主要从竞争关系和协同入侵两方面对外来害虫入侵机制加以介绍。

（一）竞争关系

外来害虫与本地昆虫的竞争关系可分为 3 种主要类型：资源利用竞争、相互干涉竞争和表观竞争。在资源利用竞争方面，例如北美洲东部的一种盾蚧 *Nuculaspis tsugae* 和外来的蜕盾蚧（*Fiorinia externa*）均危害东部铁杉，由于后者比前者较早到树上取食，且独占了幼嫩的富含氮元素的针叶，使得本地种盾蚧只能利用含氮元素少的老叶，致使其死亡率上升（McClure，1980）。还有些入侵昆虫与本地物种发生格斗干涉、生殖干涉等竞争，例如新西兰地区新入侵昆虫普通黄胡蜂（*Vespula vulgaris*）通过格斗取代了德国黄胡蜂（*Vespula germanica*）（Clapperton 等，1996）。在生殖干涉竞争方面，例如 B 型烟粉虱取代本地烟粉虱过程中，其交配频率增加、雌性后代比例提高，而本地烟粉虱雌性比例显著下降，促使我

国一些地区的本地烟粉虱短短几年即被完全取代。深入的研究发现，当B型烟粉虱到达新的地域与土著烟粉虱共存时，尽管二者间不能真正完成交配，但彼此间发生了一系列的求偶行为及相互作用，使B型烟粉虱的交配频率迅速增加，卵子受精率提高，后代雌性比例明显提高，加速了种群增长；同时，B型烟粉虱雄性频频向土著烟粉虱雌性示爱，干扰土著烟粉虱雌雄间的正常交配，使其交配次数降低，后代雌性比例下降，使种群增长严重受阻，故称为非对称交配互作（Liu等，2007）。此外，也有入侵昆虫通过表观竞争排斥本地物种，例如美国加利福尼亚州本地的西部葡萄斑叶蝉（*Erythroneura elegantula*）与外来杂色斑叶蝉（*Erythroneura variabilis*）均被一种寄生蜂*Anagrus epos*寄生，但西部葡萄斑叶蝉比杂色斑叶蝉更易受寄生蜂的寄生，所以寄生蜂间接促进了外来种的入侵，导致本地的西部葡萄斑叶蝉的种群数量显著下降（Settle和Wilson，1990；Hambaeck和Sjoerkman，2002）。

（二）协同入侵

有一些外来害虫能依赖本地或自带的共生体（昆虫、病毒、共生菌）的协同作用促进其入侵。例如B型烟粉虱，它在双生病毒侵染的植物上持续取食后种群增长得到显著提升，而本地烟粉虱却没有此效应，即双生病毒协同促进了B型烟粉虱的入侵（Jiu等，2007）。又如林业入侵害虫红脂大小蠹（*Dendroctonus valens*），有研究发现健康油松很少被本地种黑根小蠹进攻，而被入侵种红脂大小蠹攻击的油松却有35%～40%被黑根小蠹进攻，反之亦然，种间协同促进了入侵种对寄主的利用（Lu等，2007）。此外，红脂大小蠹还和中国本地小蠹伴生菌*Leptographium procerum*存在明显的共生入侵关系，即本地小蠹伴生菌通过降低寄主油松抗性和诱导寄主油松产生红脂大小蠹聚集化合物来协助红脂大小蠹的入侵（Liu等，2008）。

三、本地生态系统的可入侵性

从本地生态系统的外在干扰来看，人类活动和全球气候变化常影响了物种间的相互关系以及小生境和自然资源的可利用性，从而提高了本地生态系统的可入侵性，这对有些外来害虫是有利的。贸易、运输、旅游等人类活动可直接将一些外来害虫随着寄主植物（苗木、花卉、蔬菜等）带到入侵地，而生境干扰等人类活动则为外来害虫的种群建立以及扩散危害提供了条件。例如农药的大量使用改变了外来害虫与本地物种的竞争平衡，这对抗药性较强的烟粉虱、德国小蠊（*Blattella germanica*）等是有利的。温室大棚的推广更是为一些入侵害虫在低温地区发生提供了环境条件。

气候变化可能使原本长期处于稳定的生态系统变得不稳定，进而形成新的生物群落，而这种新的生物群落将缺少原来的稳定性从而更容易被外来种入侵。研究表明，气候变化对许多入侵昆虫有明显影响，主要体现在对昆虫生长发育的直接作用和通过对昆虫寄主植物营养成分影响的间接作用。例如温度升高能够提高许多入侵昆虫的越冬存活率，增加其在一年中的发生代数，从而使危害加重（Mooney，1996）。在美国洛基山脉，山松大小蠹（*Dendroctonus ponderosae*）通过改变其生命周期来适应气温变暖。现在该虫1年产生1代而不是以前的2年发生1代，种群数量增加，反过来又增加了该虫携带的真菌的发生率（Logan等，2003）。而二氧化碳浓度升高使茄沟无网蚜（*Aulacorthum solani*）若虫在豆类

植物上数量增加，而在艾菊上寄生时间明显缩短（Awmack 等，1997）。此外，二氧化碳浓度可能与温度协同影响竞争结果，例如二氧化碳浓度升高可导致本地种温室粉虱种群显著减少（Tripp 等，1992），但对入侵烟粉虱种群却没有影响（Butler 等，1986）；而高温热激可显著缩短温室粉虱的寿命并降低其存活率和产卵量，入侵 B 型烟粉虱则对高温具有较好的耐受性（Yu 和 Wan，2009），因此如果二氧化碳浓度和温度持续升高，将进一步缩短烟粉虱对温室粉虱的替代时间。

总之，外来害虫进入到新生境后，变化的生态环境条件促进了一些害虫的入侵扩张，但这其中的生态机制是多样而综合的，针对不同的入侵害虫和本地生态系统特征要区别对待。此外，需要指出，人们所关注的那些成功入侵和危害的昆虫仅仅是大量被引入昆虫中的一小部分（Williamson，1996），还有很多外来有害昆虫在定殖和扩张过程中失败了，这些昆虫入侵失败的原因有时却是从反面分析外来害虫成功入侵机制的重要因素。

第九节　生物多样性保护

生态系统具有较高复杂性，这意味着其多样性高。生物多样性与生态系统的服务功能相关联。多样性高的生态系统对人类提供的服务功能会更强和更广。因此在生态系统层次上倡导生物多样性的保护，维持生态系统的平衡与健康发展，不仅有经济价值，而且有社会价值、生态价值和人文价值。

按照世界自然基金会（Worldwide Fund for Nature）1989 年的定义，生物多样性（biodiversity）是生物及其与环境形成的生态复合体以及与此相关的各种生态过程的总和，包括所有植物、动物和微生物，以及它们所包含的基因和由它们构成的复杂生态系统和生态过程。因此生物多样性是一个内涵十分广泛的概念。通常认为，需要从 3 个层次上考虑生物多样性，即遗传多样性（种内）、物种多样性（种间）和生态系统多样性。

物种多样性和遗传多样性前面章节已阐述。生态系统多样性是指生物圈内生境、生物群落和生态过程的多样化以及生态系统内生境、生态过程的多样性。生境多样性是生物群落多样性甚至整个生物多样性形成的基本条件。生物群落多样性主要指群落的组成、结构和动态（包括演替和波动）方面的多样化。从物种组成方面研究群落的组织水平或多样化程度的工作已有较长的历史，方法也比较成熟。生态过程主要指生态系统的组成、结构与功能在时间上的变化以及生态系统的生物组分之间及其与环境之间的相互作用或相互关系。

一、生物多样性的生物地理格局

物种多样性在地表的丰富度因地而异，这些由于地球表面的物理因子的变化影响的结果。物种的数量通常随着物理变量的变化有所增减，也即地理上的梯度变化。

（一）纬度梯度

从极地至赤道，生物多样性明显增加，这是生物地理学中最明显的格局。这主要是受物理梯度的影响，太阳辐射、降水、温度的季节性波动和其他因子的变化所致。最大的生物多样性出现在热带森林，尽管热带森林仅占地球陆地面积的 7%，它们却容纳了一半以上的世

界物种（Whitmore，1990）。热带森林中未描述的昆虫物种数估计有 500 万～3 000 万（May，1992）。这意味着在热带森林中发现的昆虫要占世界物种的 90%以上。虽然物种丰富度随纬度降低而增加，而不同类群在不同纬度地区的丰富程度是有区别的。有的类群在高纬度地区物种丰富，有的类群则在中纬度地区丰富。不同纬度地区有不同类群的物种为代表，例如大多数蚜虫发生在温带地区。Dixon 等（1987）分析大多数热带地区蚜虫种类如此少的原因可能是：①它对寄主植物的高度专化性，世界上 90%的植物物种不是蚜虫的寄主植物；②它对其寄主植物的定位能力较差，如 Dixon 等（1987）的研究，在植物物种更丰富的热带地区，蚜虫对寄主植物的定位更困难。在某个特定地区，随着植物种类增加，蚜虫种类的数量反而减少了。叶蜂的多样性则随纬度的升高而增加，变化比蚜虫更剧烈。叶蜂也像蚜虫那样对寄主高度专化，但它们的寄主定位能力比蚜虫强得多，其多样性随纬度的变化趋势与其最喜食的寄主植物柳树的分布一致。

又如生物多样性在地区之间变异极大，一般来讲，热带地区的生物多样性在新热带区最多，热带非洲最少，印度、马来西亚居中。其中，蝶类在新热带区数量特别多，但某些蝶类（如凤蝶）在东亚和大洋洲种类最丰（Sutton 和 Collins，1991）。

（二）垂直高度梯度

随着海拔的变化，物理条件、气候条件也发生变化，很多物种的丰富度随着高度的增加而降低。亦有人认为，垂直高度梯度与物种丰富度的纬度梯度相似。Hanski 和 Niemela（1990）对蜣螂的研究表明，其密度在低高海拔区的种类为 15～20 种，在 800m 高度降至 5～10 种，而在 1150m 以上的高度则不到 5 种。

（三）热点地区

生物多样性热点（biodiversity hotspot）是一些具有显著生物多样性的地区，但同时正受到来自人类的严重威胁。Myers（1988，1990）认为，高达 20%的植物物种可能集中在地球陆地表面 0.5%的地区，他根据地方特性（endemism）和物种丰富度，提出 18 个生物多样性的热点地区，包括夏威夷、厄瓜多尔西部、科特迪瓦西南部、马达加斯加、斯里兰卡和北婆罗洲。对昆虫的热点地区而言，最好的资料来自蝶类，但不同类群物种丰富的地区往往并不一致，而且热点地区假说应用于热带和亚热带地区要比温带和寒带地区好得多。

二、生物多样性的危机

近百年来，人类活动致使生物多样性受到的威胁日益严重。被誉为物种宝库的热带雨林正以每年丧失 $2.0\times10^5 km^2$ 的速度锐减。天然草场以每年 $1.0\times10^5 km^2$ 的速度荒漠化。森林砍伐、垦荒、火灾，使许多动物数量减少且被分隔成若干小种群而随时面临灭绝。生境碎片化或岛屿化现象是当前生物多样性大规模丧失的主要原因。

Diamond（1989）总结了物种灭绝的 4 种原因（被称为“魔鬼四重奏”）：生境的破坏和碎片化、对动植物的过度掠取、外来种入侵及以上 3 种原因导致的次生灭绝效应。这些无一例外都源于人类活动。据 Wilson（1988）估计，在过去的 60 亿年中，物种的自然灭绝速率大约是每年 1 种，而现在由于人类活动所引起的物种灭绝速率至少高 1 000 倍。

（一）记录昆虫的灭绝

据 Groombridge（1992）的报告，1600 年以来只有 61 种昆虫已从全球灭绝了，这只是现有昆虫种类估计数量的很少一部分（为 0.000 6%～0.006%），而这期间 23 种爬行动物、32 种鱼、59 种哺乳动物、116 种鸟和 596 种高等植物已经灭绝了，其灭绝率比昆虫要高得多。上述昆虫灭绝的数字很显然是大大低估了，因为每一种灭绝的植物、鸟类和哺乳动物都是某些单食性昆虫的寄主，这些昆虫必定随之灭绝。例如北美旅鸽（*Ectopistes migratorius*）灭绝后，寄生其上的两种虱子 *Columbicola extinctus* 和 *Campanulotes defectus* 也灭绝了（Stork 和 Lyal，1993）。尤其值得指出的是，Groombridge（1992）给出的灭绝昆虫的名单中，并无外寄生性昆虫，而且其中 54%是鳞翅目昆虫、16%是鞘翅目，显然，一些不像鳞翅目和鞘翅目那样引人注目的昆虫类群被忽略了。此外，上述记录中的灭绝昆虫种类的 84%是岛屿种，而仅夏威夷就占了 69%，大陆种中又多为美国大陆记录的。

不过，岛屿上的昆虫较小的活动区域和种群数量可能意味着岛屿上的昆虫一直而且还将继续比大陆昆虫更易于灭绝。岛屿越小，其灭绝的概率越高。此外，岛屿昆虫的适应在进化上也导致其易于灭绝，例如翅的退化和飞行能力的退化，典型的例子是夏威夷的果蝇，在夏威夷群岛，可见到世界上 20%的果蝇，其中大部分种（509 种中的 484 种）为当地种。

（二）未来昆虫的灭绝

岛屿生物学的理论可用来预测栖息地岛屿上昆虫的命运及栖息地损失，特别是森林砍伐对全球物种丰富度的影响。

根据物种-面积关系，若以 S 表示物种数量，以 A 表示岛屿的面积，则有

$$\lg S=\lg C+z\lg A$$

式中，C 和 z 是常数，C 值主要取决于测度单位及栖息地和生物类群；z 为无维参数，用于测度随面积增大而出现的物种数增加。

对岛屿、大陆和栖息地岛屿的研究表明，斜率 z 的取值一般为 0.1～0.7（Begon 等，1996）。Reid 和 Miller（1989）则取 z 为 0.15～0.40 来预测物种灭绝，表明若岛屿或栖息地岛屿面积减少 90%，其物种将丧失 30%～60%，再加上每年 0.5%～1.0%的砍伐率，则预计物种灭绝率为每 10 年丧失 2%～5%。其他研究的预测结果则从 0.6%～5.0%到 20%～30%（Mawdsley 和 Storle，1995）。

基于生境消失预测的灭绝速率有相当大的出入，因为每个物种的种群和每个地理区域都有特殊的物种-面积关系。以 1%这个保守的数字作为世界热带雨林的年消失率，Wilson（1989）估计每年有 0.2%～0.3%的物种消失。若以 1 000 万作为总数，即为每年有 20 000～30 000 种消失，也即每天有 55～82 种或每小时约有 3 种将会消失。不同研究者预测的灭绝速率的差异主要是所依据的森林退化率的估测值不同、物种-面积曲线的常数值不同以及数学方法不同等造成的（Heywood 等，1994）。不管哪个数字更精确，所有这些估测都表明，物种灭绝的数量是惊人的。

除了全球性灭绝外，许多物种在其分布区内正经历着一系列的地区性灭绝，原来广泛分布的物种，现在则往往仅局限于几个弹丸之地。例如美洲埋葬虫（*Nicrophorus americanus*）曾分布于横跨北美洲东部的中部广大地区，现在除了彼此远远隔离的 3 个地区

外，在其他地区均灭绝了。这种大规模的地区灭绝是环境日益恶化的生物报警信号。

（三）气候变化对生物多样性的影响

全球气候变化已是一个无可争议的事实。到2050年，大气中二氧化碳含量将达到工业化前水平的2倍，预计全球气温将升高约1.6 ℃，海平面将上升约37 cm。随之而来的还有其他方面相应的变化。这意味着今后气候的变化速率将要比以前大得多，这可能对生物多样性有显著的影响。

动植物对气候变化的反应一般有4种方式（Possingham，1993）：忍受（无适应）、适应（遗传变化）、分布变化和局地灭绝。Partridge等（1994）的研究表明，果蝇经过5年的连续高温处理，已适应了温度的变化（以生长、发育和存活为指标）。但对于那些生活史长得多的种来说，对气候变化的遗传适应是不可能的。另一个问题是，除了全球变暖，其他非生物因素和生物因素可能变得很快，而动植物适应于其环境的多重变化的能力有限。

气候变化引起的最终结果可能是分布的变化。化石研究表明，最近的一次冰河期期间，鞘翅目等昆虫响应于气候变化而出现大规模的地理分布变化。在墨西哥、美国和加拿大对蛱蝶（*Euphydryas* spp.）的监测表明，在其分布区的南缘，该种种群灭绝的频率增加。这是昆虫对当前气候变化反应的证据（Parmesan，1996）。Pollard（1991）也发现，随着眼蝶（*Pyronia tithonus*）不断向北扩展，其飞行期明显延长了。这种蝴蝶19世纪在苏格兰发生过。它们有可能重返苏格兰。不同的种可能以不同的方式对气候变化做出不同程度的反应。这将导致种间平衡被打破，使某些种出现局地灭绝。例如当某些当前是无害的种类比它们的寄生性或捕食性天敌扩散得更快时，这些种类将由无害变为害虫，而其天敌有可能灭绝。对气候变化的不同反应还可能形成基于新的种间关系的动植物群落，导致一些共生昆虫（例如专性传粉者）的丧失和新病虫害出现且流行次数增加，从而可能造成局部灭绝。

面对气候变化直接或间接造成的局地环境适合度的降低，物种的迁移能力至关重要，但自然栖息地的日益破碎将大大制约迁移成功的概率。而且目前具有适宜条件的自然保护区在气候变化后有可能变得不再适宜而失去庇护作用。

三、生物多样性保护

生物多样性是全人类的共同财富，又是人类赖以生存的最基本的条件，而且在维持全球生态平衡上具有十分重要的意义。因此生物多样性的丧失将是全人类无法弥补的重大损失。

生物多样性保护与过去单纯的物种保护有所不同，它着重从基因、物种、生态系统和景观4个层次上展开全方位的物种保护工作。由于物种灭绝的规模不再局限在某些物种，而是大批物种区域性发生灭绝。所以生物多样性保护除了继续单个或多个珍稀濒危物种的保护和拯救外，更重要的任务是全球和区域性的生物多样性保护，而且重点在生境的保护、栖息地的保护，而不仅仅是物种本身的保护。

（一）生物多样性保护的理论

1. 岛屿生物学理论 以岛屿生物学理论为基础已提出若干保护区设置的原则。Diamond等（1976）根据平衡假设，提出自然保护区设置的几条原则：①保护区面积越大

越好；②单个大的保护区要比面积相同、但分隔成若干小保护区好；③若干个分隔的小保护区越靠近越好，排列越紧凑越好，线性排列最差；④有廊道连接的若干分隔的小保护区比无廊道连接的好；⑤圆形保护区比条状保护区好。

上述原则①主要依据平衡假设的面积越大，包含物种数越多的原理，其他几条原则主要依据隔离度越小物种数越多的原理。但根据栖息地异质性假说，物种数随面积增大而增加的主要原因是栖息地异质性增加，它不赞同在同一地区设置太大的保护区，其异质性是有限的。故认为应从较大地理尺度上选择多个小型保护区。那么，是否存在保护区的最适面积？从平衡假说中岛屿的面积效应出发，考虑到大陆连续栖息地中参数 z 值（z_1）小于岛屿性的 z 值（z_2），而 C 值（C_1）大于岛屿 C 值（C_2），则物种数 S 在面积 A_0 处必有一个交叉点 S_0。A_0 即是最适面积。已知 $\ln S_1=\ln C_1+z_1\ln A_1$，$\ln S_2=\ln C_2+z_2\ln A_2$。当 $S_1=S_2$ 时，可得

$$A_0=\exp\left[\ln(C_1/C_2)/(z_1-z_2)\right]$$

2. 异质种群理论　物种的绝灭往往经历了异质种群阶段。破碎化的栖息地生境的随机变化，致使那些被分割的局部种群随时都有可能发生随机的灭绝；但同时又由于个体在生境斑块之间的迁移作用，又使得那些还未被占据的生境斑块内有可能建立起新的局部种群。在一般意义上讲，异质种群理论就是研究上述过程的生态学理论，也成为生物多样性及其保护的研究热点。

异质种群理论着重研究局部种群灭绝、再定居规律及其生存力。岛屿生物学从群落水平上研究物种数的变化规律，而异质种群理论则从种群水平上研究局部种群消失灭绝规律。前者着重格局（pattern），而后者强调过程（process），二者既有区别，又有相同之处。物种数目的变化最终还要取决于单个独立物种的灭绝或再定居。故从种群水平上探讨物种灭绝规律对于理解群落的变化是至关重要的。

（1）异质种群的基本模型　Levin 从一个全新的角度重新研究了局部种群的灭绝和空生境斑块被重新侵入的问题。他首先引入一个变量 $p(t)$ 去描述一个许多局部种群所构成的集合的状态，即一个异质种群的状态。这就将单种种群动态与一个局部种群的集合的动态之间的不同区别开来。这里 $p(t)$ 被定义为在时刻 t 已被一个种所占据的生境斑块数量与总的生境斑块数量之比，也即未灭绝的局部种群的比例，并且一个异质种群在 t 时刻的大小也以 $p(t)$ 来测度。Levins 将与异质种群动态有关的个体和种群过程都浓缩在 e（局部种群的灭绝率）和 m（扩散个体成功再定居至空的生境斑块的比率）两个参数之中，提出了如下的基本模型。

$$\mathrm{d}p/\mathrm{d}t=mp(1-p)-ep$$

其平衡值为 $p_0=1-e/m$

式中，p 表示种群已占据的生境斑块与总的生境斑块数的比率，m 和 e 分别表示与所研究物种有关的定居系数和灭绝系数。

此即异质种群理论最经典的模型，它描述了一个最简单的异质种群随时间变化的动态。从本质上讲，这个模型类似于种群生态学中描述单种种群增长的逻辑斯谛模型。可将该模型改写成下面完全等价的形式。

$$\mathrm{d}p/\mathrm{d}t=(m-e)p\left[1-p/(1-e/m)\right]$$

式中，差值 $m-e$ 是一个充分小的异质种群的增长率（即 $p(t)$ 是充分小的），$1-e/m$

是与逻辑斯谛模型中的环境容量等价的值。如果 $m>e$，则 $1-e/m$ 必定是 $p(t)$ 的稳定平衡值，也只有在 $m>e$ 时，异质种群才能持久生存。

（2）异质种群的生存 Qwinn 和 Hastings（1988）通过模型分析发现，当种群过分碎裂，局部种群数量太小时，由于统计上的生灭随机性，异质种群将很快灭绝。一般认为，局部种群数量不宜低于 20。随着局部种群数量的增加，环境随机性（如食物短缺、火灾、疾病等）将起决定作用。若不同局部种群之间相互独立，且局部种群个体数量又不太小的话，这样的一个异质种群要比一个大的种群具有更高的生存力。它能有效地抵御疾病流行、区域气候突变等环境因素的毁灭性作用。灾害被局限在某一个或某些局部种群内，以后通过其他局部种群个体的再定居得以恢复。据此，这是对传统的岛屿生物学"单个大的保护区要比同等面积、分隔成若干个小保护区好"的观点提出了挑战，而被称为著名的 SLOSS 之争（single large or several small）。

但这里的问题是，在自然界中，异质种群的各局部种群并非是绝对独立的，而且局部种群之间的相关性和迁移扩散能力是相关联的。局部种群之间独立性越强，越能较好地对抗环境随机性带来的相关性灭绝的影响，但不利于再定居，这样对异质种群的生存力又会有不利的作用（Gilpin，1988）。可见，隔离度对确定异质种群的生存力至关重要。过分的隔离会使局部种群之间孤立起来，无法实现扩散和再定居，不利于持久生存；反之，局部种群之间相距太近，关联太强，相关性灭绝的概率就大，也不利于异质种群的生存。只有适度的隔离才有利于异质种群的长期生存。

种群在时空上的适度隔离和碎裂对增加异质种群的遗传多样性和适应生存力可能是有益的，由于局部种群经常面临遗传漂变的作用和不同的选择压力，加之频繁的灭绝和再定居，整个异质种群的不同局部种群之间将会表现较高的遗传多样性。相反，一个较大的、均匀的种群，由于基因交流很多，自然选择压力也很一致，种群的遗传多样性可能较低。

（3）基于异质种群理论的生物多样性保护原则 异质种群理论在保护区设置原则上与传统的岛屿生物学理论所倡导的观点有很大不同，它认为建立若干个小保护区要比建立与其面积之和相等的一个大保护区为好。

一般认为，一个大的保护区能保护较多的物种，但它在抵御环境灾难时的确有它不利的方面。例如一场火灾可能使保护区的大部分物种遭受灭顶之灾。如果是分散的若干小保护区，火灾的影响就不会波及全部。随着人类活动影响的日益加剧，这种考虑变得十分必要。

实际上，由于人类的干扰，栖息地碎片化已成事实。在世界各地，建立一个大的完整的保护区已很困难。在这种情况下，异质种群理论在生物多样性保护上更具有现实意义。

将分散的栖息地碎片用廊道联络起来是异质种群理论在保护区设计上所强调的。这样的设计既保护了局部种群间的独立性，又能实现局部种群之间的再定居。

3. 最小生存种群理论 当种群过度碎裂和隔离后，每个局部种群的个体数量变得很小，且与其他局部种群孤立开来。这样，它的灭绝将是永久性的，即无法达到其他局部种群个体的再定居。当所有其他局部种群相继灭绝，只剩下最后一个局部种群时，该物种便难逃灭绝的厄运，一些濒危物种就是这样的例子。

种群一旦变得太小，原来大种群动态研究中忽略的随机因素便上升为决定因素，使之濒于灭绝的危险中。这可归结为 3 个原因：①缺乏遗传变异性、近亲繁殖和遗传漂变导致的遗传问题；②出生率和死亡率的随机性导致种群数量的不稳定；③捕食、竞争、疾病和食物供

应的变化导致的环境波动，还有无规律发生的单一事件，例如火灾、洪水、干旱等导致的自然灾害。一个小种群，它究竟能生存多久？Shaffer（1981）将保证一个物种存活所必需的个体数量定义为该物种的最小生存种群（minimum viable population，MVP）："最小生存种群是任何生境中的任一物种的隔离种群，即使是在可预见的种群数量、环境、遗传变异、自然灾害等因素影响下，都有99%的可能性存活1 000年。"换言之，最小生存种群是在可预见的将来，具有很高生存机会的最小种群。

需要多少个体才能保持种群遗传变异呢？Franklin（1980）认为，50个个体应是最低限度。这个数据建立在动物繁育的实践经验的基础上，即动物群体可在每代丧失2%～3%的遗传变异性的情况下维持生存。按照Wright（1931）提出的每个世代（F）成体数量（N_e）杂合性降低量的公式$\Delta F=1/(2N_e)$，一个具有50个个体的种群，每代仅会丧失1%的变异性。然而，此数据是建立在家养动物的工作基础上的，能否用在活动范围更广泛的野生物种尚不清楚。根据果蝇突变率的研究，Franklin（1980）建议的种群大小为500个个体，这样，基因突变导致的新的遗传变异会平衡由于种群较小而丧失的遗传变异。这个数值范围被称为50/500法则：隔离种群至少需要50个个体，为保持遗传变异性最好拥有500个个体。

50/500法则在应用中尚存在一些问题，因为其前提是种群内每个个体都具有均等的交配和繁育后代的机会。然而许多因素使种群内许多个体无法繁育后代，如年龄结构、营养不良、不等性比、繁殖力差异、环境变化、自然灾害等。这些因素使得实际有效种群（能繁殖的个体，N_e）往往小于期望值。通常，一个种群遗传多样性的丧失累积达40%～50%时，种群便难以生存，50～500个可能是不够的。为应付灾害随机性，所需的最小生存种群更大。

物种的最小生存种群一旦确定，最小动态区（minimum dynamics area，NDA），即维持最小生存种群所必需的最适生境的面积也能估计出来，通常由研究个体和群体的领域大小来估计，例如维持多种小型哺乳动物种群的保护区需要10 000～100 000 hm^2（Schorewald-Cox，1983）。

（二）昆虫的保护

确定某种昆虫是否需要加以保护，最佳的方法是对其种群数量和分布进行长期监测，但这通常是很困难的，而且往往是不合时宜的。一般来讲，濒危物种往往是稀有而不显眼的，故其监测费用太高，且不易精确估计其数量和分布。因此昆虫灭绝的风险分析需以专家系统的判断为基础，即昆虫学家根据某个种目前的数量和分布、其栖息地生境的脆弱性等来判断该种受威胁的状态。但问题是，对于那些可能被认为是濒危的种类知之甚少。那么，一个可行的途径是对昆虫的栖境做风险分析。

保护濒危物种有两种不同的策略：一是原地保护，即在该物种的自然生境或亚自然生境中施行保护；另一种是异地保护，例如动物园、植物园，但只有极少数几种昆虫采取了这种对策。昆虫保护的最有效的途径还是其自然生境中的保护。下面是应加以考虑的4个主要与生态学有关的方面：①所有对昆虫重要的栖境都应保留；②栖息地的面积应足够大且保持一定形状；③应保持足够数量的生境类型，物种的个体能在不同栖息地之间迁移以确保其长期生存；④采用适宜的栖息地管理策略。

那么，什么样的栖境才是"重要"的？因为昆虫保护的最终目标是确保尽可能多的种类

存活。最重要的栖境应是那些含有只在这种栖境才能存活的种类的栖息地。在某些情况下，昆虫与栖息地的联系可通过直接观察得知，尤其是植食性昆虫的栖境需求。但在另一些情况下，需要分析不同栖境中昆虫种类组成的差别以鉴别与特定栖境有关的种类。

栖息地的大小可通过物种-面积关系来确定。栖息地斑块的形状也同样重要，如 Usher (1995) 的研究表明，对大型鳞翅目昆虫来说，圆形林地要比长形林地好得多。保护区的设置前面也有详细讨论，除此之外，昆虫栖境保护的最重要的方面是栖境管理。Dennis 等 (1995) 认为，很多因子可能会影响取食落叶性树木的节肢动物的数量。他发现，虽然诸如林地大小、隔离等因子有一些影响，但最重要的因子是下层植被的数量，缺少下层植被意味着与这些树木相联系的昆虫的越冬阶段会遭受更高的死亡率。在这种情况下，栖息地岛屿的生物地理学效应与栖息地管理相比就显得不显著了。如前所述，昆虫的保护中最紧迫的需要应是热带雨林中昆虫的保护。这些森林虽然仅覆盖了地球陆地表面的 8%，但却含有全世界物种数的 50%～80%，而热带雨林的年砍伐率大约为 1%，在西非则更高达 2%，有些国家更高达 5.2%。显然，栖息地的丧失是对昆虫保护的最严重的威胁。因此最好的策略是确保有足够面积覆盖的保护区的建立，例如自然保护区、自然公园等。成功的昆虫保护无疑需要对昆虫生态学知识的更深入的了解和利用。

四、生物多样性保护与可持续发展

可持续发展已成为指导人类活动的一个重要理念，但在生物多样性保护与自然资源的利用之间，找到正确的平衡并非易事。保护物种及其栖息地离不开全体民众、公众团体和各级政府的关心和积极参与，而且人们必须认识到生物多样性对于人类的生存是极有价值的，是必不可少的，且使人感觉到持续破坏生物多样性确实使他们丧失了有价值的东西，这样才能最终扭转物种灭绝的趋势。那么，人们正在丧失的是什么？物种灭绝会有什么样的后果？造成物种灭绝的根本原因是什么？

（一）生物多样性保护的环境经济学问题

与物种形成一样，物种灭绝也是自然循环的一部分，既然如此，为什么还要关注这个问题呢？关键在于人类的活动正导致物种灭绝的速率远远超过了物种替换的速率，现在所发生的物种灭绝是空前的，可能很快就要出现不可逆转的情况。

什么因素使得人类以一种破坏性的方式来行动？从根本上说，是经济因素。一般来说，自由交换的成本和收益是由交易双方承担和接受的，但在某些情况下，不直接参与交换个体也会付出代价或获取利益。这些外在的成本或收益称为经济活动的外部后果。最明显和最容易被忽视的一种外部后果就是环境的损坏。有此类外部后果存在的地方，市场就不能促进社会繁荣，这种市场失败导致资源的错误配置，使个人或小团体在把成本转嫁给全社会的情况下获取超额利润。在生产过程中造成生态损坏的公司和个人一般没有承担其活动的全部成本。一个排放有毒烟雾和废液的企业从出售产品中获利，产品的消费者也得到好处，但这种交易中应计入的成本，例如呼吸系统疾病的增强、能见度降低、环境的污染等，都摊到了社会的头上。这种成本和收益的分离正是市场失败的核心问题：一种经济活动的成本由民众担负了，而利益却集中到了少数人身上。如此，经济与生态的冲突成为必然。为此，环境经济

学将经济学、环境科学和公共政策制定整合起来，并包含了经济分析中的生物多样性估价。一些大型项目的环境代价正逐渐以环境影响评估的形式加以考虑，即成本-收益分析，把项目所获得的价值与项目的成本及丧失的价值进行比较。近来，人们还在尝试把自然资源的损失纳入国内生产总值（GDP）及其他国家福利指数的计算中（Daly 和 Cobb，1989；Repetto，1992）。

许多自然资源，例如清新的空气、清净的水、肥沃的土地、稀有的物种，甚至美丽的风景都是整个社会拥有的公有资源，而这些资源往往不被赋予金钱价值。公众、企业、政府使用或损坏这些资源时并不计入企业的内部成本而付出极少，有时甚至无须付出，对生物资源的利用也是如此。没有经过市场流通而直接被消费，只是取而用之而已，因此必须设计一种评价方法来计算生物多样性对国民经济的贡献，这样才能引起人们对生物多样性保护的重视。

由于价值是由多种经济和伦理因素决定的，评价生物多样性和自然资源的价值是一件复杂的事情。环境经济学的主要目标是发展对生物多样性组分进行估价的方法。已有许多方法用来评估遗传变异、物种、群落和生态系统的经济价值，其中应用最多的方法之一是 McNedy（1988，1990）提出的方法。在这种方法的框架内，价值被分为直接价值和间接价值。直接价值指那些由人类直接收获或使用的产品，间接价值指生物多样性所提供的利益，不涉及资源的收获或毁损。

（二）生物多样性的直接价值

直接价值的测算并不困难，可进一步分为消耗使用价值和生产使用价值。就地使用的物品体现着消耗使用价值，进入市场的产品体现着生产使用价值。

1. 消耗使用价值 消耗使用价值主要表现为生物多样性为人类提供了基本食物、药物和微生物。微生物对人类生活和健康极为重要，目前开发利用的微生物仅是很少一部分，尚有更多微生物种有待研究和开发。抗生素就是由微生物产生的，在医药上起了不可估量的作用。此外，微生物还可用来大规模生产酶制剂、有机溶剂、酒及酒精、氨基酸、维生素、菌肥等。

2. 生产使用价值 生产使用价值表现为生物多样性为人类提供了多样的工业原料，例如木材、纤维、橡胶、造纸原料、天然淀粉、油脂等，甚至煤、原油、天然气也是由森林储藏了几百万年前的太阳能所供给。许多物种的最大生产使用价值在于它们可以作为工农业以及农作物遗传改良的原材料。野生种群可以被驯化为家养品种，或用于家养种群的遗传改良。对于农作物，一个野生种或变种或许可提供特定的增产或抗病虫基因，这种基因一旦从野外获得，即可被整合、存储到作物基因库中。新品种培育的经济效益是惊人的，秘鲁的野生番茄的高糖含量和大果实基因已被转入人工种植的番茄品种中，使该产业获得了 8 000 万美元的附加值（Iltis，1988）。在墨西哥发现一个多年生玉米近缘种，具有数十亿美元的潜在价值（Norton，1988），因为利用它可培育出不需要每年都种植的多年生高产玉米。

野生物种也可用作生物防治的资源。通过寻找有害物种在其原栖地的“克星”种，通过引进天敌建立自然种群或实行人工繁放以控制有害物种。一个经典的例子是，刺梨仙人掌被澳大利亚从南美引入作为篱笆植物后迅速扩散，失去了控制，占据了数百万公顷的牧场；当再从这种仙人掌的原产地引入了专食性昆虫 *Cactoblastis* spp. 后，这种仙人掌的密度减少到

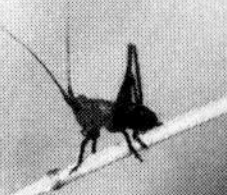

了相当稀少的程度。

自然界也是新药的重要来源。在美国，25%的处方药含有从植物获得的活性成分，使用最多的20种药剂都是以首先在自然产物中分离出的化合物为基础的，这些药物的总售价每年达60亿美元。人们一直不断地在生物群落中寻找新的植物、动物和微生物药源，用于治疗人类疾病（例如癌症和艾滋病）。为了促进这种新药探寻和在经济上从新产品中获利，哥斯达黎加政府建立了国家生物多样性研究所（INBio），负责收集生物产品并给制药公司提供样品，Merck公司承诺支付给INBio 100万美元，以获得筛选样品的权利。并将支付该项研究获得的任何商业产品的特许权使用费（Eisner和Beiring，1994）。

（三）生物多样性的间接价值

间接价值指生物多样性的另外一些与生态系统功能有关的，如环境作用（environment process）和生态系统维护（ecosystem service）方面的贡献。这些过程和维护能确保自然产品的持续生产，但在使用过程中却不受损坏。由于它们不是正常经济意义上的物品或服务，一般并不出现在国家经济的统计资料中，但它们的价值可能大大超过直接价值。而且直接价值常常源于间接价值，因为动植物物种必须有其生存环境，它们是生态环境的组成部分。没有生产使用价值和消费使用价值的物种，可能在生态系统中起着重要作用，并供养那些有生产使用价值和消费使用价值的物种。生物多样性的间接价值也可看作环境资源的价值，其意义可归纳为以下几个方面。

1. 非消费使用价值　生物群落提供了多种在使用中不被消耗掉的环境服务，例如野生昆虫给农作物传粉的价值，这种使用价值算起来相对容易些，可由其传粉活动所增加的农作物产值来估算。但确定生态系统的其他价值要更困难些，特别是在全球尺度上。

（1）生态系统生产力　植物和藻类的光合作用把太阳能转存到活组织中，这些能量有时被人类作为燃料、饲料和野生食物直接利用。植物材料也是食物网（链）的起点，这些食物链通向为人类所用的所有动物。过度放牧、滥采滥伐和频繁的火烧，对一个地区植被的破坏，损坏了生态系统转换太阳能的效率，最终导致植物生产力的丧失和生活于该地区动物群落的萎缩。同样地，江河海口是植物和藻类高产区。据美国国家海洋渔业局估计，由于此种生境被破坏，美国每年损失的鱼类和贝类的生产使用价值，以及钓鱼休闲使用价值达2亿美元（Mcneely等，1990）。

必须指出的是，即使人们付出昂贵的代价将退化或损坏的生态系统加以重建和恢复，它们通常也不会在功能上复原。几乎可以肯定，它们不再具有原来的物种多样性。目前生物多样性研究中的另一个重要问题是生物群落中个别物种的丧失，会如何影响生态系统的功能和作用。例如植物的总生长量的多少和植物吸收大气中二氧化碳的能力如何？要有多少物种从群落中丧失掉，生态系统才开始崩溃？

（2）保护水土资源　生物群落在保护流域、缓冲旱涝灾害对生态系统的冲击、保持水质等方面至关重要。在集水区内发育良好的植被具有调节径流的作用。植物的枝叶和枯枝落叶层遮挡雨水对土壤的直接冲刷，植物根系和土壤生物使土壤疏松，更具有渗透性，增加其吸水能力。拥有良好植被的土壤能在雨停后的几天或几周内缓慢释放所储存的雨水，从而减少暴雨后洪水泛滥的危险。

当砍伐、垦荒和其他人类活动减少植被时，水土流失甚至滑坡事件的频率迅速增加，结

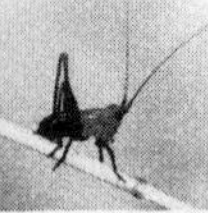

果是土地的使用价值减少。对土壤的损害反过来又限制了植被在干扰过后的恢复能力，使土地不再适于农耕。此外，悬浮于流水中的土壤微粒，可能杀死淡水动物、珊瑚礁生物以及江河入海口的海洋生物。水土流失的增加使水库过早淤塞，危及电力生产，并且可能形成沙滩和岛屿，使河流和港口的航行能力下降。孟加拉国、印度、菲律宾和泰国前所未有的洪灾，就与江河流域的大规模伐木有关，这导致当地居民发出了禁止伐木的呼吁。我国1998年长江洪水的泛滥造成了巨大的经济损失和社会影响，这也与上游的大规模伐木密切相关。为此，我国政府已明令禁止砍伐天然林木。世界上发达国家都把湿地保护放在优先地位，以防洪水泛滥。仅就减少洪灾的功能而言，波士顿地区周围沼泽地的价值估计为每年每公顷72 000美元（Hair，1988）。

（3）气候调节　植物群落在调节局部区域、地区以及全球气候方面也起到重要作用。在局部区域层次上，树木提供遮阴处，蒸发水分，从而在夏季能降低气温。树木作为风障，能大大减少冬季建筑物的热量损失。在地区层次上，植物蒸腾作用使水循环到大气中，再以降水的形式返回地面。世界上一些地区（例如亚马孙河流域和西非）植被的丧失，可能导致年均降水量的地区性减少（Feamside，1990）。在全球层次上，植物的生长与碳循环相连，植被覆盖的减少使得二氧化碳循环受阻，大气中二氧化碳浓度增加。所以植被覆盖的减少也是全球变暖的原因之一。另一方面，植物也是氧气的制造者，而所有的动物都依靠氧气生存。

（4）对污染物的吸收和分解　生物群落能降解和固定污染物，例如重金属、有机废物、杀菌剂和污水等人类活动产物。某些生物对污染物特别敏感，因而对环境污染有指示意义。当生态系统被破坏或退化时，必须安装和运行昂贵的污染控制系统来执行这些功能。

（5）种间关系　许多物种因有生产使用价值而被人类利用。然而它们的持续生存却依赖于其他野生物种。因此一个对人类没有多少直接价值的野生物种的减少，可能导致具有重要经济意义物种的相应减少，例如农田节肢动物的群落研究表明，那些对人类即无害又无益的中性昆虫，对天敌种群的发展和维持，尤其对早期天敌种群的建立有着不可或缺的作用（吴进才，1995）。而作为庇护所的作物田外生境同样对天敌种群的保持起着举足轻重的功用（俞晓平，1996）。又如许多林木和农作物与为之提供必需养分的土壤生物之间的相互关系，真菌和细菌分解死亡动植物作为它们的能源，在这个过程中，它们又释放矿物营养（如氮）到土壤中，利用这些矿物营养，植物又得以进一步生长。

（6）休闲和生态旅游　休闲活动的一个主要方面是通过如远足、摄影、观鸟等活动来欣赏大自然。这对自然资源而言是非消耗性的，而生物多样性是户外休闲活动和生态旅游的基本条件。

（7）环境监测者　对化学毒物特别敏感的物种能作为检测环境健康的“早期预警系统”。某些作物甚至可以替代昂贵的探测仪器，例如苔藓生长在岩石上，吸收酸雨和空气中污染物的化学物质，是最著名的指示物种。高浓度有毒物质杀死苔藓，而且每个苔藓物种对空气污染物具有明显不同的耐受力。所以苔藓群落的物种组成能被用作空气污染程度的生物指示指标；苔藓的分布和多度可用于识别污染源（例如冶炼厂）周围的污染面积。以过滤水来获得水中食物的生物（例如软体动物），也能用于污染监测，因为它们过滤大量的水且将有毒金属、杀虫剂等浓缩到它们的组织中。

2. 备择价值　物种的备择价值是指物种在未来某个时候能为人类提供经济利益的潜能。当社会需求发生改变时，满足这些需求的方法也必须改变，解决问题的途径往往是寻找新的

自然产物。昆虫学家寻找能用于生物防治的天敌昆虫，微生物学家寻找能促进生化过程的细菌，动物学家寻找能更有效地生产动物蛋白、对环境损害较小的物种，药物学家则致力于收集和筛选野生物种中有药用价值的成分。如果生物多样性减少了，发现和利用新物种的能力也减小。

大多数物种少有或完全没有直接经济价值，只有少量物种具有提供医疗手段、支撑新产业、阻止主要农作物崩溃方面具有潜能。如果这些物种中的某一个种在其价值尚未被发现之前灭绝了，对于全球经济都将是一个巨大的损失。

（四）生物多样性保护的伦理学基础

对保护生物多样性而言，经济上的考虑是重要的，伦理学上的考虑同样重要。实际上，更根本的办法是改变人们唯利是图的价值观。如果保护自然环境和维持生物多样性变成全球的基本价值观，降低资源消费就成为自然而然的事。经济学论点本身可以提供估价物种的基础，但也可被用来（或被误用来）决定人们不该拯救一个物种，或者人们应该拯救一个物种而不是另外一个物种。从经济学的角度看，一些体型小、种群数量不大、地理分布有限、外表也不吸引人、眼下对人类无用的物种将被赋予低的价值，世界上大部分物种，特别是昆虫、其他无脊椎动物、真菌、细菌、原生动物等均摆脱不了这样的命运。花钱来保护这些物种的努力似乎没有任何近期的经济理由。因此伦理学上的考虑将为保护珍稀动物和没有明显经济价值的物种提供了充分的理由。

1. 每个物种都有存在的权利 不管物种是大还是小，是简单还是复杂，起源早还是晚，经济价值高还是低，每个物种的生存都必须得到保证。所有物种都是生物群落的一部分，和人类具有同等的生存权利。每个物种都有自身的价值，一种与人类需求无关的固有价值。人类不仅无权损害物种，而且责任采取措施阻止物种由于人类的活动而走向灭绝。人类仅仅是生物群落中的一部分而已。

2. 所有物种是相互依存的 作为自然群落的组成部分，物种以复杂的方式相互作用着，一个物种的丧失可能对群落中其他成员有深远的影响，其他物种可能会随之灭绝，或者由于物种灭绝连锁而使整个群落失稳。大气的许多化学特征和物理特征、气候及海洋都与自我调控的生物学过程相关联。地球是一个超级生态系统，人们有责任将这个超级生态系统作为一个整体来保护，把人类自身的繁荣昌盛放到整个自然界繁荣昌盛的背景上来考虑问题。

3. 人类必须生活在与其他物种相同的生态学限度内 世界上所有物种都受到它们的环境容量的约束。人类必须尽量小心地把对自然环境的损害减少到最小，因为这种损害不仅伤害其他物种，也伤及人类自己。许多污染和环境退化不是不可避免的，通过更好的规划，至少可以将其控制在最低限度。

4. 人类有责任充当地球的管家 如果人们毁坏地球上的自然资源，造成物种灭绝，人类的后代将不得不以降低生活水准和生活质量的方式付出代价。所以应以一种可持续的方式利用资源，使物种和群落不受损害。不妨这样想象：地球是人们从后代那里借来的，将来归还时，它应该完好无损。

人类是自然的一部分，与地球上其他物种一样，受到永恒生态规律的制约。所有生命都依赖于自然系统不间断的运行来保证能量和营养的供给。因此为维护人类的生存、安全、平等和尊严，人类必须承担起自己的生态责任。人类文化必须建立在对大自然深切关注的基础

之上，建立在与自然和谐相处的观念上，建立在人类活动必须与自然界相容与相平衡的认识上。

5. 对人类生活和人类多样性的尊重与对生物多样性的兼容　对人类文化和自然世界的复杂性的赏识，引导人类尊重多种形式的所有生命。在世界各国间实现和平，结束贫困、罪恶和种族主义的努力，同时也使生物多样性受益，因为生物多样性的主要破坏者之一是人类社会内和人类社会间的暴力。人类的成熟将导致"认同生命存在的所有形式"和"承认所有物种的固有价值"，从而形成一个扩展的道德义务圈，从人们自己向外延展至包括亲属、自身社会群体、所有人类、所有物种、生态系统，最终到整个地球。

6. 自然的精神和美学价值胜过其他的经济价值　在整个历史长河中，宗教思想家、诗人、艺术家和音乐家都从自然中获得灵感，这种灵感来自对未受人类扰动的大自然的体验。仅仅简单地阅读有关物种的书籍，以及在博物馆、动植物园观察这些物种是不够的，接触野生动植物和各种景观，才能真正获得美的享受。

7. 确定生物起源需要生物多样性　生命是如何起源的？现在地球上发现的生命的多样性是如何产生的？这是哲学家和科学家极力破解的两个谜。众多的生物学家正在研究这两个问题，并正在逐渐接近其答案。但在物种趋向灭绝，重要线索缺失日渐增多的情况下，谜底就变得更难解开了。

思考题

1. 简述生态系统的组成及农业生态系统的特点。
2. 生态系统是如何调控自身的动态平衡的？
3. 害虫再猖獗引发的主要原因有哪些？
4. 举例说明生态系统理论在害虫综合治理中的应用。
5. 如何在生态系统水平上进行生物多样性的保护？

下篇

害虫预测预报学

第八章　害虫预测预报原理

主要内容　本章主要阐述害虫预测的基本原理、测报调查的基本方法、种群数量消长的相关因子剖析、种群暴发过程、害虫经济阈值的确定等。这些知识在害虫预测预报工作中是不可或缺的。

重点知识　害虫测报原理、调查抽样方法、种群数量消长的因素、经济阈值。

难点知识　种群数量消长模型的组建、种群暴发机制、经济阈值的制定。

害虫预测预报（pest forecast）就是根据某害虫历史的和现在的发生状况、作物物候以及历史、现时和未来预报的气象资料，采用种群生物学与生学态原理、数理统计分析与建模等方法，对害虫未来发生情况做出估计，并向各级政府部门、植物保护机构和农户提供害虫情报信息和咨询服务，以指导害虫防治的一门应用技术。害虫预测预报是昆虫生态学理论在生产实际中的直接应用。随着绿色农业、精准农业、生态农业等现代农业新理念和新要求的提出与发展，害虫防治时对药剂种类、施用量、施用方法、残留水平等的限制更多，要求无公害、绿色、环保的标准更高。因此害虫防治时只有依赖于准确而及时的预报，才可能达到现代农业的新要求。害虫的预测预报在未来农业中将会发挥更加重要的作用，占据更显要地位。本章主要对害虫预测预报工作中所涉及的基础知识（例如预测的原理、抽样调查方法、种群数量波动与暴发原因、防治指标和经济阈值等）进行简要介绍。

第一节　害虫预测的基本理论和步骤

一、害虫预测的基本理论

害虫预测学属于昆虫学、生态学、预测学、数学等多学科的交叉，需要各学科理论的支撑，但根据人们对预测工作的思维方式来归纳，害虫预测常会用到惯性原理、类推原理和相关原理，这 3 个原理也是预测学的基本理论。

（一）惯性原理

客观事物的发展变化过程常常表现出它的延续性，通常也称为惯性原理或连贯性原理。可以说没有一种事物的存在和发展与其过去的行为没有联系的，过去的行为和表现不仅影响现在的存在和状态，还会影响未来的状态和表现。这也表明任何事物的发展都有时间上的延续性，或称有时间上的惯性。客观事物运动的惯性大小，取决于其本身的动力大小以及外界因素制约的程度。研究对象的惯性越大，说明其延续性越强，越不易受外界因素的干扰而改

变其本身的运动倾向。如果对事物的过去到现在的惯性或延续性有所了解，就为预测提供了依据，也就可预测其未来的延续状态或趋势。

惯性原理是各种趋势外推预测方法的理论依据。这种延续性往往表现在两个方面：①事物发展趋势的特征（例如发展方向和速度、变化周期等）在未来一段时间内的表现常与前面相似。据此，可建立趋势外推模型进行预测。例如褐飞虱种群数量在 7 月 30 日后呈明显的上升，在随后的一个月时间（到 9 月 1 日）的 13 次调查中，仅有 2 次的数量比其前一次的减少（图 8-1），这说明种群的发展存在明显的惯性。②在一定时间内，某些外界因素的联系结构和相互作用关系可按一定的格局延续下去。也就是说系统的结构和机能将在未来一段时间内保持下去，因此也可建立有关结构或功能的外推预测模型，进行预测。

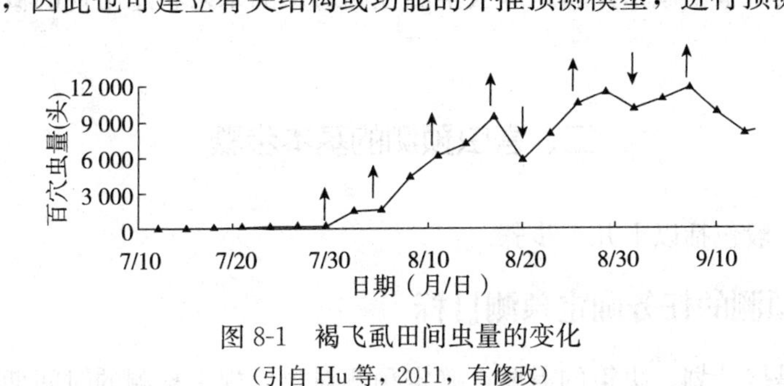

图 8-1 褐飞虱田间虫量的变化

（引自 Hu 等，2011，有修改）

事物运动的惯性或延续性的存在，为预测的可行性提供了理论依据。目前，常用的一些预测方法和技术，有许多属于惯性原理的范畴。例如常用的利用时间序列外推法建立的趋势预测模型，即属于第一类延续性质，它假定研究的对象将随时间的推移而会按照一定的趋势和一定的变化比例向前发展。而利用回归分析法建立的因果关系预测模型，即属于第二类延续性质，这类回归分析的因果关系模型反映了各种变量在过去发展变化中的依赖关系和内在相互制约作用，而预测正是依据这些结构和功能关系的延续性或再现性。

（二）类推原理

世界上许多事物的发展和变化常表现有类似之处，利用事物之间状态表现上的某些相似之处的特性，就可把发生（或已知的）事物的状态表现过程或形式，类推到未来发生的或后发生而尚未知的事物的发生状态表现上。在预测中人们常从以下 3 方面来进行类推：①依据历史上曾发生过的事件来推测当前或未来的情况；②依据其他地区曾发生过的事件来推测本地区将发生的状态，例如根据迁出地（或虫源地）已发生的迁飞害虫发生期和发生量来预测迁入地未来的害虫状态；③根据局部推测总体。类推原理不能用于所有事物的预测，同时还必须通过仔细的分析、比较，确定两种事物间确实存在类似性后，才能应用。

（三）相关原理

世界上任何事物的存在和发展都不是孤立的，而是与其他事物的存在和发展具有或多或少的相互影响、相互制约或相互依赖的关系。事物之间的这种相关常表现出因果的关系，所以在深入分析事物之间的相互关系的基础上，就可根据事物一方或多方的表现来预测另一方未来的变动状况。当然，某事物的状态变量并不是与任何一个或多个其他事物状态变量存在显著的相关关系。因此相关原理的应用关键在于首先要找出害虫的发生情况到底与哪一个或

多个事物间确实存在显著相关关系，而与其他一些事物间却没有显著关系，这就是为什么在采用相关原理进行害虫测报时预报因子的选择相当重要。相关事物的联系又分为同步的和异步的、直接的和间接的等类型。总之，相关原则在指导预测中是极为重要的科学原理。

此外，不确定性（或然性）分析和概率判断原理在预测中也十分重要。预测学的世界观或指导思想是世界的可知性和可能性，但限于目前的科学发展水平，可以说，世界尚有许多事物的存在和变化规律是未知的或不确定性的。但随着科学的发展，这类不确定的状态也可能将成为确定性的和可知的。这些目前或相当长时期内只能被当作不确定性的事件，在预测常称为随机性或随机事件。对于随机事件常用概率论或数理统计方法，求出随机事件出现各种状态的概率，然后根据概率判断原理去推测预测对象的未来状态出现的概率，也称为概率预报。

二、害虫预测的基本步骤

预测的过程一般包括以下几个步骤。

（一）根据预测的任务确定预测目标

具体地说就是按计划、决策的需要，确定预测对象、规定预测的时间期限和希望预测结果达到的精确度等。

（二）收集和分析相关资料和情报

资料和情报是预测的基础，可以从中分析得到反映预测对象或目标的特性和变动倾向的信息。原始资料必须经过加工整理，以便去粗取精、去伪存真，并制成数据库或各种应用文件。对资料和情报的一般要求是准确、及时、完整和精简实用。

（三）选择预测方法并组建数学模型进行预测

预测者经分析、研究、了解预测对象的特性，同时根据各种预测方法的适用条件和要求，选择出合适的预测方法。预测方法选用是否得当，将直接影响预测结果的精确度和可靠性。选用预测方法的核心是建立描述和概括研究对象特征和变化规律的模型。定性预测的模型是指逻辑推理的过程。定量预测的模型通常是以数学关系式表示的数学模型。根据预测模型，输入有关资料、数据，即可得到预测结果。由于根据不同的预测方法组建的数学模型其预测结果也有差异，因而在实际操作时需要比较各模型的预测效果，从中选出最佳的或将各方法所得结果按权重集成后进行实际应用。

（四）预测评价和检验修正

预测评价就是对预测结果的准确性和可靠性进行验证。预测结果因受到资料的质量、预测人员的分析判断能力、预测方法本身的局限性等多种因素的影响，而未必能确切地估计预测对象的未来状态。此外，各种影响预测对象的外部因素在预测期限内也可能出现新的变化。因而要分析各种影响预测精确度的因素，研究这些因素的影响程度和范围，进而估计预测误差的大小、评价原来预测的结果。在分析评价的基础上，通常还要对原来的预测值进行

检验、修正，得到最终的预测结果。

总之，只有掌握了害虫预测预报的基本理论，得到了准确且充足的害虫发生的资料，选用了科学的预测方法，才有可能得出准确的预测结果。

第二节　害虫预测预报中的抽样与种群密度估计

害虫预测预报，特别是基于生物学特性的预测预报，常常是以田间害虫种群发生的实况为基准，结合害虫种群的生物学特性和当时的环境条件，对种群未来的发生动态做出估计。例如进行害虫发蛾高峰期的预测时，需要先调查得到田间化蛹高峰期发生在哪天这个实情，然后以该天为基点，加上当时条件下蛹的历期，从而较为准确地估测出发蛾高峰出现的日期。因此害虫种群实情获得的准确程度，直接关系到预测预报结果的准确性。害虫种群田间实情的获得需要正确的调查方法和科学的抽样技术的支持。

一、田间抽样技术

在害虫发生规律、预测预报和管理的研究和生产应用中，都需要首先了解和掌握昆虫在自然状况下的发生动态。如何了解昆虫在田间的发生动态呢？这一切都要开始于田间调查，取得种种信息资料后，才能得到田间昆虫种群的真实动态。由于昆虫种群的个体数量庞大，不可能对田间昆虫种群的总体做出完整的观察、调查和记数，而只能通过在总体中抽查一部分样本来估算种群的总体，因此抽样技术显得尤其重要。随着现代高新技术的飞速发展，计算机技术、地理信息系统（GIS）、全球定位系统（GPS）、雷达和遥感技术（RS）、可视化技术等正在被引入和渗透到昆虫田间调查方法中来，但不管是哪些经典的或高新的技术手段，都离不开抽样理论与方法。20 世代 70 年代以来，国内外对抽样技术提出了 4 个重要要求或标准：准确、迅速、简便和价廉。要达到这 4 个要求，只有将抽样理论和技术与昆虫的生物学和生态学特性相结合，才能设计出准确、适宜的抽样方案。

根据应用目的不同，昆虫种群的抽样技术一般可分为两大类。①应用于田间昆虫种群密度估计的抽样，即根据抽样调查得到各样方中虫口密度的抽样信息，计算出样本的平均数和方差，以估计种群总体的平均数和方差，也即在一定允许误差概率水平（精度）下估算出田间昆虫在一定时间和空间内或其他条件下的种群密度。这类抽样调查结果主要用于种群资料的积累、田间试验的比较、虫情的预测、种群数学模型组建等方面，也称为估值抽样。所用的抽样方式有随机抽样、顺序抽样、分层抽样、分级抽样、双重抽样、标记回收抽样等。②序贯抽样，主要用于害虫管理的决策，即在一定误差水平下，如何经济而合理地判断田间害虫密度或危害水平是否达到防治指标或害虫的经济阈值，以决策何时或何地需要采取防治措施，控制害虫的危害，也称为风险决策抽样。用于害虫测报的抽样属于前一类。

进行田间调查前，需要先制定一个抽样方案。一个合理的田间抽样方案必须包括 3 个方面的内容：①确定抽样单位及大小，也就是样方单位及样方大小；②确定抽样数量，也就是样方数；③确定抽样方式或方法。这都关系到抽样结果的真实性、准确性和工作效率。

（一）总体和样本

一群性质相同的事物的总和，在统计学上称为总体。在害虫调查统计中，也常将一种类型田里发生的某种害虫当作总体。例如一块类型麦田里的黏虫，称为一个总体，而另一块类型棉田里的小地老虎，又被称为另一个总体。

在调查一种作物田内某一种害虫发生数量或危害程度时，不可能也不必要把整个类型田中发生的这种害虫或受害植物逐个数清，一般是根据这种害虫在这种作物田内当时的空间分布型，按照一定的抽样方法，在调查对象的总体中，抽取一定数量的个体，这个有限个体称为样本，根据对样本调查得到的结果，即能比较准确地估计出这种害虫总体的田间种群密度、发育进度、危害程度等。

在害虫田间调查时，对总体或样本性状，通常是以平均数、标准差、变异系数等来表示。实际上，人们计算的平均数、标准差、变异系数等，都是根据样本计算的，与总体的情况不可能完全相等，它们之间所产生的差异称为抽样误差。抽样误差取决于抽样方法和抽样数目两个方面。

抽样方法的选择与昆虫在田间的空间分布型有关，不同的分布型，要选用不同的抽样方法，这样才能减小抽样误差，使调查结果基本符合总体的实际情况。

一般说取样数目愈多，愈能代表总体的情况，但增加取样数目，就会多费人力和时间，因此要根据调查要求的精确程度，适当选取一定样本数目。关于这个问题将在后面专门讨论。

设一块玉米田内有 N 株玉米，若每株上有玉米螟的虫数分别为 X_1、X_2、…、X_N，则 $\sum X_i$ 即为总体，该田总体每株平均虫数（$\overline{X}$）、总体方差（σ^2）和总体标准差（σ）分别为

$$\overline{X}=(1/N)\sum X_i$$

$$\sigma^2=[\sum(X_i-\overline{X})]^2/N$$

$$\sigma=\sqrt{\sum(X_i-\overline{X})^2/N}$$

因总体中 N 数量很大，不可能逐株调查，为此用抽样调查结果来估计总体。从总体 N 中，抽查 n 株（$n<N$），每株虫数分别为 x_1、x_2、…、x_n，则 $\sum x_i$ 即称为样本，而每个 x_i 即为样方，该田的样本平均虫数（$\overline{x}$）、样本方差（s^2）和样本标准差（s）分别为

$$\overline{x}=(1/n)\sum x_i$$

$$s^2=\sum(x_i-\overline{x})^2/(n-1)$$

$$s=\sqrt{\sum(x_i-\overline{x})^2/(n-1)}$$

这样，样本平均数（$\overline{x}$）、方差（s^2）和标准差（s）分别是总体平均数（$\overline{X}$）、方差（σ^2）和标准差（σ）的估计量。

由于抽样是以样本的数值来估计总体数，因此与总体数间总存在一定的误差。故抽样后都要计算出抽样误差，田间调查昆虫种群数量时常不再放回（或造成死亡），故为不重复抽样。不重复抽样平均数标准误差（$s_{\overline{x}}$）的公式为

$$s_{\bar{x}}=\sqrt{\frac{s^2}{n}(1-\frac{n}{N})}$$

由于取样数（n）常比总体数（N）要小得多，故上式改写为

$$s_{\bar{x}}=\sqrt{\frac{s^2}{n}}$$

从上式可以看出，①误差的大小主要决定于抽样数量（n），抽样数愈多，则抽样误差愈小；②样本的方差愈大，误差也愈大。

在明确了抽样误差或平均数的误差范围后，还应当确定在概率保证下的总体平均数（μ）或总体百分率（π）的估值范围，也就是有概率保证下的样本平均数的置信区间估计。当取样数 $n>50$ 时，有

$$\mu=\bar{x}\pm ts_{\bar{x}}$$

$$\pi=P\pm ts_P$$

式中，t 为标准误差的概率，可由 t 值表查来，一般当 $P=0.05$ 时 $t=2$，$P=0.01$ 时 $t=2.6$；$\bar{x}$ 及 P 分别为平均数及平均百分率；$s_{\bar{x}}$ 及 s_P 分别为平均数标准误差及百分率标准误差。

例如调查棉田棉铃虫时随机取样 50 株（$n=50$），平均每株虫口密度（$\bar{x}$）$=5.74$ 头/株，方差（s^2）$=20.95$，标准差（s）$=4.57$，标准误差（或平均数标准误）（$s_{\bar{x}}$）$=0.64$，则

99%概率保证的置信区间为 $\bar{x}\pm t_{0.01}s_{\bar{x}}=5.74\pm2.6\times0.64=5.74\pm1.664$，即 4.10～7.40 头。

95%概率保证的置信区间为 $\bar{x}\pm t_{0.05}s_{\bar{x}}=5.74\pm2\times0.64=5.74\pm1.28$，即 4.46～7.02 头。

（二）抽样单位和度量标准

1. 抽样单位　抽样单位即样方，是指调查时在总体中抽出的需要调查的一定单位。抽样单位随调查总体的特征、研究目的等的不同而不同，常用的抽样单位可归纳为以下几种。

（1）长度单位　长度单位常用于生长密集的条播作物，如调查小麦黏虫时，可调查若干米长度的麦行，然后折算成每公顷虫数。稻纵卷叶螟清晨赶蛾时，可用一根固定长度的竹竿拨动一定长度的稻行，记录飞起的蛾数，然后折算成每公顷蛾量。

（2）面积单位　面积单位常用于调查地面或地下害虫、密集或矮生作物上的害虫、害虫密度很低的情况。例如调查蔬菜地的蛴螬的数量，可挖取一定面积的地块，调查其中的蛴螬数，然后折算成每公顷虫量。另外，调查小地老虎的卵和幼虫、湖滩地的蝗虫等也可对一定面积地块进行调查计数。

（3）体积或容积、质量单位　这些单位常用于木材害虫、种子或储粮中害虫。例如抽取仓库中一定容积或质量的粮食，调查其中谷象的数量，再折算成整个粮仓中的虫数。

（4）时间单位　时间单位用于调查活动性强的害虫，观察单位时间内经过、起飞或捕获的虫数。例如对飞虱起飞高峰期的调查，需在飞虱起飞的时段内，每天分时段记录起飞的个体数，从而得到起飞高峰出现的时间。另外，也可通过夜晚单位时间内的诱虫数量来估计田间害虫发生的数量。

(5) 以植株、部分植株或植株的某一器官为单位　这种抽样单位在害虫调查中经常使用。如果小植株则可调查整株植物上的虫数，植株太大不易整株调查时则只调查植株的一部分或植株的某个器官上的虫量。例如调查木槿上越冬棉蚜的卵量，可以先抽取木槿枝条，再从枝条顶端起向下取15 cm长的枝条为调查单位，计数其上的卵量。调查棉花生长后期的棉铃虫、棉红铃虫和棉蚜常以蕾、花、铃、叶片为单位，计算虫量。调查水稻飞虱数量时，则以每穴水稻为单位进行调查，然后换算成百穴虫量。

(6) 诱集物单位　例如灯光诱虫，以一定的灯种、一定的亮度（瓦数）及一定的诱集时间内诱集到的虫数为计算单位；糖醋液诱黏虫和地老虎，黄盘诱蚜，黄板诱粉虱和美洲斑潜蝇时以1个诱集器为单位；草把诱蛾、诱卵，则以1个草把为单位；性诱剂诱集时，以1个诱芯为单位。

(7) 网捕单位或吸取器单位　一般用口径为30～38 cm的捕虫网，网柄长为1 m，以网在田间来回摆动1次，称为1网单位。用吸取器在植株上取样时，可用吸取1次为单位，调查吸取的虫数。

抽样样方的大小与昆虫种群的空间分布有密切关系。一般均匀分布或随机分布的种群对抽样样方大小的要求不严格，又考虑到节省人力与时间，可按样方大和样方数少的原则。而对聚集分布的种群，尤其是核心分布，则以样方小和样方数多为原则，例如螟虫幼虫及危害率调查时，每块田要求样方单位为1丛稻，而样方数要达200丛，发生特轻时甚至要增加到1 000～1 500丛。

2. 抽样的度量标准　抽样的度量可分为绝对计数方法、相对计数方法和种群指数计数方法3大类。绝对计数是指直接通过抽样在田间或仓储、运输工具中按一定抽样单位直接调查虫数、虫态（期）数，或危害数，并可计算出有概率保证的绝对虫数或危害数（%），这也称为绝对数量调查。相对计数方法是指利用各类诱捕器或扫网、赶蛾、定时目测或昆虫遗留下的“痕迹”来估计昆虫的相对数量。有的相对数量可以转换为绝对数量，例如赶蛾得到的蛾量可转换为每公顷蛾量。

绝对计数抽样和相对计数抽样都是直接调查或计数到虫数、虫态或其危害数。在昆虫种群数量、危害程度等调查时，经常会遇到很难对种群进行直接计数的情况，此时就可用种群指数计数抽样法，改用种群数量级别、危害程度的轻重等对抽样调查计数。例如调查蚜虫或螨类种群数量时，因虫数太多、不易数准，可将一定数量范围划分为不同等级，进行粗略计数，或将不同危害程度划分为不同级别记数。所以种群指数抽样调查并不直接查数昆虫，其调查结果以等级表示。例如调查棉花苗期蚜虫时，可分为4级：0级为每株0头蚜，1级为每株1～10头蚜，2级为每株11～50头，3级为每株50头以上，分别记录每抽样株的级数，并统计出每级蚜的株数（级数×株数），按下式计算蚜害指数。

$$蚜害指数=\sum fx_i/(n\sum f)$$

式中，x为等级指标（$x=x_0$、x_1、x_2、…、x_m，本例$m=4$），f为各级棉苗频数，n为级别数。

也可以按危害程度分级，如将棉苗的受害症状分为5级：0级叶正常，无蚜；1级叶正常，有蚜；2级有蚜，危害最严重的叶出现皱缩；3级有蚜，最严重的叶半卷；4级有蚜，最严重叶全卷呈圆形。例如调查棉田得0级为8株，1级为15株，2级为25株，3级为37株，4级为15株，则

蚜害指数＝（0×8＋1×15＋2×25＋3×37＋4×15）/5×（8＋15＋25＋37＋15）＝0.47

（三）抽样的数量

从以上总体与样本关系分析中，已看出样本平均数离总体平均数间的误差大小与取样数 n 呈反比。当然，由于人工及时间的限制，不可能无限止地增加抽样数来减少误差。那么，在设计抽样方案时，如何合理地确定抽样数量呢？

1. 主观规定抽样数量 完全凭经验人为主观地规定，例如调查稻田稻纵卷叶螟时，规定每 0.67～1.33 hm^2 的田块，调查 100 丛稻，当稻田增大时则适当增多抽样点。虫口密度大时，因分布较均匀可适当少查抽样点。反之，虫口密度小时则分布不均匀，应适当增加抽样点。当然，这种方法在不同人设计时会有差异。

2. 在既定精度要求下确定抽样数量 从以上分析中已知总体平均数（μ）与样本平均数（$\bar{x}$）之间有如下关系

$$\mu=\bar{x}\pm ts_{\bar{x}}$$

此时如将 $ts_{\bar{x}}$ 看作调查精度的允许误差 σ，则有

$$\mu=x\pm\sigma$$

因为 $s_{\bar{x}}=\sqrt{\frac{s^2}{n}}$，$\sigma=t\sqrt{\frac{s^2}{n}}=\frac{ts}{\sqrt{n}}$，所以 $n=t^2s^2/\sigma^2$。

因此只要预先给定允许误差 σ，并算得 t 及 s 后，便可求得合理的 n。s^2 的求法可先给定一个不精确的取样数 n，进行一次试查而算得，也可借鉴前人调查结果中的方差（s^2）。t 值从 t 值表中查得，一般 $P=0.05$ 时取 $t=2$。例如调查麦田麦蚜，要求允许误差 σ 为 10 头蚜虫，$t=2$，则可先随机在田中取样 10 个样方，每样方以 1/3 m 行长为样方单位，各样方中蚜量为：37、44、0、27、6、9、113、47、7、0。则样本平均数（$\bar{x}$）和方差（s^2）分别为

$$\bar{x}=\sum x_i/n=190/10=19\text{ 头}/0.33\text{m}$$

$$s^2=\sum(x_i-\bar{x})^2/(n-1)=3\,968/9=440.89$$

所以 $$n=t^2s^2/\sigma^2=2^2\times440.89/10^2=17.64$$

因此理论取样数应为 18 个，现只要再补查 8 个样方即可。

上述抽样数计算是以正态分布为理论依据的，而昆虫种群的分布一般属于泊松（Poisson）分布和负二项（negative binomial）分布。以上公式基本可适合使用，但因分布函数的不同，而使 $\bar{x}$ 与 s 之间有种种不同的关系。故计算结果会有一定差异。三者计算公式的比较如下。

正态分布 $$n=(t^2/\sigma^2)\,s^2$$

泊松分布 $$n=(t^2/\sigma^2)\,\bar{x}\quad（因泊松分布的 s^2=\bar{x}）$$

负二项分布 $$n=(t^2/\sigma 2)\,[(\bar{x}K+\bar{x}^2)/K]$$

负二项分布有公共 K 时，$s^2=(\bar{x}K+\bar{x}^2)/K$，$K$ 的计算见第二章。

用以上例子分别对 3 种空间分布下所需的总抽样数进行计算，正态分布需抽样数 $n=17.64$，泊松分布需抽样数 $n=0.76$，负二项分布用矩法求 K 时需抽样数 $n=17.64$。

（四）抽样的方式和方法

在样本单位、大小和数量都已确定后，如何设计将这些抽样样方合理地散布在总体之

中，是制定合理抽样方案的关键。按照抽取样方布局形式的不同，基本可将抽样方法分为两大类：随机抽样和顺序抽样（或称机械抽样），从调查的步骤上还可分为分层抽样、分级抽样、双重抽样以及几种抽样方法的配合等。

1. 随机抽样　随机抽样是指抽样单位被直接从总体中随机抽出，而不是随便或随意被抽出，也不是按规定抽样（如五点抽样、棋盘抽样等）抽出。随机抽样是指抽样不受主观或其他因素的偏袒所影响，又称为概率抽样，总体内所有个体（或样方）都有同等被抽出的机会，抽样过程遵循概率法则。由于随机抽样的步骤较繁琐，除试验研究工作外，在植物保护部门的田间调查中常将随机抽样与其他抽样方法（如顺序抽样）配合使用。植物保护田间调查一般因总体很大，常不考虑抽样不放回的影响。

随机抽样的步骤为，先将要查的总体进行样方的划定，并对全部样方编好序号或方位，如果田块间随机抽样，只需先将各田块编成一定序号。如果在一块田中随机抽样，则要先编好各样方方位，田块较大或行株距不明显的可先将田的长边与宽边分为若干步长，如长边每一步定为 x，宽边每一步长定为 y，便将全田分为若干小样方，而且每一小样方植株或面积都有了特定的坐标（x，y）。对稀植作物（如玉米、果树等）也可取行株号为坐标单位。第二步为随机抽取一定样方，可有 3 种方法：即抽签法、计数器确定法和随机数字表法。

（1）抽签法　抽签法适用于数量较少的田块间随机数字选择。只要准备 10 个标签，从 0～9 编码，分次抽取，如要求抽样数超过 10，则第一次抽的是十位数，第二次抽的是个位数。

（2）计算器查找法　可用 CASIO fx-180、3600 等计算器，这类计算器有 RAN＃功能，可以产生 1 000 个随机数。例如以地长边 100 步为限可产生 100 个随机数字，定为坐标 x；再以宽边 80 步为限可产生 80 个随机数字，定为坐标 y。具体做法为：INV，RAN＃×100＋1＝x_1（舍取小数），再作 INV，RAN＃×80＋1＝y_1（舍取小数）。于是便有随机样方 1 的坐标（x_1，y_1），依次再求得第二点（x_2，y_2）、…、（x_n，y_n）。将所得各点由近及远排序，便可下田依次定位调查。

（3）随机数字表法　按随机数字表查找方法，查得所要求的各样方的坐标方位。

2. 顺序抽样　按照总体的大小，选好一定间隔，等距地抽取一定数量的样本，这种抽样方法又称为机械抽样或等距抽样。病虫田间调查中常用的五点抽取样、对角线取样、棋盘式取样、Z 字形取样、平行跳跃式取样等，严格讲都属于顺序抽样。地理信息系统、地统计学等的研究也基本采用此取样方法，以全球定位仪（GPS）定出坐标后，做大量的等距取样。顺序抽样的好处是方法简便、省时省工、样方在总体中分布均匀。其缺点是不满足统计分析理论中的“样本需要在总体中随机抽取”的基本条件而不能获得抽样误差；并且当种群不符合均匀或随机分布时，顺序抽取的样方不能体现田间总体的实际情况。因此顺序抽样需与其他方法配合使用。

害虫预测预报中常用的顺序抽样方法有下述几种。

（1）五点抽样法　此法适用于密集的或成行的植株、害虫分布为随机分布的种群，可按一定面积、一定长度或一定植株数量选取 5 个样点进行调查，田块正中间为一个样点，其他 4 个样点等距离的分布在其周围（图 8-2A）。在每个样点内对全部样本或抽取等量样本进行调查，并以 5 个样点的平均数来表示田块总体的情况。各样点的样方分配均匀。

（2）对角线抽样法　此法适用于密集的或成行的植株、害虫分布为随机分布的种群，有

单对角线和双对角线两种（图 8-2 B、C）。在田块的对角线上等距离地分配全部样本数进行调查，也可在对角线上先确定等距的 5 个样点，再对每个样点中全部样本或抽取等量的部分样本进行调查，以全部样点的平均值来表示田块总体的情况。各样点的样方分配均匀。

（3）棋盘式抽样法　此法适用于密集的或成行的植物、害虫分布为随机或核心分布的种群。将田块均匀地分成许多方形小区，如棋盘方格，将需抽取的样本数均匀地分配到呈规律布局的方格样点中（图 8-2 D）。样点布局一般是田块中间多，两边相对少。每个样点内可全部调查或等量抽样调查。以各样点的平均值来表示田块总体的情况。

（4）Z 字形抽样法　此法适合于嵌纹分布的害虫，例如大螟幼虫、棉红叶螨的调查。样点既要考虑田边，也要考虑田块中央（图 8-2 E）。

（5）平行跳跃式抽样法　此法适用于成行栽培的作物，害虫分布属核心分布的种群，例如稻螟幼虫和稻飞虱若虫调查。在每行中调查完一个样点后，在同一方向上移动相同行数后，进行下一样点的调查，如此重复直到田块边缘（图 8-2 F）。全部样方数需均匀分布在整个田块中。以全部样方的平均值表示田块总体的情况。例如稻飞虱的系统调查，可在系统田中选取 1 个样点，在样点处以两穴稻为 1 个样方，用盘拍法调查飞虱的数量。1 个样点调查结束后，向前走一定行数（如 4 行）后进行下 1 个样点的调查。用这种方法调查的结果较为准确。

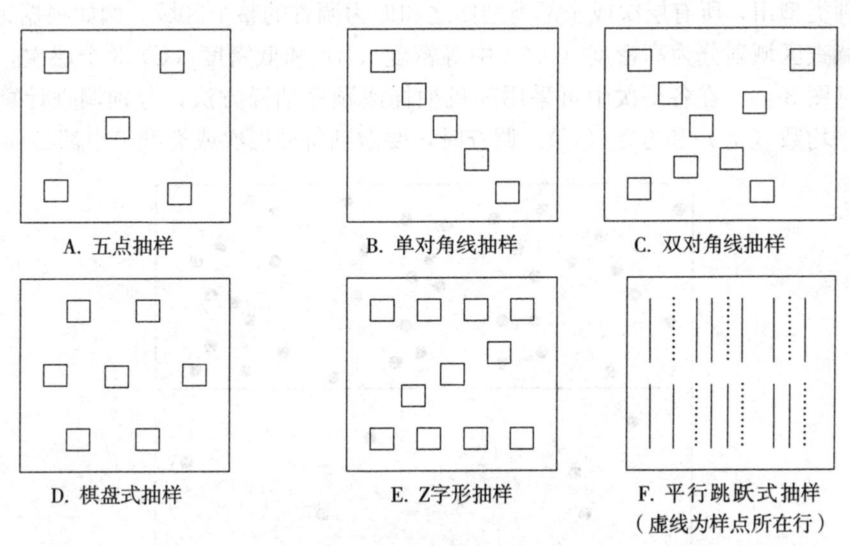

图 8-2　几种常用的顺序抽样方法（方框为一个样点）

（6）等距抽样法　抽样时用尺或步长测量田块长度和宽度，估计田块面积，根据田块面积决定取样点数。一般田块在 1 334 m^2 以下抽样 7 个，1 334～6 670 m^2 抽样 10 个，7 377～20 000 m^2 抽样 15 个，20 667～40 000 m^2 抽样 20 个，40 667～66 667 m^2 抽样 25 个，66 667 m^2 以上抽样 30 个。

$$样点距离=\sqrt{\frac{长\times 宽}{样点数}}$$

一般取比开方后得数略小的正整数为样点距离。抽样时从田边的一角起，距离长边和短边各为样点距离一半处为第一点，以平行长边向前按样点距离抽样，若到一个样点，距另一短边的长度不够一个样点距离时，可测出这一样点距离短边多长（设为 x），然后从这一样

点顺短边平行走去，再顺长边反向走，这时走到距离短边为样点距离减去 x 的长度处为一个样点（图 8-3）。然后按原定样点距离抽样。

例如有一田块，约 3.33 hm^2（50 亩），用步测，长 105 步，宽 50 步，如抽样点设为 10 个，计算样点间距离为 22 步，取样行如图 8-3 所示。

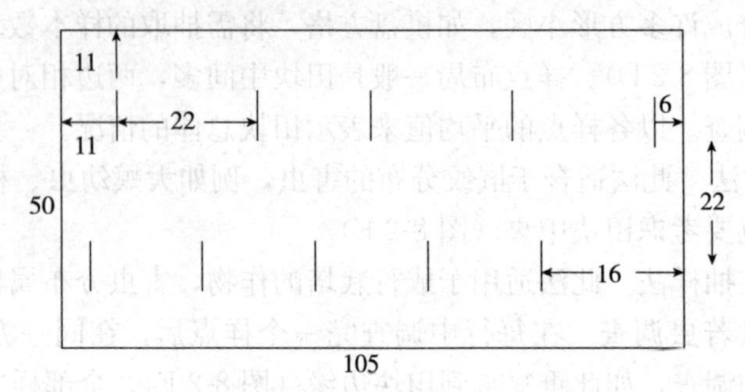

图 8-3　等距抽样（单位：步）

3. 分层抽样　当调查的总体间如乡、村或田块间有不同栽培方式、品种、生育期、长势，不同土质、地形，或属不同经济结构水平，或者害虫密度存在明显的差异时，便需要进行分层抽样调查，通常也称为对不同类型田进行调查。可先按差异类型将所属区域分为几个层次或几种类型田，所有层次或全部类型田之和即为调查的整个区域。例如根据害虫数量的多少，将调查区域划分为高密度（A）、中等密度（B）和低密度（C）3 个层次，分别进行抽样调查（图 8-4）。在各层次中可采用随机抽样或顺序抽样方法，分别调查计算各层次或类型田的平均数（$\bar{x}$）和方差（s^2）。调查时，要做到每种层次或类型田中都必须有抽样。

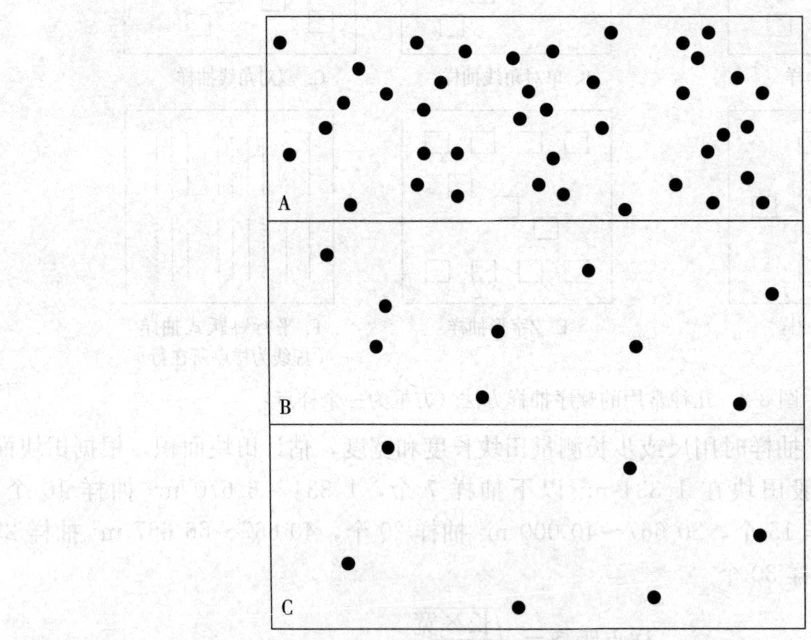

图 8-4　分层抽样中层次或类型田划分

（将整个调查区域划分为 A、B、C 三个层次或三种类型田。黑点代表个体数）

4. 两级或多级抽样　在随机抽样或顺序抽样中，都假定组成总体的小单位都是可以直接抽取的，但在有的情况下，不可能将划定的抽样单位全部检查计数，例如调查果树上的螨

类、蚜虫、蚧虫、粉虱等，不可能检查整棵树上的虫数，这时可将样方分为两级或多级，再抽样数虫。例如可先按随机抽样法确定若干需要调查的树，并作为第一级；再按每棵树的树冠朝向（如阴面、阳面，东、南、西、北面）顺序取样，作为第二级；随机选某个枝条作为第三级；最后在枝条上顺序选叶片或枝长，作为第四级，并直接计数第四级样方（一般称为亚样方）中的虫量。分的级数可根据调查对象的性质、要求来定，可从两级到多级。

5. 双重抽样 双重取样是一种间接取样的方法，特别应用于调查某种不易观察，或损耗性很大的观察性状，可以用另一种易于观察的，而且与不易观察性状有密切相关性的性状来进行间接推算。先要试验或调查分析出两种性状间的相关关系。例如因剥秆调查豆秆黑潜蝇幼虫的损耗大、费时多，故可利用豆秆黑潜蝇的成虫数量与幼虫蛀茎率间的相关性来做双重取样调查，只要调查成虫数量便可推测或预测未来幼虫的蛀茎率。研究表明，豆秆黑潜蝇第1代成虫高峰日数量（x 头/5 m）与第二代幼虫蛀茎率（P）间的关系式为

$$P=1-\exp(-0.2214x^{1.02})$$

从而可以用查成虫数量来间接得出下一代幼虫的蛀茎率。

其他许多例子，如用有螨株率来替代查果树上的螨数、根据棉铃虫或玉米螟的着卵株率来估计百株卵量、用玉米螟的蛀孔数来估算幼虫数等，都属双重抽样。双重抽样实际是一种间接计数方法，其抽样方式还是可采用随机、顺序、分层的方法。

6. 几种抽样方法的配合使用 目前预测预报中常用的各类抽样方法都为顺序抽样，而根据统计原理，此方法不能单独计算抽样误差，因此必须与随机抽样配合使用。最简单的是与分层抽样结合，先确定不同类型田，同一类型中设多个重复田块，在同一类型不同田块间用抽签法随机选定若干田块，然后在选定田块中做顺序抽样调查，便可计算得田块间平均数及抽样误差，从而可以和其他类型田块间做差异显著性比较。也可以将顺序与随机法相结合进行抽取，如用五点取样法，抽查25个样方。因五点法为顺序取样，故可先按顺序在全田中选定5个小区，然后在每个小区中再按随机抽样取5个或多个样方，这样便可计算抽样误差。

在果树、蔬菜、棉、茶等经济作物上的小型昆虫（如蚜、螨、蚧、虱等），不易做全株数虫调查，可用两级或分级的随机与顺序配合抽样，这样所得的结果才有代表性和可比性。

二、种群密度估计的调查方法

种群密度是表征种群数量及其在时间、空间上分布的一个基本统计量。种群密度可分为绝对密度和相对密度，前者是指一定面积或容量内害虫的总体数，如1 hm^2 或1 t谷物内的某害虫数量。这在实际的研究或预测预报时常常是不可能直接查到的。故通常人们是通过一定数量的小样本取样（例如每株、每平方米、每千克等）或用一定的取样工具（如诱捕器、扫网等）中的虫数来表征种群的相对密度。有的相对密度可以推算出种群的绝对密度。

常用于害虫预测预报的种群相对密度调查方法有5类：直接观察法、诱集或振落法、扫网法、吸虫器法和标记回捕法。

（一）直接观察法

直接目测观察是最常用的一种样本调查方法，它适合于种群所处的环境易于肉眼观察的

情形，例如对棉株上棉蚜的调查、稻株上飞虱的调查、玉米上玉米螟的调查。直接观察时不宜对植株进行过大的振动，计数时可按一定顺序，如植株从上到下进行，以防惊跑个体或漏数。

（二）扫网法

扫网的构造包括网袋、网圈及网杆3部分，其尺寸及材料在我国至今没有具体的标准和规定。事实上，如果统一扫网的标准，就可对比分析不同时间、区域或人员的扫网调查结果。美国使用的扫网标准为：网袋用细网纱布制成，网袋口直径为38 cm，网深为75 cm；网圈直径同网袋；网杆一般长为1 m，杆粗为2.2 cm，末端有一根塑料管以扣紧网圈。

捕虫网不仅是捕捉昆虫标本的常用工具，同时也是种群数量调查的抽样工具之一。植株或叶片较为柔韧，不易折断，且无刺的作物，进行昆虫种群数量调查时可采用扫网法，例如水稻秧苗期或冠层叶片上的灰飞虱、稻蓟马、稻纵卷叶螟等的调查，草坪上的各类昆虫的调查，田间杂草上昆虫的调查，大豆叶上椿象的调查等。扫网方法有两种：①按一定作物行长面积逐行进行扫网调查，扫网时先将网口插入植株叶层中部，网口向前做S形前进式扫网，每网到头时，网口做180°转向。这种扫网法有面积单位，结果可转换为绝对密度。②顺序每隔一定距离扫网1次，一般以“扫过来，再扫回去”的1个来回，记为1次扫网取样，常以百网虫数来反映种群的相对密度，而无面积单位。

扫网法不宜在作物上有水珠的情况下使用，即在雨后或早晨有露水时不宜用。捕虫网的网眼孔径大小要根据所调查昆虫体型大小而确定，一般用网袋较深和网眼较密的网，扫捕相对静止状态的昆虫时，其捕获率较高。

（三）振落法

盘拍法是振落法中应用最多的一种方法，在稻飞虱调查中已广泛使用。此法是把一个白色搪瓷盘（33 cm×45 cm）斜靠在被查植株的下部（与水面或地面平齐），倾斜角度不宜过大，然后用手以基本恒定的力量拍打植株固定次数（例如3次），从而把虫体振落于搪瓷盘中，进行计数。在计数过程中，需先对易动的成虫进行计数，然后再计数其他个体。查完后将搪瓷盘内的虫体清扫干净，再进行下一次拍查取样。

对于行与行之间空间较大的作物（例如大豆）上的昆虫数量，还可以采用白布铺地振落方法（ground cloth method）进行调查。这是盘拍法的一种变形，其操作方法是将一块白布（两端加一根小棒，便于展开）铺在两行大豆中间，人站于行中间，用两手将两行大豆向布中间靠拢并拍打3次，然后记录布上的昆虫个体数，以获得一定面积上种群的数量。

对于高大果树上的昆虫，还可以把布铺于地上，或将布的四个角用木杆支于地上，呈漏斗状，然后敲打树干或树枝，将昆虫振落于布上而计数。对于无法振落的昆虫种类，可以采用喷施农药的方法，将其击落计数。振落法最好不要在作物上有水珠时使用。

振落法适宜用于植株苗期，在成长期调查时误差较大。增加一定拍打次数也可提高捕获率。例如盘拍法调查褐飞虱种群密度的准确性与水稻生育期及飞虱虫口密度有关，在各生育期下，盘拍查获率均随虫口密度增加而降低，例如虫口密度从7.6头/穴增至115.6头/穴，查获率从66.52%降到40.48%。在相同虫口密度下则水稻生育后期查获率低，例如分蘖期、拔节期、始穗期和灌浆期的查获率分别为60.52%、57.14%、50.00%和35.29%。总体而

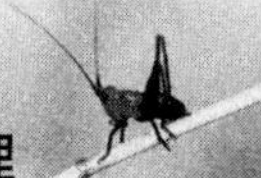

言，实际拍打的查获率为30%～70%。

（四）吸虫器法

昆虫种群数量调查时，还可用具有一定吸力的吸虫器将作物上的昆虫全部吸到一个袋中，带回室内进行计数。现已有专门的吸虫器供选用。吸虫器法存在吸力不足时抽样效果不好，而吸力太大时又易将虫体破碎，并且调查时需背负一定重量进行等不足点，同时造价较高，所以现今还少有用于害虫预测预报调查中的。

（五）诱集法

诱集法包括灯光诱集、性信息素诱集、植物把诱集等。

1. 灯光诱集法　害虫预测预报上常用的预测预报灯就是利用灯光诱集夜间有扑灯行为的昆虫，例如稻飞虱、螟虫等。预测预报灯一般为普通的白炽灯，诱杀害虫时可利用黑光灯。现在也正在开发低能耗的发光二极管（LED）诱虫灯。预测预报灯的光源，国家标准规范规定，二化螟和稻飞虱用200 W白炽灯或20 W黑光灯（波长为365 nm），棉铃虫用20 W黑光灯，灯源距离地面1.5 m，下装集虫漏斗，漏斗下装收集瓶或诱杀毒瓶（图8-5）。诱虫灯安放地要在田间并远离其他光源，每年开灯日期和每天开灯、关灯的时间要统一。目前，能逐日、逐时或按规定天数自动更换收集瓶的诱虫灯也已生产使用，这大大减少了每天收虫的工作量。

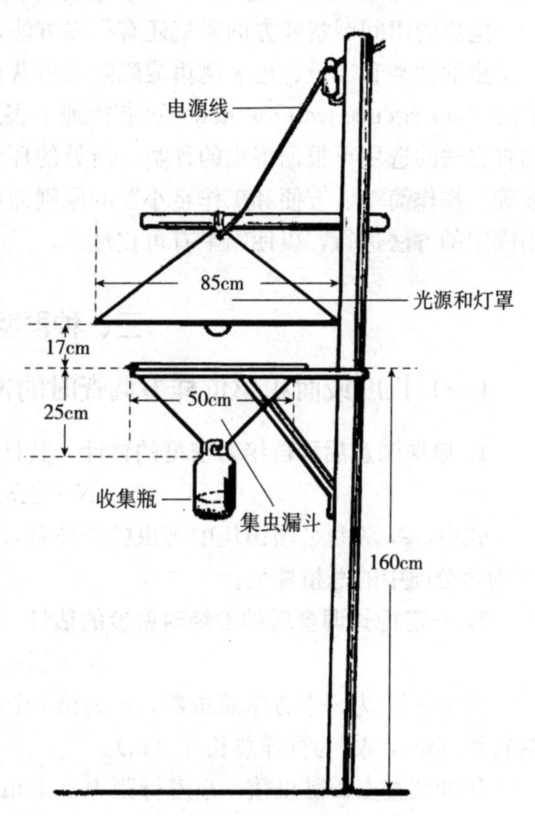

图8-5　普通预测预报灯装置
（引自张左生，1995）

灯光诱虫所得到的种群数量是相对数量，不能完全反映田间的虫量多少，因此还需要结合田间调查来判断虫情的实际数量。不过，灯光诱集虫量的变化能较好地反映出成虫的发生期（例如始见期），因此该方法在害虫发生期预测中常常采用。对于稻飞虱而言，灯下虫量的多少，也反映了迁入虫量的高低，这也可作为发生程度趋势预报的指标。

黄板或黄盆诱集蚜虫、粉虱、叶蝉等昆虫的方法是利用昆虫对不同颜色光的趋性，诱集的数量能在一定程度上反映田间的虫量和发生期，因此对预测预报和防治均有作用。目前，在有机农产品生产基地（例如蔬菜大棚、茶园、果园内）常用挂黄板的方法来诱杀低空飞行的昆虫，从而获得田间种群的相对数量和控害。该方法成本低、使用简单，但是由于粘在板上的昆虫不能剔除，而不宜用于种群的长期监测。同时，板上的黏胶效果随时间的延长会下降，在一定时间后需更换新板。

2. 性诱法 性信息素能专一地诱集同一种类的异性昆虫，这能解决诱虫灯将害虫及天敌一同诱杀的问题。性信息素诱集法能获得一种性别（多为雄性）的数量，从而大致反映出成虫的发生期和发生量，在预测预报上可以使用。性信息素诱集法需要定期更换诱芯，诱集设备（例如诱盆）宜摆放在下风口位置。

3. 杨树把或草把诱蛾 在棉铃虫和黏虫种群数量调查与诱杀上常常使用诱集把方法，并且效果较好。使用时每天收集和更换诱集把，并杀灭和计数其中的害虫，就可得到田间害虫的发生量和发生期，从而既指导预测预报，又进行了防控。

诱集法调查种群数量时，获得的是种群的相对数量，因此使用时要注明诱集设备的个数、诱集时间的长短及其放置的位置等信息。一般诱集设备能诱集到昆虫的范围是很有限的。实验表明，一盏 125 W 的汞蒸气灯诱虫的有效半径仅为 5 m（McGavin，1997）。

昆虫的田间观察样方的采集还有很多方法，例如雷达观测和高空诱捕器法可获得高空迁飞昆虫的种类和数量、地表诱饵或陷阱法可获得地下或地表害虫的数量、地下害虫的羽化诱集法（emergence trap method）可获得地下害虫的发生期和发生量。害虫种群密度调查时，调查方法的选用可根据害虫的种类、所处的环境、天气情况等因子来确定，遵循“调查结果准确、操作简单、方便和工作量小”的原则即可。对同种害虫的调查或种群的系统监测宜采用固定的方法进行，以使结果有可比性。

三、种群密度的估计

（一）长度或面积单位样方调查时的密度估计

1. 单株调查后种群绝对密度的估计 其计算公式为

$$N=\sum n_i/n\times D$$

式中，N 为每公顷田块中害虫的个体数，n_i 为第 i 株查得的虫数，n 为调查的总株数，D 为每公顷中的总植株数。

2. 一定行长调查后种群绝对密度的估计 其计算公式为

$$N=\sum n_i/（LM）$$

式中，N 为每平方米总虫数，n_i 为第 i 个行样中的虫数，$\sum n_i$ 为调查得到的总虫数，L 为行距（m），M 为行样总长度（m）。

例如调查麦田黏虫数，小麦行距为 0.1 m，共取 50 样点，每样点为 0.5 m，共查得黏虫 200 头，则田间黏虫的种群密度为

$$N=200/（0.1\times0.5\times50）=80（头/m^2）$$

（二）振落法中种群密度的估计

以株为单位进行拍打振落计数时，可将平均每株虫量换算为百株密度或每公顷密度。以一定行长为单位拍打振落调查时，可按上面的“一定行长调查后种群绝对密度的估计”中的公式进行绝对密度的转换。

（三）分层抽样中种群密度的估计

分层抽样分别调查了各类型田中各样方中的虫量，则可计算出各类型田的平均数（$\bar{x}$）

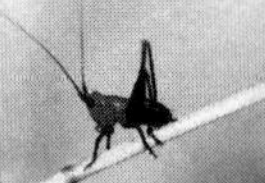

和方差（s^2）。如果对每种类型田均做了几个田块的重复调查，还可用方差分析检验各类型田中种群密度的差异，如果相同类型田不同田块间种群数量差异不显著，则说明分层的方法较为科学合理。

分层抽样结束后对总体的种群密度估计时，需要考虑各类型田在总体中所占的比例或各类型田中的种群数量对总体数量的贡献率（f_i），比例或贡献率一般可用各类型田所占的面积比例来估计，其计算公式为

$$f_i = S_i / S$$

式中，S_i为i类型田（或i层次）的面积或样方数；S为整个考察区域的总面积或总样方数；$\sum S_i = S$。

调查区域内种群的平均密度可计算为

$$X = \sum (f_1 \bar{x}_1 + f_2 \bar{x}_2 + \cdots + f_n \bar{x}_n)$$

式中，X为平均每样方中种群的密度，根据样方的面积大小，则可计算出平均每公顷田块中种群的密度。

(四) 多级抽样中种群密度的估计

多级抽样最简单的情形就是选取的所有基本抽样单位相同，例如选择了n个样方，并在每个样方中选取m个亚样方。例如在果园中随机选取 20 棵树作为样方，并在这 20 个样方中分别抽取 4 个亚样方（10 cm 长的枝条），调查各亚样方中蚜虫的数量。害虫预测预报中的调查均采用基本抽样单位相同的方法。这样的抽样可得到：x_{ij}，为第i个样方中第j个亚样方中蚜虫的数量；每样方中亚样方数为m个；$\bar{x}_i$，为第i个样方中每个亚样方内蚜虫的平均数量，则有

$$\bar{x}_i = \sum_{j=1}^{m} \frac{x_{ij}}{m}$$

那么所有样方中蚜虫的平均个体数，即种群密度的估计值为

$$\bar{x} = \sum_{i=1}^{n} \frac{\bar{x}_i}{n}$$

四、害虫预测预报数据中平均数的计算和使用

平均数是总体或样本统计中的一种归纳特征，是统计分析中的一个重要指标。平均数使用要得当，否则会产生歪曲事实的结果，影响预测预报的准确性。

(一) 平均数的使用条件

平均数只适于数据分布为钟状（正态分布）、偏左或偏右山形分布的资料，而不适用于马蹄形分布、斜坡形分布和双峰分布的资料（图 8-6）。

双峰形分布的资料，在害虫发生上是常见的。例如三化螟在每年发生 4 代以上地区，其后 1～2 个世代，常发生双峰形，这是由于当地栽培制度复杂、栽植期长，因水稻营养条件的差异，生活在早栽（或早熟）稻田中的螟虫和生活在迟栽（或迟熟）稻田中的发育进度不同，从而出现两个或多个高峰，即双峰中的一个峰是早发型，另一个峰为迟发型（图 8-6

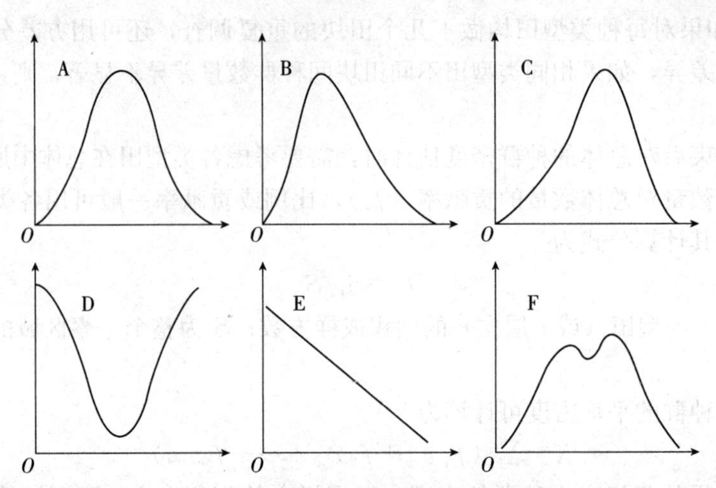

图 8-6 几种常见的次数分布模式图

A. 正态分布 B. 偏右分布 C. 偏左分布 D. 马蹄形分布 E. 斜坡分布 F. 双峰分布

F）。因此，如果用算术平均数来求算发蛾高峰期，就会与实际发蛾高峰期不符。

不能把不同品种、不同栽插期、不同生长情况田块的虫口密度、危害率简单地平均；不能把不同龄期的幼虫头宽、体质量、体长等数据平均；也不能把环境条件相差很远的昆虫历期、繁殖率、死亡率机械地平均。因为这样的数据是不同质的，必须把它们合理地分组，然后分别求其平均数。

平均数受一群数据中的极端值影响较大，尤其是当样本数量较小时特别明显，应用时要特别注意。

（二）预测预报上常用的平均数

1. 算术平均数 算术平均数（arithmetic mean）即通常所说的平均数。计算方法可按样本的大小或代表性而采用直接法或加权法计算。

（1）直接计算法求平均数 将一组数据逐个相加，再除以数据的总个数，这就是人们平常所用的平均数。

（2）加权法求平均数 当调查或试验所得的几个数值都代表有不同程度的比重时（统计上称比重为权重），则在计算平均数时要将各数值（x_i）的比重（f）考虑在内，采用加权平均值（weighted average，WA）来表示总体的平均水平，公式为

$$WA=\sum fx_i/(\sum f)$$

例如调查二化螟第 1 代发育进度，结果见表 8-1，计算该地二化螟第 1 代的平均发育进度。

表 8-1 二化螟第 1 代发育进度调查表

稻田类型	面积（hm^2）	虫口密度（头/hm^2）	发育进度（%）			
			2 龄幼虫	3 龄幼虫	4 龄幼虫	蛹
中籼稻	2	7 500	10	40	30	20
中粳稻	70/15	15 000	15	30	40	15

计算公式为 发育进度=某龄（蛹）虫数/总虫数×100%

平均发育进度（%）=∑每个类型田某虫态发育进度（%）×该类型田权重（%）

类型田权重=该类型田面积×该类型田平均虫口密度/∑（每一类型田面积×每一类型田平均虫口密度）×100%

根据表 8-1 中的数据，求得

中籼稻田代表百分率（权重）=2×7 500/（2×7 500+70/15×15 000）×100
=17.65%

中粳稻田代表百分率（权重）=70/15×15 000/（2×7 500+70/15×15 000）×100
=82.35%

各虫龄及蛹的加权平均发育进度为

2 龄幼虫平均发育进度=10×17.65%+15×82.35%=14.12%

3 龄幼虫平均发育进度=40×17.65%+30×82.35%=31.76%

4 龄幼虫平均发育进度=30×17.65%+40×82.35%=38.24%

蛹平均发育进度=20×17.65%+15×82.35%=15.88%

2. 几何平均数　在数值逐个递增或递减情况下，可用几何平均数（geometric mean，*GM*）表示平均增长（递减）率，计算公式为

$$GM=(x_1x_2x_3\cdots x_n)^{1/n}$$

两边取对数后，得

$$\lg GM=(\lg x_1+\lg x_2+\lg x_3+\cdots+\lg x_n)/n$$

例如某年调查田间各代褐飞虱虫口密度（头/百穴），结果见表 8-2，计算该年褐飞虱的平均增长率。

表 8-2　褐飞虱各代虫口密度调查数据

世代数	虫量（头/百穴）	每代相对增长率（x）	$\lg x$
2	7.2	—	
3	58.1	8.069 4	0.906 8
4	553.4	9.524 9	0.978 9
5	1 536.8	2.777 0	0.443 6
∑	2 155.5	20.371 3	2.329 3

据表 8-2 中的数据，求得 $\lg GM=2.329\,3/3=0.776\,4$，因此，褐飞虱的平均增长率为 $GM=\lg^{-1}0.776\,4=5.975\,9$，即该年褐飞虱每世代平均增长约 6 倍。

若为分组数据，则可按下式进行几何平均数的求算。

$$\lg GM=(f_1\lg x_1+f_2\lg x_2+\cdots+f_r\lg x_r)/n$$

$$n=f_1+f_2+\cdots+f_r$$

式中，r 为次数分布的组数，f_r 为第 r 组出现的次数。

例如对 9 个抽样点棉苗上棉蚜数量进行调查，每点调查 10 株。调查结果表明，有 2 个点比前面一天增加 5 倍，有 3 个点增加 3 倍，有 4 个点增加 4 倍，问该次调查时棉蚜种群数量比前面一天增加多少倍？

由调查结果可知，$f_1=2$，$f_2=3$，$f_3=4$；$n=f_1+f_2+f_3=9$；$x_1=5$，$x_2=3$，$x_3=4$；所以

$$\lg GM = (2\times\lg 5 + 3\times\lg 3 + 4\times\lg 4)/9 = 0.581\ 949$$

查反对数表得，$GM = \lg^{-1}0.581\ 949 = 3.819$，即棉蚜种群数量比前一天平均增加3.819倍。

3. 调和平均数　调和平均数（harmonic mean，*HM*）常用于计算平均速率、昆虫平均存活率等。其计算公式为

$$HM = n/\sum(1/x_i)$$

例如观察10头棉铃虫幼虫存活天数，分别为18、8、10、17、10、22、14、19、14、9，求其平均存活天数。

若用算术平均数计算，平均存活天数＝（18＋8＋10＋17＋10＋22＋14＋19＋14＋9）/10＝14.1（d）。

若用调和平均数计算，平均存活天数＝10/（1/18＋1/8＋…＋1/9）＝12.636（d），即棉铃虫幼虫平均存活12.636天。调和平均数的结果比算术平均数科学。

若观察的数据为分组数据，则调和平均数可用下式计算。

$$HM = (\sum f_i)/\sum(f_i\times 1/x_i)$$

式中，f_i为i组的频次或试虫数，x_i为i组的观察值。

例如观察3个养虫笼中玉米螟羽化进度，第1笼有蛹156头，羽化率为48%；第2笼中蛹221头，羽化率为72%；第3笼中蛹104头，羽化率为31%。求3个养虫笼中玉米螟的平均羽化率。

由调查数据可知，羽化率分别为$x_1=0.48$，$x_2=0.72$，$x_3=0.31$；各羽化率对应的蛹数为$f_1=156$，$f_2=221$，$f_3=104$。则$\sum f_i = 156+221+104=481$，则有

$$\text{平均羽化率} = 481/(156\times 1/0.48 + 221\times 1/0.72 + 104\times 1/0.31) = 0.497$$

即3笼玉米螟平均羽化率为49.7%。而按算术平均计算的平均羽化率为50.3%。

第三节　种群数量消长分析

从第三章中已知道，昆虫种群的数量随时间和空间都在不断地波动。种群的数量变化可用基本的数学模型来描述，即

$$P = P_0[R(1-d)(1-M)]^n$$

式中，P为第n代时种群的数量；P_0为种群的基数；R为增殖速率，由种群的繁殖力（e）和性比［$f/(m+f)$］所决定；d为死亡率；M为迁移率。

由该模型可清楚地看出，种群数量的消长直接由种群基数P_0、繁殖力、性比、死亡率和迁移率所决定。这些因子发生波动就会引起种群数量的波动。由于这些因子对种群数量的影响呈几何级数关系，并且影响在世代间的传递又呈指数关系，某一因子的较小波动就有可能引起种群未来数量的大变化。因此分析种群数量的消长，剖析决定种群数量的各因子的具体表现，就可较好地把握种群的发展动态，指导害虫的预测预报工作。

一、种群基数及其估测方法

种群存在出生、生长和死亡的连续过程。种群未来代次的数量与种群起始代次的数量密

切相关。种群起始代次的数量，即种群基数，一般是指越冬或防治后的残虫数量，对迁飞性害虫而言是指迁入数量。基数可以按时间起算，如春季的越冬基数；也可按生活史的某个世代或虫态起算；可以将种群中所有年龄个体的总数作为基数，也可以只计算某个虫态（如成虫、卵或幼虫）的总数。

种群基数（又称为虫口基数）常通过抽样调查的方法获得。例如在病虫情报发布且用药防治全面结束后的1～2周，需进行普查，以获得防治效果，也即获取残虫量这个充当下面世代虫源的种群基数（P_0）。具体调查方法依据害虫种类和作物，可参考本章第二节中的方法进行。

另外，获得虫口基数也可采用标记回捕方法。该方法依据的原理较为简单，即在短时间内可认为种群没有出生、死亡、迁入和迁出发生，基本可认为是一封闭种群，因此标记释放一定数量（M）的个体到种群中后，种群中标记个体的比例在短时期内保持不变。当标记个体充分混入种群中后（标记对个体无任何影响）进行回捕，回捕到的总虫量（C）中包括标记个体数（S）和未标记个体数。设种群的数量为 N（即基数），则可得出

$$M/N=S/C$$

所以有

$$N=MC/S$$

这是用标记回收技术估计虫口基数的基本方法，也称为 Peterson 方法。该方法只需1次标记释放和1次回捕。后来，该方法经过发展，形成了多次同记号标记释放且多次回捕的方法，以及适用于开放种群的连续多次用不同记号标记释放和多次回捕方法等。由于昆虫个体较小，标记时容易受到伤害，因此选择适合的标记方法较为重要。由于标记昆虫方法的受限，目前该方法在害虫预测预报上还应用较少。

二、种群的出生率和增殖速率

（一）种群变动的表示方法

种群是一个变动的实体，所以不但要了解其某个时刻的大小或组成，而且要知道它是怎样变动的。种群的变动需用速率来表征。像昆虫个体在一定时间内飞行的距离称为该个体的飞行速率一样，某虫每个繁殖的新个体数，可称为此虫的生长率。若以 N 表示种群数量，以ΔN 表示种群的变动数量，则单位时间内变动的个体数就称为种群的平均变动速率的表达式为

$$\Delta N/\Delta t=(N_{t+1}-N_t)/(T_{t+1}-T_t)$$

式中，$\Delta N/\Delta t$ 为单位时间（Δt）内种群数量的平均变动速率，即生长率，可以是“正”、“0”或“负”的；N_t 和 N_{t+1}分别是 t 和 $t+1$ 时刻的种群数量；T_t 和 T_{t+1}分别为两个时间点。

$\Delta N/N\Delta t$ 表示每一个个体在单位时间内数量上的平均变动速率，或称为特定生长率，常用来比较不同种群的消长状况。

dN/dt 表示种群数量瞬时变动速率，也即当$\Delta t\to 0$ 时的变动速率，常用于微分模型中。

dN/Ndt 表示每一个体在数量上的瞬时变动速率。

种群生长曲线，即种群数量随时间变化的曲线，生长曲线上每个点的斜率即为种群的生长率。生长率的增（减）是与生长曲线的斜率的增（减）相对应的（图 8-7）。两种蜜蜂的生长速率曲线表明，11 周前意大利蜂的生长速率大于塞浦路斯蜂，11～16 周中后者大于前者（图 8-7）。生长曲线和生长速率曲线能较好地反映出种群的数量变动情况。

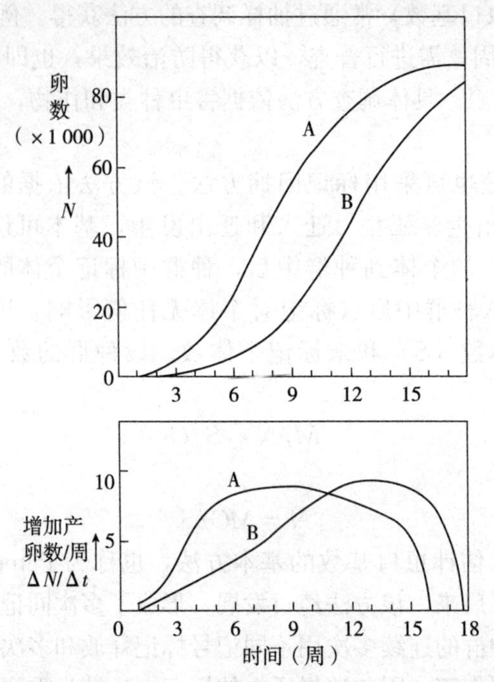

图 8-7　意大利蜂（A）和塞浦路斯蜂（B）的种群生长曲线（上）和种群生长速率曲线（下）
（仿 Odum，1978）

（二）种群的出生率与增殖率

出生率是指种群生长的内在能力，即繁殖力。ΔN_n 表示种群生长的新个体数，出生率可表示为 $B=\Delta N_n/\Delta t$，而 $b=\Delta N_n/N\ \Delta t$ 可称为种群中单位个体的出生率或特定出生率，N 代表整个种群的个体数或部分种群的个体数。在生态学中，出生率（B）一般用雌虫的出生率表示，而特定出生率（b）常用特定年龄出生率表示，特别是成虫寿命较长的种，不同年龄成虫的繁殖力是不同的，例如七星瓢虫成虫年龄为 7 d 的雌虫平均日产雌虫 2.6 头，而 16 d 的雌虫则为 6 头，故要用特定年龄出生率表示才较为合理。

种群出生率有最高出生率和实际出生率之分。在最适宜的理想条件下种群的最高理论出生率，称为最高出生率或生理出生率。最高出生率一般不易直接观察得到，而要在人工模拟最适宜的理想条件下获得，也有人直接用大发生年或世代自然界的实际出生率来代表。其实，最高出生率要用种群的平均出生率来代表，而不能用某条件下繁殖最多的个体的出生率来代表。最高出生率虽然较难准确测得，但在预测预报中很有用处，它可作为一个种群的常数，用作比较不同条件下种群数量消长状况的标准尺码，可以回答如果某种环境条件的限制效应减退时，种群数量可增加到何种程度的问题。在建立种群数量预测模型时，常用到这个作为常数的种群最高出生率。

种群实际出生率，又称为生态出生率，是指在实际的或特定的生态条件下种群的实际出

生率。它可以在实际的自然条件下或人工模拟的特定条件下测得，用作预测预报中的一种预测因子。

种群出生率与生长率的含义有差别，出生率代表加入种群的新生个体数，而生长率则代表种群中净增加或减少的个体数，包括由于出生、迁入、死亡、迁出等原因造成的数量增减。出生率永远是0或正，而不会有负，而生长率可为正、负或0。

种群增殖速率（R）是指种群在单位时间内增长的个体数的最高理论倍数，即种群的最大生长率。增殖速率的大小主要决定于种群的繁殖力(e)、性比[$f/(f+m)$]、发育速度等。

$$R=e\times f/(f+m)$$

种群的数量消长是其内在生物学特性和外界环境条件共同作用的结果，种群的增殖速率不等于各个体繁殖量的总和。种群的增殖倍数与种群的密度、寄主营养、天敌、气候条件等等因子有关。因此在做预测模型时，应加入出生率与环境条件间的函数关系，或者粗放地根据多年的实际调查，得到一种害虫种群各代平均自然增殖速率，来预测下代的发生数量。

下代发生数量＝上代残留虫量×该代平均自然增殖速率

三、种群的死亡率

种群死亡率（d）和出生率（B）是种群的一对复杂的特性。种群的死亡率是指在一定时间内种群死亡的个体数占总数的比例。一般常用的特定死亡率（specific mortality）是指在一定时间内种群的死亡数占开始数量的比例（%）。

与出生率一样，死亡率也可分为实际死亡率和最小死亡率。实际死亡率又称为生态死亡率，是指在一定环境条件和时间下种群的死亡率。它不是恒定的，而是随时间和条件而变化的，种群的死亡率是由各因子组成的函数。最小死亡率又称为生理死亡率，是指在环境条件无限制或最理想、最适宜的环境条件下的死亡率，它决定于生理上的寿命，死亡纯粹是由于生理上的衰老而引起。生理死亡率对于一个种群来说可以看作一个常数。

生态学上，常用生存率来代替死亡率。由于死亡率或生存率常依年龄而变化，所以研究种群的生存率最好用生命表的方法，得出种群一生的系统的生存率变化曲线，即生存曲线(这已在第三章讲述)。种群的生存曲线是建立预测模型的基础。

四、种群的迁移率

昆虫种群常有迁移能力，它影响着一定地区和时间内种群数量的变动。具有短距离扩散特性的昆虫常形成虫源田和虫源点。例如二化螟和三化螟，由于成虫的产卵选择性、幼虫侵入和存活等与各田块间的不同水稻生育期之间有密切的相互制约关系，因而形成了各田块间种群密度和危害程度的显著差异。凡产卵多、侵入存活率高的田块，种群密度大，也就成为下一代螟虫的主要虫源田。棉红蜘蛛、高粱蚜等都有由点向面扩散的现象，在一段时间内就有明显的虫源点。掌握昆虫扩散规律，对于发生期和发生量预测的准确性和适时防治有重要指导意义。

具有远距离迁飞特性的昆虫，可根据其迁飞的路线，进行异地预测。定期在虫源地区调查上一代残虫基数和发育进度，推算下一代成虫的发生迁飞时期，从而可预测迁入地区主要

危害世代的发生趋势。

迁移率（M）是指在一定时间内迁出数量和迁入数量的差占总体数量的比例（%）。迁移率的调查与计算与研究区域的大小有关。例如在岛屿型栖息地，由于地理隔离的原因，种群的迁移率显得不重要而可以不考虑。扩散型害虫种群在大区域内也可认为迁入和迁出相等，而不需考虑迁移率。而迁飞性害虫往往属于完全迁入型，初始发生时迁入率可认为是100%，而在发生中后期会存在既有迁入又有迁出，或者既有迁出又有滞留的现象，这时考虑迁移率对预测就有重要意义。迁移率大小受种群的遗传特性（飞行能力大小、种群密度制约效应）、环境条件（例如食料、温度、光照、风、雨）等多种因素的影响。迁移率的估计虽然已提出有标记回收法和分格调查法，但这些方法由于操作复杂、工作量大、易受研究区域大小的影响等原因，而在预测预报上运用不多。由此迁移率还多采用经验值作为常数看待。

第四节　种群暴发过程

害虫种群一般会经历一段或长或短时间的数量积累或能量积聚后，在特定时间和特定环境条件下暴发成灾。害虫种群暴发后，如果防控不当或不力，就会引起作物受害严重和产量的大损失。因此掌握害虫种群暴发的过程，提高害虫预测预报与灾变预警的水平，及时指导防控显得相当重要。

生态学上的种群暴发（population outbreak）是指种群个体数量在较短时间内，突然以极其惊人速度增大的现象或过程。它以种群数量或密度快速变化，并远远高于常态下多个数量级为特征，是在生物圈大背景下的一种多尺度的生态过程，是生态系统中物质流、能量流和信息流相互作用的结果。

在一定时空条件下，生态系统中往往只有很少部分的物种种群会暴发而产生生物灾害，但种群暴发经常会引起严重的生态和经济问题，例如粮食减产、环境受损等。因此种群的暴发已成为了种群生态学的核心问题，也是目前生态学研究中的世界性难题之一。种群暴发机制的多样性、易变性、不确定性等表现，加大了害虫预测预报的难度。

一、种群暴发机制

（一）种群暴发机制的类型

引起种群暴发的机制一般有两类，一是能量积累型，二是因子放大型。

1. 能量积累型暴发　能量积累型暴发存在种群缓慢增殖、增长的过程，一般需经历较长时间的数量积累。因为害虫个体小、并藏匿于作物之中，所以其种群在构建阶段往往不易被发现和重视，此时对作物的影响也相当小。但当种群密度呈指数上升并不断向环境饱和容量逼近后，再多的关注和防控措施也难以在短期内将种群控制住，从而会引起对作物的损害。因此在防控害虫种群暴发所引起的灾害时，只有在长期连续的种群实时监测基础上，才能对暴发种群进行有效预测和灾变预警，指导采取适当措施及早抑制作为灾变体的害虫种群的能量积累，阻碍种群暴发的触发。能量积累型暴发的事例较多，例如蝗虫、草地螟、棉铃虫、稻螟等害虫的暴发多属于此类。外来入侵种侵入某地后，往往需

要较长时间来适应新环境条件（如寄主植物、气候等），因此其种群的暴发也多属于能量积累型。

2. 因子放大型暴发 因子放大型种群暴发，往往由种群内或种群外某关键因子的波动，从而牵动种群系统中食物链和食物网的方方面面，并将波动逐级放大，最终引起种群数量在短时间内急剧增长而暴发。这类型常用蝴蝶效应和多灾并发理论来解释。迁飞性害虫的暴发多属此类。例如2005年和2006年8月底到9月初由于气流和物候条件适宜，湖北、安徽等周边地区的褐飞虱突然集中降落于江淮稻区（历史罕见），造成稻飞虱的后期大量迁入，形成了暴发种群。环境条件的改变会影响害虫种群的生殖率、存活率和迁移率，从而改变种群的增长速率。由于害虫种群，特别是r对策种类的繁殖率高、生活史短、虫口基数大，某个因子适宜后对害虫的繁殖率或存活率稍有提高，则可能引起未来种群数量的几何级数增长，从而形成因子放大型种群暴发。

（二）种群暴发的原因

现有多种理论或假说来解释种群暴发的原因。

1. 天敌捕食（或寄生作用）**引发的种群暴发** 该假说认为天敌数量迟于有害生物的数量增长。天敌数量增加，导致有害生物数量崩溃，天敌又由于食物资源缺乏也接着崩溃。天敌数量减少后，有害生物数量又开始增加，并形成暴发。随后天敌也随着增加，有害生物种群再次崩溃，如此循环不止。

2. 食物资源枯竭与恢复引发的种群暴发 该假说认为有害生物的增长会影响植物资源的更新，导致食物资源枯竭而无法支撑种群，有害生物种群不得不崩溃。当有害生物数量稀少时，植被又逐渐恢复，在此基础上，有害生物种群由于食物资源改善又逐渐增加，并再度形成暴发。

3. 生理状况的变化引起的种群暴发（又称为内分泌调节假说） 该假说认为当有害生物数量增加到一定程度时，由于拥挤和社群关系紧张导致个体内分泌系统紊乱、生理状况恶化、产生休克性死亡或生殖力减退，种群开始崩溃。当有害生物密度降低后，生理状况开始改善，种群数量逐渐增加，形成暴发。

4. 遗传结构变化引起的种群暴发（又称为遗传调节学说） 该学说认为种群内的个体具有不同的遗传多型性。这些具有不同遗传型的个体在行为、繁殖、存活和扩散上有差异，因而决定着种群的兴与衰。在低密度时，高繁殖、低攻击力类型的个体占优势，有害生物种群数量逐渐上升；当上升到高密度时，低繁殖力和高攻击力类型个体占优势，种群开始崩溃。

5. 气候变化引发的种群暴发 该假说认为有利的气候变化直接（如暖冬）或间接（如初级生产力增加）地提高了有害生物种群的繁殖力和存活力，引起有害生物数量暴发。

6. 多因素共同作用引起的种群暴发 该假说认为多种因素可能都参与了种群调节，或协同作用，或在种群变动的不同时期交互作用，从而引起种群的暴发与崩溃。

种群暴发是一个复杂的生态过程，受各种各样因素的影响，因此至今也不清楚到底哪一个假说或哪几个假说能解释生物种群的暴发或成灾。并且不同种群的暴发原因也不完全相同。在实际工作中，需要综合害虫种类、所处环境、发生时间、人类活动等多方面的信息，寻找暴发的机制或原由，从而为种群暴发的预测提供指导。

二、种群暴发的表现型

Isaev 和 Khlebopros（1984）及 Berryman（1987）提出害虫种群暴发可能有 4 种类型：持续式暴发（sustained outbreak）、脉冲式暴发（pulse outbreak）、持久性暴发（permanent outbreak）和周期性暴发（cyclical outbreak），其中持久性暴发尚无例证。4 种暴发形式如图 8-8 所示。

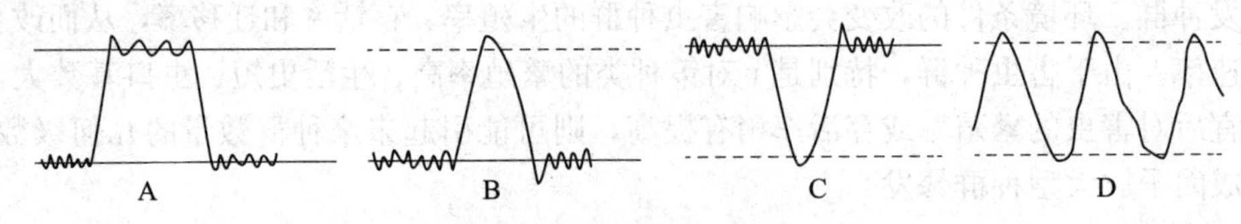

图 8-8 种群暴发的 4 种形式

A. 持续式暴发 B. 脉冲式暴发 C. 持久性暴发 D. 周期性暴发

持续式暴发也许是由环境因素的波动所引起，使得种群由低密度平衡态向高密度平衡态转变，从而在较长时间内保持高密度水平，例如小蠹虫和云杉蚜虫。在小蠹和一些叶蜂种群中，种群密度存在由正反馈控制的两个稳定性平衡点，低密度暴发点和高密度暴发点。当大量的小蠹同时危害植物时，植物无法分泌足够多的树脂，而易被小蠹突破其防御体系，由此，食物越多则种群的密度越大。

脉冲式暴发由环境因子触动种群暴发，但暴发过程会因其他条件的限制而较快瓦解，如种群达到高密度时因寄生率的提高而迅速降到暴发前水平，例如舞毒蛾、松叶蜂等。

周期性暴发的种群不存在低密度和高密度上的平衡状态，种群数量不断在高密度和低密度上波动，例如红杉松线小卷蛾（*Zeiraphera diniana*）的暴发与崩溃。

不同害虫种类或同种害虫处于不同生态环境中时，其种群暴发的表现型可能不同，但属于脉冲式暴发类型的害虫较为多见，例如褐飞虱、白背飞虱、斜纹夜蛾等。褐飞虱在1971—2006 年，暴发成灾的年份大约有 1974 年、1976 年、1987 年、1991 年、1997 年、2002 年、2005 年和 2006 年，呈现出时不时就发生 1 次的脉冲式暴发。

种群暴发的机制较为复杂，无论是能量积累型暴发还是因子放大型暴发，都离不开生态系统中的生物因素与非生物因素的作用，或者离不开种群内因和外因的综合作用。内因主要是种群的遗传结构和适应潜力，它们主要决定种群在各环境条件下繁殖潜能的高低。外因主要是寄主食物、气候条件等，它们决定与种群的存活率、迁移率和繁殖力直接相关的种群增长率的大小。这些因子也是种群数量波动的原因。目前，虽然科学技术已较为先进，但是尚未探明某种害虫种群的暴发机制。探明害虫种群的暴发机制，将有利于提高害虫预测预报的准确性、延长预测的期限。

第五节 害虫预测预报与防治中的经济阈值

害虫防治的理念受经济、社会、生态、思想文化等多方面的影响。害虫防治时不仅要考虑成本付出的多少，也要考虑获得收益的大小，还要考虑对社会、生态、文化等是否存在不利影响。因此害虫防治不是“见虫打药”，而是要当害虫数量达到或超过一定阈值后才用药

以降低虫量、减轻危害，这个阈值就是人们常说的防治指标。防治指标的制定为害虫的预测预报和防治提供了参考标准。

一、植物保护管理中投入与收益的关系

在生产上单纯测出某种害虫未来的发生程度及在一定条件下将对作物的危害量，还是不能直接用来指导害虫防治的决策和管理。还应当回答在什么样的发生程度或危害程度下才需要进行防治。从经济的角度上分析，如果害虫防治所得的利益不大于防治害虫所投入的防治成本费用，或者说收益比即收益（B）/防治费用（C）$\leqslant 1$，则是毫无经济效益的。而只有当 $B/C \geqslant 1$ 后，防治才有效益可言。不过收益比只能说明其在经济上的可行性，不能说明其最优性。为了说明植物保护决策和措施的最优经济效果，以便于在各种自然条件或市场条件变动时做好应变，害虫防治或植物保护工作引入了技术经济上的边际分析原理。

在农业生产中，不同时间或空间条件下投入和产出关系常受自然条件、市场条件和技术条件所制约，投入量在一定的生产条件和自然技术条件下有一定的适宜范围。因此在投入生产资料时必须注意边际成本和边际收益的数量动态。边际成本或边际费用（marginal input cost）指每次投资的增量；边际收益（marginal value product）指在某个投入水平增加一个单位的投入状态（量）后较上一水平所增加的收益，即收益的净增量。植物保护措施中的信息、农药、人工机械、能源、运输等所折算的费用，都属生产资料投入。如果当一种或多种生产资料投入达到某一水平，其边际效益不能抵消其边际成本时，就会出现增产不增收的现象。

Hillebrandt（1960）首次将边际分析原理应用于害虫的防治，得出了剂量反应曲线，并指出作物的产量对杀虫剂的使用量有一定依赖关系，农药增加到一定状态后将导致回报的递减，从而存在一个施用农药的最佳水平，常用图 8-9 来表示这些关系。图 8-9 中 c 点正是表示边际费用与边际效益相交（或相等）处。如果投入再增加，虽然总收益还有一定增加，但其边际收益处于递减状态。因此与 c 点相应的投入总费用 b 点是最佳投入点，对应的 a 点就是农药施用的最佳收益水平。用粉锈宁防治小麦白粉病的保产效果和收益的试验结果也说明了这种关系（表 8-3）。

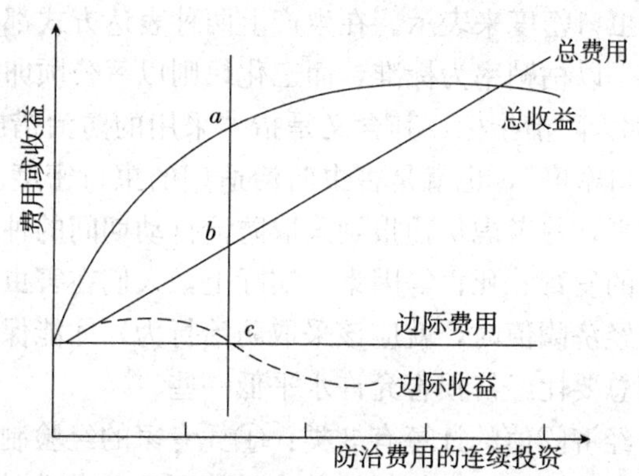

图 8-9　在连续投入条件下，总费用、总收益和边际费用、边际收益间的关系
（仿 Southwood 和 Norton，1978）

由表 8-3 可知，当农药投入量达每亩 1.35 g 时，边际收益与总产值虽都不是最高值，但其净收益却最高，当总投入费用超过 1.68 元时，其边际效应及净收益均递减。故从此例分析投入杀菌剂每亩 1.35 g 防治小麦白粉病，是最佳的施用水平和方案。

在进行植物保护的决策、制定防治指标和措施时应有经济观念。经济防治指标主要由成本/收益比确定。它涉及防治成本、防治效果、作物产量和产值、害虫的种类和数量、危害与损失关系等方面。在具体制定某种有害生物的防治指标时，许多学者研究和应用了各种计算模型，并提出了经济损害允许水平（economic injury level，*EIL*）及经济阈值（economic threshold，*ET*）。

表 8-3　施用粉锈宁防治小麦白粉病的保产效果及收益

农药投入（g/亩）	总费用（元）	增施农药成本（边际成本，元）	总产量（kg）	总产值（元）	边际产量（kg）	边际产量的价值（边际收益，元）	净收益（元）
0	0	0	100	46.00	—	—	46.00
0.45	0.72	0.72	152.2	70.01	52.2	24.01	69.29
0.90	1.20	0.48	155.6	71.58	3.4	1.56	70.38
1.35	1.68	0.48	156.9	72.17	1.3	0.60	70.49
1.80	2.16	0.48	157.5	72.45	0.6	0.28	70.29
2.25	2.64	0.48	157.9	72.63	0.4	0.18	69.99
2.70	3.12	0.48	158.1	72.73	0.2	0.09	69.61
3.15	3.60	0.48	158.3	72.82	0.2	0.09	69.22

二、经济损害允许水平和经济阈值

Stern 等（1959）最早将经济损害允许水平（*EIL*）定义为“引起经济损失的最低害虫密度”，后来许多学者认为此定义还不够严密，故制定了各种经济损害允许水平的定义和计算方法。如 Headley（1972）定义为“使产品价值等于控制增量的种群密度”，这种定义被证明与 Stern 等最初的定义结果完全不同。后者的结果具有“代价-收益”平衡的含义，得到了广泛的支持。现今，经济损害允许水平具有两种表达方式，一是指防治费用与收益增值相等时的作物损害允许界限，用经济损失量或作物损失率表示；二是指与损害允许界限相对应的虫口密度，用害虫的虫口密度来表示。在生产上两种表达方式都有应用。例如对二化螟第一代的经济损害允许水平以枯鞘率为标准，而三化螟则以每公顷卵块数为标准。

经济阈值（*ET*）又称为防治指标，其含义是指“采用的防治措施阻止害虫危害，以达到经济损害允许水平的虫口密度”，也就是害虫防治适期的虫口密度。从理论上讲经济阈值应当依据经济损害允许水平，并考虑从预报到采取防治行动期间的种种信息或物质的准备期限，以及在此期限内害虫的发育、死亡等因素。实际上，人们在害虫密度或危害率尚未达到经济损害允许水平而处于经济阈值时，就应该采取防治行为，才能保证危害不超过经济损害允许水平。因此经济阈值总要比经济损害允许水平低一些。

经济损害允许水平及经济阈值的计算有 3 类：①凭专家的经验制定的指标而没有经过详细的测定或计算，也可称为经验指标，例如目前公认水稻允许损失水平为 1% 或 2%；②对某种害虫某个虫态（期）经过详细的损失率测定，考虑到害虫密度、所用药剂的种类和效

果、价格、机械人工等各方面的因素和关系，计算出单种种群经济损害允许水平及经济阈值；③考虑到经济损害允许水平及经济阈值的多维性和动态性，通过多维和动态模型来计算出复合种群或动态的经济损害允许水平及经济阈值。

（一）经济损害允许水平的计算

Stone 和 Pedigo（1972）提出将防治成本用作物市场单价转换为容许减收量，称之为获益临界（gain threshold，GT）。

获益临界（元/hm^2）＝防治费用（元/hm^2）/防治后产量市场价格（元/kg）

Norton（1976）和 Pedigo 等（1986）提出和修改的经济损害允许水平值（*EIL*）计算模式为

$$EIL=C/(VIDK)$$

式中，*EIL* 为经济损害允许水平，即每生产单位的危害当量数（equivalent），例如害虫头数/hm^2；*C* 为每生产单位中害虫管理所需费用，例如元/hm^2；*V* 为单位产量的平均价格（元/kg）；*I* 为每生产单位中每头昆虫的危害量（或危害单位），如每头食叶量（mm^2/hm^2）；*D* 为每危害单位引起的损失，例如（减产 kg/hm^2）/（食叶量 mm^2）；*K* 为校正系数（包括防治效果、其他死亡率等）。

例如 1994 年防治 1 次二化螟的费用为 52.5 元/hm^2，稻谷价格为 0.52 元/kg，每 1 卵块对杂交稻分蘖期造成的产量损失为 75.2±0.1g 经济损害允许水平，防治效果为 90%，求二化螟经济损害允许水平值（*EIL*）。

依题意，有

$$EIL=52.5/[0.52\times(0.0752\pm0.0001)\times0.9]=1489\sim1494 \text{ 块卵/hm}^2$$

如按允许的经济损失量（*L*）为标准来计算经济损害允许水平，则有

$$L=C/(PE)$$

式中，*L* 为允许经济损失量，*C* 为单位面积防治费用（元/hm^2），*P* 为粮食平均价格（元/kg），*E* 为防治效果。在则上例中，有 $L=52.5/(0.52\times0.9)=112.18$（kg/$hm^2$）

如果还认为需要放宽或严格此允许指标，则可增加校正系数（*F*），即有

$$L=CF/(PE)$$

经济损害允许水平也可以用产量允许损失率（*L*）来表达，即

$$L=C/(YPE)\times100\%$$

式中，*Y* 为单位面积理论产量（例如 kg/hm^2）；*P* 为产品价格(元/kg)；*E* 为防治效果。

如按杂交稻产量为 9 000kg/hm^2 计算，则产量允许损失率（*L*）为

$$L=52.5/(9000\times0.52\times0.9)\times100\%=1.25\%$$

下面介绍 Ruesink（1972）利用食叶性害虫引起的产量损失、防治效果、作物产量、产品价格等因素，来计算经济损害允许水平的具体步骤和结果。

总叶片损失百分率（*D*）计算，其公式为

$$D=FN/L_k\times100$$

式中，*F* 为幼虫食叶面积；*N* 为幼虫头数；L_k为某生育期单位面积植株叶片的总面积。

叶片损失率（D_k）与产量损失率（Y_k）关系通式为

$$Y_k=a_k+b_kD_k$$

式中，a_k 和 b_k 为常数。

投资与收益平衡通式为

$$B = PMY_k/100$$

式中，B 为使用农药后的收益，P 为产品价格，M 为作物单位面积产量，$MY_k/100$ 为全部用农药防治后挽回的产量损失。即有

$$B = PM(a_k + b_k D_k)/100$$

或

$$B = PM(a_k + b_k \times 100FN/L_k)/100$$

防治费用 C 应小于或等于防治收益 B 时才有经济学意义，故用 C 代替 B，移项化简解出 N，此刻的 N 即为经济损害允许水平值（EIL），即

$$EIL = \frac{100CL_k - a_k MPL_k}{100b_k FPM}$$

陆自强等（1984）用此式确定出稻纵卷叶螟的经济损害允许水平值（EIL）及和经济阈值（ET），据调查及试验得出扬州地区水稻及稻纵卷叶螟的如下参数：F（幼虫总食叶面积）$=25\ cm^2$/头；L_k（中籼稻，"汕优 3 号"每公顷总叶面积），分蘖期为 $54\ 000\ cm^2$，孕穗期为 $60\ 000\ cm^2$；C（防治一次成本费）$=22.5$ 元/hm^2；P（稻谷单价）$=0.24$ 元/kg；M（单产）$=7\ 500\ kg/hm^2$；Y_k产量损失率与 D_k叶片损失率的关系式，分蘖期（Y_1）和孕穗期（Y_2）分别为

$$Y_1 = 0.011\ 2 + 0.576\ 0D_1$$

$$Y_2 = 0.020\ 6 + 1.103\ 5D_2$$

由此得出，分蘖期：$a_k = 0.011\ 2$，$b_k = 0.576\ 0$；孕穗期：$a_k = 0.020\ 6$，$b_k = 1.103\ 5$。

将以上各参数代入 EIL 公式，得

EIL（分蘖期）$=46.5$ 万头/hm^2（130 头/百穴）

EIL（孕穗期）$=26.7$ 万头/hm^2（75 头/百穴）

这就是扬州地区稻纵卷叶螟在单季中稻（"汕优 3 号"）上危害的经济损害允许水平。而经济阈值（ET）是指采取防治对策的虫口密度应稍低于 EIL 值，提出以低于 EIL 的 20%计算，则得分蘖期与孕穗期的防治指标分别为 104 头/百穴及 60 头/百穴。

ET 到底应比 EIL 低多少为合适，目前尚无统一的标准。要根据当地当时的虫情、天气及经济水平来确定。例如 Stewart 等（1980）研究飞机喷药防治菜豆上美洲牧草盲蝽（*Lygus lineolaris*）的 ET，当地该虫种群增加速率接近或等于每天每 10 株 0.25 头。而进行飞机防治的准备时间需要 2d。由此得出 ET 值应当低于 EIL 值的 2×0.25 头/10 株。如已知用硫丹喷洒防治此虫的 EIL 为 2.5 头/10 株，则如用同种农药防治此虫的 ET 值应为 $2.5-(2 \times 0.25)$ 头/10 株$=2$ 头/10 株。

（二）防治指标经济阈值的直接计算

防治指标经济阈值（ET）的计算除了根据 EIL 指标加上人为调整系数的方法外，还可直接用经济阈值模式计算，计算公式为

$$ET = \frac{CC \cdot CF}{EC \cdot Y \cdot P \cdot YR \cdot SC}$$

式中，CC 为防治费用；EC 为防治效果（依害虫种类、虫期、药剂及施药方式而定）；

Y 为产量（因作物品种、密度、栽培技术而异）；P 为产品价格（因时间、地点而异）；YR 为产量降低率，即因害虫种群的一定密度而引起产量损失率，可因害虫生殖及环境条件的变化而波动，可有一定变幅；SC 为生存率，指从早期防治行动时的虫期和虫量至发育到后期引起显著危害时的生存率；CF 为临界因子（critical factor），是调整防治费用（CC）进一步确定 ET 范围的因子。临界因子即人为调节因子，其变动范围为 1～2，可根据早期害虫生存率的高低和未来生态条件变化或经济条件（如产品价格）等方面来主观确定。如果产品价格较高，则 CF 取小值；考虑农药对环境的影响时，CF 可取大点的值，以提高防治指标，减少施药次数。

现以 1981 年上海地区玉米螟第 3 代为害棉花的部分资料为例。棉花产量（Y）为每公顷平均 900 kg 皮棉；皮棉单价（P）为每千克 0.75 元；害虫危害率（YR）每百株棉花 1 块玉米螟卵块可造成每公顷损失 4.5 kg 皮棉，即棉花每公顷损失率为 0.5%＝0.005；防治效果（EC）一般为 70%；卵的存活率（SC）以 60%计算；临界因子（CF）以 1 计算；防治费用（CC），第 3 代卵块孵化盛期施药 1 次，每公顷药费及用工费 27 元。即得

$$ET=27\times1/(0.7\times900\times0.75\times0.005\times0.6)=19.05\text{（块卵/百株）}$$

即当时上海地区棉田第 3 代玉米螟的防治指标（经济阈值）为每百株棉花 19 块卵。

三、动态经济阈值和复合经济阈值

上述的经济损害允许水平或经济阈值的计算都为静态的，事实上经济损害允许水平或经济阈值是随着许多因素而有变动的，例如依市场价格、作物的理论产量、防治费用、防治效果、害虫的危害时期、发生数量、危害量与损失量间的关系等因素的变动而变动的。这些因素与经济阈值的关系有的是呈直线关系，而有的则呈曲线关系，例如由危害量引起的产量或经济损失间的关系，随危害量的增加，作物经济损失呈 S 形曲线上升。由此说明，动态变化的防治指标更能准确指导害虫的预测预报与防治。

高君川等（1987）建立了二化螟经济损失允许密度及经济阈值（ET）的动态模型，并根据不同水稻产量水平，模拟出二化螟动态防治指标，见表 8-4。

表 8-4　防治二化螟的动态经济阈值表

（引自高君川等，1987）

二化螟世代	水稻生育期	水稻类型	产量水平（kg/hm²）	经济允许产量损失水平（%）	经济允许被害水平（%）	经济阈值		防治指标（ET）	
						蚁螟数/200 丛	卵块数/hm²	枯鞘率（%）	幼虫数/200 丛
第一代	分蘖期	常规中稻	7 500	1.25	2.71	83	2 145	4.91	51
			6 750	1.38	2.88	91	2 355	5.26	56
			6 000	1.56	3.11	103	2 655	5.73	64
			5 250	1.78	3.40	118	3 045	6.32	73
		杂交中稻	9 000	1.04	2.16	26	675	2.68	20
			8 250	1.13	2.32	34	885	2.91	26
			7 500	1.25	2.53	45	1 155	3.21	34
			6 750	1.38	2.76	57	1 470	3.54	43

（续）

二化螟世代	水稻生育期	水稻类型	产量水平（kg/hm²）	经济允许产量损失水平（%）	经济允许被害水平（%）	经济阈值		防治指标（ET）	
						蚁螟数/200从	卵块数/hm²	枯鞘率（%）	幼虫数/200从
第二代	孕穗期	常规中稻	7 500	1.40	5.59	95	2 295	0.46	
			6 750	1.56	6.11	122	3 150	0.54	
			6 000	1.75	6.70	152	3 915	0.66	
			5 250	2.00	7.47	192	4 950	0.82	
		杂交中稻	9 000	1.17	3.60	65	1 680	0.50	
			8 250	1.27	4.00	77	1 980	0.52	
			7 500	1.40	4.49	93	2 370	0.55	
			6 750	1.56	5.04	111	2 865	0.59	

水稻生长过程中，病虫常常不是单一发生，所造成的危害对产量的影响是多种病虫综合的结果，因此在防治时应当针对当时的主要危害对象制定单一的或复合的防治指标。例如首章北和龚慧青等（1985）研究了褐飞虱与白背飞虱混合危害损失模型，为

$$Y=-0.1612+0.2879X_1+0.7252X_2\pm2.2229$$

式中，Y 为产量损失率；X_1为白背飞虱每穴虫量，X_2为褐飞虱每穴虫量。

何明等（1991）对不同施氮量（每公顷施纯氮 45～255 kg）、施钾量（每公顷施 K_2O 量 0～150 kg）、水稻不同密度（株行距离为 13.2 cm×13.2 cm 至 16.5 cm×26.4 cm）共 20 个处理组合（每组合重复 2 次）的小区内，于水稻孕穗期（7 月 21 日）进行纹枯病株率（X_1）和第 2 代二化螟枯鞘株率（X_2）的调查，并建立其与产量损失（Y）的关系模型。

当 $0\leqslant X_1<20$，$0\leqslant X_2<1.5$ 时，有

$$Y_1=0.0345+0.0934X_1+1.5431X_2+0.0008X_1^2+0.4657X_2^2-0.0751X_1X_2\pm0.267$$

当 $20\leqslant X_1\leqslant48$，$1.5\leqslant X_2\leqslant4.5$ 时，有

$$Y_2=-1.6020+0.1784X_1+3.4805X_2+0.0029X_1^2+0.1462X_2^2-0.0907X_1X_2\pm2.464$$

根据产量损失模型及经济阈值定义，推导出病虫复合经济阈值模型。二化螟枯鞘率为 X_2时的纹枯病株率 X_1的经济阈值为

$$ET_1=-58.3750+46.9735X_2+25\times[2.5625X_2^2-11.8125X_2+5.3750+2\times(100C/NPF)]^{1/2}$$

纹枯病株率为 X_1时的二化螟枯鞘率 X_2的经济阈值为

$$ET_2=-1.6568+0.0806X_1+[0.0047X_1^2-0.4678X_1+2.6708+2.1473\times(100C/NPF)]^{1/2}$$

式中，N 为无病虫为害时的水稻产量，P 为稻谷单价，F 为复合防治病虫的平均防治效果，C 为防治总费用。

当然，这种复合防治指标的确定较复杂，需要继续深入研究后加以应用。在害虫预测预报时，如果有各害虫的复合防治指标作参考，就有望同时进行多种害虫的复合预报。

思考题

1. 举例说明为什么害虫发生可以预测。
2. 结合所学知识，制定一份褐飞虱田间种群数量系统调查的方案。
3. 害虫种群数量的消长由哪些因素所决定?
4. 防治指标的制定需考虑哪些因素? 为什么动态防治指标更有应用价值?

第九章　害虫预测预报的生物学方法

主要内容　本章主要阐述基于生物学原理的害虫发生期、发生量和危害损失预测方法，包括发生期预测的历期法、分龄分级法、有效积温法、期距法、卵巢解剖法和物候法，发生量预测的虫口基数法、气候图法、经验指数法、形态、生理指标法等，迁飞性害虫的异地预测和轨迹分析方法，蛀食性、食叶类、刺吸类害虫危害的产量损失估计方法，以及害虫情报的发布方法。

重点知识　害虫预测预报的类型、发生期预测基本方法、发生量预测基本方法、异地预测、危害程度与产量损失的关系、病虫情报的写作。

难点知识　分龄分级预测法、迁飞轨迹、危害损失估计方法。

农作物害虫预测预报是害虫综合治理的重要组成部分，是一项监测害虫未来种群变动趋势的重要工作。农作物上的害虫种类繁多，发生呈现此起彼伏、常年有种类暴发成灾的局面。搞好农作物害虫预测预报是正确贯彻“预防为主，综合防治”的植保方针的前提，也是制定和实施害虫综合治理策略的先决条件。做好害虫的预测预报工作，才能有效治理害虫，确保粮棉丰产增收、果林健康生长、环境资源得到保护，从而获得显著的经济效益、社会效益和生态效益，以保证我国的粮食安全和实现农业的现代化。

第一节　农作物害虫预测预报的类别

根据不同的目的和研究重点，可将农作物害虫的预测预报分为不同的类型。

一、按预测内容划分

（一）发生期预测

发生期预测就是预测某种害虫的某种虫态或虫龄的出现期或危害期；对具有迁飞、扩散习性的害虫，预测其迁出或迁入本地的时期。从害虫生活史、物候学的角度，研究预测其发生期，以此作为确定防治适期的依据。

（二）发生量预测

发生量预测就是预测害虫的发生数量或田间虫口密度，主要是估测害虫未来的虫口数量是否有大发生的趋势和是否会达到防治指标。从害虫猖獗理论及农业技术经济学观点出发，运用多年积累的系统资料，预测害虫未来的发生量，以此作为确定防治对象田的依据。

（三）迁飞性害虫预测

迁飞性害虫的预测是根据害虫发生虫源或发生基地内的迁飞害虫发生动态、数量及其生物学特性、生态学特性和生理学特性，以及各迁出、迁入地区的作物生育期与季节相互衔接的规律性变化，结合气象预测资料，预测迁飞发生的时期、迁飞数量及可能降落的区域，以及降落区作物受害的可能性等。预测结果可为迁飞性害虫的防治适期与防控区域提供依据。

（四）危害程度预测及产量损失估计

在害虫发生期、发生量等预测的基础上，结合害虫危害的特点和作物长势与抗虫水平，进一步预测作物对虫害最敏感时期（即危险生育期）是否完全与害虫破坏力、侵入力最强且虫数最多的时期相遇，从而推断虫灾程度的轻重（危害程度）。同时可根据危害程度与作物产量损失间的关系，估计出虫害造成的产量损失。由此配合发生量预测结果，进一步划分防治对象田，确定防治次数，并选择合适的防治方法，控制或减少危害损失。

二、按预测时间长短划分

（一）短期预测

短期预测的期限多在 20 d 以内。一般是根据害虫前 1～2 个虫态的发生情况，推算后 1～2 个虫态的发生时期和数量，以确定未来的防治适期、防治次数和防治方法。短期预测准确性高，使用范围广。目前，我国普遍运用的群众性预测预报方法多属此类。例如三化螟的发生期预测多依据田间当代卵块数量和发育、孵化情况来预测蚁螟盛孵期和蛀食稻茎的时期，从而确定药剂或生物防治的适期。又如根据稻纵卷叶螟前一代田间化蛹进度及迁出或迁入量的估计来预测后 1～2 个虫态的始见期、盛发期等，以确定赤眼蜂的放蜂适期或施药适期。

（二）中期预测

中期预测的期限一般为 20 d 到 1 个季度，常在 1 个月以上，但视害虫种类不同，期限的长短可有很大的差别。例如 1 年 1 代、1 年数代、1 年十多代的害虫，采用同一方法预测的期限就不同。通常是预测下一个世代的发生情况，以确定防治对策和部署防治工作。例如目前三化螟发生期预测，用幼虫分龄、蛹分级法，可依据田间检查上一代幼虫和蛹的发育进度，参照常年当地该代幼虫、蛹和下代卵的历期资料，对即将出现的发蛾期及下一代的卵孵化和蚁螟蛀茎危害的始盛期、高峰期及盛末期做出预测，预测期限可达 20 d 以上；或根据上一代发蛾的始盛期或高峰期加上当地常年到下一代发蛾的始盛期或高峰期之间的期距，预测下一代发蛾始盛期或高峰期，预测期限可长达 1 个月以上。

（三）长期预测

长期预测的期限常在 1 个季度或 1 年以上。预测时期的长短仍视害虫种类不同和生殖周期长短而定。生殖周期短、繁殖速度快，预测期限就短，否则就长，甚至可以跨年度。害虫

发生量趋势的长期预测，通常根据越冬后或年初某种害虫的越冬有效虫口基数、气象资料等，于年初展望其全年发生的动态和灾害程度。例如我国滨湖及河泛地区，根据年初对旱涝预测的资料及飞蝗越冬卵的有效基数来推断当年飞蝗的发生动态。我国长江流域及江南稻区多根据螟虫越冬虫口基数及冬春温度和降水情况对当地发生数量及灾害程度的趋势做出长期估计。长期趋势预测需要有多年系统资料的积累，方可使预测更接近实际。

（四）超长期预测

超长期预测也称为长期趋势预测，一般是预测 1 年或数年后虫害的发生趋势，例如大发生、中等发生或轻发生等。超长期预测主要是在大尺度上，例如大区域、大的气候背景下，运用某害虫发生的历史资料、长期大尺度的气候背景资料（例如海温或厄尔尼诺现象）、耕作制度变革资料等，进行综合分析与评价，预测下一年度或将来几年内某害虫大致的发生趋势，以指导农业生产的未来规划。超长期预测的准确性一般还不高，其方法需要继续改进完善。

（五）实时预警

实时预警是对害虫的发生进行跟踪，实时地报告其发生动态，当发生情况达到某个限定值或条件时，就发出危险警报，以引起相关机构和生产者的重视并采取必要防范措施，以减轻危害，预测结果可起警示作用。例如昆虫的发育是个连续的过程，当其吸收的热量达到某个特定阈值（有效积温）时，就可完成某个发育阶段，因此可根据实时温度的高低，计算出经历到各时刻害虫已积累的有效积温值，当积累值达到该虫某发育阶段的有效积温值时，该虫就完成了这个发育阶段，从而可准确地做出“该虫此时发生”的预警。这种实时预警的时限很短，一般在 1 d 之内，但准确性很高，可为害虫的适时监测提供指导。

三、按预测区域划分

（一）迁出区虫源预测

在一定环境条件影响下，某种昆虫从发生地区迁出或从外地迁入的行为，是昆虫种群的重要行为特性之一。迁出区虫源预测主要查明迁出区的虫源基数和发育进度，判断此地的虫源属于迁出型还是本地型，以便根据判断结果分别组织实施防控，或给可能的迁入地发出情报，实现不同区域预测预报部门间的联合预测。

（二）迁入区虫源预测

迁入区虫源预测主要查明迁入地区的迁入虫量、气候条件、作物长势和生育期，根据迁入害虫与作物的物候关系，对迁入地未来虫情进行发生趋势的预测。

对迁飞性害虫的防控重点在于做好异地预测，即在害虫还没迁入之前，就要系统掌握异地（即虫源地）的发生期与发生量，根据虫源地采取的防控情况等，准确预测出害虫迁入本地的时间和数量。

第二节　农作物害虫预测的研究方法与进展

一、农作物害虫预测的研究方法

害虫预测的研究方法很多，按其基本做法大致可分为下述3类。

（一）统计法

此法根据多年观察积累的害虫发生资料，探讨某种因素（例如气候因素、物候现象等）与害虫某个虫态的发生期、发生量的关系，用害虫种群本身前后不同的发育期、发生量之间相关关系，进行相关回归分析，或数理统计运算，组建各种预测式或预测模型，然后用预测式或模型进行未来虫情的预测。

（二）试验法

此法应用生物学方法，试验测定出害虫各虫态的发育速率和有效积温，然后应用当地气象资料预测其发生期。另一方面，用试验方法探讨营养、气候、天敌等因素对害虫生存、繁殖能力的影响大小，然后为发生量预测提供依据。

（三）观察法

此法指直接观察害虫的发生和作物物候变化，明确其虫口密度、生活史与作物生育期的关系，应用物候现象、发育进度、虫口密度、虫态历期等观察资料进行预测。目前，我国植物保护预测预报部门常采用此类方法进行害虫的预测。

二、我国农作物害虫预测预报工作的进展

我国是世界上开展害虫预测预报工作较早的国家。早在20世纪30年代，蔡邦华就曾用气候图法对三化螟和飞蝗的发生分布区域进行了预测。1951年农业部提出对东亚飞蝗进行冬季查卵和监测。从1952年第一个《螟情预测办法》颁布，到1956年农业部颁布《农作物病虫预测预报方案》，我国由固定专人定时、定点对预测预报对象进行调查记载、综合分析、发布虫情预报，至今已走过60余年历程。60余年来，我国在建设病虫预测预报体系、扩大预测预报对象、制定与完善预测预报办法、改进预测预报手段、提高预测水平与服务质量方面，均取得了长足进展。目前，我国主要省份均已形成由重点区域性病虫预测预报站构成的国家与省级预测预报网络，有县级以上专业预测预报站近2 000处，预测预报专业人员近万人。病虫预测预报对象的范围由粮、棉、油料主要农作物病虫扩展到蔬、果、茶等多种经济作物病虫及鼠害，种类达百余种。主要病虫预测预报办法已发展为国家级或省级技术标准，各级病虫预测预报站装备计算机网络系统，实现了预测预报数据与信息的互联与互通，加强了各级预测预报网点的联系。1996年全国农业技术推广服务中心病虫预测预报处开发了用于病虫信息传递与交流的病虫预测预报计算机网络系统（pest net）全国各省、直辖市、自治区植物保护站和区域病虫预测预报站均实现了联网，这大大方便了预测预报信息的传递与共享。

除综合经验分析外，数理统计、系统模拟、专家系统等各类预测方法已开始广泛地用于病虫发生趋势预测。全国和省级预测预报网内运用电子邮件、网络或传真和中央与省、自治区、直辖市间传真递送病虫动态信息，发布中长期预报情报、大发生警报、电视预报，及时为各级农业管理部门制定病虫管理规划、指导病虫害防治，在控制病虫灾害、确保农业增产丰收中发挥了重要作用。预测预报在对全国重大病虫害实施统防联控措施上发挥了重大作用。例如在广西等地实施的稻飞虱和稻纵卷叶螟的统一防控措施，获得了相当好的效果。

标志着我国预测预报技术进步的里程碑，有以下 4 次学术会议。

①1979 年召开的第一次全国农作物病虫害预测预报学术讨论会，由中国植物保护学会和农业部植物保护局在镇江联合主持，会议与中国昆虫学会召开的昆虫分布抽样学术讨论会合并举行。这样的学术讨论会属国内首次，来自中央、省、地、县预测预报站，以及科研、高等院校的代表，交流了预测预报科研成果，研讨了如何加快我国病虫预测预报现代化的步伐，并根据国外研究动态和国内病虫预测预报的现状，提出了加快我国病虫预测预报技术进步的建议。例如挖掘整理病虫历史资料、普及数理统计预测方法；组织力量研究和探索生命表、数理模型与电子计算机技术在病虫预测预报中应用；有计划地研究主要病虫分布型与抽样技术、损失率和经济阈值；加强各级病虫预测预报网络建设和现职人员培训；改革预测预报工具，改进预测预报研究手段等。提出了 20 世纪 80 年代我国病虫预测预报技术发展的方向和重点，为 20 世纪 80 年代病虫预测预报技术进步和预测预报水平的提高奠定了良好的开端。

②1983 年在武昌召开的第二次全国农作物病虫危害损失及防治指标学术讨论会，是针对提高综合防治的经济效益和生态效益而召开的。与会代表就农作物病虫害危害损失、防治指标问题、迁飞性害虫中长期预测问题，交流了研究成果和经验，并提出了协作攻关。对多种粮棉病虫调整了防治指标，尤其对历年防治面积大、用药量多的稻纵卷叶螟、稻飞虱、黏虫、稻螟虫、棉铃虫、红铃虫、棉蚜等，放宽了防治指标，压缩了化学防治面积，节省了人工成本，保护了天敌，提高了综合防治效益。

③1986 年在北京召开全国农作物病虫发生趋势预测学术讨论会，来自科研、教学、推广部门的代表，从农业生态系整体出发，以作物为对象，运用昆虫生态学、植病流行学、气象学、生物数学和生态系统理论为依据，并借助计算机操作，对我国农作物主要病虫多年发生趋势进行了预测分析，讨论了种群系统模型和系统预测方法，提出了 5～10 年病虫发生趋势展望，并交流了多年预测的技术方法。

④1991 年在天津召开第四次全国农作物病虫预测预报技术学术讨论会，与会代表广泛的交流了病虫预测预报新技术和研究成果，对我国病虫预测预报在监测、预测和预报各阶段的常规技术方法进行了切实可行的简化、标准化；在预测预报高层次、新领域研究中探索了新方法，例如遥感、雷达监测技术，系统分析与专家系统，大范围大尺度数值预测技术，预报图形制作技术等方法均取得了新的可喜成果。

另外，近年来，全国农业技术推广服务中心，每年在不同季节召开全国植物保护预测预报会议，组织植物保护预测预报的基层人员及科研工作者，对重大病虫害的发生趋势与防控措施进行会商，并制定各类害虫的预测预报规范和标准，从而大大提高了我国农作物有害生物预测预报的水平。同时，自 1977 年以来，全国病虫害预测预报培训班基本每年举办 1 次，至 2015 年已举办 37 期；同时各省级植物保护部门还不定期、有针对性地组织病虫预测预报

培训班，这为各级植物保护预测预报部门培养了大批专门人才。

第三节　害虫发生期预测的原理与方法

一、发育进度预测法

（一）基本概念

1. 发育进度预测中始盛期、高峰期和盛末期的划分标准　害虫发生期预测中，常将某种害虫的某个虫龄或某个虫态的发生期，按其种群数量在时间上的分布进度划分为始见期、始盛期、高峰期（有时还可能有第1和第2等多个高峰期）、盛末期及终见期。关于始盛期、高峰期、盛末期划分的数量标准虽有不同的见解，并且也可根据种群数量的高低做适当的变动，但是其基本的统计标准是不变的。

一般按发育进度调查结果（表9-1），制作其种群数量变动的曲线图和计算发育进度（图9-1）。

表9-1　第3代三化螟田间发蛾率及羽化进度（广州中山县，1956）

日期	6月24日	6月26日	6月28日	6月30日	7月2日	7月4日	7月6日	7月8日	7月10日
从6月21日起的日数（x）	4	6	8	10	12	14	16	18	20
发蛾率（%）	0.11	2.74	10.89	12.86	16.05	24.48	10.44	10.95	7.46
羽化进度（%）	0.11	2.86	13.74	26.60	42.65	67.13	77.57	88.52	95.58
进度划分			始盛期		高峰期		盛末期		

在数理统计学上，通常可以把完成了某个发育阶段的个体占总个体数的百分率达16%、50%和84%左右时，分别定义为该发育阶段的始盛期、高峰期和盛末期的出现。也就是说，种群中分别有16%、50%和84%的个体完成了某个发育阶段，即种群在该时刻分别达到了该发育阶段的始盛期、高峰期和盛末期。如表9-1中三化螟的羽化始盛期发生在6月28日到30日之间，即为6月29日；高峰期发生在7月2日到4日之间，即为7月3日；盛末期发生在7月6日到8日之间，即为7月7日。

该种划分发育进度的理论依据是，害虫各虫龄或虫态在田间的发生数量消长规律表现往往是由少到多，然后再变少，即开始为个别零星出现，数量缓慢增加，到一定时候则急剧增加而达到高峰，随后数量急剧下降，转而缓慢减少，直到最后绝迹。其整个发生经过，可用坐标图来表示。以横坐标表示日期，纵坐标表示某龄期的个体数量，或数量增减百分率，连接各坐标点，即可得一条曲线。例如以表9-1的数据作图，所得的曲线经过修正后，近似于正态曲线（图9-1）。

正态曲线的特点是自曲线的最高点向下作垂线，与横坐标的交点即为曲线的平均值，曲线以平均值所在位置左右对称，向右为正值，向左为负值，左右两方距离中心达1个标准差处各有一个点，分别对应曲线的两个拐点，两个拐点间的曲线呈凸向，升降急速，而拐点以下的则呈凹向，升降缓慢。如果以整个曲线与横坐标之间所夹的面积为100，则在平均数±1个标准差（$\mu \pm 1\sigma$）范围内所夹面积代表的数量占总数量的68.26%，因此通常把这个数

量发生的时间范围称为盛发期。而在-1σ和$+1\sigma$处，分别对应16%和84%，分别称为始盛期和盛末期，而曲线的平均值（μ）所指顶峰处代表总量的一半，即50%，这称为高峰期（图9-1和图9-2）。

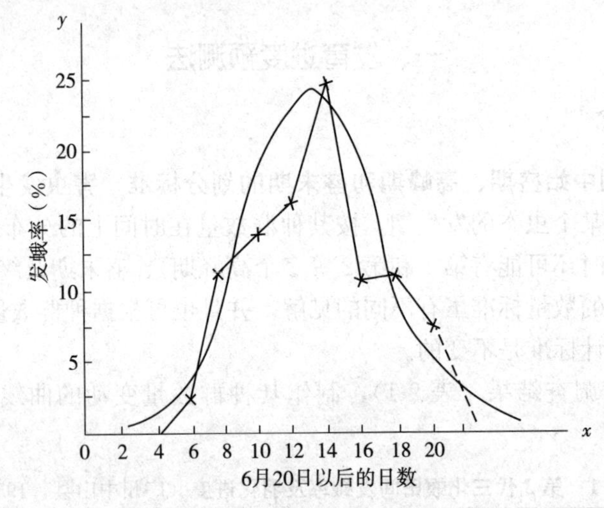

图9-1　三化螟发蛾率正态曲线图

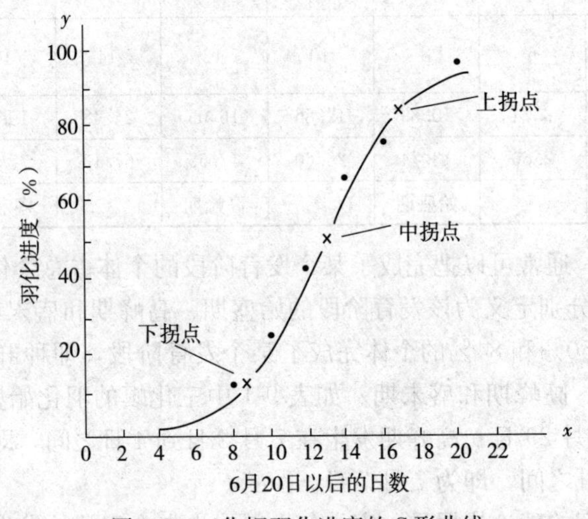

图9-2　三化螟羽化进度的S形曲线

不过，这3个时期所对应的害虫某个发育阶段完成的比率数，是从数学理论上推导而来的，它只能代表虫害中等发生年份的情况。实践经验证明，在害虫猖獗发生的年份，种群数量极大时，始盛期和盛末期的范围应扩大到平均数加减两个标准差（$\mu\pm2\sigma$）为宜，即盛发期扩大到5%～95%之间，5%和95%所对应的时间分别为起始和终止用药时间。例如1974年原南京农学院在江苏东台，对棉铃虫发生期进行预测时，由于当时发生量大、盛期长，因此把预测的始盛期和盛末期的范围扩大到5%和95%，其预测值与田间实际情况较为一致。

2. 发育进度预测中的关键工作　做好发育进度预测预报，首先要做好下列关键性工作。

（1）查准发育进度　采用田间调查、诱集、室内外饲养观察等方法，可得到害虫发生数量和虫龄分布曲线。以此曲线作为预测起始线，也可称为基准曲线，再自该线各点加上害虫某1～2个虫龄或虫态的发育历期，向后顺延，就可作出与基准曲线相平行的未来某虫龄或虫态的发育进度曲线，即预测曲线。以后根据田间实地调查结果，把预测某虫态的实际发育进度的S形曲线绘出来（图9-3），这种实际发育的S形曲线可称为实际曲线。预测结果是否可靠，首先取决于是否测准了基准曲线，其次，采用的历期是否适合。在预测之前，要获得所需要的历期资料及预测的依据。

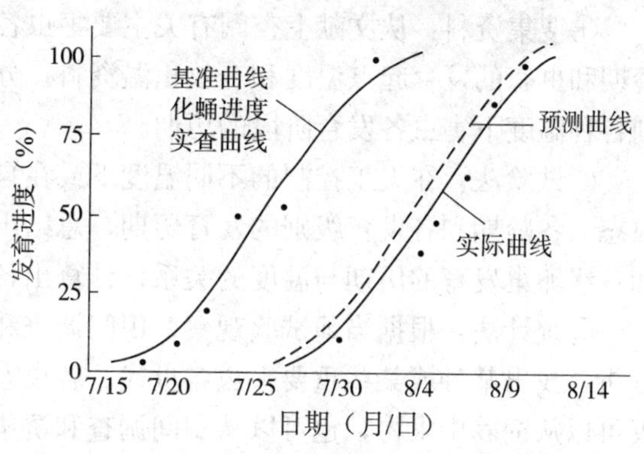

图9-3　二化螟化蛹进度预测发蛾进度
（引自张孝羲，1979）

①田间实查获得基准曲线：根据预测害虫对象的发生发展规律及危害特点，选择好调查日期、调查方法和对象田，使所获得资料符合当时当地的实际情况。调查日期一般根据当地历史资料和当时温度情况来确定，掌握在某一二个虫态出现的始见期、始盛期、高峰期和盛末期几个关键期进行调查。

②抽样方法和抽样数量可因虫种等不同而异：特别要注意选择某种害虫的主要虫源田。因为害虫产卵、取食等对寄主植物种类、品种、生育期、长势等有选择性，所以不同类型作物田内虫口数量和发育进度等均不同。例如江苏北部沿海粮棉区第3代棉铃虫主要来自春玉米和棉花，春玉米上的数量大，繁殖率高，且发育速度显著比棉花上的快，所以田间调查第2代棉铃虫的发育进度时，要同时查明玉米和棉花这两类田的面积大小及各自的平均虫口密度，以计算棉铃虫第2代的加权平均发育进度。

③饲养观察获得生物学资料，如发育历期：预测所需的若干资料可采用饲养观察方法获得，例如害虫繁殖力、存活率和发育历期资料。饲养情况要尽量接近自然，例如在江苏地区越冬棉红铃虫有第3代滞育和第4代滞育，对两种情况的个体，都应分别采集，饲养观察。越冬收花期间分批按比例收集活虫，以此查明来春越冬虫态的发育进度，用于预测春季第1代的发生期。此外，各种害虫、各虫态历期等，也需要做精细的饲养观察才能得到。

④诱集法获得成虫发生资料：不少害虫对某些物质有趋集习性，可设置各种诱虫器，例如诱虫灯，按光色可分为白炽灯、黑光灯、蓝光灯、双色灯及金属卤素灯。诱虫灯可安装在虫源地、田间、仓库等处，可诱集螟蛾、夜蛾、棉红铃虫、叶蝉、飞虱、金龟子等害虫，从而获得其发生情况的资料。其他，还有配置糖酒醋液的诱虫盆，诱测黏虫、地老虎等；设置树枝把和草把诱集黏虫、棉铃虫和黄地老虎等；设置大、小草把还可诱集黏虫等产卵；在稻苞虫常灾区种植花圃诱集稻苞虫；设置黄色水盆诱集蚜虫。对诱集的数据，可以逐日逐次记录诱到的虫种、虫态、性别和数量。在预测预报上还可以用性诱剂进行诱集，获得一种性别的数量动态，从而估计种群的数量动态。

（2）搜集、测定和计算害虫历期及期距资料　预测是否准确不仅决定于发育进度的基准曲线的准确性和代表性，而且在很大程度上还决定于使用的历期或期距资料是否符合当时当地的情况。在预测预报工作中，可因时因地不同来选择或试验出所需的有关历期和期距资料。

历期资料的获得一般有以下途径。

①搜集资料：从文献上查阅有关主要害虫各龄期在不同温度下的历期资料，或者查阅各龄期和虫态的发育起点温度和有效积温资料，分析出发育历期与温度的关系，从而可计算得到各种温度下害虫各发育阶段的历期。

②试验法：在人工控制的不同温度下或在自然变温下饲养害虫，观察记录其各世代、各虫态、各龄期和各发育级别的发育历期，总结出各虫态的历期、各级卵、各龄幼虫、各级蛹和各级卵巢发育的历期与温度的关系，计算出各虫态（龄）的发育起点温度和有效积温。

③统计法：根据当地试验观察、田间调查和诱测的多年多次资料，应用统计学方法进行分析，找出某种或某些重要害虫各世代、各虫态、各虫龄、各发育级别的历期。历期资料不仅可以从饲养中求得，也可以从田间调查和诱集中求得。探讨田间害虫自然发育历期，往往以害虫群体来推算，采用定田、定期系统调查方法，计算得到的前一虫态的始盛期或高峰期与后一虫态的始盛期或高峰期之间的时间间隔天数，例如化蛹 50%至羽化 50%之间的时间距离，可视为田间蛹的历期。例如江苏省武进县，根据田间系统调查三化螟发育进度的多年资料，进行统计分析，可得到不同年份各代次各虫态的历期（表 9-2）。

表 9-2　三化螟各世代各虫态田间群体历期（单位：d。江苏武进县病虫预测预报站）

年份	越冬代蛹	第1代				第2代				第3代
		卵	幼虫	蛹	全距	卵	幼虫	蛹	全距	卵
1960	18	—	—	—	56	—	—	9	32	6
1961	20	15	24	6	47	7	20	8	34	5
1962	20	12	26	8	46	6	23	5	34	7
1983	19	19	25	10	—	5.4	21	8	33	7
1964	18	17	31	9	57	5	20	9	34	6
最长	20	19	31	10	57	7	23	9	34	7
最短	18	12	24	8	46	4	20	5	32	5
平均	19	15.7	26.5	8.75	52	5.5	21	6.15	33.4	6.2
标准差	1.0	2.98	3.1	1.05	5.05	1.28	1.4	2.25	0.9	0.94

注：卵期为产卵高峰日至孵化高峰日间的天数；幼虫期为卵孵化高峰至化蛹高峰之间的天数。

来自田间的各虫态历期，是以群体为依据的，统计得到的田间自然发育历期，往往更接近自然。但统计时要注意正确的取样方法及分析气候反常、耕作制度突变的年份，以及农药杀灭大量群体的影响等，以防引起较大误差。因此除设立田间不施药对照田块系统调查外，统计分析时可考虑剔除异常年份或季节的资料，并予以注明。

总之，在发生期预测中找准虫源田，测准发育进度基准线，选择合适的历期或期距，是发育进度预测法的关键所在。

（二）历期预测法

历期预测法是通过田间对某种害虫前 1～2 个虫态发生情况的调查，查明其发育进度（例如化蛹率、羽化率、孵化率），并确定其发育比例（%）达始盛期、高峰期和盛末期的时间，在此基础上分别加上当时、当地气温条件下各虫态的平均历期，即可推算出后一虫态发生的相应日期。值得注意的是，在预测时只能以上一虫态（龄）的始盛期预测下一虫态（龄）的始盛期，以上一虫态（龄）高峰期预测下一虫态（龄）高峰期，或上一虫龄的盛末

期预测下一虫龄的盛末期。历期法预测害虫的发生期较为简单，目前广泛地运用于农作物害虫的发生期预测上。

例如稻纵卷叶螟卵孵化高峰期和防治适期的预测，可根据从田间赶蛾查到的发蛾高峰日，加上当时成虫产卵前期（迁入虫源为主的世代不加产卵前期）和卵历期，则为卵孵化高峰日。卵孵化高峰日再加上 1～2 龄幼虫的历期，则可得防治适期（防治适期为 2～3 龄幼虫高峰期）。例如江苏徐州 2000 年发蛾高蛾日为 7 月 15 日（为迁入代），卵历期为 4 d，1 龄和 2 龄幼虫历期分别为 3 d 和 2.5 d，则下一代卵孵高峰期为：7 月 15 日＋卵历期＝7 月 15 日＋4 d＝7 月 19 日，防治适期为：7 月 19 日＋1 龄和 2 龄幼虫历期＝7 月 19 日＋3 d＋2.5 d＝7 月 24—25 日。

历期预测法对害虫发生期的预测预报的准确性，取决于正确的抽样技术和选择好有代表性的类型田，获得准确的作为基准的发育进度，同时也与历期资料的准确性有关。使用历期法时，每次调查的活虫数至少要在 60 头以上，且往往需要定期的多次调查，才能遇上某虫态的始盛期、高峰期和盛末期。因此该方法使用时费时费工较多，调查工作量较大。

（三）分龄分级预测法

历期法只考虑害虫处于何虫态或虫龄，而未细致考虑各虫态发育完成的进程。例如稻纵卷叶螟的卵期为 4 d，如果调查时间掌握不佳，调查时卵已发育到了第 3 天，并且卵的数量处于高峰，如用该卵高峰加上 4 d 来预测孵化高峰，则明显会偏迟 2～3 d，造成预测值与实际值的不符合。因此历期法要求调查次数多，这样才能较准确地把握各虫态的发育进度。为了减少调查工作量，又不影响预测的准确性，在 20 世纪 60 年代初期，提出了分龄分级预测法，并首先在三化螟中加以应用。

分龄分级预测法是根据各虫态的发育、内部和外部形态或解剖特性的关系，将各虫态的发育进程细分出不同等级，通过调查各级别虫态的发育进度来进行预测。例如卵分成不同级别、幼虫分龄、蛹分级和雌蛾卵巢分级。目前，全国预测预报站广泛应用害虫的分龄分级法做短中期预测，均获得良好效果，预测质量有明显提高。

利用分龄分级预测法，首先要获得某日期目标害虫卵和蛹的分级标准及历期，以及幼虫分龄的标准和历期。然后，采用历期法进行预测。目前对三化螟、二化螟、玉米螟、稻苞虫、稻纵卷叶螟、黏虫、小地老虎、棉红铃虫、棉铃虫、飞蝗、稻飞虱、叶蝉等的卵、幼虫（若虫）、蛹的分级分龄已有详细的标准和历期，因此可采用分龄分级法进行发生期预测。

分龄分级法在预测时与历期法相一致。现以三化螟为例，阐述其具体操作步骤。①选取当地有代表性的主要虫源田，剥查 200 株以上被害稻株内的三化螟并加以收集。②依据三化螟各龄幼虫和各级蛹的特征，对全部剥查出的活虫进行幼虫分龄和蛹分级，得到各虫龄和级别蛹的数量，并填入分龄分级进度表（表 9-3）中。③计算各龄幼虫及各级蛹数量占总虫数的比例（%）。④按发育先后，从高龄（级）虫龄开始将各龄（级）虫出现的比例（%）逐级累加，当累加到 16%、50%和 84%左右时，即分别得出可以作为始盛期、高峰期和盛末期虫源的虫龄或蛹级别。⑤自调查日起，分别加上该级蛹或该龄幼虫历期的一半，及以后各级虫龄或蛹到羽化的历期，累加后就可预测出成虫羽化的始盛期、高峰期和盛末期。再加上相应的产卵前期，就可推算出产卵和孵化的始盛期、高峰期和盛末期。

应用该法进行预测可大大减少调查次数，如对三化螟的发生期预测，一般认为需在化蛹始盛期、高峰期和盛末期分别调查1次，有经验的地方认为，如果采用分龄分级法，则只需在蛹始盛期到化蛹高峰期之间进行全面的调查分析1次即可。每次调查结果，均可用虫龄、虫级为横坐标，累积发育率为纵坐标，做出发育进度的S形曲线。根据纵坐标上累积发育进度达16%、50%、84%的各点，通过S形曲线，在横坐标上可找出处于始盛期、高峰期和盛末期的虫龄或虫级。如果有多次调查的结果，还可以进行多次结果的比较研究，探讨预测值与实际值的符合程度。1974年南京农学院植物保护系在江苏省东台县富安公社进行了第3代三化螟预测。于8月5日和13日连续两次进行田间调查，检查了第2代三化螟的危害虫口最多的主要类型田中稻"新竹矮选"（该类型田虫数占当地总虫数的90%以上），求出了田间的发育进度，结果见表9-3。

表9-3　三化螟发育进度的分龄分级调查表

日期	总虫数	各龄幼虫比例（%）					各级蛹比例（%）							蛹壳比
		1	2	3	4	预蛹	1	2	3	4	5	6	7	
8月5日	44	0	0	11.39	34.09	31.8	15.9	6.82	0	0	0	0	0	0
累积				100	88.61	54.52	22.72	6.82	0	0	0	0	0	0
8月13日	80	0	0	2.5	10.0	2.5	2.5	8.75	11.25	20	6.25	25	5	6.25
累积				100	97.5	87.5	85	82.5	73.75	62.5	42.5	36.25	11.25	6.25

由表9-3可知，8月5日完成或达到1级蛹的虫数达22.72%，已达到了蛹始盛期16%的标准，因此1级蛹是构成第3代三化螟羽化始盛期的主要虫源。完成和达到预蛹的虫体比例达54.52%，因此预蛹是构成羽化高峰期的主要虫源。因此羽化始盛期和高峰期的预测式如下。

第三代发蛾始盛期＝8月5日＋1级蛹历期的一半＋2～7级蛹历期＝8月5日＋1×1/2＋8＝8月13—14日。

第三代发蛾高峰期＝8月5日＋预蛹历期历期一半＋蛹历期＝8月5日＋2×1/2＋9＝8月15日。

由于1级蛹和预蛹作为始盛期和高峰期虫源时，它们各自都有可能一部分个体刚发育到1级蛹或预蛹，而另一部分却快要完成该阶段的发育，因此它们的历期只计算一半。而以后的虫龄级别还没有发生，因此要计入全历期。

再以8月13日调查的结果进一步矫正羽化始盛期和高峰期的预测值。此时羽化始盛期的主要虫源来自于7级蛹，高峰期主要虫源来自于4～5级蛹，因此再次预测如下。

第三代发蛾始盛期＝8月13日＋7级蛹历期一半＝8月13日＋1.1×1/2＝8月13—14日。

第三代发蛾高峰期＝8月13日＋4级蛹历期一半＋5～7级蛹历期＝8月13日＋1.0×1/2＋3.6＝8月17日。

这与8月5日调查结果所做的预测值基本相符。当年灯下实测的蛾始盛期出现在8月14日，高峰期在8月16—17日，这与预测值相符，说明分龄分级法在发生期的短期预测中准确性较高。

同时也可进一步预测卵孵化始盛期和高峰期。

孵化始盛期＝8月13日＋产卵前期1 d＋卵期7.9 d（28℃下）＝8月22日。

孵化高峰期=8 月 16—17 日+产卵前期 1 d+卵期 7.9 d=8 月 25—26 日。

分龄分级预测法，一般适用于各虫态历期较长的害虫。对生活史本来就很短的害虫，不宜使用分龄分级法。分龄分级预测，对始见期的预测也较为准确，当查得始蛹期后，进行分级即可较准确地推算出始蛾期。发生期预测，主要是为化学防治的用药适期提供依据，因此都以预测盛期为准，随着综合治理的开展（例如释放寄生蜂等天敌），对某种害虫大发生世代或高卵量田块，除要求测准盛发期外，还要求预测始见期，以便确定寄生蜂的释放适期，和对害虫大发生世代或高卵量田块进行初期施药防治的适期。因此分龄分级法较为适用。

分龄分级预测，由于较细致地区分了虫龄、蛹级、卵级等发育进度的年龄分布，还可预测出一些发生呈多峰型的害虫的各峰次出现期。另外，应用分龄分级预测法还可预测三化螟一个世代的“尾巴”。三化螟防治效果的好坏，不仅取决于蚁螟始盛期和高峰期预测的准确程度，以及消灭在高峰左右的及其以前的一大批蚁螟数量，而且还取决于是否消除了“尾巴”螟害。所谓一个世代的“尾巴”，系指一个世代遗留的虫数。种群数量愈多，这个“尾巴”往往愈大。在一个地区，常由于水稻栽培制度复杂、品种繁多、布局不当、管理不当而造成发生期不整齐，蛾源不断，所以有的年份第 2 代、第 3 代或第 3 代、第 4 代的“尾巴”常造成一定的危害和产量损失。预测这个“尾巴”的发生期、发生量就很有必要。据江苏的经验，当查得田间总化蛹率达 60%左右时，其中比例最高的某龄幼虫（包括预蛹），就是所预测的发蛾“尾巴”的虫源。将这龄幼虫历期折半，加后一龄幼虫到羽化的历期，就可预测发蛾“尾巴”的发生期。

从表 9-3 中 8 月 13 日中可以看出，第 4 龄幼虫的比例最大，“尾巴”的发生期=8 月 13 日+4 d（4 龄幼虫历期折半）+2 d（预蛹期）+9 d（蛹期）=8 月 28 日。

“尾巴”的大小决定于虫源比例的大小，二者常呈正相关。据重庆北碚的经验，在临近预测的盛孵末期查“尾巴”虫源基数大小，预测防治失效时未孵卵块密度的大小，从而采取措施彻底消除螟害。在预测“尾巴”螟害的发生期时，要重点查前一代后期的虫源田内的虫龄、蛹级和有效虫口基数、适生田面积等。

对龄期较长的害虫还可根据各龄幼虫发育到初期、中期和后期头宽与体宽（指前胸后部）的比例等变化规律把各龄再细分为前、中、后期 3 个发育级。各龄初期幼虫头宽大于或等于前胸后部宽度；中期头宽明显小于前胸后部宽度；后期二者差异最大，且头壳后缘远离前胸盾前缘。这样，在幼虫阶段田间调查中就可得到 10 多个代表幼虫发育进度的坐标点，所绘出的发育进度曲线较准确，从而提高了预测的准确度。

使用分龄分级预测法进行害虫发生期预测时要注意几点：①调查时要找准虫源田；②要调查得到尽量多的虫数，每次获得的虫量不少于 40 头；③要保证田间各种虫龄（级）的个体都被调查到；④分龄分级要准确，可将调查得到的全部虫体带回实验室，仔细进行归类和龄期、级别的划分；⑤使用的各虫龄（级）的历期资料要与当地当时的气温相符合。例如进行螟虫调查时，要在主要虫源田用稻根铲小心拔取各种新老被害株 200 株以上，注意防止虫体损伤、落失。在剥虫时先查找茎秆上的羽化孔，如孔已由内而外突破但未查到蛹壳，可归入蛹壳内计算，并注明之。

(四) 卵巢发育分级预测法

在害虫发生预测上，已发展到不仅可以应用昆虫外部形态学、生物学、生态学等方面的知识，根据害虫发生的动态进行预测，而且可将昆虫的内部解剖生理知识运用于预测预报。以往有从某种害虫越冬期间体内积累的脂肪含量等方面来预测该种害虫来年发生危害动态的。我国已开始对夜蛾类、螟蛾类、飞虱类等害虫（例如小地老虎、黏虫、棉铃虫、稻纵卷叶螟、稻显纹纵卷叶螟、褐飞虱、白背飞虱等），进行雌成虫内部生殖系统的解剖观察，根据卵巢管内卵粒的成熟度和色泽及脂肪的消耗情况等内部结构特征，将卵巢划分为5～6级，根据各时间各卵巢级别个体所占比例来预测田间虫情的发生期。

表 9-4 稻纵卷叶螟雌蛾卵巢发育分级特征

（引自张孝羲等，1979）

级 别	乳白透明期（一级）	卵黄沉积期（二级）	成熟待产期（三级）	产卵盛期（四级）	产卵末期（五级）
发育历时	羽化后 0.5 d（12～18 h）	羽化后 0.5～2.5 d（36～48 h）	羽化后 2～4 d	羽化后 3～6 d	羽化后 6～9 d
卵巢小管长度（mm）	5.5～8	8～10	11～13	13 以上	9 左右
卵巢发育特征	初羽化时，卵巢小管短而柔软，全部透明；发育 12 h 后小管的中下部隐约可见透明的卵细胞	卵巢小管中下部卵细胞形成，每个卵细胞有一半乳白色的卵黄沉积，一半仍透明	卵巢小管长，基部有 5～10 粒淡黄色的成熟卵，卵巢小管末端有蜡黄色的卵巢管塞	卵巢小管长，基部有淡黄色的成熟卵 15 粒左右，约占管长的 1/2，无卵巢管塞	卵巢小管短，卵巢萎缩，每个小管中仍有成熟卵 8～10 粒（有部分畸形卵粒变形或两粒黏合在一起），有时又出现蜡黄色卵巢管塞
脂肪特征	乳白色，饱满，呈圆形或长圆形	乳白色，饱满，呈圆形或长圆形	黄色，长圆形，不饱满，部分呈丝状	很少，部分丝状，少数长圆形	极少，都呈丝状
交配和产卵情况	未交配，交配囊瘪，呈粗管状，未产卵	大部分未交配，交配囊瘪，呈粗管状；少数交配 1 次，交配囊膨大呈囊状，可透见精包，未产卵	交配 1～2 次，交配囊膨大，呈囊状，可透见 1～2 个饱满精包，未产卵	交配 1～3 次，交配囊膨大，可透见 1～2 个饱满精包，或 1～2 个精包残体，大量产卵	交配 1～3 次，个别 4 次，交配囊可见 1～2 个精包残体或 1 个饱满精包，产卵很少

1. 解剖雌蛾卵巢 卵巢发育及排卵情况是了解雌蛾产卵规律的依据。通常做法是当某种雌蛾在灯下或糖液盆等处出现后，即可按一般解剖法，将雌蛾置于蜡盘内，剪开其腹背体壁，观察卵巢管的发育状况。稻纵卷叶螟雌蛾的卵巢发育分级标准见表 9-4，其各级别卵巢的特征可从图 9-4 中清晰可辨。自蛾出现后，除逐日记录诱得雌蛾和雄蛾数外，可每天或每隔 1～2 d 解剖 1 次，每次抽查雌蛾 20 头，如诱得雌蛾 20 头以下则全部解剖，直到发蛾末期为止。记录检查日期、取样来源、检查头数和各级卵巢出现的头数，并计算解剖各级卵巢蛾数占解剖总蛾的比例（%）。

2. 预测 根据雌蛾卵巢发育分级特征，预测田间产卵盛期和 2 龄幼虫盛发的防治适期。预测标准可根据卵巢解剖结果和田间实际调查情况来制定，不同地方所用标准可能不同。不过都得先通过田间调查，建立解剖结果与田间实际发生情况间的对应关联关系，也就是卵巢发育级别的预测标准。例如上海市星火农场经验，当查得小地老虎四级和五级雌蛾占剖查雌蛾数的 15%～20%时为田间的产卵始盛期，占 45%～50%时为产卵高峰期。各期加上当时气温下的卵历期即得孵化始盛期和高峰期，如再加 1 龄历期即得 2 龄幼虫始盛期和高峰期，可分别预报田间产卵和 2 龄幼虫的防治适期。

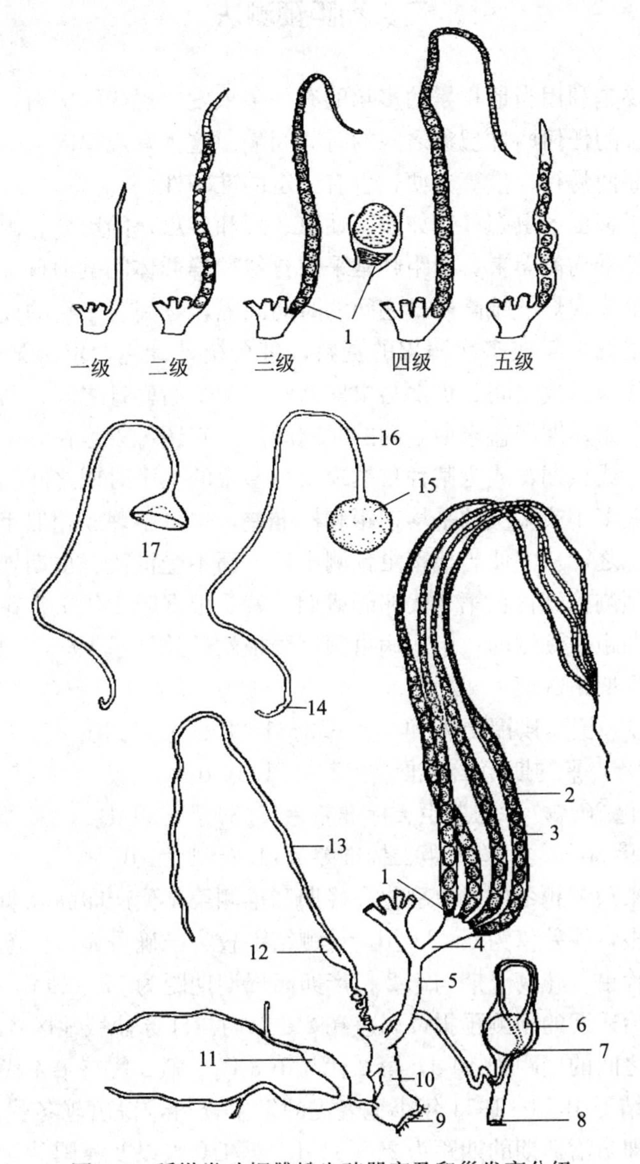

图 9-4 稻纵卷叶螟雌蛾生殖器官及卵巢发育分级

1. 卵巢管塞 2. 卵巢小管 3. 成熟卵 4. 侧输卵管 5. 总输卵管 6. 精包 7. 交配囊 8. 交尾孔 9. 产卵孔 10. 阴道 11. 附腺 12. 储精囊 13. 储精囊腺 14. 精包系带 15. 精包体 16. 精包柄 17. 精包残体

（引自张孝羲等，1979）

其他（如棉铃虫、黏虫等）害虫发生期的预测可仿此进行。首次应用卵巢分级方法进行预测前，都要先建立卵巢级别与田间发育进度间的对应关系，并通过多年多次的检验。建立了该关系后，即可只进行室内的卵巢解剖，依照各卵巢级别出现的个体比例得出田间的发育进度，再用历期法预测所需要的发生期，例如防治适期。

解剖鉴定卵巢发育级别不仅可以预测防治适期，而且可以根据连续日期昆虫的雌成虫卵巢级别的变化动态来判断迁飞性害虫成虫的虫源性质，即属迁出的还是迁入的，这将在本章

第五节中阐述。

二、期距预测法

期距预测法主要是利用当地积累的多年的有关害虫发生规律的资料，分析总结适合当地发生的各种主要害虫的任何两种现象之间的时间间隔。这种有规律的、带必然性的时间间隔称为期距。期距法简便易行，推算方便，也有一定的准确性。

期距一般不等于害虫各虫态（例如卵、幼虫、蛹和成虫）的历期。因为后者多是通过单个饲养观察，再求其平均值而来。期距则常采用自然种群群体间的时间间隔，例如害虫第1代灯下蛾高峰日与第2代灯下蛾高峰日之间的时间间隔，是集若干年的或若干地区记录资料统计分析得来的。根据多年或多次积累的资料，进行统计计算，求出某两个现象之间的期距。期距不限于世代与世代之间、虫期与虫期之间、两个始盛日之间、两个高峰日之间、始盛期与高峰期之间、始盛期和盛末期之间的时间间隔，它还可以是在一个世代内或相邻两个世代间，或跨越世代或虫期，或为某种自然现象与害虫的某个时期之间的时间间隔等。期距统计时，既可整理成多年或多次的平均期距和标准差，也可整理成相似年或相似情况下的平均期距及标准差。总之，从方便当地害虫预测出发，而不受世代、虫期划分的严格限制。例如江苏省南通地区预测棉红铃虫第2代卵孵盛期，就是根据第1代虫害花高峰（相当于4龄幼虫盛期）加一定期距来预测的。南通病虫预测预报站还总结了1955—1964共10年的该虫发生资料，得出下列期距数值。

化蛹20%～50%，平均期距±标准差=6.3±1.28 d。

羽化20%～50%，平均期距±标准差=5.4±1.44 d。

化蛹20%至羽化20%，平均期距±标准差=12.34±1.89 d。

化蛹50%至羽化50%，平均期距±标准差=11.2±1.81 d。

根据这些期距来预测越冬代成虫羽化高峰期和推测第1代产卵高峰期，能在防治前20 d做出防治适期的预报，误差仅为0～2.2 d，预测结果较为准确可靠。江苏东台、大丰等地总结出棉红铃虫第1代虫害花高峰期与第2代产卵高峰期期距为17～20 d，依此能在第2代防治前半个月做出防治适期的预测预报，误差在2 d以内。江苏盐城地区各地第1代与第2代棉铃虫发蛾高峰期之间的期距为40 d，第2代与第3代、第3代与第4代发蛾高峰期之间的期距均为30 d；总结了1963—1971年小地老虎的发生资料，得出越冬代的第1次蛾峰期与田间卵孵盛末期，即防治适期的期距为29～31 d。浙江嘉兴以及我国其他广大稻区已多年应用期距法预测三化螟发生期，都取得了较好的效果。

期距法虽已广泛应用，但它的地区性较强，甲地的期距，未必能适用于乙地；气候及作物生长反常的年份，或耕作制改革、作物品种更换、农药使用等变化，往往会导致发生期、发生期距的变动，使预测结果与实际有显著偏差。因此期距法需辅以其他中短期预测法，进行矫正，并注意研究引起较大偏差的原因。

三、有效积温预测法

根据有效积温原理预测害虫发生期，在我国各地早已研究应用。在适宜害虫发生的季节

里，害虫出现期的早迟、发育速度的快慢、虫口数量的消长等均受到气温、营养等环境因素的综合影响。其中温度影响害虫的发生期、发生量甚为明显。当测得害虫某个虫期或龄期的发育起点温度和有效积温后，就可根据当地常年的平均气温，结合气象的近期预报，利用有效积温公式，发出对害虫下一虫态或虫龄出现时期的预报。

（一）有效积温的测定

害虫的有效积温和发育起点温度的获得是利用有效积温进行发生期预测的关键。建立害虫有效积温测定的方法第一章中已有阐述，这里只举一个例子来介绍在自然条件下测定昆虫有效积温和发育起点温度并阐述其标准误差的估计方法。

例如 1972 年 3—4 月原南京农学院在自然条件下饲养、观察、研究了黏虫卵的发育起点温度与有效积温。将雌蛾放个纱笼中，使其产卵于笼内的小草把上，每天更换草把和查摘新产卵块 1 次，卵块编号后放入玻璃管中，置于室外百叶箱内或室内变温下饲养。连续摘取 9d 的卵块。每天定时观察记录 2～4 次卵孵化情况，且每日在 8：00、14：00 和 20：00 各记录温度 1 次，另外夜间 2：00 的温度用自记温度计记载，以此 4 次的温度算出日平均温度。现在可采用实时温度记录仪进行每分钟或小时的温度记录，并求得日平均温度。试验结果见表 9-5。

表 9-5　黏虫卵在自然变温下的历期调查和温度记录

（扬州，1972）

采卵批数	观察卵块（括号内为卵粒数）	产卵日期（月/日，夜间）	卵孵化时间（月/日）	卵期（N，d）	0℃以上积温（d·℃）	卵期日平均气温的平均值（℃）
1	3（103）	3/21	4/15 夜	25	264.9	10.60
2	2（241）	3/22	4/16 夜	24.3	259.4	10.67
3	4（305）	3/24	4/15 夜	22	236.3	10.74
4	3（38）	3/27	4/16 夜	20	231.0	11.55
5	1（27）	3/30	4/18 上午	18.3	218.3	11.93
6	5（129）	4/4	4/18 上午	13.3	183.9	13.83
7	2（98）	4/12	4/19 上午	6.3	120.6	19.14
8	3（223）	4/13	4/19 上午	5.3	106.6	20.13
9	1（64）	4/21	4/30 中午	8.5	140.3	16.51

1. 发育起点温度和有效积温的计算方法　根据有效积温公式 $K=N(T-C)$，令发育速率为 $v=1/N$，则有

$$T=C+KV$$

以平均温度（T）为纵轴，发育速率（v）为横轴，用最小二乘法即可求有效积温（K）和发育起点温度（C），即

$$C=\frac{\sum v^2 \cdot \sum T-\sum v \cdot \sum vT}{n\sum v^2-(\sum v)^2}$$

$$K=\frac{n\sum vT-\sum v \cdot \sum T}{n\sum v^2-(\sum v)^2}$$

式中，n 为不同的温度组数，本例中 $n=9$。

将表 9-5 中的调查结果，整理计算出各批次卵的历期（N）和卵经历日期的日平均温度

(T)，列于表9-6中。

将表9-6中的计算结果代入上述公式，则可计算出C和K，即

$$C=\frac{\sum v^2\cdot\sum T-\sum v\cdot\sum vT}{n\sum v^2-(\sum v)^2}=\frac{0.091\,118\times125.10-0.771\,5\times12.398\,8}{9\times0.091\,118-(0.771\,5)^2}=8.2\ (℃)$$

$$K=\frac{n\sum vT-\sum v\cdot\sum T}{n\sum v^2-(\sum v)^2}=\frac{9\times12.398\,8-0.771\,5\times125.10}{9\times0.091\,118-(0.771\,5)^2}=67.0\ (\mathrm{d}\cdot℃)$$

表9-6　黏虫卵所经历的平均温度、历期和发育速率

采卵批数（供试项数）	卵期（N，d）	卵期日平均气温的平均数（T,℃）	产卵速率（v）（即$1/N$）	发育速率×温度（vT）	v^2
1	25	10.60	0.040 0	0.424 0	0.001 600
2	24.3	10.67	0.041 2	0.439 6	0.001 697
3	22	10.74	0.045 5	0.488 7	0.002 070
4	20	11.55	0.050 0	0.577 8	0.002 500
5	18.3	11.93	0.054 6	0.651 4	0.002 981
6	13.3	13.83	0.075 2	1.040 0	0.005 655
7	6.3	19.14	0.158 7	3.037 5	0.025 185
8	5.3	20.13	0.188 7	3.798 5	0.035 600
9	8.5	16.51	0.117 6	1.941 6	0.013 830
$n=9$		$\sum T=125.10$	$\sum v=0.771\,5$	$\sum vT=12.398\,8$	$\sum v^2=0.091\,118$

2. 发育起点温度和有效积温标准误差的计算　以上所求得的发育起点温度（C）和有效积温（K），由于取样、实验、计算的关系，都会有一定的误差。因此需要对估计误差进行计算，以便用于预测。

以上求算出的发育起点温度（C）和有效积温（K）的标准误差计算公式如下。

$$s_C=\sqrt{\frac{\sum(T-T')^2}{n-2}\times\left(\frac{1}{n}+\frac{\bar{v}^2}{\sum(v-\bar{v})^2}\right)}$$

$$s_K=\sqrt{\frac{\sum(T-T')^2}{(n-2)\sum(v-\bar{v})^2}}$$

式中，s_C和s_K分别表示发育起点温度（C）和有效积温（K）的标准误差；T'为理论值，由公式$T'=C+Kv$计算得来。该例计算得$\sum(T-T')^2=1.560\,7$，$\sum(v-\bar{v})^2=0.025\,122$，$\bar{v}^2=0.007\,344$，$n=9$，将这些值代入上述公式，即可得到发育起点温度和有效积温的标准误差，即$s_C=\pm0.3$℃，$s_K=\pm3.0$ d·℃。

因此，黏虫卵的发育起点温应写为$C\pm s_C$（℃），即8.2±0.3℃，有效积温写为$K\pm s_K$（d·℃），即67.0±3.0 d·℃。

所以黏虫卵历期的预测式为

$$N=\frac{K \pm s_K}{T-(C \pm s_C)}=\frac{67.0 \pm 3.0}{T-(8.2 \pm 0.3)}$$

将当时的平均气温（T）代入预测式，即可得出黏虫卵将在多少天后孵化。

（二）有效积温预测方法

预测对象的有效积温和发育起点温度明确后，对其发生期预报，则只要选择正确的气温资料就可准确做出预报。现以麦田黏虫为例，应用有效积温预测式预测其发生期。根据田间草把诱蛾产卵所查明的第1代产卵始盛期和高峰期，以及当地旬气温和候气温预告值，或日平均气温观察值进行预报。南京农学院于1973年和1974年在江苏扬州及东台按这种方法来预测黏虫第1代卵孵始盛期、高峰期和2龄幼虫始盛期，总结出了以下3种预测方法。

1. 按当地逐日气温观察值进行预测　即自查得产卵始盛期和高峰期起，逐日求得每日的有效温度（高于昆虫发育起点温度以上的部分），再累加起来，当逐日累加值［$\sum(T-C \pm s_C)$］达到卵的有效积温（K）的日期，就是预测的卵孵始盛期或高峰期。如果产卵始盛期或高峰期已过，而孵化始盛期或高峰期尚未到来，是从中途开始预测，则将已过天数的每日有效积温逐日累加起来，再将未经过的天数按旬气温和候气温预告值推算，同样可以找到卵孵始盛期或高峰期。按逐日气温观察值，求得逐日的有效温度，再累加的方法，预测结果较准确，但预测期限短，在1 d之内。

2. 按当地当时的旬气温和候气温预告值进行预测　即按旬（10 d）、候（5 d）内每天平均气温的预告值进行逐日求得有效积温。仍从查得始盛期和高峰期起，将有效温度累加起来，当累加值接近有效积温（K）时，也就是当$(K \pm s_K)/[\sum(T-C \pm s_C)] \approx 1$时的日期，即为预测的卵孵始盛期或高峰期。这样预测期限可延至5～10d。预测结果做出后，还可以利用每天平均气温的实测值对预报结果进行校正。

3. 按当地常年旬平均气温和候平均气温值进行预测　将当地常年同期的日平均气温代入公式进行有效积温的计算，当有效积温累加到某发育阶段所需的有效积温后，则该发育阶段就已完成。应用常年平均气温资料来预测要比按该年同期的气温预告值推算所预测的期限要长，而且可避免受当年气温预报值偏离度的影响，不过预报值的变化幅度会较大。1974年南京农学院在江苏省东台县进行黏虫发生期预测时曾试用当地常年旬均温值及其标准差（$s_{\bar{x}}$），再按统计学上的置信范围进行预测，准确性随即提高，发出的预报提早，结果见表9-7。经验证，预测值与实际发生情况相符，误差范围仅0～2 d。

表9-7　利用常年4月份气温统计值预测黏虫的卵孵高峰期

项　目	4月各旬平均温度（℃）			1974年各卵高峰和卵孵化期预测		
	上旬	中旬	下旬	4月8日卵高峰	4月10日卵高峰	4月15日卵高峰
1974年实测	12.9	14.7	16.2	4月19日	4月20日	4月25日
常年平均温度推算	11.0	13.6	15.3	4月21—22日	4月21—23日	4月27—28日
常年平均温度± $s_{\bar{x}}$	11.0±0.38	13.6±0.42	15.3±0.37	4月21—22日	4月22—23日	4月25—27日
置信区间(P=0.05)	11.0±0.74	13.6±0.82	15.3±0.73	4月21—23日	4月21—23日	4月25—27日
置信区间(P=0.01)	11.0±1.08	13.6±1.0	13.3±1.05	4月19—21日	4月21—24日	4月25—28日

注：据江苏省东台县21年气象资料。

有效积温预测法是偏重温度对昆虫的影响，尽管还可以考虑平均温度及发育起点温度和有效积温的标准误差，调整预报期，但这个方法多限于适温区和受营养等条件影响较小的虫期和龄期，而对受营养等影响条件较大的虫期和龄期，或出现极端高温天气时（高温抑制发育），其预测值与实发值相比偏离度可能较大。不过害虫在田间发生，寄主营养往是相当充沛的，因此一般只需注意极端高温对害虫发育的抑制作用。正如第一章所述，有效积温法还可以预测害虫的地理分布、发生世代数的理论值等。

四、物候预测法

应用物候学知识预测害虫的发生期，这种方法称为物候预测法。物候学是研究自然界的生物（包括动物和植物）与气候等环境条件的周期性变化之间的相互关系的科学。生物有机体的生育周期和季节现象是长期适应其生活环境的结果，各现象之间的关系有着相对的稳定性。物候法预测害虫的发生期就是利用这个特点。在长期的农业生产和害虫预测预报实践中，广大群众积累了丰富的物候学知识。例如对小地老虎就有“榆钱落，幼虫多；桃花一片红，发蛾到高峰”的简易而可靠的预报方法。还有用“花椒发芽，棉蚜孵化；芦苇起锥，向棉田迁飞”来预测棉蚜的发生期；用“小麦抽穗，吸浆虫出土展翅”来预测小麦吸浆虫成虫的发生期。

运用当地物候资料进行虫情预测，不仅简便易行，便于群众掌握，而且有一定的科学依据。自然界形形色色的现象都是相互联系又相互制约的。物候预测法就是根据自然界的生物群落中，某些物种与害虫对于同一地区内的综合外界环境条件有相同的季节、时间性反应，而应用易于观察的物种的表现来预测害虫的发生期。例如某种害虫的某个虫期与其寄主植物的一定生长阶段常同时出现。这样就可依据寄主的某个生育期的出现来估计害虫可能发生的时期，例如“木槿芽吐绿，棉蚜卵孵化”这在江苏南京是同步的，因此在春季调查棉蚜卵孵化时间，只需查看木槿芽是否稍有变绿。

害虫与周围其他生物之间的物候关系有直接和间接两种。前者是由于它们在生物学和生理学上有直接联系。例如梨实蜂成虫盛发期与梨树开花盛期的物候相联系，是因为该虫只能产卵于梨花花萼的表皮组织内，经长期适应后，二者发生期在时间上便相吻合。辽宁北镇梨树的盛花期为4月下旬到5月初，北京的则为4月中旬，都正是两地梨实蜂成虫的盛发期。四川的柑橘花蕾蛆，也因成虫产卵于花蕾里，故现蕾盛期往往与成虫盛发期一致。江苏、湖北等地查明，棉花现蕾期到，红铃虫卵即出现。棉蚜在棉田间的扩散迁飞也是与其寄主植物（木槿、棉花）生育阶段的变化有密切关系。

与害虫没有直接联系的物候关系，也可根据二者出现期的稳定性，用于害虫发生期预测。例如吉林省发现高粱蚜越冬卵孵化期约在杏花含苞时；有翅蚜第1次迁飞，在榆钱成熟时。湖南西部花垣地区以多年观察结果得出：“蝌蚪见，桃花开”是水稻二化螟越冬幼虫始蛹期；“油桐开花，燕南来”是化蛹盛期；“小旋花抽藤”是越冬代蛾盛发期。而据湖南南部观察，当地柑桔抽梢初期为二化螟始蛾期，抽梢盛期为盛蛾期。又据衡阳地区观察，当地桃树初花为茭白中越冬二化螟始蛹期，桃树盛花为稻桩中越冬二化螟始蛹期和茭白上二化螟的始蛾期。以上非直接联系的物候例子，都是由于一种害虫的某个虫期和其他动植物的一定发育阶段同时受制于相同的自然条件（例如大气温度、湿度等），从而使生物间某些生育阶段并行发展，或按先后顺序发生。这种间接的物候关系一定要经过多年观察，确定出二者的长

期稳定性后，才能应用于预测。

用于害虫发生期预测的物候主要是观察当地动植物优势种的生育过程与主要害虫发生的关系，例如华北地区研究花椒与棉蚜关系。在物候预测研究上，还应注意最好选木本植物、有季节性活动的动物，也可选害虫的寄主植物或与害虫生态条件要求相似的植物，系统观察其萌芽、出生、放叶、现蕾、开花、谢花、结果、落叶等生育过程，或观察当地某些动物（例如候鸟）的季节性活动规律、出现和消失情况，包括出没、鸣叫、迁飞等。分析其与当地某些害虫发生期的关系是直接的还是间接的，一定要在积累多年经验资料的基础上进行，所得结论还需接受异常气候和有其他特殊生态因素影响的年份的考验，以探明物候预测的可靠性。

物候预测具有严格的地区性，不可机械地搬用外地资料。即使是在同一个地区，所选用的指示动植物也会受地势、土质、地形、树龄、品种、营养状况等差异的影响。因此物候预测法虽然简而易行，也只能预测一个趋势，或作为确定田间查虫期的一个依据。

害虫发生期的预测还可采用数理统计预测法。其基本方法是以发生期为因变量，气象等因子为自变量，利用多年的资料，建立发生期与自变量间的稳定关系模型，然后利用所建模型进行预测，其具体操作步骤等在第十章中介绍。

第四节　害虫发生量预测的原理与方法

害虫发生数量的预测是决定防治地区、防治田块面积及防治次数的依据。目前，虽然有不少的关于害虫发生量预测的资料，但其总的研究进展仍远远落后于害虫发生期预测。这是由于影响害虫发生量的因素较多所致。例如营养质量的影响、气候直接或间接的作用、天敌的消长、人为因素等，常常引起害虫发生量的波动以及其繁殖力、个体大小、体质量、性比、死亡率等的各种变化。这种变化的幅度和深度，常因害虫的种类而不同。对各种环境因素适应能力愈强的害虫，也愈能引起数量的猖獗。害虫数量消长还与其发生的有效虫口基数有关。

现根据有关资料，介绍害虫发生量预测的几种常用方法：有效基数预测法、气候图预测法、经验指数预测法、形态指标预测法和生理生态预测法。

一、有效基数预测法

有效基数预测法是目前应用比较普遍的一种方法。它是根据上一世代的有效虫口基数、生殖力、存活率来预测下一代的发生量。此法对一化性害虫或1年发生世代数少的害虫的预测效果较好，特别是在耕作制度、气候、天敌寄生率等较稳定的情况下应用效果更好。预测的根据是害虫发生的数量通常与前一代的虫口基数有密切关系。基数愈大，下一代的发生量往往也愈大，反之亦然。在预测和研究害虫数量变动规律时，对许多害虫可在越冬后、早春时进行有效虫口基数调查，作为预测第1代发生量的依据。例如小麦吸浆虫在小麦抽穗前进行淘土检查，根据上升于土表层的虫口基数预测当年成虫的发生量。三化螟、棉红铃虫越冬后的幼虫基数也可作为预测第1代发生量的依据。玉米螟越冬后幼虫基数的大小、死亡率高低，也可作为预测第1代发生量的依据。对许多主要害虫的前一代防治不彻底或未防治时，由于残留的虫量大、基数高，则后一代的发生量往往增大。

根据害虫前一代的有效虫口基数推算后一代的发生量，常用下式计算简单地估计种群数量。

$$P=P_0\times e\times\frac{f}{f+m}\times(1-M)$$

式中，P 为下一代的发生量；P_0 为上一代残留虫口基数；e 为每雌平均产卵量；$f/(f+m)$ 为雌虫比率，f 为雌虫数量，m 为雄虫数量；M 为死亡率（包括卵、幼虫、蛹、成虫未生殖前的死亡）；$(1-M)$ 为生存率。

现以蝗蝻和三化螟为例加以说明。

（一）预测下一代蝗蝻密度

例如某地秋蝗残蝗密度为每公顷 450 头，雌虫占总虫数的 45%，雌虫产卵率为 90%，即每 100 头雌虫有 90 头能产卵，每头雌虫平均产卵 240 粒，越冬死亡率为 55%，预测来年夏蝗蝗蝻密度。

根据上述公式，即有

夏蝗蝗蝻密度＝450×240×45%×90%×（1－55%）＝19 683（头/hm^2）

（二）预测下一代三化螟发生量

浙江嘉兴地区病虫预测预报站曾依据三化螟基数、繁殖率、死亡率调查结果进行发生量预测。他们在 100hm^2 稻田上建立了螟虫预测预报观测区，在每年 4 月份越冬幼虫初蛹期，查清观测区内各类越冬虫源田，包括三麦、油菜、蚕豆等春花田和冬闲田、绿肥田的面积比例及虫口密度，然后按加权法推算出观察区内冬后活虫总数；再依据初蛹期至羽化前的死亡率及雌性比例、繁殖系数等，计算出观察区内的总蛾量、总卵量及各类型田的蛾卵密度。其公式为

观测区内总发蛾量＝∑（每种类型田初蛹时单位面积活虫数×面积）×（1－初蛹期至羽化间的死亡率）

观察区内总卵（块）量＝总蛾量×雌蛾比例（%）×平均每雌产卵（块）数

平均每公顷蛾量或卵块数＝总蛾数（或总卵块数）÷蛾（卵块）分布面积（hm^2）。

根据历年第 1 代螟卵在各类型田分布的比例，就可进一步推算出各类型田的螟卵密度。

他们还根据多年积累的资料和预测经验，总结出发生量的经验性预测法。

①越冬初蛹期有效虫源田内平均每 100 头活虫羽化后可产出约 50 个卵块，从而可算出第 1 代的总卵块数，再除以分布面积，可得出一代平均每公顷的卵块数。

②第 2 代的总卵量为第一代总卵量的 7.4（6～9.8）倍，第 3 代则为第 2 代总卵量的 17.3（16.6～18）倍。

重庆北碚依据第 2 代三化螟的有效虫口基数等数据，预测第 3 代平均每公顷卵块量的趋势。1974 年在北碚作了调查，7 月 19 日查得第 2 代三化螟在迟栽中稻和迟栽糯稻这两类主要虫源田内的有效虫口基数，即总活虫数（P_0）为 26 178.67 头；每头雌蛾平均产卵块数（e）为 3.25 块，雌蛾率［$f/(m+f)$］为 57.87%，化蛹始盛期到羽化间的死亡率（M）为 15.5%，将这些调查结果代入发生量公式计算得：第 3 代三化螟在该地预计有总卵块数为 41 604.58 块，该地当年种植双季稻面积为 4.67 hm^2（70 亩），估计平均每公顷卵块数为

8 916.0 块，后来田间实测平均每公顷为 8 296.5 块。

不过影响害虫发生量的生态因素较多，所以发生量的预测常仅是一个趋势。预测值与实发值之间可能有较大的差异，尤其以大范围内的预测更是如此。

依据调查基数预测发生量的工作量较大，要真正查清前一代的基数是不容易的。对于单食性害虫（如三化螟）和越冬场所单纯的害虫（例如棉红铃虫等），虫口基数较易查清；但对一些多食性害虫和越冬虫源较广的种类（例如玉米螟、二化螟、棉蚜），以及目前尚未弄清其越冬虫源的或具有远距离迁飞习性的害虫（例如黏虫、稻纵卷叶螟和稻飞虱等），要查明其可靠的有效虫口基数则较为困难。另外，检查时间与方法都应根据物种的生物学和生态学特性而定，事先要弄清其主要虫源，并测定该种的生殖力、死亡率、性比、寄生率以及其他有关数据。

在调查清楚虫口基数后，还可根据害虫种群在各年份各代次的平均种群趋势指数（I）及其变异大小，粗略地预测出下一代次的种群数量。预测式为

$$P=P_0I$$

如果种群各世代的趋势指数（I）较为准确，那么预测下一代的数量也就较准确。因此种群趋势指数要通过多年多次的调查与试验，获得其平均值及变异程度或标准误差，然后才可用于预测。

二、气候图预测法

大气中的温度和湿度联合影响各种害虫的发生。每种害虫对温度和湿度都有一定的选择性，处于适宜温度和湿度，特别是最适温度和湿度条件下时，种群数量将迅速扩大、猖獗成灾，否则即受到抑制。许多害虫在食物得到满足的情况下其种群数量变动主要是以气候中的温度和湿度为主导因素引起的，对这类害虫可以通过绘制气候图（climograph）来探讨害虫发生量与温度和湿度的关系，从而进行发生量的预测。

通常绘制气候图是以月（旬）总降水量或相对湿度为一条坐标轴，月（旬）平均温度为另一条坐标轴。将各月（旬）的温度和降水量，或温度与相对湿度组合绘为坐标点，然后用直线按月（旬）先后顺序将各坐标点连接成多边形不规则的封闭曲线。把各年各代的气候图绘出后，再把某种害虫各代发生时所需的适宜温度和湿度范围方框在图上绘出，就可比较研究温度和湿度组合与害虫发生量的关系。

在生物气候图中可以明显地看出害虫大发生及小发生年，以及发生多的地区和发生少的地区的温度和降水量或温度和湿度组合是否适宜于害虫发生（图 9-5）。将各气候图相互对比，可找出引起某种害虫猖獗的主导因子。将 1975 年和 1976 年江苏扬州第 2 代和第 3 代褐飞虱成虫及卵的发生期间旬平均气温和大气相对湿度的气候图相互比较，就可以看出这两年褐飞虱在江苏的发生情况很不相同。1975 年，第 2 代和第 3 代都是大发生年，发生期中各旬的温度和湿度组合均落在当代适宜温湿度范围的方框内。1976 年系发生中等偏轻年，同是第 2 代和第 3 代，发生期中各旬温度和湿度组合均落在方框以外。这样对比就可以看出一种害虫为什么在有的年份发生重，在有的年份发生轻的原因。从上述 1975 年和 1976 年的气候图中就可看出第 2 代和第 3 代褐飞虱发生轻重的主导因素是温度和湿度组合不同。这可以提供发生量预测的依据。在气候图上还可以把某种害虫的最适温度和湿度范围和适宜温度湿

度范围均绘在图上，这样来对比研究害虫的发生量与温度和湿度的关系就更清楚了。总之，用绘制生物气候图的方法可将某种害虫同年不同世代、同代不同地区或不同年份，以及常年、大发生年、小发生年的各种资料进行分析。

根据气候图预测害虫种群发生程度时，往往从害虫发生期内的气候条件是否与害虫发生的最适宜条件相符合来判断。如果气候图落入害虫适宜的气候范围内，则种群大发生的概率大；如果部分落入，则中等发生的概率大；如果完全偏离，则轻发生概率大（图 9-5）。

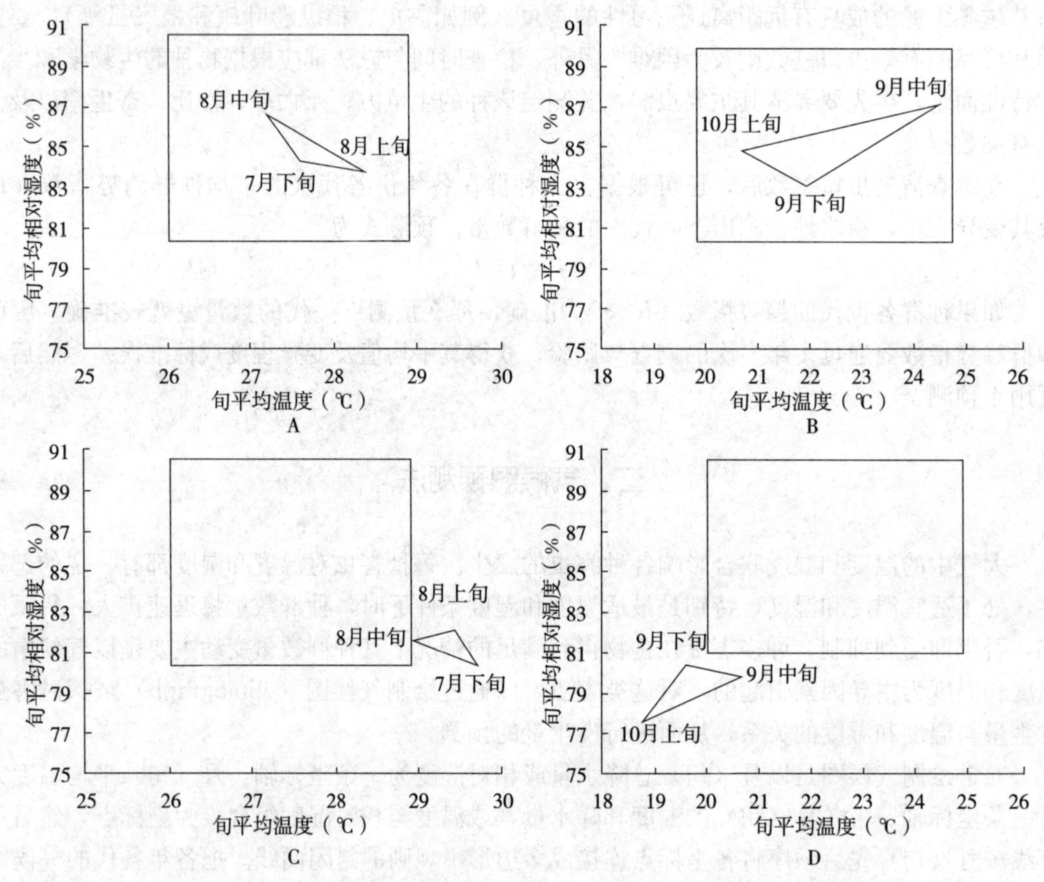

图 9-5 褐飞虱第 2 代和第 3 代生物气候图

A. 1975 年褐飞虱第 2 代（7 月下旬至 8 月中旬） B. 1975 年褐飞虱第 3 代（9 月中旬至 10 月上旬）
C. 1976 年褐飞虱第 2 代（7 月下旬至 8 月中旬） D. 1976 年褐飞虱第 3 代（9 月中旬至 10 月上旬）
（方框代表褐飞虱的最适温度和湿度范围。三角形代表不同时间段内实际的平均温度和湿度。1975 年第 2 代和第 3 代褐飞虱发生时段的温度湿度全部落在最适温度和湿度范围之内，种群系大发生；而 1976 年的第 2 代和第 3 代发生时段的温度和湿度均在最适范围之外，因此种群为轻发生）

如果从各年或各季节、各地区的气候图中找不出很明显的差异，而发生量又显然不同，则说明温度和湿度组合不是决定种群数量消长的主导因素，就应该从营养、天敌等其他因素的影响中去探讨，找出影响害虫种群数量变动的主导因素。

气候图也可以同害虫的发生季节结合起来绘制，这就成了生物气候图（bioclimatic graph）。生物气候图在制作时同绘气候图一样，先按月在图上标出点来，而在连线时则可用不同的线段符号代表害虫不同的虫态。Uvarov 首先采用了这种生物气候图，绘制了摩洛哥蝗（*Dociostaurus maroccanus*）在高原和平原地区的温度和降水量两因子的生物气候图。他

用点表示卵，虚线表示若虫期，实线表示成虫期，将不同月份的降水量和气温点在坐标图上，并根据各月份中蝗虫所处的虫态用相应形式的线将各点连接起来，从而制成了生物气候图。并从生物气候图中得出：在高原地区，夏季和初秋干燥，随后雨水充分，温度又适宜，这些条件的组合，有利于摩洛哥蝗大量发生；相反，在平原地区，因为春季暖得早，夏季7—8月太干旱，冬季又太湿，因而不利于摩洛哥蝗发生。比较两地区情况后，就可发现摩洛哥蝗发生与否决定于温度和湿度综合作用的效应。有的生物气候图对全变态昆虫可用⊕表示蛹，用＋表示成虫。例如某种害虫在7—8月为幼虫，就在图上的7—8月间处用虚线表示。如果对一种害虫能作出生命表，而生命表上显示出那个虫态（或龄）的死亡率主要是受气候影响的，则将这个虫态（龄）的发生期以特殊线段标在气候图上，就更能说明问题。

当然，在实际应用时要根据多年或多点的资料，分别制成气候图或生物气候图，从中分析找出不同发生程度的模式气候图。在具体预测时，可根据当地中长期或近期气象预报，制成气候图，并与模式气候图比较，即可进行发生量趋势预测。但由于气象预报往往不准，所以预测的发生量与实际也常有些偏差。

三、经验指数预测法

在害虫发生量预测中，还常用经验指数来预测某种害虫将要发生的数量趋势。这些经验指数是在研究分析影响害虫猖獗发生的主导因素时得出来的，反过来应用于害虫预测上。目前，常用的经验性预测指数有:温雨系数或温湿系数、气候积分指数、综合猖獗指数、天敌指数等。

（一）温湿系数或温雨系数法

根据经验，某些害虫在其适生范围内要求一定的温度和湿度（或温度与降水量）比例，这段时间内的平均相对湿度或降水量与平均温度的比值，就分别称为这段时间内的温湿系数或温雨系数。温湿系数或温雨系数反映了温度和湿度对害虫的联合作用。

温湿系数的表达式为

$$Q=Rh/T$$

或

$$Q=Rh/(T-C)$$

式中，Rh 为月或旬的相对湿度，T 为月或旬的平均温度，C 为该虫的发育起点温度。

温雨系数的表达式为

$$E=P/T$$

或

$$E=P/(T-C)$$

式中，P 为月或旬的降水量。

利用温湿系数可预测害虫的发生程度。例如据北京地区7年资料得出月平均气温及相对湿度的比值是影响华北地区棉蚜季节性消长的主导因素。当5 d内的平均相对湿度与5 d内平均温度的比值（Q）为2.5～3.0时，将有利于棉蚜种群的发生，易造成猖獗危害。广东省根据历年资料统计分析得知，第1代三化螟危害的轻重与1—2月份总降水量和平均气温的比值（E）有关，当 $E>6$ 时为轻发生，当 $E=4\sim6$ 时为中等发生，当 $E>5$ 时为偏轻发生，当$E<5$时为偏重发生，当$E<4$时则重发生。E值越大，螟害越轻；E值越小，螟害越重。说明降水量愈少愈有利于螟虫越冬，其存活率愈高，危害愈重。

东亚飞蝗的发生动态与季节性温度、降水量的变化有一定关系。在长江下流地区得出了下列经验预测式。

$\frac{T_5}{21}+\frac{80}{R_4}>2$，夏蝗可能大发生。

$\frac{T_5}{21}+\frac{80}{R_4}+\frac{240}{R_7}>3$，则秋蝗可能大发生。

式中，T_5为5月份平均温度（℃），R_4为4月下半月和5月上半月的总降水量（mm），R为7月和8月的总降水量（mm）。预测式表明，长江下游地区，5月份温度高于21℃，4月下半月和5月上半月总降水量低于80 mm，则当年夏蝗可能大发生。如果7月和8月总降水量低于240 mm，则当年秋蝗可能猖獗。

河南开封地区通过分析1959—1963年玉米螟的资料得出，影响当地第1代种玉米螟群数量消长的主导因素是4月和5月两月的温湿系度。经相关性测定，第1代玉米螟危害程度和4月和5月两月温湿系数呈正相关，相关程度显著。温湿系数（x）与有虫株率（y）的关系式为：$y=22.7x-25$。由关系式可知，每当4月和5月温湿系数增加或减少0.1时，则第1代有虫株率将增加或减少2.3%。该地区4月和5月温湿系数达4以上时，就有大发生的可能。同样，还弄清了影响该地区第3代玉米螟危害增减的主导因素是7月下旬到8月底的温湿系数，第3代玉米螟危害程度（百株虫数y）与7月下旬至8月底的温湿系数（x）呈负相关，相关程度显著，相关预测式为：$y=5\ 330-1\ 355.5x$。该预测式表明，这段时期内当温湿系数每增加0.1时，则第3代玉米螟100株虫数将减少135.6头。如温湿系数大于常年，则第3代玉米螟将轻发生，等于年常将中等发生，小于常年则将严重发生。

（二）气候积分指数法

气候积分指数不仅考虑气候因子绝对值的大小，而且把气候因子在各年份间的变化差异也考虑在内。其利用气候因子的值与因子的标准差的比值来表示某些因子的作用，如水分积分指数（W）的计算式为

$$W=(x/\sigma_x+y/\sigma_y)/2$$

式中，x为降水量（mm），y为雨日，σ_x为常年降水量标准差，σ_y为常年雨日标准差。

例如山东省在研究黏虫发生发展规律中得出：麦田中的黏虫幼虫数量消长与4月中旬越冬代蛾量及水分积分指数有关（表9-8）。临沂地区4月上中旬的水分积分指数$W=(x/15.7+y/2.3)/2$。W值越大，麦田黏虫幼虫发生越严重。

表9-8　山东地区麦田中黏虫幼虫消长的预测指数

麦田幼虫发生程度	4月中旬越冬代连续5d的诱蛾量（头/台诱集器）	4月上中旬水分积分指数（W）
轻	<300	<1.58
中	≥300	≥1.58
重	≥600	≥2.20
严重	≥900	≥2.82

（三）综合猖獗指数法

害虫的发生与虫口基数及气候因素密切相关。综合猖獗指数的提出就是同时考虑气候因素和虫口密度这两类指标。例如棉小绿盲蝽在关中地区蕾期的发生程度与4月中旬苜蓿田中每公顷的虫口数（P_4）、6月份总降水量（R_6 mm）、6月份日照时数（S_6）有关，并且利用这些因子组建出综合猖獗指数（H），即有

$$H=P_4/150\ 000+R_6/S_6$$

当 $H>3$ 时，棉小绿盲蝽在蕾期将严重发生；当 $1<H<2$ 时，将中等发生；当 $H<1$ 时，将轻发生。

（四）天敌指数法

天敌是抑制害虫种群发展的重要因素之一。天敌丰富时，害虫种群数量增长将变缓或完全受到抑制。天敌控制害虫的作用大小与天敌的数量及捕食量有关。天敌指数可用简单的益害比来表示，即天敌数量与害虫数量的比值。也可用害虫数量与所有天敌日取食量和的比值来表示，即

$$P=x/\sum(y_i e_{yi})$$

式中，P 为天敌指数，x 为调查时害虫的密度，y_i 为 i 种天敌的密度，e_{yi} 为 i 种类天敌的日捕食害虫数量。

在华北地区棉田，调查每株蚜虫数（x）和平均每株上某种天敌的数量（y_i），并在室内测定某种天敌每日的食蚜量（e_{yi}），则可计算出天敌指数（P）。如果棉蚜的天敌指数 $P\leqslant 1.67$，天敌将在4～5d将棉蚜控制住，而不需要施药防治。几种棉蚜的捕食性天敌的食蚜量如表9-9所示，可供天敌指数建立时参考。

表9-9　棉蚜捕食性天敌的种类及日食蚜量

天敌种类	每日食蚜量（头）	天敌种类	每日食蚜量（头）
异色瓢虫成虫	60	大灰食蚜蝇幼虫	120
异色瓢虫幼虫	120	四条食蚜蝇幼虫	60
七星瓢虫成虫	120	大草蛉幼虫	80
七星瓢虫幼虫	80	小草蛉幼虫	50
龟纹瓢虫成虫	50	斑腹蝇幼虫	15
龟纹瓢虫幼虫	30		

利用经验指数来进行害虫发生量的预测在生产中应用较多，并且各地方有各种不同的经验指数提出。不同地区在利用经验指数时，可根据实际情况，制定出符合当地害虫发生实情的判断标准加以利用，不能照搬其他地方的标准。

四、形态指标预测法

环境条件对昆虫的影响都要通过昆虫本身的内因而起作用。昆虫对外界条件的适应也会

从内部和外部形态特征上表现出来，例如体型、生殖器官、性比的变化、脂肪的含量与结构等都会影响下一代或下一个虫态的数量和繁殖力。例如蚜虫有有翅和无翅之分，飞虱成虫有长翅型和短翅型之分。一般在食料、气候等适宜条件下无翅蚜多于有翅蚜，短翅型飞虱多于长翅型飞虱。当这些现象出现时，就意味着种群数量即将扩大；相反，则有翅蚜、长翅型飞虱的个体比例较多，表示着种群即将大量迁出。因此可以利用这些形态指标作为发生数量预测的标准，推算未来种群数量动态。

（一）种群多态性指标预测

1. 蚜虫的数量预测　蚜虫处于不利条件下，常表现为生殖力下降，此时蚜群中的若蚜比例及无翅蚜的比例会下降。因此可以根据有翅若蚜比例的增减或若蚜与成蚜的数量比值来估测有翅成蚜的迁飞扩散和数量消长。例如华北地区棉蚜群体中当有翅成蚜和若蚜占总蚜口的比例，在解剖镜下观察达38%～40%时，或肉眼观察达30%左右时，常常在7～10 d后将大量迁飞扩散。原北京农业大学连续4年在14茬十字花科蔬菜上的系统调查证明，桃蚜种群中若蚜与成蚜的数量比下降到2.17～2.91（95%置信范围）或2.03～3.05（99%置信范围）时，再过4～6 d将开始出现有翅若蚜。然而由于各种蚜虫的生物学特性不同，作为预测用的形态指标也就不一样，例如对同属于十字花科的菜缢管蚜在8茬十字花科蔬菜上系统调查，若蚜与成蚜的数量比下降到8.56～9.76（95%置信范围）或8.29～10.03（99%置信范围）时，将在5～6 d后出现有翅若蚜。有翅若蚜出现不久，将会出现有翅成蚜的迁飞扩散。

2. 飞虱的数量预测　在飞虱科昆虫中有不少种类的成虫有长翅型和短翅型之分。在一般情况下，长翅型中雌虫比例较低，寿命较短，而且产卵量也较少；相反，短翅型在营养丰富、高温多湿等好的条件下生存时，它的雌虫比例较高，寿命比长翅型的长3～5 d，产卵量，比长翅型约多1倍。也就是说，当外界条件不良时，长翅型成虫增多而有利于迁飞扩散；相反，外界营养等条件良好时，可促使出现短翅型，其生殖力增高。所以短翅型个体的增加是飞虱将大发生的征兆。我国和日本的研究都一致证明，良好的营养和气候条件，是诱发褐飞虱及白背飞虱大发生的主导因素。据湖南的资料，7月中旬以前，正值早稻孕穗、抽穗、乳熟、灌浆期，食料充足，短翅型数量较多，可占总虫数的63.66%～92.68%，随后由于植株老化、营养不良，长翅型比例突增，短翅型比例下降到20%以下。

湖南省农业科学院经多年调查总结出：凡5月下旬至6月上旬在湖南南部地区，或6月中旬至6月下旬在湖南中部和北部地区，每100丛稻中有短翅型成虫4～10头时，15～20 d后该类稻田褐飞虱会严重发生。又据江苏太仓县总结：9月上中旬第3代成虫盛发期中，如果短翅型成虫占60%以上，每100丛达10头以上，则第4代褐飞虱将会大发生。与此相反，在营养和气候不太适宜时，尤以水稻黄熟期时，长翅型成虫就将迁飞扩散。

（二）体质量和体长指标法

一般情况下，害虫的体质量能反映其对环境的适应力。由体质量大的个体组成的种群，往往表现出强的繁殖力和存活力，因此未来可能发生重，特别是越冬虫态。侯丽伟等（1999）采用越冬蛹重的指标对杨小舟蛾未来发生量进行了短期预测，研究得出蛹质量与羽化雌蛾比例及其怀卵量密切相关，不同蛹质量的羽化率、雌蛾比例与怀卵量见表9-10。

表 9-10 杨小舟蛾越冬蛹质量与羽化率、雌蛾比例及怀卵量间的关系

(引自侯丽伟等，1999)

蛹质量区间 (mg)	蛹数（个）	平均质量 (mg)	羽化蛾数 (个)	羽化率（%）	雌蛾数（个）	雌蛾比例（%）	怀卵量（粒）
90 以下	120	76	0	0	0	0	0
90～100	129	97	31	24	8	26	121.3
100～110	35	104	18	51	6	33	134.5
110～120	85	116	62	73	28	45	212.4
120～130	69	125	59	86	30	51	282.5
130～140	46	134	38	82	27	72	269.6
140～150	42	145	33	79	26	80	291.9
150～160	20	154	16	81	14	86	343.2
160～170	6	165	5	83	5	100	347.6

表 9-10 表明，蛹质量在 110 mg 以上的各组羽化率基本稳定在 81%左右，蛹质量在 110 mg以下时随质量下降羽化率明显下降。雌蛾比例随蛹质量的增大而增高，当蛹质量达 165 mg 时全部为雌蛾。雌蛾怀卵量也随蛹质量的增大而升高。统计分析出雌蛾比率（Y_1）、雌蛾怀卵量（Y_2）与蛹质量（x）间呈明显对数函数关系为

$$Y_1 = -6.22 + 3.256\lg x \quad (r = 0.99^{**})$$

$$Y_2 = -1\,886.3 + 1\,014.4\lg x \quad (r = 0.956^{**})$$

可用上述函数关系式进行杨小舟蛾越冬代产卵量的预测。如每年 4 月上中旬在调查林分中建立标准地，调查 60 株样树树冠正投影范围内枯枝落叶层中的蛹数，统计林分虫口密度，以 mg 为单位分别测量 50 头蛹的质量。将大于 90mg 的蛹以 10mg 为组距分组，统计各组蛹数（n_i），计算各组权重值 $W_i = n_i/50$，用权重（W_i）乘以虫密度（N_0），得出虫口在各组的权数（f_i），用权数（f_i）与各组蛹理论怀卵量（M_i）相乘得出该林分各组蛹的怀卵量，所有组蛹的怀卵量之和即为下一世代卵的密度（M），公式为

$$M = N_0 \sum (W_i M_i)$$

吴林等（1999）对安徽合肥园林植物上的角蜡蚧的产卵量（Y）与体长（x_1）、雌虫体质量（x_2）的关系研究表明，体长和雌虫体质量均与产卵量呈正相关，其关系式分别为：$Y_1 = -10\,356.46 + 1\,983.39x_1$（$r = 0.843\,6^{**}$），$Y_2 = -571.250 + 50\,078.3x_2$（$r = 0.971\,9^{**}$）。这种方法只要对该虫进行称量或测量体长，便可预测出下一代卵的数量，因此较为简例。槐尺蛾产卵量与蛹质量也存在显著的正相关关系，如表 9-11 所示。

表 9-11 槐尺蛾产卵量与蛹质量的关系

(引自吴林等，1998)

代别（日/月）	样本数	平均蛹质量(x,g)	平均产卵量（y）	理论表达式	相关显著性测验
4 (19/8)	76	0.145 3±0.030 8	505.66±232.57	$Y = -424.16 + 6\,397.59x$	$r = 0.846\,0 > r_{0.01} = 0.272\,5$
5 (15/9)	76	0.192 3±0.032 5	786.44±211.29	$Y = -252.24 + 5\,364.05x$	$r = 0.856\,7 > r_{0.01} = 0.272\,5$
4、5	152	0.173 4±0.031 8	636.43±219.76	$Y = -347.44 + 5\,852.95x$	$r = 0.896\,6 > r_{0.01} = 0.208\,0$

五、生理生态指标预测法

昆虫休眠与滞育的发生，是对不良环境条件的适应对策。当不良条件发生时，昆虫如果不能及时进入休眠或滞育状态，种群则可能会受到突如其来的打击而造成大量死亡，而发生轻；反之种群可保存完好，因存活虫量多而造成大发生。因此昆虫的休眠和滞育特性的发生时期和发生的比例，可用于对未来或来年该虫发生数量进行趋势预测。

对兼性滞育昆虫发生滞育的时间和比例的调查，可预测其最后一代的转化率（发生量）。例如三化螟第 4 代的转化率则与滞育比例有关，如果第 3 代发生滞育的比例高，则第4 代虫量极少。因为第 4 代往往发育不完全，不能以老熟幼虫越冬，因此越冬时易受不良条件（如低温）的致死。另外，滞育主要是由特定的光周期与昆虫特定的敏感虫期相匹配时才发生。引起昆虫种群 50%个体发生滞育的光周期为临界光周期。在预测调查时，只要在临界光周期出现的日期对某害虫所处虫态（龄）进行数量的调查，则可判断出有多少虫量不会发生滞育而继续向下一代发育，从而得到下一代的发生量及来年发生趋势。

例如三化螟在江苏扬州发生滞育的临界光周期为 13 h 45 min，对临界光周期有敏感反应的虫期为 3 龄前幼虫。一般这样的光周期在 8 月 28 日左右，因此在这一天进行田间调查，如果大部分虫处于 4 龄及以上，则均会发育到下一代，也就是说第 4 代会发生重。但是由于气温降低，第 4 代不能发育到老熟幼虫越冬，造成大量幼虫在越冬过程中死亡，从而来年虫口基数低，发生较轻。反之，如果大部分虫处于 4 龄以下，则将停止发育而进入滞育，从而第 4 代发生轻，但由于大部分幼虫以滞育状态越冬，越冬存活率高，来年发生就重。

生理生态特性指标也可从害虫体内血淋巴的抗寒力大小来判断害虫越冬的存活情况，从而预测来年的虫口基数。

总之，害虫发生量的预测方法很多，生命表技术中的 Leslie 矩阵以及种群的年龄结构、性比、空间分布型的变化等特性也可作为害虫发生趋势预测的指标，这里不一一叙述。此外，关于发生量预测方法，还可据生命表分析，组建预测模型或统计预报方法等进行。

第五节　迁飞性害虫的预测方法

迁飞性害虫的主要虫源来自外地，这些害虫的发生消长不但与本地条件有关，而且还与外地（异地）的虫源及环境条件有密切关系。因此迁飞性害虫的预测预报，除了常规的本地预测外，还必须进行异地预测工作。异地预测因涉及范围及单位多，必须由全国性领导部门统一组织，相互协作才能完成。

一、迁出区虫情预测

迁出区虫情预测，主要查明迁出区的虫源基数和发育进度，并由迁出区有关单位做出迁出虫情的发生量和发生期预报，供迁入区有关部门参考。

（一）迁出虫情调查

在害虫迁出区防治结束后5～7 d，结合防治效果调查，选择各类型田，进行残留虫量调查，再根据各类型田残留虫量加权平均后计算出当地有效迁出虫源的单位面积平均迁出基数和当地总迁出基数。

在残留量调查的同时随机采集各类型田活虫50～100头，记载各虫态、虫期数，统计出各占比例，计算出该地平均发育进度，作为发育进度预测的依据。

在迁飞性害虫发生阶段，可长期进行成虫的卵巢解剖工作，将各天解剖的成虫的卵巢进行分级，计算各级别卵巢个体所占的比例。当连续几天成虫的卵巢均处于低级别水平而不升高时，就可判断此时为成虫的迁出阶段；如果连续几天成虫的卵巢均处于高级别，而没有低级别卵巢的个体出现，则可认为此时为成虫的迁入阶段。卵巢级别划分的方法，对某阶段既有可能迁入又有可能迁出时的虫源性质判断是很有用的。

（二）迁出虫源预测

迁出虫源预测一般可采用以下方法进行。

1. 迁出期预测　用发育进度预测法依据发育进度调查数据，利用高峰虫期（态）的日期加上发育至下代成虫的历期，预测各迁出高峰期。有翅型分化的害虫可根据长翅型或有翅型出现的时间来预测迁出期。

2. 迁出量预测　应用各种常规发生量自因分析或他因分析预测方法，结合残留虫量因素进行当地迁出代发生量预测，也可简单地只根据迁出区的发生虫量或防治后残虫量来预测迁出量。

由全国领导部门综合全国迁出地虫情实查和预测情况，参考气象部门的天气预报情况，做出全国大尺度范围内的迁出期及迁出量的预报。我国在稻飞虱和稻纵卷叶螟的迁出地广西所做的监测和统防统治工作，已取得了很好的成效。

二、迁入区虫情预测

迁入区虫情预测，主要查明天气和气候条件、作物品种、作物生长情况及迁入区虫源地的迁出虫情，预报即将迁入的虫情趋势。也可根据历史上多年已迁入的虫情（例如迁入时期的迟早、迁入量和迁入峰的多少等）组建有关统计模型，预测未来的迁入情况。因此要进行下列工作。

（一）与气象部门配合做好天气和气候条件的预报与分析

收集历史气象资料，并密切注意实时的天气变化趋势，关注与昆虫迁飞相关的天气背景的动态，如850 hPa（1 500 m高空）的气温、风向、风速；500 hPa（5 500 m）上空的太平洋副热带高压各项参数，包括副热带高压脊线位置、副热带高压面积指数、副热带高压强度指数、副热带高压北界位置、副热带高压西伸点位置、500 hPa东亚槽日平均强度、500 hPa东亚槽日平均位置等。因为这些指数与迁飞昆虫的起飞、运行和降落直接相关，所以可根据这些指数的变动来预测迁飞害虫的迁入时间、迁入地点、迁入大致虫量等。气候条件中

的气温、降水量、风向、风速、梅雨的时期和降水量等，也常用于预测模型的建模和迁入形势的分析。高空运行的迁飞害虫常会随下沉气流和降雨而降落，因此在迁飞季节，雨区常是迁入量高的区域。

（二）虫源地迁出虫情和有关环境条件的收集

对历史的和实时的数据收集，可通过与有关地区的信息交流和全国虫情分析会议和预测情报获得。通过收集的信息可初步估计迁入虫量的多少及大致的迁入时间。

（三）本地作物栽种和生长情况的调查

调查作物栽种面积、品种、长势等。迁飞性害虫的发生与成灾，不仅与迁入虫量有关，而且和迁入期是否与作物的感虫生育期相吻合有关。例如稻飞虱喜好分蘖期和孕穗期水稻，如果在稻飞虱的迁入阶段，水稻正好处于这两个生育期中一个，则稻飞虱种群的数量将急增，从而造成大发生。

（四）预报模型的组建

建立本地迁入代的迁入量和时期，以及迁入后种群消长的各类长、中、短期预测模型。建模需要利用多年观测资料，利用影响迁飞的气候条件、寄主植物等因子，组建迁入量或迁入期的预测模型。

总之，迁飞害虫主要迁入世代的异地预测预报，既要根据虫源区的虫源基数（残留虫量）、发育进度、主要环境因素，又要依据迁入时的气象条件或高空气流场形势，并结合迁入区的作物栽种和生长状况，把虫源地与迁入地的发生条件结合起来，才能准确做出迁入峰期、迁入量或迁入后种群消长的各类长、中、短期预测。

三、迁飞轨迹预测

在昆虫雷达网尚未建立之前，要想弄清迁飞性害虫的来龙去脉还有一定难度。但基于气象要素的轨迹模拟分析方法，可对迁飞性害虫的迁飞路径与降落区域进行模拟和预测。昆虫进行远距离的迁飞要依靠风的运载，因此可根据风向来粗略确定迁飞的方向，然后根据昆虫的起飞时间、飞行时间（例如稻纵卷叶螟属日落前起飞、日出前降落）和运行速度（风速和飞行速度的矢量和）估计出一次迁飞的距离，从而确定可能的降落地点。通过雷达观测或高空网捕方法可确定昆虫在高空运行的高度，从气象资料中获得轨迹分析所需的各高度处的风向、风速、气温等信息，为轨迹模拟提供重要参数。现在迁飞轨迹的模拟一般是把迁飞昆虫看作为物质粒子，是随风运动的。如果把昆虫的主动飞行能力考虑到轨迹模拟过程中，其结果会更为准确。

（一）轨迹起点（起飞区域）的确定

进行轨迹分析时起飞点这可从田间调查结果来确定。如轨迹起点处的稻飞虱为长翅型，或者其他害虫正处于羽化高峰期，那么该地就具备起飞的条件，可作为有效的轨迹起点。

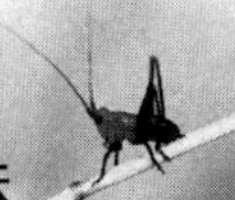

（二）飞行时间的确定

昆虫迁飞有的只飞行1晚就必须降落，例如稻纵卷叶螟；有的可连续飞行多天，例如飞虱。当然，只飞行1晚的昆虫降落后还可能再迁飞。这些要根据昆虫的生物学特性来确定。飞行时间直接关系到迁飞轨迹的落点。对一些不明确其飞行时间的昆虫，可将不同运行时间（如12h、24h、36h和48h等）的轨迹分别模拟出来，然后根据模拟所得的各落点处的灯诱或田间调查虫情资料加以判断，确定出可能的飞行时间。

（三）有效轨迹的筛选

采用不同的起飞时间、不同的飞行高度、不同的高空运行时间参数，可分别拟合出许多的迁飞轨迹。在这些轨迹中，可根据轨迹落点的有效性来选择有效的迁飞轨迹，从而指导预测预报。降落地点至少需符合迁飞昆虫的生境需求（例如存在该迁飞昆虫生存的食物条件），这可根据全国作物种植布局资料或遥感影像来判断。轨迹落点在大海、戈壁或无适宜作物的区域的轨迹是无效的。

轨迹分析可以顺推，也可以逆推。顺推即根据观察到的起飞虫源，预测其即将到达的迁入地，也就是迁飞轨迹的落点。逆推是根据已降落的虫群，追溯其从哪里迁飞而来，即确定其虫源地或轨迹的起点（图9-6）。无论是回推还是顺推轨迹，轨迹的起点和落点都要满足迁飞昆虫的生物学要求，否则就是无效轨迹。轨迹分析对迁飞性害虫的预测预报有直接指导意义。美国国家海洋和大气管理局（National Oceanic and Atmospheric Administration，NOAA）提供了HYSPLIT轨迹分析平台，可用于迁飞昆虫的轨迹分析。

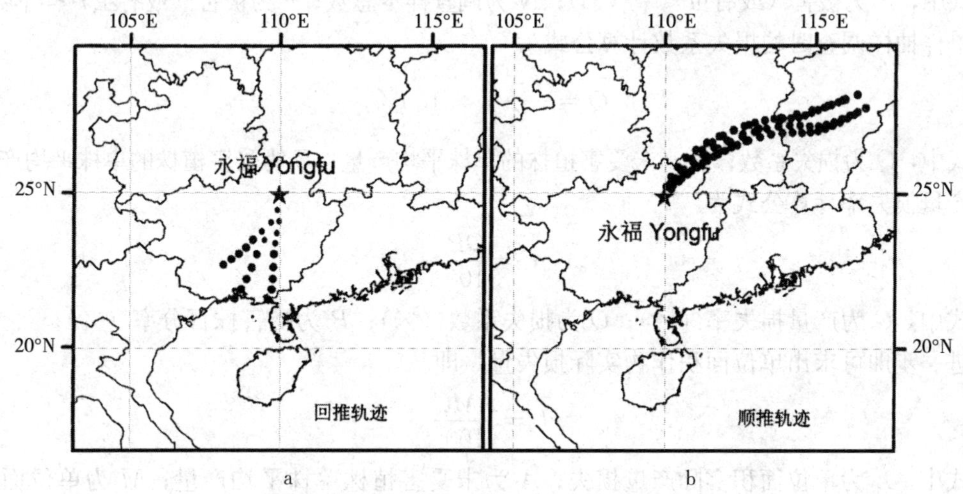

图9-6　2009年6月8日广西永福白背飞虱迁入虫源轨迹（a）和迁出轨迹（b）

（左边的轨迹表示迁入该地的可能虫源，右边轨迹表示即将从该地迁出虫群的可能降落区域）

（翟保平供图）

第六节　害虫危害程度预测及产量损失估计

防治害虫首先要研究各类害虫对作物的危害程度和引起的产量损失，以便制定合理的防治指标，从而进行适时防治，以最少的投资获得最大的经济收益。作物受害程度预测和产量

损失估计是以害虫种群数量、危害量和产量损失之间的变动规律为依据的。作物产量损失是各种因素相互影响的结果，因此是一个很复杂的问题。也就是说，产量损失程度通常是害虫发生量、发生期、危害习性与寄主植物品种特性、生育期、人为管理措施、农业经济规律等相结合的综合表现。在影响产量的众多因素中，有些因子不好控制（例如天气、土壤等），其他如植物品种、耕作方式、肥料、杀虫剂等则较易控制，可以在人为的控制条件下求得产量损失估计的各种变量关系和参数。

许多非生物因素和生物因素是因时、因地共同制约害虫及其寄主植物的。因此害虫种群密度和作物受害程度与产量损失每年都有变化。所以预测害虫危害程度和估计作物产量损失需要多年的资料，而且要把各种因素综合起来考虑。绝对不变的产量损失估计在实际工作中是不可能做到的。但采用合适的试验设计方案，可以找出影响产量的主导因素，并做出有用的估计，在多数情况下估产的误差范围允许水平为10%～15%。通常可根据害虫的危害程度，运用合理的统计方法，力求做出符合客观实际的损失估计，从而找出防治措施的依据，达到经济有效地灭害保苗、高产稳产的目的。

产量损失可用损失率表示，也可用实际损失的数量来表示。这种调查计算常包括3方面：①调查计算损失系数；②调查计算作物被害株率；③计算损失率或实际损失数量。

进行产量损失估计，可在类型田内直接抽样检查，挑选若干未受害株和被害株，分别进行测产，或进行大田小区接虫试验等。

大田抽样调查结果可用被害（或有虫）率（%）表示，常用计算公式为

$$P=\frac{n}{N}\times 100\%$$

式中，P 为被害（或有虫）率（%）；N 为调查样本总数；n 为被害（或有虫）样本数。

单株抽样调查时的损失系数计算公式为

$$Q=\frac{A-E}{A}\times 100\%$$

式中，Q 为损失系数；A 为未受害植株的单株平均产量；E 为受害植株的单株平均产量。

产量损失率计算公式为

$$C=\frac{QP}{100}$$

式中，C 为产量损失率（%）；Q 为损失系数（%）；P 为受害株百分率（%）。

进一步即可求出单位面积作物实际损失量，即

$$L=\frac{AMC}{100}$$

式中，L 为单位面积实际产量损失；A 为未受害植株单株平均产量；M 为单位面积总植株数；C 为产量损失率（%）。

受害程度和损失程度的调查统计常因各种害虫的危害特点而有不同。下面举例说明三类害虫的危害程度预测及害虫造成的损失估计方法。

一、钻蛀性害虫造成的损失估计

钻蛀性害虫的危害特点是钻蛀取食寄主的各个部位，形成隧道孔洞，可切断输导组织，

阻碍水分和营养物质输送，造成植株枯萎、倒伏，甚至死亡，或者根、果减轻、籽粒空瘪、品质下降，严重减产，乃至颗粒无收。

钻蛀性害虫危害程度的预测及其危害造成的损失估计，可以根据被蛀食的苗、果、茎数与虫量的关系，或虫量、虫孔数、虫道多少或长短、虫株率等指标与产量损失的关系进行统计估测。现以水稻螟虫和玉米螟为例讨论如下。

（一）水稻螟虫类造成的损失估计

水稻螟虫可危害苗期或穗期水稻，造成枯心或白穗。如果在苗期危害，会造成卷心、枯心而形成枯心团。水稻分蘖期受害后，中心也形成枯心，但幼苗尚有分蘖补偿能力，所以被害株率并不等于损失率。如果蚁螟在水稻孕穗抽穗期侵入，则形成枯孕穗和白穗，呈现白穗群。穗期受害稻株几乎无补偿能力，因此枯孕穗及白穗率也就是产量损失率。而圆秆和齐穗后受害程度显著减轻，抽穗后受害则造成虫伤株、千粒重降低。

1. 危害程度预测 水稻螟虫危害程度的预测，可以通过调查一个地区各类型田的卵块密度与被害率的相关度，建立预测式进行预测，也可求出各类型田的平均卵块密度，查明当时水稻的生育期，参照历年有关每个卵块造成的被害株数资料，推算出被害率。1972—1974年，西南农学院于重庆北碚稻区进行了双季晚稻分蘖期第3代三化螟危害程度的预测。每年查明双季晚稻未治前不同栽秧期各田块内已孵卵块数（当时查得年667 m^2 卵块密度×孵化率）x 与各田块卷心、枯心率（y），求得二者正相关关系的预测式，有

$$\hat{y}=0.146+0.0018x \qquad (1972，P<0.001，N=72)$$

$$\hat{y}=0.13x-0.389 \qquad (1973，P<0.001，N=36)$$

$$\hat{y}=0.0304+0.00895x \qquad (1974，P<0.001，N=33)$$

预计卷心率达1%以上的田块就是防治对象田块。三化螟蚁螟侵害水稻苗期先出现绿色似葱管状的卷心症状，后再转为枯心状，因此可掌握在卷心大量出现、枯心极少出现时施药，这是一个最好的防治适期。1972年、1973年和1974年各年7月下旬至8月中旬的气温各不相同，分别为29.1 ℃、28.75 ℃和28.55 ℃；8月份降水量和雨日也各不相同，分别为100.4 mm、77.2 mm和330.3 mm以及10 d、8 d和12 d。可根据当年气象预报选择近似年的预测式进行预测。

枯心率或白穗率预测可据下式计算。

$$某类型田的枯心率或白穗率=\frac{每公顷卵块数\times每卵块可能造成的枯心数或白穗数}{每公顷苗数或有效穗数}\times100\%$$

$$某地区的平均枯心率或白穗率=\sum（每种类型田枯心率或白穗率\times各类型田的面积占总面积的比例）$$

水稻螟虫的危害程度因地区、年份和世代不同而有差异。一个卵块所造成的受害株数在不同世代或不同的水稻生育期也不一致。现将湖北孝感对三化螟卵块与危害程度的观察结果列为表9-12。

2. 水稻螟危害造成的产量损失估计 按目前国内通行的平行跳跃法取样，每块田抽样200丛，分别记录和统计调查总株数及各种被害株数（例如枯心数、白穗数、虫伤株数等），算出枯心率、白穗率等。枯心率的损失程度，据广东湛江地区1963年小区测定，当枯心率达5%时，比对照减产2.3%；枯心率为10%和15%时，分别比对照减产3.4%和5.7%。一般情

况下白穗率也就是产量的损失率。如有虫伤株的情况，则可按下式估测损失的产量。

表 9-12　三化螟卵块的密度与危害程度关系

代别	稻类型	一个卵块造成的受害株	每头螟虫平均为害株数
1	早稻	30.1～33.7	0.60～0.90
1	中稻	22.1～23.0	0.40～0.67
2	一季晚稻	44.2～53.7	0.50～0.64
3	双季稻	73.3～110.4	0.99～1.50
3	迟中稻	49.0～55.8	0.55～0.72
4	双季稻	11.96～16.0	0.31～0.62

$$L=\frac{\frac{P}{n}(n'+n'')-P'}{P+P'}\times R$$

式中，L 为单位面积实际损失产量，n 为健穗数，n'为虫害株数，n''为白穗数，P 为健穗总谷质量，P'为虫害株总谷质量，R 为实测每公顷产量。

按取样 200 株，分别测计上列各数据和每公顷产量，即可得出损失产量。

（二）玉米螟造成的损失估计

玉米螟对玉米产量的影响取决于虫口密度及与玉米生育期的吻合程度。在虫量相同的情况下，心叶期受害比穗期影响大，其中又以心叶末期受害对产量影响最大（表 9-13），这一点和水稻三化的情况不同。

表 9-13　玉米螟虫量与产量的关系

（引自中国农业科学院植物保护研究所，1964）

单株虫数	心叶末期		心叶中期		穗期（灌浆期）	
	产量（g/株）	株数	产量（g/株）	株数	产量（g/株）	株数
1～3	—	—	78.7	27	77.5	36
4～6	67.6	6	72.3	53	88.1	33
7～9	24.2	16	67.1	43	85.9	36
10～12	25.9	12	72.6	32	86.3	25
13～15	36.4	10	51.1	14	68.7	18
16～18	34.8	9	53.8	7	64.1	7
19～21	—	—	—	—	64.5	14
22～24	—	—	—	—	43.0	2
25～27	—	—	—	—	57.3	5
28～30	—	—	—	—	46.8	2
每增加 1 虫每株减产（g）	—	—	2.7	—	1.57	—
减产率（%）	—	—	3.19	—	1.84	—

从表 9-13 可以看出，平均每株增加 1 头幼虫时，产量损失为心叶期大于穗期，以心叶末期减产量多。北京农业大学还测得夏玉米穗期平均每株玉米中幼虫（x）和百株玉米产量（y，单位为 0.5 kg）间的回归预测式为 $y=18.97-0.17x$。

二、食叶性害虫造成的损失估计

咀嚼式口器的食叶性害虫危害农作物，主要是啃食植物叶片，形成孔洞或缺刻，甚至把叶片全部吃光，影响光合作用的进行，结果使结实器官的质量和产量都受到严重影响。

作物受食叶性害虫危害后的产量损失大小常与叶片的受害程度、受害叶的部位和受害时的生育期等有密切关系。对这类害虫的危害程度的测定，常可以先试验测定作物的不同级别的被害程度和产量间的关系。在具体应用时通过实际调查作物的受害程度加以推算。

（一）黏虫造成的损失估计

黏虫危害三麦、水稻、旱粮作物等。1～2 龄时仅啃食叶肉，造成“麻布眼”；3 龄后则取食叶片成缺刻；到 6 龄暴食时可将叶片吃光，形成光秆，并爬到麦穗或稻穗上咬断穗头。江苏省徐州地区农业科学研究所 1973 年测定了黏虫为害小麦后不同受害程度和产量损失的关系，结果见表 9-14。

表 9-14　黏虫危害小麦损失率测定

为害程度	测定株数	平均单株粒重（g）	单株粒重较健株减少率（%）	平均千粒重（g）	千粒重较健株减少率（%）
叶片全部吃光	2 672	0.70	33.42	26.78	18.55
剑叶吃光，下部叶片完好	318	0.82	22.33	28.52	13.26
剑叶受害，下部叶片吃光	568	0.81	22.90	28.73	12.62
上、下部叶片均受害	204	0.88	16.17	29.46	10.43
剑叶完好，下部叶吃光	1 484	0.95	9.54	30.85	6.17
健株	1 062	1.03	—	32.88	—

（二）稻纵卷叶螟造成的损失估计

稻纵卷叶螟幼虫吐丝纵卷稻叶，咬食叶肉下表皮，叶片呈白条状，严重时稻田一片白叶，瘪粒增加，千粒重减轻，造成减产。例如江苏无锡县 1975 年大田抽样调查，将受害株分为 5 级，分别测定，测得各级的损失率见表 9-15。

表 9-15　稻纵卷叶螟危害水稻的损失测定

分级	危害程度	千粒重（g）	损失率（%）
0	全株完好	26.3	—
1	1/3 剑叶受害	26.0	1.1
2	1/3～1 /2 剑叶受害	25.8	1.9
3	整个剑叶受害	25.0	4.9
4	全株叶发白	24.2	7.98

注：损失率由千粒重推测得来。

从表 9-14 和表 9-15 可以看出，食叶性害虫造成产量损失与受害叶位、叶片被害程度密切相关，尤其以功能叶片受害损失最大，而叶用植物叶片受害则直接影响产量多少。另外作物不同生育期叶片受害造成的损失也有差别。所以必须按作物不同生育期测出各种害虫的危害程度，再进一步应用经验公式估计损失率。

三、刺吸式害虫造成的损失估计

刺吸式害虫通过口针刺吸危害，除直接吸取植物汁液外，还由于刺吸时分泌唾液或毒汁，引起植物细胞坏死。唾液中含有多量的蛋白酶或淀粉酶，可导致作物内部代谢失常。

受褐飞虱危害的稻叶中单糖和游离氨基酸的比例增加，而蔗糖量减少，蛋白质含量更是比正常叶减少 2/3，有类似切根的危害作用。棉花受盲蝽危害后，可引起疯长或落花、落蕾、落铃等现象，造成严重减产。不少害虫（例如灰飞虱、黑尾叶蝉、麦二叉蚜等）还能传播病毒病害，对农作物的保产、增产威胁很大。

刺吸式害虫的损失率估计，可以根据虫量和损失率的关系，或受害严重度与产量的关系进行。

（一）褐飞虱造成的损失估计

1. 危害概况　褐飞虱的危害可分为直接危害和间接危害。刺吸和产卵危害属直接危害，而传播病害为间接危害。褐飞虱成虫和若虫都刺吸危害水稻，可造成水稻成团倒瘫，俗称冒穿，稻丛下部布满蛛网、黑霉等。在分蘖到孕穗阶段危害，先使下面叶片受害，在飞虱的分泌物上有黑色霉层，可造成株高、分蘖和穗长减小，粒重减轻。大发生时可整株枯死。在抽穗后危害，由于下部稻茎霉烂，导致成丛倒下，并有特殊的臭味。成虫产卵时用其锯齿状的产卵器，刺破叶鞘肥厚组织或叶片的主脉而将卵粒成排产于其内，成为卵条。叶组织的表皮开裂或条痕，可造成水分散失，同时，也阻碍汁液的输导，减弱水稻的同化作用。抽穗期在穗颈部产卵，可明显导致结实率及千粒重下降。褐飞虱还是水稻丛矮病和齿叶矮缩病的媒介宿主昆虫。褐飞虱取食危害时，不断排泄出多余的蜜露，常黏附在水稻叶片或茎秆上，招致霉腐病菌的寄生，造成黑色的霉烟病，影响稻株的光合作用而减产，也有利于水稻纹枯病的发生。

2. 损失估计　褐飞虱危害损失率估计常用两种方法，一种是根据虫数与产量的关系推测（表 9-16），二是根据受害症状和产量关系进行推测（表 9-17）。褐飞虱对水稻的危害损失与水稻受害生育期、害虫密度、水稻品种等有关。总的说来抽穗后受害损失大，而分蘖期损失小，甚至可有补偿效应。目前对抽穗前飞虱的损失还没有十分明确的试验结论。

表 9-16　褐飞虱成虫数和损失率的关系（日本 Nomura，1949）

成虫数（头/百株）	500	1 000	1 500	2 000	2 500
谷重损失率（%）	25	40	55	70	85

表 9-17　褐飞虱危害程度与损失率的关系

生育期	危害程度	症　　状	每株虫数	取食期（d）	稻谷估计损失率（%）
分蘖	—	下部叶变黄	<10	>7	>10
	—	下部叶凋萎	>10	>7	>40
抽穗后	轻微（1级）	无凋萎，稍有黑霉	—	—	10
	轻（2级）	稍有凋萎，有许多黑霉	—	—	35
	中度（3级）	下部叶凋萎，有严重黑霉，在冒穿区边有60%倒瘫	—	—	50
	重度（4级）	相当程度凋萎，在冒穿区内80%倒瘫	—	—	65～70
	严重（5级）	全部凋萎，在冒穿区的中心几乎无受孕的穗	—	—	>80

（1）冒穿损失　冒穿是稻飞虱在水稻抽穗后严重危害的典型症状。日本相谷圭治（1976）报道，冒穿发生在水稻抽穗后 30 d、40 d 和 50 d 内，分别造成产量损失 80%～90%、80%和 10%左右。丁宗泽等（1981）报道，在江苏太湖稻区，扬花期冒穿则基本颗粒无收，乳熟期冒穿则损失 60%左右，黄熟期冒穿损失 20%～30%，齐穗后的危害天数（x）与冒穿损失率（y）呈负相关，其回归关系式为：$y=109.908-1.181\ 75x$（$r=-0.954\ 0$）。

（2）不同为害程度的产量损失　日本的研究得出，水稻倒伏在 100%、80%和 60%时，产量损失分别为 80%、70%和 50%左右。造成的大量暗伤（倒伏不明显），也会减产 20%～30%。

估计飞虱的危害，还可用危害指数来表示，其计算公式为

$$为害指数=\frac{A+2B+3C+4D}{4T}$$

式中，A 为仅上部 2 片叶未表现枯萎的分蘖数，B 为除剑叶外其余叶片枯萎的分蘖数，C 为除穗部外全部叶片枯萎的分蘖数，D 为叶片、茎秆和穗全部枯萎的分蘖数，T 为未受害的分蘖数。

通过调查，建立飞虱危害指数与产量损失间的关系，就可用于危害损失的估计。

（二）麦蚜和棉蚜造成的损失估计

麦蚜（麦长管蚜 *Sitobion avenae*、禾谷缢管蚜 *Rhopalosiphum padi*、麦二叉蚜 *Schizaphis graminum*、玉米蚜 *Rhopalosiphum maidis*）成虫和若虫刺吸危害叶片、叶鞘，有时严重危害麦穗。苗期造成叶变黄、植株矮小，严重时全株枯死；穗期刺食颖壳及籽实汁液，可使空瘪率增加、粒重减轻。麦二叉蚜在北方地区还可传播黄矮病毒病，造成严重减产。

麦蚜的损失，主要是根据蚜量和产量的关系进行推测。蚜量调查可在抽穗前或抽穗后分别按随机方式取样 25 株，仔细检查或拍下株上的蚜虫数，进行推算。例如江苏里

下河地区农业科学研究所在1973—1974年5月下旬进行了田间小麦穗期蚜量和产量损失的测定（表9-18），并且发现在同样的蚜量时，凡迟熟的年份都较早熟的年份产量损失大。

表9-18　小麦穗期蚜虫密度与千粒重关系（品种："扬麦1号"）

每穗蚜虫数（头）		千粒重	
幅度	平均	平均（g）	比对照减少（%）
0	0	29.22	—
11～20	16.0	22.80	21.90
21～50	40.3	19.24	34.00
51～132	80.1	17.50	39.95

任春光等（1998）测定麦蚜量与损失率的关系，结果见表9-19。蚜量超过百株4 000头时，小麦产量会有明显下降，损失率达9.32%以上。

表9-19　不同密度的麦蚜为害后造成的产量损失

蚜量（头/百株）	平均产量（kg）	产量损失率（%）	千粒重（g）	千粒重损失率（%）
0	631.5	0a	49.9	0
500±100	628.5	0.48a	47.8	3.51
1 000±200	625.1	1.06a	45.4	9.02
2 000±400	604.5	4.29ab	43.3	13.23
4 000±800	575.9	9.32bc	40.4	19.04
10 000±2 000	519.3	17.81c	36.5	26.85

江苏省农业科学研究所等1976年用棉蚜危害指数来确定防治指标，将每株棉花上的蚜量分为4个级别：0级为无虫，1级有虫1～10头，2级有虫11～50头，3级有虫50头以上。每块棉田五点取样，每点连续查20株苗，每株苗查上部顶叶区2～3片真叶上的总蚜数来定级（因每级内蚜量幅度较宽，可按估测蚜量定级）。为了使受害重的棉苗有较重的权重，能更确切地反映出相对危害程度，故采用危害指数来表示危害程度大小，其计算公式为

$$危害指数=1级株数\times1+2级株数\times5+3级株数\times10$$

并且测定出危害指数（x）与实际百株蚜量（y）间相关极显著（$P<0.01$），回归关系式为

$$y=7.49x-229$$

危害指数（x）与卷叶株率（y）间相关极显著（$P<0.01$），回归关系为

$$y=0.0977x-8.4$$

当危害指数估测达200以上时，应引起警惕，这时百株蚜量约为1 000头、卷叶株率10%左右，如果指数值在短时间内上升很快，应立即进行药剂防治。如果短时间内危害指数值增长缓慢，表示自然控制因素（气候或天敌等）正在起作用，可以等到危害指数上升到250～300时再防治，以控制百株蚜量不超过2 000头，卷叶株率不超20%。这样有利于发

挥自然控制因素的作用，又可减轻棉苗的损害。

（三）小麦吸浆虫造成的损失估计

麦红吸浆虫（*Sitodiplosis mosellana*）和麦黄吸浆虫（*Contarinia tritici*）均以幼虫在小麦灌浆期危害，在颖壳内吸食浆汁，可严重影响产量。对其损失估计方法较多，可用健粒和受害粒的千粒重对比计算，也可用麦粒上的幼虫数和麦粒受害程度来计算，还可用全损粒作为基础进行计算。经实践，认为上述最后一种方法较好，它是以麦红吸浆虫幼虫 4 头或麦黄吸浆虫幼虫 6 头吃尽 1 颗麦粒作为基础进行计算，其计算公式为

$$损失率=发生率\times严重率$$

这里将严重率定为全损粒比例（%），因此有

$$损失率=\frac{全损失粒数}{样品总粒数}\times100\%$$

实收量和损失率的关系为

$$实收量=理论收量\times（1-损失率）$$

求得的损失量为

$$损失量=（实收量\times损失率）/（1-损失率）$$

上述公式在两种吸浆虫幼虫危害损失量计算中均可应用，方法简单，具体步骤如下：①先在田间取麦穗样品，以 20 穗或 50 穗为 1 组，每块田内取数组；②检查麦穗麦粒总数和全损失粒数；③应用公式求损失率；④应用公式求每公顷实收量；⑤应用公式求每公顷损失量。

四、产量损失的遥感预测

产量损失的估计在作物收获后进行，可获得较为准确的结果，并且通过多年多次的实际测定，可以建立产量损失与虫量或危害程度之间的关系模型，以后的各年份的产量损失可利用模型进行预测。以上产量损失估计方法都是基于田间测定基础之上的。目前，利用高空遥感技术对作物进行测产的研究已取得了一定进展，因此有望利用遥感技术来预测虫害造成的损失。

研究表明，高光谱遥感可用于干旱区棉花产量的估计，利用 670 nm 和 890 nm 处的反射率建立的归一化植被指数 $NDVI_{670\text{-}890}$ 和抗大气植被指数 $VARI$-700 可较好地表征出棉花的产量，其计算公式分别为

$$NDVI_{670\text{-}890}=\frac{|R_{670}-R_{890}|}{R_{670}+R_{890}}$$

$$VARI-700=\frac{R_{700}-1.7\times R_{670}+0.7\times R_{450}}{R_{700}+2.3\times R_{670}-1.3\times R_{450}}$$

式中，R_{450}、R_{670}、R_{700} 和 R_{890} 分别表示在 450 nm、670 nm、700 nm 和 890 nm 波段处棉株的反射率。这两个光谱指数在棉花的各生育期都与棉花的产量有显著的相关性（表 9-20）。因此在棉花收获前就可以通过高光谱遥感测定得到这两个指数，从而预测棉花的产量。

表 9-20　基于 $NDVI_{670\text{-}890}$ 和 VARI-700 光谱指数（x）的棉花产量（Y）预测模型

（引自白丽等，2008）

日期和生育期	基于 $NDVI_{670\text{-}890}$ 的预测模型		基于 VARI-700 的预测模型	
6月20日，盛蕾期	$Y=10\,523x-4\,981.8$	($r^2=0.828\,3^{**}$)	$Y=9\,229x+345.74$	($r^2=0.829\,8^{**}$)
7月1日，开花期	$Y=8\,148.7x-3\,239.6$	($r^2=0.784\,6^{**}$)	$Y=9\,137.2x+270.11$	($r^2=0.878\,7^{**}$)
7月10日，盛花期	$Y=7\,452.8x-2\,697.5$	($r^2=0.779\,6^{**}$)	$Y=8\,621.6x+518.57$	($r^2=0.867\,9^{**}$)
8月1日，盛铃初期	$Y=34\,480x-27\,013$	($r^2=0.621\,9^{**}$)	$Y=15\,683x-2\,675.6$	($r^2=0.520\,5^{**}$)
8月20日，盛铃后期	$Y=24\,394x-17\,950$	($r^2=0.660\,1^{**}$)	$Y=15\,520x-2\,418.1$	($r^2=0.699\,6^{**}$)
8月25日，吐絮初期	$Y=7\,981.4x-3\,092$	($r^2=0.612\,1^{**}$)	$Y=10\,552x+299.22$	($r^2=0.774\,5^{**}$)
9月3日，吐絮后期	$Y=10\,024x-4\,588$	($r^2=0.658\,0^{**}$)	$Y=12\,507x+9.372\,7$	($r^2=0.775\,1^{**}$)

注：每次 32 组样本。

对无虫害和有虫害田的产量进行高光谱遥感预测后，则可估算出虫害造成的产量损失率

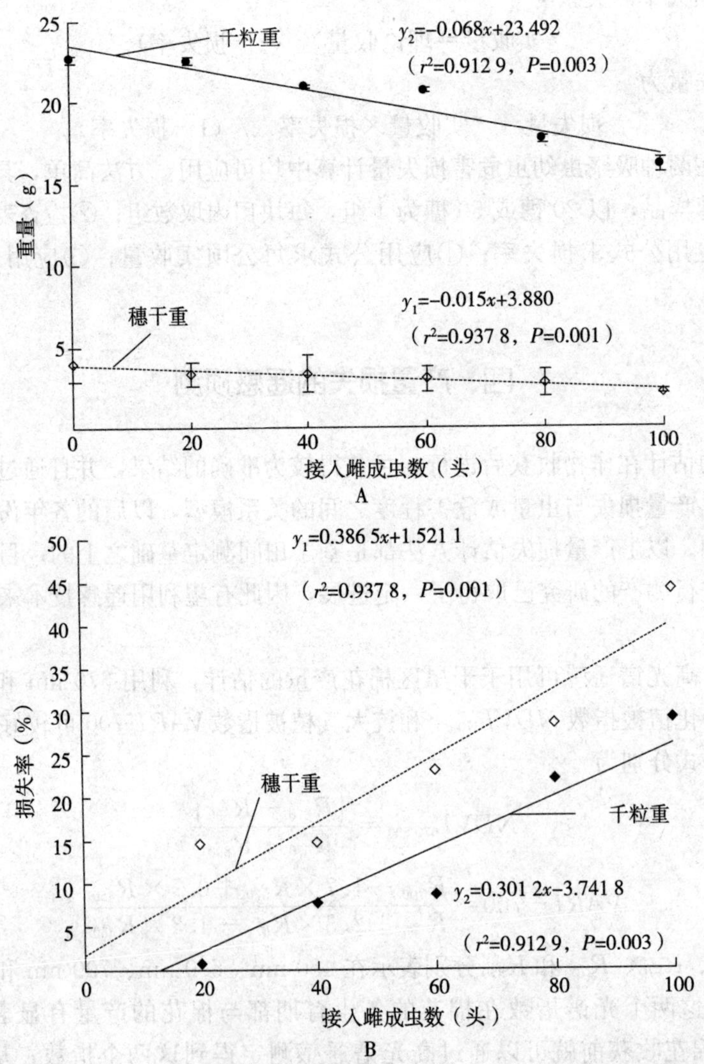

图 9-7　褐飞虱接虫量与穗干重和千粒重（A）及损失率（B）间的关系

大小。或者建立高光谱遥感指数与产量损失间的关系模型，直接利用光谱指数预测出产量的损失。在小区内水稻孕穗期接入不同数量的褐飞虱雌成虫，建立出不同的危害程度级别，然后在收获前 10 d 进行水稻冠层高光谱反射率的测定，研究表明，接虫量与穗干重和千粒重呈显著负相关，而与损失率呈显著的正相关（图 9-7），同时分别建立了基于高光谱反射率的红边幅值和红边面积指数的穗干重和千粒重损失率的预测模型，模型预测效果较好，损失率估计误差在 5%～6%（图 9-8）。

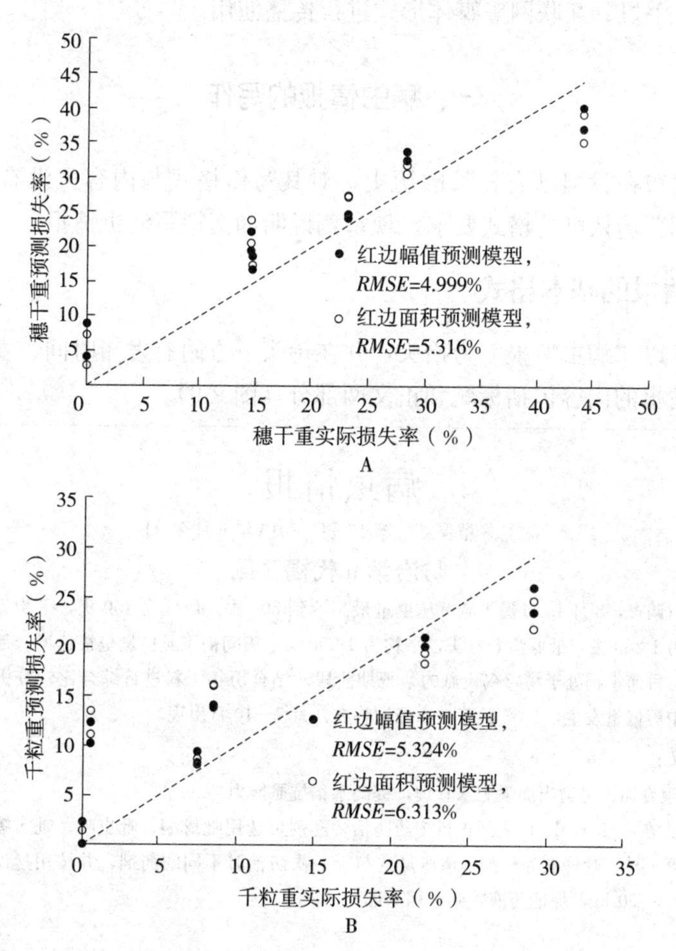

图 9-8　利用高光谱反射率的红边幅值（amplitude of red-edge）和红边面积（area of red-edge）指数建立由褐飞虱引起的水稻穗干重（A）和千粒重（B）损失率的一元线性回归模型的检验效果

遥感测产还可利用卫星遥感影像图片来进行。邓坤枚等（2011）利用我国的分辨率为 30 m 的环境减灾卫星遥感影像提取的归一化植被指数（*NDVI*）数据，进行内蒙古春小麦产区陈巴尔虎旗的春小麦单产进行预测，在 2009 年 7 月 29 日春小麦乳黄熟期，建立出 *NDVI* 与小麦单产间的关系，其对预测出的产量与实际产量间仅差 160 kg/hm^2，相对误差为－3.89%。表明利用卫星遥感在收获前估测小麦单产的效果较好。如果对已被害虫危害过的作物在收获前进行卫星遥感的产量估计，然后，根据常年的理论产量值，即可估计出害虫所引起的产量损失。虽然，对害虫为害后的作物产量损失的遥感预测仍处于研究阶段，但是其有广泛的应用前景。

第七节 预测信息的发布

在作物生产季节中，每完成1次预测后（例如害虫发生期、发生量、危害损失的预测），都要将预测结果发布出去，供行政管理部门决策和农户使用，以对害虫进行及时的防控与管理，从而实现害虫预测工作的价值。预测信息的发布一般采用传统的病虫情报的方式，依纸质、广播、电视、手机、互联网等媒体形式进行传播使用。

一、病虫情报的写作

病虫情报的发布在我国已有较长的历史，对其写作格式与内容虽没有强制的标准和规范，但有一些人们普遍认可的格式要求。现举例说明如何拟写病虫情报。

（一）病虫情报的基本格式

病虫情报一般以"病虫情报"为抬头，并在抬头下方附有发布时间、发布期数、发布单位名称等。病虫情报的内容包括标题和正文两部分（图9-9）。

> **病虫情报**
>
> ×××植保站 第15期 2015年8月23日
>
> **防治第6代褐飞虱**
>
> 经系统观测田调查，8月15日褐飞虱百丛虫量最高达到800头，最低为400头，平均为600头；8月18日百丛虫量最高为1 200头，最低为800头，平均为1 050头。田间褐飞虱虫量呈快速增长趋势，并且百从虫量超过防治指标，目前水稻处于易感褐飞虱的孕穗期阶段。结合历年资料进行综合比较分析，预计第6代稻飞虱发生程度为中等偏重发生，2～3龄若虫高峰期将在9月7—10日出现。
>
> **防治建议：**
>
> 1. 根据水稻生育期，可适当加强肥水管理，提高水稻抗虱能力。
>
> 2. 药剂防治：在9月6—10日之间进行施药防治，药剂可选用吡蚜酮、吡虫啉、吡·噻嗪酮、吡虫·毒死蜱、噻虫嗪、噻·异、叶蝉散等药剂，请尽量选与上一次防治时不同的药剂，并按用量说明进行施药，每公顷喷雾用水600～750 kg，保证药液喷到水稻基部。
>
> **注意事项：**
>
> 1. 施药时稻田需保持有水层。
>
> 2. 注意施药安全……

图9-9 病虫情报示意图

1. 标题 标题要求简单明了，开门见山，不需要有过多的文学修饰色彩，例如"防治第6代褐飞虱"。标题中要明确指出即将防治或关注的植物病虫草害的种类，如果某虫害将严重发生或形势较为严峻时，也需要在标题中强调出防控的重要性或紧迫性，如"高度警惕双季晚稻穗期七（5）代褐飞虱暴发"，以引起人们的充分重视。标题要做到"让农户一看就明白将要做什么事"。

2. 正文 正文重点阐述本次预报的病虫害的发生情况及防治措施。一般由病虫害的实

际发生情况、预测结果与预测依据、防治意见、注意事项等内容所组成。

实际发生情况要通过田间的实际调查得到，调查的田块要有代表性，调查的结果要准确，要表明调查日期、地点、虫口密度、主要虫态虫龄，同时对作物的品种、生育期和长势进行描述。并对管辖区内整体的虫情进行阐述。然后，以当前系统调查和普查的种群发生情况为依据，结合当前作物和气候条件，在与历年发生情况相对比的基础上，采用适当方法对未来的发生情况做出预测。根据预测结果，提出防治对象田、防治时间、药剂配方推荐、防治方法等。药剂配方一般要推荐2～3种，供农户选择，同时要综合考虑成本与防治效果。最后，需强调防治过程中的注意事项，如人畜安全、避免作物药害的发生、药剂轮换、水层保持等。

正文最后，也可对未来其他病虫害的发生做简单介绍，让农户提早注意。

（二）不同级别预测预报机构发布情报的侧重点

由于各级病虫预测预报机构发布的病虫情报的读者对象不同，因此在格式和内容上也有所差异。一般来说，部、省级预测预报机构的病虫情报告主要面向市县级的预测预报专业人员，其内容是对病虫害发生趋势的中长期预报和整体的防控要求与思想指导，涉及具体操作方法较少。市、县级预测预报机构的情报是直接面向广大农户和农技推广人员，其对象的专业知识较为缺乏，因此发出的情报是对病虫害的短期或中期预报，表述的是具体操作方法，针对性很强；情报表述语言通俗易懂。

拟写病虫情报前，一般需要与各级预测预报人员进行讨论或会商，统一预测预报结果和重点表述内容后才拟写。写作时可采用一些常用的表达方式，如发生程度常用五级法来表示“轻发生（1级）、中等偏轻发生（2级）、中等发生（3级）、中等偏重发生（4级）和大发生（5级）”。发生期表述时，可与前1～3年和历年相比，用“早、迟、相近”来描述。对发生率的描述时，可用“与历史同期相比偏高、偏低、相当”等。

二、病虫情报的发布

病虫情况拟写结束后，经专门人员审核或会商讨论就可印刷成明白纸直接发给农户或张贴，或通过报纸、广播、电视、网站、手机短信等媒介进行发布。同时，病虫情况可与周边植物保护预测预报单位进行交换，互通情报，这对促进迁飞性害虫的异地预测预报有很大帮助。

在发完情报后1～2周内，还需要进行大田普查，查看农户的防治情况与防治效果。同时，与农户交流，了解他们对所发情报的疑问和建议，收集农户所需的病虫信息，以改善病虫情报的内容和实用性，做到真正为农户服务。

思考题

1. 害虫预测预报的类型有哪些？
2. 害虫发生期预测的主要方法有哪些？
3. 害虫发生量预测的主要方法有哪些？
4. 简述现代害虫预测技术的发展方向。
5. 简述病虫情报的写作方法。

第十章　害虫预测预报的数理统计方法

主要内容　本章阐述数理统计方法在害虫预测预报中的应用，主要包括回归模型预测、列联表分析预测、判别分析预测、时间序列预测等常用方法。本章在阐明数理统计方法的基本原理的同时，结合实例和SAS统计软件，讲述各种方法的具体使用过程，旨在易学、易用。

重点知识　预报要素、预报因子的选择、预报方法的选择、回归模型的建立与应用、分级资料的预测方法、预报准确度的评价。

难点知识　数理统计方法的原理、模型的组建。

我国自1956年开展农作物病虫害监测与预报工作以来，已积累了几十年的预测预报资料。采用何种方法利用这些资料，建立预测模型，对害虫进行预报，是害虫预测预报工作的重点和难点。害虫的预测预报方法较多，前面第九章所述的方法是基于害虫生物学特性的预测方法，可称为害虫预测预报的生物学方法。随着数学建模方法和计算机技术的发展，越来越多的基于数学模型的数理统计预报方法应运而生，并且逐渐在害虫预测预报中占主要地位。本章主要对害虫预测预报中的基本建模要求和常用的数理统计预报方法进行阐述。

第一节　害虫预测预报的数理统计基础

一、数理统计预报概述

数理统计预报是害虫预测预报学的一个分支学科，是通过对害虫发生情况的历史资料进行整理和分析，利用统计学的原理，找出害虫发生与环境之间的关系，以及害虫发生变化的规律性，建立恰当的数理统计模型，然后根据目前害虫发生和环境因子的表现，预报未来害虫发生的情况。

要进行数理统计预测预报，必须有多年的田间系统调查资料，选择其中有关的部分，进行统计分析，建立预测预报实用的数学模型，才能加以应用。因此历史资料的系统性、正确性等，对建立统计预报的数学模型关系很大，必须精细选择，才能得到最优化的数学模型。

利用数理统计方法得到的统计模型，可以进行预测预报，这既可以减少工作量，也可进行短期、中期和长期的预报，并为开发智能化的病虫害监测、预报、预警和管理系统提供基础。

统计中常把研究的对象的全体称为总体，常常是指研究对象的某个指标，该指标具有随机性的特点，可用随机变量来表示，因而统计中的总体实际上是指某随机变量。若随机变量是一维的，则称为一元总体；若随机变量为多维的，则称为多元总体；若随机变量是无穷维

的，则称为随机过程，例如时间序列。刻画随机变量规律的工具为概率分布函数或概率密度函数，常用大写字母，例如 Y、Z 表示总体，大写的 $F(x)$ 表示随机变量的概率分布函数，小写的 $f(x)$ 表示概率密度函数，记为 $Y \sim F(x)$，$Y \sim f(x)$ 等。若总体是多元，则随机变量就是随机向量。概率分布函数或者概率密度函数为多元函数。常常对随机变量的一些数字感兴趣，这些数字特征为数学期望、方差、相关系数等，若随机变量为 Y，则其数学期望表示为 $EY = \int x \mathrm{d}F(x)$，方差表示为 $Var(Y) = \int (x - EX)^2 \mathrm{d}F(x)$。若 X、Y 是两个随机变量，则两随机向量间的相关系数表示为

$$\rho = \frac{E(X - EX)(Y - EY)}{\sqrt{Var(X)} \cdot \sqrt{Var(Y)}}$$

统计中总体的分布函数常常是未知的，因此统计中使用一种归纳法来获得总体的信息，即想办法从总体中抽取样本，利用样本的信息来推断总体的特征。既然是通过样本来推断总体的特征，因而样本的代表性就很关键，这也是影响统计推断准确性的关键因素之一。统计中有两方面的内容是关于如何有效地获得数据的，一是抽样调查，二是试验设计。

二、变量类型及因子选择

由于统计模型是面向数据的，而现实中的数据多种多样。下面对出现的数据类型进行介绍，同时给出统计模型中常用的一些名词。

（一）常用名词

1. 因变量　因变量就是统计模型关注的目标量，例如预报害虫发生主要特征的预报量（例如发生期、发生量等）。预报量在不同情况下表现形式是不一样的，例如预报害虫的发生期、发生量、危害程度等。这些预报量若单个考虑，则为一元情况；若 3 个量同时考虑，则为三元情况，也就是常说的多元情况。

2. 自变量　自变量就是对统计模型的目标量（因变量）有影响的量，例如预报因子。针对上面提到的预测害虫发生主要特征的预报量，可选择与其有关的影响因素，例如生物因子方面可包括虫源、天敌等，非生物因子方面可包括气温、降雨日数、降水量、相对湿度等。

3. 数据类型　不论是自变量还是因变量，其表现形式多种多样，归纳起来可分为如下 4 种类型。

（1）名义型数据　名义型数据表明指标变量的取值只有类别之分，例如性别变量的取值为雄性或雌性。这样的数据只能统计频数或百分比。

（2）顺序型数据　顺序型数据既有类别的差别，又有类别的顺序关系，例如危害程度变量的取值为重、中、轻等。该类型数据除有名义型数据的特点外，还可进行比较。

（3）区间型数据　区间型数据的变量取值，是可以用数量表示的没有绝对零点的量，例如摄氏温度等。其数值只能做加、减运算，但乘、除运算的结果就没有意义。

（4）比率型数据　比率型数据变量的取值，不仅有数量的差别，而且有绝对的零点，可做加、减、乘、除运算。

名义型数据和顺序型数据又称为定性数据，区间型数据和比率型数据又称为定量数据。

4. 历史符合率 历史符合率通常用于检验统计预报模型拟合的优劣，其做法是在建立了统计预报模型以后，利用建模用的数据代入模型中计算统计模型的估计值，看估计值与观测数据符合的情况。估计值中正确的次数占总估计次数的比率称为历史符合率。历史符合率越高，表明模型的拟合情况越好。

5. 预报准确率 预报准确率用于检验统计模型的预报效果。利用所建立的统计模型，将未来数据或没用于建模的数据代入模型，计算得到预报量的估计值，看其与实际值的符合情况，得到预测的准确程度。预报正确次数占总预报次数的比率，称为预报准确率。预报准确率越高，表明统计模型的效果越好。

（二）因子选择

1. 因子选择的方法 变量间的关系非常复杂，正确选择有效的预报因子，是统计建模成功的关键。一般来说因子的选择有专家经验法和统计选择法。

（1）专家经验法 由于专家所掌握的专业知识及其在相关领域内拥有非常丰富的研究资料和经验，在对预报对象的发生规律和当地各种外界因素变动规律方面有深入的了解，在此基础上由专家或专家商议选择一些预报因子，用这些因子来参与统计模型的建立，这一般是可取的。

（2）统计选择法 利用统计量值的大小来判断变量间的关系强弱。例如计算变量间的相关关系，例如 Pearson 相关系数、Spearman 相关系数、Kendall 相关系数、kappa 相合系数等来判断变量间的关系强弱；利用线性回归模型的方法，通过检验回归系数是否达到了显著性程度来选择预报因子，或用逐步回归法，全子集法来选择因子。对于一些高维数据，也可通过选择主成分或主因子的方法来选择加工后的因子，然后再进行建模。

2. 选取预报因子的基本原则 害虫预报时的预报量（例如发生期、发生量等）与很多环境因子有关。从许多环境因子中选择和预报量关系比较密切的预报因子来建立统计预报模型，是决定对预报量预测准确性的关键。上面的两种因子选择法提供了具体的方法，但在具体的害虫预测预报建模操作中，预报因子的选择还需要遵循一些基本原则。

（1）样本数要稍多一些 样本数量太少，所建模型容易碰到由于样本的随机波动而造成的历史符合率偏高，而预报准确率不高的现象。例如建立直线回归模型时，只用 5～6 年的资料，可以得到很高的历史符合率，但在实际应用时，可能出现很大偏差，因为 5～6 年资料代表性不强，某 1～2 年的极端数据会影响回归关系。所以样本总数较多时才考虑用数理统计方法来进行预测。一般应至少要有 10 个以上的样本，例如连续 10 年的资料。

（2）选择相关性好而且相关性稳定的因子 用多因子进行预报时，至少要有 1 个预报因子与预报量相关性好，而且相关性较稳定。

（3）选择主要因子，并选好能与主要因子互相配合、相互补充的次要因子 在环境因子中，除了 1 个主要因子外，可能还有一些与预报量相关性好的次要因子，也应注意选取，但不宜将与主要因子作用重复，或不能相互配合、相互补充的因子选作辅助因子。例如同一个月的平均气温和平均最高气温，二者作用重复，一般不宜同时采用。

（4）选取因子的数目要恰当 选取因子太少，提供信息不足，所建模型的预报能力差；选取因子过多，计算麻烦，数量获得的可能性较小。一般认为选取因子的数目最好是样本量的 1/5～1/10。假如有 10 个样本，一般选 1～2 个预报因子即可。

（5）尽可能保留因子中关于预报对象的信息　所选取的预报因子最好用原始数据进行回归分析建立预报模型，如果将预报因子分级、编号或转换为（0，1）资料等后，可能会损失信息，但分级、编号后，可以简化计算，在反映发生趋势的中长期预报中应用普遍，因此要权衡得失，恰当处理。

三、描述性统计量

对数据进行初步概括，除了作图外，统计上常用的手段是使用描述性统计量。描述性统计量，常用的有描述中心位置和分散程度的统计量。设 x_1、x_2、…、x_n 是观测的一组数据，则可得到如下一些统计量。

（一）度量中心位置的统计量

1. 均值　均值的计算公式为

$$\bar{x}=\frac{1}{n}\sum_{i=1}^{n}x_i$$

2. 中位数　中位数（m_e）的计算公式为

$$m_e=\begin{cases}x_{\frac{n}{2}} & n\text{为奇数时}\\ \frac{1}{2}\left[x_{\frac{n}{2}}+x_{\frac{n}{2}+1}\right] & n\text{为偶数时}\end{cases}$$

求中位数的做法是，先将这 n 个数按从小到大的顺序进行排列得到：$x_1\leqslant x_2\leqslant\cdots\leqslant x_n$，中位数是位于中间位置的数。

3. 众数　众数（m_o）表示观测值中出现次数最多的数值。

4. 分位数　分位数的表达式为

$$p\text{分位数}=\begin{cases}x_{[np]+1} & np\text{不是整数}\\ \frac{1}{2}(x_{np}+x_{np+1}) & np\text{是整数}\end{cases}$$

式中，$[np]$ 表示 np 整数部分，且 $0\leqslant p\leqslant 1$。p 分位数表示有（$100\times p$）%个观测值不超过 p 分位数。故又称 p 分位数为第 $100\times p$ 个百分位数，中位数即 0.5 分位数，0.25 分位数和 0.75 分位数分别称为下四分位数和上四分位数，并记为 Q_1 和 Q_3。

以上几个统计量中，均值易受极端值的影响，而众数、中位数和分位数受极端值影响较小。因而这些量在实际应用中要视具体情况区别对待。

（二）度量离散程度的统计量

1. 表示离散程度的统计量　以下这几个统计量是用来度量离散程度的。

（1）方差　方差（s^2）的计算公式为

$$s^2=\frac{1}{n-1}\sum_{i=1}^{n}(x_i-\bar{x})^2$$

（2）标准差　标准差（s）的计算公式为

$$s=\sqrt{\frac{1}{n-1}\sum_{i=1}^{n}(x_i-\bar{x})^2}$$

（3）标准误 标准误即均值的标准差，其计算公式为

$$\text{stderr}=\frac{s}{\sqrt{n}}$$

（4）极差 极差（R）的表达式为

$$R=x_n-x_1 \text{ 即 } R=x_{\max}-x_{\min}$$

（5）四分位距 四分位距即四分位极差，其计算公式为

$$Q=Q_3-Q_1$$

（6）变异系数 变异系数的表达式为 $c_v=\frac{s}{\bar{x}}\times 100$（%）

2. 度量离散程度统计量的应用 方差是度量观测值分散程度的常用统计量，但其量纲与观测值的量纲不同，而标准差、极差及标准误的单位与观测值的量纲相同，而变异系数无量纲，因而便于不同量纲数据的分散性比较。

通常在正态分布的情况下，人们用统计量均值和方差来描述分布的平均位置和变异程度，而对分布未知或分布不规则的观测数据用统计量中位数和四分位距来度量其位置和变异。

3. 度量离散程度统计量的计算 例如根据表 10-1 中的数据，计算湖北省汉阳县历年越冬代二化螟发蛾始盛期的均值、中位数、方差、标准差、标准误、极差等统计量。

表 10-1 湖北省汉阳县历年越冬代二化螟数据

年份	3 月上旬平均温度（℃）（x）	越冬代发蛾始盛期（6 月 30 日为 0）（y）
1961	8.6	3
1962	8.3	5
1963	9.7	3
1964	8.5	1
1965	7.5	4
1966	8.4	4
1967	7.3	5
1968	9.7	2
1969	5.4	7
1970	5.5	5

（1）编程 描述型统计量计算的 SAS 编程如下。

```
data hb_hanyang;
input year x y;
label x='3月上旬平均温度(℃)'
    y='越冬代发蛾始盛期(6月30日为0)';
datalines;
1961 8.6 3
...(数据略)
```

```
1970 5.5 5
run;
proc means data=hb_hanyang mean median var std stderr range;
 var x y;
 run;
```

（2）结果 其输出结果如下。

	均值	中位数	方差	标准差	标准误差	极差
x	7.890 0	8.350 0	2.252 1	1.500 7	0.474 6	4.300 0
y	3.900 0	4.000 0	2.988 9	1.728 8	0.546 7	6.000 0

第二节 相关分析

考察变量间的关系模型时，一般有两种方式，一种是进行相关分析，另一种是进行回归分析。相关分析是通过计算变量间的相关系数来考察变量间是否具有线性关系，该方法与回归分析的差别就是相关分析时变量间的关系地位是对等的。

由于数据的复杂性，不同类型的数据计算相关程度的量也有所区别，常用的是 Pearson 相关系数，也就是常用的相关系数，计算此种相关系数要求变量服从正态分布。另一种为 Spearman 相关系数，该相关系数与变量的分布无关。对于分类数据间的相关关系更多的是使用 Kendall 的 τ 相关系数，以及由它引申的出来的 gamma 系数、Somers d 系数等。

一、Pearson 相关法

在害虫预测预报工作中，通过多年系统观测，便可得到一系列预报量（y）与预报因子（x）的数据，记为（x_i，y_i），$i=1$、…、n，则 Pearson 相关系数为

$$r=\frac{\sum_i (x_i-\bar{x})(y_i-\bar{y})}{\sqrt{\sum_i (x_i-\bar{x})^2 \sum_i (y_i-\bar{y})^2}}$$

相关系数 r 绝对值越大，就说明预报量和预报因子间的相关性就越强。如果相关系数大于自由度为 $n-2$，$P=0.05$ 水平下的值，则说明预报量与预报因子间显著相关，可以利用预报因子的值来预报预报量的大小。例如二化螟越冬代发蛾高峰期与 3 月上旬的平均温度之间的关系，就可利用 Pearson 相关系数法来确定。根据表 10-1 中的数据，利用 SAS 进行相关性分析，其 SAS 程序如下。

```
data hb_hanyang;
input year x y;
label x=' 3月上旬平均温度(℃)'
     y='越冬代发蛾始盛期(6月30日为0)';
datalines;
1961 8.6 3
```

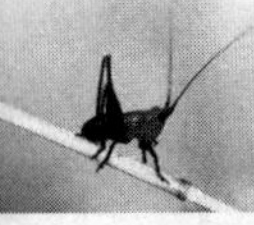


```
……
1970 5.5 5
run;
proc corr data=hb_hanyang;
 var x y;
 run;
```

SAS程序输出结果表明，二化螟越冬代发蛾高峰（y）与3月上旬的平均温度（x）间的相关系数 $r_{xy}=-0.7713$，且显著水平为 $P=0.009$，如此说明，发蛾高峰与3月上旬的平均温度呈显著的负相关。

二、Spearman 相关法

若预报量（y）和预报因子（x）间不服从正态分布，或者不考虑 x，y 总体的分布形式，则（x，y）间的相关关系可采用Spearman的秩相关系数（r_s）来计算，其计算公式为

$$r_s=\frac{\sum_i (R_i-\bar{R})(Q_i-\bar{Q})}{\sqrt{\sum_i (R_i-\bar{R})^2\sum_i (Q_i-\bar{Q})^2}}$$

式中，R_i 是 x_i 在 x_1、…、x_n 中的秩，Q_i 是 y_i 在 y_1、…、y_n 中的秩，$\bar{R}=\frac{1}{n}\sum_{i=1}^{n}R_i$，$\bar{Q}=\frac{1}{n}\sum_{i=1}^{n}Q_i$。

公式中的秩是指各因子值的大小顺序，下面举例说明秩的含义。设给定一组数据 x_1，x_2、…、x_n，将其从小到大进行排序，则最小的秩为1，第二小的秩为2，以此类推，最大的一个数的秩为 n。例如给定的一组数为2、−2、5、10、7、3。则按从小到大排序为：−2、2、3、5、7、10，则−2的秩为1，2的秩为2，3的秩为3，5的秩为4，7的秩为5，10的秩为6。

r_s通过自由度为 $n-2$，$P=0.05$ 水平的显著性检验后，即说明 x 和 y 间相关显著。Spearman相关性运算的SAS程序与Pearson的相似，只需在调用相关分析程序CORR后指明为Spearman分析即可，如“proc corr data=hb _ hanyang spearman;”。

三、Kendall 相关法

对于分类数据间的相关关系可用Kendall的τ相关系数来度量，例如分析害虫发生程度级别（轻、中等、重、严重）与温度偏向级别（与常比偏低、相当、偏高）间的相关性时，就只能用此方法。在此基础上，还可以定义gamma系数、Somers d系数等。

设预报因子（X）分为 r 级别：A_1、…、A_r，预报量分为 c 级别：B_1、…、B_c，则预报因子的各级别与预报量各级别组合发生的次数，可用 $r\times c$ 双向有序列联表表示，如表10-2所示。

表 10-2 害虫发生程度与年平均温度各级别组合出现的年份数

年平均温度（X）	发生程度（变量 Y）				合计
	轻发生（1）	中等发生（2）	重发生（3）	严重发生（4）	
偏低（1）	45	25	21	18	109
相当（2）	10	45	24	22	101
偏高（3）	17	21	18	18	74
合计	72	91	63	58	284

1. 程序 根据表 10-2 中的数据，采用 SAS 中的 FREQ 程序 tables 方法来计算相合系数，其程序如下。

```
data cc;
input a$ b$ count@@;
datalines;
1 1 轻 45   1 2 中等 25 1 3 重 21   1 4 严重 18
2 1 轻 10   2 2 中等 45 2 3 重 24   2 4 严重 22
3 1 轻 17   3 2 中等 21 3 3 重 18   3 4 严重 18
run;
proc freq;
tables a * b/nocum nopercent norow nocol all;
weight count;
run;
```

2. 运行结果 其输出结果如下。

统计量	值	渐近标准误差
Gamma	0.208 8	0.075 5
Kendall Tau-b	0.149 2	0.054 5
Stuart Tau-c	0.156 4	0.057 1
Somers D C | R	0.158 4	0.058 0
Somers D R | C	0.140 5	0.051 3

"a * b"的汇总统计量

Cochran-Mantel-Haenszel 统计量（基于表得分）

统计量	对立假设	自由度	值	概率
1	非零相关	1	7.069 4	0.007 8
2	行均值得分差值	2	11.101 0	0.003 9
3	一般关联	6	30.690 3	<0.000 1

总样本大小=284

由于变量 a、b 均为顺序型变量，故看非零相关这一栏，其概率值为 0.007 8，比显著性水平 $\alpha=0.05$ 以及 $\alpha=0.01$ 都要小，故可得出结论，变量发生程度与年平均气温偏向间存在相合关系，即两者存在相关性。

第三节　回归模型预测法

一、多元线性回归模型的建立

如果害虫的发生仅与一个因子显著相关，则可以利用一元线性回归模型简单地进行预测，例如 $y=a+bx$，并采用最小二乘法来拟合出模型中的 a 和 b 的值。一元线性回归模型的拟合可参考昆虫有效积温（K）和发育起点温（C）确定的方法。

不过害虫的发生期与发生量等预报量常与许多因子有关，例如温度、湿度、降雨、风等。因此这属于多个因子与一个预报量间的关系，可用多元线性回归模型来拟合。

（一）多元线性回归模型

设影响因变量（Y）的主要因素为 X_1、X_2、…、X_p，且它们之间有如下线性关系，即回归方程为

$$Y=\beta_0+\beta_1X_1+\cdots+\beta_pX_p+e$$

式中，β_0 为常数项，β_1、β_2、…、β_p 为回归系数，e 为随机误差。若对 X_1、X_2、…、X_p，Y 进行了 n 次观测，所得的 n 组数据为 x_{i1}、x_{i2}、…、x_{ip}、y_i、$i=1$、…、n，回归方程可用矩阵的形式表示为

$$\boldsymbol{y}=\boldsymbol{X\beta}+\boldsymbol{e}$$

此式即为线性回归模型的矩阵表达式，其中 $\boldsymbol{y}=\begin{bmatrix}y_1\\y_2\\\vdots\\y_n\end{bmatrix}$，$\boldsymbol{X}=\begin{bmatrix}1&x_{11}&\cdots&x_{1p}\\1&x_{21}&\cdots&x_{2p}\\\vdots&\vdots&&\vdots\\1&x_{n1}&\cdots&x_{np}\end{bmatrix}$ 称为设计矩阵，$\boldsymbol{\beta}=\begin{bmatrix}\beta_0\\\beta_1\\\vdots\\\beta_p\end{bmatrix}$ 为回归参数向量，$\boldsymbol{e}=\begin{bmatrix}e_1\\e_2\\\vdots\\e_n\end{bmatrix}$ 为误差向量。关于 $\boldsymbol{e}$ 常用假设为：①误差项均值为零，即 E（$\boldsymbol{e}$）$=\boldsymbol{0}$，其中 $\boldsymbol{0}$ 为零向量。②误差项具有等方差，且误差项间彼此不相关，即 Cov（$\boldsymbol{e}$）$=\sigma^2\boldsymbol{I}_n$，$\boldsymbol{I}_n$ 为 $n\times n$ 的单位矩阵。这些假设也称为高斯-马尔可夫假设。

（二）参数估计

令 $Q(\beta)=\sum_{i=1}^{n}[y_i-(\beta_0+\beta_1x_{i1}+\cdots+\beta_px_{ip})]^2$，目标是找到相应的 β，使得 Q（β）达到最小。将 $Q(\beta)$ 表示成为向量形式，则有

$$Q(\beta)=\|\boldsymbol{y}-\boldsymbol{X\beta}\|^2=(\boldsymbol{y}-\boldsymbol{X\beta})^{\mathrm{T}}(\boldsymbol{y}-\boldsymbol{X\beta})=\boldsymbol{y}^{\mathrm{T}}\boldsymbol{y}-2\,\boldsymbol{y}^{\mathrm{T}}\boldsymbol{X\beta}+\boldsymbol{\beta}^{\mathrm{T}}\,\boldsymbol{X}^{\mathrm{T}}\boldsymbol{X\beta}$$

因 $Q(\beta)$ 为 β 的二次函数，连续可导，故可通过求驻点的方式来求其极大值点。令 $\frac{\partial Q(\beta)}{\partial\beta}=-2X^{\mathrm{T}}y+2X^{\mathrm{T}}X\beta=0$，得正规方程为 $X^{\mathrm{T}}X\beta=X^{\mathrm{T}}y$，从而得到最小二乘解为

$$\hat{\boldsymbol{\beta}}=(\boldsymbol{X}^{\mathrm{T}}\boldsymbol{X})^{-1}\boldsymbol{X}^{\mathrm{T}}\boldsymbol{Y}$$

若对 X_1、X_2、…、X_p 进行标准化，即 $x_i=\dfrac{X_i-\bar{X}_i}{s_i}$，$i=1$、…、$p$ 其中 $\bar{X}_i=\dfrac{1}{n}\sum_{j=1}^{n}x_{ji}$，$s_i^2=\dfrac{1}{n}\sum_{j=1}^{n}(x_{ji}-\bar{x}_i)^2$，则得到的回归系数即标准化回归系数。标准化回归系数 β_i^* 表示当其他自变量固定时，x_i 每变化一个单位，因变量 y 平均变化 β_i^* 个单位。因此 β_i^* 反映了自变量 X_i 对因变量 y 的影响大小。另外 β_i^* 的正号反映了 X_i 与 y 间是正相关关系，负号则为负相关关系。

（三）模型的检验及回归参数的假设检验

1. 回归方程的显著性检验　对于任一组观测数据，都可按上述方法建立回归方程，那么它们是否具备建立线性回归方程的条件呢？这就需要进行回归方程的显著性检验。即检验假设 H_0：$\beta=0$，也就是所有回归系数都等于零。如果检验的结果是拒绝 H_0，即接受其备择假设，说明至少有一个回归系数 $\beta_i\neq 0$，从而说明变量 Y 线性依赖于某个变量 X_i；若检验的结果是接受 H_0，则说明所有变量 X_1、X_2、…、X_p 对变量 Y 的线性关系是不重要的。对回归方程的显著性检验需通过方差分析得到。

2. 回归系数的显著性检验　回归方程显著性检验是从总体上对变量 X_1、X_2、…、X_p 与变量 Y 之间是否存在线性关系进行了考察，若检验的结果是拒绝原假设 H_0，则接受其对立假设，也就是说至少存在某个变量的回归系数不为零，因此还需对每个变量的回归系数进行逐个检验，即对某个固定的 $i(i=1$，2、…、$p)$ 检验：H_{0i}：$\beta_i=0$。事实上，对那些对因变量 Y 没有显著影响的变量，应从回归方程中剔掉，然后再进行回归拟合，直至所有变量都有显著影响为止。

（四）预测与置信区间估计

将变量 X_1、X_2、…、X_p 的一组观测值代入回归方程，即得到变量 Y 的预测值。因此预测是一件很简单事，只要确定了一个非常有效的回归方程即可。有时还需要对预测值进行 95%置信区间估计，下面给出因变量 Y 的期望值 $E(y_i)$ 和预测值 y_i 的区间估计。

设 $\boldsymbol{H}=\boldsymbol{X}(\boldsymbol{X}^{\mathrm{T}}\boldsymbol{X})^{-1}\boldsymbol{X}^{\mathrm{T}}$，则 $\boldsymbol{H}$ 称为帽子矩阵，它是一个对称幂等矩阵。记 $\boldsymbol{x}_i=(1、x_{i1}、\cdots、x_{ip})^{\mathrm{T}}$，$i=1$、2、…、$n$，它是设计矩阵的第 i 行，则帽子矩阵 $\boldsymbol{H}$ 的第 i 行 i 列的对角线元素为：$h_{ii}=\boldsymbol{x}_i^{\mathrm{T}}(\boldsymbol{X}^{\mathrm{T}}\boldsymbol{X})^{-1}\boldsymbol{x}_i$，常称 h_{ii} 为杠杆率，它的大小刻画了第 i 个观测值离中心的远近。则 $E(y_i)$ 的 $1-\alpha$ 置信区间为

$$\left[\boldsymbol{x}_i^{\mathrm{T}}\hat{\boldsymbol{\beta}}-t_{n-p-1,\ \alpha/2}\sqrt{h_{ii}\hat{\sigma}^2},\ \boldsymbol{x}_i^{\mathrm{T}}\hat{\beta}+t_{n-p-1,\ \alpha/2}\sqrt{h_{ii}\hat{\sigma}^2}\right]$$

y_i 的 $1-\alpha$ 置信区间为

$$\left[\boldsymbol{x}_i^{\mathrm{T}}\hat{\boldsymbol{\beta}}-t_{n-p-1,\alpha/2}\sqrt{(1+h_{ii})\ \hat{\sigma}^2},\ \boldsymbol{x}_i^{\mathrm{T}}\hat{\boldsymbol{\beta}}+t_{n-p-1},\ \frac{\alpha}{2}\sqrt{(1+h_{ii})\ \hat{\sigma}^2}\right]$$

下面举例说明多元线性回归模型的建立方法。湖北省武穴市不同年份稻褐飞虱对水稻危害程度及与其有关的几个气候因子的数据如表 10-3 所示，试建立危害程度的回归预测模型。

表 10-3　不同年份稻褐飞虱对水稻的危害程度与气候因子的调查数据

年份	7月上旬至8月中旬		8月下旬至9月上旬	9月中旬至10月上旬	y（损失率，%）
	x_1（平均气温，℃）	x_2（降水量，mm）	x_3（降水量，mm）	x_4（降水量，mm）	
1971	30.7	82.7	65.3	41.8	5
1972	28.2	291	216	107	10
1973	28.6	273	160.8	154.7	10
1974	28.3	448	32.8	61.8	30
1975	28.9	391	87.8	106.5	25
1976	28.5	117.7	112.8	20.1	10
1977	29.6	364.2	137.5	195.8	10
1978	31.2	7.7	36.5	191.9	5
1979	30	143.6	56.2	8.8	5
1980	27.1	266.2	64.5	35	25

多元线性回归模型建立时利用 SAS 中的 REG 程序进行，具体编程如下。

```
data ex31;
input year x1 x2 x3 x4 y;
datalines;
1971  30.7  82.7  65.3  41.8  5
…(数据略)
1980  27.1  266.2  64.5  35  25
run;
proc reg data=ex31;
model y=x1 x2 x3 x4;
run;
```

模型的假设检验结果如下。

Analysis of Variance

Source	DF	Sum of Squares	Mean Square	F Value	Pr>F
Model	4	746.259 36	186.564 84	16.59	0.004 3
Error	5	56.240 64	11.248 13		
Corrected Total	9	802.500 00			

对模型的检验可从模型的方差分析结果来看，其 F 为 16.59，大于此值的概率值为 $Pr>F=0.0043$，故在显著性水平 0.05 下可认为变量 x_1、x_2、x_3、x_4 对因变量 y 有显著的线性关系。

参数估计的结果如下。

Parameter Estimates

Variable	DF	Parameter Estimate	Standard Error	t Value	Pr>|t|
Intercept	1	146.495 86	44.216 78	3.31	0.021 2
x1	1	−4.572 34	1.459 98	−3.13	0.025 9
x2	1	0.033 58	0.010 94	3.07	0.027 8
x3	1	−0.097 44	0.022 83	−4.27	0.007 9
x4	1	0.016 77	0.021 11	0.79	0.462 9

对模型的参数检验，从 t 检验的概率值 $Pr>|t|$ 这一栏中可以看出，x_1、x_2和 x_3这 3 个变量分别对因变量 y 线性作用均达到了显著性水平（$\alpha=0.05$），只有变量 x_4对 y 的作用不显著，因其检验的概率值为 0.462 9，因此建立的线性回归模型中，需要将 x_4去掉。利用 x_1、x_2和 x_3这 3 个因子重新建模，其 SAS 程序如下。

```
proc reg data=ex31;
model y=x1-x3;
output out=ex31out p=pred r=residual lcl=lcli95 ucl=ucli95 lclm=lclm95 uclm=uclm95;
run;
proc print data=ex31out;
run;
```

去掉 x_4 后模型的输出结果如下。

Analysis of Variance

Source	DF	Sum of Squares	Mean Square	F Value	Pr>F
Model	3	739.156 65	246.385 55	23.34	0.001 0
Error	6	63.343 35	10.557 23		
Corrected Total	9	802.500 00			

Parameter Estimates

Variable	DF	Parameter Estimate	Standard Error	t Value	Pr>|t|
Intercept	1	125.926 63	34.729 84	3.63	0.011 0
x1	1	−3.873 41	1.128 95	−3.43	0.014 0
x2	1	0.037 47	0.009 48	3.95	0.007 5
x3	1	−0.088 72	0.019 39	−4.58	0.003 8

从而得到模型为

$$\hat{y}=125.926\ 63-3.873\ 41x_1+0.037\ 47x_2-0.088\ 72x_3$$

各预测值及个体均值的 95%的预测置信限值如表 10-4 所示。

表10-4 各年份褐飞虱引起的水稻损失率（y）的预测值及其95%置信区间（回检）

年份	x_1	x_2	x_3	x_4	y	y 预测值	95%置信区间下限	95%置信区间上限	残差
1971	30.7	82.7	65.3	41.8	5	4.317 9	−0.005 6	8.641 5	0.682 1
1972	28.2	291	216	107	10	8.435 3	2.534 1	14.336 5	1.564 7
1973	28.6	273	160.8	154.7	10	11.109 0	7.304 6	14.913 3	−1.109 0
1974	28.3	448	32.8	61.8	30	30.183 9	24.159 3	36.208 5	−0.183 9
1975	28.9	391	87.8	106.5	25	20.844 6	16.692 4	24.996 9	4.155 4
1976	28.5	117.7	112.8	20.1	10	9.936 5	5.176 4	14.696 6	0.063 5
1977	29.6	364.2	137.5	195.8	10	12.719 7	7.651 9	17.787 5	−2.719 7
1978	31.2	7.7	36.5	191.9	5	2.126 5	−3.439 2	7.692 1	2.873 5
1979	30	143.6	56.2	8.8	5	10.118 4	6.665 6	13.571 2	−5.118 4
1980	27.1	266.2	64.5	35	25	25.208 2	18.877 7	31.538 7	−0.208 2

根据表10-4中的结果，对该模型的历史符合率检验发现，10年中仅1979年的预测值与实际值相差较远，均值预测值的95%置信区间不包含实测值，可判断为预测不准确，其他9年均准确，因此该模型的历史符合率为9/10×100=90%。

如将其他年份的7月上旬至8月中旬的平均气温（x_1）和降水量（x_2）、8月下旬至9月上旬的降水量（x_3）代入回归模型，则可预测出褐飞虱将造成的水稻损失率。

二、自变量的选择

上面所建立的回归方程，是将所有的自变量（预报因子）都引入方程。但自变量在回归方程中所起的作用是不相同的，有的作用大，有的作用小，若将一些作用小的变量引进回归方程，这既加大了计算量，又降低了模型的精度，另外也会增加建立模型时数据收集的困难和费用。因此在建立回归模型时，要对自变量进行选择，只有把真正有统计意义的自变量选入方程，才能使所得的模型的预测效果较好。

（一）逐步回归选择预报因子

衡量一个自变量是否对因变量Y（预报量）起作用，可看其在回归模型中引起的复决定系数的改变量的大小。具体地，设自变量为X_1、X_2、…、X_p，因变量为Y。

令r^2表示全模型$Y=\beta_0+\beta_1X_1+\cdots+\beta_pX_p+e$的复决定系数，$r_j^2$表示去除了$X_j$因子的模型$Y=\beta_0+\beta_1X_1+\cdots+\beta_{j-1}X_{j-1}+\beta_{j+1}X_{j+1}+\cdots+\beta_pX_p+e$的复决定系数，则$\Delta r_j^2=r^2-r_j^2$衡量了变量$X_j$对模型的贡献。

检验假设H_0：$\Delta r_j^2=0$，H_A：$\Delta r_j^2\neq 0$，其统计量为

$$F_j=\frac{\Delta r_j^2/1}{(1-r^2)/(n-p-1)}\sim F_{1,\ n-p-1}$$

此法称为偏F检验，n为用于建模的观测个数，p是模型中变量的个数。利用此统计量进行变量的筛选。

逐步筛选法的步骤如下。

①首先，求Y与每一个X_j的一元线性回归方程，选择F_j值最大的变量进入模型。然后，对剩下的$p-1$个模型外的变量进行偏F检验，在若干通过偏F检验的变量中，选择F_j值最大者进入模型。

②对模型外的$p-2$个自变量做偏F检验。在通过偏F检验的变量中选择F_j值最大者进入模型。接着对模型中的3个自变量分别进行偏F检验，如果3个自变量都通过了偏F检验，则接着选择第四个变量。但如果有某一个变量没有通过偏F检验，则将其从模型中删除。

③重复上述步骤，直到所有模型外的变量都不能通过偏F检验，则筛选终止。

总之，逐步回归法是将自变量一个一个引入，每引入一个自变量后，对已选入的变量要进行逐个检验，当原引入的变量由于后面变量的引入而变得不再显著时，要将其剔除。引入一个变量或从回归方程中剔除一个变量，为逐步回归的一步，每一步都要进行F检验，以确保每次引入新的变量之前回归方程中只包含显著的变量。自变量进入模型的F检验标准可定为$\alpha=0.05$，自变量剔除的标准可选$\alpha=0.1$，也可根据需要自行确定标准。

（二）选择模型的准则

在建立回归方程时，同一组数据可选不同自变量而建立出很多回归模型，但对害虫预测时，只能选择其中的一个进行利用。对回归模型的选择时，由于采用不同的判断优劣的标准，会形成不同的选择准则，通常采用的有以下几种准则，其中n为用于建模的观测个数，p是模型中变量的个数。

1. 修正决定系数准则　选择的变量使得修正决定系数$r_{adj}^2=1-\dfrac{n-1}{n-p-1}(1-r^2)$最大，其中决定系数$r^2=SS_{回归}/TSS_{总}=1-SSE_{剩余}/TSS_{总}$。

2. C_p 准则　选择的变量使得$C_p=\dfrac{SSE_p}{\sigma^2}-[n-2(p+1)]$达到最小，其中$SSE_p$是模型中含有$p$个变量时的残差平方和。

3. 均方误差最小准则　选择的变量使得回归模型的均方误差最小，即使得$MSE_p=SSE_p/(n-p-1)$最小。

4. *AIC*或*BIC*信息量准则　选择的变量使得$AIC_p=n\ln(SSE_p)+2(p+1)$达到最小，或使得$BIC_p=n\ln(SSE_p)+2(p+1)\ln n$达到最小。

一般情况可简单地选用AIC或C_p最小的模型，但对害虫进行预测时，则需选择历史回检准确率适合，而预测准确性高的模型。

三、多重共线性的识别与处理

在多元线性回归中，有时会出现一些奇怪的现象。有时在某个显著性水平下，回归方程通过了显著性水平检验，而回归系数则不能通过相应的显著性检验；有时某个自变量与因变量有很强的相关性，然而在回归方程中该变量的回归系数却没有通过显著性检验；有时回归系数的符号与相关专业相矛盾等，这些现象的出现，是由于所选的自变量间存在着线性相

关。这种现象称为多重共线性。

(一) 多重共线性的识别

共线性的识别方法是基于信息矩阵 $\boldsymbol{X}^{\mathrm{T}}\boldsymbol{X}$ 进行的，常用的统计量有方差膨胀因子 VIF（或容限 TOL）、条件指数和方差比例等。

1. 方差膨胀因子　设变量为 X_1、X_2、$\cdots X_p$，若它们之间存在或近似存在多重共线性，表明其中某个变量能表示或近似表示为其他变量的线性组合，因此若分别以 X_i 为因变量，以 X_1、X_2、…、X_{i-1}、X_{i+1}、…、X_p 自变量（$i=1$、2、…、p）建立线性回归方程，看这 p 个回归方程的决定系数 r_i^2（$i=1$、2、…、p）有没有较大者，若有，则表明它们之间有多重共线性关系。

方差膨胀因子表示由于共线性的存在而使参数估计值的方差增大的情况。从其定义可推出与 r_i^2 的关系，即

$$VIF_i=\frac{\text{第 } i \text{ 个回归系数的方差}}{\text{自变量不相关时第 } i \text{ 个回归系数的方差}}=\frac{1}{1-r_i^2}=\frac{1}{TOL_i}$$

当 $r_i^2=0$，$VIF_i=1$ 时，表示 X_i 与其他变量间不存在线性关系。

当 $0<r_i^2<1$，$VIF_i>1$ 时，表示 X_i 与其他变量间存在不同程度的线性关系。

当 $r_i^2=1$ 时，$VIF_i\rightarrow\infty$时，表示 X_i 与其他变量间存在完全的线性关系。

在实际应用中若某个 $VIF_i>10$，则表明模型中存在很强的共线性问题。

2. 条件指数和方差比例　若矩阵 $\boldsymbol{X}^{\mathrm{T}}\boldsymbol{X}$ 的特征值为$\lambda_1^2\geqslant\lambda_2^2\geqslant\cdots\geqslant\lambda_p^2$，则比值$\lambda_1/\lambda_i$（$i=1$、2、…、$p$）反映了矩阵 $\boldsymbol{X}$ 奇异的程度，故称此比值为条件指数。在具体实践中，若设计矩阵不包含常数项则一般认为，条件指数值为 10～30 时为弱共线性，条件指数为 30～100 时为中等共线性，条件指数大于 100 时为强共线性，此时的共线性可严重地影响回归方程中回归系数的估计值。若设计矩阵中包括常数项，则一般认为，条件指数值小于 100 时为弱共线性，条件指数为 100～1 000 时为中等共线性，条件指数大于 1 000 时为强共线性。

每个条件指数，都对应着一个特征值。对于较大的条件指数，则对应着一个较小的特征值，此时可求得其对应的特征向量，故构成这个特征向量的变量间有近似的线性关系，由此即可找出存在强线性关系的变量组。此外，统计中用方差比例来量化各个变量在构成这个特征向量中的贡献，一般认为在大的条件指数中方差比例超过 0.5 的变量间存在共线性。

(二) 主成分回归

当自变量间存在共线性时，可采用主成分回归进行建模，其步骤如下：首先提取主成分 $\boldsymbol{Z}=\boldsymbol{X\Phi}$，其中 $\boldsymbol{\Phi}=(\varphi_1, \cdots, \varphi_p)$ 是矩阵 $\boldsymbol{X}^{\mathrm{T}}\boldsymbol{X}$ 的特征根$\lambda_1\geqslant\lambda_2\geqslant\cdots\geqslant\lambda_p>0$ 所对应的单位正交化的特征向量，$\boldsymbol{Z}=(z_1, \cdots, z_p)=(\boldsymbol{X}\varphi_1, \cdots, \boldsymbol{X}\varphi_p)$ 中第 i 个分量就称为第 i 个主成分；其次根据方差累计贡献率确定主成分的个数（r），可根据 $\lambda_r=\sum_{i=1}^{r}\lambda_i/\sum_{i=1}^{p}\lambda_i$ 的值来确定 r 的值，通常取 $\lambda_r\geqslant 85\%$时最小的 r 值即可，并利用这 r 个主成分进行回归建模；最后再还原到原变量即得主成分回归模型。

(三) 岭回归

当变量间存在共线性关系时，还可用下式来估计线性回归方程参数。

$$\boldsymbol{\beta}(k)=(\boldsymbol{X}^{\mathrm{T}}\boldsymbol{X}+k\boldsymbol{I})^{-1}\boldsymbol{X}^{\mathrm{T}}y$$

此式称为回归系数 $\boldsymbol{\beta}$ 的岭估计。式中，$k>0$ 是可选择的参数，岭回归就是要选择合适的 k 值，选择的原则是使得回归模型的均方误差最小，即使得 $MSE_{\beta(k)}$ 达到最小时的 k 值；或选取使得 $\boldsymbol{\beta}(k)=[\beta_1(k), k, \beta_p(k)]$ 中每个分量的变化大体上稳定的 k 值。由此，可解决具有共线性关系因变量的回归建模问题。

四、模型的诊断

线性回归模型式的建立是有一定条件的，在检验时通常还假定 $e_i \sim N(0, \sigma^2)$，那么在建立模型时这样的条件是否能得到满足？关于这方面的内容称为模型的残差分析。同时还要考察观测值对模型影响，当然人们不希望所建模型仅受一组或少数几组数据的强烈影响，那样会使模型不稳定。如何判断观测数据的影响，这也是回归诊断的内容，关于这方面的分析又称为影响分析。下面仅介绍残差分析和影响分析中的常用方法。

（一）残差分析

1. 残差图 因变量实测值与模型预测值之差称之为残差，即 $\hat{e}_i=y_i-\hat{y}_i$，它是模型中误差项 e_i 的估计。再将 $\hat{e}_i$ 标准化即得到学生化残差，即

$$r_i=\frac{\hat{e}_i}{\sqrt{Var(\hat{e}_i)}}=\frac{\hat{e}_i}{\hat{\sigma}\sqrt{1-h_{ii}}}$$

式中，h_{ii} 为帽子矩阵第 i 行第 i 列的主对角元素。

以 r_i 为纵轴，以 Y、$\hat{Y}$、X_1、X_2、…、X_p 任一个量作为横轴所得到的图称为残差图。若模型关于误差正态性的条件得到满足，则有 95.4%的 r_i 落在 [-2, 2] 范围内，在残差图上则表现为有 95.4%的 r_i 落在 $r_i=-2$ 和 $r_i=2$ 的带子里，且不呈现任何趋势。这就告诉人们，可从残差图来判断模型的条件是否满足。只要给出的残差图中其点大致落在宽度为 4 的水平带 $|r_i|\leqslant 2$ 内，且不呈现任何趋势，则表明误差的正态性得到了满足。

2. 方差齐性的检测及修正 残差图一般可有如下几种情形，见图 10-1。图 10-1 中，a 表示正常的残差图；b 表示回归函数可能是非线性的，应改为曲线模型；c 表示残差的绝对值随着预测值的增加而增加的趋势（或有减少的趋势，或先增后减的趋势），表明关于方差齐性的假定不成立；d 则表示观测值间的独立性不成立。

对于误差方差非齐性时，可通过适当的变换，使得变换后的变量在回归中误差的方差接近齐性即可，否则通过改变变换函数重新计算，直到方差齐性为止。

常用的变换可考虑如下，若数据服从泊松分布，用平方根变换，$Z=\sqrt{Y}(Y>0)$；若数据服从二项分布或者贝努利分布，可用平方根反正弦变换，$Z=\arcsin\sqrt{Y}(Y>0)$；若数据变异系数接近常数，则做对数变换，$Z=\ln Y(Y>0)$；若数据方差与其均值的三次方成正比例，则做变换 $Z=1/\sqrt{Y}(Y>0)$；若数据的方差与均值的四次方成正比例，则做倒数变换 $Z=1/Y(Y\neq 0)$ 等。

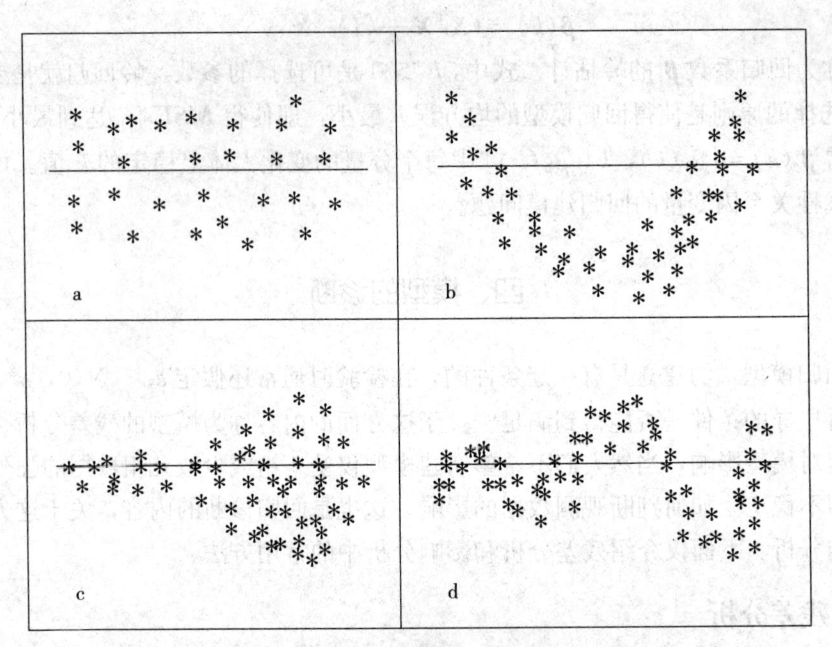

图 10-1 几种模式的残差图

(二) 影响分析

为识别有影响的数据，常用 Cook D 统计量进行判断，其定义为

$$D_i=\frac{(\boldsymbol{\beta}-\boldsymbol{\beta}_{(i)})^{\mathrm{T}}\boldsymbol{X}^{\mathrm{T}}\boldsymbol{X}(\boldsymbol{\beta}-\boldsymbol{\beta}_{(i)})}{p\sigma^2}=\frac{1}{p}(\frac{h_{ii}}{1-h_{ii}})r_i{}^2 \quad (i=1、2、\cdots、n)$$

式中，$\boldsymbol{\beta}_{(i)}$ 表示剔除第 i 个数据点后得到的回归系数估计值，其余变量定义同前。这是一种从参数估计的角度提出的统计量，一般认为当 $|D_i|>\frac{4}{n}$ 时，为强影响点。

五、回归模型预测法举例

为了阐明回归建模型的方法，现以 1990—2002 年某害虫发生密度（Y）与 4 个气象因素 $X_1 \sim X_4$ 的资料（表 10-5）为例，来表述回归建模的步骤和方法。

表 10-5 各年份某害虫发生量（Y）与各气象因子 $X_1 \sim X_4$ 数据

年份	X_1	X_2	X_3	X_4	Y
1990	7	26	6	60	78.5
1991	1	29	15	52	74.3
1992	11	56	8	20	104.3
1993	11	31	8	47	87.6
1994	7	52	6	33	95.9
1995	11	55	9	22	109.2
1996	3	71	17	6	102.7
1997	1	31	22	44	72.5

（续）

年份	X_1	X_2	X_3	X_4	Y
1998	2	54	18	22	93.1
1999	21	47	4	26	115.9
2000	1	40	23	34	83.8
2001	11	66	9	12	113.3
2002	10	68	8	12	109.4

害虫发生量Y与气象因子X_1、X_2、X_3、X_4之间的线性回归方程的建立，可分以下几步进行。

1. 选择所有变量建立一般线性回归方程 利用 SAS 中的 REG 程序来进行回归建模，编程如下。

```
data hald;
input x1-x4 y;
cards;
7  26  6  60  78.5
…(数据略)
10  68  8  12  109.4
run;
proc reg data=hald;
model y=x1-x4;
run;
```

回归模型的方差分析结果见下表。

Source	DF	Sum of Squares	Mean Square	F Value	Prob>F
Model	4	2 667.899 44	666.974 86	111.479	0.000 1
Error	8	47.863 64	5.982 95		
Total	12	2 715.763 08			
Root MSE		2.446 01	R-square	0.982 4	
Dep Mean		95.423 08	Adj R-sq	0.973 6	
C. V.		2.563 33			

回归模型的参数估计结果见下表。

Variable	DF	Parameter Estimate	Standard Error	T for H0: Parameter=0	Prob>|T|
Intercep	1	62.405 369	70.070 959 21	0.891	0.399 1
X1	1	1.551 103	0.744 769 87	2.083	0.070 8
X2	1	0.510 168	0.723 788 00	0.705	0.500 9
X3	1	0.101 909	0.754 709 05	0.135	0.895 9
X4	1	−0.144 061	0.709 052 06	−0.203	0.844 1

方差分析表中 Prob>F 的值为 0.000 1，远比 0.05 小，表明该回归模型是有效的。然而从对模型的参数检验的情况来看（Prob>｜T｜一栏），该模型的所有参数均未通过水平为 0.05 显著性检验，这与模型显著性检验的结果是矛盾的。造成这一现象的原因是变量间存在多重共线性关系。因此，下一步要对共线性进行识别。

2. 识别多重共线性 其 SAS 编程如下。

```
proc reg data=hald;
model y=x1-x4/vif collin; /*识别多重共线性*/
run;
```

参数 vif 要求给出方差膨胀因子的值，参数 collin 要求给出条件指数和方差比例法的结果。其输出结果见下表。

Parameter Estimates（参数估计结果）

Variable	DF	Parameter Estimate	Standard Error	T for H0: Parameter=0	Prob>｜T｜	Variance Inflation
Intercep	1	62.405 369	70.070 959 21	0.891	0.399 1	0.000 000 00
X1	1	1.551 103	0.744 769 87	2.083	0.070 8	38.496 211 49
X2	1	0.510 168	0.723 788 00	0.705	0.500 9	254.423 165 85
X3	1	0.101 909	0.754 709 05	0.135	0.895 9	46.868 386 33
X4	1	−0.144 061	0.709 052 06	−0.203	0.844 1	282.512 864 79

Collinearity Diagnostics（共线性检验结果）

Number	Eigenvalue	Condition Index	Var Prop Intercep	Var Prop X1	Var Prop X2	Var Prop X3	Var Prop X4
1	4.119 70	1.000 00	0.000 0	0.000 4	0.000 0	0.000 2	0.000 0
2	0.553 89	2.727 21	0.000 0	0.010 0	0.000 0	0.002 7	0.000 1
3	0.288 70	3.777 53	0.000 0	0.000 6	0.000 3	0.001 6	0.001 7
4	0.037 64	10.462 07	0.000 1	0.057 4	0.002 8	0.045 7	0.000 9
5	0.000 066 1	249.578 25	0.999 9	0.931 6	0.996 9	0.949 8	0.997 3

从方差膨胀因子（Variance Inflation）这一列来看，变量 X_1 的方差膨胀因子为 38.496 211 49，X_2为 254.423 165 85，X_3为 46.868 386 33，X_4为 282.512 864 79，这 4 个变量的方差膨胀因子的值均超过了 10，最大为 X_4的方差膨胀因子达 282.512 864 79，因此可认为这 4 个变量间存在严重的多重共线性关系。

从条件指数来看，最大的条件指数为 249.578 25，介于 100 到 1 000 之间，表明这些变量间存在中等程度的多重共线性关系。

从方差比例来看，对应最大条件指数的那一行，其方差比例最小的是变量 X_1，其值为 0.931 6，比 0.5 大，表明这 4 个变量就是一个共线性组。

3. 多重共线性的处理

（1）选择变量法　本例进入和剔除变量的水平均选为 0.15。

①方法一：用逐步回归法进行筛选变量，其 SAS 编程为。

```
proc reg data=hald;
model y=x1-x4/selection=stepwise;
run;
```

逐步回归法选入和剔除变量的显著水平默认值均是 0.15，故程序中并未对此进行规定。其方差分析结果输出如下表。

	DF	Sum of Squares	Mean Square	F	Prob>F
Regression	2	2 657.858 593 75	1 328.929 296 87	229.50	0.000 1
Error	10	57.904 483 18	5.790 448 32		
Total	12	2 715.763 076 92			

模型参数估计结果如下表。

Variable	Parameter Estimate	Standard Error	Type Ⅱ Sum of Squares	F	Prob>F
Intercep	52.577 348 88	2.286 174 33	3 062.604 156 09	528.91	0.000 1
X1	1.468 305 74	0.121 300 92	848.431 860 34	146.52	0.000 1
X2	0.662 250 49	0.045 854 72	1 207.782 265 62	208.58	0.000 1

自变量进入和剔出模型的过程见下表。

Step	Variable Entered	Removed	Number In	Partial r²	Model r²	C (p)	F	Prob>F
1	X4		1	0.674 5	0.674 5	138.730 8	22.798 5	0.000 6
2	X1		2	0.297 9	0.972 5	5.495 9	108.223 9	0.000 1
3	X2		3	0.009 9	0.982 3	3.018 2	5.025 9	0.051 7
4		X4	2	0.003 7	0.978 7	2.678 2	1.863 3	0.205 4

从自变量进入与剔除过程的结果可以看出，逐步回归法第一步是选入变量 X_4，在第二步和第三步分别选入变量 X_1和 X_2后，变量 X_4的作用变得不明显，故第四步将 X_4从模型中删除掉。故用此法所选的变量为 X_1和 X_2。

以变量 X_1和 X_2为自变量时的回归模型的检验及参数检验均显著，由此可得出该害虫发生密度的回归预测模型为

$$Y=52.577\ 348\ 88+1.468\ 305\ 74X_1+0.662\ 250\ 49X_2$$

②方法二：用 r^2，修正 r^2、C_p、AIC、BIC 以及均方误差等法选择变量。其 SAS 编程如下。

```
proc reg data=hald;
model y=x1-x4/selection=adjrsq cp aic bic;
run;
```

程序的输出结果见下表。

Number in model	Adjusted R-square	R-Square	C_p	AIC	BIC	Variables in model
3	0.976 4	0.982 3	3.018 2	24.973 9	31.172 3	X1 X2 X4
3	0.976 4	0.982 3	3.041 3	25.011 2	31.183 9	X1 X2 X3
3	0.975 0	0.981 3	3.496 8	25.727 6	31.405 7	X1 X3 X4
2	0.974 4	0.978 7	2.678 2	25.420 0	29.243 7	X1 X2
4	0.973 6	0.982 4	5.000 0	26.944 3	34.413 0	X1 X2 X3 X4
2	0.967 0	0.972 5	5.495 9	28.741 7	30.980 5	X1 X4
3	0.963 8	0.972 8	7.337 5	30.575 9	32.999 7	X2 X3 X4
…	…	…	…	…	…	…

按使 r^2 及修正 r^2 值达到最大的原则，应选变量 X_1、X_2 和 X_4 或变量 X_1、X_2 和 X_3。按使 AIC 达到最小的原则，应选变量 X_1、X_2 和 X_4。按使 BIC 达到最小的原则，应选变量 X_1 和 X_2。按使 C_p 达到最小的原则，应选变量 X_1 和 X_2。那么到底选哪些变量呢？应该说不同的准则是从不同的角度提出的，因此难以做到一致，但从实践经验看，推荐使用 C_p 原则。这时只是选出了变量，模型的建立仍需要按上面方法进行。

（2）岭回归法　它是解决共线性关系的常用方法之一，其 SAS 编程如下。

```
proc reg data=hald outest=rghald outvif graphics corr;
    model y=x1-x4/ridge=0 to 1 by 0.1 2 3 4 5 6;
    plot/ridgeplot;
run;
proc print data=rghald;
run;
```

其中，outest=rghald 要求 reg 过程将结果保存在 rghald 数据集中，选项 outvif 要求输出方差膨胀因子，选项 graphics 要求在高分辨率方式下作图，corr 则要求计算相关系数。model 语句后面 ridge=0 to 1 by 0.1 2 3 4 5 6 给出岭回归中的 k 值，共计有 6 个。plot 语句后面加上参数 ridgeplot，要求作出岭迹图。

选项 corr 要求输出的相关系数值见下表。

Correlation

CORR	X1	X2	X3	X4	Y
X1	1.000 0	0.228 6	−0.824 1	−0.245 4	0.730 7
X2	0.228 6	1.000 0	−0.139 2	−0.973 0	0.816 3
X3	−0.824 1	−0.139 2	1.000 0	0.029 5	−0.534 7
X4	−0.245 4	−0.973 0	0.029 5	1.000 0	−0.821 3
Y	0.730 7	0.816 3	−0.534 7	−0.821 3	1.000 0

从而可看出，变量 X_1 和 X_2 与 Y 间的相关系数分别达 0.730 7 和 0.816 3，且为正相关；X_3 和 X_4 与 Y 间的相关系数分别为−0.534 7 和−0.821 3，为负相关。另外还可看出，X_2 和 X_4 间有强烈的负相关（相关系数达−0.9730），X_1 和 X_3 间也有很强的负相关。

表 10-6　数据集 rghald 中的部分内容

OBS	MODEL	TYPE	RIDGE	RMSE	Intercep	X1	X2	X3	X4	Y
1	MODEL1	PARMS	—	2.446 0	62.405 4	1.551 1	0.51 0	0.101 9	−0.144	−1
2	MODEL1	RIDGEVIF	0.0	—	—	38.496 2	254.423	46.868 4	282.513	−1
3	MODEL1	RIDGE	0.0	2.446 0	62.405 4	1.551 1	0.510	0.101 9	−0.144	−1
4	MODEL1	RIDGEVIF	0.1	—	—	1.283 9	0.516	1.204 1	0.396	−1
5	MODEL1	RIDGE	0.1	2.714 9	86.770 2	1.099 6	0.290	−0.271 7	−0.344	−1
6	MODEL1	RIDGEVIF	0.2	—	—	0.786 8	0.345	0.752 0	0.281	−1
7	MODEL1	RIDGE	0.2	3.134 9	87.751 9	0.978 8	0.289	−0.326 8	−0.324	−1
8	MODEL1	RIDGEVIF	0.3	—	—	0.555 4	0.273	0.539 6	0.234	−1
9	MODEL1	RIDGE	0.3	3.585 8	88.368 3	0.897 8	0.285	−0.351 0	−0.307	−1
10	MODEL1	RIDGEVIF	0.4	—	—	0.425 5	0.229	0.418 9	0.204	−1

从表 10-6 中的 OBS 值为 6、7 两行可以看出，当岭回归中的 k 值为 0.2 时，各个回归系数的膨胀因子 RIDGEVIF 均较小，各变量的回归系数的符号与相关分析中的符号一致，且随着 k 值的变化其值改变不大，此时岭回归的均方根误差为 3.134 9，虽比普通最小二乘回归均方根误差 2.446 0 大，但增加不多。综合以上考虑，可取 $k=0.2$ 的岭回归估计，得到如下岭回归模型。

$$Y=87.7519+0.9788X_1+0.289X_2-0.3268X_3-0.324X_4$$

此模型中各自变量的系数都通过了显著性检验，并且整个模型也通过显著检验，因此可以用于预测来检验其效果。

（3）主成分回归法　首先利用主成分过程判断应取几个主成分，需利用 SAS 中的 PRINCOMP 程序进行运算，编程如下。

```
proc princomp data=hald;
var x1-x4;
run;
```

主成分过程的结果如下。

	特征根（Eigenvalue）	Difference	解释百分率（Proportion）	累积解释百分率（Cumulative）
1	2.235 704 03	0.659 637 96	0.558 9	0.558 9
2	1.576 066 07	1.389 459 92	0.394 0	0.952 9
3	0.186 606 15	0.184 982 40	0.046 7	0.999 6
4	0.001 623 75		0.000 4	1.000 0

从输出的结果可以看出，前两个特征根的和占总和的 95.29%，故可取前两个主成分进行回归分析。主成为回归的 SAS 编程如下。

```
proc reg data=hald outest=pchald outvif;
model y=x1-x4/pcomit=2;/*选取前两个主成分*/
```

```
run;
proc print data=pchald;
run;
```

程序中 model 语句中的选项 pcomit=2 表示分别求出在删除最后 2 个主成分后所得到的回归方程，数据集 pchald 中关于主成分回归的输出结果见表 10-7。

表 10-7　主成分回归数据集 pchald 中的结果

MODEL	TYPE	PCOMIT	RMSE	Intercept	X1	X2	X3	X4	Y
MODEL1	PARMS		2.446 0	62.405 4	1.551 1	0.510 2	0.101 9	−0.144 1	−1
MODEL1	IPCVIF	2			0.265 7	0.250 9	0.301 7	0.263 5	−1
MODEL1	IPC	2	3.081 9	88.955 9	0.788 8	0.361 5	−0.596 2	−0.326 9	−1

由表 10-7 可知，删除最后两个主成分后的回归方程为

$$Y=88.9559+0.7888X_1+0.3615X_2-0.5962X_3-0.3269X_4$$

4. 回归诊断　利用前面所选的变量 X_1 和 X_2 进行回归建模，并进行残差分析和用 COOK D 值进行影响分析。SAS 程序如下。

```
proc reg data=hald graphics;
model y=x1-x4/r ;
plot student. * p. ;
run;
```

程序中的选项 r 要求给出残差及 COOK D 值，plot student. * p. 语句要求打印残差图（图 10-2），student 和 p 后的点号（.）不可省略，分别表示调用程序输出中的学生化残差和预测值。

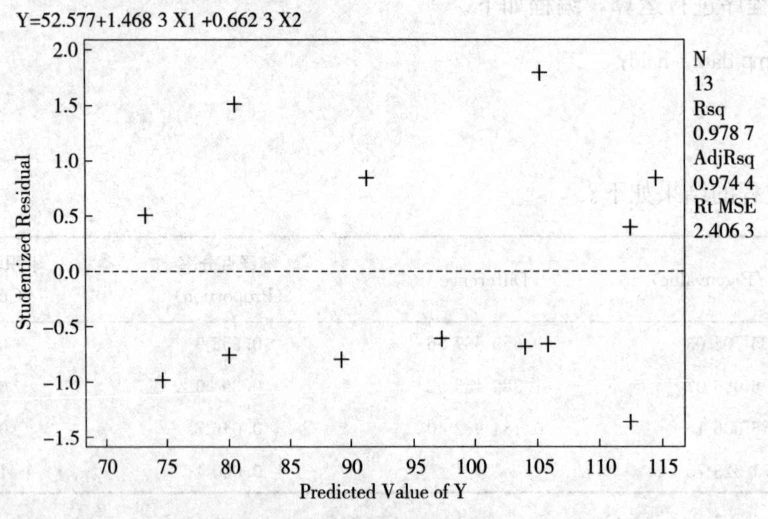

图 10-2　预测值的残差图

从残差图 10-2 可看出，本例中以 X_1 和 X_2 所建的回归模型的所有学生氏残差 r 值均落在［−2，2］区间内，且无明显的规律，因此可认为这些观测值符合高斯-马尔可夫条件。SAS 程序结果中还给出了具体的预测值、预测值标准误差、残差和 COOK D 值，结果见下表。

Obs	Dep Var Y	Predict Value	Std Err Predict	Std Residual	Err Residual	Student Residual	Cook’s D
1	78.500 0	80.074 0	1.206	−1.574 0	2.082	−0.756	0.064
2	74.300 0	73.250 9	1.231	1.049 1	2.067	0.507	0.030
3	104.3	105.8	0.830	−1.514 7	2.259	−0.671	0.020
4	87.600 0	89.258 5	1.184	−1.658 5	2.095	−0.792	0.067
5	95.900 0	97.292 5	0.696	−1.392 5	2.304	−0.605	0.011
6	109.2	105.2	0.816	4.047 5	2.264	1.788	0.139
7	102.7	104.0	1.447	−1.302 1	1.922	−0.677	0.087
8	72.500 0	74.575 4	1.182	−2.075 4	2.096	−0.990	0.104
9	93.100 0	91.275 5	1.019	1.824 5	2.180	0.837	0.051
10	115.9	114.5	1.785	1.362 5	1.614	0.844	0.290
11	83.800 0	80.535 7	1.032	3.264 3	2.174	1.502	0.170
12	113.3	112.4	1.067	0.862 8	2.157	0.400	0.013
13	109.4	112.3	1.114	−2.893 4	2.133	−1.356	0.167

一般认为COOK D值的临界值为$4/n$，本例为4/13=0.307 7，结果中所有的D值均比此值小，所以每个观测对模型的影响是合理的。因此基于气象因子X_1和X_2的回归模型是可信的，能用于实际预测。岭回归和主成分回归模型也可用同样方法进行残差和影响分析，确定模型的精确程度。

在进行害虫发生情况预测的回归建模时，可以将历史数据分为两部分，一部分用来建模，这部分数据称为训练数据集；另一部分用来预测以检验模型的准确性和实用性，这部分数据称为检验数据集。建立好模型后，将模型应用于训练数据集可得出模型拟合的好坏，即历史符合率的高低（预测值±标准误差包含了实测值，则认为预测准确，否则为预测不准确，也可凭经验判断预测值的准确性）。将此模型用于检验数据集，则可算出预报准确程度，获得预报准确率。

第四节　列联表分析预测法

在害虫预测预报工作中，为了方便调查和计算，常将预报量和预报因子分成不同的级别，采用列联表分析，进行等级预报。这种方法不仅历史符合率和预报准确率都较高，而且由于分级，使数字简单，极易进行计算，大大减少了运算工作量。

一、列联表中独立性的检验

设分类变量X取值为A_1、…、A_r，分类变量Y取值为B_1、…、B_c，其对应的总体概率分布为：$p_{ij}=P\{X=A_i, Y=B_j\}$，$i=1$、…、r，$j=1$、…、c，列联表如表10-8所示。

表 10-8 离散型随机变量 X、Y 的抽样数据表

		随机变量 Y				合计
		B_1	B_2	…	B_c	
随机变量 X	A_1	n_{11}	n_{12}	…	n_{1c}	n_{1+}
	A_2	n_{21}	n_{22}	…	n_{2c}	n_{2+}
	⋮	⋮	⋮		⋮	⋮
	A_r	n_{r1}	n_{r2}	…	n_{rc}	n_{r+}
合计		n_{+1}	n_{+2}	…	n_{+c}	$n=\sum_{i,j} n_{ij}$

其中，$n_{i+}=\sum_{j=1}^{c} n_{ij}$，$i=1$、…、$r$；$n_{+j}=\sum_{i=1}^{r} n_{ij}$，$j=1$、…、$c$

下面考虑变量 X 与 Y 间是否独立的问题，若 X 与 Y 相互独立，则联合概率等于各自的边缘概率之积。更具体的做法，假设

H_0：$p_{ij}=p_{i+}p_{+j}$，$i=1$、…、r；$j=1$、…、c；对应于 H_A：存在 i、j，使得 $p_{ij} \neq p_{i+}p_{+j}$。

常用的有两种方法来检验 X 和 Y 的相互独立性，一种是卡方检验法，另一种是似然比检验法，下面分别给出相应的检验统计量的表达式。

卡方统计量的表达式为

$$\chi^2=\sum_{i=1}^{r}\sum_{j=1}^{c}\frac{(n_{ij}-np_{ij})^2}{np_{ij}}=\sum_{i=1}^{r}\sum_{j=1}^{c}\frac{\left(n_{ij}-\frac{n_{i+}n_{+j}}{n}\right)^2}{\frac{n_{i+}n_{+j}}{n}}$$

似然比估计量（LR）的表达式为

$$LR=-2\sum_{i=1}^{r}\sum_{j=1}^{c} n_{ij}\lg\left(\frac{p_{ij}}{\frac{n_{ij}}{n}}\right)=-2\sum_{i=1}^{r}\sum_{j=1}^{c} n_{ij}\lg\left(\frac{n_{i+}n_{+j}}{nn_{ij}}\right)$$

利用这两个统计量均可对上述假定进行检验。如果自由度为（$r-1$）（$c-1$），χ^2 或 LR 大于 0.05 水平下的卡方值，则说明预报量与预报因子间不是相互独立的，而是相互联系的，可以用所选的因子来进行预测。

二、对数线性模型

（一）二维列联表的对数线性模型

针对表 10-8 中的数据均为频数，对数线性模型是将联合单元的理论频数 $\mu_{ij}=np_{ij}$ 取对数后进行分解的一种统计建模方法，具体地，有

$$\lg\mu_{ij}=\lg(np_{ij})=\lg\left(n\cdot p_{i+}p_{+j}\frac{p_{ij}}{p_{i+}p_{+j}}\right)=\lg n+\lg p_{i+}+\lg p_{+j}+\lg\left(\frac{p_{ij}}{p_{i+}p_{+j}}\right)$$

从而可写出对数线性模型写成一般形式，即

$$\lg\mu_{ij}=\lambda+\lambda_i^X+\lambda_j^Y+\lambda_{ij}^{XY}\qquad(i=1、\cdots、r;\ j=1、\cdots、c)$$

式中，λ 为常数项，λ_i^X 为随机变量 X 取 A_i 时的主效应，λ_j^Y 为随机变量 Y 取 B_j 时的主效应，λ_{ij}^{XY} 为随机变量 X 和 Y 的交互效应，$\lambda_{ij}^{XY}=0$ 则意味着随机变量 X 和 Y 相互独立。利用此特点，可利用对数线性模型方便地判断变量间的关系。

（二）三维表分析

对于 3 个离散随机变量 X、Y 和 Z，分别取 r、c 和 t 个不同类型的值，构成 $r\times c\times t$ 表，符号的表达与二维时相类似。对数线性模型的表示为

$$\lg\mu_{ijk}=\lambda+\lambda_i^X+\lambda_j^Y+\lambda_k^Z+\lambda_{ij}^{XY}+\lambda_{ik}^{XZ}+\lambda_{jk}^{YZ}+\lambda_{ijk}^{XYZ}$$

其特点是当低阶的效应为 0 时，相应的高阶效应一定为 0，如：$\lambda_{ij}^{XY}=0\Rightarrow\lambda_{ijk}^{XYZ}=0$。

对于 3 个离散随机变量 X、Y 和 Z，当其中一个固定时，其他两个变量取值的情况就是二维的，这相当于考虑条件分布。

三、Logistic 回归

设因变量（或者响应变量）Y 仅取 0 或 1 两个值，记事件发生的概率为 $p=P(Y=1)$，假设有 k 个因素 x_1、x_2、…、x_k 影响 Y 的取值，则称 $\lg\dfrac{p}{1-p}=\beta_0+\beta_1x_1+\cdots+\beta_kx_k$ 为 Logistic 线性回归模型，其中 x_1、x_2、…、x_k 称为 Logistic 线性回归模型的协变量，$\dfrac{p}{1-p}$ 是“事件发生”与“事件没有发生”的比值，称为优势（*odds*）。若优势值大于 1，表明事件更容易发生；若优势值小于 1，表明事件更不易发生；若优势值为 1，则事件发生与不发生的可能性相同。

$\lg\dfrac{p}{1-p}$，又称为 p 的 Logistic 变换，它是 p 的单增函数，其值的范围为全体实数。

从 Logistic 线性回归模型可看出，有 $\dfrac{p}{1-p}=e^{\beta_0+\beta_1x_1+\cdots+\beta_kx_k}$，由此式可解释某预报因子 x_i 的作用，如在其他变量固定的条件下，x_i 变化到 $x_i+\Delta x_i$ 时，x_i 因子的优越比 $OR_{x_i}=\dfrac{odds_{x_i}}{odds_{x_i+\Delta x_i}}=e^{\beta_i\cdot\Delta x_i}$，通常取 $\Delta x_i=1$，有 $OR_{x_i}=e^{\beta_i}$。此外还可得出相应因变量 Y 发生与不发生的概率值的表达式，即 $p=\dfrac{e^{\beta_0+\beta_1x_1+\cdots+\beta_kx_k}}{1+e^{\beta_0+\beta_1x_1+\cdots+\beta_kx_k}}$，$1-p=\dfrac{1}{1+e^{\beta_0+\beta_1x_1+\cdots+\beta_kx_k}}$。

对 Logistic 线性回归模型中参数的估计可用极大似然估计法，由于似然方程是一个关于参数的非线性方程，因而可通过迭代法求得其近似解。

从 Logistic 线性回归模型出发，可将此模型扩展到因变量 Y 为多值的情况，从而对因变量 Y 取名义型值或者顺序型值的情况均可适用。

四、列联表分析举例

例如考察水稻类型和施肥水平对稻飞虱发生程度的影响，水稻类型分为杂交稻和籼稻两

类，施肥分低肥和高肥两类，稻飞虱发生程度分为轻发和重发两类。这些均为级别数据，因此可用列联表分析法得到变量间的关系，以指导稻飞虱的预测。数据见表 10-9，试判断各变量间是否存在联系。并建立 Logistic 回归模型和对数线性模型。

表 10-9　水稻类型和施肥情况下褐飞虱各发生程度出现的次数

水稻类型（type）	施肥水平（level）	褐飞虱发生类型（y）	
		轻发生次数（1）	重发生次数（0）
杂交稻（1）	低肥（1）	741	2 829
	高肥（2）	882	4 945
籼稻（2）	低肥（1）	453	1 169
	高肥（2）	248	1 032

首先建立数据集，其编程如下。

```
proc format;
value typefmt 1='杂交稻' 2='籼稻';
value levelfmt 1='低肥水平' 2='高肥水平';
value yfmt   1='轻发生次数' 0='重发生次数';
run;
data ex4_4;
input type level y freq;
format type typefmt. level levelfmt. y yfmt. ;
datalines;
1  1  1  741
1  1  0  2 829
1  2  1  882
1  2  0  4 945
2  1  1  453
2  1  0  1 169
2  2  1  248
2  2  0  1 032
run;
```

1. 考察水稻类型、施肥水平、害虫发生类型间的关系　即检验两个变量间是否独立，确定影响褐飞虱发生程度的因子。采用卡方检验方法确定各因子间的独立性，利用 SAS 中的 FREQ 程序，编程如下。

```
proc freq data= ex4_4;
weight freq;
table type * ylevel * y/norow nocol nocum nopercent chisq;
run;
```

其中选项 chisq 要求进行卡方检验。

结果表明，水稻类型与害虫发生类型两因子独立性的卡方检验值为 68.5686，自由度为 1，$P<0.000\,1$，认为二者间有密切关系。施肥水平与害虫发生类型两因子独立性的卡方检验值为 98.606 1，$P<0.001$，说明二者间的关系密切。水稻类型与施肥水平间的卡方值为

291.287，$P<0.0001$，说明二者间关系也相当密切。

2. 用对数线性模型来考察水稻类型、施肥水平与害虫发生类型间的关系　采用SAS中的对数线性模型分析CATMOD程序，编程如下。

```
proc catmod data=ex4_4;
weight freq;
model type*level*y=_response_/p=freq;
loglin type|level|y;
run;
```

语句loglin type | level | y中“type | level | y”表示要分析3个因素的主效应、交互效应和三因素的交互效应等，相当于loglin type level y type*level type*y level*y type*level*y。

参数线性模型输出如下。

Maximum Likelihood Analysis of Variance

Source	DF	Chi-Square	Pr >ChiSq
type	1	1 597.46	<0.000 1
level	1	0.00	0.958 1
type*level	1	191.92	<0.000 1
y	1	2 662.83	<0.000 1
type*y	1	42.85	<0.000 1
level*y	1	66.93	<0.000 1
type*level*y	1	0.79	0.374 6

从方差分析结果可看出，施肥水平（level）的作用不显著（概率值为0.958 1，比0.05大），三因素的交互效应（type*level*y）不显著（其概率值为0.374 6）。其他因素如水稻类型、害虫发生类型，以及水稻类型和施肥水平间有交互效应（其概率值比0.001还要小），水稻类型与害虫发生类型间，以及施肥水平与害虫发生类型间均存在交互效应，概率值均比0.05小。

故对数线性模型可写表示为

$$\lg u_{ijk}=\lambda+\lambda_i^{type}+\lambda_k^{y}+\lambda_{ij}^{type\ level}+\lambda_{ik}^{type\ y}+\lambda_{jk}^{level\ y}$$

3. 用Logistic回归模型来考察害虫发生类型与水稻类型和施肥水平间的关系　其SAS编程如下。

```
proc logistic data=ex4_4 desc;
weight freq;
model y=typelevel;
run;
```

desc要求模型以y取值为1进行建模。

参数的假设检验结果如下

Analysis of Maximum Likelihood Estimates

Parameter	DF	Estimate	Standard Error	Wald Chi-Square	Pr > ChiSq
Intercept	1	−1.266 6	0.106 9	140.389 2	<0.000 1
type	1	0.351 2	0.052 0	45.595 6	<0.000 1
level	1	−0.410 0	0.046 9	76.442 5	<0.000 1

可以看出来 type、level 对 y 的作用均达到了极显著性水平（$P<0.01$），从而可写出 Logistic 回归模型为

$$\lg\left(\frac{P(Y=1)}{P(Y=0)}\right)=-1.2666+0.3512type-0.41level$$

该模型表明轻发生（=1）对重发生类型（=0）出现的概率的高低。由模型各因子前系数的符号可知，籼稻更容易出现害虫轻发生，施肥水平高更容易出现害虫重发生。将水稻类型和施肥水平的类型值代入模型中则可预测得到轻发生的概率大小。

五、列联表分析方法在害虫预测预报中的应用

列联表方法在害虫预测预报中已有较多的应用，现介绍其基本方法。

（一）用列联表分析方法预测预报害虫发生情况的步骤

1. 进行资料整理　必须具备系统完整的历年观察数据，这些数据要有代表性，还需对历年害虫发生情况和影响害虫发生因素的调查观测数据进行整理和处理，对个别年份无代表性的数据，必要时可酌情删除。

2. 测定变量间的相关性，选取预报因子　通常通过统计分析检验各预报因子（x_i）和预报量（因变量，y）之间相关的显著性，找出与因变量相关性显著的预报因子。由于各因子的综合作用，一般并不要求预报因子与预报量间的相关显著性太高。

3. 将预测预报要素划分为相同的级别　预报因子和预报量分级标准可按全国或各省市统一分级标准进行，也可采用点聚图法与实践经验相结合进行划分。

4. 建立列联表　由历年预报要素的观测值，按分级标准转化为分级值，组建 $a\times b$ 列联表。

5. 采用相应的统计预报方法进行预报　在列联表的基础上，用分级统计法、综合相关法等统计预报的通式，建立预报模型（例如 Logistic 回归模型），将待预报年的因子数值换算成等级代入模型，进行预报。

（二）列联表的制作方法

以四川省营山县第 2 代二化螟发生量（y）预报为例，说明列联表制作的方法。第 2 代二化螟发生量（y）与 4 月份降雨天数（x_1）、4 月份相对湿度（x_2）、第 1 代高峰诱蛾量（x_3）、第 1 代螟害率（x_4）和第 1 代高峰期止诱蛾量与越冬代诱蛾量的比值（x_5）有关，各要素的值如表 10-10 所示。

表 10-10　营山县第 2 代二化螟发生与各因素的观察值

年份	预报要素					
	x_1	x_2	x_3	x_4	x_5	y
1971	19	84.1	202	0.73	1.6	619
1972	16	79.2	236	0.97	1.3	1 223
1973	16	85.5	111	0.3	2.6	597
1974	14	79.6	93	0.13	1.4	1 066
1975	18	77.4	783	0.2	1.7	7 280
1976	18	78.6	418	0.72	3.2	2 168
1977	26	84.4	502	0.46	2.0	486
1978	14	75.8	1 020	0.58	1.1	18 767
1979	16	78.5	592	1.8	3.8	3 058
1980	9	77.9	769	5.25	1.1	18 152
1981	18	79.3	3 184	4.54	1.4	5 139
1982	15	75.4	4 142	6.51	2.3	12 556
1983	13	76.2	3 156	6.21	11.3	30 322

1. 历年资料的整理　将历年预报量 y 和预报因子的数据按统一标准划分为 5 级，分级标准如表 10-11 所示。

表 10-11　第 2 代二化螟各预报要素分级标准

要素	级别				
	1 级	2 级	3 级	4 级	5 级
y	<1 000	1 000~2 000	2 001~10 000	10 001~30 000	>30 000
x_1	>20	17~20	15~16	12~14	<12
x_2	>85.5	84.1~85.5	79.1~84.0	75.5~79.0	<75.5
x_3	<502	502~1 330	1 331~2 400	2 401~4 000	>4 000
x_4	<0.21	0.21~1.0	1.1~3.0	3.1~5.0	>5.1
x_5	<2.0	2.0~3.0	3.1~5.0	5.1~8.0	>8.0

分级后观察数据如表 10-12 所示。

表 10-12　各要素分级表

年份	1971	1972	1973	1974	1975	1976	1977	1978	1979	1980	1981	1982	1983
y	1	2	1	2	3	3	1	4	3	4	3	4	5
x_1	2	3	3	4	2	2	1	4	3	5	2	3	4
x_2	2	3	1	3	4	4	2	4	4	4	3	5	4
x_3	1	1	1	1	2	1	2	2	2	2	4	5	4
x_4	2	2	2	1	1	2	2	2	3	5	4	5	5
x_5	1	1	2	1	1	3	2	1	3	1	1	2	5

2. 频次统计　分别统计出预报因子（x）出现的各级别与预报量（y）出现的各级别组合在各年份中出现的总次数，并填入 $a \times b$ 列联表中，得到各因子的列联表，如表 10-13 所示。

表 10-13　各预报因子 $x_1 \sim x_5$ 的列联表

预报因子	级别	y 1	2	3	4	5	Σ
x_1	1	1	0	0	0	0	1
	2	1	0	3	0	0	4
	3	1	1	1	1	0	4
	4	0	1	0	1	1	3
	5	0	0	0	1	0	1
	Σ	3	2	4	3	1	13

预报因子	级别	y 1	2	3	4	5	Σ
x_2	1	1	0	0	0	0	1
	2	2	0	0	0	0	2
	3	0	2	1	0	0	3
	4	0	0	3	2	1	6
	5	0	0	0	1	0	1
	Σ	3	2	4	3	1	13

预报因子	级别	y 1	2	3	4	5	Σ
x_3	1	2	2	1	0	0	5
	2	1	0	2	2	0	5
	3	0	0	0	0	0	0
	4	0	0	1	0	1	2
	5	0	0	0	1	0	1
	Σ	3	2	4	3	1	13

预报因子	级别	y 1	2	3	4	5	Σ
x_4	1	0	1	1	0	0	2
	2	3	1	1	1	0	6
	3	0	0	1	0	0	1
	4	0	0	1	0	0	1
	5	0	0	0	2	1	3
	Σ	3	2	4	3	1	13

预报因子	级别	y 1	2	3	4	5	Σ
x_5	1	1	2	2	2	0	7
	2	2	0	0	1	0	3
	3	0	0	2	0	0	2
	4	0	0	0	0	0	0
	5	0	0	0	1	1	2
	Σ	3	2	4	3	1	13

3. 依据列联表数据进行回检和预报　建立列联表后，除可利用前面介绍的 Logistic 线性回归模型进行预测外，还可以采用多因子综合相关法或分级统计预报法进行预测。

（1）多因子综合相关法预测　计算各预报因子对预报量（y）的条件频率值（P）。例如预报因子（x_1）为 1 级时，y 为 1 级出现的比率为 x_1 列联表中 $x_1=1$ 和 $y=1$ 出现的频次除以 $x_1=1$ 在所有年份中出现的总次数。x_1 为 1 级时，y 为 2 级出现的比率为 x_1 列联表中 $x_1=1$ 和 $y=2$ 出现的频次除以 $x_1=1$ 在所有年份中出现的总次数。以此类推，将列联表中的全部频次转换为条件频率值，如表 10-14 所示。

表 10-14　各因子对 y 的条件频率列联表

预报因子	级别	y=1	2	3	4	5	Σ
x_1	1	1/1	0	0	0	0	1
	2	1/4	0	3/4	0	0	1
	3	1/4	1/4	1/4	1/4	0	1
	4	0	1/3	0	1/3	1/3	1
	5	0	0	0	1/1	0	1
x_2	1	1/1	0	0	0	0	1
	2	2/2	0	0	0	0	1
	3	0	2/3	1/3	0	0	1
	4	0	0	3/6	2/6	1/6	1
	5	0	0	0	1/1	0	1
x_3	1	2/5	2/5	1/5	0	0	1
	2	1/5	0	2/5	2/5	0	1
	3	0	0	0	0	0	0
	4	0	0	1/2	0	1/2	1
	5	0	0	0	1/1	0	1
x_4	1	0	1/2	1/2	0	0	1
	2	3/6	1/6	1/6	1/6	0	1
	3	0	0	1/1	0	0	1
	4	0	0	1/1	0	0	1
	5	0	0	0	2/3	1/3	1
x_5	1	1/7	2/7	2/7	2/7	0	1
	2	2/3	0	0	1/3	0	1
	3	0	0	2/2	0	0	1
	4	0	0	0	0	0	0
	5	0	0	0	1/2	1/2	1

以历年各因子的级别查表 10-14，找出对应于 y 为 1、2、3、4、5 级的条件频率（P），分别计算出 5 个因子的条件频率之和的平均值（y_t），例如 1971 年 $x_1=2$，$x_2=2$，$x_3=1$，$x_4=2$，$x_5=1$，则预报量（y）出现各级别的概率分别为：

$y=1$ 的平均概率为 $y_1=(1/4+1+2/5+1/2+1/7)/5=0.46$

$y=2$ 的平均概率为 $y_2=(0+0+2/5+1/6+2/7)/5=0.17$

$y=3$ 的平均概率为 $y_3=(3/4+0+1/5+1/6+1/7)/5=0.28$

$y=4$ 的平均概率为 $y_4=(0+0+0+1/6+1/7)=0.09$

$y=5$ 的平均概率为 $y_5=(0+0+0+0+0)/5=0$

由此，可判断该年第 2 代二化螟发生量（y）为 1 级的概率最大，达 46%。同样，可对其他年份进行回检。各年份中发生量分别为 1～5 级的发生概率如表 10-15 所示。由表可知，总共 13 年中预报值与实况值完全相符，历史符合率 100%。

表 10-15　第 2 代二化螟发生量分别属于各级别的概率、预报结果与实况值

年份	1971	1972	1973	1974	1975	1976	1977	1978	1979	1980	1981	1982	1983
1 级	**0.46**	0.26	**0.56**	0.11	0.12	0.23	**0.67**	0.17	0.09	0.07	0.08	0.19	0.00
2 级	0.17	**0.53**	0.16	**0.44**	0.16	0.12	0.03	0.16	0.05	0.05	0.19	0.05	0.07
3 级	0.28	0.25	0.13	0.26	**0.49**	**0.52**	0.12	0.27	**0.63**	0.24	**0.57**	0.05	0.20
4 级	0.09	0.14	0.15	0.12	0.20	0.10	0.18	**0.30**	0.20	**0.54**	0.06	**0.64**	0.27

（续）

年份	1971	1972	1973	1974	1975	1976	1977	1978	1979	1980	1981	1982	1983
5 级	0.00	0.00	0.00	0.07	0.03	0.03	0.00	0.10	0.03	0.10	0.10	0.07	**0.46**
预报	1	2	1	2	3	3	1	4	3	4	3	4	5
实况	1	2	1	2	3	3	1	4	3	4	3	4	5

根据条件频率列联表对未来年份进行预报。将待预报年的各因子的原始数据按因子分级标准分级，按照各预报因子的级别，分别计算预报量（y）属于 1～5 级的概率，然后选最大概率值所对应的 y 级别，即为预测年份发生量的预报值。

（2）分级统计预报法　该方法与多因子综合相关法一样，将原始资料处理分级后，建立各预报因子与预报量的列联表，在列联表基础上计算各因子的概率贡献进行预报。

计算各预报因子处于各级别时对预报量的各级别的概率贡献值（P_{ij}^{k}），其计算公式为

$$P_{ij}^{k}=(n_{ij}/n_{i+})\times(n_{ij}/n_{+j})$$

式中，P_{ij}^{k}是指 k 预报因子处于 i 级别对预报量（y）处于 j 级别的概率贡献值，n_{ij}是指列联表中 k 预报因子处于 i 级对应预报量（y）处于 j 级的频数，n_{i+}是指 k 预报因子处于 i 级别的总频数，n_{+j}是指预报量（y）处于 j 级别的总频数。

根据列联表 10-13 中的结果，分别计算各预报因子对预报量各级别的概率贡献值，并列入表 10-16 中。

表 10-16　各预报因子对预报量（y）出现各级别时的概率贡献（仅表示 x_1 和 x_2 预报因子）

预报量 j 级	预报因子 x_1（i 级）				
	1	2	3	4	5
1	$P_{11}^{1}=1/1\times 1/3=0.333$	$P_{21}^{1}=1/4\times 1/3=0.083$	$P_{31}^{1}=1/4\times 1/3=0.083$	$P_{41}^{1}=0$	$P_{51}^{1}=0$
2	$P_{12}^{1}=0$	$P_{22}^{1}=0$	$P_{32}^{1}=1/4\times 1/2=0.125$	$P_{42}^{1}=1/3\times 1/2=0.167$	$P_{52}^{1}=0$
3	$P_{13}^{1}=0$	$P_{23}^{1}=3/4\times 3/4=0.563$	$P_{33}^{1}=1/4\times 1/4=0.0625$	$P_{43}^{1}=0$	$P_{53}^{1}=0$
4	$P_{14}^{1}=0$	$P_{24}^{1}=0$	$P_{34}^{1}=1/4\times 1/3=0.083$	$P_{44}^{1}=1/3\times 1/3=0.111$	$P_{54}^{1}=1/1\times 1/3=0.333$
5	$P_{15}^{1}=0$	$P_{25}^{1}=0$	$P_{35}^{1}=0$	$P_{45}^{1}=1/3\times 1/1=0.333$	$P_{55}^{1}=0$
预报量 j 级	预报因子 x_2（i 级）				
	1	2	3	4	5
1	$P_{11}^{2}=1/1\times 1/3=0.333$	$P_{21}^{2}=2/2\times 2/3=0.667$	$P_{31}^{2}=0$	$P_{41}^{2}=0$	$P_{51}^{2}=0$
2	$P_{12}^{2}=0$	$P_{22}^{2}=0$	$P_{32}^{2}=2/3\times 2/2=0.667$	$P_{42}^{2}=0$	$P_{52}^{2}=0$
3	$P_{13}^{2}=0$	$P_{23}^{2}=0$	$P_{33}^{2}=1/3\times 1/4=0.083$	$P_{43}^{2}=3/6\times 3/4=0.375$	$P_{53}^{2}=0$
4	$P_{14}^{2}=0$	$P_{24}^{2}=0$	$P_{34}^{2}=0$	$P_{44}^{2}=2/6\times 2/3=0.222$	$P_{54}^{2}=1/1\times 1/3=0.333$
5	$P_{15}^{2}=0$	$P_{25}^{2}=0$	$P_{35}^{2}=0$	$P_{45}^{2}=1/6\times 1/1=0.167$	$P_{55}^{2}=0$

根据各因子对应贡献概率值的总和的大小来预测预报量的情况，$P_j=P_{ij}^1+P_{ij}^2+\cdots+P_{ij}^k$（$k$ 为因子个数，P_{ij}^k 为第 k 个因子所处级别对预报量 j 级别的概率贡献），P_j 最大者所对应的 y 级别 j 即为预报量的预报级别。假如仅有两因子时，因子 x_1 为 4 级和因子 x_2 为 2 级，则预报量（y）为 1 级的综合概率：$P_1=P_{41}^1+P_{21}^2=0+0.667=0.667$；预报量为 2 级的综合概率：$P_2=P_{42}^1+P_{22}^2=0.167+0=0.167$；预报量为 3 级的综合概率：$P_3=P_{43}^1+P_{23}^2=0+0=0$；预报量为 4 级的综合概率：$P_4=P_{44}^1+P_{24}^2=0.111+0=0.111$；预报量为 5 级的综合概率：$P_5=P_{45}^1+P_{25}^2=0.333+0=0.333$（表 10-16）。因此，$P_1>P_5>P_2>P_4>P_3$，即判定预报量的级别为 1 级。

（三）预报要素划分等级的方法

用列联表进行害虫发生的等级预报，最重要的是正确划分级别。因为同样的资料，用不同的标准分级，其预报效果相差很大。例如用多因子综合相关法预报第 1 代棉铃虫发蛾高峰日期（y），将 y 及有关的因子（月平均气温 x_1，5 月平均气温 x_2 及越冬代发蛾高峰日 x_3）用不同标准分级后，其预报历史符合率高的达 90%，低的仅 50%，所以分级方法很重要。

1. 对预报量划分级别的方法　预报量主要指害虫发生期、发生量等。

（1）害虫发生时期等级的划分　害虫发生时期划分等级常用等差分组法进行，取历年的最高数值减去最低数值得到极差，除以所分级数（一般划分为 3～5 级）。

（2）害虫发生量等级的划分　根据害虫发生量的多少，可采用上述极差方法进行分级。但常用的是经验指标法，即用一种指标进行衡量，特别是对当地常发性害虫，应根据该地历年害虫发生情况，确定划分等级的标准。

例如湖北省病虫预测预报站根据各地植物保护站的经验，制定出红铃虫第 2 代卵高峰期当日百株卵低于 100 粒为轻发生（1 级），100～200 粒为中等发生（2 级），高于 200 粒为大发生（3 级）；第 3 代卵高峰期当日百株卵量低于 500 粒为轻发生，500～1 000 粒为中等发生，高于 1 000 粒为大发生。

划分害虫发生程度等级，要以历年害虫发生消长的历史资料为依据，并广泛收集有关数据，结合害虫发生发展趋势，参考有关害虫经济阈值，确定比较合适的划分等级的标准。标准确定后，一般不要轻易更动，以免影响资料的可比性。

2. 预报因子划分等级的方法　预报因子划分等级较为复杂。由于预报因子是用于预报害虫发生期或发生量的，其分级标准是否科学、合理，直接影响预报效果。分级方法除等差分级法和经验指标法外，还可用直线回归法和点聚图法。现介绍常用的直线回归法。

利用实测数据建立各预报因子与预报量的回归方程，根据预报量分级标准，将预报量各级数值代入回归方程，便可计算出预报因子的分级标准。

例如临沂地区病虫预测预报站根据 18 年的资料，以麦田第 1 代黏虫每平方米幼虫头数为因变量（y），以预报因子水分积分指数为自变量（x），求得两者的直线回归方程为

$$y=10.392+10.273\ 5x$$

据预报量（y）的分级标准，每平方米幼虫数≤10 头为 1 级，11～20 头为 2 级，21～40 头为 3 级，≥41 头为 4 级。由此，以 11 头、21 头和 41 头代入回归方程，分别求得 $x=0.059\ 18$、1.032 5 和 2.979 3，所以将预报因子水分积分指数分为 4 级，其标准为 $x<0.059\ 18$ 为 1 级，$0.059\ 18\leqslant x<1.032\ 5$ 为 2 级，$1.032\ 5\leqslant x<2.979\ 3$ 为 3 级，$x>2.979\ 3$ 为 4 级。

第五节　判别分析预测法

判别分析要解决的问题是，在已知研究对象分成若干组的情况下，判别新的样品应归属的组别。例如判别害虫的发生程度属于“轻发生、中等发生、大发生、严重发生”中的哪一类。下面介绍3种判别分析方法：距离判别法、Fisher判别法和贝叶斯判别法。

一、距离判别法

距离判别法就是计算新样品（预报量）到各组的距离，然后将该样品判为离它距离最近的一组。

（一）两组距离判别

设组 G_1 和 G_2 的均值分别为 $\boldsymbol{\mu}_1$ 和 $\boldsymbol{\mu}_2$，协方差阵分别为 $\boldsymbol{\Sigma}_1$ 和 $\boldsymbol{\Sigma}_2$（有 $\boldsymbol{\Sigma}_1>0$，$\boldsymbol{\Sigma}_2>0$），$\boldsymbol{x}=(x_1、\cdots、x_p)$ 是一个新样品，现欲判别它来自哪一组。下面针对每组的协方差相同与不同这两种情况分别来讨论。

1. $\boldsymbol{\Sigma}_1=\boldsymbol{\Sigma}_2\triangleq\boldsymbol{\Sigma}$ 时的判别

（1）判别规则　计算 $\boldsymbol{x}$ 到两个组的平方马氏距离 $d^2(\boldsymbol{x}, G_i)=(\boldsymbol{x}-\boldsymbol{\mu})^{\mathrm{T}}\boldsymbol{\Sigma}^{-1}(\boldsymbol{x}-\boldsymbol{\mu})$，$i=1$、2，并按如下规则判别。

$$\begin{cases}\boldsymbol{x}\in G_1，若\ d^2(\boldsymbol{x}, G_1)\leqslant d^2(\boldsymbol{x}, G_2)\\ \boldsymbol{x}\in G_2，若\ d^2(\boldsymbol{x}, G_1)>d^2(\boldsymbol{x}, G_2)\end{cases}$$

令 $W(\boldsymbol{x})=\boldsymbol{a}^{\mathrm{T}}(\boldsymbol{x}-\overline{\boldsymbol{\mu}})$，其中 $\overline{\boldsymbol{\mu}}=\frac{1}{2}(\boldsymbol{\mu}_1+\boldsymbol{\mu}_2)$，$\boldsymbol{a}=\boldsymbol{\Sigma}^{-1}(\boldsymbol{\mu}_1-\boldsymbol{\mu}_2)$，则上述判别规则可简化为

$$\begin{cases}\boldsymbol{x}\in G_1，若\ W(\boldsymbol{x})\geqslant 0\\ \boldsymbol{x}\in G_2，若\ W(\boldsymbol{x})<0\end{cases}$$

上式中，$W(\boldsymbol{x})$ 称为两组距离判别的（线性）判别函数，称 $\boldsymbol{a}$ 为判别系数。

（2）误判概率估计　使用判别函数进行判断，难免会发生错判。用 $p(2|1)$ 表示 $\boldsymbol{x}$ 来自 G_1 而错判为 G_2 的概率，$p(1|2)$ 表示 $\boldsymbol{x}$ 来自 G_2 而错判为 G_1 的概率，则有 $p(2|1)=p(W(\boldsymbol{x})<0|\boldsymbol{x}\in G_1)$，$p(1|2)=p(W(\boldsymbol{x})\geqslant 0|\boldsymbol{x}\in G_2)$。

2. $\boldsymbol{\Sigma}_1\neq\boldsymbol{\Sigma}_2$ 时的判别　令 $W(\boldsymbol{x})=d^2(\boldsymbol{x}, G_2)-d^2(\boldsymbol{x}, G_1)$，则判别规则为

$$\begin{cases}\boldsymbol{x}\in G_1，若\ W(\boldsymbol{x})\geqslant 0\\ \boldsymbol{x}\in G_2，若\ W(\boldsymbol{x})<0\end{cases}$$

（二）多组距离判别

设有 k 个 p 元总体 G_1、…、G_k，其均值向量和协方差阵分别为 $\boldsymbol{\mu}_i$ 和 $\boldsymbol{\Sigma}_i$（>0），$i=1$、…、k。$\boldsymbol{x}=(x_1、\cdots、x_p)$ 是一个新样品，现欲判断它来自哪一组。判断规则为：当

d^2（$\boldsymbol{x}$，G_j）$=\min\limits_{i=1、\cdots,k} d^2$（$\boldsymbol{x}$，$G_i$）时，判 $\boldsymbol{x}\in G_j$。

二、Fisher 判别法

Fisher 判别的基本思想是投影。将 k 个 p 元数据投影到某个方向，使得投影后的组间尽可能分开，衡量组间的是否分开，借用方差分析的思想。记总体为 G_1、…、G_k，设从总体 G_l，$l=1$、…、k 中抽取容量为 n_l 的 p 元样本如下：$X_{(i)}^{(l)}=(x_{(i1)}^{(l)}、\cdots、x_{(ip)}^{(l)})^T$，$l=1$、…、$k$；$i=1$、…、$n_l$。令 $\overline{X}^{(l)}=\dfrac{1}{n_l}\sum\limits_{i=1}^{n_l}X_{(i)}^{(l)}$，$l=1$、…、$k$。$\overline{X}=\dfrac{1}{n}\sum\limits_{l=1}^{k}\sum\limits_{i=1}^{n_l}X_{(i)}^{(l)}$，$n=\sum\limits_{l=1}^{k}n_l$。

设$\boldsymbol{a}^{\mathrm{T}}=$（$a_1$、…、$a_p$）为任一 p 维向量，z（X）$=\boldsymbol{a}^{\mathrm{T}}X$ 为 X 向以 $\boldsymbol{a}$ 为法线方向上的投影，则上述 k 组 p 元总体的样本变为 k 组的一元总体。组间平方和为$\boldsymbol{a}^{\mathrm{T}}H\boldsymbol{a}$，组内平方和为$\boldsymbol{a}^{\mathrm{T}}E\boldsymbol{a}$，其中，$H=\sum\limits_{l=1}^{k}n_l(\overline{X}^{(l)}-\overline{X})(\overline{X}^{(l)}-\overline{X})^{\mathrm{T}}$，$E=\sum\limits_{l=1}^{k}\sum\limits_{j=1}^{n_l}(\overline{X}_{(j)}^{(l)}-\overline{X}^{(l)})(\overline{X}_{(j)}^{(l)}-\overline{X}^{(l)})^{\mathrm{T}}$。上述问题就变为一个极值问题，即使得$\dfrac{\boldsymbol{a}^TH\boldsymbol{a}}{\boldsymbol{a}^TE\boldsymbol{a}}$达到最大，为使解唯一，常常要加上 $\boldsymbol{a}^{\mathrm{T}}E\boldsymbol{a}=1$ 这样的一个约束条件。则 $\boldsymbol{a}$ 可以这样确定，取特征方程 $|E^{-1}H-\lambda I|=0$ 最大特征根对应的满足 $\boldsymbol{\varphi}^{\mathrm{T}}E\boldsymbol{\varphi}=1$ 的特征向量 $\boldsymbol{\varphi}$ 即可。

判别准则的确定。如果有 r（$r<p$）个非零特征根，则相应有 r 个线性判别函数 $z_1(X)$，…，$z_r(X)$，此时相当于将原来 p 维向量降维到 r 维向量，这样可以对这 r 维总体进行距离判别即可。其中 r 可通过 $\dfrac{\sum\limits_{j=1}^{r}\lambda_j}{\sum\limits_{j=1}^{p}\lambda_j}\geqslant\beta$ 式子确定，β 值的选取可视具体情况而定，一般取 $\beta=0.75$ 或 $\beta=0.85$ 等，式中 $\lambda_1\geqslant\lambda_2\geqslant\cdots\geqslant\lambda_p\geqslant0$ 是矩阵 $E^{-1}H$ 的按大到小排序后的特征根。

三、贝叶斯判别法

（一）最大后验概率准则

设有 k 个 p 元组 G_1、…、G_k，且各组的概率密度函数为 $f_i(x)$，$i=1$，…，k，样品 $x=(x_1,\cdots,x_p)$ 来自组 G_i 的先验概率为 π_i，$i=1$、…、k，各个 π_i 满足 $\sum\limits_{i=1}^{k}\pi_i=1$。则 x 属于组 G_i 的后验概率为 $P(G_i\mid x)=\dfrac{\pi_i f_i(x)}{\sum\limits_{j=1}^{k}\pi_j f_j(x)}$，$i=1$、…、$k$，最大后验概率准则为：若 $P(G_l\mid x)=\max\limits_{1\leqslant i\leqslant k}P(G_i\mid x)$，则判 x 属于组 G_l。

关于先验概率的确定，可以根据历史数据进行统计，或者根据专家知识进行确定，如果对 x 来自哪一组的先验信息一无所知，则一般可取 $\pi_1=\cdots=\pi_k=\dfrac{1}{k}$，即离散均匀分布。

若 G_i（$i=1$、…、k）为正态总体，其密度函数为

$$f_i(x)=(\sqrt{2\pi})^{-p}\mid\sum_i\mid^{-1/2}\exp(-\frac{1}{2}d^2(x,G_i))$$

则 x 属于组 G_i 的后验概率可有具体表达式，即

$$P(G_i\mid x)=\frac{\exp(-0.5d^2(x,G_i))}{\sum_{j=1}^{k}\exp(-0.5d^2(x,G_j))},i=1、\cdots、k$$

（二）最小平均误判代价准则

当样品 x 本属于组 G_i，而用某种判别法进行判别时却把样品 x 判别为组 G_j，即判错了，判错的概率可计算为

$$P(j\mid i)=\int_{R_j}f_i(x)\mathrm{d}x,R_j=\{x:x\in G_i\}(i=1、\cdots、k)$$

同时，作出错误判断是需要付出代价的，记代价函数为 $c(j\mid i)$（$i=1$、…、k），则平均误判代价（expected cost of misclassification，*ECM*）可计算如下。

$$ECM=\sum_{l=1}^{k}\pi_l\sum_{j=1,\ j\neq l}^{k}c(j\mid l)P(j\mid l)$$

其目的就是要寻找使 *ECM* 达到最小的判别法。

因此判别准则为，对 k 个 p 元组 G_1、…、G_k，设各组的概率密度函数为 $f_i(x)$，$i=1$、…、k，样品 $x=(x_1,\cdots,x_p)$ 来自组 G_i 的先验概率为 π_i，$i=1$、…、k，各个 π_i 满足 $\sum_{i=1}^{k}\pi_i=1$。则当 $\sum_{j=1,\ j\neq l}^{k}\pi_l c(j\mid l)P(j\mid l)=\min_{1\leqslant i\leqslant k}\sum_{j=1,\ j\neq i}^{k}\pi_l c(j\mid i)P(j\mid i)$ 时，判断 x 属于组 G_l。

四、判别分析预测法举例

以上介绍了判断分析法的基本原理，现以江西省莲花县1962—1978年第1代三化螟发蛾数据（表10-17），进行发生期的判别预测。预报量三化螟第1代的发蛾高峰期（y）分为两级，4月30日之前发生为1级（早），5月1日以后发生为2级（迟），对应的3个预报因子分别是该年3月至4月上旬10℃以上的日积温（x_1）和前一年10—11月10℃以上日积温（x_2）和前一年第4代发生高峰期级别（x_3，早为1级，迟为2级）。在SAS系统中进行运算时数据集disc为各年实测的已知类别的数据，数据集fortestdata为待预测年份的判别数据。

表10-17　江西莲花县1962—1978年第1代三化螟发蛾数据表

年份	1962	1963	1964	1965	1966	1967	1968	1969	1970	1971	1972	1973	1974	1975	1976	1977	1978
x_1	298	283	273	174	263	210	235	223	276	233	295	210	123	199	238	127	203
x_2	432	365	392	400	418	450	352	408	416	360	398	380	373	363	293	359	357
x_3	1	1	1	1	3	2	1	1	4	1	4	3	3	4	2	4	3
y	1	1	1	1	1	1	1	1	1	1	1	2	2	2	2	2	2

判别分析按以下步骤进行。

1. 建立已知类别和待判的SAS数据集　已知类别的数据集disc建立的SAS程序如下。

```
data disc;
input x1－x3 group;
label x1=' 3－4 月上旬 10℃以上的积温'
x2='前一年 10－11 月份 10℃以上日的积温'
   x3='前一年第四代发生蛾高峰期级别'
   group='三化螟第一代发蛾高峰期级别(迟,早)';
datalines;
298  432  1  1
283  365  1  1
…(数据略)
203  357  3  2
run;
```

以下为待判数据集 fortestdata 建立的 SAS 程序。

```
data fortestdata;
input x1－x3 group;
datalines;
276  416  4  .
233  360  1  .
127  359  4  .
295  398  4  .
203  357  3  .
run;
```

其中“.”为 SAS 中表示的缺失数据，也就是这些年份的发蛾高峰是需要预测的。

2. 距离判断法　采用 SAS 中的 DISCRIM 程序来完成，编程如下。

```
proc discrim data=disc testdata=fortestdata list testlist;
class group;
var x1－x3;
run;
```

线性判别函数的 SAS 输出结果如下。

Variable	Label	1	2
Constant		−142.423 04	−96.54674
x_1	3—4 月上旬 10 ℃以上日的积温	0.250 91	0.188 35
x_2	前一年 10～11 月份 10℃以上日的积温	0.585 05	0.482 27
x_3	前一年第 4 代发蛾高峰期的级别	−6.445 43	−3.865 44

根据以上结果可写出两个线性判别函数，即

$$W_1(x)=-142.42304+0.25091x_1+0.58505x_2-6.44543x_3\text{（属于 1 级）}$$

$$W_1(x)=-96.54674+0.18835x_1+0.48227x_2-3.86544x_3\text{（属于 2 级）}$$

将各年份的 x_1、x_2 和 x_3 分别代入上面两判别式，则可得到每年份第 1 代三化螟发蛾属于 1 级和 2 级的概率。SAS 判别的结果输出如下。

Obs	From Group	Classified into Group	1	2
1	1	1	1.000 0	0.000 0
2	1	1	0.998 8	0.001 2
3	1	1	0.999 9	0.000 1
4	1	1	0.971 9	0.028 1
5	1	1	0.997 0	0.003 0
6	1	1	0.999 8	0.000 2
7	1	1	0.918 7	0.081 3
8	1	1	0.999 4	0.000 6
9	1	1	0.978 7	0.021 3
10	1	1	0.957 8	0.042 2
11	1	1	0.959 5	0.040 5
12	2	2	0.194 4	0.805 6
13	2	2	0.000 5	0.999 5
14	2	2	0.001 6	0.998 4
15	2	2	0.002 4	0.997 6
16	2	2	0.000 0	1.000 0
17	2	2	0.014 4	0.985 6

首先看对已知类别数据的判别结果，此结果说明该判别的结果与实际的完全符合，历史符合率100%。

下面的输出结果是对待判数据的判别结果。

Obs	From Group	Classified into Group	1	2
1	.	1	0.978 7	0.021 3
2	.	1	0.957 8	0.042 2
3	.	2	0.000 0	1.000 0
4	.	1	0.959 5	0.040 5
5	.	2	0.014 4	0.985 6

判别结果表明，待判数据集中1、2、4号样品被判为1类即早发生，其余判为2类即迟发生。这样与实际相比，确定判别结果正确的占多少次，得到预报准确率。

3. 贝叶斯判别　其SAS程序如下。

```
proc discrim data=disc testdata=fortestdata list testlist distance pool=no;
class group;
priors '1'=0.5 '2'=0.5;
var x1-x3;
run;
```

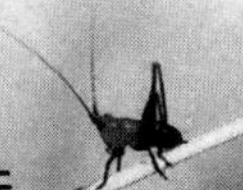

输出结果如下。

Obs	From Group	Classified into Group	1	2
1	1	1	1.000 0	0.000 0
2	1	1	0.999 5	0.000 5
3	1	1	1.000 0	0.000 0
4	1	1	1.000 0	0.000 0
5	1	1	0.998 9	0.001 1
6	1	1	1.000 0	0.000 0
7	1	1	0.992 4	0.007 6
8	1	1	1.000 0	0.000 0
9	1	1	0.998 5	0.001 5
10	1	1	0.997 6	0.002 4
11	1	1	0.998 1	0.001 9
12	2	2	0.138 4	0.861 6
13	2	2	0.000 1	0.999 9
14	2	2	0.002 7	0.997 3
15	2	2	0.001 9	0.998 1
16	2	2	0.000 0	1.000 0
17	2	2	0.009 4	0.990 6

此判别结果与实际情况完全一致，历史符合率100%。对待判样本进行判别的结果如下。

Obs	From Group	Classified into Group	1	2
1	.	1	0.998 5	0.001 5
2	.	1	0.997 6	0.002 4
3	.	2	0.000 0	1.000 0
4	.	1	0.998 1	0.001 9
5	.	2	0.009 4	0.990 6

判别分类结果与距离判别法完全相同。

4. Fisher 判别　其SAS程序如下。

```
data fisherdata;
set disc fortestdata;
run;
proc candisc data=fisherdata out=cand ncan=2  distance;
class group;
var x1—x3;
```

```
run;
proc discrim data=cand  distance list;
class group;
var can1 can2;
run;
```

程序先用CANDISC过程求出两个典型变量，然后用discrim判别分析过程对candisc过程求出的两个典型变量进行fisher判别分析。

输出的结果，典型相关系数如下。

	Canonical Correlation	Adjusted Canonical Correlation	Approximate Standard Error	Squared Canonical Correlation
1	0.872 760	0.862 195	0.059 572	0.761 710

$E^{-1}H$ 特征根的信息如下。

Eigenvalues of Inv（E）＊H =CanRsq/（1−CanRsq）			
Eigenvalue	Difference	Proportion	Cumulative
1	3.196 6	1.000 0	1.000 0

典型系数如下。

Raw Canonical Coefficients

Variable	Label	Can1	Can2
x1	3—4月上旬10℃以上的积温	0.017 801 555 2	0.017 567 302 6
x2	前一年10—11月10℃以上日的积温	0.029 246 447 7	−0.014 732 514 8
x3	前一年第4代发蛾高峰期级别	−0.734 136 603 3	0.392 090 783 0

则有两个典型系数，即

$$z_1(x)=\boldsymbol{a}_1^{T}x=0.017\,801\,555\,2x_1+0.029\,246\,447\,7x_2-0.734\,136\,603\,3x_3$$

$$z_2(x)=\boldsymbol{a}_2^{T}x=0.017\,567\,302\,6x_1-0.014\,732\,514\,8x_2+0.392\,090\,783\,0x_3$$

判别结果如下。

Obs	From Group	Classified into Group	1	2
1	1	1	1.000 0	0.000 0
2	1	1	0.998 8	0.001 2
3	1	1	0.999 9	0.000 1
4	1	1	0.971 9	0.028 1
5	1	1	0.997 0	0.003 0
6	1	1	0.999 8	0.000 2

（续）

Obs	From Group	Classified into Group	1	2
7	1	1	0.918 7	0.081 3
8	1	1	0.999 4	0.000 6
9	1	1	0.978 7	0.021 3
10	1	1	0.957 8	0.042 2
11	1	1	0.959 5	0.040 5
12	2	2	0.194 4	0.805 6
13	2	2	0.000 5	0.999 5
14	2	2	0.001 6	0.998 4
15	2	2	0.002 4	0.997 6
16	2	2	0.000 0	1.000 0
17	2	2	0.014 4	0.985 6
18	.	1 *	0.978 7	0.021 3
19	.	1 *	0.957 8	0.042 2
20	.	2 *	0.000 0	1.000 0
21	.	1 *	0.959 5	0.040 5
22	.	2 *	0.014 4	0.985 6

对历史年份和未知年份的判别结果与前面两种方法的完全一致。

第六节　时间序列分析预测法

线性回归模型是采用因果分析法，其中自变量是影响因变量的原因。有时影响预测对象的预测因素错综复杂，有时甚至无法获得有关影响因素的资料，这时因果分析法会失效。而采用时间序列分析法，可以达到预测的目的。

时间序列分析法是依据预测对象过去观测数据，通过找到随时间变化的规律来建立时间序列预测模型，从而推断未来的情况。

时间序列分析法可分为确定性时间序列分析法及随机性时间序列分析法。若时间序列的变化规律可以用时间 t 的某种确定性函数关系来描述，则此类时间序列称为确定性时间序列，用于此类时间序列的分析方法就称为确定性时间序列分析法，例如时间序列平滑法、趋势外推法、季节变动预测法等。若时间序列是一个随机过程，无法用时间 t 的确定函数关系加以描述，则此时间序列称为随机性时间序列，用于分析此类时间序列的方法称为随机性时间序列分析法，例如马尔可夫法、BOX-JENKINS 法等。

一、确定性时间序列分析法

（一）时间序列的规律

对于一个给定的时间序列，看上去杂乱无章，然而大量的实践经验表明，一个时间序列往往可以看成是以下几类变化形式的叠加或耦合。

1. 长期变动趋势 长期变动趋势是指时间序列朝着一定的方向持续上升或下降，或停留在某一水平上的倾向，它反映了客观事物的主要变化趋势。例如由于温室效应，使全球气温持续上升，从而影响害虫的发生趋势。

2. 季节变动趋势 季节变动趋势指1年或更短的时间之内，由于受某种固定周期性因素的影响而呈现出有规律的周期性波动。例如昆虫的种群密度随着季节的变化而呈一定的变化趋势，在一定的空间内形成了相对的稳定性，小麦吸浆虫在长江流域，每年的4月中旬至5月中旬为增殖期，其余时间发生数量处于减退的状态。

3. 循环变动趋势 循环变动趋势通常是指由非季节因素引起的涨落起伏形成的周期性波动。循环变动的周期可以是日、月、季度或年。例如松毛虫在马尾松林中有隔3～4年大发生1次的周期性现象。

4. 不规则变动 不规则变动通常指突然变动或随机变动。突然变动是指意外事件引起的变动。随机变动则是指由于大量的随机因素产生的难以控制的变动。

（二）确定性时间序列分析法

1. 移动平均法 设给定的时间序列为 y_1，y_2，…，y_n，选取长度为 T 期的数据进行平均来作为下一时刻的预测值，即 $\hat{y}_{T+1}=\frac{1}{T}\sum_{i=1}^{T}y_i$，$\hat{y}_{T+2}=\frac{1}{T}\sum_{i=2}^{T+1}y_i$，…，$\hat{y}_{n+1}=\frac{1}{T}\sum_{i=n-T+1}^{n}y_i$，最后一项可看作预测值。

2. 指数平滑法 指数平滑法多种多样，有一次指数平滑法、二次指数平滑法、三次指数平滑法等。

（1）一次指数平滑法 时间序列具有平稳且非季节性，则可用一次指数平滑法，其公式表达为

$$S_t=\alpha y_t+(1-\alpha)S_{t-1}$$

初始值可取为

$$S_1=y_1$$

此式也即预测公式，可预测1期。

（2）二次指数平滑法

①布朗（Brown）单一参数指数平滑法：时间序列具有线性趋势且无季节性，则可用布朗单一参数指数平滑方法，其预测模型为

$$S_{t+m}=a_t+b_t m$$

参数为

$$a_t=2S_t^1-S_t^2$$

$$b_t=\frac{\alpha}{1-\alpha}(S_t^1-S_t^2)$$

式中，$S_t^1=\alpha y_t+(1-\alpha)S_{t-1}^1$，$S_t^2=\alpha S_t^1+(1-\alpha)S_{t-1}^2$。

初始值可取为

$$S_1^1=S_1^2=y_1\text{，}a_1=y_1\text{，}b_1=\frac{(y_2-y_1)+(y_4-y_3)}{2}$$

预测模型中的 m 自变量，取值一般为正整数，表示为预测时间，例如 $m=2$，则 $S_{t+2}=$

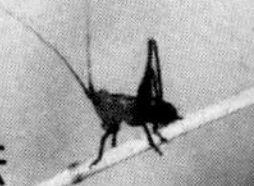

$a_t + b_t \times 2$，表示时刻 $t+2$ 时的预测值。此模型只有一个参数 α，使用起来方便。

②霍特（Holt）双参数指数平滑法：时间序列具有线性趋势且无季节性的特点时，亦可用霍特双参数指数平滑法，该法的预测模型为

$$S_{t+m} = S_t + b_t m$$

式中 $S_t = \alpha y_t + (1-\alpha)(S_{t-1} + b_{t-1})$，$b_t = \gamma(S_t - S_{t-1}) + (1-\gamma)b_{t-1}$。此法含有两个参数 α 和 γ，使用起来更灵活。

此模型中的初始值可取为

$$S_1 = y_1,\ b_1 = [(y_2 - y_1) + (y_4 - y_3)]/2$$

（3）三次指数平滑

①布朗（Brown）三次指数平滑：此模型适合时间序列具有非线性且无季节性的特点。其预测模型为

$$S_{t+m} = a_t + b_t m + \frac{1}{2} c_t m^2$$

参数为

$$a_t = 3S_t^1 - 3S_t^2 + S_t^3\ b_t = \frac{\alpha}{2(1-\alpha)^2}[(6-5\alpha)S_t^1 - (10-8\alpha)S_t^2 + (4-3\alpha)S_t^3]$$

$$c_t = \frac{\alpha^2}{(1-\alpha)^2}(S_t^1 - 2S_t^2 + S_t^3)$$

式中，$S_t^1 = \alpha y_t + (1-\alpha)S_{t-1}^1$，$S_t^2 = \alpha S_t^1 + (1-\alpha)S_{t-1}^2$，$S_t^3 = \alpha S_t^2 + (1-\alpha)S_{t-1}^3$。

模型的初始值可取为

$$S_1^1 = S_1^2 = S_1^3 = y_1,\ a_1 = y_1,\ b_1 = \frac{(y_2 - y_1) + (y_3 - y_2) + (y_4 - y_3)}{3}$$

②温特（Winter）线性季节性指数平滑：此模型适合于时间序列有线性趋势且有季节性。其预测公式为

$$S_{t+m} = (S_t + b_t m) I_{t-L+m}$$

式中，S_t 为总平滑，b_t 为线性倾向平滑，I_t 为季节平滑（为季节调节因子），L 为季节长度，且有

$$S_t = \alpha \frac{y_t}{I_{t-L}} + (1-\alpha)(S_{t-1} + b_{t-1})$$

$$b_t = \gamma(S_t - S_{t-1}) + (1-\gamma)b_{t-1}$$

$$I_t = \beta \frac{y_t}{S_t} + (1-\beta) I_{t-L}$$

初始值可取为

$$S_{L+1} = y_{L+1},\ b_{L+1} = \frac{(y_{L+1} - y_1) + (y_{L+2} - y_2) + (y_{L+3} - y_3)}{3L},$$

$$I_i = \frac{y_i}{\bar{y}},\ i = 1、2、\cdots、L,\ \bar{y} = \frac{1}{L}\sum_{i=1}^{L} y_i$$

上述方法中涉及的参数，是需要事先确定的，一方面可以自己指定，另一方面 SAS 软件中可以利用数据自动寻找最佳的参数。

3. 季节交乘模型和季节叠加模型 若时间序列具有长期变动趋势，又具有季节变动的

趋势，则可考虑季节交乘模型或者季节叠加模型。在这两类模型中，应用最为广泛的是长期变化趋势为线性变化的情形。下面仅就此种情形介绍季节交乘模型和季节叠加模型。

(1) 季节交乘模型　若时间序列具有线性增长趋势和季节变动的特点，且季节波动幅度随着趋势增加而变大时，则可用季节交乘模型。其模型可表示为

$$y_t=(a+bt)\cdot I_t$$

其建模过程，首先利用数据 y_t 与时间 t 的关系建立线性回归模型，即 $F_t=\hat{a}+\hat{b}t$ 。然后计算季节调整因子 $I_t=\frac{y_t}{F_t}$ 。

对于更一般的模型，可表示为

$$\hat{y}_{t+m}=(a_t+b_t m)\cdot I_{t+m}$$

式中模型的参数可用温特线性季节性指数平滑的方法确定。

(2) 季节叠加模型　若时间序列既有线性变化趋势又含有季节变动的特点，且季节波动幅度不随趋势的增加而变化，这类时间序列的波动往往呈现正弦波或余弦波的形式，则可用季节叠加模型来建立时间预测模型。其模型的表达式为

$$y_t=(a+bt)+d_i$$

式中，d_i 是时间序列的季节增量。

其建模过程，首先利用数据 y_t 与时间 t 的关系建立线性回归模型，即 $F_t=\hat{a}+\hat{b}t$ ，并计算 $\hat{d}_t=y_t-F_t$ ；然后计算季节增加因子 $d_i=\frac{\hat{d}_i+\hat{d}_{i+T}+\cdots+\hat{d}_{i+(m-1)T}}{m}$ ，T 为时序数据中季节周期的长度，m 为已知时序数据季节周期数。

4. 预测精度统计量　预测精度的高低通常是采用某些指标来度量。设时间序列数据为 y_t ，模型的相应预测值为 $\hat{y}_t$ ，$t=1$、…、n ，其残差为 $e_t=y_t-\hat{y}_t$ ，$t=1$、…、n ，则通常的预测精度统计量有：①平均误差（mean error，ME）、②平均绝对误差（mean absolute error，MAE）、③误差平方和（sum of squared error，SSE）、④均方误差（mean squared error，MSE）、⑤误差的标准差（standard deviation of error，SDE）、⑥百分误差（percentage error，PE）、⑦平均百分误差（mean percentage error，MPE）⑧平均绝对百分误差（mean absolute percentage error，$MAPE$），其表达式分别为

$$ME=\frac{1}{n}\sum_{t=1}^{n}e_t$$

$$MAE=\frac{1}{n}\sum_{t=1}^{n}|e_t|$$

$$SSE=\sum_{t=1}^{n}e_t^2$$

$$MSE=\frac{1}{n}\sum_{t=1}^{n}e_t^2$$

$$SDE=\sqrt{\frac{1}{n-1}\sum_{t=1}^{n}e_t^2}$$

$$PE_t = \left(\frac{y_t - \hat{y}_t}{y_t}\right) \times 100 \text{ , } t = 1\text{、}\cdots\text{、}n$$

$$MPE = \frac{1}{n}\sum_{t=1}^{n} PE_t$$

$$MAPE = \frac{1}{n}\sum_{t=1}^{n} |PE_t|$$

由于一些统计量间的定义有联系，故列在一起以便于比较，实践中通常采用 *MSE* 和 *MAPE* 来判断。一般认为 *MAPE* 小于 10，则该模型的预测精度较高。

5. 方法举例　以某害虫发生数量在 1980—1982 年各月中的变化数据（表 10-18）为例，说明时间序数据的分析与预测方法。

表 10-18　1980—1982 年各月某害虫发生数量

年份	月份											
	1	2	3	4	5	6	7	8	9	10	11	12
1980	203.8	214.1	229.9	223.7	220.7	108.4	207.8	228.5	206.5	226.8	247.8	259.5
1981	240.3	222.8	243.1	222.2	220.6	218.7	234.5	248.6	261	275.3	269.4	291.2
1982	301.9	285.5	286.6	260.5	298.5	291.8	267.3	277.9	303.5	313.3	327.6	338.3

（1）时间序列分析 SAS 数据集的建立程序如下。

```
data pest;
input year $ timenumber;   /' time 为月份的顺序号,从 1 到 36 '/
datalines;
1980.1 1 203.8
1980.2 2 214.1
1980.3 3 229.9
…(数据略)
1982.12 36 338.3
run;
```

（2）发生数量的时间序列　如图 10-3 中实线所示，由图可看，该时间序列数据呈一线性递增趋势。

（3）用温特平滑法（Winter 法）、二次平滑法、一次平滑法分析该时间序列的发展趋势

① 温特平滑法（Winter 法）及其预测图和残差图的 SAS 程序：

```
proc forecast data=pest out=out1 method=winters lead=10 outfull outresid outest=est1 outfitstats;
  id time;
  var number;
run;
```

该 SAS 程度可以预测出该时间序列接下来的 10 个月中害虫种群数量。

② 二次平滑法的 SAS 程序：

```
proc forecast data = pest out = out2 method = expo trend = 2 lead = 10 outfull outresid outest = est2
outfitstats;
  id time;
```

```
  var number;
run;
```

③ 一次平滑法的 SAS 程序：

```
proc forecast data=glass out=out3 method=expo trend=1 lead=10 outfull   outresid outest=est3
outfitstats;
  id time;
  var yield;
run;
```

④ 三种方法的比较：对由上述 3 种方法的预测值进行比较的 SAS 程序如下。

```
data pred;
  set out1(keep=time number _type_ rename=(number=winters)where=(_type_='FORECAST'));
  set out2(keep=time number _type_ rename=(number=expo2) where=(_type_='FORECAST'));
  set out3(keep=time number_type_ rename=(number=expo1) where=(_type_='FORECAST'));
run;
data final;
merge pest(keep=time number rename=(number=actual)) pred;
drop _type_;
run;
proc print data=final;
run;
```

由图 10-3 可知，3 种方法对害虫数量的预测结果基本相似，说明该时间序列可以用这 3 种方法进行分析和预测，具体选哪种方法可根据 3 个方法拟合的精度比较来确定。

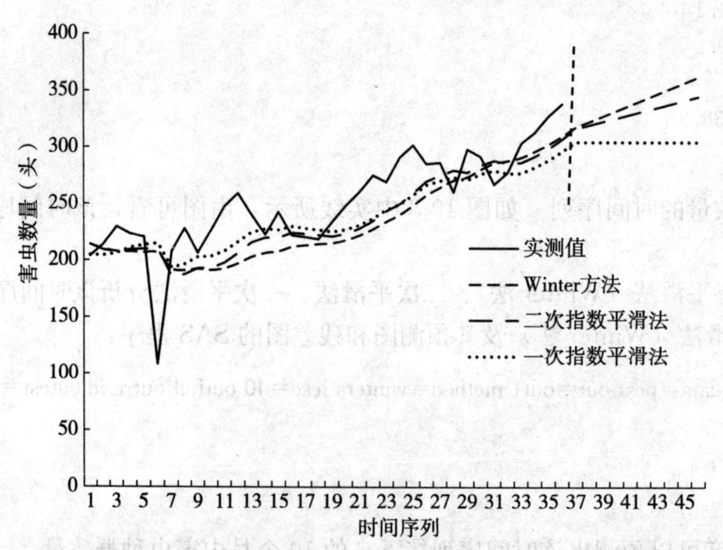

图 10-3 3 种时间序列分析方法拟合害虫数量变动的比较（垂直虚线后为预测值）

对 3 种方法预测结果的精度进行比较，其 SAS 程序如下。

```
data est1b;
  set est1(keep=_type_number rename=(number=winters));
```

```
run;
data est2b;
   set est2(keep=_type_number rename=(number=expo2));
run;
data est3b;
   set est3(keep=_type_number rename=(number=expo1));
run;
data acut;
set est1b;
set est2b;
set est3b;
run;
proc print data=acut;
run;
```

预测精度的估计结果输出如下。

TYPE	winters	expo2	expo1
N	36	36	36
NRESID	36	36	36
DF	34	34	35
WEIGHT	0.105 572 8	0.105 572 8	0.2
S1	0.105 572 8	287.169 28	304.847 75
SIGMA	0.25	260.840 91	30.260 496
CONSTANT	34.218 522	31.190 497	304.847 75
SSE	4.911 687 1	3.107 642 1	32 049.416
MSE	**67 872.283**	**67 872.283**	**915.697 6**
RMSE	39 810.845	33 076.801	30.260 496
MAPE	**1 170.907 2**	**972.847 08**	**10.241 132**
MPE	34.218 522	31.190 497	3.477 430 6
MAE	11.949 616	10.690 173	22.942 216
ME	5.839 826 5	3.992 180 3	13.921 562

结果显示，*MSE* 和 *MAPE* 最小的均为一次指数平滑模型，说明此时间序列采用一次指数平滑模型要优于二次指数平滑模型和 Winter 模型。

二、随机性时间序列分析法

(一) 马尔可夫链观测法

马尔可夫（Markov）链观测法是将时间序列看作一个随机过程，通过对事物不同状态的初始概率和状态之间转移概率的研究，确定状态变化趋势，预测事物的未来。

1. 基本概念　马尔可夫链是一种最简单的马尔可夫过程。理解马尔可夫过程要先了解

以下几个基本概念。

（1）状态转移 世界上各种事物每时每刻都处于不同的状态。对于昆虫的一生，粗略地讲有卵、幼虫、蛹、成虫等状态。对于害虫不同年度或各世代间的发生程度有特大发生、大发生、中等发生、轻发生等状态。而后阶段的状态往往是从前一状态转变来的，这种从一种状态转入另一种状态的现象，称为状态转移。

（2）状态转移过程 随着时间变化所做的状态转移，或者说状态转移与时间的关系为状态转移过程，简称过程。

（3）马尔可夫过程 若每次状态的转移都只与互相接引的前一次有关，而与过去的状态无关，或者说状态转移过程是无后效性的，这种状态转移过程称为马尔可夫过程。

（4）状态转移概率 从某种状态出发，下一步转移到其他状态的可能性称为状态转移概率。例如把害虫发生程度分为 3 种状态，轻发生为状态 1，中等发生为状态 2，重发生为状态 3，则从状态 1 到状态 1 的状态概率记为 P_{11}，从状态 1 到状态 2 的状态概率记为 P_{12}，从状态 1 到状态 3 的状态概率记为 P_{13}，依次还有 P_{21}、P_{22}、P_{23}、P_{31}、P_{32} 和 P_{33}。

用 $P_{ij}{}^{(1)}$ 表示状态 E_i 经过 1 步（如 1 年）转移到状态 E_j 的概率，称为一阶转移概率。同理，可用 $P_{ij}{}^{(2)}$ 或 $P_{ij}{}^{(m)}$ 分别表示 E_i 经过 2 步和 m 步（如 2 年和 m 年）转移到 E_j 的概率，分别称为二阶转移概率和 m 阶转移概率。

（5）状态转移概率矩阵将上述情况综合到一起，并做适当排列，即得到状态转移概率矩阵 $\boldsymbol{P}$，即

$$\boldsymbol{P}^{(1)} = [p_{ij}{}^{(1)}] = \begin{bmatrix} P_{11} & P_{12} & P_{13} \\ P_{21} & P_{22} & P_{23} \\ P_{31} & P_{32} & P_{33} \end{bmatrix}$$

矩阵中第一行表示从状态 1 出发，转移到状态 1、2、3 各种状态的转移概率，相应地第 i 行表示从 i 状态出发转移到各种状态的转移概率。

2. 状态转移概率矩阵中元素的计算 由状态 E_i 经过 m 步转移到状态 E_j 的概率为

$$p_{ij}{}^{(m)} = N_j\ (m)\ /m_i$$

式中，N_j（m）是从状态 i 转移到状 j 的总次数，m_i 为状态 i 发生的总次数，最后一年的状态不计入。

以安徽省东至县金寺山林场 1961—1983 年的马尾松毛虫发生危害状态等级的时间序列资料（表 10-19）为例，阐述状态转移概率（P）的计算方法。

表 10-19 马尾松毛虫发生危害状态等级表

序号	1	2	3	4	5	6	7	8	9	10	11	12	13	14	15	16	17	18	19	20	21
年份	1963	1964	1965	1966	1967	1968	1969	1970	1971	1972	1973	1974	1975	1976	1977	1978	1979	1980	1981	1982	1983
级别	1	4	1	1	4	1	1	2	3	3	4	1	1	1	1	3	4	2	1	1	1

（1）计算 1 步转移概率矩阵 $P^{(1)}$ 表 10-19 中从“1 级”出发（转移出去）的状态转移中，有 7 个是从 1 级转入下一年的 1 级，以序号为例有：3→4、6→7、12→13、13→14、14→15、19→20、20→21。

从“1 级”状态出发转入下一年的“2 级”的有 1 个，为 7→8；转入下一年为“3 级”

的有 1 个，为 15→16；转入下一年为“4 级”的有 2 个，为 1→2 和 4→5。因此由 1 级状态共发生了 11 次转移，各种转移状态的概率分别为：$P_{11}=7/11=0.6364$，$P_{12}=1/11=0.0909$，$P_{13}=1/11=0.0909$，$P_{14}=2/11=0.1818$。

同理，可求得由“2 级”、“3 级”、“4 级”状态出发分别转移到“1 级”、“2 级”、“3 级”、“4 级”的概率，并整合列出状态转移矩阵 $\boldsymbol{P}^{(1)}$，即一步转移概率矩阵，即

$$\boldsymbol{P}^{(1)}=[P_{ij}{}^{(1)}]=\begin{bmatrix}0.64 & 0.09 & 0.09 & 0.18\\ 0.50 & 0.00 & 0.50 & 0.00\\ 0.00 & 0.00 & 0.33 & 0.67\\ 0.75 & 0.25 & 0.00 & 0.00\end{bmatrix}$$

由此可看出，从原有某状态出发，下一步总会转移到“1 级”、“2 级”、“3 级”、“4 级”中的某一种状态，并且若转移到状态“1 级”的可能性大，那么转移到“2 级”、“3 级”和“4 级”的可能性就小了。然而不管怎样，它转移到“1 级”、“2 级”、“3 级”、“4 级”4 种状态的可能性总和是 100%，即矩阵中每一行的状态转移概率之和应为 1，这种规律常称为状态转移概率矩阵的行和为 1。

（2）计算高阶转移概率矩阵 P　按照上述原理，以隔 1 年的状态转移分别计算出 $m=2$、3、4 的转移概率矩阵，称为高阶转移概率矩阵。例如 $m=2$ 时，状态为“1 级”隔 1 年转移到“1 级”的有 5 次，转移到“2 级”的有 1 次，转移到“3 级”的有 2 次，转移到“4 级”的有 2 次，总共状态转移次数为 10 次，因此，$P_{11}{}^{(2)}=5/10=0.50$，$P_{12}{}^{(2)}=1/10=0.10$，$P_{13}{}^{(2)}=2/10=0.20$，$P_{14}{}^{(2)}=2/10=0.20$。同理可求隔 3 年和 4 年的转移概率。一般来说，害虫发生状态划分为几个等级，就求出几阶转移概率矩阵。本例的 2、3、4 阶转移概率矩阵如下。

$$\boldsymbol{P}^{(2)}=[P_{ij}{}^{(2)}]=\begin{bmatrix}0.50 & 0.10 & 0.20 & 0.20\\ 0.50 & 0.00 & 0.50 & 0.00\\ 0.33 & 0.33 & 0.00 & 0.33\\ 1.00 & 0.00 & 0.00 & 0.00\end{bmatrix}$$

$$\boldsymbol{P}^{(3)}=[P_{ij}{}^{(3)}]=\begin{bmatrix}0.44 & 0.11 & 0.33 & 0.11\\ 1.00 & 0.00 & 0.00 & 0.00\\ 1.00 & 0.00 & 0.00 & 0.00\\ 0.75 & 0.00 & 0.25 & 0.00\end{bmatrix}$$

$$\boldsymbol{P}^{(4)}=[P_{ij}{}^{(4)}]=\begin{bmatrix}0.22 & 0.22 & 0.22 & 0.33\\ 1.00 & 0.00 & 0.00 & 0.00\\ 0.33 & 0.33 & 0.00 & 0.33\\ 0.75 & 0.00 & 0.25 & 0.00\end{bmatrix}$$

（3）进行预测　预测时，根据预报年的前 1 年、前 2 年、前 3 年和前 4 年害虫发生级别 i，分别查状态转移矩阵 $\boldsymbol{P}^{(1)}$、$\boldsymbol{P}^{(2)}$、$\boldsymbol{P}^{(3)}$、$\boldsymbol{P}^{(4)}$，计算出可能出现级别的平均概率，以平均概率最大的那个状态的级别作为预报年可能发生级别的预报值。例如要预报金寺山林场 1984 年马尾松毛虫发生情况，根据 1983 年、1982 年、1981 年和 1980 年发生的级别分别为 1、1、1 和 2 级，查上面的状态转移概率矩阵，计算由“1 级”状态转移到“1 级”状态的平均概率为

$P_1=(P_{11}{}^{(1)}+P_{11}{}^{(2)}+P_{11}{}^{(3)}+P_{21}{}^{(4)})/4=(0.64+0.50+0.44+1.00)/4=0.645$

由状态“1级”转移为“2级”的平均概率为

$P_2=(P_{12}{}^{(1)}+P_{12}{}^{(2)}+P_{12}{}^{(3)}+P_{22}{}^{(4)})/4=(0.09+0.10+0.11+0)/4=0.075$

由状态“1级”转移为“3级”的平均概率为

$P_3=(P_{13}{}^{(1)}+P_{13}{}^{(2)}+P_{13}{}^{(3)}+P_{23}{}^{(4)})/4=(0.09+0.20+0.33+0)/4=0.155$

由状态“1级”转移为“4级”的平均概率为

$P_4=(P_{14}{}^{(1)}+P_{14}{}^{(2)}+P_{14}{}^{(3)}+P_{24}{}^{(4)})/4=(0.18+0.20+0.11+0)/4=0.1225$

结果表明，P_1值0.645为最大，说明预报1984年该场马尾松毛虫发生危害状态为1级，即轻发生的概率较大。

若想预测1985年的情况，可利用矩阵公式$\boldsymbol{P}^{(k)}=\boldsymbol{P}^{(0)}.\boldsymbol{P}^k$进行运算，其中，$k$为间隔时间，如下一年$k=1$，下二年$k=2$；$\boldsymbol{P}^{(k)}$为预测相隔时间为$k$时各状态出现的概率；$\boldsymbol{P}^{(0)}$为各级别状态出现的初始概率，本例21年中出现“1级”、“2级”、“3级”和“4级”状态的次数分别为12次、2次、3次和4次，即各状态的概率分别为12/21=0.571 4、2/21=0.095 2、3/21=0.142 9和4/21=0.190 5，即矩阵$\boldsymbol{P}^{(0)}=[0.571\,4\quad 0.095\,2\quad 0.142\,9\quad 0.190\,5]$。$\boldsymbol{P}$为上面计算得到的一步转移概率矩阵。

那么，1985年该林场马尾松发生危害的各状态出现的概率可计算为

$$\boldsymbol{P}^{(2)}=\boldsymbol{P}^{(0)}\cdot\boldsymbol{P}^2$$

$$=[0.571\,4\quad 0.095\,2\quad 0.142\,9\quad 0.190\,5]$$

$$\cdot\begin{bmatrix}0.64 & 0.09 & 0.09 & 0.18\\ 0.50 & 0.00 & 0.50 & 0.00\\ 0.00 & 0.00 & 0.33 & 0.67\\ 0.75 & 0.25 & 0.00 & 0.00\end{bmatrix}\cdot\begin{bmatrix}0.64 & 0.09 & 0.09 & 0.18\\ 0.50 & 0.00 & 0.50 & 0.00\\ 0.00 & 0.00 & 0.33 & 0.67\\ 0.75 & 0.25 & 0.00 & 0.00\end{bmatrix}$$

$$=[\mathbf{0.551\,8}\quad 0.100\,2\quad 0.149\,2\quad 0.198\,9]$$

由此说明，1985年该害虫为危害程度为1级的概率最大。

（二）自回归滑动平均法

自回归滑动平均法（autoregressive moving average，ARMA）是一种时间序列预测方法，它将预测对象随时间变化形成的序列看成是一个随机序列，利用随机过程为工具分析这些动态数据内在的结构和复杂性，从而达到在最小方差意义下的最佳预测。

先回顾一下简单的指数平滑法，然后再引入自动回归滑动平均模型。一次指数平滑的公式为$S_t=\alpha y_t+(1-\alpha)S_{t-1}$，可变形为$S_t=S_{t-1}+\alpha(y_t-S_{t-1})$，记$e_t=(y_t-S_{t-1})$，表示用$S_{t-1}$来预测$y_t$的残差，从而有$S_t=S_{t-1}+\alpha\cdot e_t$，说明平滑模型是在前一期的预测值的基础上加上预测残差作为修正而得到的。

将此思想推广，从而得到自动回归滑动平均模型为

$$y_t-\varphi_1 y_{t-1}-\cdots-\varphi_p y_{t-p}=e_t-\theta_1 e_{t-1}-\cdots-\theta_q e_{t-q}$$

此为p阶自回归q阶移动平均模型，记为$ARMA(p,q)$，φ_1、…、φ_p为自回归系数，θ_1、…、θ_q为移动平均参数，（p，q）取不同值就是得到不同的自动回归滑动平均模型，$ARMA$（p，q）。

为使模型看起来更简洁，记B^k表示k步后移算子，即$B^k y_t=y_{t-k}$，$B^k e_t=e_{t-k}$，对于

常数有 $B^kC=C$，记$\varphi(B)=1-\varphi_1B-\cdots-\varphi_pB^p$，$\theta(B)=1-\theta_1B-\cdots-\theta_qB^q$，从而 $ARMA(p, q)$ 模型可简洁表示为

$$\varphi(B)y_t=\theta(B)e_t$$

确定 $ARMA(p, q)$ 模型中（p，q）的工具是自相关和偏自相关。下面用时间序列样本 y_1、…、y_n 给出相应的定义。滞后 k 期的自相关系数可定义为

$$r_k=\frac{\sum_{i=1}^{n-k}(y_i-\bar{y})(y_{i+k}-\bar{y})}{\sum_{i=1}^{n}(y_i-\bar{y})^2}$$

偏自相关则是为使 $\delta=E\left(X_t-\sum_{j=1}^{k}\varphi_{kj}X_{t-j}\right)^2$ 达到最小的 φ_{kk} 系数。此系数可从下式解出。

$$\begin{bmatrix}1 & r_1 & \cdots & r_{k-1}\\ r_1 & 1 & \cdots & r_{k-2}\\ \vdots & \vdots & & \vdots\\ r_{k-1} & r_{k-2} & \cdots & 1\end{bmatrix}\begin{bmatrix}\varphi_{k1}\\ \varphi_{k2}\\ \vdots\\ \varphi_{kk}\end{bmatrix}=\begin{bmatrix}r_1\\ r_2\\ \vdots\\ r_k\end{bmatrix}$$

确定（p，q）值的过程如下：若时间序列的自相关函数拖尾，而偏自相关函数在 p 步截尾，则可建立 p 阶自回归模型；若时间序列的偏自相关函数拖尾，而自相关函数 q 步截尾，则可建立 q 阶移动平均模型。

对于非平稳时间序列则需要进行差分处理，利用差分序列建立 $ARMA(p, q)$ 模型。设 y_t 为非平稳时间序列，d 阶差分后的时间序列记为 $z_t=\nabla^d y_t$，$t>d$，则利用 z_t 可建立 $ARMA(p, q)$，相对于 y_t 而言，是对其进行 d 阶差分后的时间序列，用 $ARIMA(p, d, q)$ 表示。为使 $ARIMA(p, d, q)$ 模型表示起来更直观，引入后移算子 B，则差分序列可表示如下。$\nabla y_t=y_t-y_{t-1}=y_t-By_t=(1-B)y_t$

$$\begin{aligned}\nabla^2 y_t&=\nabla y_t-\nabla y_{t-1}=(1-B)y_t-(1-B)y_{t-1}=[(1-B)-(1-B)B]y_t\\&=(1-2B+B^2)y_t=(1-B)^2y_t,\end{aligned}$$

一般地，有 $z_t=\nabla^d y_t=(1-B)^d y_t$，针对 z_t 的 $ARMA(p, q)$ 模型表示为 $\varphi(B)z_t=\theta(B)e_t$，从而 $ARIMA(p, d, q)$ 模型可表示为 $\varphi(B)(1-B)^d y_t=\theta(B)e_t$。

若时间序列含有季节性趋势，也可采用季节差分的方式消除季节性，使时序具有平稳性。一般表示为

$$ARIMA(p, d, q)(P, D, Q)^s$$

式中，s 为季节周期。如果 $s=4$，则一阶季节差分序列为 $\nabla_4 y_t=y_t-y_{t-4}=(1-B^4)y_t$；若 $s=12$，则一阶季节差分序列为 $\nabla_{12}y_t=y_t-y_{t-12}=(1-B^{12})y_t$。

因此一般地若序列 y_t 经过季节周期 s 的 D 阶差分后的序列为 w_t，则

$$w_t=\nabla_s^D y_t=(1-B^s)^D y_t,\ t>D\cdot s$$

则 $ARIMA(p, d, q)(P, D, Q)^s$ 模型可表示为

$$\varphi(B)\Phi_P(B^s)(1-B)^d(1-B^s)^D y_t=\theta(B)\Theta_Q(B^s)e_t$$

式中，$\Phi_P(B^s)=1-\Phi_1B^s-\Phi_2B^{2s}-\cdots-\Phi_PB^{Ps}$ 是季节性 P 阶调整因子，季节性 Q 阶移动平均算子为 $\Theta_P(B^s)=1-\Theta_1B^s-\Theta_2B^{2s}-\cdots-\Theta_QB^{Qs}$。

建立 $ARIMA(p, d, q)(P, D, Q)^s$ 模型的步骤可表示如下。

①模型的识别，可通过数据确定 p、d、q、P、D、Q，从而确定准备使用哪类模型。

②模型参数的估计，利用样本数据，估计出模型中的参数，如（φ_1、…、φ_p）、（θ_1、…、θ_q）、（Φ_1、…、Φ_P）、（Θ_1、…、Θ_Q）。

③模型的检验，通过模型的残差序列来判断建立模型的优劣。

例如以不同年份和月份中某害虫的种群数量为例进行自动回归滑动平均建模和短期预测，数据见表 10-20。

表 10-20　不同次数调查某害虫的种群数量（头/667m²）

序号	1	2	3	4	5	6	7	8	9	10	11	12
虫量	1 421.4	1 367.4	1 719.7	1 759.6	1 795.7	1 848.1	1 637.3	1 670.9	1 760.1	1 789.5	1 888.6	1 981.4
序号	13	14	15	16	17	18	19	20	21	22	23	24
虫量	1 757.8	1 485.7	1 893.9	1 969.8	2 033.7	2 103.0	1 836.3	1 914.7	2 022.2	2 045.1	2 069.2	2 136.0
序号	25	26	27	28	29	30	31	32	33	34	35	36
虫量	1 984.2	1 812.4	2 274.7	2 328.9	2 373.1	2 515.8	2 288.0	2 321.0	2 441.1	2 502.6	2 608.8	2 823.8
序号	37	38	39	40	41	42	43	44	45	46	47	48
虫量	2 179.1	2 408.7	2 869.4	2 916.7	3 022.1	3 274.5	2 862.9	2 864.2	2 908.0	2 911.8	3 101.3	3 664.3
序号	49	50	51	52	53	54	55	56	57	58	59	60
虫量	2 903.3	2 513.8	3 409.0	3 499.5	3 642.6	3 871.4	3 373.0	3 463.4	3 663.74	3 753.38	3 973.17	4 469.02
序号	61	62	63	64	65	66	67	68	69	70	71	72
虫量	2 996.7	2 740.3	3 580.9	3 746.3	3 817.9	4 046.6	3 483.9	3 510.6	3 703.1	3 810.7	4 091.0	4 650.8
序号	73	74	75	76	77	78	79	80	81	82	83	84
虫量	3 476.6	2 970.3	3 942.6	4 067.6	4 746.9	4 417.3	3 806.8	3 746.3	4 011.1	4 129.6	4 372.9	4 991.5
序号	85	86	87	88	89	90	91	92	93	94	95	96
虫量	3 843.84	3 181.26	4 404.49	4 520.18	4 638.99	4 969.93	4 146.9	4 198.7	4 536.84	4 718.91	5 034.94	5 545.74

（1）根据表 10-20 中的数据建立 SAS 数据集 ts　其 SAS 程序为

```
data ts;
inputt number;
datalines;
1  1421.4
2  1367.4
…(其他数据输入略)
96 5545.74
run;
```

（2）绘制时序图的 SAS 程序：

```
proc gplot;
plot number * t;
```

```
symbol i=join v=star;
run;
```

从图 10-4 可看出，该时间序列具有明显的线性增长趋势，且有周期为 12 月的季节变动，变动幅度随着线性的增加而不断加大。

（3）自相关　其 SAS 程序为

```
proc arima data=ts;
identify var=number;
run;
```

该程序运行后的自相关结果可看出，时间序列具有很强的趋势变动，因此需对序列进行一阶差分。

（4）一阶差分自相关　其 SAS 程序为

```
proc arima data=ts;
identify var=number(1) nlag=36;
run;
```

以上程序运行后得到一阶差分的自相关结果，表现为在 $t=12$ 和 $t=24$ 处自相关系数均较大，说明该时间序列存在季节周期性。

（5）一阶差分、周期差分后的自相关

```
proc arima data=ts;
identify var=number(1,12) nlag=36;
run;
```

运行结果可看出，一阶自相关系数较大，其余均较小，说明适合于一阶滑动模型。另外，在 $t=1$ 和 $t=12$ 处，自相关系数较大，说明可用一阶季节滑动模型。同时，偏相关结果可看出，$t=1$、$t=2$、$t=3$ 处的偏相关系数较大，故可考虑 3 阶自回归模型。

（6）随机性时序模型　其 SAS 程序为

```
data modts;
set ts;
if t<=84 then y=number;
else  y=.;
run;
proc arima data=modts;
identify var=y(1,12);
estimate p=(3)(12) q=1;
forecast lead=12 interval=t id=t out=result1;
run;
```

平衡性检验 Autocorrelation Check of Residuals 结果为序列已达到平衡状态，卡方值检验 P 值均大于 0.05。

模型参数估计如下

Conditional Least Squares Estimation

Parameter	Estimate	Standard Error	t Value	Approx Pr>|t|	Lag
MU	−0.097 76	7.350 10	−0.01	0.989 4	0
MA1，1	0.472 26	0.340 97	1.39	0.170 8	1
AR1，1	0.044 93	0.346 37	0.13	0.897 2	1
AR1，2	−0.160 82	0.169 06	−0.95	0.345 0	2
AR1，3	−0.165 14	0.168 53	−0.98	0.330 8	3
AR2，1	−0.269 59	0.145 51	−1.85	0.068 5	12

模型的表示结果如下

Model for variable y

Estimated Mean　　−0.097 76

Period (s) of Differencing　　1，12

Autoregressive Factors

Factor 1：　1−0.04493 B＊＊（1）＋0.16082 B＊＊（2）＋0.16514 B＊＊（3）

Factor 2：　1＋0.26959 B＊＊（12）

Moving Average Factors

Factor 1：　1−0.47226 B＊＊（1）

从而得到时序模型为

$$(1-B)(1-B^{12})y_t=-0.097\ 76+\frac{1-0.472\ 26B}{(1-0.044\ 93B+0.160\ 82B^2+0.165\ 14B^3)(1+0.269\ 59B^{12})}e_t$$

根据模型进行回检和预报，结果如图 10-4 所示。由图 10-4 可知，回检、预报值均与实测值较为接近，模型预测效果较好。

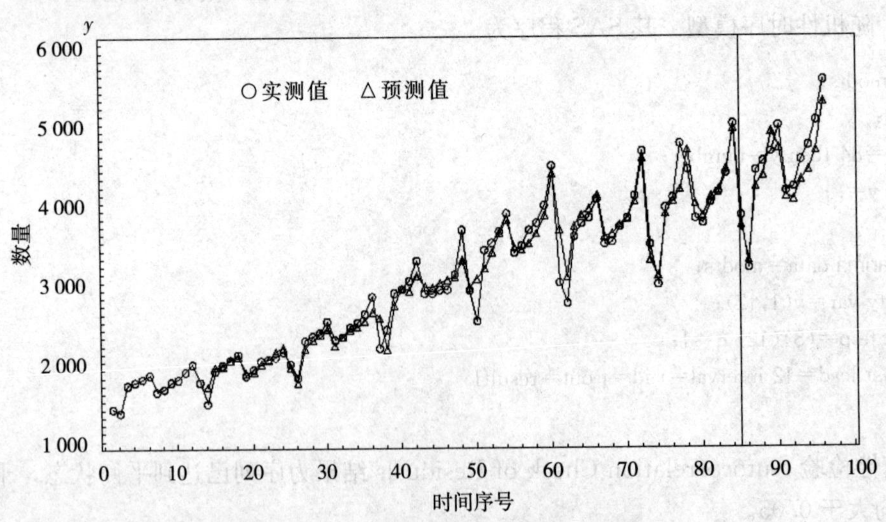

图 10-4　自回归滑动平均法实测值与预测值

（时间序号 1～84 号为回检结果，85～96 为预报结果）

总之，对害虫发生情况的数理统计预报方法已有很多，并且层出不穷。一些用于天气学、水文监测、地质学等领域上的预测方法也可引用到害虫预测预报中来。除本章阐述的基本方法外，还有许多其他统计预测预报的方法，例如灰色系统预测、模型数学方法、小波分析法、神经网络法等，这里就不再阐述。不过在害虫的数理统计预测预报中，不仅要考虑各类方法算法的严谨性，而且更要关注数据间的关系及预测结果的生物学意义，以得到具有持续预测效果的数学模型，提高害虫预测预报的水平。

第七节　预报质量的评估和检验

无论是预测方法的筛选还是评估预测的质量都要进行科学的评估和检验。根据预报质量的高低可以进一步分析预报误差的来源，以改进预测的方法。预报准确性的评判虽然在前面各方法中有所提及，但还不够全面，因此本节做系统阐述。

一、预报量的评判标准

当用各种预测方法得到一个或多个预报量后，首先要来评判这个预报量（$\hat{y}$）是“准确”还是“错误”，是“报对”还是“报错”。应当根据什么标准来评判呢？一般预报量常分为两类，一是用真数预报，如预报某虫发生期，以 6 月 30 日为 0，而预报量为 40，即预报发生期为 8 月 9 日；又如预报某虫发生量为百株虫量 200 头或预报危害损失率为 25%等。另一类为分级的预报量，在建立预报模型时，就事先将各真数值按一定标准归类为 2 级至多级。所以经计算得到的预报量（$\hat{y}$）也是一个级数。因此在判断预报量的准确性时也要依据这两种状况来做处理判断。

（一）预报量为数值

当计算所得的预报量为数值，并要与实况值进行比较，以判断是否报对时，由于预报量和实况之间正好相等的概率是很小的，那么两者到底相差多少时能判断为报对或报错呢？在许多研究论文中常凭主观经验，认为相差不大便判为报对，相差较大时则判为报错，由于这种凭经验评判没有准确的数量标准，故其可信度差，也很难推广应用。正确的方法是要将原历史预测值序列先分为若干个（2～5 个）级别，例如江苏省根据历史资料，规定褐飞虱发生程度的等级划分参考标准为：一级，轻发生，虫量≤500 头/百穴；二级，中等偏轻至中等，虫量为 501～2 000 头/百穴；三级，中等偏重，虫量为 2 001～3 000头/百穴；四级，大发生，虫量>3 000 头/百穴。这样在评估时可先将实况值与预测值对照其分级标准转换为各自的级数。当预测与实况的级别相同时，判为报对，不同时则判为报错。

（二）预报量为级数

当建模时已预先将预测值（y）和预测因子转化为各自的级数，然后按级数值进行建模。因此在预测计算后所得的预报值也是一个级数。在应用中还有两种情况，在用判别分析、人工神经网络等预测时，所计算得的预报量为一个整数的级别，其准确判断的预报和实况为同一级时认为报对；预报量为非整数而实况则为整数级别，其准确到断可依预报量级别（$\hat{y}$）为实况级别±0.5级范围内判为报对。

二、预报质量的检验

在建立了预测模型后，还必须对这些模型的预测结果进行检验评估，只有通过检验才能鉴定所使用的预测模型的优劣，并加以改进和择优。检验有历史的回检，是对历史模拟效果的检验，通常要留出一部分样本（不作统计建模用）来做预测效果的鉴定，预测检验的次数至少要有3次以上，越多越好。

（一）离散型变量的预测评分

当预报量是离散型变量时，可使用以下方法进行准确性鉴定。

1. 预报的成功率　预报成功率是病虫预测预报中最常用的方法，计算简单而直接，适用于个别离散型变量的预报检验。成功率的计算式为

$$P=\frac{m}{n}$$

式中，P 为成功率，m 为预报成功的次数，n 为预报总次数。这种方法虽为目前病虫预测预报中最常用的方法，但也存在着不少的缺点，它不能排除预报中的其他一些误差因素，例如历史发生概率（本底概率）、"盲目"预报和惯性预报等的成功率。例如在一个发生区，某害虫本身大发生的概率达70%以上，如果作10次预报，主观地报10次为大发生，则其预报准确率也可达70%以上。因此严格地讲，这种鉴定方法还不能客观地反映预报技术的高低，可用以下几种方法加以改进。

2. Hedike 评分法　此法是建立在预报成功率中要排除一系列可能影响客观成功率的因素。正像在做试验时必须设立对照组（区）和重复组（区）以排除由于本底或试验所存在的误差。一个预报的成功率除了真正包含本项预报技术的成功率外，还可能包含有：①病虫发生本底概率，整理历史资料，可以得出病虫发生各级的本底发生概率；②"盲目"预报，凭主观臆断猜测来做预报，其成功率是由机会来决定的；③惯性（或持续性）预报，按现在出现的发生情况预报未来的发生。所以 Hedike 评分认为在正确评定预报技术时，必须在预报成功率中扣除这些因素。

$$S=\frac{R-E}{N-E}$$

式中，S 为技术得分，R 为预报成功的次数，N 为预报总次数，E 是有历史概率、盲目或惯性预测可能成功的期望次数。S 的变动范围为0～1，$S=1$ 时表明预报全部正确，$S=0$ 时为预报全部错误。

预报成功次数（R）和历史概率（E）的计算有几种方法，现通过一个实例来说明其计算过程。

例如设某地棉铃虫发生程度分大、中、轻3级，预报与实况出现的次数见表10-21，累计 $N=30$ 次。报对的次数 R 为5+4+5=14次。

表 10-21　棉铃虫发生的各级次数

		预报（j）			（$n_{i.}$）
		大发生	中发生	轻发生	总计
实况（i）	大发生	5	2	18	8
	中发生	8	4	1	13
	轻发生	2	2	5	9
（$n_{.j}$）	总计	15	8	7	30

若要排除病虫原来发生概率，病虫发生概率预报成功的期望值为 E_c，即有

$$E_c = \sum n_i P_i$$

$$S_c = \frac{R - E_c}{N - E_c}$$

式中，i 表示预报值的分级，P_i 为第 i 级出现的实况发生频率，n_i 为第 i 级出现的实况次数，N 为总次数。用实况出现的频率来估计原来病虫的发生概率 P_i，即

$$P_i = \sum \frac{n_{i.}}{N}$$

则

$$E_c = 8 \times \frac{8}{30} + 13 \times \frac{13}{30} + 9 \times \frac{9}{30} = 10.5$$

$$S_c = \frac{14 - 10.5}{30 - 10.5} = 0.18$$

若要排除盲目预报（即预报与实况无关），则盲目预报成功的期望值为 E_R，即有

$$E_R = \sum n_{i.} n_{.j} / N$$

$$S_R = \frac{R - E_R}{N - E_R}$$

式中，$n_{.j}$ 是列联表中第 j 列的合计值，即预报第 j 级发生的次数合计；$n_{i.}$ 是第 i 行的合计值，即第 i 行发生的实况合计值。

$$E_R = \frac{1}{30}(8 \times 15 + 13 \times 8 + 9 \times 7) = 9.6$$

$$S_R = \frac{14 - 9.6}{30 - 9.6} = 0.22$$

当排除有惯性（持续性）预报误差时，则惯性预报成功的期望的次数为 E_s，即有

$$E_s = \sum P_{.i}(n_{.j})$$

$$S_s = \frac{R - E_s}{N - E_s}$$

式中，$P_{.i}$ 为第 i 组出现的预报量发生频率（$\sum \frac{n_{.j}}{N}$）。则有

$$E_s = 15 \times \frac{15}{30} + 8 \times \frac{8}{30} + 7 \times \frac{7}{30} = 11.3$$

$$S_s = \frac{14 - 11.3}{30 - 11.3} = 0.14$$

可见，照常规评定预报准确率 $S = 14/30 = 0.47$，当排除一系列可能影响客观成功率的

因素后，如排除本底发生概率误差后，成功率为 $S_c=0.18$；排除盲目预报误差后，成功率 $S_R=0.22$；排除惯性预报误差后，成功率为 $S_s=0.14$。

3. χ^2 判别法　这是一种 χ^2 检验性测验方法，其公式为

$$\chi^2=\sum_{i=1}^{k}\sum_{j=1}^{k}\frac{(n_{ij}-n_{i.}n_{.j}/N)^2}{n_{i.}n_{.j}/N}$$

式中，k 为预报量分级数，i 为实况分级，j 为预测分级，n_{ij} 为实况第 i 级而预报为第 j 级的事件发生次数，$n_{i.}$ 为实况第 i 级出现的总次数，$n_{.j}$ 为预测第 j 级的出现总次数。

统计量是在假设 H_0 预报与实况两事件为独立的条件下进行。遵从自由度为 $(k-1)^2$ 的 χ^2 分布，对上例资料用上式计算，得

$$\chi^2=\frac{(5-8\times15/30)^2}{8\times15/30}+\frac{(8-13\times15/30)^2}{13\times15/30}+\cdots+\frac{(2-8\times8/30)^2}{8\times8/30}+\cdots$$

$$+\frac{(1-8\times7/30)^2}{8\times7/30}+\cdots+\frac{(5-9\times7/30)^2}{9\times7/30}=7.9122$$

本例自由度＝$(k-1)^2=(3-1)^2=4$，查 χ^2 表，当自由度为 4，$P=0.05$ 时，$\chi^2_{0.05}=9.49$，现实际计算 $\chi^2<\chi^2_{0.05}$，即 $P>0.05$，原假设成立，预测与实况为独立事件，也即二者不符合，预测效果差。

在分级数为 2 时，上式 χ^2 中的统计量还可用关联系数 φ^2 表，其值的变化为 0～1，可以作为实况与预报拟合程度的度量评分的依据。

$$\varphi^2=\frac{\chi^2}{N}$$

（二）连续性变量的预测评分

1. 误差法　平均误差或均方差的计算常用于连续性变量的预报检验中，平均相对误差可表示为

$$\bar{e}=\frac{1}{N}\sum_{i=1}^{N}|F_i-O_i|/\frac{1}{N}\sum_{i=1}^{N}F_i$$

式中，i 表示第 i 次预报，F_i 为第 i 次预报的预报值，O_i 为第 i 次实况值，N 为预报总次数。

预报的准确度与误差呈反比，误差越小，表示预测越准确，当误差接近于 0 时，预测与实况差距最小，预报近于完全正确。一般认为 e 在 20%以下时，预报效果尚佳；当 e 在 10%以下，预报较准确。

例如某站 1990—1999 年用两种方法预报稻纵卷叶螟第 2 代百株虫量，预报与实况结果如表 10-22 所示。

表 10-22　某站第 2 代稻纵卷叶螟百株虫量的预报检验

（引自朱伯承，1981，有修改）

年份	预报方法 A	预报方法 B	实况
	F_{Ai}	F_{Bi}	O_i
1990	75	65	82
1991	84	100	107

（续）

年份	预报方法 A	预报方法 B	实况
	F_{Ai}	F_{Bi}	O_i
1992	95	100	96
1993	150	70	138
1994	50	70	69
1995	100	120	103
1996	175	175	178
1997	25	50	56
1998	70	25	87
1999	120	100	126
平均值	94.4	87.5	104

将表中数据代入公式，得到

$$\bar{e}_A=\frac{\frac{1}{10}\times(|75-82|+|84-107|+|95-96|+\cdots+|120-126|)}{94.4}=12.92\%$$

$$\bar{e}_B=\frac{\frac{1}{10}\times(|65-82|+|100-107|+|100-96|+\cdots+|100-126|)}{87.5}=13.92\%$$

由结果可以看出，两种方法的预报效果都尚好，但 A 的预测效果比 B 要略好一些。

2. 相关系数法　相关系数可反映出两组变量间的相关程度，因此如果求出预报值（$\hat{y}_i$）与现实值（y_i）之间的相关系数，就能反映预报与实况之间的线性相关程度，r_{yy} 到底为多大才能算预报好呢？可以取 r 的显著水平 $P\leqslant0.05$ 作标准。当 $r_{y\hat{y}}>r_{0.05}$ 时可以认为预报较好。

为了比较系统预报误差，相关系数鉴定中要考虑两个条件：①平均值 $\bar{\hat{y}}$ 与 $\bar{y}$ 之间的差异要小；②相关系数至少要 $r_{y\hat{y}}\geqslant r_{0.05}$。只有同时具备上述两个条件，才能算较好。

例如某站用 A、B、C 3 种方法进行某虫两个世代高峰日间的期距预测，预报值与实况值列于表 10-23。

表 10-23　相关系数计算表

年份代码	$\hat{y}_A$	$\hat{y}_A-\bar{\hat{y}}_A$	$\hat{y}_B$	$\hat{y}_B-\bar{\hat{y}}_B$	$\hat{y}_C$	$\hat{y}_C-\bar{\hat{y}}_C$	实况（y）	$y-\bar{y}$
1	14.0	0.5	16.0	0.5	15.0	1.5	13.8	0.2
2	11.3	−2.2	13.3	−2.2	10.3	−3.2	12.0	−1.6
3	11.0	−2.6	15.0	−0.5	14.0	0.5	11.4	−2.2
4	14.6	1.1	16.6	1.1	13.6	0.1	13.1	−0.5
5	14.0	0.5	16.0	0.5	15.0	1.5	14.0	0.4
6	13.7	0.2	15.7	0.2	12.7	−0.8	15.4	1.8
7	13.4	−0.1	15.4	−0.1	14.4	0.9	13.0	−0.6

（续）

年份代码	$\hat{y}_A$	$\hat{y}_A-\bar{\hat{y}}_A$	$\hat{y}_B$	$\hat{y}_B-\bar{\hat{y}}_B$	$\hat{y}_C$	$\hat{y}_C-\bar{\hat{y}}_C$	实况（y）	$y-\bar{y}$
8	15.0	1.5	17.2	1.5	14.0	0.5	15.3	1.7
9	14.2	0.7	16.2	0.7	15.2	1.7	14.6	1.0
10	13.5	0.0	13.6	−1.9	10.6	−2.9	13.6	0.0
平均值	13.5		15.5		13.5		13.6	

计算相关系数，得

$$r_{y\hat{y}}=\frac{\sum_{i=1}^{N}(\hat{y}_i-\bar{\hat{y}})(y_i-\bar{y})}{\sqrt{\sum_{i=1}^{N}(\hat{y}_i-\bar{\hat{y}})^2\sum_{i=1}^{N}(y_i-\bar{y})^2}}$$

式中，N 为预报总次数，$\hat{y}_i$ 为第 i 年预报值，y_i 为第 i 年实况值，$\hat{y}_i-\bar{\hat{y}}$ 和 $y_i-\bar{y}$ 分别为第 i 年预报值和实况值的距平数。从表 10-23 中可见平均值为：$\bar{\hat{y}}_A=13.5$；$\bar{\hat{y}}_B=15.5$；$\bar{\hat{y}}_C=13.5$；$\bar{y}=13.6$。

由于 $\bar{\hat{y}}_A$、$\bar{\hat{y}}_C$ 与 $\bar{y}$ 比较接近，故方法 A 与 C 符合以上第一个条件；$\bar{\hat{y}}_B$ 与 $\bar{y}$ 相差较大，故方法 B 不符合第一个条件，其方法预报效果不好。

根据表 10-23 中数据计算各相关系数，得 $r_{y\hat{y}_A}=0.83$，$r_{y\hat{y}_B}=0.60$，$r_{y\hat{y}_C}=0.26$。

查相关系数表，自由度（$N-2$）$=10-2=8$，可得 $r_{0.05}=0.632$，3 种方法的相关系数，$r_{y\hat{y}_A}>r_{0.05}$，$r_{y\hat{y}_B}<r_{0.05}$，$r_{y\hat{y}_C}<r_{0.05}$。可见只有方法 A 符合第二个条件。因此比较 3 种方法，只有方法 A 完全符合两个条件。虽然方法 C 的预报量平均值与实况平均值相差很小，符合第一个条件，但是相关系数 $r_{y\hat{y}_C}$ 很小，不符合第二个条件。因此在这 3 种方法中，只有方法 A 预报效果较好。

思考题

1. 简述害虫数理统计预报的基本思路和方法。
2. 害虫发生情况资料中所涉及的数据类型有哪些？各类型数据可采用哪些数理统计预测方法？
3. 建立数理统计预测模型时预报因子选取要遵循哪些原则？
4. 简述害虫回归预测模型建立的基本方法。影响回归预测准确性的因素有哪些？
5. 简述列联表分析预测法的步骤和注意事项。
6. 简述判别分析预测的基本方法。
7. 简述时间序列预测的基本方法。

主要参考文献

白丽，王进，蒋桂英，等. 2008. 干旱区基于高光谱的棉花遥感估产研究［J］. 中国农业科学，41（8）：2499-2505.

蔡晓明. 2000. 生态系统生态学［M］. 北京：科学出版社.

陈瑞鹿，暴祥致，王素云，等. 1988. 应用昆虫雷达检测昆虫的研究［J］. 生态学报，8（2）：176-182.

陈希孺，王松桂. 1987. 近代回归分析——原理方法及应用［M］. 合肥：安徽教育出版社.

邓坤枚，孙九林，陈鹏飞，等. 2011. 利用国产环境减灾卫星遥感信息估测春小麦产量——以内蒙古陈巴尔虎旗地区为例［J］. 自然资源学报，26（11）：1942-1952.

丁岩钦，李典谟，陈玉平. 东亚飞蝗分布型的研究及其应用［J］. 昆虫学报，21（3）：243-259.

丁岩钦. 1994. 昆虫数学生态学［M］. 北京：科学出版社.

杜正文，蔡蔚琦. 1964. 水稻三化螟在南京地区的光周期反应［J］. 植物保护学报，3（1）：91-92.

杜正文，蔡蔚琦. 1964. 玉米螟在江苏光周期的反应初报［J］. 昆虫学报，13（1）：129-132.

方源松，廖怀建，钱秋，等. 2013. 温湿度对稻纵卷叶螟卵的联合作用［J］. 昆虫学报，56（7）：786-791.

高惠璇. 2001. 实用统计方法与SAS系统［M］. 北京：北京大学出版社.

高君川，李为民，蒋国荣. 1987. 二化螟防治指标的研究［J］. 植物保护学报，14（2）：107-114.

高书晶，庞保平，史丽，等. 2004. 小菜蛾幼虫空间格局的地统计学分析［J］. 昆虫知识，41（4）：324-327.

高雪，刘向东. 2008. 棉花型和瓜型棉蚜产生有性世代能力的分化［J］. 昆虫学报，54（1）：40-45.

戈峰，欧阳芳，赵紫华. 2014. 基于服务功能的昆虫生态调控理论［J］. 应用昆虫学报，51：597-605.

庚镇城. 1998. 中立学说和分子进化论研究——现代进化学说的前沿动向［J］. 科技导报（1）：3-8.

何晶晶，郑许松，徐红星，等. 2014. 温度对黑肩绿盲蝽生长发育和繁殖的持续影响［J］. 浙江农业学报，26（1）：117-121.

何明，高君川，何忠全，等. 1991. 水稻纹枯病、二化螟为害损失估计及复合经济阈值［J］. 植物保护学报，18（3）：241-246.

李秉钧，吴维均，黄可训. 1963. 光照及温度对桃小食心虫（*Carposina niponensis* Walsingham）滞育影响的初步研究［J］. 昆虫学报，12（4）：423-431.

李典谟，周立阳. 1997. 协同进化——昆虫与植物的关系［J］. 昆虫知识，34（1）：45-49.

李干金，徐显浩，张海亮，等. 2015. 短时高温暴露对褐飞虱存活和生殖特性的影响［J］. 中国农业科学，48（9）：1747-1755.

李绍文. 2001. 生态生物化学［M］. 北京：北京大学出版社.

刘建国. 1992. 当代生态学博论［M］. 北京：科学技术出版社.

刘向东，张孝羲，翟保平. 2003. 南京地区棉蚜的飞行活动节律及其飞行能力［J］. 昆虫学报，46（4）：489-493.

庞雄飞，梁广文. 1995. 害虫种群系统的控制［M］. 广东：广东科技出版社.

裴雪重. 1997. 对进化论是坚持还是否定——关于“寒武纪生命大爆炸”的思考［J］. 科技导报（3）：5-7.

彭娟，张超，安志芳，等. 2012. 三种稻飞虱翅型分化的遗传分析［J］. 昆虫学报，55（8）：971-980.

沈佐锐. 2009. 昆虫生态学及害虫防治的生态学原理［M］. 北京：中国农业出版社.

石培礼，李文华，王金锡，等. 2000. 四川卧龙亚高山林线生态交错带群落的种-多度关系［J］. 生态学报，20

(3)：384-389.
首章北，龚慧青. 1985. 稻飞虱为害损失率测定研究［M］. 昆虫知识（6)：241-246.
宋道平，余增亮，徐登益，等. 1998. 从生物的辐射敏感性看生物的进化方向［J］. 科技导报（4)：17-18。
孙宝瑛，吴中林. 1965. 三化螟越冬幼虫生物学特性的初步观察［J］. 昆虫知识，6：321-323.
孙儒泳. 1988. 动物生态学原理［M］. 北京：北京师范大学出版社.
万方浩，郭建英，王德辉. 2002. 中国外来入侵生物的危害与管理对策［J］. 生物多样性，10（1)：119-125.
万方浩，郑小波，郭建英. 2005. 重要农林外来入侵物种的生物学与控制［M］. 北京：科学出版社.
王献溥. 刘凯. 1994. 生物多样性理论与实践［M］. 北京：中国环境科学出版社.
王学民. 1999. 应用多元分析［M］. 上海：上海财经大学出版社.
王振龙. 2000. 时间序列分析［M］. 北京：中国统计出版社.
邬建国. 2000. Metapopulation（复合种群）究竟是什么［J］. 植物生态学报，24（1)：123-49.
徐汝梅，李兆华，李祖荫，等. 1979. 用生命表及转移矩阵研究以雄蜂蛹饲养七星瓢虫的种群动态［J］. 北京师范大学学报（自然科学版），4：40-49.
徐汝梅. 1987. 昆虫种群生态学［M］. 北京：北京师范大学出版社.
徐汝梅，刘来福，丁岩钦. 1984. 改进的 IWAO M＊-M 模型［J］. 生态学报，4（2)：111-118.
徐卫华. 1999. 家蚕滞育的分子机制 II：蛹期滞育激素基因的表达与滞育决定［J］. 遗传学报，26（2)：107-111.
闫凤鸣. 2011. 昆虫化学生态学［M］. 2 版. 北京：科学出版社.
易丹辉. 2001. 统计预测——方法与应用［M］. 北京：中国统计出版社.
翟保平，程家安，黄恩友，等. 1999. 稻水象甲（*Lissorhoptrus oryzophilus* Kuschel）的卵子发生-飞行共轭［J］. 生态学报，19（2)：242-249.
张爱民，刘向东，翟保平，等. 2008. 温度对灰飞虱生物学特性的影响［J］. 昆虫学报，51（6)：640-645.
张波，张景肖. 2004. 应用随机过程［M］. 北京：清华大学出版社.
张金霞，曹广民，等. 1999. 高寒草甸生态系统的氧素循环［J］. 生态学报，19（4)：512-520。
张孝羲，程遐年，耿济国. 1979. 害虫测报原理和方法［M］. 北京：中国农业出版社.
张孝羲，陆自强，耿济国. 1979. 稻纵卷叶螟雌蛾解剖在测报上的应用［J］. 昆虫知识，3：97-99.
张孝羲，张跃进. 2006. 农作物有害生物预测学［M］. 北京：中国农业出版社.
章炳旺. 2005. 植物病虫情报的写作［J］. 中国植保导刊，9：38-39.
赵志模，郭依泉. 1990. 群落生态学原理与方法［M］. 重庆：科学技术文献出版社重庆分社.
朱伯承. 1978. 用数理统计方法预报病虫害［M］. 南京：江苏人民出版社.
祝廷成，董原德. 1983. 生态系统浅说［M］. 北京：科学出版社.
俞晓平，胡萃，HEONG K L. 1998. 不同生境源的稻飞虱卵寄生蜂对寄主的选择和寄生特性［J］. 昆虫学报，41（1)：43-47.
RICHARD P，季维智. 2000. 保护生物学基础［M］. 北京：中国林业出版社.
ARIMURA G I，OZAWA R，NISHIOKA T，et al. 2002. Herbivore induced volatiles induce the emission of ethylene in neighboring Lima bean plants［J］. Plant J，29：87-98.
BEGON M，MORTIMER M. 1981. Population ecology［M］. Oxford：Blackwell Scientific Publications.
BEGON M，TOWNSEND C R，HARPER J L. 2006. Ecology from individuals to ecosystems［M］. 4th ed. Oxford：Blackwell Publishing.
BERNASCONI M L，TURLINGS T C J，AMBROSETTI L，et al. 1998. Herbivore-induced emissions of maize volatiles repel the corn leaf aphid，*Rhopalosiphum maidis*［J］. Ent Exp Appl，87：133-142.
BERRYMAN A A. 1981. Population systems：a general introduction［M］. New York：Plenum Press.
BIRKETT M A，CAMPBELL C A M，CHAMBERLAIN K，et al. 2000. New roles for cis-jasmone as an

insect semiochemical and in plant defense [J]. Proc Natl Acad Sci USA, 97: 9329-9334.

CHENG A, LOU Y, MAO Y, et al. 2007. Plant terpenoids: biosynthesis and ecological functions [J]. J Integrative Plant Biol, 49: 179-186.

CHIARAPPA L. 1971. Crop Loss Assessment Methods [M]. Farnham: FAO Commonwealth Agricultural Bureaux.

DE BRU8YNE M, BAKER T C. 2008. Odor detection in insects: volatile codes [J]. J Chem Ecol, 34 (7): 882-897.

EHRLICH P R, EHRLICH A H, HOLDREN J P. 1977. Ecoscience: population, resources, environment [M]. San Francisco: W. H. Freeman and Company.

EHRLICH P R, RAUGHGARDAN J. 1987. The science of ecology [M]. New York: MacMillan Pub Comp.

ENDLER J A, MCLELLEN T. 1988. The processes of evolution: toward a newer synthesis [J]. Ann Rev Ecol Syst, 19: 395-421.

GE LQ, CHENG Y, WU J C, et al. 2011. Proteomic analysis of insecticide triazophos-induced mating-responsive proteins of *Nilaparvata lugens* Stål (Hemiptera: Delphacidae) [J]. J Proteome Res, 10: 4597-4612.

GE L Q, HUANG L J, YANG G Q, et al. 2013. Molecular basis for insecticide-enhanced thermotolerance in the brown planthopper *Nilaparvata lugens* Stål (Hemiptera: Delphacidae) [J]. Mol Ecol, 22: 5624-5634.

GERSHENZON J. 2007. Plant volatiles carry both public and private messages [J]. Proc Natl Acad Sci USA, 104: 5257-5258.

HALITSCHKE R, STENBERG J A, KESSLER D, et al. 2008. Shared signal- 'alarm' calls from plants increase apparency to herbivores and their enemies in nature [J]. Ecol Lett, 11: 24-34.

HAMBAECK P A, SJOERKMAN C. 2002. Estimating the consequences of apparent competition: a method for host-parasitoid interactions [J]. Ecology, 83 (6): l591-1596.

HANSKI I, GILPIN M E. 1997. Metapopulation biology-ecology, genetics and evolution [M]. San Diego: Academic Press Inc., USA.

HARCOURT D G. 1961. Design of a sampling plan for studies on the population dynamics of the diamondback moth, *Plutella maculipennis* (Curt.) (Lepidoptera: Plutellidae) [J]. The Canadian Entomologist, 93 (9): 820-831.

HARCOURT D G. 1961. Spatial pattern of the imported cabbageworm, *Pieris rapae* (L.), on cultivated Cruciferae [J]. The Canadian Entomologist, 93 (11): 945-952.

HARCOURT D G. 1969. The development and use of life table in study of natural insect populations [J]. Ann Rev Entomol, 14: 175-196.

HASTINGS A. 1988. Community ecology [M]. New York: Springer-Verlag.

HEIL M, BUENO J C S. 2007. Within-plant signaling by volatiles leads to induction and priming of an indirect plant defense in nature [J]. Proc Natl Acad Sci USA, 104: 5467-5472.

HU G, LU F, LU M H, et al. 2013. The influence of typhoon Khanun on the return migration of *Nilaparvata lugens* (Stål) in Eastern China [J]. PLoS ONE, 8 (2): e57277.

HU G, CHENG X N, QI G J, et al. 2011. Rice planting systems, global warming and outbreaks of *Nilaparvata lugens* (Stål) [J]. B Entomol Res, 101 (2): 187-199.

JIANG L B, ZJAO K F, WANG D J, et al. 2012. Effects of different methods of the fungicide jinggangmycin on reproduction and vitellogenin gene (Nlvg) expression in the brown planthopper *Nilaparvata lugens* Stål (Hemiptera: Delphacidae) [J]. Pestic Biochem Phys, 102: 51-55.

JOHNSON C D. 1969. Migration and dispersal of insects by flight [M]. London: Methuen.

KHAN Z R, PICKETT J A, VAN DEN BERG J, et al. Exploiting chemical ecology and species diversity: stem borer and striga control for maize and sorghum in Africa [J]. Pest Management Science. 2000, 56: 957-962.

KORMANDY E J. 1976. Concepts of ecology [M]. New Jersey: Prentice Hall.

KREBS C J. 1985. Ecology-the experimental analysis of distribution and abundance [M]. 3rd ed. New York: Harper & Row Publisher.

KRIEGER J, BREER H. 1999. Olfactory reception in invertebrates [J]. Science, 286: 720-723.

KRUESS A, TSCHARNTKE T. 1994. Habitat fragmentation species loss and biological control [J]. Science, 264: 1581-1584.

KURTOVIC A, WIDMER A, DICKSON B J. 2007. A single class of olfactory neurons mediates behavioural responses to a *Drosophila* sex pheromone [J]. Nature, 446 (7135): 542-546.

KWON H W, LU T, RUTZLER M, et al. 2006. Olfactory responses in a gustatory organ of the malaria vector mosquito *Anopheles gambiae* [J]. Proc Natl Acad Sci USA, 103 (36): 13526-13531.

LAUGHLIN J D, HA T S, JONES D N, et al. 2008. Activation of pheromone-sensitive neurons is mediated by conformational activation of pheromone-binding protein [J]. Cell, 133 (7): 1255-1265.

LAURANCE W F, LOVEJOY T E, VASCONCELS H L, et al. 2002. Ecosystem decay of Amazonian forest fragments: a 22-year investigation [J]. Conserv Biol, 16: 605-618.

LEROUX E J, PARADIS R O, HUDON M. 1963. Major mortality factors in the population dynamics of the eye-spotted bud moth, the pistol casebearer, the fruit-tree leaf roller, and the European corn borer in Quebec [J]. Memoirs of the Entomological Society of Canada, 95 (32): 67-82.

LIAO H J, QIAN Q, LIU X D. 2014. Heat shock suppresses mating and sperm transfer in the rice leaf folder *Cnaphalocrocis medinalis* [J]. B Entomol Res, 104 (3): 383-392.

LIU S S, DE BARRO P J, XU J. 2007. Asymmetric mating interactions drive widespread invasion and displacement in a whitefly [J]. Science, 318: 1769-1772.

MATSUO T, SUGAYA S, YASUKAWA J, et al. 2007. Odorant-binding proteins OBP57d and OBP57e affect taste perception and host-plant preference in *Drosophila sechellia* [J]. PLoS Biol, 5 (5): e118.

MAY R M. 1976. Theoretical ecology [M]. Washington: Blackwell Scientific Publication.

MIDEGA C, KHAN Z R, VAN DEN BERG J, et al. 2008. Response of grounding-dwelling arthropods to a "push-pull" habitat management system: spiders as an indicator group [J]. J Appl Entomol, 132 (3): 248-254.

MOLLES M C. 1999. Ecology: concepts and application [M]. New York: McGraw-Hill Companies Inc.

NICHOLSON A L. Dynamics of insect population [J]. Ann Rev Entomol, 1958, 3: 107-136.

ODUM E P. 1971. Fundamentals of ecology [M]. 3rd ed. Philadelphia: W. B. Sauneder.

OZAKI M, MORISAKI K, IDEI W, et al. 1995. A putative lipophilic stimulant carrier protein commonly found in the taste and olfactory systems--A unique member of the pheromone-binding protein super family [J]. Eur J Biochem, 230 (1): 298-308.

PESENTI M E, SPINELLI S, BEZIRARD V, et al. 2008. Structural basis of the honey bee PBP pheromone and pH-induced conformational change [J]. J Mol Biol, 380 (1): 158-169.

PICIMBON J F, DIETRICH K, KRIEGER J, et al. 2001. Identity and expression pattern of chemosensory proteins in *Heliothis virescens* (Lepidoptera, Noctuidae) [J]. Insect Biochem Mol Biol, 31 (12): 1173-1181.

PRICE W. 1996. Insect ecology [M]. New York: Wiley & Sons.

PUTMAN R J, WRATTEN SDD. 1984. Principles of ecology [M]. Worcester: Billing & Sons Limited.

RANKIN M A, RIDDIFORD L M. 1978. Significance of haemolymph juvenile hormone titer changes in timing

of migration and reproduction in adult *Oncopeltus fasciatus* [J]. Journal of Insect Physiology, 24 (1): 31-38.

RILEY J R, REYNOLDS D R, FARMERY M J. 1983. Observations on the flight behaviour of the armyworm moth, *Spodoptera exempta*, at a emergence site using radar and infra-red optical techniques [J]. Ecological Entomology, 8 (4): 395-418.

ROGERS M E, JANI M K, VOGT R G. 1999. An olfactory-specific gluthanione S-transferase in the sphinx moth *Manduca sexta* [J]. J Exp Biol, 202 (12): 1625-1637.

SACCHERI I, KUUSSAARI M, KANKARE M, et aL. 1998. Inbreeding and extinction in a butterfly metapopulation [J]. Nature, 392: 491-494.

SCHOWALTER T D. 2006. Insect ecology: an ecosystem approach [M]. 2nd ed. London: Academic Press.

SETTLE W H, WILSON L T. 1990. Invasion by the variegated leafhopper and biotic interactions: parasitism, competition and apparent competition [J]. Ecology, 71 (4): 1461-1470.

SMITH R L. 1976. The ecology of man: an ecosystem approach [M]. 2nd ed. New York: Harper & Row.

SMITH R L. 1980. Ecology and field biology [M]. 3nd ed. New York: Harper & Row.

SOUTHWOOD T R E. 1978. Ecological methods [M]. London: Chapman & Hall.

SUMMERVILLE K S, CRIST T O. 2004. Contrasting effects of habitat quantity and quality on moth communities in fragmented landscapes [J]. Ecography 27: 3-12.

TSUCHIHARA K, FUJIKAWA K, ISHIGURO M, et al. 2005. An odorant-binding protein facilitates odorant transfer from air to hydrophilic surroundings in the blowfly [J]. Chem Senses, 30 (7): 559-564

VARLEY G C, GRADWELL G R, HASSELL M P. 1974. Insect population ecology [M]. California: University of California Press.

VERHOEF H A, MORIN P J. 2010. Community ecology: processes, models, and applications [M]. Oxford: Oxford University Press.

VOGT R G, RIDDIFORD L M. 1981. Pheromone binding and inactivation by moth antennae [J]. Nature, 293 (5828): 161-163.

VOGT R G, RIDDIFORD L M, PRESTWICH G D. 1985. Kinetic properties of a sex pheromone-degrading enzyme: the sensillar esterase of *Antheraea polyphemus* [J]. Proc Natl Acad Sci USA, 82 (24): 8827-8831.

WANG L P, SHEN J, GE L Q, et al. 2010. Insecticide-induced increase in the protein content of male accessory glands and its effect on the fecundity of females in the brown planthopper *Nilaparvata lugens* Stål (Hemiptera: Delphacidae) [J]. Crop Protection, 29: 1280-1285.

WETZEL C H, BEHRENDT H J, GISSELMANN G, et al. 2001. Functional expression and characterization of a *Drosophila* odorant receptor in a heterologous cell system [J]. Proc Natl Acad Sci USA, 98 (16): 9377-9380.

WHITTAKER R H. 1952. A study of summer foliage insect communities in the Great Smoky Mountains [J]. Ecological Monographs, 22 (1): 1-44.

WILLIAMSON M. 1996. Biological envasions [M]. London: Chapman and Hall.

WOJTASEK H, LEAL W S. 1999. Conformational change in the pheromone-binding protein from *Bombyx mori* induced by pH and by interaction with membranes [J]. J Biol Chem, 274 (43): 30950-30956.

WU J C, XU J X, YUAN S Z, et al. 2001. Pesticide-induced susceptibility to brown planthopper *Nilaparvata lugens* [J]. Entomol Exp Appl, 100: 119-126.

YANG H B, HU G, ZHANG G, et al. 2015. Effect of light colours and weather conditions on captures of *Sogatella furcifera* (Horváth) and *Nilaparvata lugens* (Stål) [J]. J Appl Entomol, 138 (10): 743-753.

图书在版编目（CIP）数据

昆虫生态及预测预报/刘向东主编．—4 版．—北京：中国农业出版社，2016.7（2023.6 重印）
普通高等教育农业部“十二五”规划教材　全国高等农林院校“十二五”规划教材
ISBN 978-7-109-21783-6

Ⅰ.①昆…　Ⅱ.①刘…　Ⅲ.①昆虫学－动物生态学－高等学校－教材②植物－病虫害－预测－高等学校－教材
Ⅳ.①Q968.1②S431

中国版本图书馆 CIP 数据核字（2016）第 167357 号

中国农业出版社出版
（北京市朝阳区麦子店街 18 号楼）
（邮政编码 100125）
责任编辑　李国忠　胡聪慧

中农印务有限公司印刷　新华书店北京发行所发行
1985 年 12 月第 1 版　2016 年 8 月第 4 版
2023 年 6 月第 4 版北京第 3 次印刷

开本：787mm×1092mm 1/16　印张：25.5
字数：605 千字
定价：59.80 元